中文版

Rhino 6 基础培训教程

郑萍 ◎ 编著

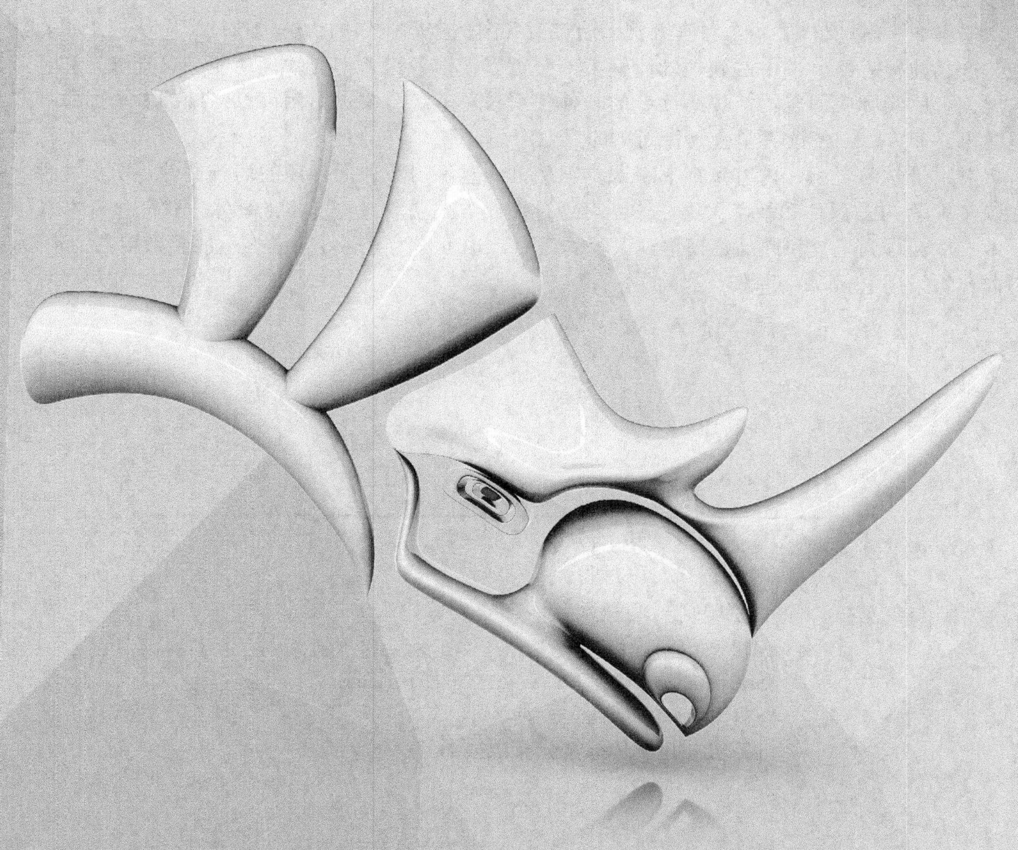

人民邮电出版社
北京

图书在版编目（CIP）数据

中文版Rhino 6基础培训教程 / 郑萍编著. -- 北京 ：人民邮电出版社，2021.4
ISBN 978-7-115-53896-3

Ⅰ. ①中… Ⅱ. ①郑… Ⅲ. ①产品设计－计算机辅助设计－应用软件－教材 Ⅳ. ①TB472-39

中国版本图书馆CIP数据核字(2020)第230876号

内 容 提 要

本书重点介绍Rhino的基本操作方法和产品建模的操作技法，包括认识Rhino 6、曲线和曲面建模技术、实体建模技术、NURBS建模原理、工程图出图规范、KeyShot 8操作基础、KeyShot材质和灯光，以及产品建模综合实训等内容。

本书第2～8章安排了多个课堂案例，通过对各案例实际操作的讲解，帮助读者快速上手，熟悉软件功能与产品建模思路。书中的软件功能解析部分可以使读者深入学习软件功能。课堂练习和课后习题可以拓展读者的实际应用能力，提高读者的软件使用技巧。综合实训案例可以帮助读者全面掌握产品模型的建模思路和方法，使读者学会制作简单的工业产品。

本书附带学习资源，内容包括书中课堂案例、课堂练习和课后习题的场景文件、实例文件、视频文件，以及教学PPT课件和教学大纲，读者可通过在线方式获取这些资源，具体方式可参看本书前言。

本书适合作为院校和产品建模培训课程的教材，也可作为Rhino自学人士的参考用书。请读者注意，本书内容均采用Rhino 6编写。

◆ 编　　著　郑　萍
责任编辑　张丹丹
责任印制　马振武

◆ 人民邮电出版社出版发行　　北京市丰台区成寿寺路11号
邮编　100164　　电子邮件　315@ptpress.com.cn
网址　https://www.ptpress.com.cn
北京九州迅驰传媒文化有限公司印刷

◆ 开本：787×1092　1/16
印张：14　　　　2021年4月第1版
字数：421千字　　　　2025年1月北京第13次印刷

定价：59.90元

读者服务热线：(010)81055410　印装质量热线：(010)81055316
反盗版热线：(010)81055315
广告经营许可证：京东市监广登字20170147号

前言

Rhino是一款高精度NURBS建模软件，多用于产品设计中的模型制作。相对于其他三维建模软件，它整合了3ds Max与Softimage的模型功能部分，对要求精细、带有流线型且复杂的3D NURBS模型有很好的处理能力。

产品设计是一个比较成熟的行业，Rhino和KeyShot是产品设计中常用的辅助工具。为了帮助院校和培训机构的教师能够比较全面、系统地讲授这门课程，也为了帮助读者能够熟练地使用Rhino进行产品建模，航骋教育组织从事产品设计工作的专业人士编写了本书。

我们对本书的编写体例做了精心的设计，按照“课堂案例→软件功能解析→课堂练习→课后习题”这一思路进行编排，力求通过课堂案例演练，使读者快速熟悉软件功能和Rhino产品建模思路；通过软件功能解析，使读者深入学习软件功能和制作技巧；通过课堂练习和课后习题，拓展读者的实际应用能力。在内容编写方面，我们力求通俗易懂、细致全面；在文字叙述方面，我们注意言简意赅、重点突出；在案例选取方面，我们强调案例的针对性和实用性。

本书配套学习资源包括书中课堂案例、课堂练习和课后习题的场景文件、实例文件、视频文件，以及教学PPT课件和教学大纲。扫描封底或“资源与支持”页中的“资源获取”二维码，关注“数艺设”的微信公众号，即可得到资源文件获取方式。如需资源获取技术支持，请致函szys@ptpress.com.cn。

本书的参考学时为64学时，其中实训环节为28学时。各章的参考学时请参见下面的学时分配表。

章序	课程内容	学时分配	
		讲授	实训
第1章	认识Rhino 6	2	0
第2章	曲线和曲面建模技术	6	4
第3章	实体建模技术	4	4
第4章	NURBS建模原理	4	4
第5章	工程图出图规范	3	2
第6章	KeyShot 8操作基础	3	4
第7章	KeyShot材质和灯光	6	4
第8章	产品建模综合实训	8	6
学时总计		36	28

为了方便读者清晰了解本书的结构体系，下面对全书结构进行图解展示。

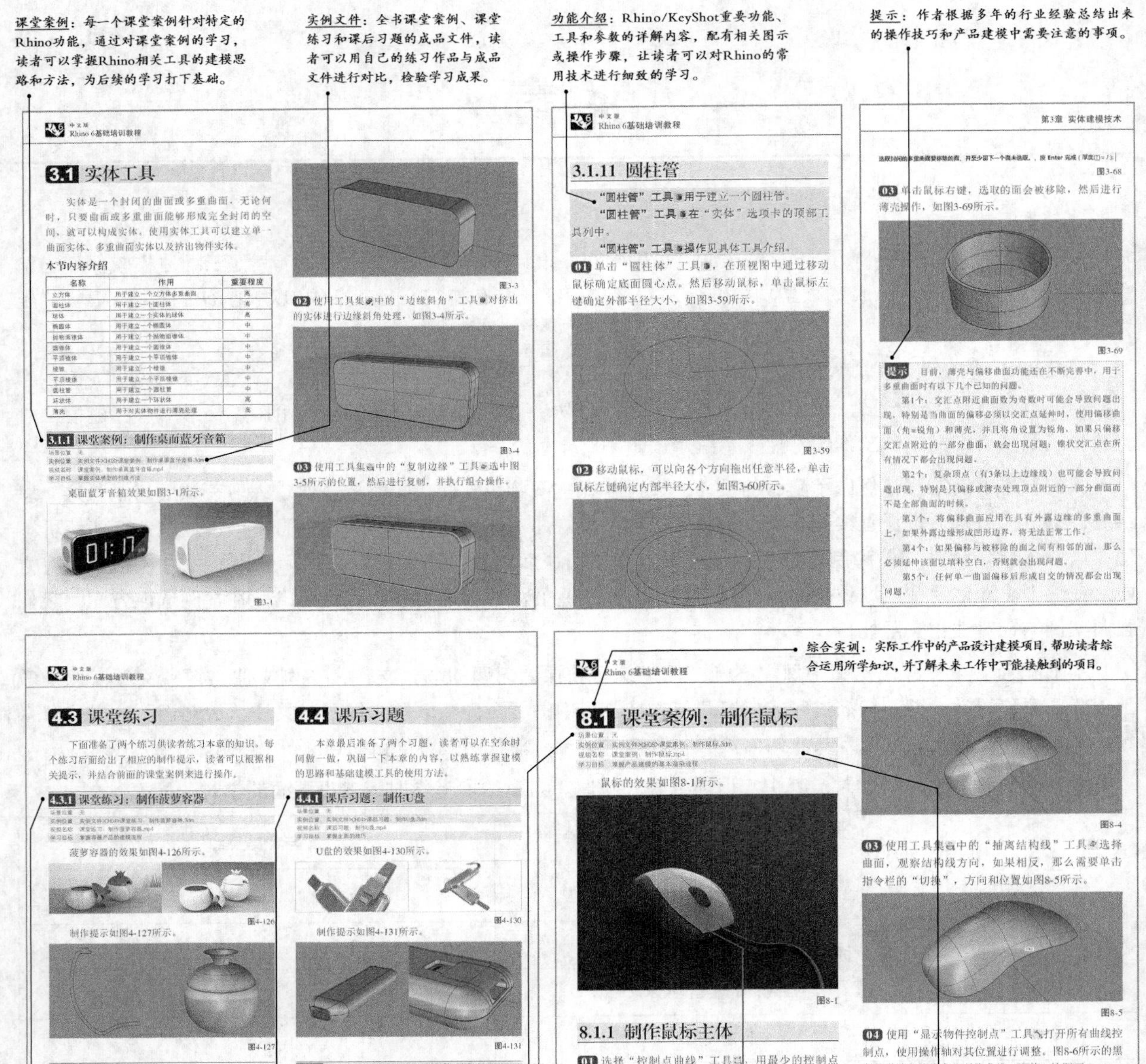

课堂练习：通过课堂练习的巩固学习，读者可以加深对Rhino的功能、建模的思路和方法的理解。

课后习题：通过课后习题，读者可以将所学的Rhino功能活学活用，实现学以致用的目标。

场景文件：全书课堂案例、课堂练习和课后习题的初始文件，读者可以用初始文件直接跟随书中的步骤进行操作。

展示图片：包含材质效果和白模图，这些图片不仅能让读者了解接下来要学习的内容，还有助于读者思考相关思路和方法，增强学习的积极性。

视频文件：全书课堂案例、课堂练习和课后习题的教学视频。如果读者在学习的过程中遇到操作问题，可以观看视频教程。

本书能顺利完成，少不了业内相关人士的帮助和支持，在此深表感谢。由于编者水平有限，书中难免存在不妥之处，敬请广大读者批评指正（邮箱：szys@ptpress.com.cn）。若读者在学习的过程中遇到问题和困难，欢迎与我们联系，我们将竭诚为广大读者服务。

编者

2020年10月

资源与支持

本书由“数艺设”出品，“数艺设”社区平台（www.shuyishe.com）为您提供后续服务。

配套资源

场景文件：书中课堂案例、课堂练习和课后习题的初始文件

实例文件：书中课堂案例、课堂练习和课后习题的成品文件

视频文件：书中案例的完整制作思路和制作细节讲解

PPT课件：全书内容课件，老师可以直接用于教学参考

教学大纲：全书的核心知识点归纳，老师可以用于教学规划参考

资源获取请扫码

“数艺设”社区平台， 为艺术设计从业者提供专业的教育产品。

与我们联系

我们的联系邮箱是szys@ptpress.com.cn。如果您对本书有任何疑问或建议，请您发邮件给我们，并请在邮件标题中注明本书书名及ISBN，以便我们更高效地做出反馈。

如果您有兴趣出版图书、录制教学课程，或者参与技术审校等工作，可以发邮件给我们；有意出版图书的作者也可以到“数艺设”社区平台在线投稿（直接访问www.shuyishe.com即可）。如果学校、培训机构或企业想批量购买本书或“数艺设”出版的其他图书，也可以发邮件联系我们。

如果您在网上发现针对“数艺设”出品图书的各种形式的盗版行为，包括对图书全部或部分内容的非授权传播，请您将怀疑有侵权行为的链接通过邮件发给我们。您的这一举动是对作者权益的保护，也是我们持续为您提供有价值的内容的动力之源。

关于“数艺设”

人民邮电出版社有限公司旗下品牌“数艺设”，专注于专业艺术设计类图书出版，为艺术设计从业者提供专业的图书、U书、课程等教育产品。出版领域涉及平面、三维、影视、摄影与后期等数字艺术门类，字体设计、品牌设计、色彩设计等设计理论与应用门类，UI设计、电商设计、新媒体设计、游戏设计、交互设计、原型设计等互联网设计门类，环艺设计手绘、插画设计手绘、工业设计手绘等设计手绘门类。更多服务请访问“数艺设”社区平台www.shuyishe.com。我们将提供及时、准确、专业的学习服务。

目录

第1章 认识Rhino 6

本章将带领读者进入Rhino 6的神秘世界。首先介绍Rhino 6的应用领域，然后系统介绍Rhino 6的界面组成、重要的基本工具和命令的用法。通过对本章的学习，读者可以对Rhino 6有一个基本的了解。

课堂学习目标

- 了解Rhino 6的应用领域
- 熟悉Rhino 6的操作界面
- 掌握Rhino 6的基本操作

1.1 Rhino 6的应用领域

Rhino，业内称其为“犀牛”，是一款由美国Robert McNeel&Associates公司开发的强大的专业3D造型软件。它包含了所有的NURBS建模功能，而且能导出高精度模型供其他三维软件使用。

Rhino具有灵活、精确的特点，多应用于草图绘制、动画制作和加工制造等方面。

Rhino除了被应用于船舶、航空航天、汽车的外观与内饰设计等领域外，也用于创建家庭及办公家具、医疗与运动设备、鞋、珠宝等模型的造型。图1-1~图1-5所示分别为Rhino在不同领域的精彩应用范例。

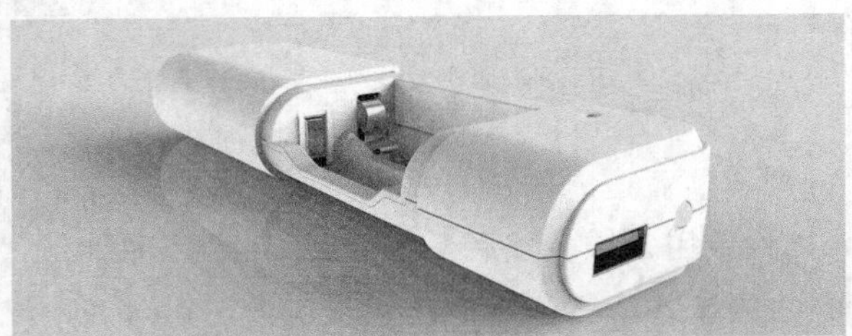

图1-1

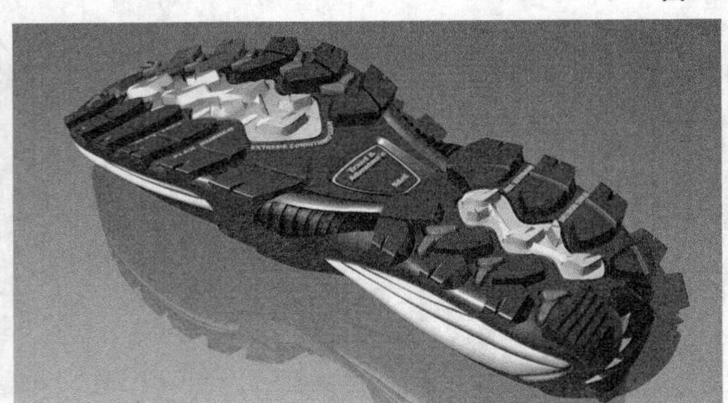

图1-2

图1-3

图1-4

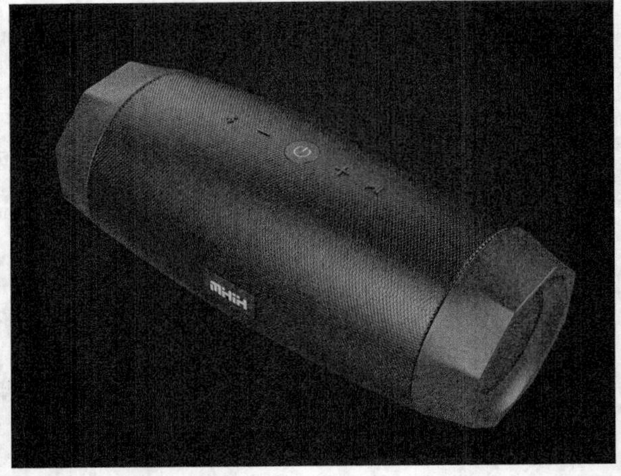

图1-5

NURBS建模同样被专业的动画制作人和数字艺术家广泛使用。对比多边形网格建模，NURBS建模不存在细分面片，生成的模型可以在任何分辨率下进行渲染，也可以在任何分辨率下生成渲染网格。

1.2 Rhino 6的工作界面

安装好Rhino 6后，可以通过双击桌面的快捷方式来启动软件。

在启动Rhino 6的过程中，可以观察到Rhino的启动画面，如图1-6所示。工作界面如图1-7所示。Rhino 6的视口模式是四视图显示，如果要切换到单一的视图显示，可以选择视窗左上角的标签选择视图，如图1-8所示。

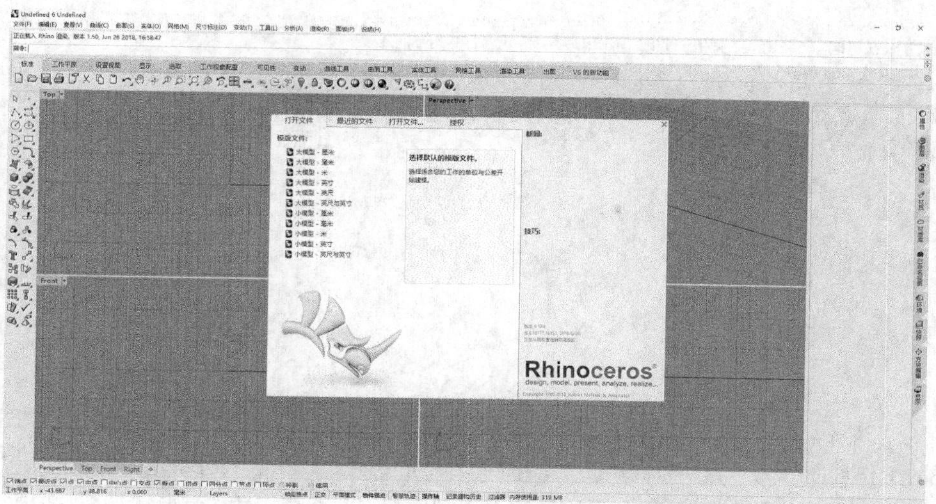

图1-6

图1-7

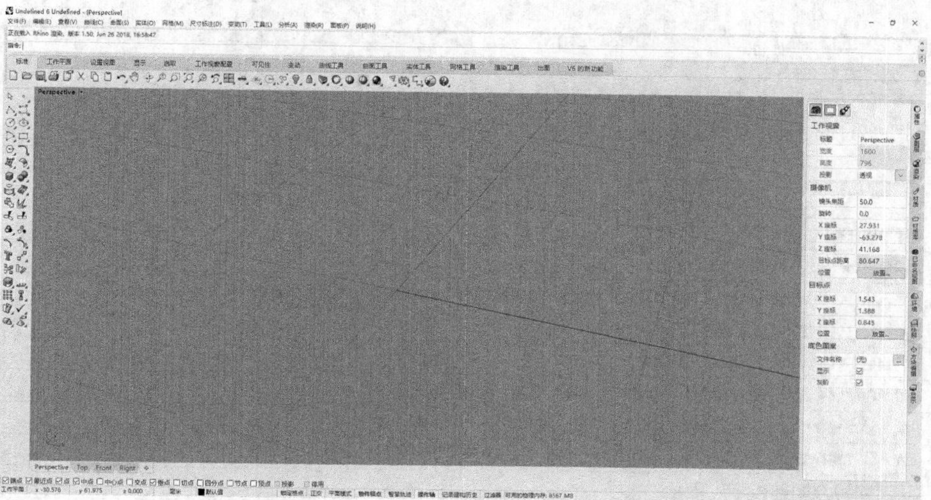

图1-8

提示 启动Rhino 6时，系统会弹出预设窗口，其中包括“打开文件”“最近的文件”“打开文件...”和“授权”，读者可以直接打开预设的“模板文件”或在“最近的文件”中快速打开最近使用过的文件，如图1-9所示。

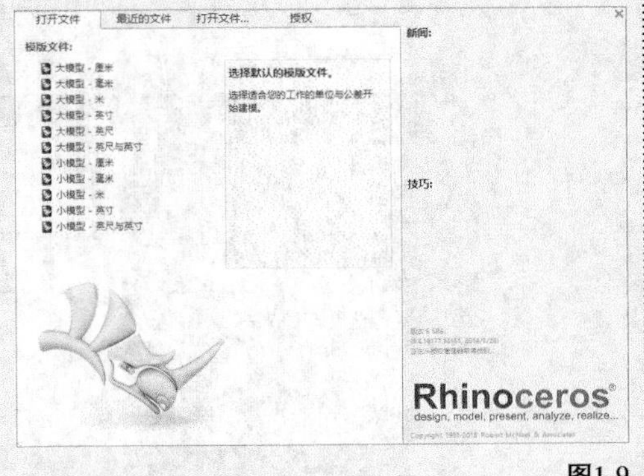

图1-9

Rhino 6的工作界面分为“窗口标题栏”“功能表”“指令栏”“工具列分组”“工具列”“工作视窗/视图”“工作视窗标题”“工作视窗标签”“物件锁点控制”和“状态列”10大部分，如图1-10所示。

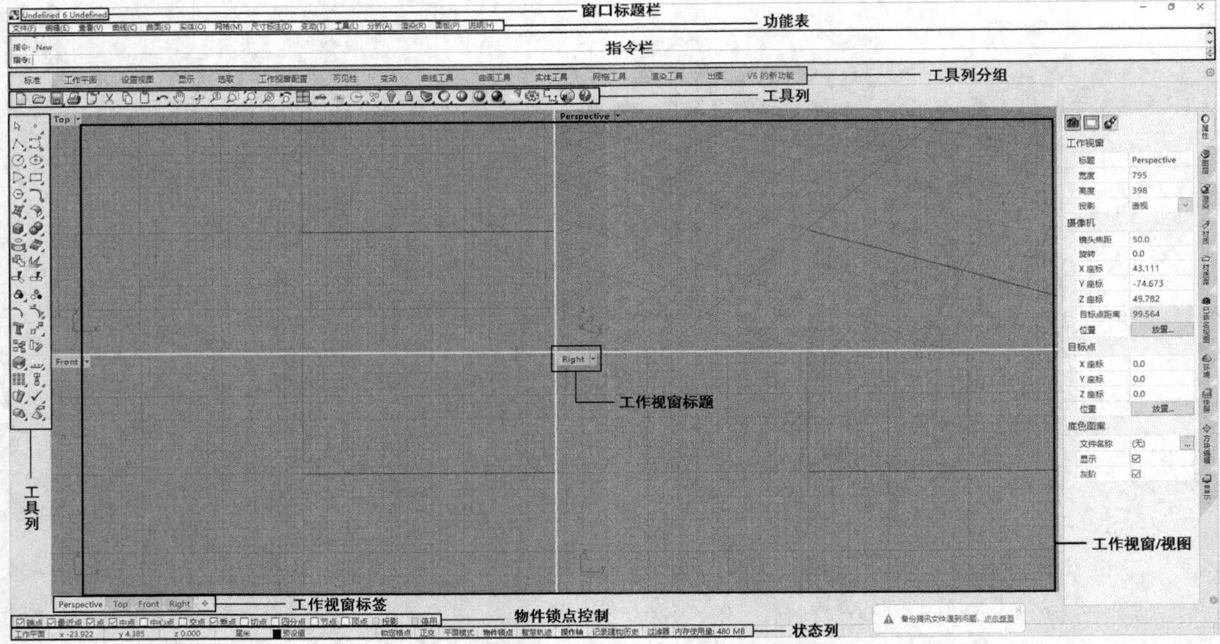

图1-10

本节内容介绍

名称	作用	重要程度
窗口标题栏	显示软件图标、打开模型的文件名称等信息	中
功能表	按照Rhino指令功能划分的功能分组	中
指令栏	显示执行过的指令与提示记录，读者可以复制指令历史记录的文字，再粘贴到指令栏、集编辑器或其他可以接受粘贴文字的程序中	高
工具列分组	单击工具列分组的标签，可对工具进行切换显示	高
工具列	常用的工具列分组，可以用于执行指令	高
工作视窗/视图	显示Rhino的工作环境，包括物件、工作视窗标题、背景、工作平面和世界坐标轴	中
物件锁点控制	物件锁点控制可以将鼠标标记锁定在物件上的某一点，如直线的端点或圆的中心点	高
工作视窗标题	在工作视窗标题上单击鼠标，该工作视窗会变为使用中的工作视窗，但不会取消已选取的物件	中
工作视窗标签	用于切换工作视图的标签控制列	中
状态列	显示目前的坐标系统、鼠标指针所在的位置与各种状态列面板	中

1.2.1 窗口标题栏

Rhino的“窗口标题栏”位于界面的顶部。“窗口标题栏”显示了软件图标、打开模型的文件名称等信息，如图1-11所示。

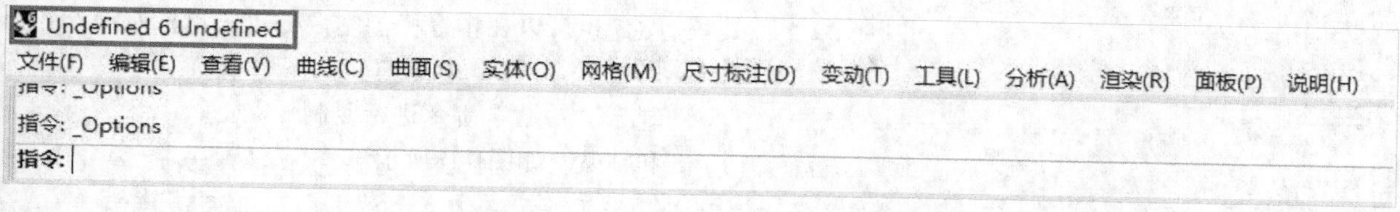

Undefined 6 Undefined

文件(F) 编辑(E) 查看(V) 曲线(C) 曲面(S) 实体(O) 网格(M) 尺寸标注(D) 变动(T) 工具(L) 分析(A) 渲染(R) 面板(P) 说明(H)

指令: _Options

指令: _Options

指令:

图1-11

1.2.2 功能表

“功能表”位于“窗口标题栏”的下方，包含“文件”“编辑”“查看”“曲线”“曲面”“实体”“网格”“尺寸标注”“变动”“工具”“分析”“渲染”“面板”和“说明”14个主菜单，如图1-12所示。在功能表中可以查找到Rhino中的所有命令。

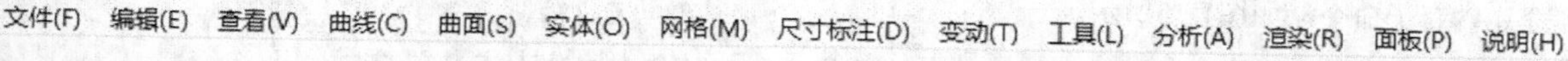

文件(F) 编辑(E) 查看(V) 曲线(C) 曲面(S) 实体(O) 网格(M) 尺寸标注(D) 变动(T) 工具(L) 分析(A) 渲染(R) 面板(P) 说明(H)

图1-12

重要参数解析

文件：“文件”菜单主要包括“新建”“打开”“恢复”“保存文件”“最小化保存”“递增保存”“另存为”“另存为模板”“插入”“导入”“从文件导入”“导出选取物件”“以基点导出”“分工工作”“附注”“文件属性”“打印”和“结束”18个常用命令。

编辑：“编辑”菜单主要包括“复原”“重做”“复制”“粘贴”“删除”等常用命令，这些命令大部分都配有快捷键。

查看：“查看”菜单中的命令主要用于控制视图的显示方式以及视图的相关参数设置（如工作视窗的配置与模型的显示模式等）。

曲线：主要用于创建曲线、矩形、圆和螺旋线等。

曲面：主要用于创建曲面和对曲面进行编辑。

实体：主要用于创建标准的几何体等。

网格：主要用于创建网格面和网格几何体等。

尺寸标注：主要用于出工程图，在工程图上进行一系列的操作。

变动：主要用于对点、曲线、曲面和实体等进行编辑。

工具：主要用于更改用户界面或系统设置。通过这个菜单可以设置自己的界面，同时还可以对Rhino系统进行设置，如设置单位和自动备份文件等。不仅如此，还可以通过书写脚本语言的短程序来自动执行某些命令。“工具”菜单中包括新建、测试和运行脚本等命令。

分析：主要用于分析模型上物件的角度、面积、曲率、方向、长度和外露边缘等。

渲染：主要用于设置渲染参数，包括“渲染”“环境”和“效果”等命令。

面板：主要用于开启或关闭物件属性和图层等操作面板。

说明：主要包含Rhino中的一些帮助信息，供用户参考学习。

在执行以上命令时可以发现，某些命令后面有与之对应的快捷键，如图1-13所示，例如，“复原”命令的快捷键为Ctrl+Z，也就是说按快捷键Ctrl+Z就可以撤回操作。牢记这些快捷键能够节省很多操作时间。

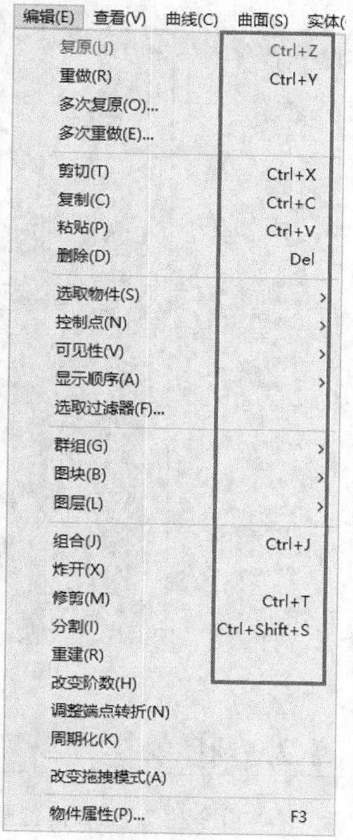

编辑(E) 查看(V) 曲线(C) 曲面(S) 实体(

复原(U) Ctrl+Z
重做(R) Ctrl+Y
多次复原(O)...
多次重做(E)...
剪切(T) Ctrl+X
复制(C) Ctrl+C
粘贴(P) Ctrl+V
删除(D) Del
选取物件(S)
控制点(N)
可见性(V)
显示顺序(A)
选取过滤器(F)...
群组(G)
图块(B)
图层(L)
组合(J) Ctrl+J
炸开(X)
修剪(M) Ctrl+T
分割(I) Ctrl+Shift+S
重建(R)
改变阶数(H)
调整端点转折(N)
周期化(K)
改变拖拽模式(A)
物件属性(P)... F3

图1-13

若菜单命令的后面带有省略号（...），则表示执行该命令后会弹出一个独立的对话框，如图1-14所示。

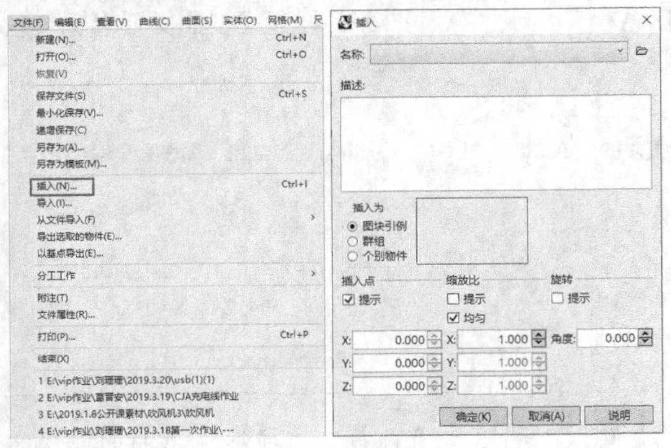

图1-14

若菜单命令的后面带有小箭头图标，则表示该命令还含有子命令，如图1-15所示。

每个主菜单后面均有一个括号，且括号内有一个字母，如“编辑”菜单后面的“（E）”，这表示可以利用E键来执行该菜单下的命令。下面以“编辑>复原”菜单命令为例来介绍这种快捷方式的操作方法。按住Alt键（在执行相应命令之前不要松开该键），然后按E键，此时“编辑”菜单下面会出现下划线和蓝色背景，表示该菜单被激活，同时将弹出下面的子命令，如图1-16所示，接着按U键即可撤销当前操作，返回到上一步（按快捷键Ctrl+Z也可以达到相同的效果）。

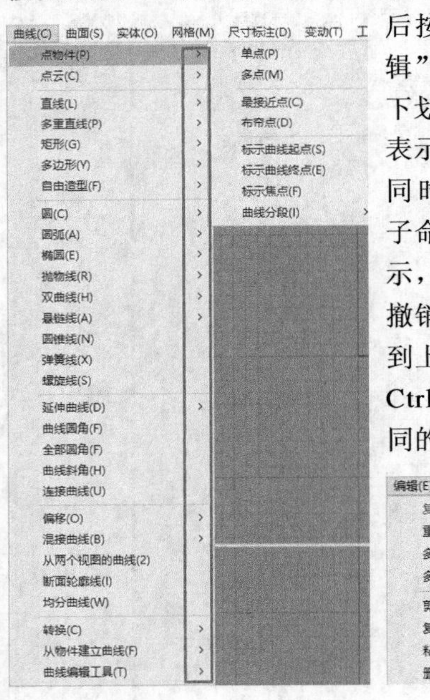

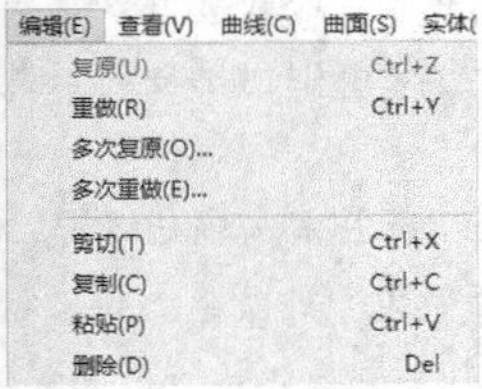

图1-15

图1-16

1.2.3 指令栏

“指令栏”显示执行过的指令与提示记录，读者可以复制指令历史记录的文字，再粘贴到指令栏、集编辑器或其他可以接受粘贴文字的程序中，显示指令的动作提示，可以输入指令名称或选择选项，如图1-17所示。复制和粘贴指令历史记录，可以通过快捷键Ctrl+C复制，通过快捷键Ctrl+V粘贴，也可以在指令栏的空白处单击鼠标右键，在弹出的快捷菜单中选择“复制”“粘贴”命令进行复制和粘贴，如图1-18所示。

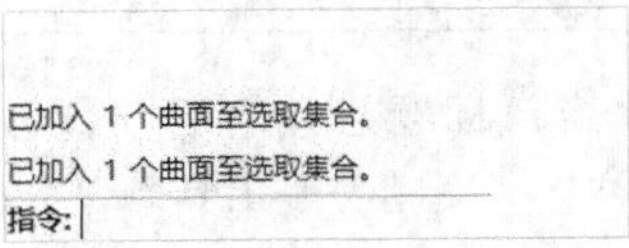

图1-17

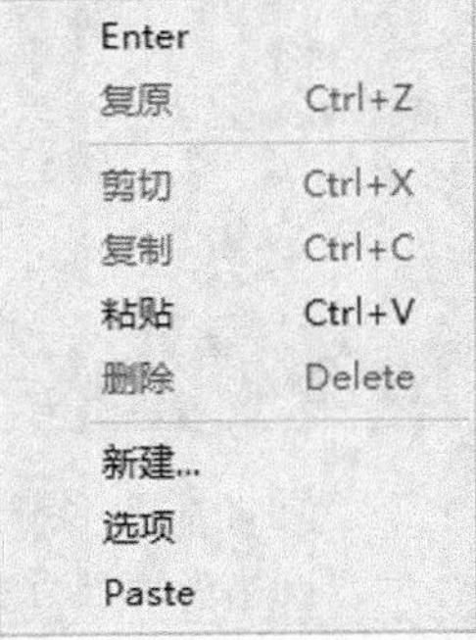

图1-18

1.2.4 工具列分组

“工具列分组”包含多组工具标签的工具列。把工具按照“标准”“工作平面”“设置视图”“显示”“选取”“工作视窗配置”“可见性”“变动”“曲线工具”“曲面工具”“实体工具”“网格工具”“渲染工具”“出图”和“V6的新功能”进行分类，单击工具列分组的选项卡可以对工具进行切换显示，如图1-19所示。当鼠标指针停留在选项卡上的时候，滚动鼠标滚轮就可以切换选项卡。

图1-19

1.2.5 工具列

该工具列由各种按钮组成，主要用于执行相关指令，如图1-20所示。

图1-20

左侧的工具列是一个特殊的工具列群组，可以根据当前顶部标签中的内容将现有的工具列群组更改为相应的内容。在默认的工作环境中，如果选择“曲线工具”“曲面工具”“实体工具”“网格工具”“渲染工具”，以及顶部的其他标准工具列群组，那么停靠在左侧的工具列中的工具会发生变化，如图1-21所示。

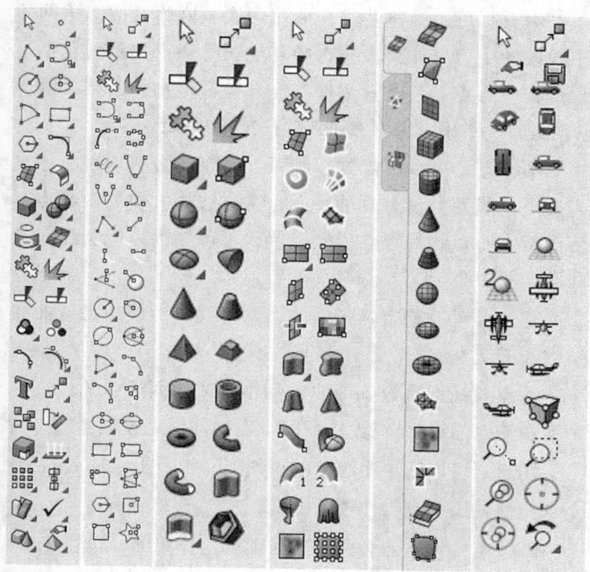

图1-21

1.2.6 工作视窗/视图

“工作视窗/视图”显示Rhino的工作环境，包括物件、工作视窗标题、背景、工作平面和世界坐标轴，如图1-22所示。读者可以通过以下操作修改工作视窗布局。

第1种：拖曳工作视窗边缘，调整其大小。

第2种：单击并拖动工作视窗标题，移动工作视窗。

第3种：使用鼠标右键单击工作视窗标题，进入工作视窗标题功能表。

图1-22

1.2.7 工作视窗标题

在建模过程中，将鼠标指针放在工作视窗标题上按鼠标左键，该工作视窗会变为使用中的工作视窗，但不会取消已选取的物件。在工作视窗标题上按鼠标右键或按右侧的倒三角形，可以弹出工作视窗功能表，如图1-23所示。读者可以在工作视窗表中切换工作视窗标题的可见性，设置工作平面和导入背景图等。

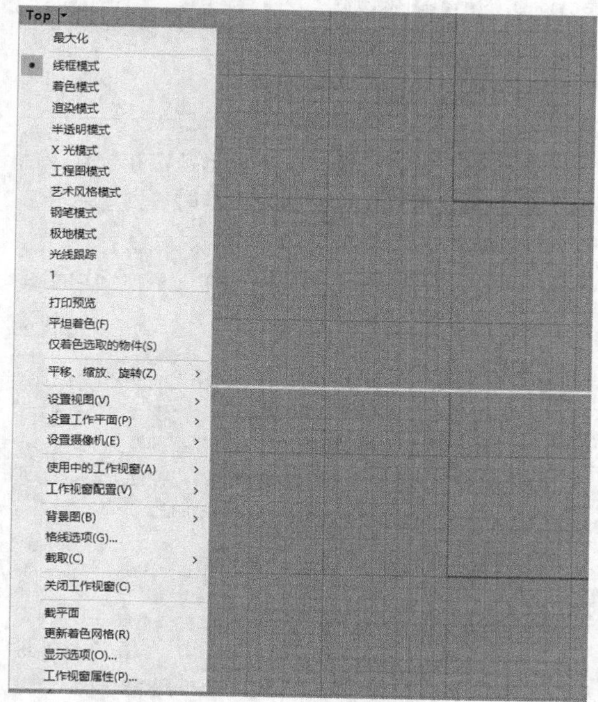

图1-23

1.2.8 工作视窗标签

工作视窗标签在工作视窗下方，用于切换工作视窗的标签控制列，如图1-24所示。这个功能适用于管理多模型工作视窗与图纸配置工作视窗的运行环境。

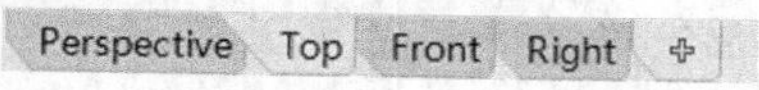

Perspective Top Front Right +

图1-24

每一个工作视窗或图纸配置工作视窗都可以有一个标签。在默认情况下，依次为“透视图”“顶视图”“前视图”和“右视图”。单击“添加”按钮，可以添加“新增图纸配置”“导入图纸配置”“新增浮动工作视窗”“水平分割”和“垂直分割”，如图1-25所示。

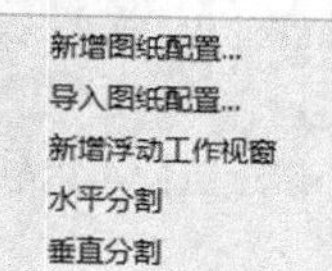

图1-25

提示 在操作时，要注意以下4点。

第1点：在工作视窗标签上双击鼠标可以重新命名工作视窗。

第2点：在工作视窗标签上单击鼠标右键，可以弹出管理工作视窗的功能表。

第3点：建议设置“启动时显示工作视窗标签”。

第4点：鼠标指针停留在工作视窗标签上时，转动鼠标滚轮可以轮流切换工作视窗。

1.2.9 物件锁点控制

物件锁点控制可以将鼠标标记锁定在物件上的某一点。当选中物件锁点的复选框时，则表示开启当前属性的物件锁点，如图1-26所示。

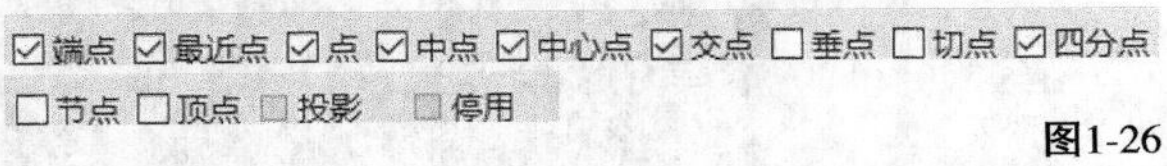

☑端点 ☑最近点 ☑点 ☑中点 ☑中心点 ☑交点 □垂点 □切点 ☑四分点
□节点 □顶点 □投影 □停用

图1-26

提示 在Rhino 6中，物件锁点控制除了上面这些，还有隐藏的物件锁点控制。按Ctrl键并将鼠标指针移动到物件锁点控件上，可以切换至参考性的物件锁点控制列，如图1-27所示。按Shift键并将鼠标指针移动到物件锁点控件上，可以切换至参考性的物件锁点控制列，如图1-28所示。

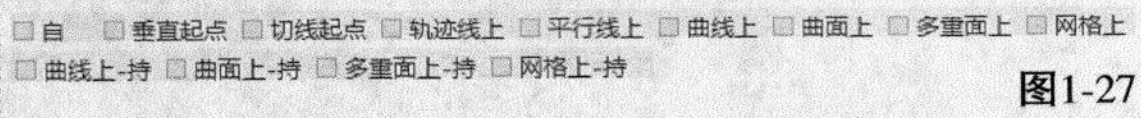

□自 □垂直起点 □切线起点 □轨迹线上 □平行线上 □曲线上 □曲面上 □多重面上 □网格上
□曲线上-持 □曲面上-持 □多重面上-持 □网格上-持

图1-27

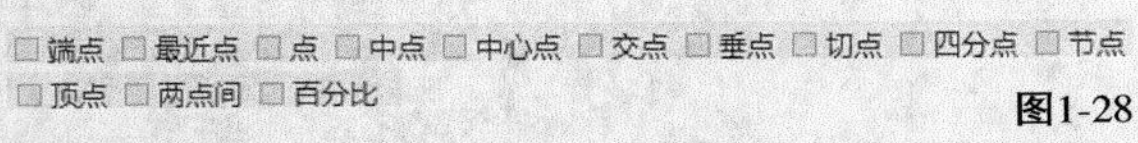

□端点 □最近点 □点 □中点 □中心点 □交点 □垂点 □切点 □四分点 □节点
□顶点 □两点间 □百分比

图1-28

当Rhino提示读者指定一个点时，读者可以打开不同的物件锁点模式将鼠标标记锁定至其他物件上的某一点。物件锁点启用时，将鼠标指针移动至其他物件的某个可以锁定的点附近时，鼠标标记会吸附至该点。

物件锁点控制可以持续使用，也可以单次使用。读者可以在物件锁点控制列同时启用多种持续性的物件锁点模式，所有物件锁点模式的特性都很类似，但是可以锁定物件的不同位置。例如，“端点”物件锁点控制可以锁定曲线的端点，启用这个锁点模式时，将鼠标指针移动至曲线的端点附近，鼠标标记会吸附至曲线的端点。

物件锁点控制参数解析

端点：可以锁定曲线的端点、文字边框方块的角、多重曲线的组合点、封闭曲线的接缝、曲面与多重曲面边缘的角。

最近点：可以锁定曲线或网格线上最接近鼠标指针的位置。

点：锁定点物件、挤出物件轴线、控制点、编辑点、图块和文本插入点。也可以锁定矩形灯光的中心点与角和图块的插入点，即使在控制点未打开时。如果通过名称选取点时，多个点有相同的名称，那么将选取最后创建或编辑过的点。

中点：可以锁定曲线、曲面边缘、网格线或多重曲线子线段的中点。如果没有选中其他物件锁点控制（包括最近点和中心点），不管物件有没有被其他物件遮挡，都可以通过中点物件锁点控制捕捉到物件的中点。

中心点：可以锁定圆、圆弧、封闭的多重直线、边界为多重直线而且没有洞的平面、文字边框方块的中心点。可以将中心点物件锁点控制设置为可以捕捉近似圆弧、圆和椭圆的中心。

交点：可以锁定两条曲线、网格线、两个边缘或曲面结构线的交点。

垂点：捕捉垂直于曲线、网格线或曲面边缘的点。指令提示输入的第1个点无法使用垂点物件锁点控制。

切点：可以锁定曲线上的正切点。指令提示输入的第1个点无法使用切点物件锁点控制。

四分点：锁定一条曲线在目前的工作平面，位置在x轴或y轴方向的最大值或最小值的点。

节点：可以锁定曲线或曲面上的节点。

顶点：可以锁定网格顶点。

投影：开启后投影方向的点也可以捕捉上，如交点。

停用：关闭当前物件锁点控制，无法捕捉。

垂直起点：锁定到与曲线或曲面垂直直线的轨迹线上。

切线起点：鼠标标记只能在与一条曲线正切的轨迹线上移动。

轨迹线上：沿着一条轨迹线。

平行线上：沿着与参考直线平行的轨迹线。

曲线上：限制只能锁定在选取的曲线上。

曲面上：限制只能锁定在选取的曲面上。

多重面上：限制只能锁定在选取的多重曲面上。

网格上：限制只能锁定在选取的网格上。

曲线上-持：限制只能锁定在选取的曲线上，直到目前的指令结束。

曲面上-持：限制只能锁定在选取的曲面上，直到目前的指令结束。

多重面上-持：限制只能锁定在选取的多重曲面上，直到目前的指令结束。

网格上-持：限制只能锁定在选取的网格上，直到目前的指令结束。

两点间：锁定两个点之间直线距离的中点。

1.2.10 状态列

“状态列”可以显示目前的坐标系统、鼠标指针所在的位置与各种状态列面板，如图1-29所示。

图1-29

状态列参数解析

工作平面：切换工作平面坐标与世界坐标。

x：标记所在位置的x坐标。

y：标记所在位置的y坐标。

z：标记所在位置的z坐标。

单位提示：目前使用的单位。执行绘图指令时会显示鼠标指针距离上一个指定点的距离。

图层提示：如果物件被选取，“图层”上显示的是选取物件所在的图层；如果没有物件被选取，“图层”上显示的是当前图层。单击“图层”可以进行快速设置，设置选取物件的图层或修改图层的可见性；使用鼠标右键单击“图层”可以打开图层面板。

锁定格点：单击“锁定格点”可以切换是否锁定格点。锁定格点以粗体字显示时，表示锁定格点功能已打开。单击鼠标右键可以进行设置，如图1-30所示。

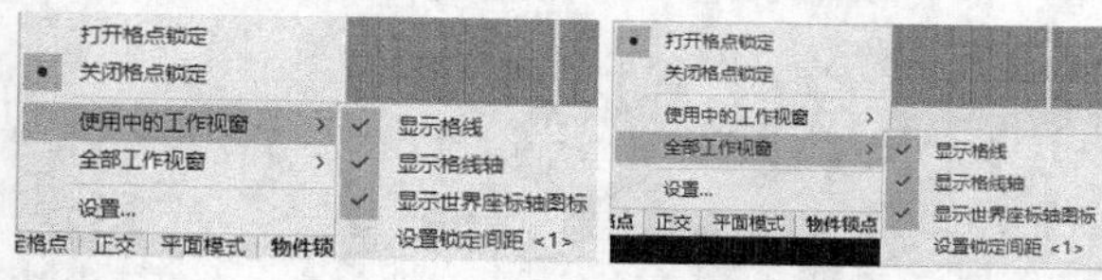

图1-30

正交：单击“正交”可切换正交模式的状态。文字以粗体显示时，表示已打开。单击鼠标右键可以进行设置，如图1-31所示。

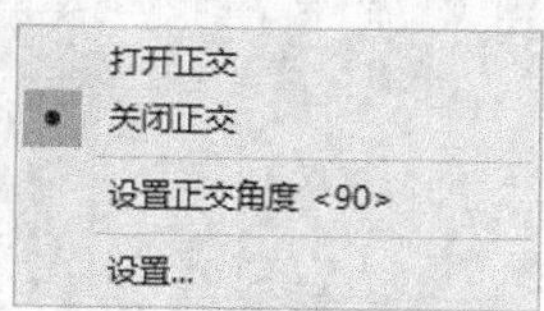

图1-31

平面模式：在“平面模式”上单击鼠标左键可以切换平面模式的状态。文字以粗体显示时，表示已打开。单击鼠标右键可以进行设置，如图1-32所示。

物件锁点：在“物件锁点”上按鼠标左键可以显示或隐藏物件锁点列。不论物件锁点列显示与否，有物件锁点模式启用时，物件锁点会以粗体显示。如果有物件锁点被选中，单击“物件锁定”切换到启用状态。单击鼠标右键可以进行设置，如图1-33所示。

打开平面模式

关闭平面模式

图1-32

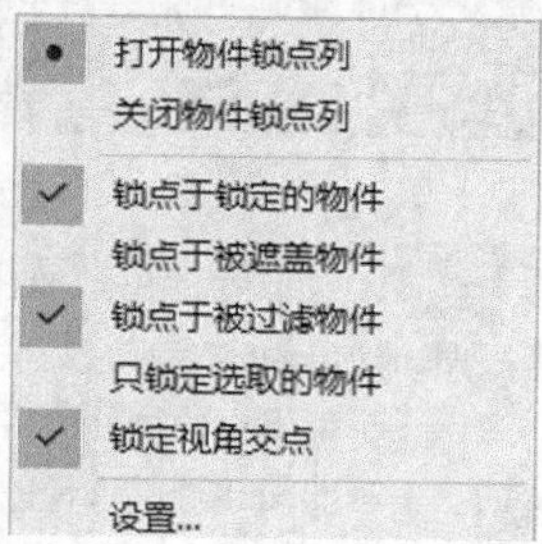

图1-33

智慧轨迹：在“智慧轨迹”上单击鼠标左键可以切换智慧轨迹的状态。文字以粗体显示时，表示已打开。单击鼠标右键可以进行设置，如图1-34所示。

操作轴：在“操作轴”上单击鼠标左键可以切换操作轴的状态。文字以粗体显示时，表示已打开。单击鼠标右键可以进行设置，如图1-35所示。

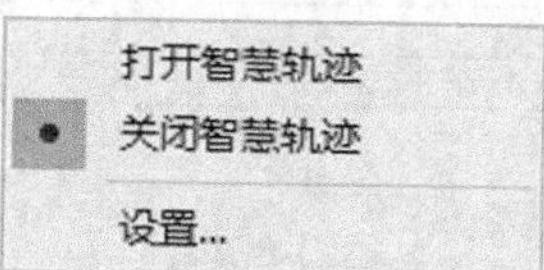

图1-34

自动重置操作轴

打开操作轴

关闭操作轴

对齐工作平面

对齐物件

对齐世界平面

可锁点

不锁点

视图绕着操作轴旋转

拖曳强度

设置...

图1-35

记录建构历史：在“建构历史”上单击鼠标左键可以打开或关闭记录建构历史。文字以粗体显示时，表示已打开。单击鼠标右键可以进行设置，如图1-36所示。

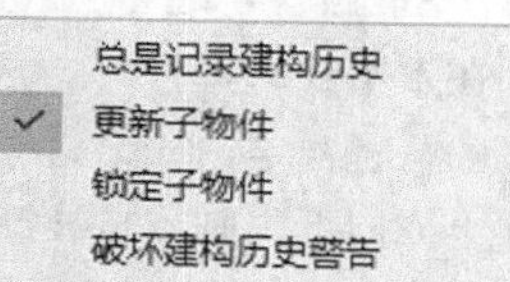

图1-36

过滤器：单击“过滤器”可以打开或关闭选取过滤器工具列，如图1-37所示。单击鼠标右键可以进行设置，如图1-38所示。

选取过滤器

☑点物件	☑曲线	☑曲面	☑多重曲面
☑网格	☑注解	☑灯光	☑图块
☑控制点	☑点云	☑剖面线	☑其它
☐停用	☐子物件		

图1-37

打开选取过滤器

关闭选取过滤器

图1-38

信息：在信息处单击鼠标左键可以选择要显示的信息，各种信息会在此处轮流显示。单击鼠标右键可以进行设置，如图1-39所示。前面有✓的信息会轮流显示。

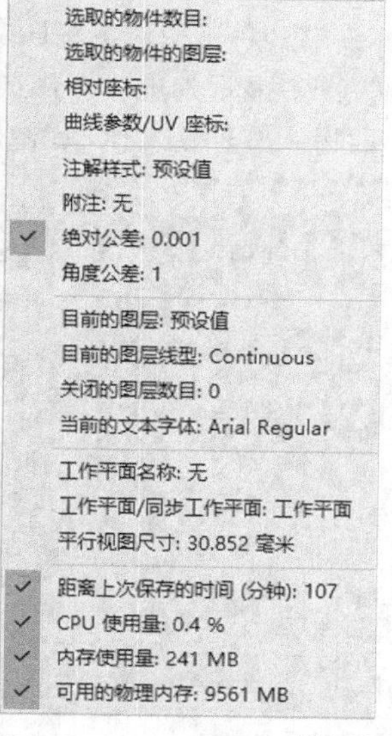

图1-39

1.3 软件基本操作

在开始建模前需要了解建模过程中一些基本的操作方式，并养成良好的建模习惯。建模的过程中会用到很多辅助点、线和面等，学会管理数据，可以提高建模的效率和质量。

本节内容介绍

名称	作用	重要程度
视图基本操作	旋转、移动、缩放视图	高
选取物件	选取视窗中的物件	高
物件管理	通过改变物件在视窗中的显示情况来管理物件	高

1.3.1 视图基本操作

鼠标右键：旋转透视视图和平移平行视图。

Shift+鼠标右键：按住Shift键将视图旋转方向限制在水平或垂直方向。方向由按下鼠标右键时指针所在的位置决定，如果鼠标指针向左或向右的程度大于向上或向下，则旋转被锁定在水平方向，反之亦然。

滚轮：缩放视图。

单击滚轮：弹出工具列。

Ctrl+鼠标右键：放大或缩小视图。

Shift+Alt+鼠标右键：倾斜视图。

1.3.2 选取物件

下面介绍选取物件的几种方式。

第1种：在物件上单击鼠标左键可以直接点选物件。

第2种：由右至左拖曳出框选方框来选取物件。视图中显示为虚线矩形选框，此时只要在矩形框内的物件都会被选中，如图1-40所示。

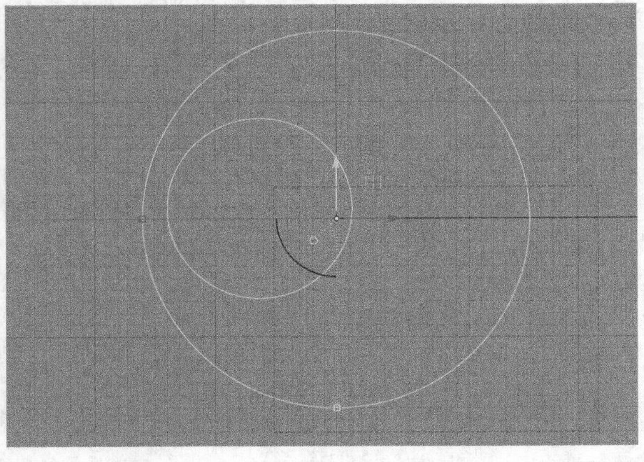

图1-40

第3种：由左至右拖曳出框选方框来选取物件。视图中显示为实线矩形选框，此时物件需要全部包含在矩形框内才能被选中，如图1-41所示。

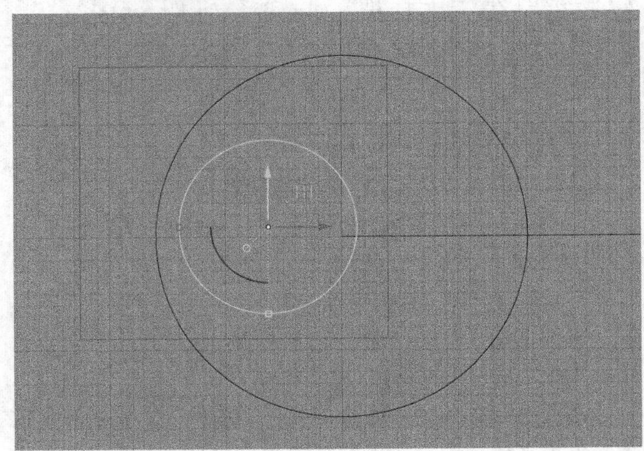

图1-41

第4种：如果指令允许选取多个物件，在选取完成后按Enter键继续执行指令。

第5种：按住Ctrl键和Shift键，使用鼠标左键单击或拖曳来选取父物件，如图1-42所示。许多指令都可以用于选取物件的父物件或指定允许选取的物件类型。

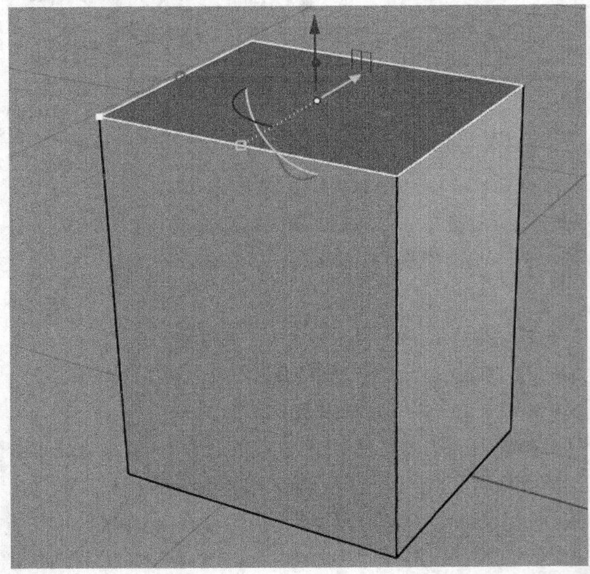

图1-42

提示 选取物件包括曲线、曲面控制点、多重曲面、挤出面、边缘曲线、曲面边缘曲线、网格顶点、面、边界、边缘、一个群组内的物件、多重曲线、多重曲面中的线段、曲面、多重曲面和挤出物件的顶点等，这些操作等同于打开实体物件的控制点。

1.3.3 物件管理

在建模的过程中，常常会遇到一个模型越往后做物件越多的情况，这就很容易干扰设计师的视线，导致工作出现错误，从而降低了建模效率。因此，要提高效率，就需要经常使用以下工具。

隐藏物件：将暂时不需要显示的物件隐藏起来。

显示物件：重新显示所有隐藏的物件。

显示选取物件：重新显示被隐藏的物件。

锁定物件：锁定物件后，视图中会以灰色显示物件，如图1-43所示。物件被锁定后是能被捕捉的。

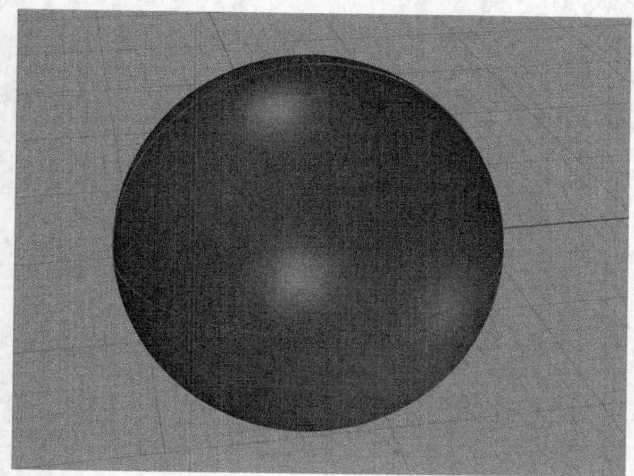

图1-43

解除锁定物件：解除锁定所有被锁定的物件。

解除锁定选取的物件：解除锁定选取的锁定的物件。

隔离物件：隐藏当前所选物件外的所有物件。使用鼠标右键可以取消隔离物件。

隔离锁定物件：锁定除当前所选物件外的所有物件。单击鼠标右键可以取消隔离锁定物件。

组合：将端点或边缘相连接的单一物件组合在一起。直线组合为多重直线，曲线组合为多重曲线，曲面或多重曲面组合为多重曲面或实体。

提示 在使用“组合”工具时，需要注意以下7点。

第1点：“组合”工具不会更改几何信息，它会测试要组合物件连接处的距离是否小于公差的两倍，如果小于就组合在一起，如果大于就不组合。

第2点：曲面或网格面的边缘可以和曲线组合。

第3点：可以组合端点相连接的曲线。

第4点：组合后物件所在的图层是由选取物件的顺序决定的。

第5点：曲面或多重曲面相接的外露边缘可以组合在一起。

第6点：可以将不相连的网格（未相接的网格）组合在一起。

第7点：曲面组合后的几何信息不会改变，只是把相接的曲面“粘”起来，使网格转换、布尔运算与交线可以跨越曲面而不产生缝隙。

炸开：将组合在一起的物件打散成为单个物件。

群组工具：将选取的物件组成一个群组。群组在一起的所有物件可以被当成一个物件选取。指令也会将整个群组当成一个物件。群组名称是区分大小写的。

解组工具：去除选取群组的群组状态。

提示 无论执行多少次“组合”工具，只需要执行一次“炸开”工具，即可将组合在一起的物件打散成为单个物件。但执行了多少次“群组”工具，就需要“解组”多少次。

1.3.4 操作轴

在状态列的“操作轴”上按鼠标左键，可以切换操作轴的状态。文字以粗体显示则表示已打开，如图1-44所示。

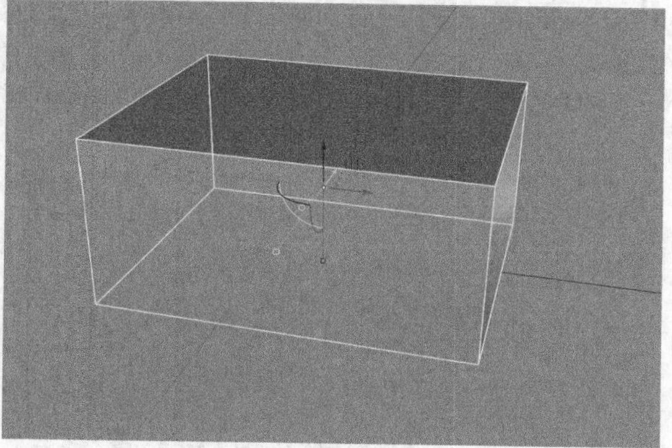

图1-44

下面介绍几种常见的操作轴的方法。

移动物件：可以拖曳操作轴的箭头，如图1-45所示。

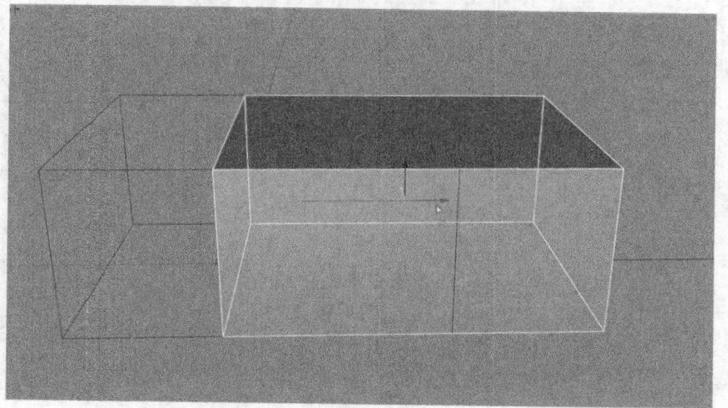

图1-45

缩放物件：可以拖曳操作轴的小方块，如图1-46所示。

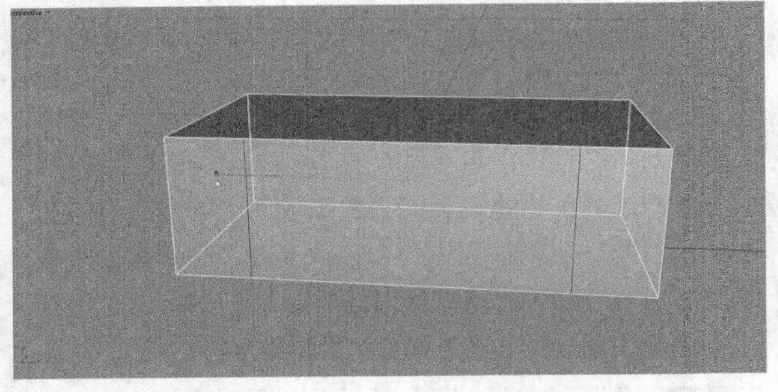

图1-46

旋转物件：可以拖曳操作轴的圆弧，如图1-47所示。

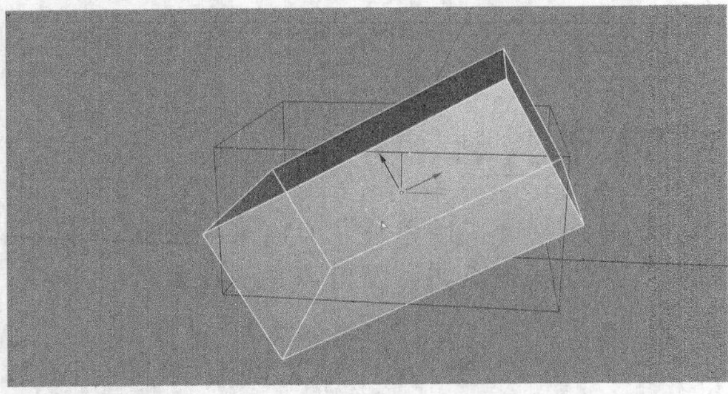

图1-47

复制物件：可以按住Alt键并拖曳物件，如图1-48所示。

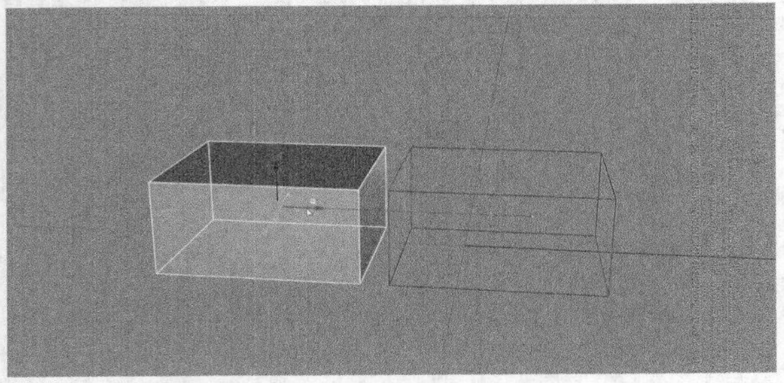

图1-48

三轴缩放：可以按住Shift键并执行缩放操作，如图1-49所示。

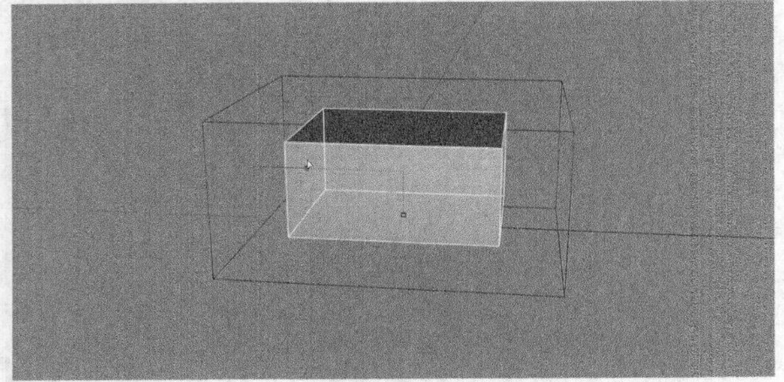

图1-49

两轴缩放：可以按住Shift键并拖曳轴面控制器，如图1-50所示。

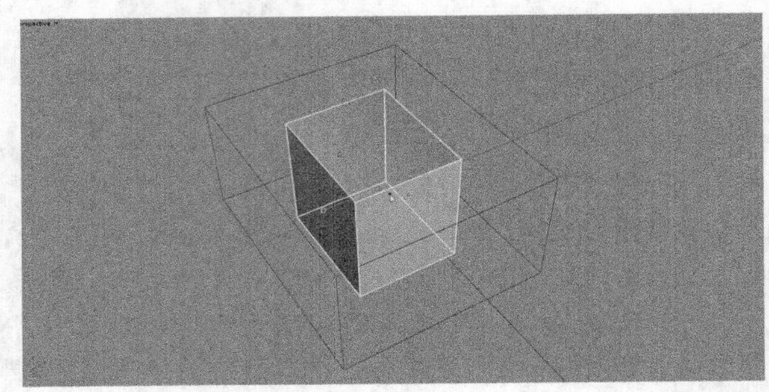

图1-50

第2章 曲线和曲面建模技术

本章将介绍Rhino的基础曲线和曲面建模技术，包括点、多重直线、多重曲线和曲面等基础指令。通过对本章的学习，读者可以快速地创建出一些简单的模型。

课堂学习目标

- 了解曲线的搭建方法
- 掌握曲线指令及其使用方法
- 巧妙运用曲面工具将曲面衔接顺滑

2.1 单点工具

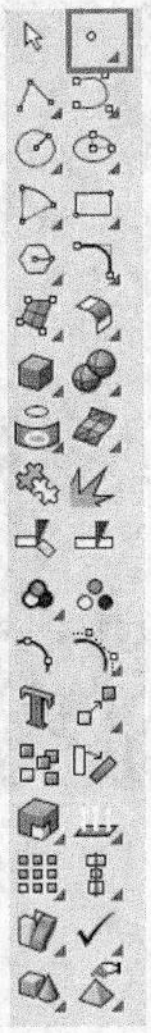

“单点”工具集用于绘制各种直线。

“单点”工具集在左侧工具列。

“单点”工具集操作为单击左键设定点。

单击工具列中“单点”工具集的下三角，如图2-1所示。弹出的面板中包含了多种建立点的工具，常用的有“单点”工具、“多点”工具、“抽离点”工具、“最接近点”工具、“数个物件的最接近点”工具、“标示曲线的起点”工具和“依线段长度分段曲线”工具等，如图2-2所示。

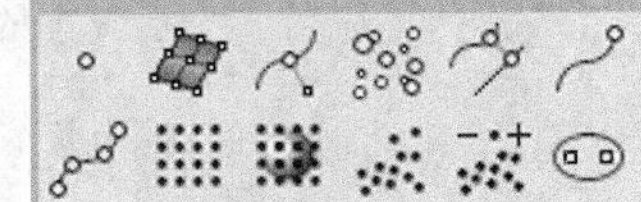

图2-1

图2-2

“单点”工具用于创建点。在分割线段、辅助点绘制等场合可以辅助操作。单击“单点”工具，在视图中单击鼠标左键，找到并确定点的位置，确定好点的位置后自动完成指令，如需继续添加点，可继续单击“单点”工具或用鼠标右键重复上一个指令继续确定点。

“多点”工具用于创建多个点。“多点”工具和“单点”工具的区别在于“多点”工具可以连续建立数个点物件。

“抽离点”工具用于建立曲线控制点、编辑点、曲面控制点和网格顶点的副本。选取曲线、曲面或网格物件，Rhino会在物件的每一个控制点或顶点的位置建立点物件，如图2-3所示。

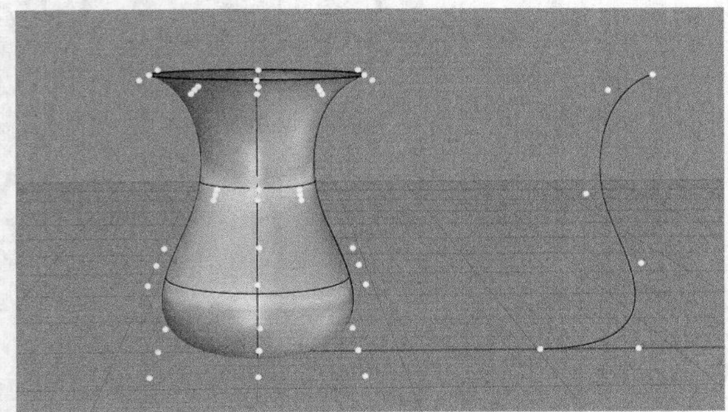

图2-3

“最接近点”工具用于在选取的物件最接近指定点的位置建立一个点物件。下面介绍操作方法。

01 选取目标物件，单击“最接近点”工具，此时指定最近点的基准点，如图2-4所示。

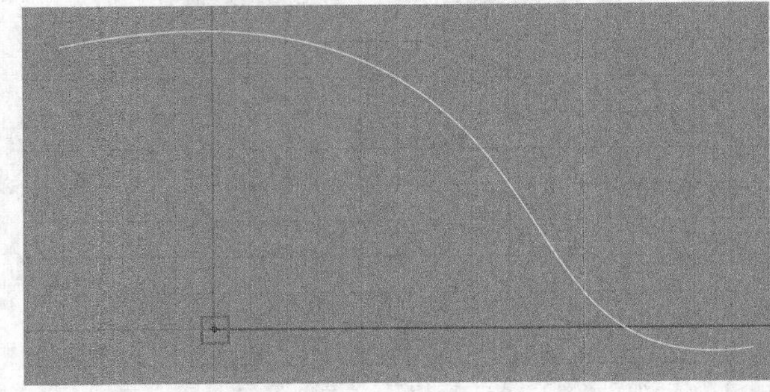

图2-4

02 在曲线上生成一个点物件，这个点物件是距离指定基准点最近的位置，如图2-5所示。

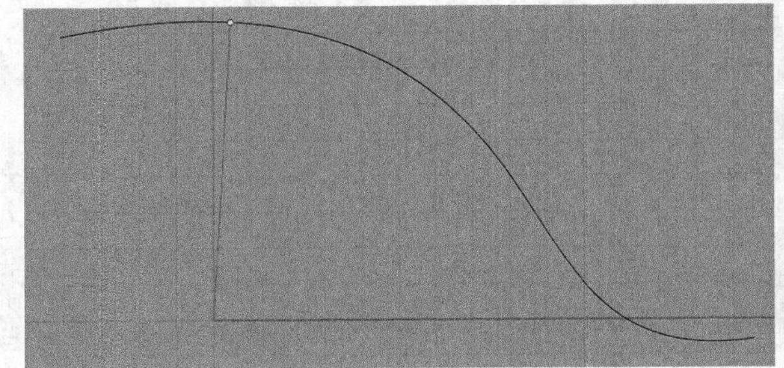

图2-5

“数个物件的最接近点”工具用于在两个物件距离最短的位置各建立一个点物件。选取一条曲线或一个点物件，在需要选取物件的某一部分时，可以使用选取父物件的方式选取。计算从该物件到最初选定物件的最近点，将在最近点位置放置一个点物件，如图2-6所示。这个功能在获取两个曲线的最近点时很有用。单击指令栏，将“建立直线”改为“是”，如图2-7所示，在物件上的最近点与指定的基准点之间建立一条直线，如图2-8所示。

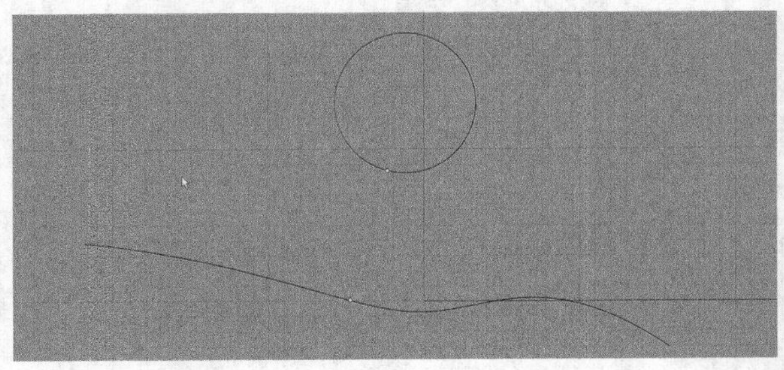

图2-6

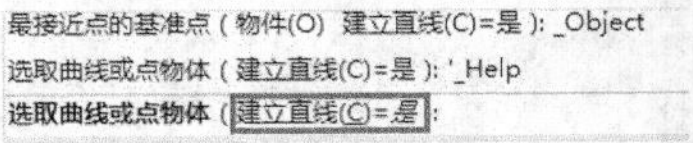

最接近点的基准点 (物件(O) 建立直线(C)=是): _Object
选取曲线或点物体 (建立直线(C)=是): '_Help
选取曲线或点物体 (建立直线(C)=是):

图2-7

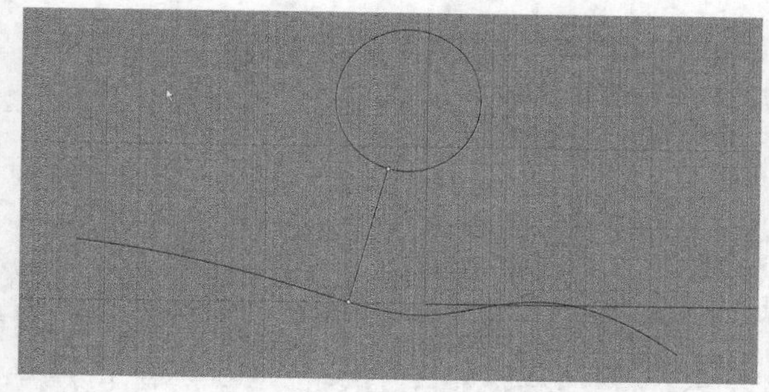

图2-8

提示 使用该工具时需注意以下3个操作要点。

第1个：在全部物件的最接近点建立一个点物件。

第2个：一次选取数个物件时，只会找出一个最接近点，如果想在每个物件上找出最接近点，必须对每个物件分别执行最接近点指令。

第3个：指令栏会显示基准点与最接近点之间的距离。

"标示曲线的起点"工具用于在曲线的起点放置一个点物件，如图2-9所示。单击"标示曲线的起点"工具，使用鼠标右键可以在曲线的终点放置一个点物件。

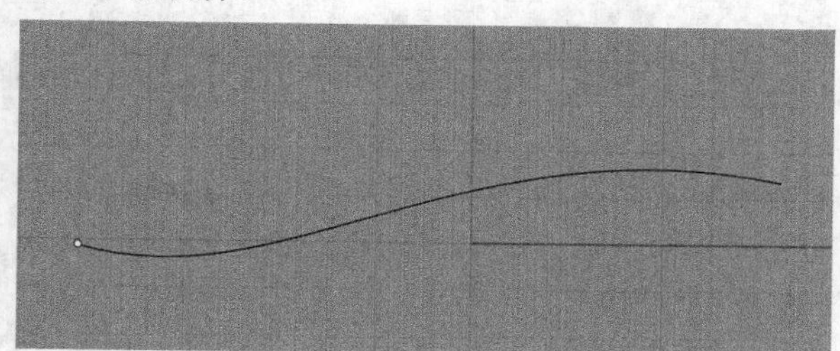

图2-9

"依线段长度分段曲线"工具用于设定曲线的分段数或分段长度，并在曲线上建立分段点或将曲线分割。下面介绍具体操作方法。

01 选中曲线，单击"依线段长度分段曲线"工具，此时指令栏会显示曲线的总长度和分段长度。在光标后输入需要的长度，如图2-10所示，然后按Enter键或单击鼠标右键，即可完成分段曲线的创建，如图2-11所示。

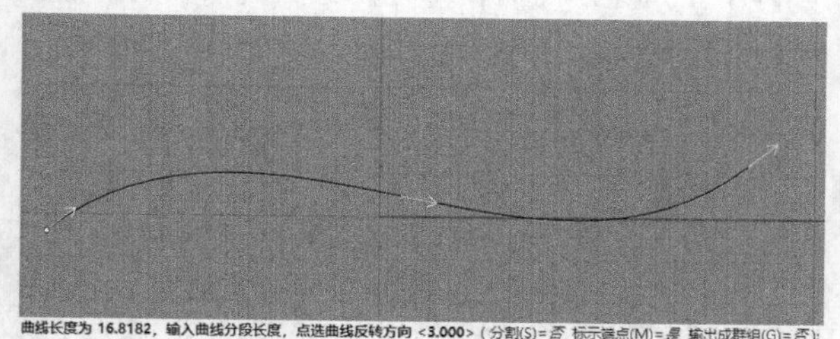

图2-10

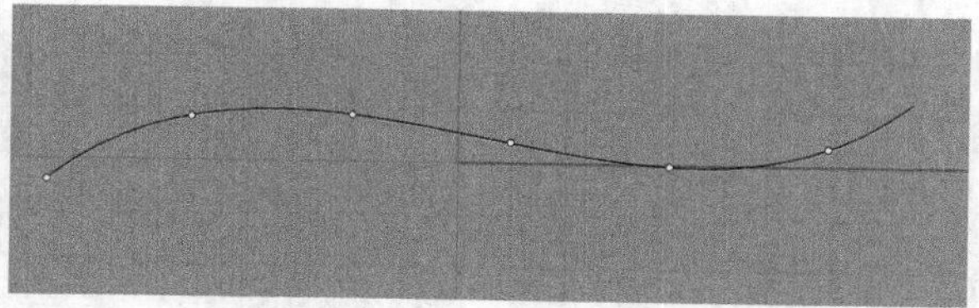

图2-11

02 选中曲线，使用鼠标右键单击"依线段长度分段曲线"工具，此时指令栏会提示输入分段的数目来等分曲线，如图2-12所示，然后按Enter键，如图2-13所示。

分段数目 <4> (长度(L) 分割(S)=否 标示端点(M)=是 输出成群组(G)=否):

图2-12

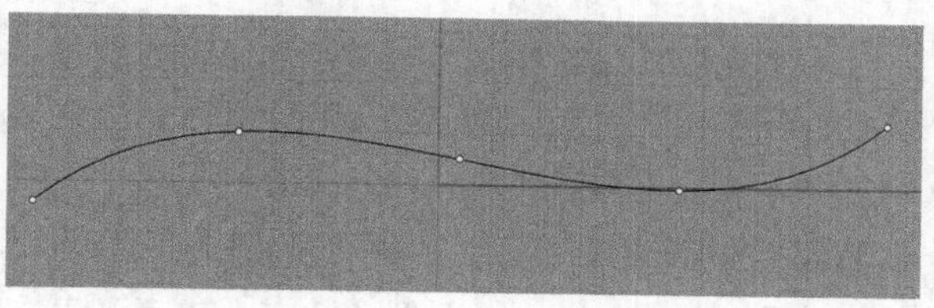

图2-13

提示 "依线段长度分段曲线"工具会出现未完全分开的状态，如总长度为10cm的线，按照3cm等分，后面会有1cm留下，如图2-14所示。因此，"依线段长度分段曲线"工具可以将曲线按指定长度均分，并保留不足以分配的部分。

图2-14

2.2 曲线工具

在工具列分组中切换到"曲线工具"选项卡。图2-15所示框选的部分都是曲线建模的工具，本节择重点介绍。

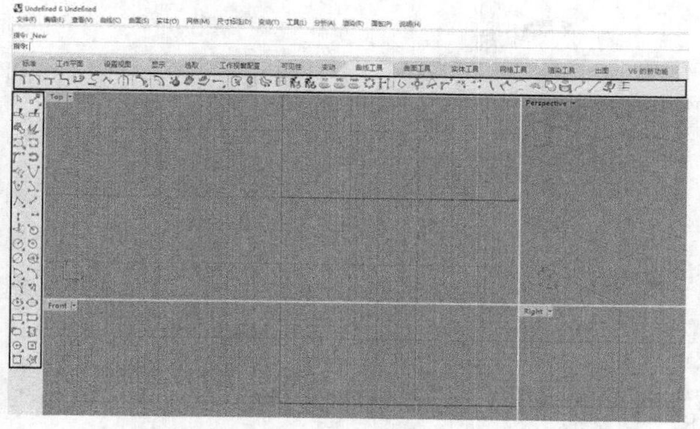

图2-15

Rhino为了方便用户高效建模，将常用的建模工具都放在了“标准”选项卡的左侧工具列中，如图2-16所示。

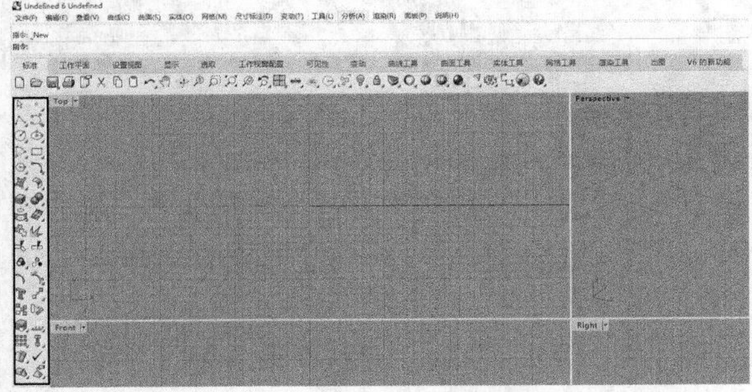

图2-16

本节介绍曲线建模技术，主要包括多重直线、多重曲线、圆、椭圆、圆弧、矩形、多边形、曲线圆角/曲线斜角、偏移曲线和投影曲线等内容。

本节内容介绍

名称	作用	重要程度
多重直线	用于绘制各种直线	高
多重曲线	用于绘制各类平滑曲线	高
圆	用于通过各种限制条件绘制圆形曲线	高
椭圆	用于绘制椭圆	中
圆弧	用于绘制圆弧	中
矩形	用于绘制方角矩形和圆角矩形	高
多边形	用于绘制可控边数图形	高
曲线圆角/曲线斜角	用于为曲线交点创建圆弧/用于为曲线交点创建有棱角的倒角	中
偏移曲线	用于在曲线一侧生成新的曲线或缩放成新的封闭曲线	中
投影曲线	用于将曲线快速投影到曲面上，生成与曲面弧度贴合的新曲线	高
复制边框	用于快速提取实体中单个曲面的边框线	高

2.2.1 课堂案例：制作简约吊灯

场景位置　无
实例位置　实例文件>CH02>课堂案例：制作简约吊灯.3dm
视频名称　课堂案例：制作简约吊灯.mp4
学习目标　学习并掌握曲线的创建方法

简约吊灯效果如图2-17所示。

图2-17

提示 本节涉及后面的部分内容，读者可以跟着步骤直接操作，具体内容将会在后面的小节中介绍。

01 **制作吊灯框架** 使用“多边形：中心点、半径”工具绘制正六边形，在指令栏中单击“边数”，输入6，如图2-18所示。在顶视图中建立一个正六边形，如图2-19所示。

内接多边形中心点 (边数(N)=6 模式(M)=内切 边(D) 星形(S) 垂直(V) 环绕曲线(A)):

图2-18

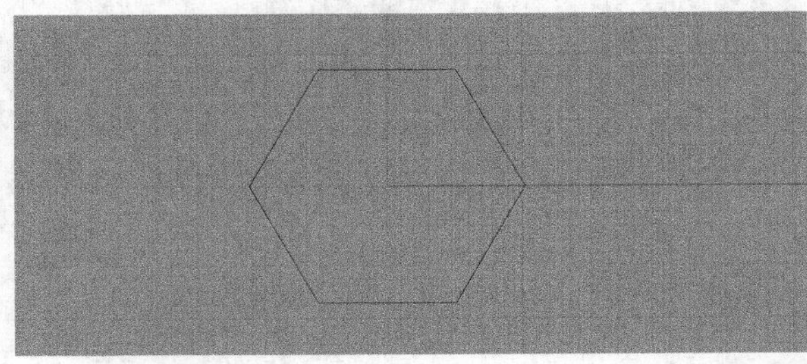

图2-19

02 按住Alt键，单击操作轴上蓝色圆弧的部分，输入90，复制并旋转90°，如图2-20所示。

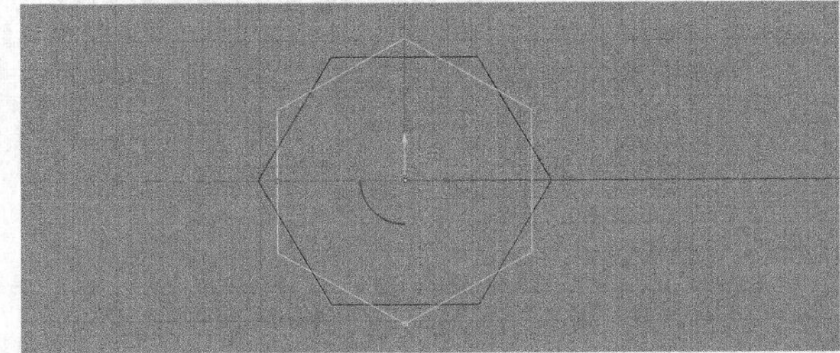

图2-20

03 选中旋转后的物件，将鼠标指针放到操作轴的蓝色箭头（z轴）上，向上移动一段距离，如图2-21所示。

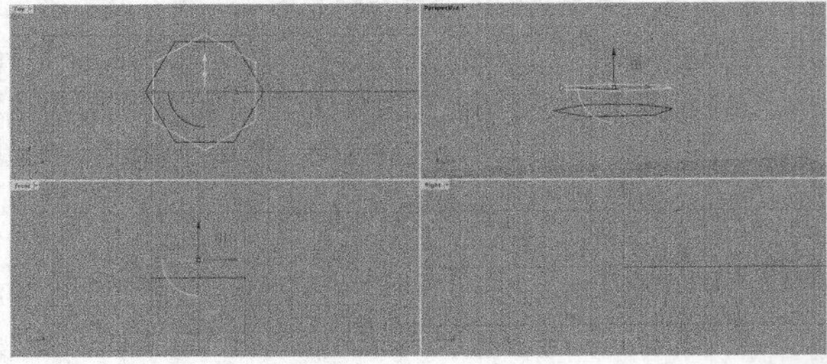

图2-21

04 使用工具集中的“面积重心”工具分别获取两个正六边形的面积重心，得到面积重心的点，如图2-22所示。

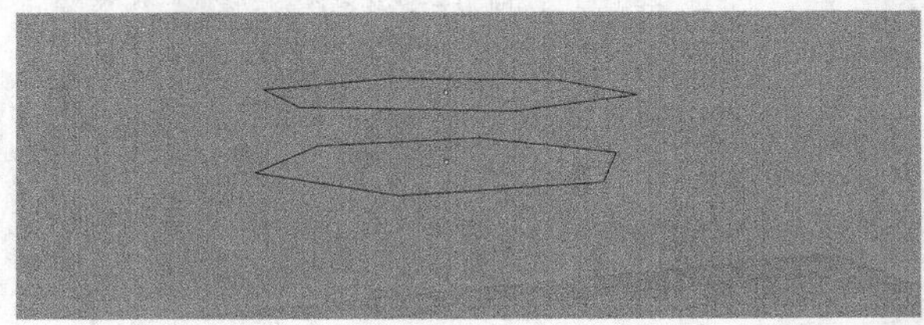

图2-22

05 同时选中两个面积重心点，使用操作轴将两个点向上移动一定的距离，如图2-23所示。

图2-23

06 使用“多重直线”工具将两个正六边形上下顶点连接起来，如图2-24所示。

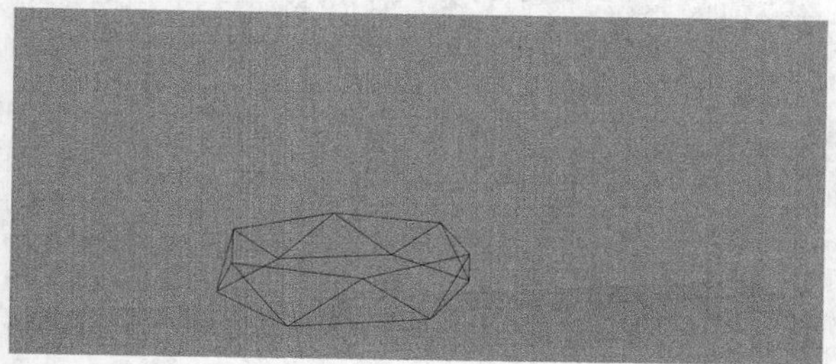

图2-24

07 使用“多重直线”工具将最下面正六边形端点和靠下的重心点连接起来，如图2-25所示。注意这里线条比较多，为了避免捕捉错误，最好在物件锁点处只开启“端点”和“点”的捕捉，如图2-26所示。

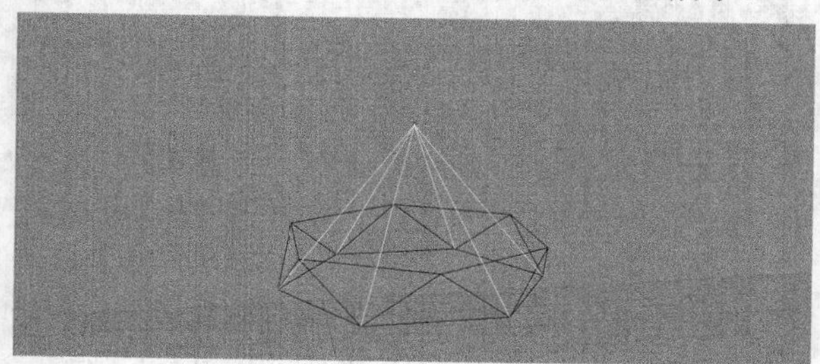

图2-25

☑端点 □最近点 ☑点 □中点 □中心点 □交点 □垂点 □切点 □四分点 □节点 □顶点 □投影 □停用

图2-26

08 重复上面的步骤，将剩下的正六边形和最上面的重心点连接起来，如图2-27所示。

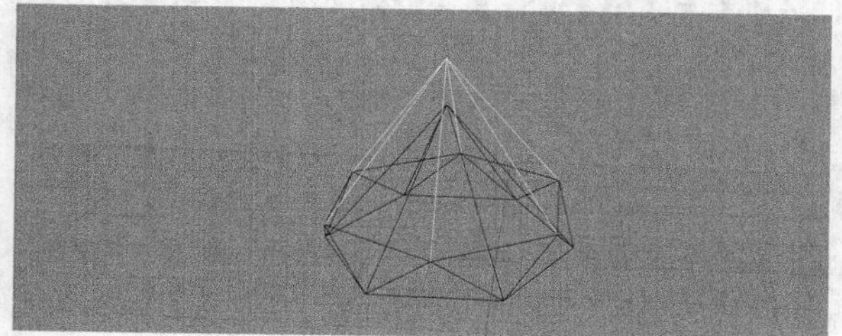

图2-27

09 使用工具集中的“圆管（平头盖）”工具选中所有的线条并建立圆管，如图2-28所示。

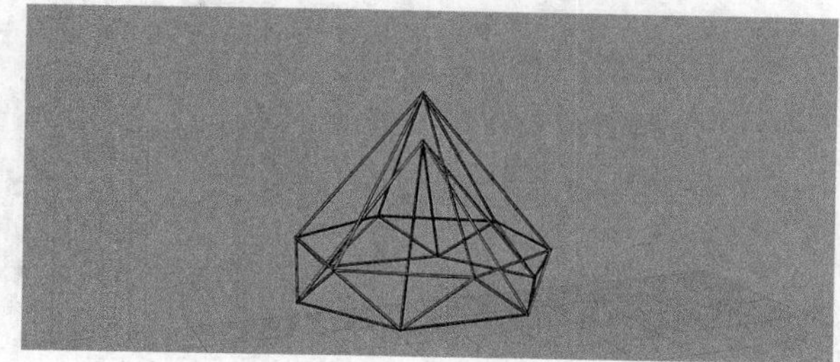

图2-28

10 使用“多重直线”工具画出吊灯线的直线段，如图2-29所示。

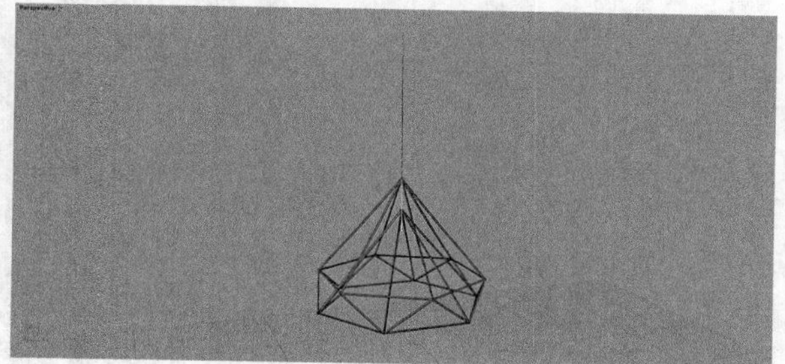

图2-29

11 使用“多重直线”工具画出吊灯线和下面灯主体部分衔接处部件的轮廓线，如图2-30所示。

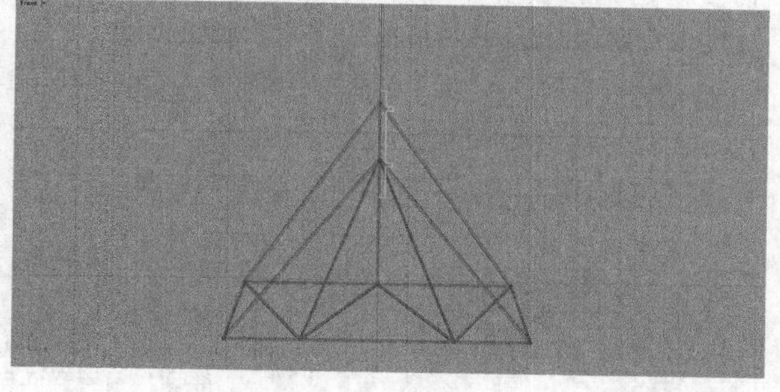

图2-30

12 选中上面画的轮廓线，使用“旋转成形”工具，设置旋转轴为z轴，然后将其旋转为实体物件，如图2-31所示。

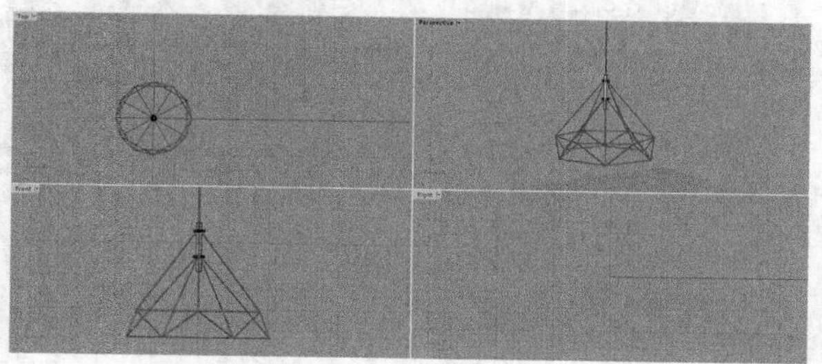

图2-31

13 使用“多重直线”工具绘制内部灯罩部件的轮廓线，如图2-32所示。

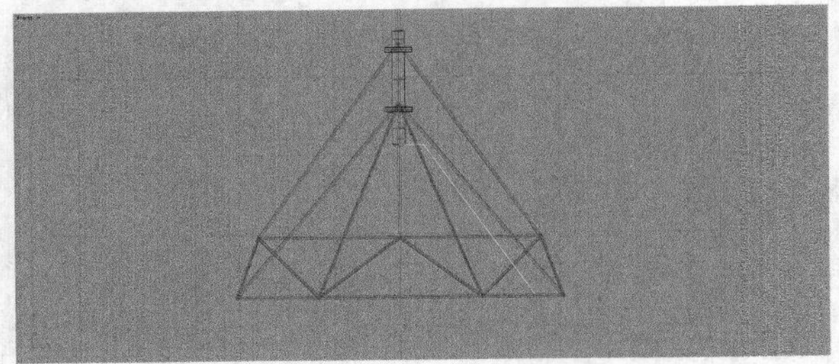

图2-32

14 选中灯罩的轮廓线，单击“旋转成形”工具，设置旋转轴为*z*轴，将轮廓线旋转一圈，然后按Enter键，效果如图2-33所示。

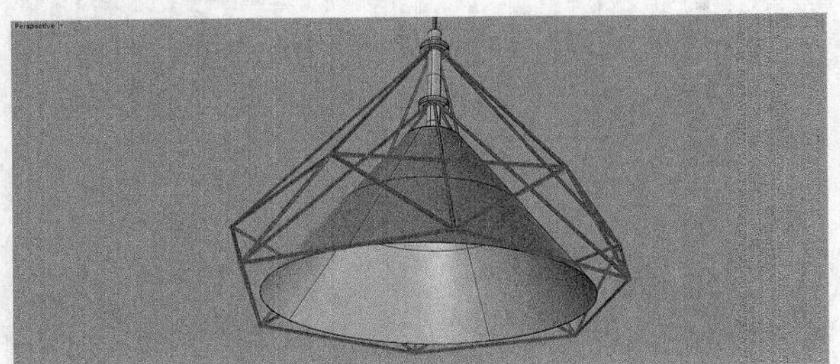

图2-33

15 单击“偏移曲面”工具，选中灯罩曲面，此时需要向内偏移成实体，使曲面上的箭头指向内部，如图2-34所示。如果不是指向内部，则单击指令栏上的“反转”，使“实体”显示为“是”，如图2-35所示。完成后的效果如图2-36所示。注意，这里的偏移厚度可根据所做的模型大小进行适当的调整。

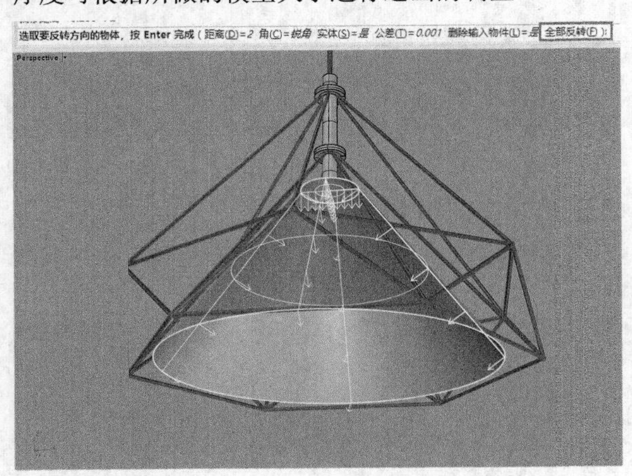

图2-34

选取要反转方向的物体，按 Enter 完成 (距离(D)= 1 角(C)=锐角 实体(S)=是 松弛(L)=否 公差(T)=0.001 两侧(B)=否 删除输入物件(I)=是 全部反转(F)):

图2-35

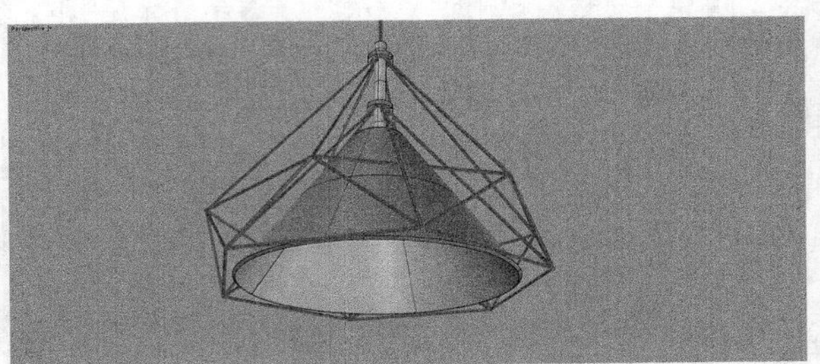

图2-36

16 **制作顶部固定条**使用工具集中的“矩形：中心点、角”工具绘制矩形，如图2-37所示。

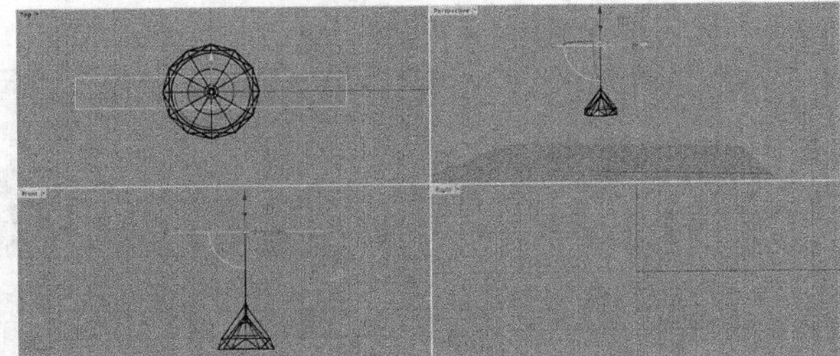

图2-37

17 单击工具集中的“直线挤出”工具，将曲线挤出为实体，如图2-38所示。

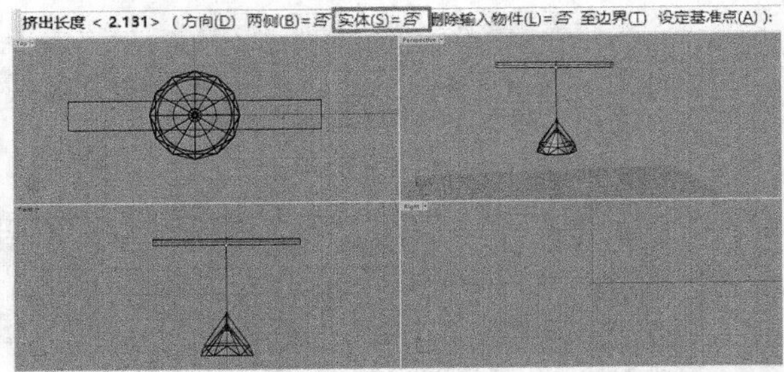

图2-38

18 选中主体，按住Alt键，将鼠标指针放到操作轴的红色箭头上，待箭头变为黑色，拖曳鼠标进行复制，得到复制后的两个吊灯，如图2-39所示。

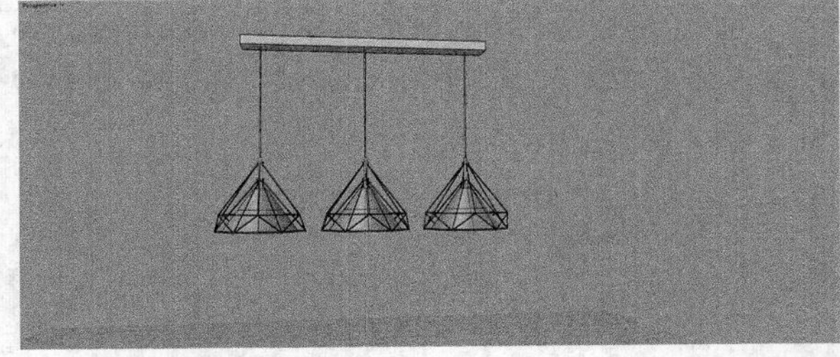

图2-39

19 使用工具集中的“边缘圆角”工具对模型进行圆角处理，如图2-40所示。完成后的模型效果如图2-41所示。

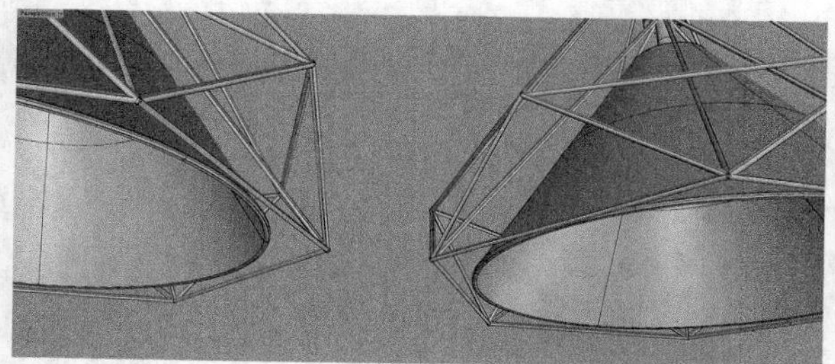

图2-40

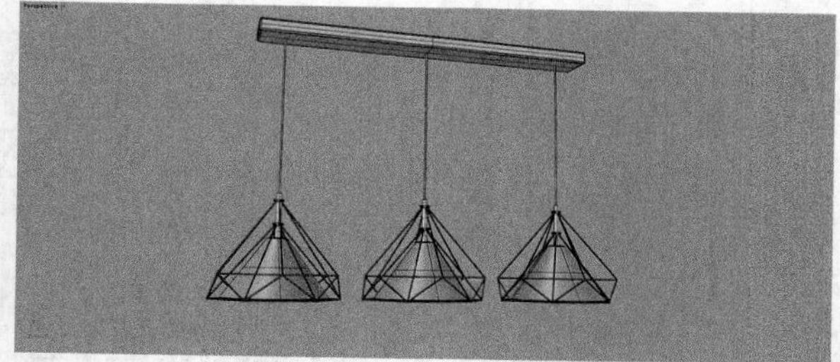

图2-41

2.2.2 多重直线

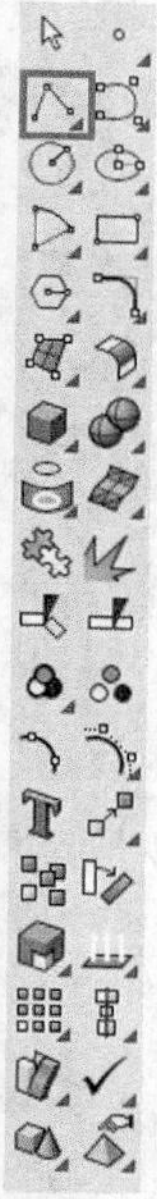

“多重直线”工具集用于绘制各种直线。

“多重直线”工具集在左侧工具列。

“多重直线”工具集操作为单击左键设定圆中心点及半径等。

在工具列中，单击“多重直线”工具的下三角，如图2-42所示。在弹出的面板中包含了多种建立线段的工具，常用的有“多重直线”工具、“直线：从中点”工具、“直线：曲面法线”工具、“直线：角度等分线”工具、“直线：指定角度”工具和“直线：与两条曲线正切”工具等，如图2-43所示。

图2-42

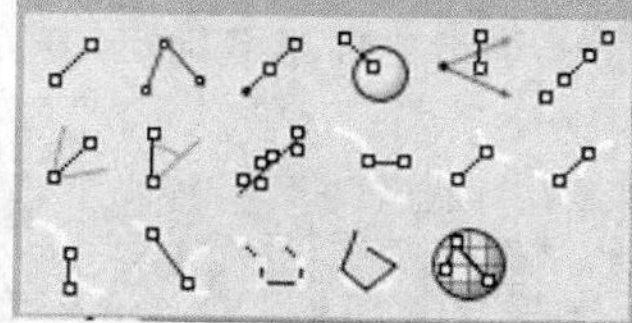

图2-43

“多重直线”工具通过确定端点，可以快速创建一条由数条直线线段组合而成的多重直线。在建模初期用于分割线段和绘制辅助线等，操作非常方便。

01 绘制图形单击“多重直线”工具，在顶视图中单击鼠标左键，找到并确定初始顶点位置，如图2-44所示。

图2-44

02 移动鼠标，可以向各个方向拖出任意长度的线段，单击鼠标左键确定下一个点，如图2-45所示。

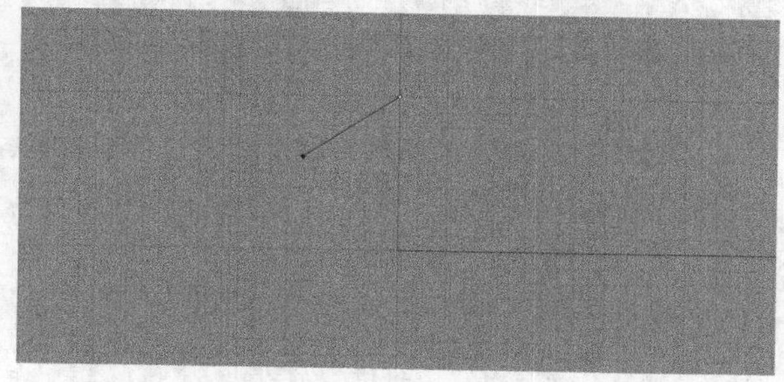

图2-45

03 继续移动鼠标，拖出下一条线段，单击鼠标左键确定，直到完成多重线段的绘制，如图2-46所示。

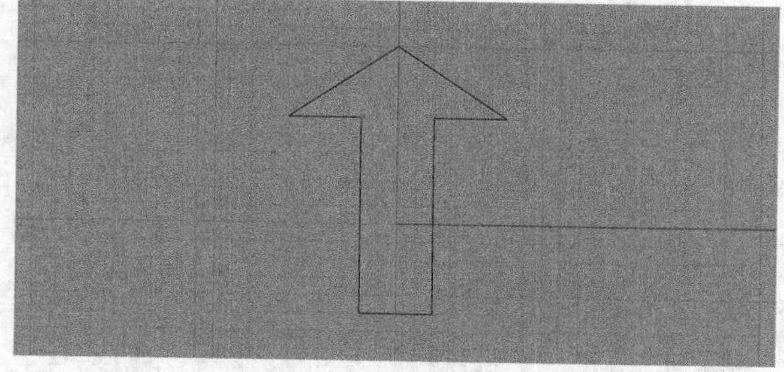

图2-46

04 挤出实体单击工具集立方体快捷菜单中的“挤出封闭的平面曲线”工具，选择绘制好的多重线段，如图2-47所示。

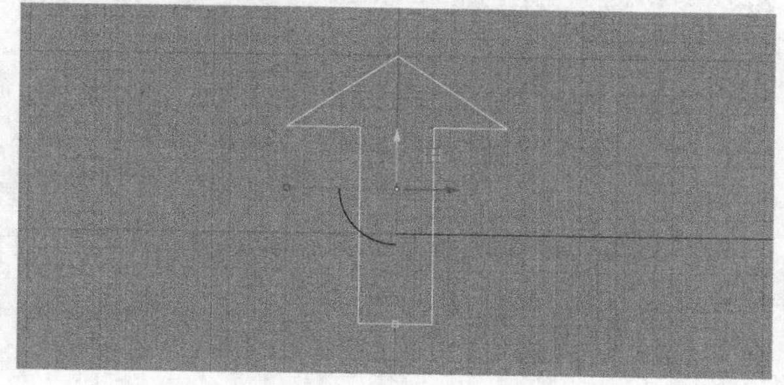

图2-47

05 按Enter键确认，输入挤出高度参数。注意“实体”要显示“是”，如图2-48所示。箭头形状实体模型如图2-49所示。

挤出长度 < 2> (方向(D) 两侧(B)=否 实体(S)=是 删除输入物件(L)=否 至边界(T) 设定基准点(A)):

图2-48

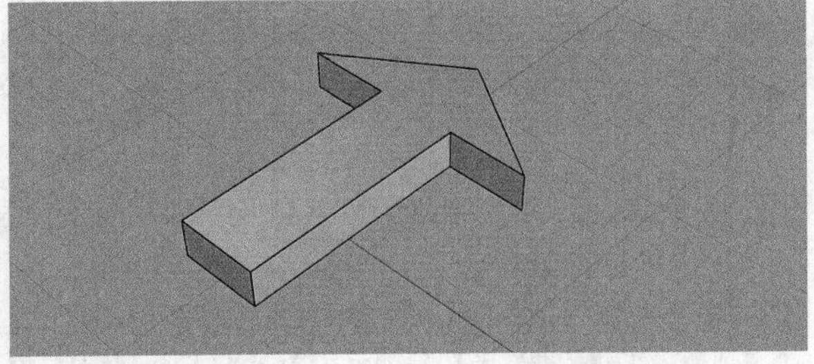

图2-49

“直线：从中点”工具用于确定直线中点，创建向两端延伸的线段。

01 选择“直线：从中点”工具，在顶视图中单击鼠标左键，找到并确定中点的位置，如图2-50所示。

图2-50

02 移动鼠标，向任意方向拖出线段，反方向也同样生成同等长度的平行线。单击鼠标左键确定，绘制完成，如图2-51所示。

图2-51

“直线：曲面法线”工具用于创建在曲面上任意一点位置的法线线段。

01 选择“直线：曲面法线”工具，选择要画法线的曲面或多重曲面，如图2-52所示。

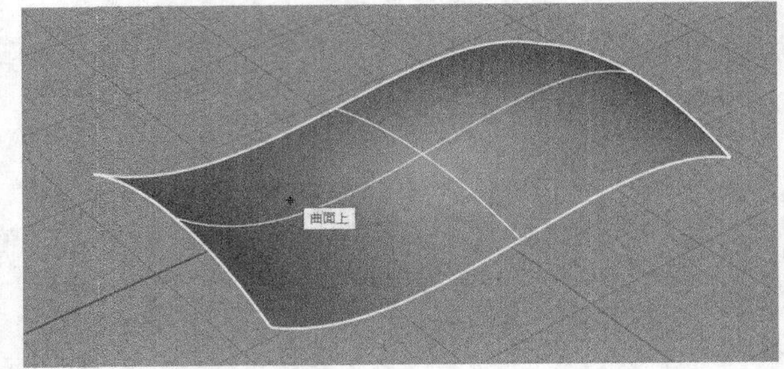

图2-52

02 指定曲面或多重曲面上需要画法线的点，单击鼠标左键，如图2-53所示。

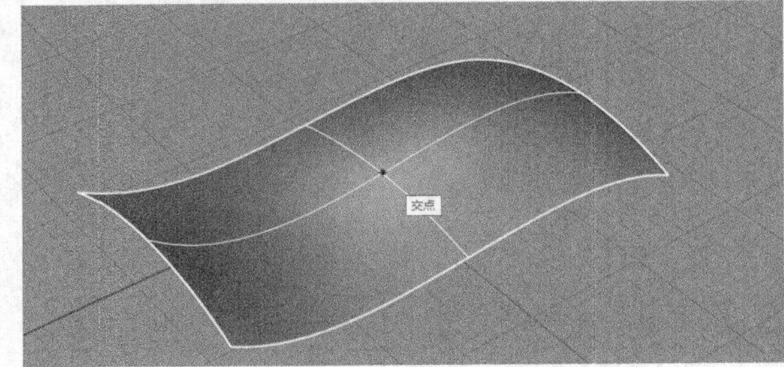

图2-53

03 通过移动鼠标指定曲面法线的长度，如图2-54所示。

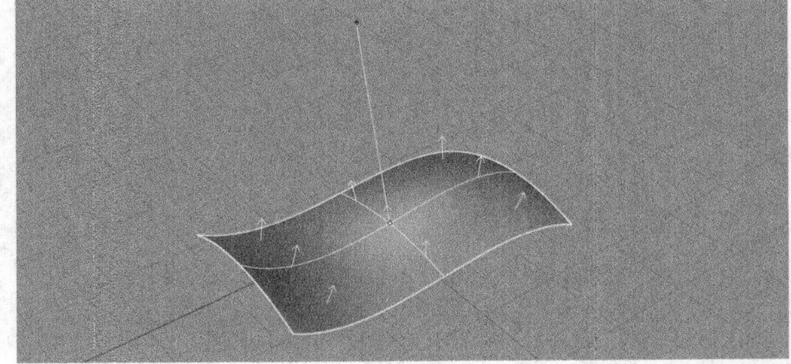

图2-54

04 单击鼠标左键确定，完成曲面法线的绘制，如图2-55所示。

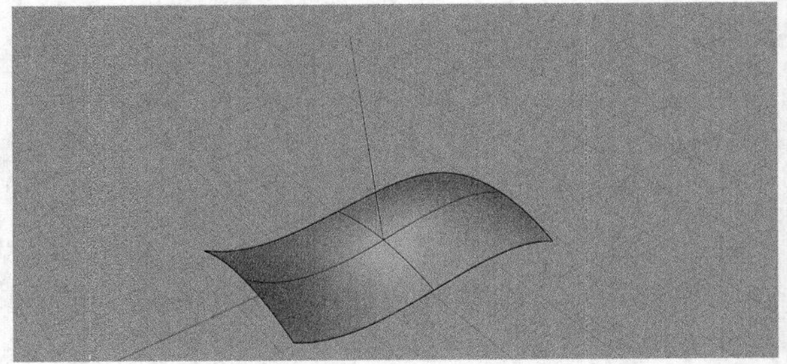

图2-55

“直线：角度等分线”工具用于在有夹角的线段内绘制等分角的线段。

01 选择“直线：角度等分线”工具，选择三角形左下角作为角度等分线的角，如图2-56所示。

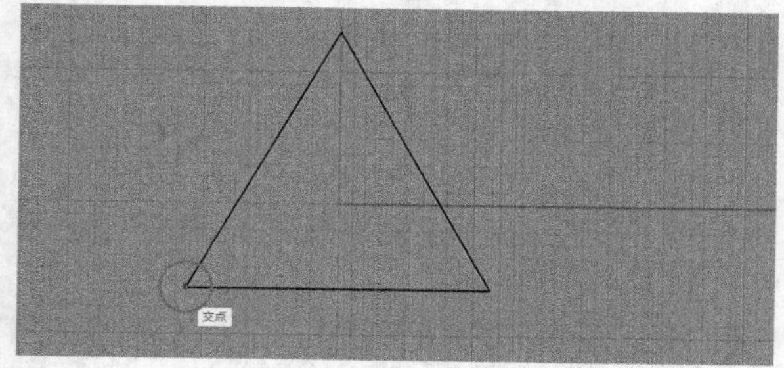

图2-56

02 选择要等分的角度起点，如图2-57所示。

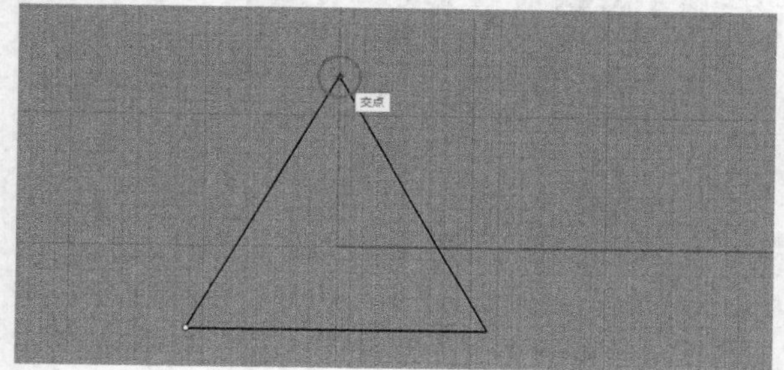

图2-57

03 选择要等分的角度终点，如图2-58所示。

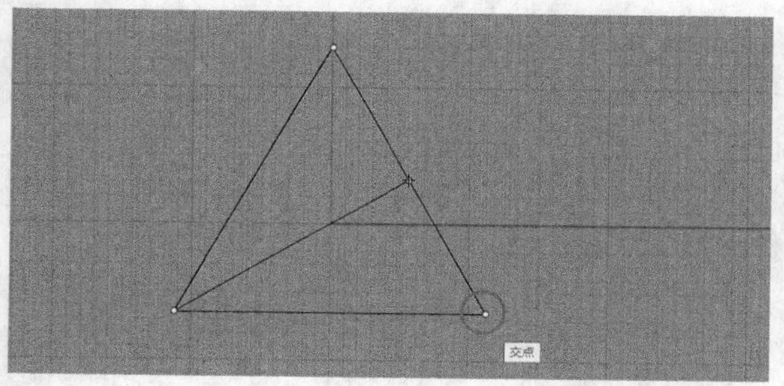

图2-58

04 移动鼠标调整角度等分线的长度，使其相交于右边边线，如图2-59所示。单击鼠标左键确定，绘制完成，这条线便是该三角形的角平分线，如图2-60所示。

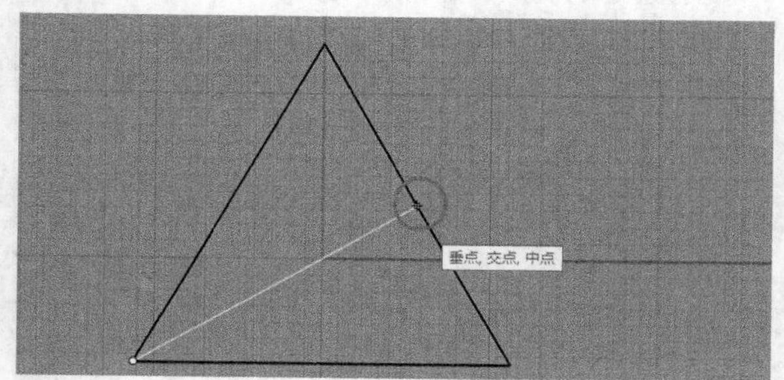

图2-59

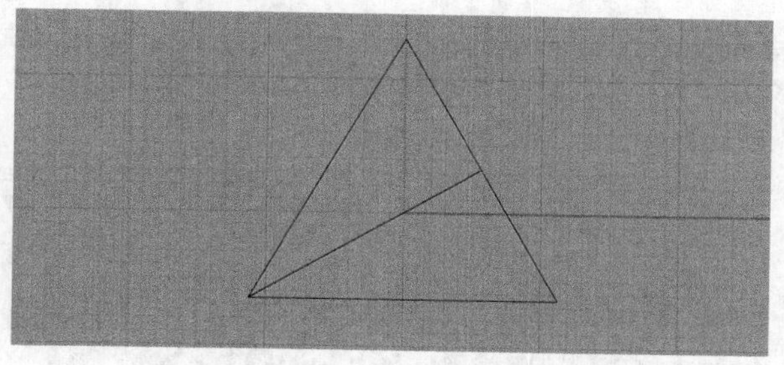

图2-60

“直线：指定角度”工具用于绘制指定角度的线段，以及对某些线段、实体进行角度切割。

01 **绘制切割线段**选择“直线：指定角度”工具，选择矩形的左下角为基准线起点，如图2-61所示。

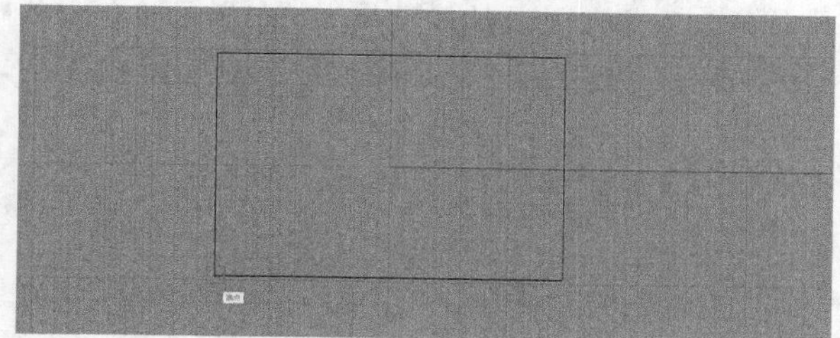

图2-61

02 选择矩形的右下角为基准线终点，如图2-62所示。

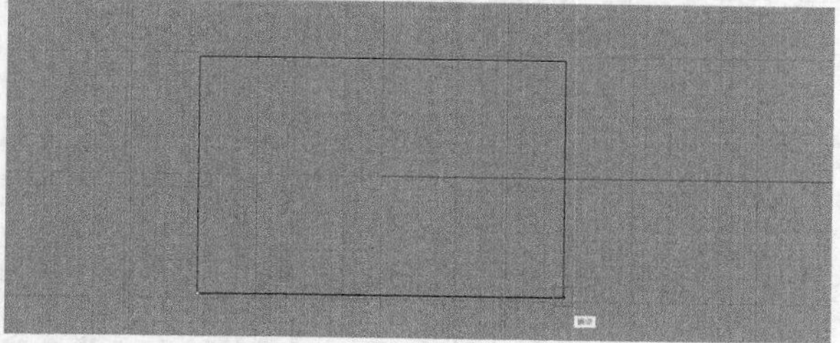

图2-62

03 在指令栏中输入线段的预期“角度”为60，如图2-63所示。

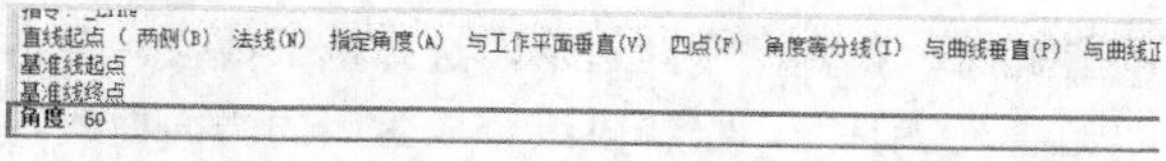

直线起点 (两侧(B) 法线(N) 指定角度(A) 与工作平面垂直(V) 四点(F) 角度等分线(I) 与曲线垂直(P) 与曲线正
基准线起点
基准线终点
角度: 60

图2-63

04 移动鼠标调整该直线的长度，使其相交于顶部边线，如图2-64所示。单击鼠标左键确定绘制。

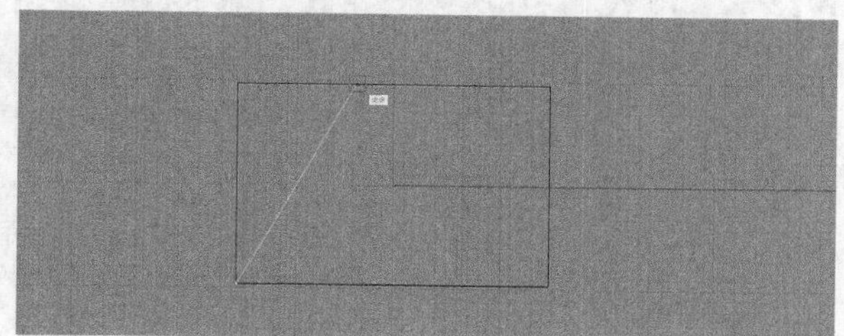

图2-64

05 测量切割角度使用测量工具里的“角度尺寸标注”工具测量该线段与矩形下边线的夹角角度，确认为60°，如图2-65所示。

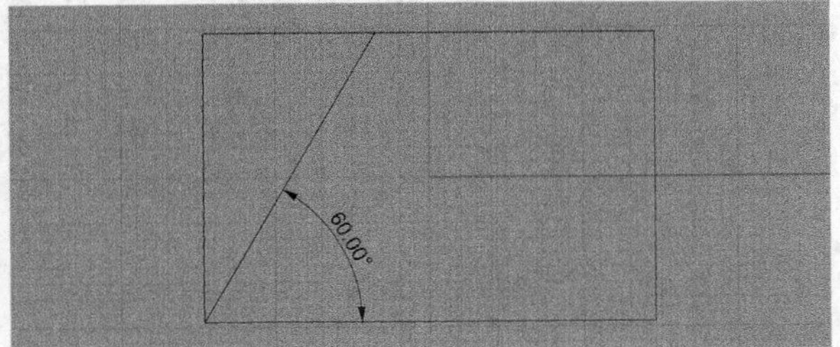

图2-65

06 切割对象选择“修剪”工具，然后选择绘制的线段，选择左上角的线段作为被修剪的物件，如图2-66所示。按鼠标左键确认，完成切割，如图2-67所示。

图2-66

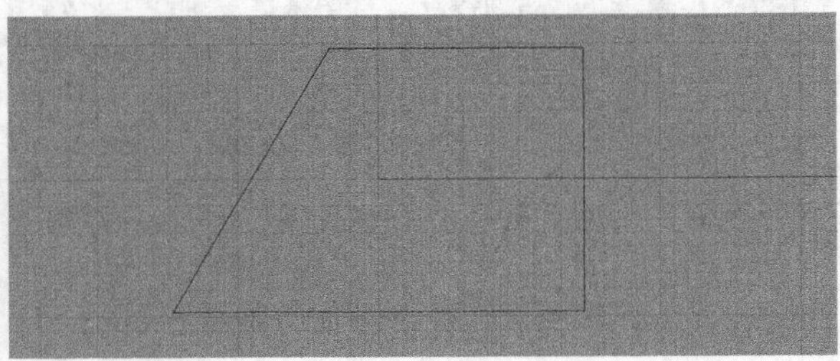

图2-67

07 此时，得到一个四边形，选择全部线段，单击“组合”工具，将线段组合成封闭的平面曲线，如图2-68所示。这样将有利于后续将该线段挤出为实体。

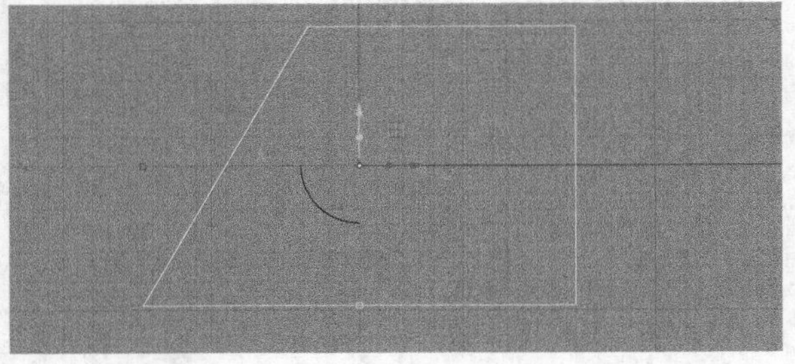

图2-68

“直线：与两条曲线正切”工具用于绘制两条曲线间的切线，也就是说该工具需要搭配两条曲线使用，常用于绘制两个圆的切线。下面通过绘制油壶来说明工具的用法。

01 绘制切线选择“直线：与两条曲线正切”工具，单击小圆形左侧靠近切点处作为第一曲线，再单击大圆形的左侧靠近切点处作为第二曲线，如图2-69所示。

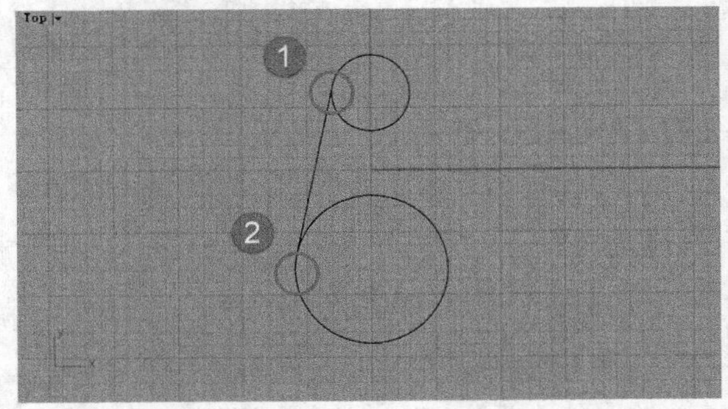

图2-69

02 单击小圆形右侧靠近切点处作为第一曲线，再单击大圆形的右侧靠近切点处作为第二曲线，如图2-70所示。

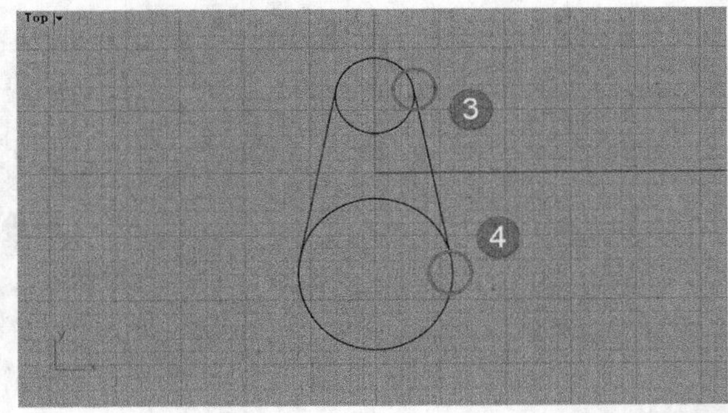

图2-70

03 修剪多余曲线选择“修剪”工具，然后单击鼠标左键选择前面绘制的线条，作为切割物件，接着按Enter键确认，如图2-71所示。

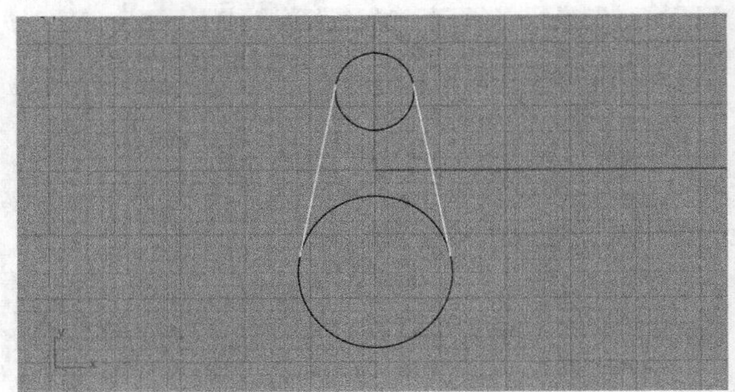

图2-71

04 单击小圆形的下半部分曲线段，并选择大圆形的上半部分曲线段，作为被修剪的物件，按Enter键确认，效果如图2-72所示。

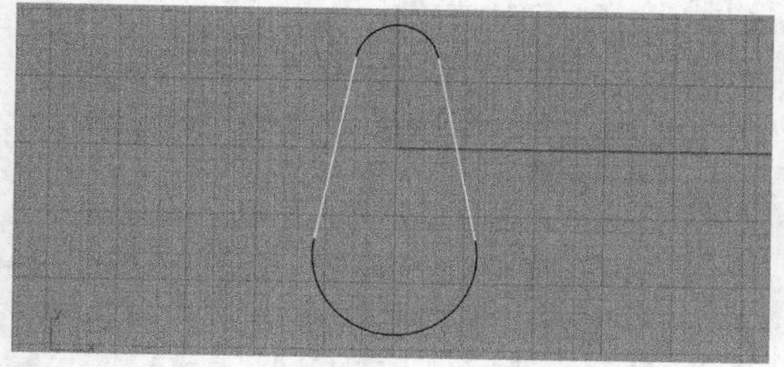

图2-72

05 选中全部线段，单击“组合”工具，将线段组合成封闭的平面曲线，如图2-73所示。

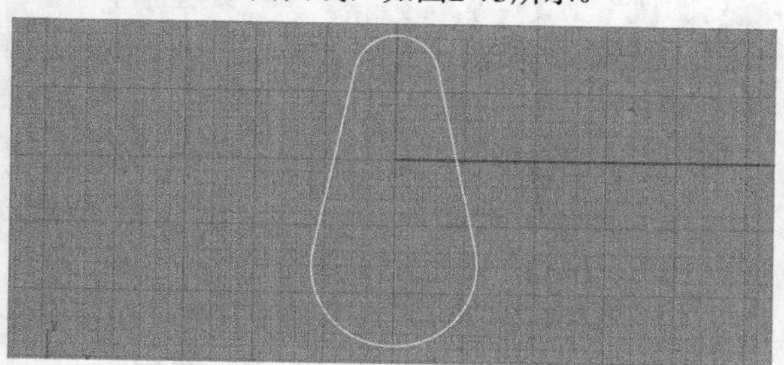

图2-73

06 **旋转出壶体**单击“多重直线”工具，连接曲线的上下点，如图2-74所示。

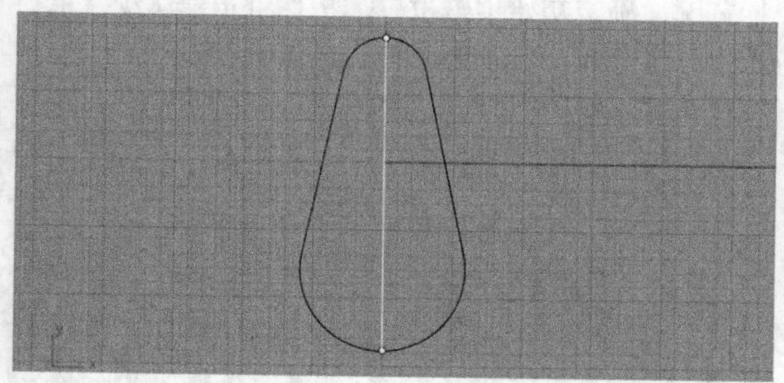

图2-74

07 单击工具集中的“旋转成形”工具，选择前面绘制的直线作为旋转轴，按Enter键确认，如图2-75所示。

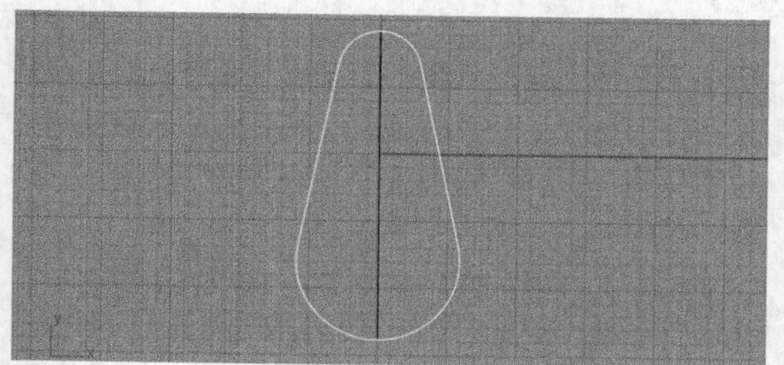

图2-75

08 选择直线与曲线相交的顶部交点作为旋转轴起点，如图2-76所示。

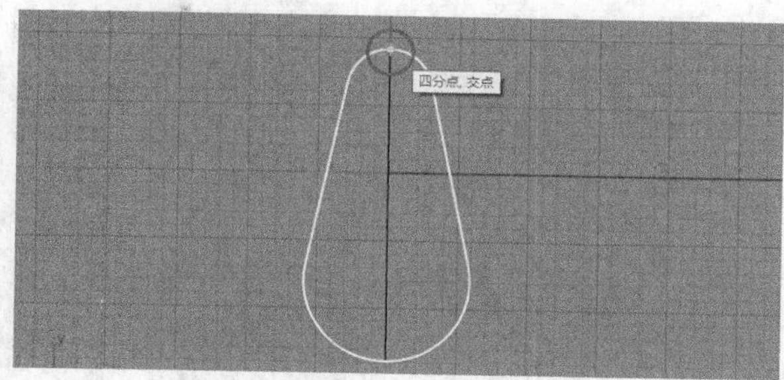

图2-76

09 选择直线与曲线相交的底部交点作为旋转轴终点，如图2-77所示。

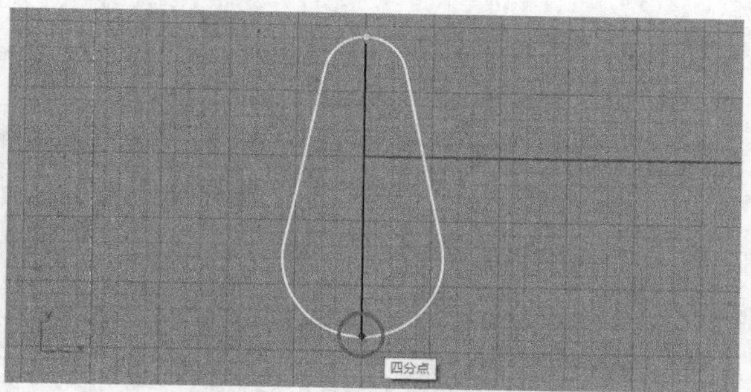

图2-77

10 在指令栏中输入旋转角度为360°，得到壶体的雏形，如图2-78所示。

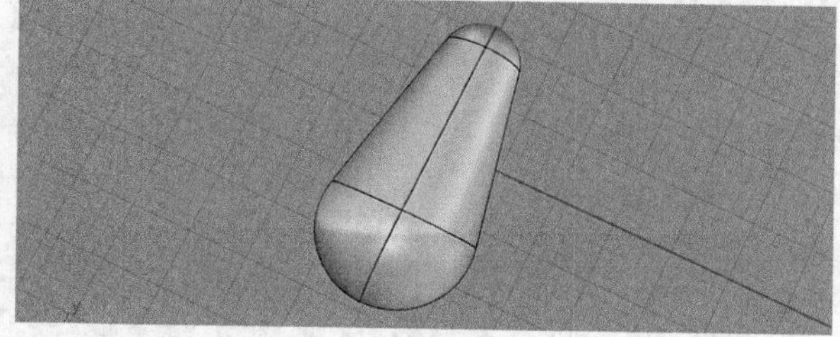

图2-78

11 **制作壶口**使用工具集中的“圆柱形”工具，在前视图中找准壶体的中心点，拖曳鼠标绘制圆柱体底面直径，如图2-79所示。

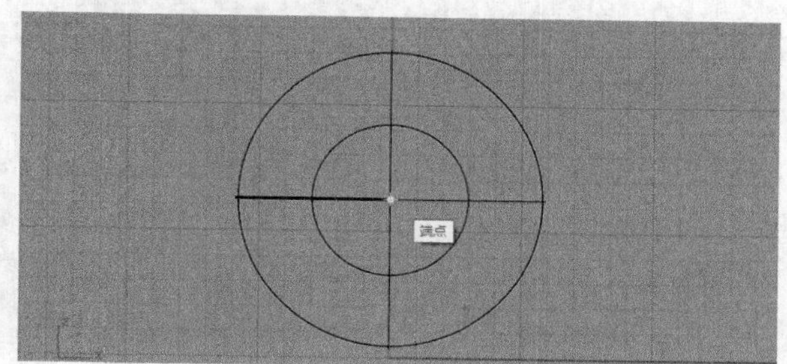

图2-79

12 在指令栏中输入高度参数或在顶视图中拉出高度，建立圆柱体，效果如图2-80所示。

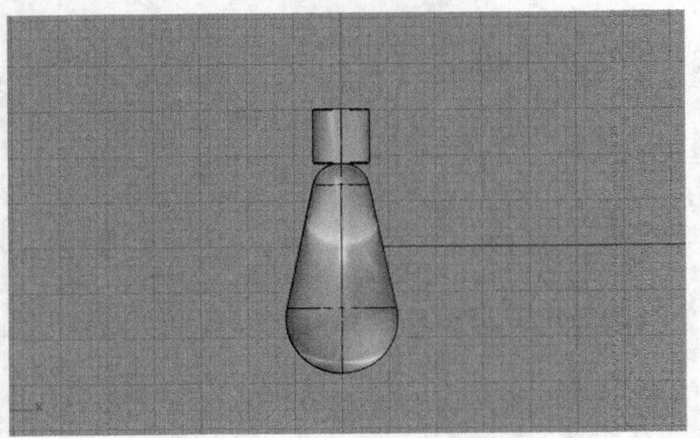

图2-80

13 使用“实体工具”选项卡中的“边缘圆角”工具对圆柱体设置上下对称的倒角，如图2-81所示。

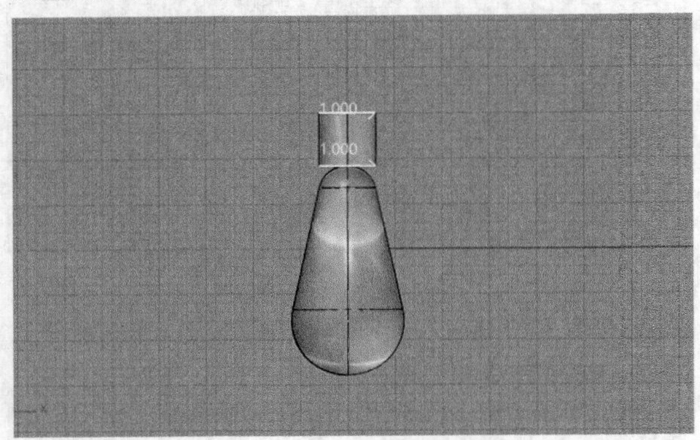

图2-81

14 再次使用“圆柱体”工具，建立该油壶的油口，如图2-82所示。

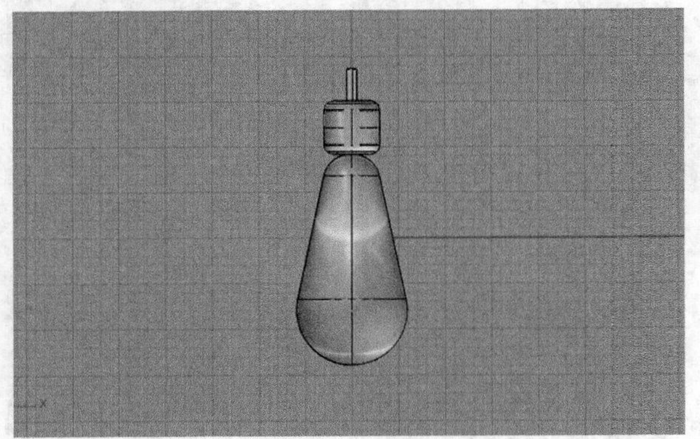

图2-82

> **提示** 这一节我们学习了线段的各种用法，在实际项目中，线段可以辅助切割曲线、实体，非常实用。善于利用线段，将极大地提高建模的效率。

2.2.3 多重曲线

“控制点曲线”工具集用于绘制各类平滑曲线。

“控制点曲线”工具集在左侧工具列。

“控制点曲线”工具集操作为单击左键设定曲线的控制点。

在左侧工具列中单击“控制点曲线”工具集的下三角，如图2-83所示。在弹出的面板中包含了多种曲线工具，常用有“控制点曲线”工具、“弹簧线”工具和“螺旋线”工具等，如图2-84所示。

图2-83

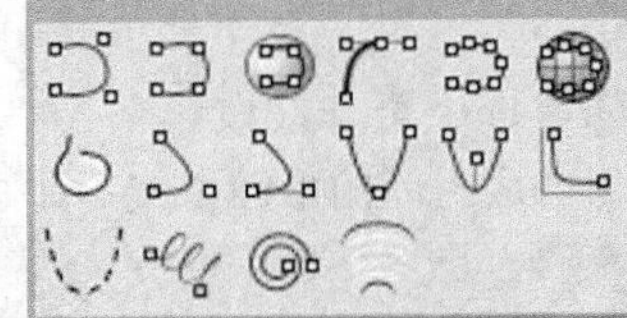

图2-84

“控制点曲线”用于绘制控制点，可以快速创建带平滑曲率的曲线。这是一个常用的曲线工具。注意，绘制的点是曲线的控制点，而不是编辑点，它们不存在于曲线上。下面通过创建浮板实体来说明工具的用法。

01 **创建曲线**使用“控制点曲线”工具创建浮板雏形。选择“多重直线”工具，在顶视图中单击鼠标左键，确定初始顶点位置，按住Shift键移动鼠标，拉出一条线段作为辅助垂线，如图2-85所示。

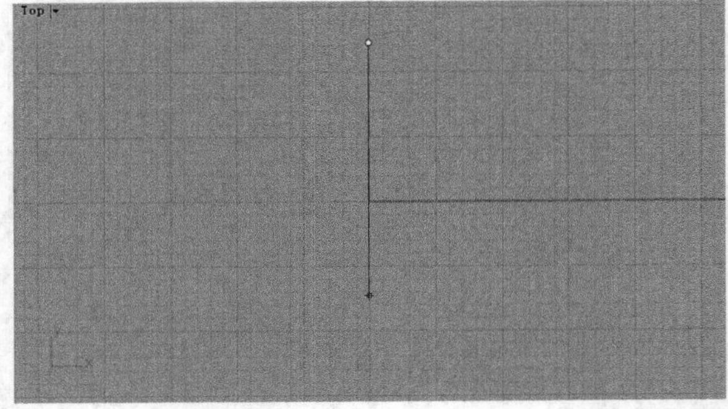

图2-85

02 选择“控制点曲线”工具，选择辅助垂线的顶点作为控制点曲线的起点，然后通过确定控制点绘制曲线，最后连接终点于上辅助垂线的底点，如图2-86所示。

03 在工具列中打开“移动”工具的快捷菜单，选择“镜像”工具。选择绘制的曲线作为要镜像的物件，按Enter键确认。选择辅助垂线的顶点作为镜像的起点，选择辅助垂线的底点作为镜像的终点，如图2-87所示。

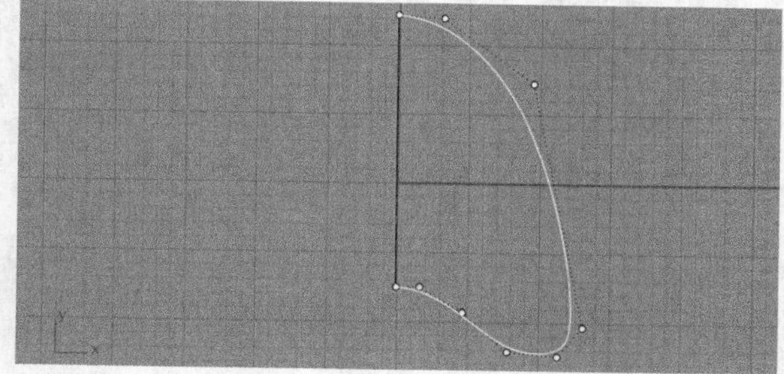

图2-86

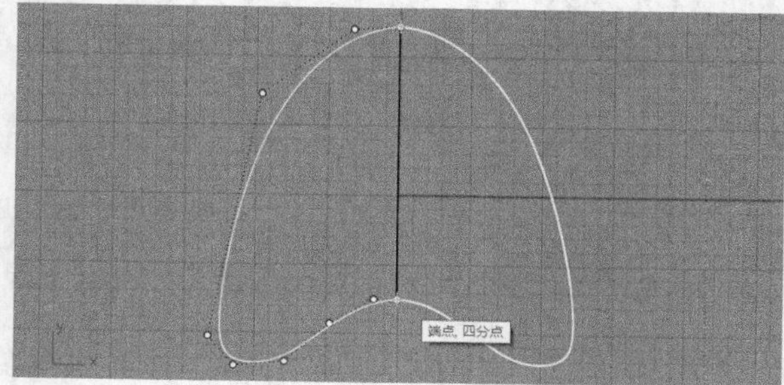

图2-87

04 删除中间的辅助垂线，全选两条控制点曲线，单击工具列中的“组合”工具，合并两条曲线，如图2-88所示。

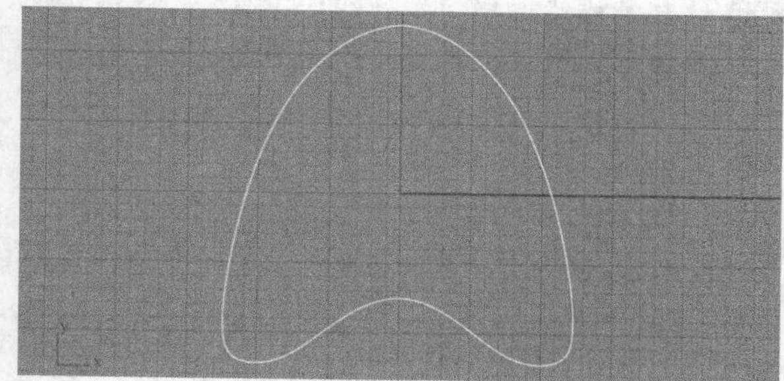

图2-88

05 **挤出实体**选择“立方体：角对角、高度”工具集中的“挤出封闭的平面曲线”工具，选择这条曲线，按Enter键确认。在指令栏中输入挤出长度为2，效果如图2-89所示。

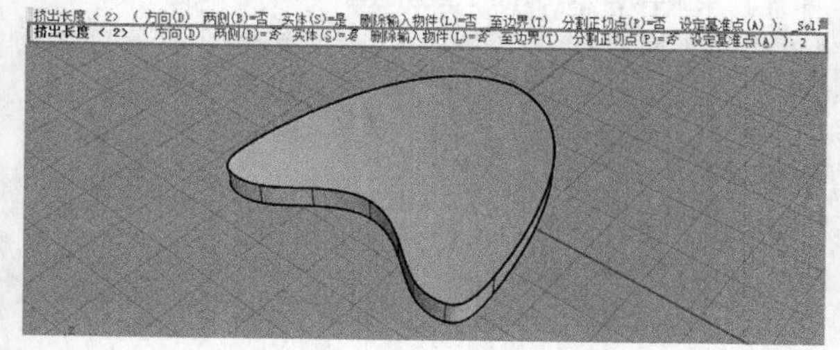

图2-89

06 单击“布尔运算”工具集中的“边缘圆角”工具，输入倒角半径参数，按Enter键确认，如图2-90所示。

图2-90

07 选择浮板两条锋利的边缘进行倒角处理，并按Enter键确认，如图2-91所示。

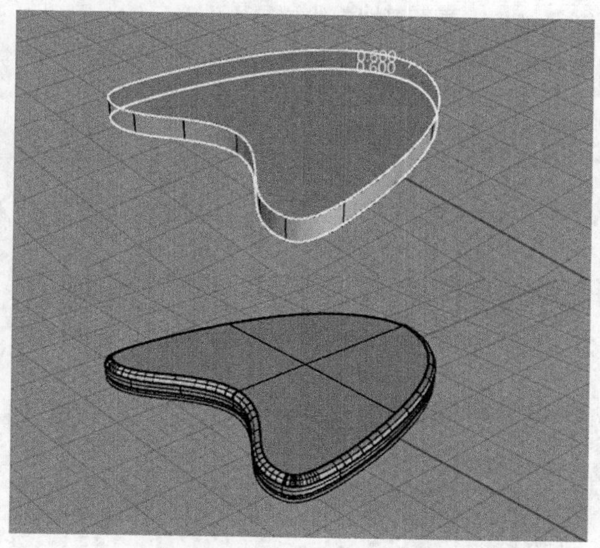

图2-91

“弹簧线”工具通过设置轴心、轴距、圈数和螺距，快速创建符合预期的弹簧线。下面通过创建弹簧来说明工具的用法。

01 **绘制弹簧线**选择“弹簧线”按钮，在前视图中单击鼠标左键，设置弹簧轴的起点，然后按住Shift键向上移动鼠标，接着单击鼠标左键确认，设置弹簧轴的终点，如图2-92所示。

02 横向移动鼠标，可以预览弹簧线样式，如图2-93所示。

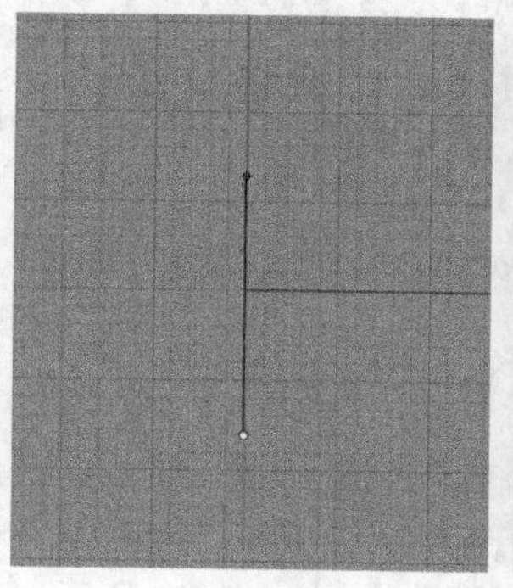

图2-92

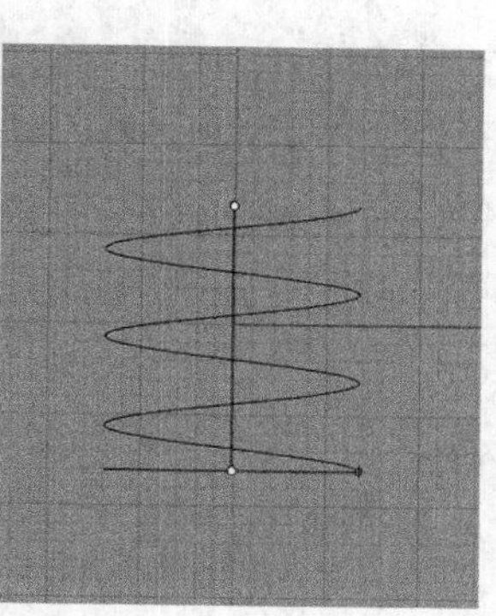

图2-93

03 在指令栏中输入弹簧线的参数，设置“圈数”，按Enter键确认，继续输入半径参数，如图2-94所示。

```
轴的起点 ( 垂直(V)  环绕曲线(A) )
轴的终点
半径和起点 <5.775> ( 直径(D)  模式(M)=圈数  圈数(T)=5  螺距(P)=2.994  反向扭转(R)=否 ): 圈数
圈数 <5>: 5
```

```
轴的终点
半径和起点 <5.775> ( 直径(D)  模式(M)=圈数  圈数(T)=5  螺距(P)=2.994  反向扭转(R)=否 ): 圈数
圈数 <5>: 5
半径和起点 <5.775> ( 直径(D)  模式(M)=圈数  圈数(T)=5  螺距(P)=2.994  反向扭转(R)=否 ): 5
```

图2-94

04 这里需要设置螺旋线的起始位置，所以回到顶视图，在螺旋线外圈上确定起点，如图2-95所示。弹簧线效果如图2-96所示。

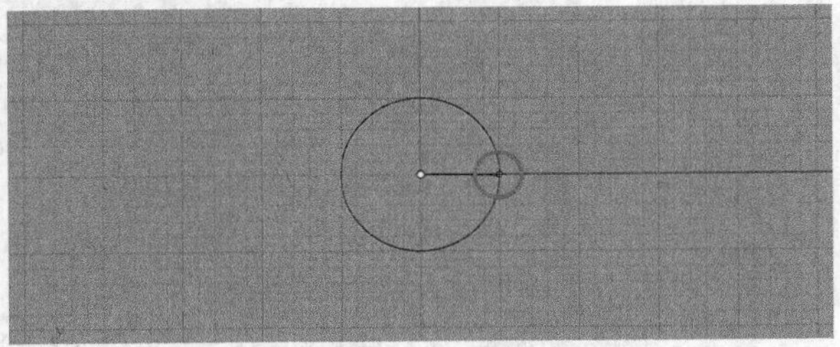

图2-95

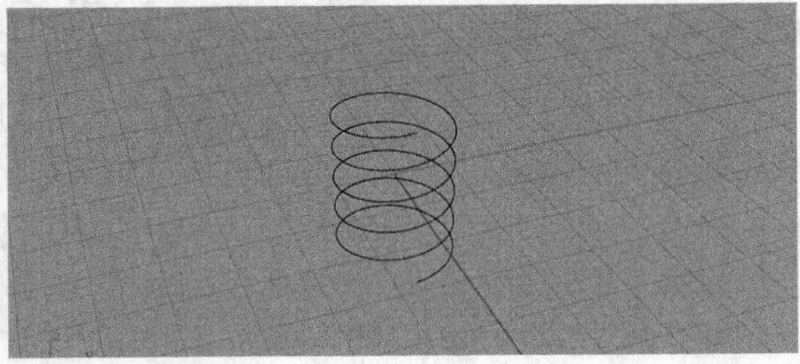

图2-96

05 **制作实体**选择“立方体：角对角、高度”工具集中的“圆管（平头盖）”工具，单击弹簧线作为路径，如图2-97所示。

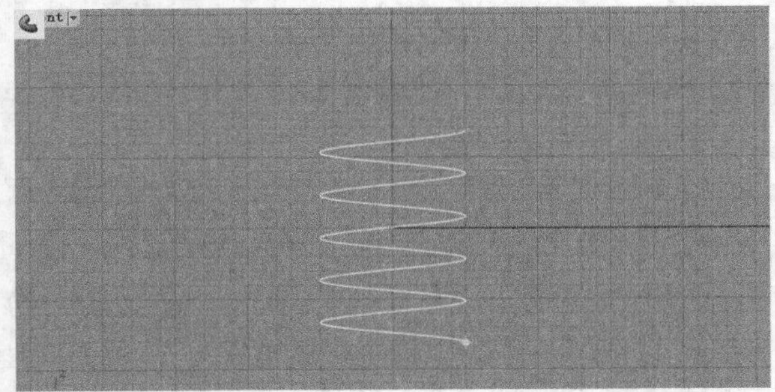

图2-97

06 在指令栏中输入起点半径的参数，如图2-98所示。继续输入终点半径的参数，使其与起点半径保持一致，如图2-99所示。另外，还可以设置半径的下一个点，这里按Enter键不设置，如图2-100所示。最终实体模型如图2-101所示。

```
选取路径 ( 连锁边缘(C)  数个(M) )
起点半径 <0.500> ( 直径(D)  有厚度(T)=否  加盖(C)=平头  渐变形式(S)=局部  正切点不分割(F)=否 ): _Cap=_Flat
起点半径 <0.500> ( 直径(D)  有厚度(T)=否  加盖(C)=平头  渐变形式(S)=局部  正切点不分割(F)=否 ): _Thick=_No
起点半径 <0.500> ( 直径(D)  有厚度(T)=否  加盖(C)=平头  渐变形式(S)=局部  正切点不分割(F)=否 ): 0.5
```

图2-98

```
起点半径 <0.500> ( 直径(D)  有厚度(T)=否  加盖(C)=平头  渐变形式(S)=局部  正切点不分割(F)=否 ): _Cap=_Flat
起点半径 <0.500> ( 直径(D)  有厚度(T)=否  加盖(C)=平头  渐变形式(S)=局部  正切点不分割(F)=否 ): _Thick=_No
起点半径 <0.500> ( 直径(D)  有厚度(T)=否  加盖(C)=平头  渐变形式(S)=局部  正切点不分割(F)=否 ): 0.5
终点半径 <0.500> ( 直径(D)  渐变形式(S)=局部  正切点不分割(F)=否 ): 0.5
```

图2-99

```
起点半径 <0.500> ( 直径(D)  有厚度(T)=否  加盖(C)=平头  渐变形式(S)=局部  正切点不分割(F)=否 ): _Thick=_No
起点半径 <0.500> ( 直径(D)  有厚度(T)=否  加盖(C)=平头  渐变形式(S)=局部  正切点不分割(F)=否 ): 0.5
终点半径 <0.500> ( 直径(D)  渐变形式(S)=局部  正切点不分割(F)=否 ): 0.5
设置半径的下一点，按 Enter 不设置:
```

图2-100

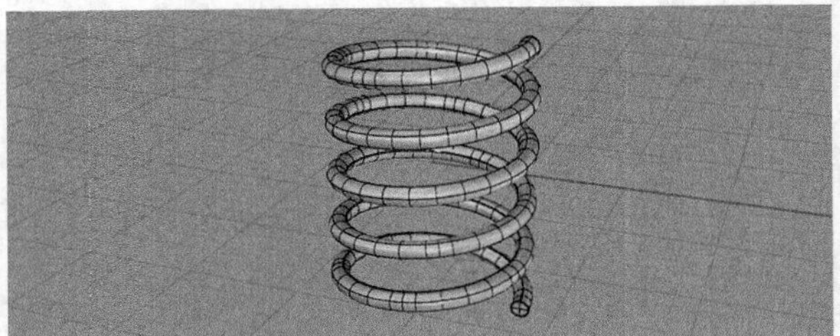

图2-101

“螺旋线”工具通过确立轴线和顶面及底面直径，可以快速绘制带有深度和角度的螺旋线。另外，也可以使用指令栏的“平坦”指令绘制同一平面上的螺旋线。

01 **绘制螺旋线**选择“螺旋线”工具，在前视图中单击鼠标左键，设置轴的起点，然后按住Shift键向上拖曳鼠标，单击鼠标左键，设置轴的终点，如图2-102所示。

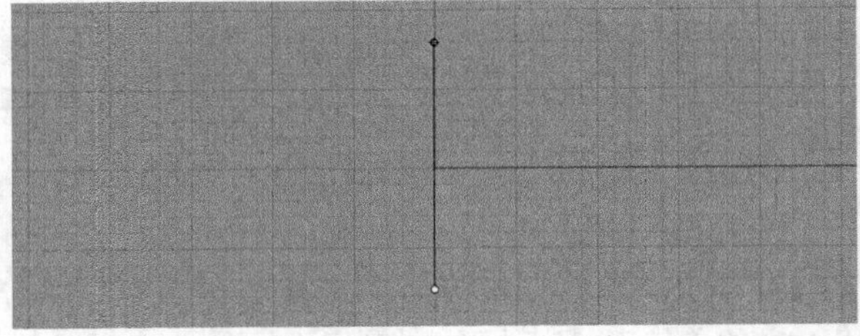

图2-102

02 横向拖曳鼠标，设置螺旋线的顶面直径，单击鼠标左键确认，如图2-103所示。

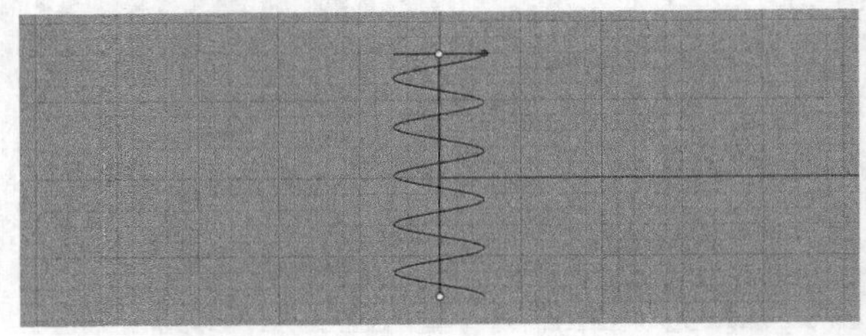

图2-103

03 继续横向移动鼠标，设置螺旋线底面直径，单击鼠标左键确认，如图2-104所示。螺旋线如图2-105所示。

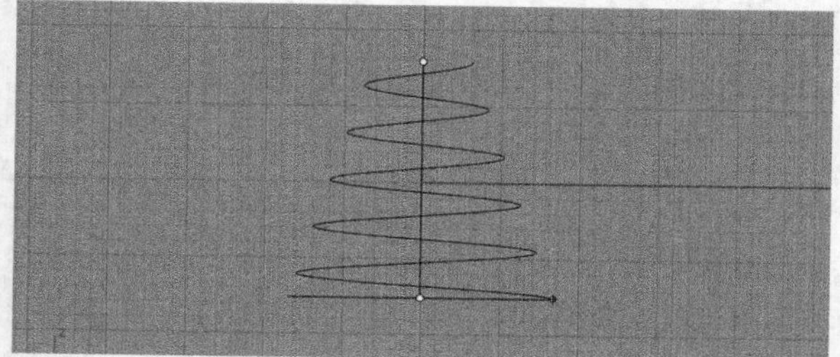

图2-104

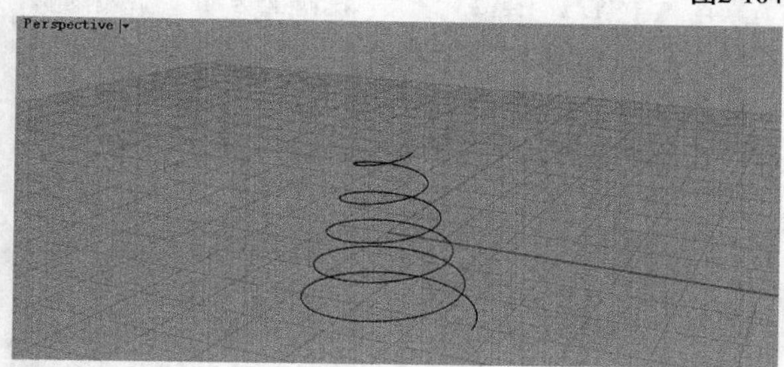

图2-105

04 **制作实体**选择“圆管（平头盖）”工具，选择螺旋线作为路径，如图2-106所示。

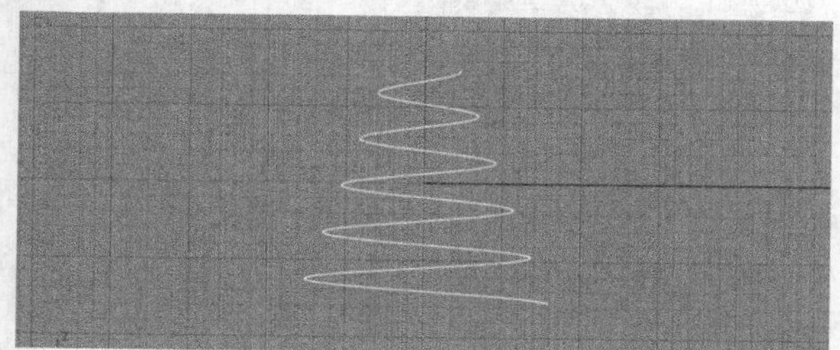

图2-106

05 在指令栏中输入起点半径的参数，如图2-107所示。继续输入终点半径，使其和起点半径保持一致，如图2-108所示；这里可以设置半径的下一个点，按Enter键不设置，如图2-109所示。最终实体模型如图2-110所示。

```
选取路径 ( 连锁边缘(C)  数个(M) )
起点半径 <0.500> ( 直径(D)  有厚度(T)=否  加盖(C)=平头  渐变形式(S)=局部  正切点不分割(F)=否 ): _Cap=_Flat
起点半径 <0.500> ( 直径(D)  有厚度(T)=否  加盖(C)=平头  渐变形式(S)=局部  正切点不分割(F)=否 ): _Thick=_No
起点半径 <0.500> ( 直径(D)  有厚度(T)=否  加盖(C)=平头  渐变形式(S)=局部  正切点不分割(F)=否 ): 0.5
```

图2-107

```
起点半径 <0.500> ( 直径(D)  有厚度(T)=否  加盖(C)=平头  渐变形式(S)=局部  正切点不分割(F)=否 ): _Cap=_Flat
起点半径 <0.500> ( 直径(D)  有厚度(T)=否  加盖(C)=平头  渐变形式(S)=局部  正切点不分割(F)=否 ): _Thick=_No
起点半径 <0.500> ( 直径(D)  有厚度(T)=否  加盖(C)=平头  渐变形式(S)=局部  正切点不分割(F)=否 ): 0.5
终点半径 <0.500> ( 直径(D)  渐变形式(S)=局部  正切点不分割(F)=否 ): 0.5
```

图2-108

```
起点半径 <0.500> ( 直径(D)  有厚度(T)=否  加盖(C)=平头  渐变形式(S)=局部  正切点不分割(F)=否 ): _Thick=_No
起点半径 <0.500> ( 直径(D)  有厚度(T)=否  加盖(C)=平头  渐变形式(S)=局部  正切点不分割(F)=否 ): 0.5
终点半径 <0.500> ( 直径(D)  渐变形式(S)=局部  正切点不分割(F)=否 ): 0.5
设置半径的下一点，按 Enter 不设置:
```

图2-109

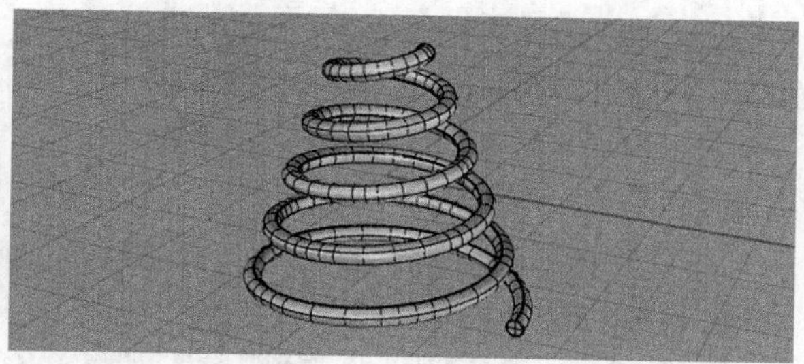

图2-110

提示 本节学习了曲线的各种用法，根据项目需要选用不同工具，绘制想要的曲线，是产品设计师必备的基本功。例如，螺旋线可以用来做一些涟漪状的凸起，也可以用来制作钻头上的螺纹等，希望读者不要限制自己的想象力。

2.2.4 圆

“圆：中心点、半径”工具集用于通过各种限制条件绘制圆形曲线。

“圆：中心点、半径”工具集在左侧工具列。

“圆：中心点、半径”工具集操作为单击左键设定圆的中心点及半径等。

单击工具列中“圆：中心点、半径”工具集的下三角，如图2-111所示。在弹出的面板中包含了多种圆形绘制工具，常用的有“圆：中心点、半径”工具、“圆：直径”工具和“圆：可塑形”工具等，如图2-112所示。这里重点讲解“圆：中心点、半径”工具的用法。

图2-111

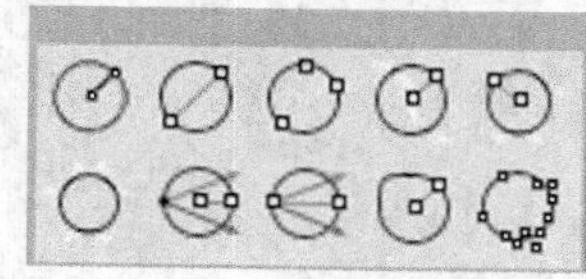

图2-112

“圆：中心点、半径”通过确定圆的中心点位置和拉出半径绘制圆形，是快速创建圆的常用方式。下面介绍该工具的操作方法和将图形投影到曲面上的方法。

01 **创建参照物**使用左侧工具列的“立方体：角对角、高度”工具集中的“圆柱体”工具绘制一个圆柱体，作为参照物，如图2-113所示。

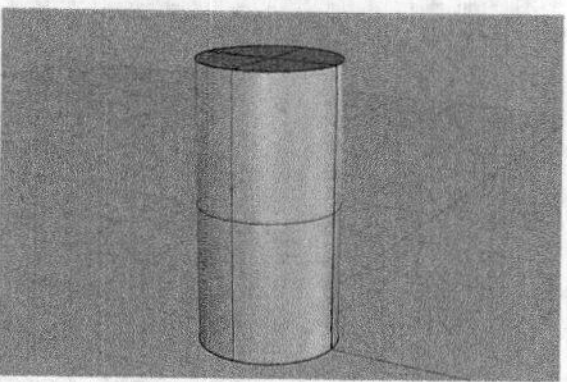

图2-113

提示 关于“圆柱体”工具的使用方法，请参考“第3章 实体建模技术”的相关内容。

02 创建圆选择“圆：中心点、半径”工具，在前视图中的合适位置单击鼠标左键确定中心点位置。按住Shift键，拖曳鼠标拉出圆的半径，并单击鼠标左键确认，如图2-114所示。

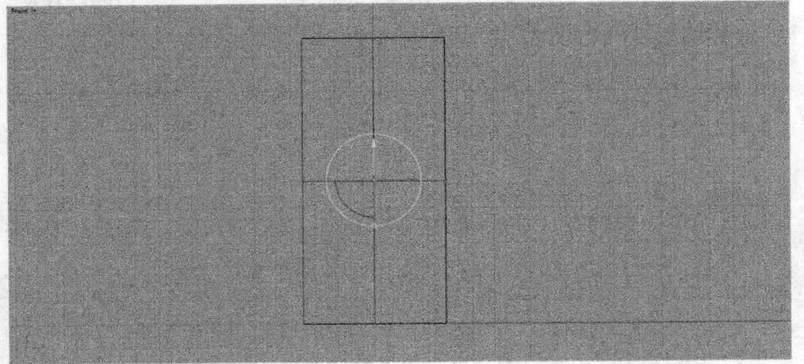

图2-114

03 移动圆位置切换到顶视图，圆在该圆柱体的中心位置，如图2-115所示。选择圆，按住Shift键，竖直向下移动圆，如图2-116所示。切换到透视图，位置关系如图2-117所示。

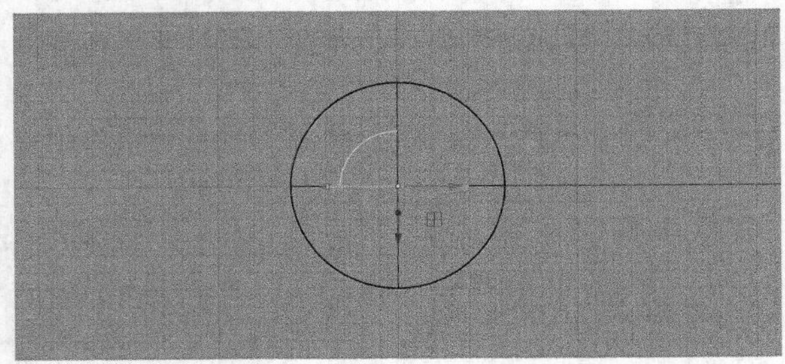

图2-115

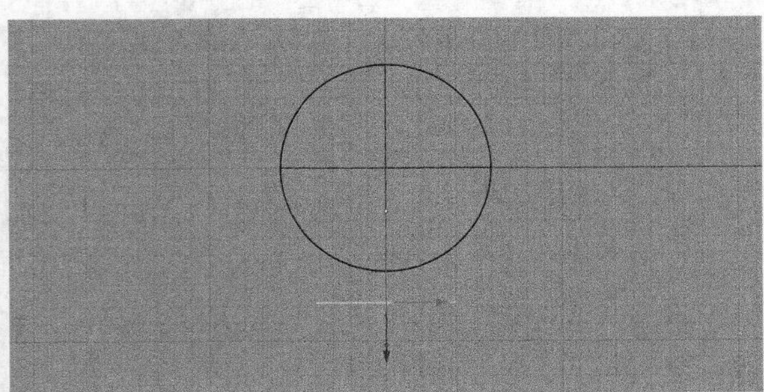

图2-116

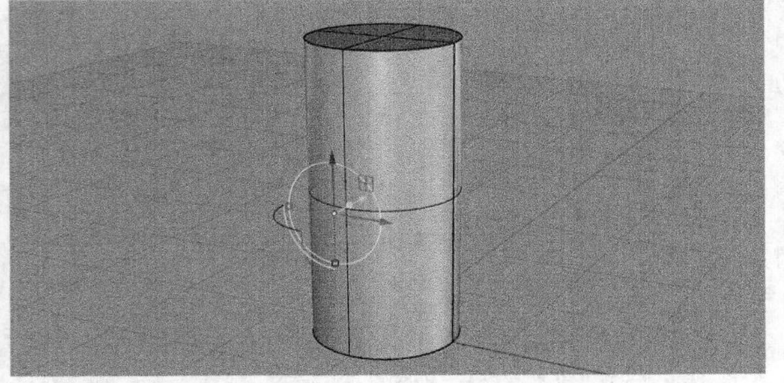

图2-117

04 单击工具集中的“直线挤出”工具，将圆挤出为实体，使其与圆柱体产生交集，如图2-118所示。然后选择拉伸出来的圆柱体，单击工具集中的“布尔运算分割”工具，将拉伸出来的圆柱体分割为两部分，可以将显示模式切换到半透明模式观看，如图2-119所示。

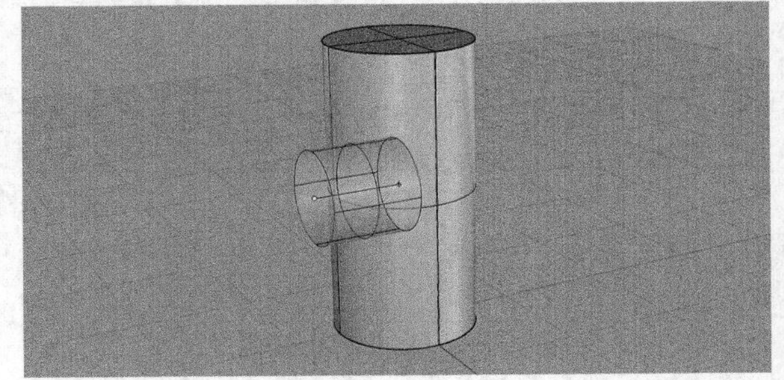

图2-118

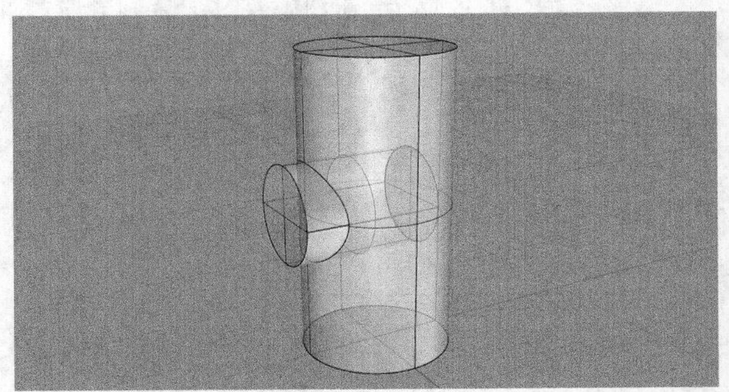

图2-119

05 将外面的实体删除，然后选择内部交集的实体，使其沿着绿色*y*轴向外移动一段距离，如图2-120所示。

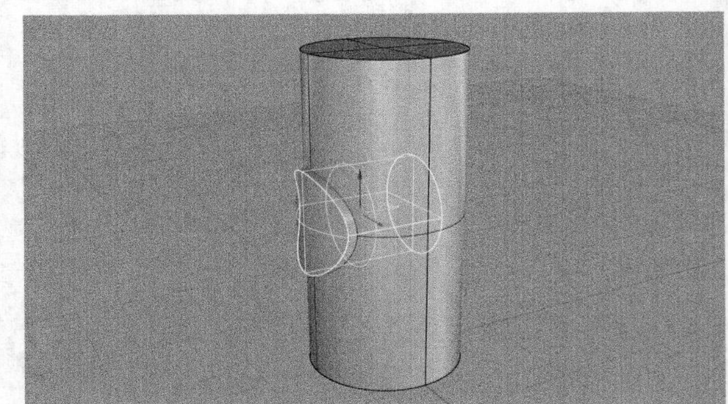

图2-120

06 选择交集的实体，单击工具集中的“布尔运算分割”工具，将交集的实体分割为两部分。这里可以将显示模式切换到半透明模式观看，如图2-121所示。选择内部的实体并删除，如图2-122所示。

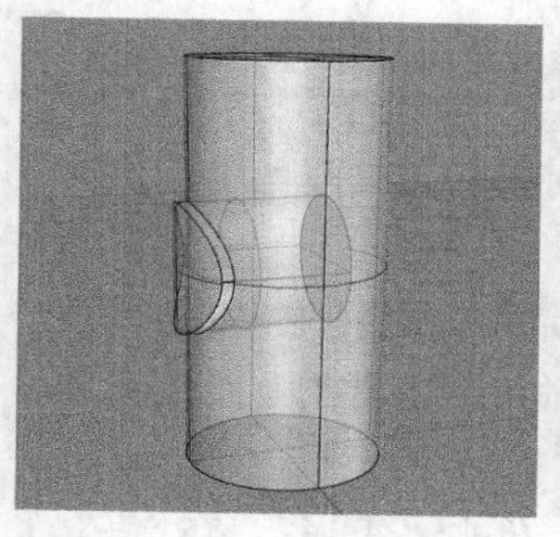
图2-121

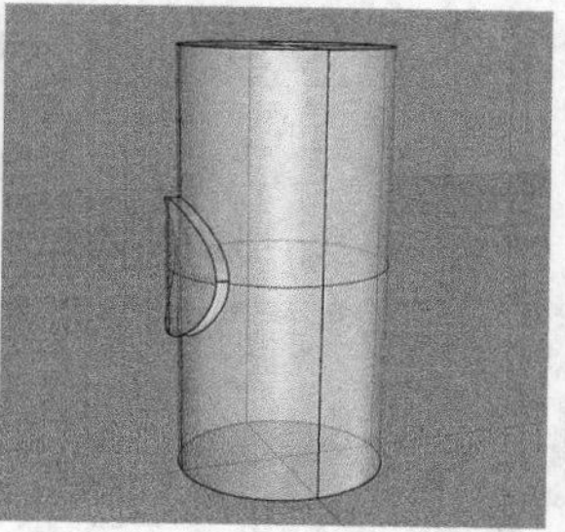
图2-122

07 将显示模式切换到“着色模式”，效果如图2-123所示。

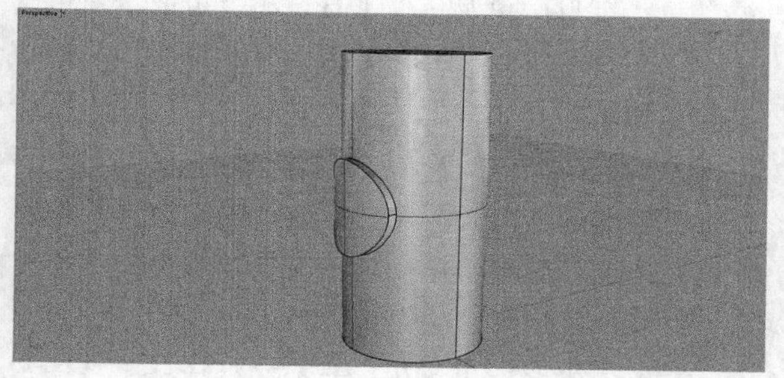
图2-123

提示 形似图2-123所示的圆形按钮常用于制作一些小型电子产品开关，如电动牙刷的开关等。在实际操作中，需要设计更科学的曲面，用以贴合人体手指的弧面等，对于这些知识，将在后面进行讲解。

2.2.5 椭圆

“椭圆：从中心点”工具集用于绘制椭圆。

“椭圆：从中心点”工具集在左侧工具列。

“椭圆：从中心点”工具集操作为单击左键设定椭圆的中心点及半径等。

在工具列中，单击“椭圆：从中心点”工具集的下三角，如图2-124所示。在弹出的面板中包含了多种椭圆的绘制工具，常用的有“椭圆：中心点、半径”工具、“椭圆：直径”工具和“椭圆：可塑形”工具等，如图2-125所示。

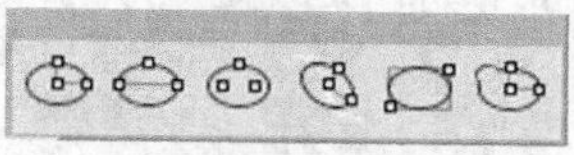

图2-124

图2-125

“椭圆：中心点、半径”工具用于建立一条封闭的椭圆曲线。单击“椭圆：中心点、半径”工具，在任一视图中单击鼠标左键确定椭圆中心点1，然后确定第一轴终点2，继续确定第二轴终点3，如图2-126所示。通过上述操作即可完成椭圆的创建，如图2-127所示。

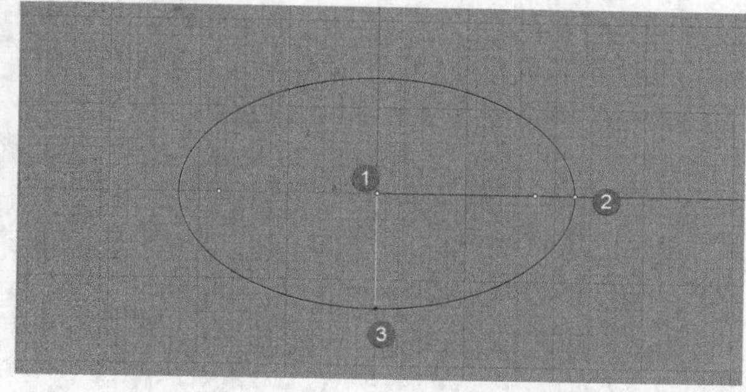

图2-126

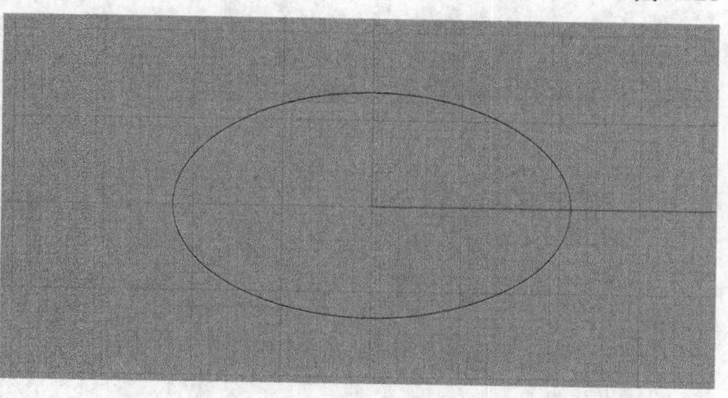
图2-127

2.2.6 圆弧

“圆弧：中心点、起点、角度”工具集用于绘制圆弧。

“圆弧：中心点、起点、角度”工具集在左侧工具列。

“圆弧：中心点、起点、角度”工具集操作为单击左键设定圆弧的中心点及半径等。

在工具列中，单击“圆弧：中心点、起点、角度”工具集的下三角，如图2-128所示。在弹出的面板中包含了多种圆弧的绘制工具，常用的有“圆弧：中心点、起点、角度”工具、“圆弧：起点、终点、通过点”工具和“通过数个点的圆弧”工具等，如图2-129所示。这里重点讲解“圆弧：中心点、起点、角度”工具的用法。

图2-128

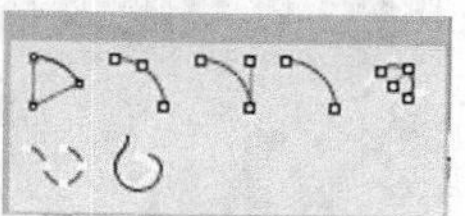
图2-129

01 使用工具列的“圆弧：中心点、起点、角度”工具绘制一个圆弧，先指定圆弧半径的中心点1，然后指定圆弧的第1个端点2，这个点也是圆弧的起点，指定圆弧的第2个端点或输入一个角度3，如图2-130所示。得到的圆弧如图2-131所示。

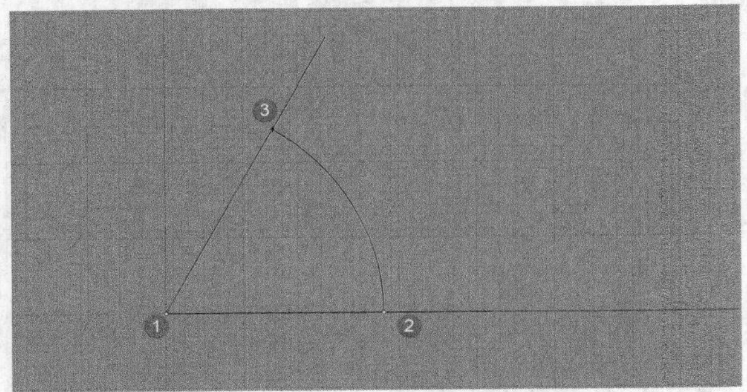

图2-130

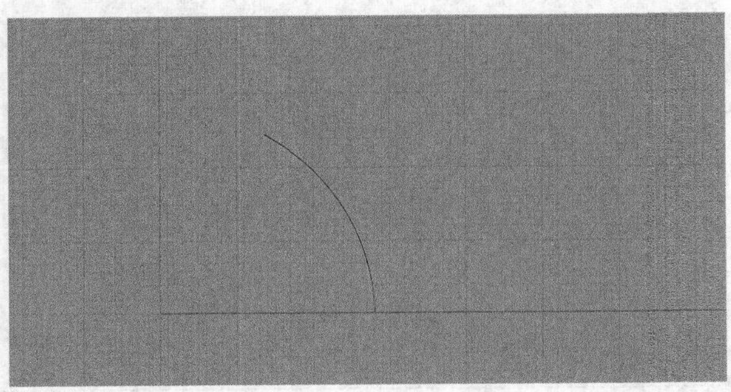

图2-131

02 单击鼠标右键重复上一个指令，在指令栏中选择“延伸”，如图2-132所示。选择需要延伸的边缘处，如图2-133所示。指定圆弧终点，如图2-134所示。

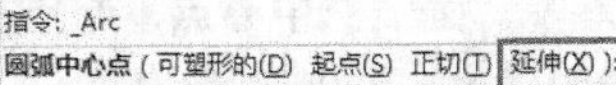

图2-132

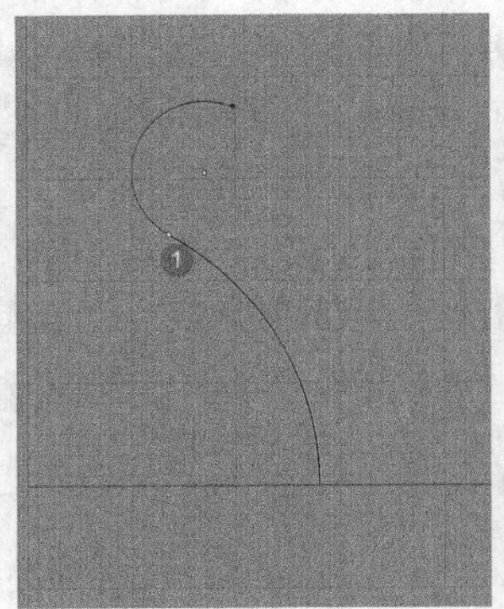

图2-133

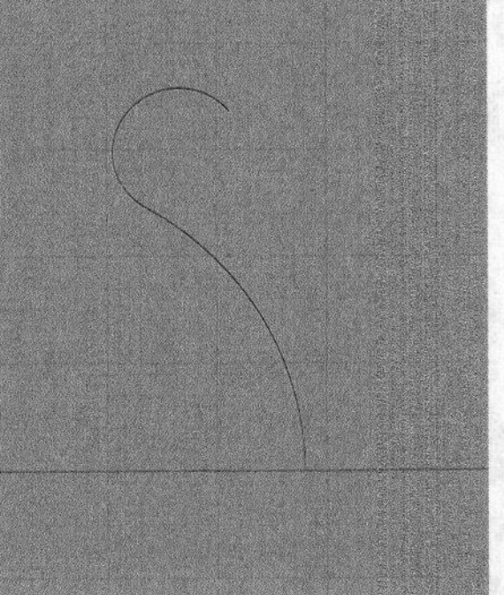

图2-134

2.2.7 矩形

“矩形：角对角”工具集用于绘制方角矩形和圆角矩形。

“矩形：角对角”工具集在左侧工具列。

“矩形：角对角”工具集操作见具体工具解析。

在工具列中，单击“矩形：角对角”工具集的下三角，如图2-135所示。在弹出的面板中包含了矩形的绘制工具，常用的有“矩形：角对角”工具和“矩形：圆角”工具等，如图2-136所示。

图2-135

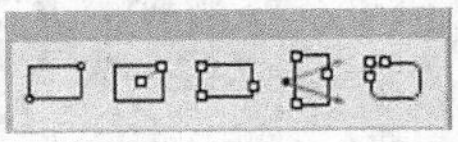

图2-136

“矩形：角对角”工具通过确定矩形方位角的位置快速绘制方角矩形，这是创建矩形的常用工具。矩形是很多图形的起始图形。

单击“矩形：角对角”工具，在任一视图中单击鼠标左键确定矩形的起始点，拉出矩形，单击鼠标左键确定矩形的终点，即可完成矩形的创建，如图2-137所示。

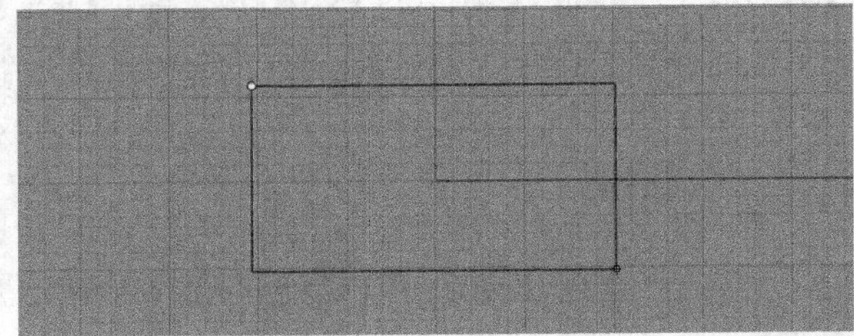

图2-137

“矩形：圆角”工具用于确定矩形大小并修改矩形的圆角。这是快速创建圆角矩形的常用工具。读者可以通过拖曳鼠标快速创建圆角，也可以通过输入数值创建圆角。

01 单击“矩形：圆角”工具，在任一视图中单击鼠标左键确定矩形的起始点，拖曳鼠标创建矩形，单击鼠标左键确定矩形的终点，如图2-138所示。

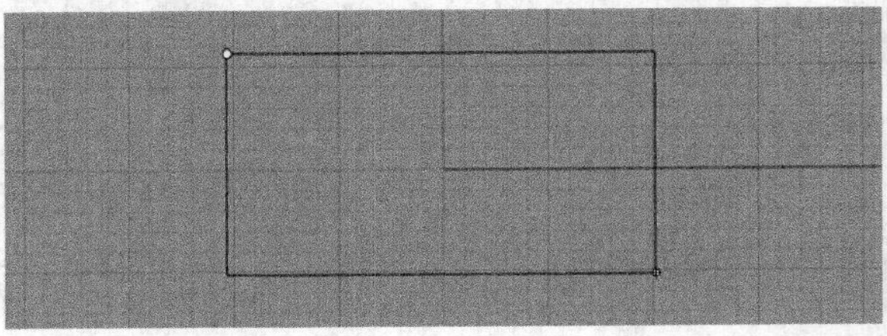

图2-138

02 继续拖曳鼠标，改变矩形的圆角，如图2-139所示。

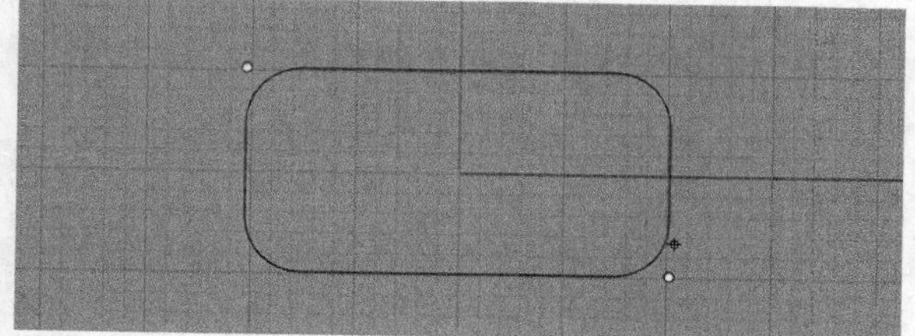

图2-139

提示 除了上述方法，还可以在指令栏中输入圆角参数，确定矩形的圆角，如图2-140所示。按Enter键确认，圆角矩形如图2-141所示。

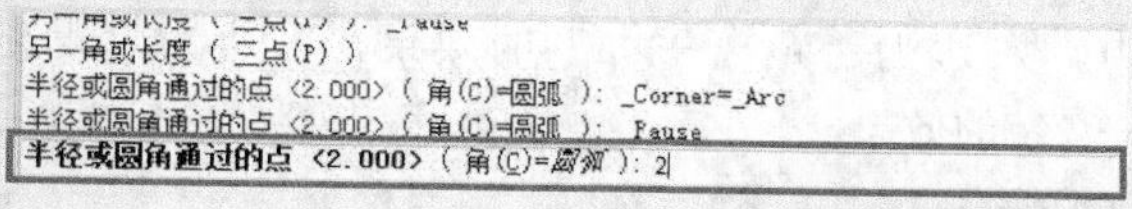

另一角或长度（三点(P)）: _Pause
另一角或长度（三点(P)）
半径或圆角通过的点 <2.000>（角(C)=圆弧）: _Corner=_Arc
半径或圆角通过的点 <2.000>（角(C)=圆弧）: _Pause
半径或圆角通过的点 <2.000>（角(C)=*圆弧*）: 2

图2-140

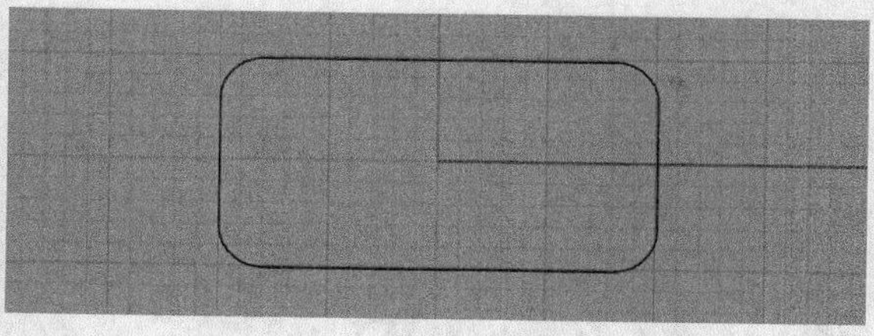

图2-141

2.2.8 多边形

"**多边形：中心点、半径**"**工具集**用于绘制可控边数图形。

"**多边形：中心点、半径**"**工具集**在左侧工具列。

"**多边形：中心点、半径**"**工具集**操作见具体工具介绍。

单击工具列中"多边形：中心点、半径"工具集的下三角，如图2-142所示。在弹出的面板中包含各种绘制多边形的工具，常用的有"多边形：中心点、半径"工具、"多边形：星形"工具，如图2-143所示。

图2-142

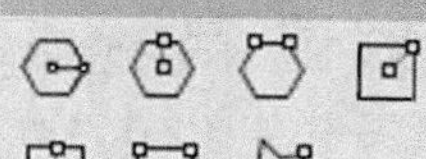

图2-143

"**多边形：中心点、半径**"通过确定多边形的中心点和边数来绘制多边形。该工具常用于绘制六边形、十二边形等特殊图形。

01 创建六边形单击"多边形：中心点、半径"工具，此时指令栏会出现"内接多边形中心点"的一系列指令，如图2-144所示。选择"边数=4"，并输入6，如图2-145所示，按Enter键确认。

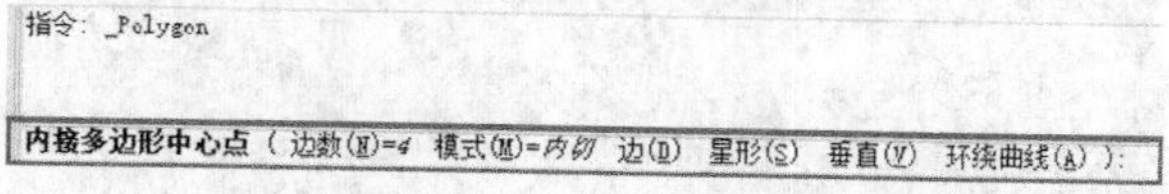

指令: _Polygon
内接多边形中心点（边数(N)=4 模式(M)=*内切* 边(D) 星形(S) 垂直(V) 环绕曲线(A)）:

图2-144

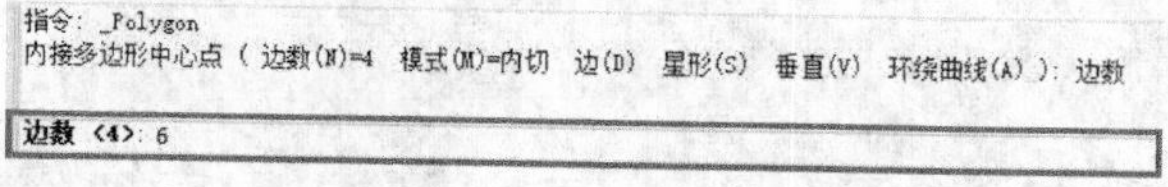

指令: _Polygon
内接多边形中心点（边数(N)=4 模式(M)=内切 边(D) 星形(S) 垂直(V) 环绕曲线(A)）: 边数
边数 <4>: 6

图2-145

02 在任一视图中单击鼠标左键确定多边形的中心点，拖曳鼠标拉出多边形，单击鼠标左键确定多边形的角的方向，得到的六边形如图2-146所示。

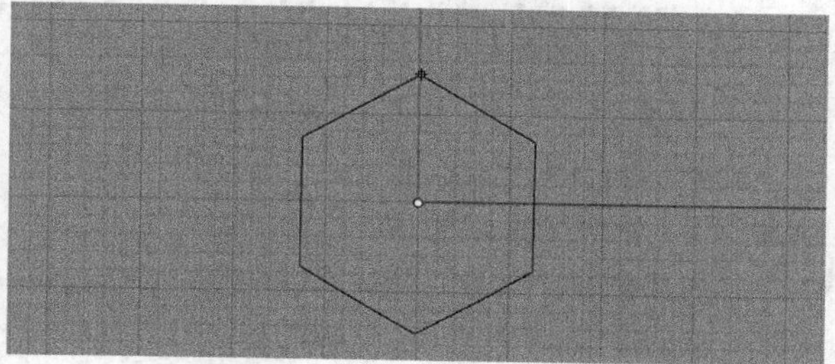

图2-146

"**多边形：星形**"可以通过确定星形的中心点和边数，绘制星形。该工具常用于绘制六芒星、五角星等特殊图形，适用于绘制儿童用品、工业垫片等。

01 创建五角星单击"多边形：星形"工具，在指令栏选择"边数=5"，并输入5，如图2-147所示，按Enter键确认。

指令: _Polygon
内接多边形中心点（边数(N)=6 模式(M)=内切 边(D) 星形(S) 垂直(V) 环绕曲线(A)）: _Star
星形中心点（边数(N)=5 垂直(V) 环绕曲线(A)）: 5

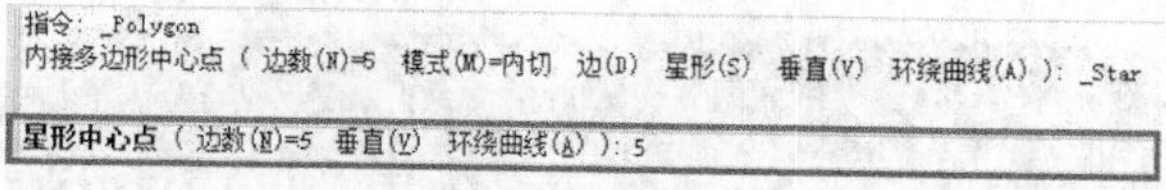

图2-147

02 确定中心点的位置，拖曳鼠标绘制出五边形，单击鼠标左键确定五边形的位置，如图2-148所示。

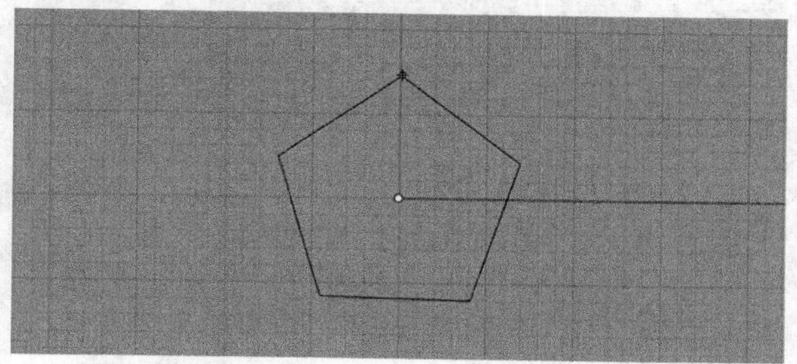

图2-148

03 继续拖曳鼠标，绘制第2个半径（相当于向心的角），单击鼠标左键确定，五角星的效果如图2-149所示。

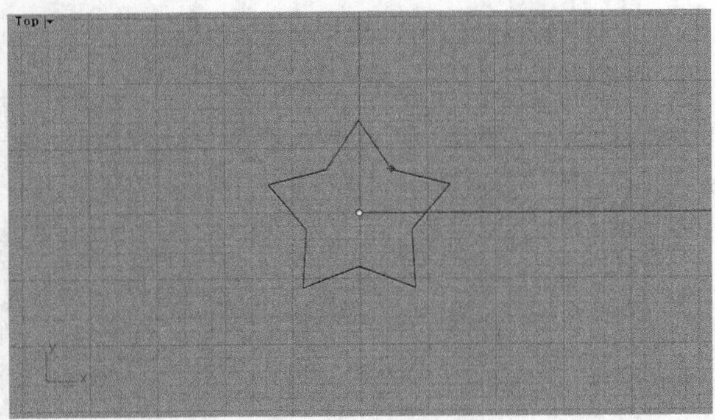

图2-149

2.2.9 曲线圆角/曲线斜角

"曲线圆角"工具⌝**用于**为曲线交点创建圆弧。

"曲线圆角"工具⌝**在**"曲线工具"选项卡中的顶部工具列中（第1个工具）。

"曲线圆角"工具⌝**操作为**在设置半径后选择曲线交点创建圆弧。

单击"曲线圆角"工具⌝，指令栏会显示相关指令，如图2-150所示。读者可以设置圆弧的"半径"，然后依次选择两条相交的曲线，即可对交点进行圆角处理，创建出圆弧，如图2-151所示。

指令：_Fillet

选取要建立圆角的第一条曲线（ 半径(R)=2 组合(J)=否 修剪(T)=是 圆弧延伸方式(E)=圆弧 ）:

图2-150

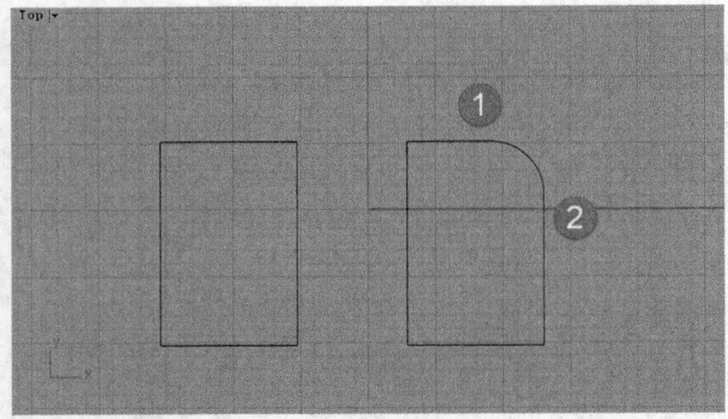

图2-151

提示 如果需重复多个相同半径的曲线圆角，那么在开始选择工具时使用鼠标右键单击"曲线圆角"工具⌝，即可触发该工具的重复执行功能，然后设置"半径"，依次对曲线交点进行处理。

"曲线斜角"工具⌝**用于**为曲线交点创建有棱角的倒角。

"曲线斜角"工具⌝**在**"曲线工具"选项卡中的顶部工具列中（第2个工具）。

"曲线斜角"工具⌝**操作**与"曲线圆角"工具⌝类似。

使用"曲线斜角"⌝工具处理有棱角的倒角时，需要在指令栏中使用"距离"控制斜角的大小。"距离"中的"2,2"为两个可控数值，如图2-152所示。两者在相同情况下表示斜角初始点（两条线段的最初交点）到两端距离一致；在两者不同的情况下，斜角初始点到两端距离不同。在图2-153中，左边为"距离=2,2"的效果，右边为"距离=5,2"的效果。

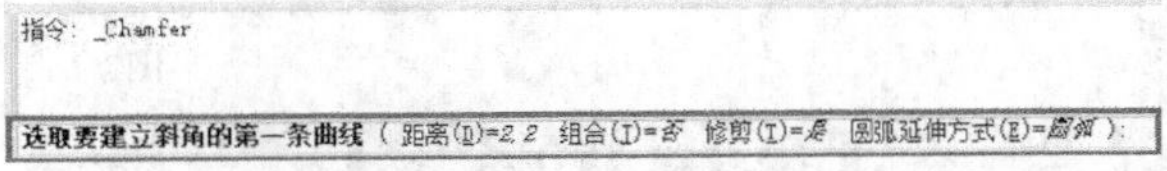

指令：_Chamfer

选取要建立斜角的第一条曲线（ 距离(D)=2,2 组合(J)=否 修剪(T)=是 圆弧延伸方式(E)=圆弧 ）:

图2-152

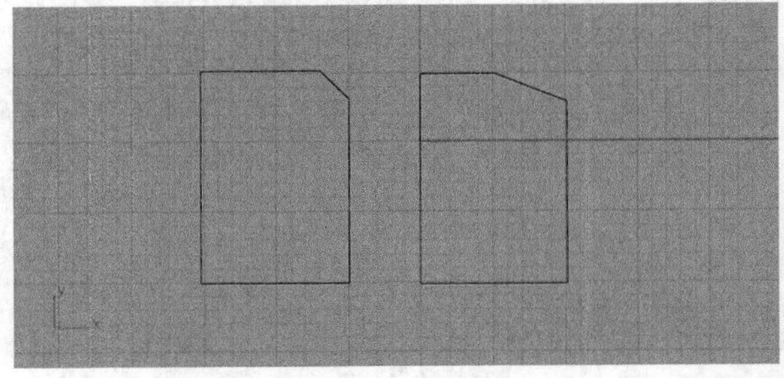

图2-153

2.2.10 偏移曲线

"偏移曲线"工具⌝**用于**在曲线一侧生成新的曲线或缩放成新的封闭曲线。

"偏移曲线"工具⌝**在**"曲线工具"选项卡中的顶部工具列中。

"偏移曲线"工具⌝**操作为**选择对象，设定偏移距离和方向后生成新的曲线。

01 在一侧生成新曲线单击"偏移曲线"工具⌝，指令栏如图2-154所示。设定好偏移距离，然后选择要进行偏移的曲线，移动鼠标可以预览偏移后的效果，如图2-155所示。

指令：_Offset

选取要偏移的曲线（ 距离(D)=2 松弛(L)=否 角(C)=锐角 通过点(T) 公差(O)=0.001 两侧(B) 与工作平面平行(I)=否

图2-154

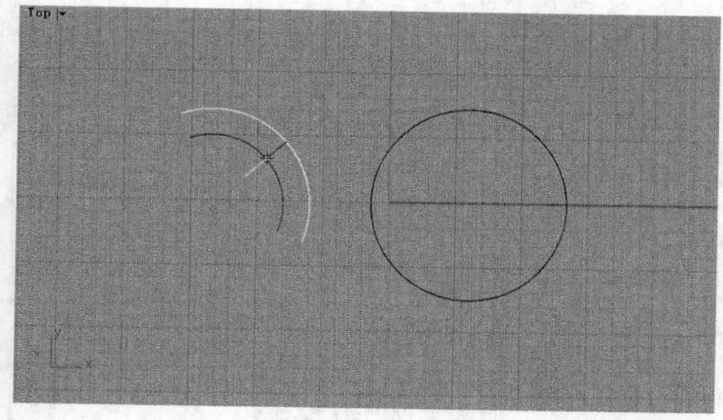

图2-155

提示 如偏移距离不理想，则可以在指令栏中选择“距离”来重新设定数值，按Enter键确认，即可得到偏移后的曲线。

02 **缩放成新的封闭曲线**进行同样的指令栏操作，选择封闭曲线，向内拖曳鼠标，得到缩小后的封闭曲线（向内偏移），如图2-156所示。向外拖曳鼠标，得到放大后的封闭曲线（向外偏移），如图2-157所示。

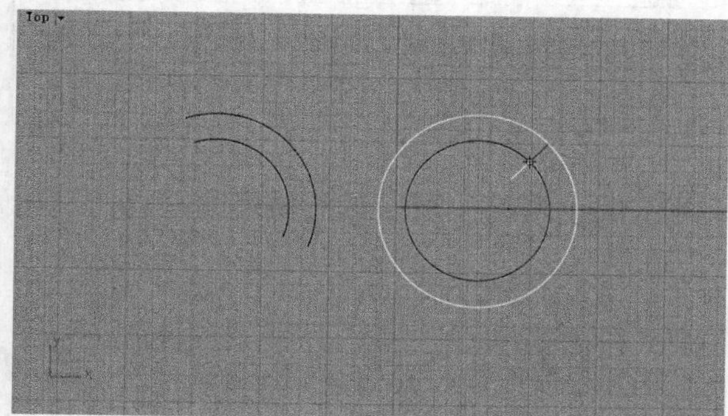

图2-156

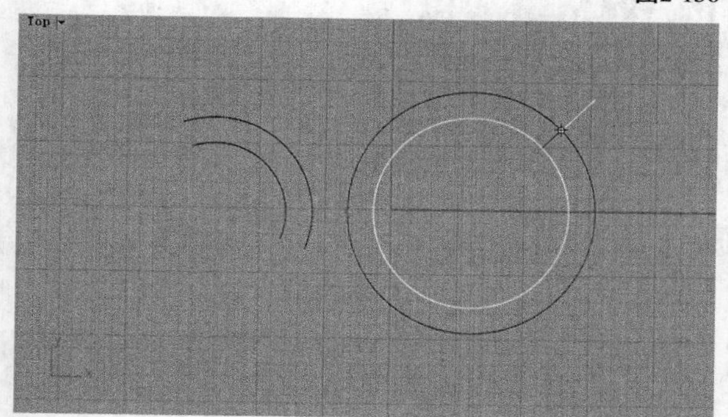

图2-157

2.2.11 投影曲线

“投影曲线”工具用于将曲线快速投影到曲面上，生成与曲面弧度贴合的新曲线。

“投影曲线”工具在工具列的“投影曲线”工具集中。

“投影曲线”工具操作为选择曲线，在投影的视图平面选择曲面。

01 单击“投影曲线”工具，选择曲线作为要投影的曲线，按Enter键确认。然后在要进行投影的视图中选择曲面，按Enter键确认，投影效果如图2-158所示。

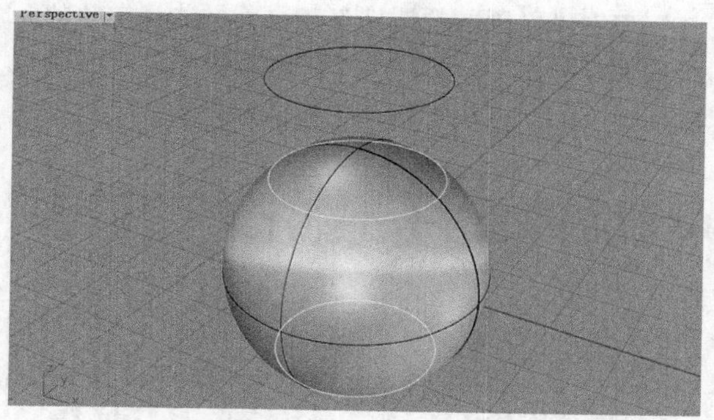

图2-158

提示 在投影过程中产生的两条曲线，选择需要的曲线进行操作即可。

02 在投影过程中，如果曲线超出了曲面的范围，如图2-159所示，那么投影生成的曲线会超出曲面的边缘并发生垂直延伸，如图2-160所示。

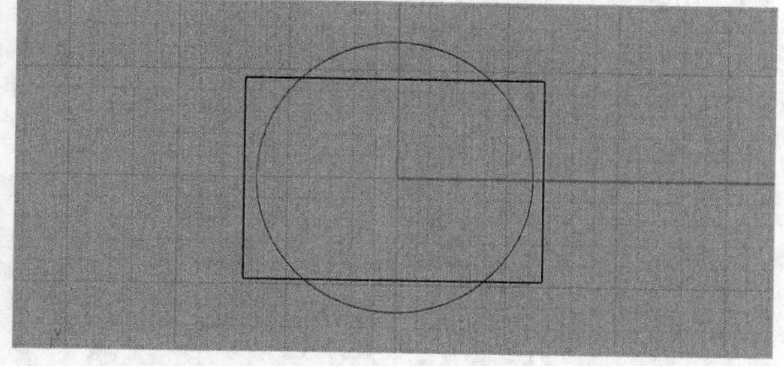

图2-159

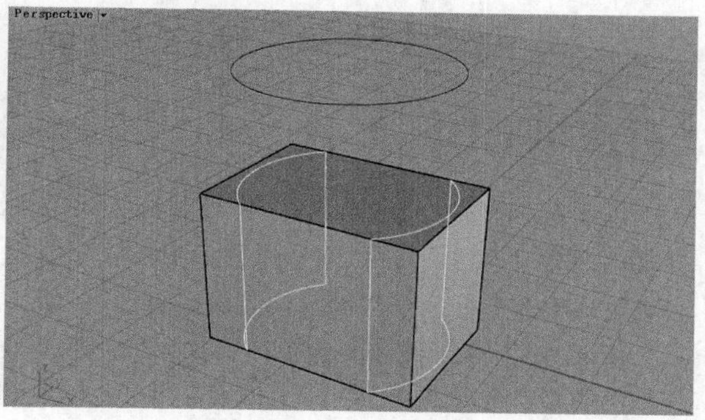

图2-160

2.2.12 复制边框

“复制面的边框”工具用于快速提取实体中单个曲面的边框线。

“复制面的边框”工具在左侧工具列的下拉菜单中。

“复制面的边框”操作为选择实体，并选择某一曲面，得到边框线。

单击“复制面的边框”工具，选择实体的一个曲面，如图2-161所示，按Enter键确认，得到边缘曲线。为了方便观察，将边框线移动出来，如图2-162所示。

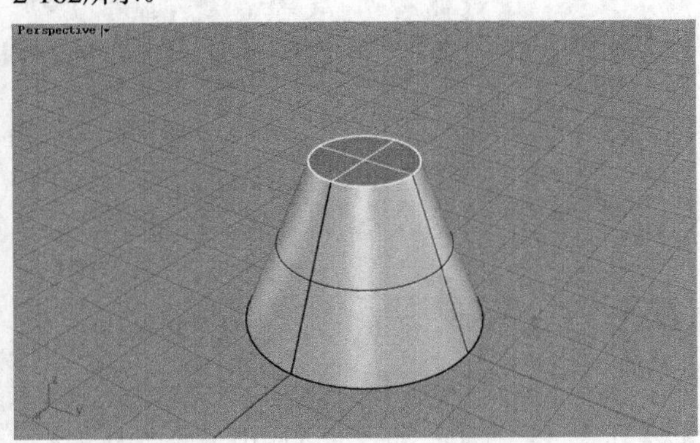

图2-161

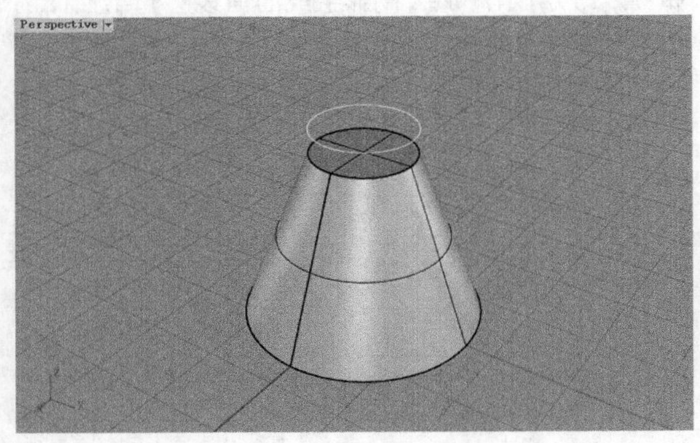

图2-162

2.3 曲面工具

曲面就像是一个有弹性的矩形橡胶片，NURBS曲面既可以表现出平面和圆柱这样的简单造型，又可以表现出雕刻曲面这样的复杂自由造型。

Rhino中所有创建曲面的工具所生成的物件都是相同的类型：NURBS曲面。Rhino带有很多直接生成曲面或通过现有曲线生成曲面的工具。

本节内容介绍

名称	作用	重要程度
直线挤出	用于将曲线沿直线路径挤出曲面	高
沿着曲线挤出	用于将曲线沿曲线路径挤出曲面	中
单轨扫掠	用于将一条或数条断面曲线沿单一路径扫掠曲面	中
双轨扫掠	用于将一条或数条断面曲线沿两条路径扫掠曲面	高
旋转成形	以一条轮廓曲线绕着旋转轴旋转建立曲面	高
沿着路径旋转成形	以一条轮廓曲线沿着一条路径曲线，同时绕着中心轴旋转建立曲面	中
放样	用于通过曲线之间的过渡建立曲面	高
二三四边生面	用于为数条开放的边缘曲线建立曲面	中
从网线建立曲面	用于为不同走向的U、V曲线建立曲面	中
嵌面	用于通过对曲线运算得到重建的近似面	中
以平面曲线建立曲面	用于为封闭曲线建立曲面，为平面上的边缘曲线建立曲面	高
偏移曲面	用于等距离偏移复制曲面或多重曲面	高
衔接曲面	用于调整曲面的边缘与其他曲面衔接，即和其他曲面形成位置、正切或曲率连续效果	高
混接曲面	用于混接两个曲面的边缘，创建出圆滑过渡的曲面	高
重建曲面	用于根据设定的阶数和控制点数重建曲面，让曲面更易于编辑；实体亦同理	高
曲面圆角	用于在两个曲面之间建立半径固定的圆角曲面	中

2.3.1 课堂案例：制作异形遥控器

场景位置	无
实例位置	实例文件>CH02>课堂案例：制作异形遥控器.3dm
视频名称	课堂案例：制作异形遥控器.mp4
学习目标	掌握使用曲线生面的技巧

异形遥控器效果如图2-163所示。

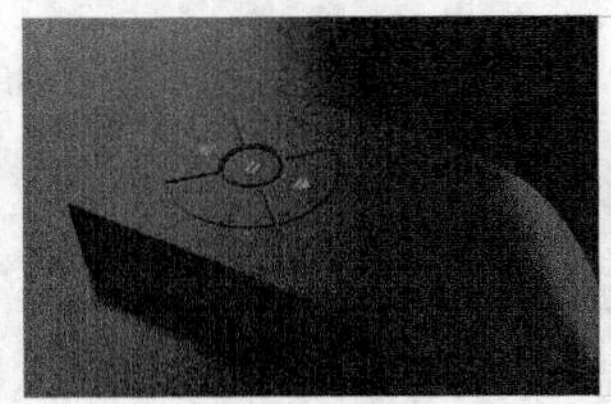

图2-163

01 制作遥控器主体在右视图中使用“矩形：角对角”工具绘制矩形，如图2-164所示。

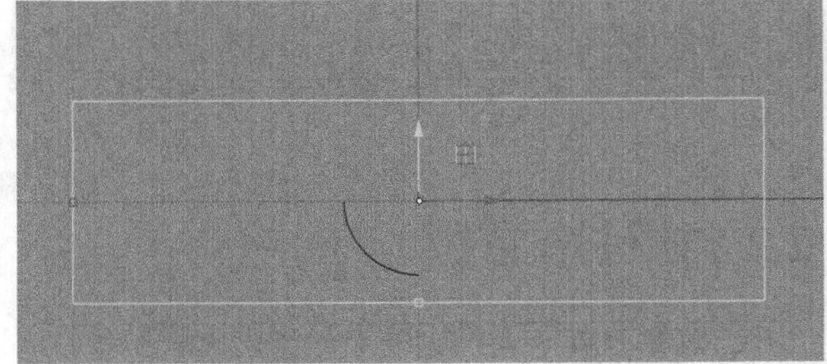

图2-164

02 使用工具集中的“直线挤出”工具对矩形进行挤出实体操作。此时需要在两侧挤出左右对称的造型，以方便后期的处理，如图2-165所示。

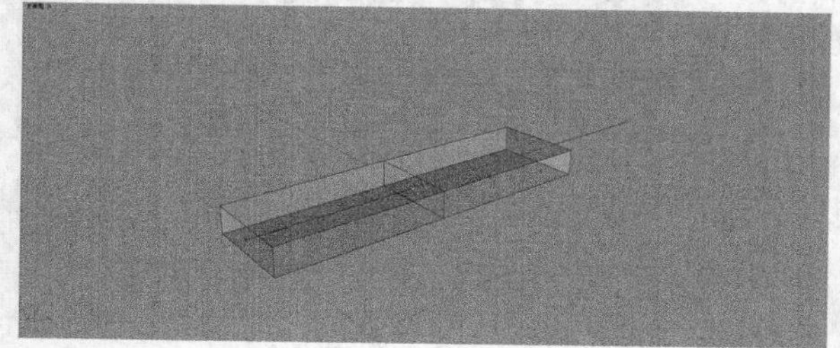

图2-165

03 在顶视图中使用“多重直线”工具画出分割线条，如图2-166所示。然后使用操作轴上的拉伸将线拉伸成面，使分割面和主体完全发生交集即可，如图2-167所示。

图2-166

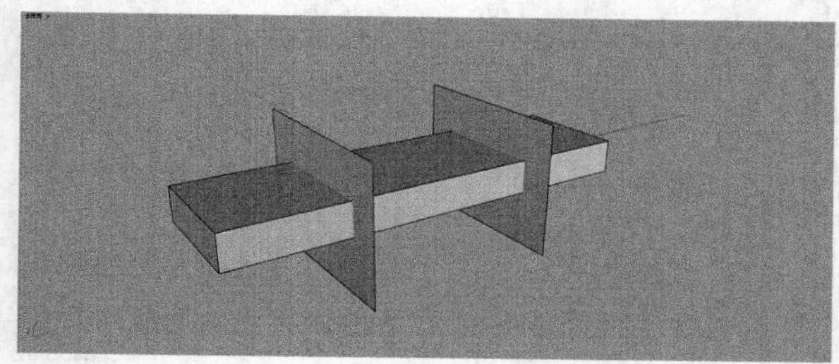

图2-167

04 使用“炸开”工具将主体炸开，如图2-168所示。然后选中修剪面并使用“修剪”工具把中间、后面、前面和顶面的面修剪掉，如图2-169所示。修剪完成后按快捷键Ctrl+H把修剪的面隐藏，如图2-170所示。

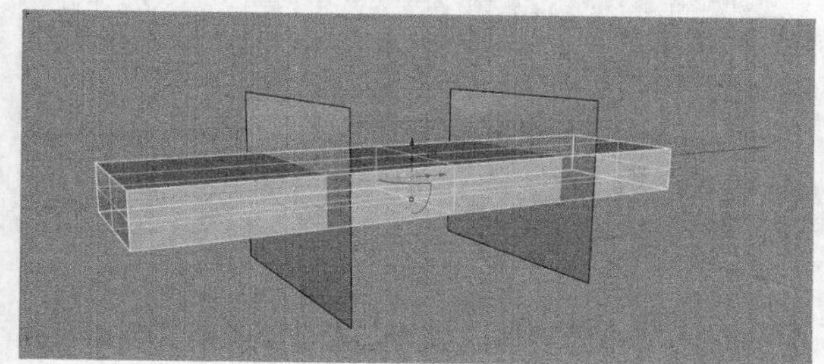

图2-168

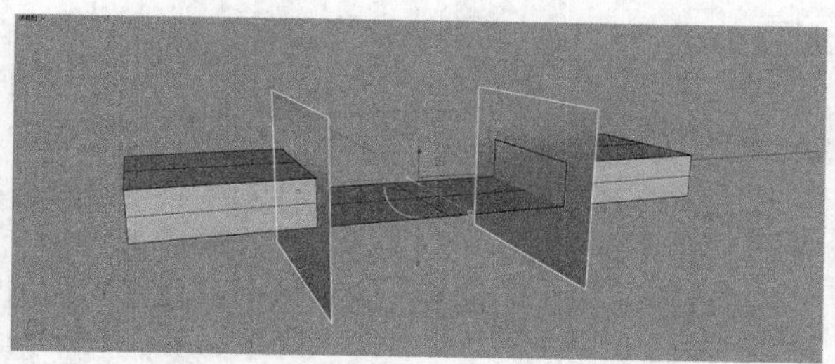

图2-169

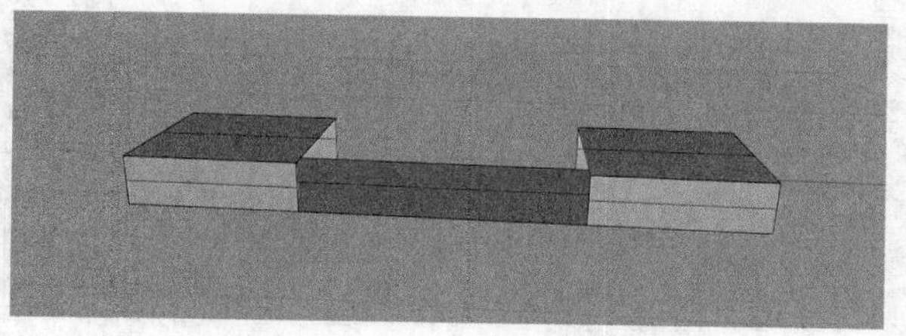

图2-170

05 使用工具集中的“可调式混接曲线”工具对曲面边缘进行混接，如图2-171所示。选取第1条混接的曲线1，再选取第2条混接的曲线2，注意点选靠近混接开始的地方，也就是图2-172所示的数字一端。设置“调整曲线混接”两端为曲率连续，如图2-173所示。

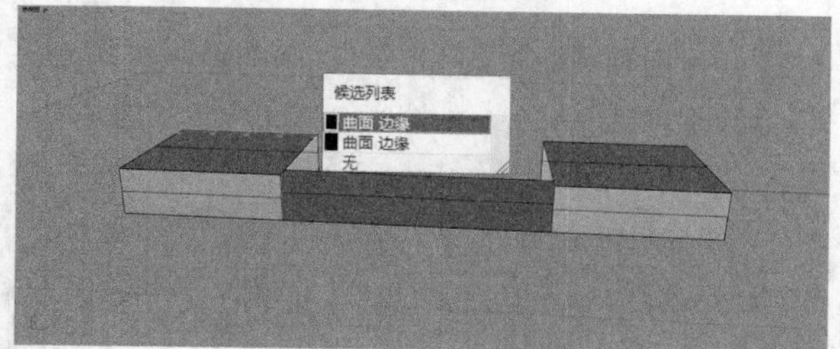

图2-171

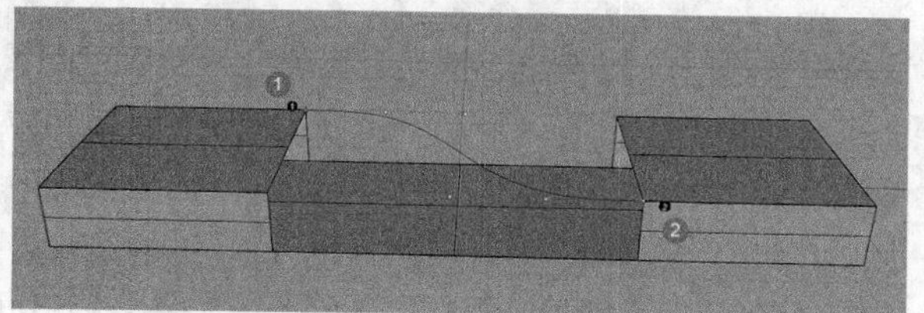

图2-172

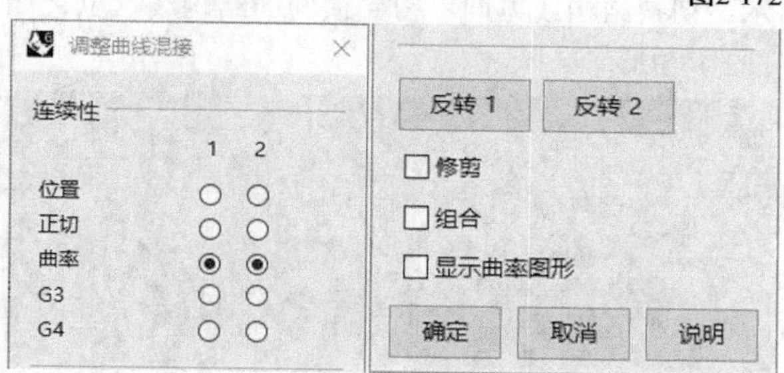

图2-173

06 使用“分割”工具选中混接的线条并单击鼠标右键完成操作。选取切割物件，单击指令栏的“点”，如图2-174所示。然后进行分割，如图2-175所示。使用“显示物件控制点”工具将两个线条的控制点打开，选中中间的点，在两端点地方留下3个保持连续性的控制点，不需要进行移动，如图2-176所示。

选取切割用物件 (点(P)):

图2-174

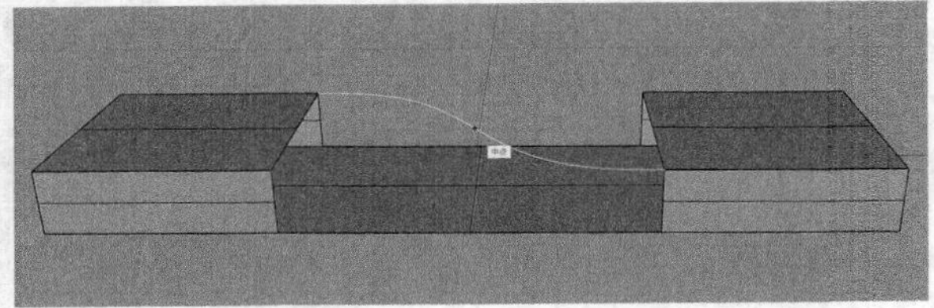

图2-175

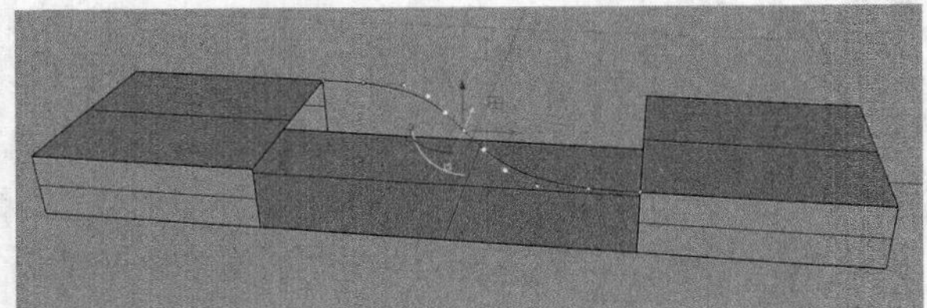

图2-176

07 将视图切换到前视图，将选中的控制点沿着绿色轴移动一小段距离，如图2-177所示。

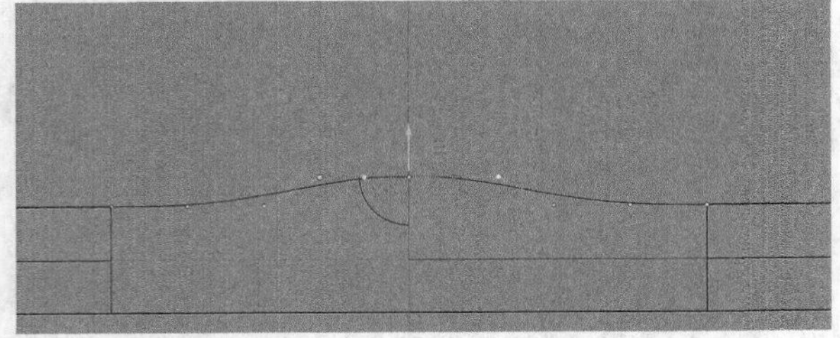

图2-177

08 使用工具集中的“抽离结构线”工具选中图2-178所示的要抽离结构线的面。此时结构线的方向是不对的，单击指令栏的“切换”，如图2-179所示。切换结构线方向，得到横向的结构线，位置如图2-180所示。

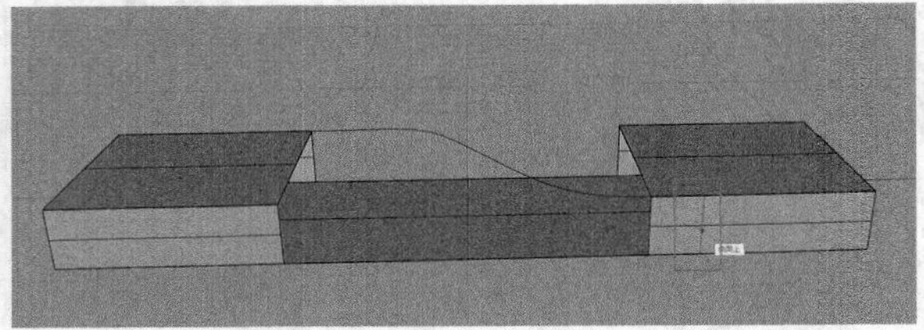

图2-178

选取要抽离的结构线 (方向(D)=U 切换(T) 全部抽离(X) 不论修剪与否(I)=否):

图2-179

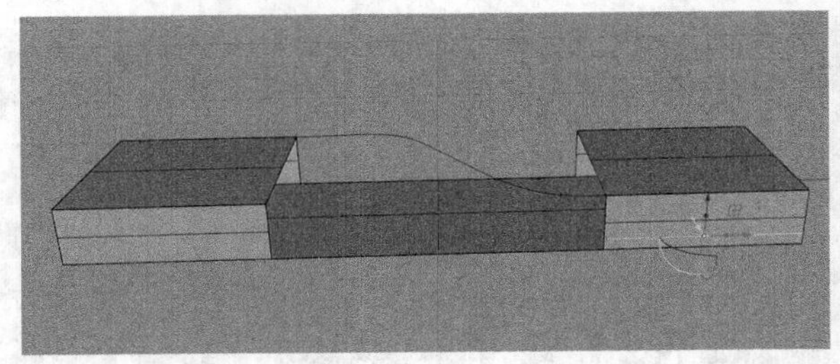

图2-180

09 使用工具集中的“可调式混接曲线”工具选取第1条混接的曲线1，再选取第2条混接的曲线2，如图2-181所示。调整曲线混接参数两端为“曲率”连续，如图2-182所示。

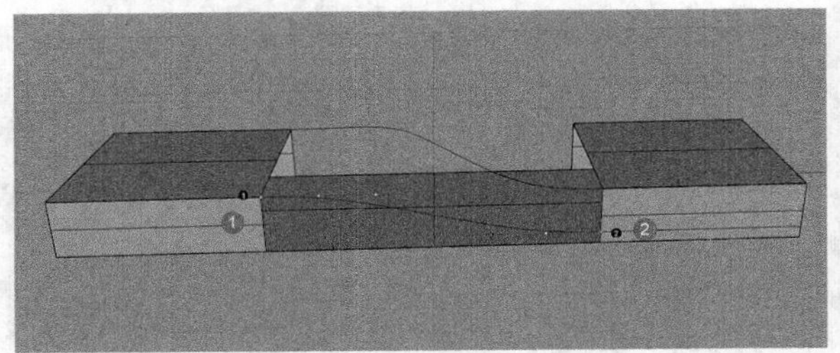

图2-181

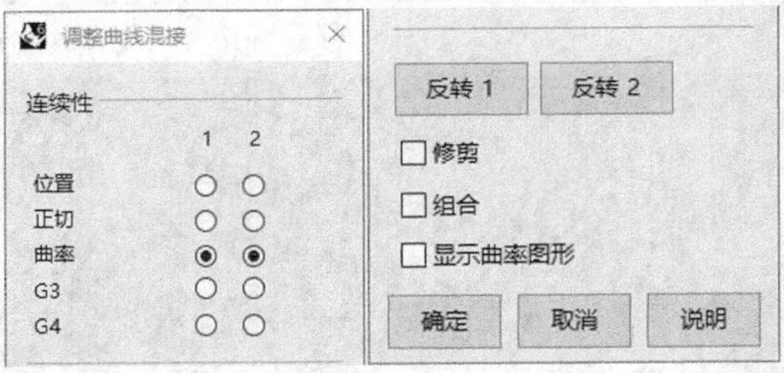

调整曲线混接

连续性

	1	2
位置	○	○
正切	○	○
曲率	◉	◉
G3	○	○
G4	○	○

反转 1　反转 2

☐ 修剪

☐ 组合

☐ 显示曲率图形

确定　取消　说明

图2-182

10 使用“分割”工具选中混接的线条并单击鼠标右键完成操作。选取切割物件单击指令栏的“点”，如图2-183所示，以此进行分割。

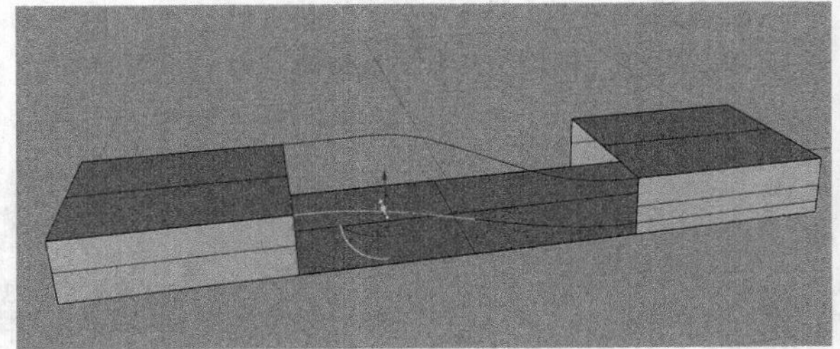

图2-183

11 使用“多重直线”工具将图2-184中的端点两个位置连接起来，得到一个直线段。

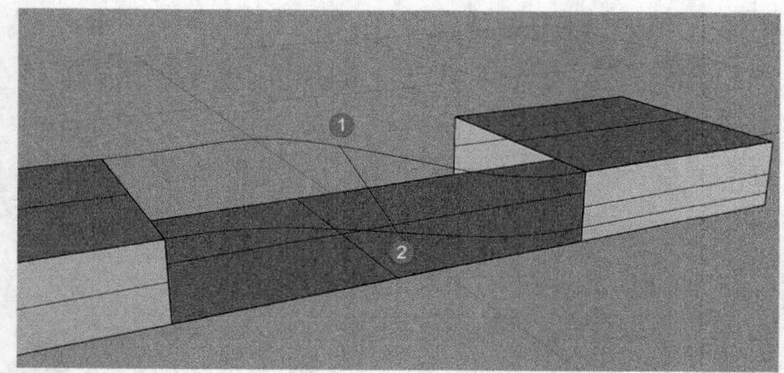

图2-184

12 使用工具集中的“重建曲线”工具对图2-185中的直线进行重建，重建参数为3阶4点，如图2-186所示。

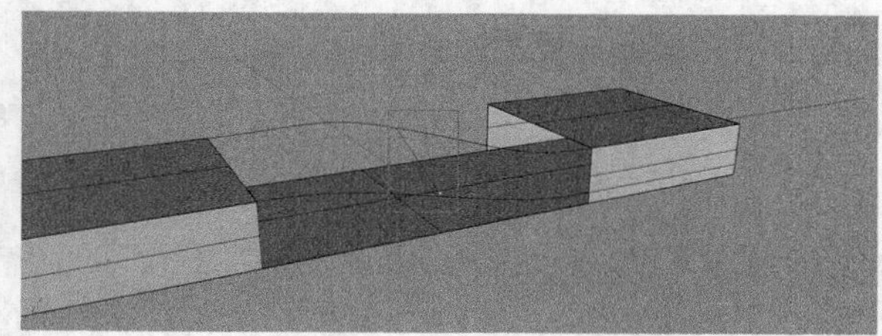

图2-185

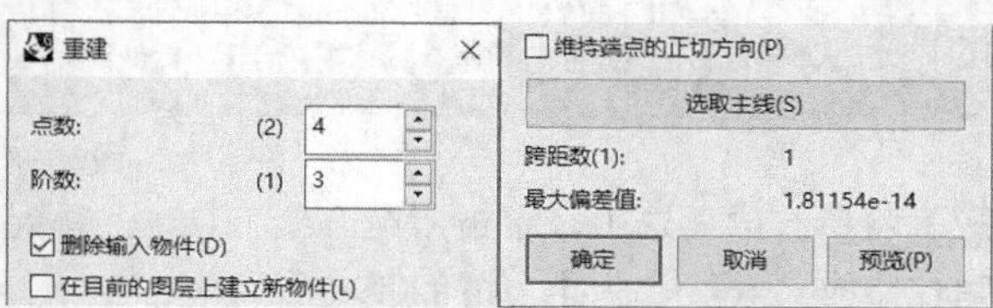

图2-186

13 使用“显示物件控制点”工具将曲线的控制点打开，选中中间的两个点，如图2-187所示。

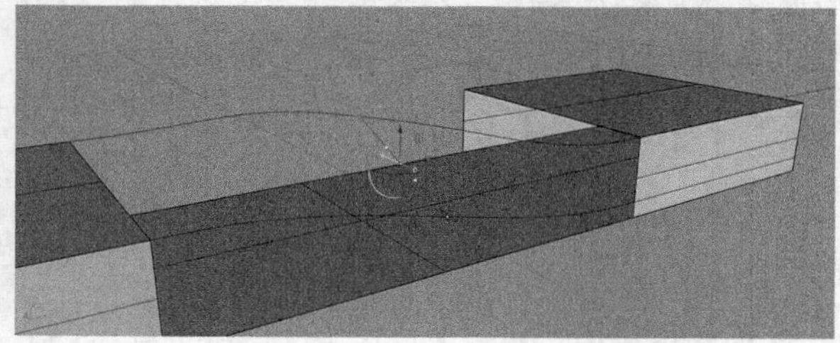

图2-187

14 此时发现操作轴方向不对，需要切换操作轴方向。在底部操作轴处单击鼠标右键，选择“对齐物件”，如图2-188所示。

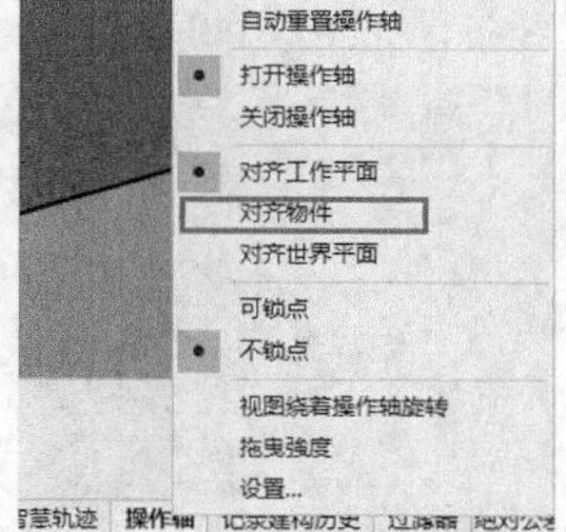

图2-188

15 切换到右视图，把操作轴沿着蓝色轴方向向右下移动一小段距离，使直线变为曲线，如图2-189所示。

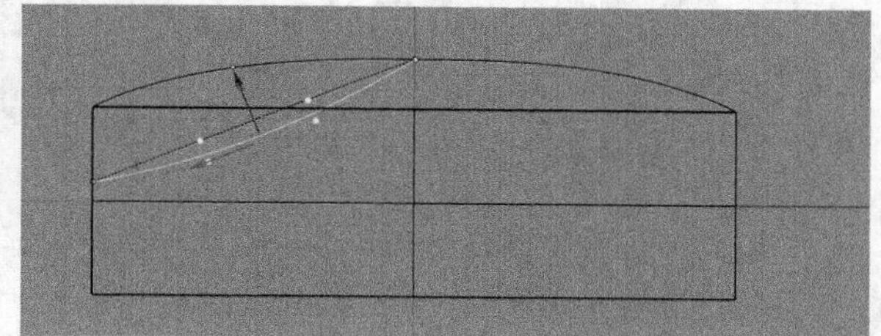

图2-189

16 单击“双轨扫掠”工具，选择路径曲线1，选择路径曲线2，选择断面曲线3，选择断面曲线4，单击鼠标右键确认。观察断面曲线的方向，再次单击鼠标右键完成操作，如图2-190所示。

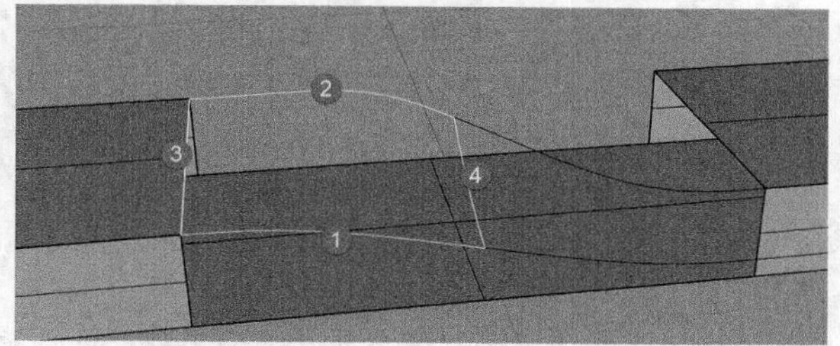

图2-190

17 单击工具集中的“分割边缘”工具，将图2-191中的曲面边缘从抽离结构线的地方割开。

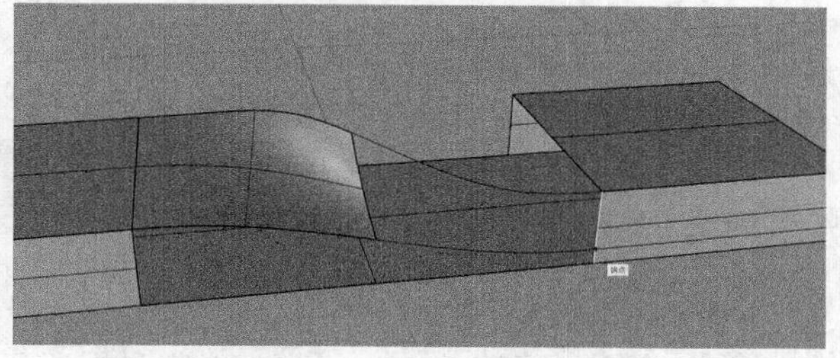

图2-191

提示 双轨处理时需要选择封闭的四条曲线，所以此时的曲面边缘是整体的，需要将边缘分割开，不分割的情况下生成的曲面如图2-192所示。这种情况下生成的曲面不准确且结构线非常多，不利于后期的调整。

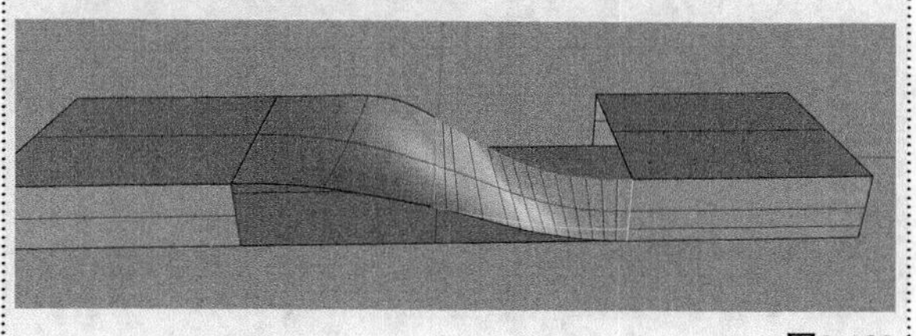

图2-192

18 单击“双轨扫掠”工具，选择路径曲线1，选择路径曲线2，选择断面曲线3，选择断面曲线4，单击鼠标右键确认。观察断面曲线方向，确认无误后再次单击鼠标右键完成处理，如图2-193所示。

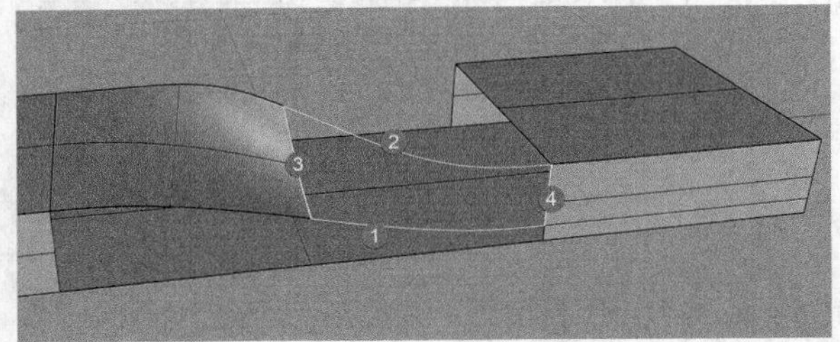

图2-193

19 在“显示”面板中关掉结构线和边缘线，如图2-194所示。观看模型曲面的顺滑程度，如果面之间不存在折痕，那么即可继续操作；如果存在折痕，那么需要在面衔接处使用工具集中的“衔接曲面”工具将其衔接为曲率连续状态。

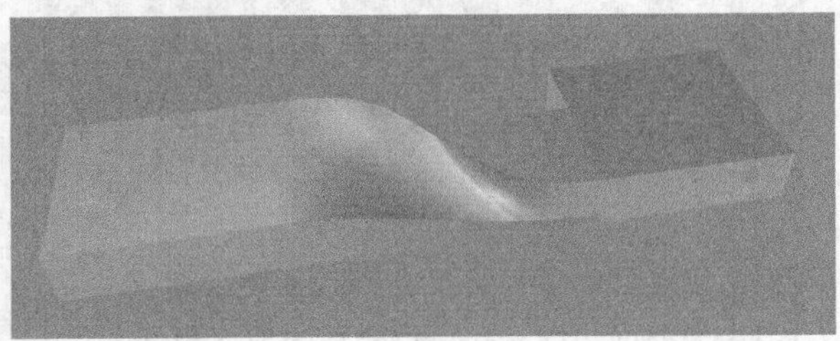

图2-194

20 单击工具集中的“以平面曲线建立曲面”工具，选取图2-195中要建立曲面的平面曲线，然后单击鼠标右键完成创建，如图2-196所示。

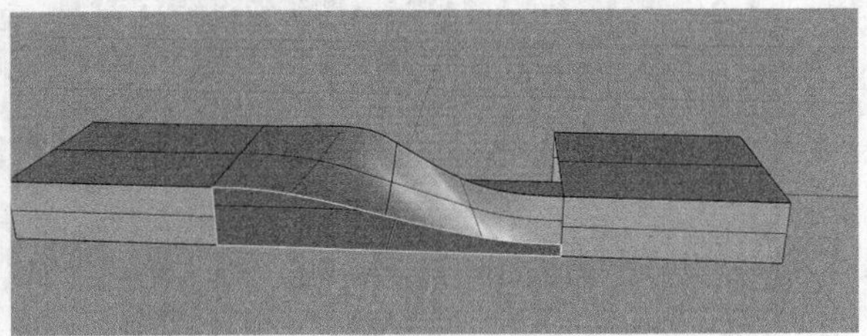

图2-195

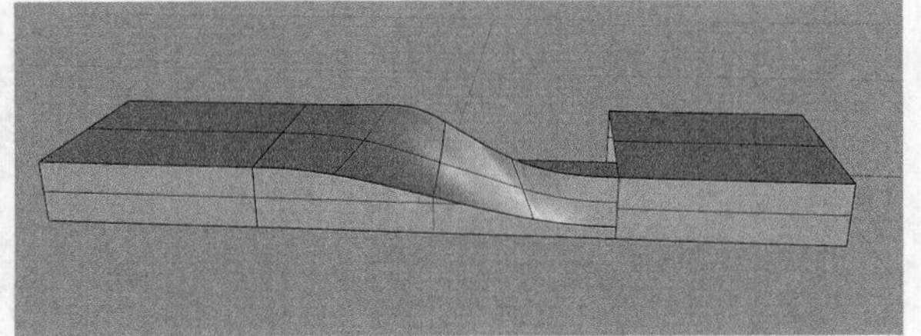

图2-196

21 选取图2-197中的三块曲面，使用鼠标右键单击“原地复制物件”工具。将视图切换到顶视图，单击“2D旋转”工具，确定旋转的起点，按快捷键0+Space，然后按住Shift键，在红色轴正交方向上指定第二参考点，旋转180°后按住Shift键，将其移动到绿色轴上即可，如图2-198所示。

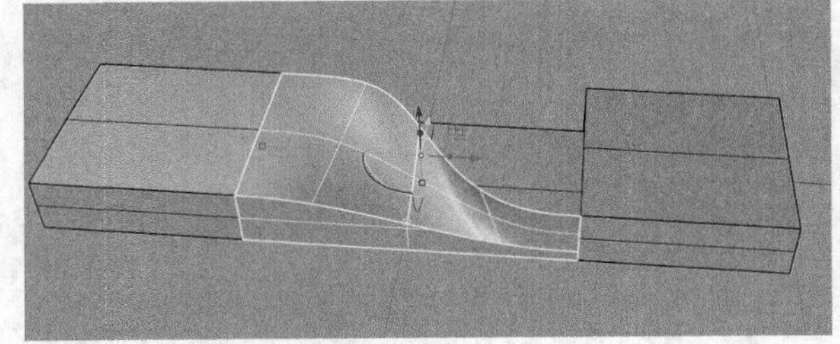

图2-197

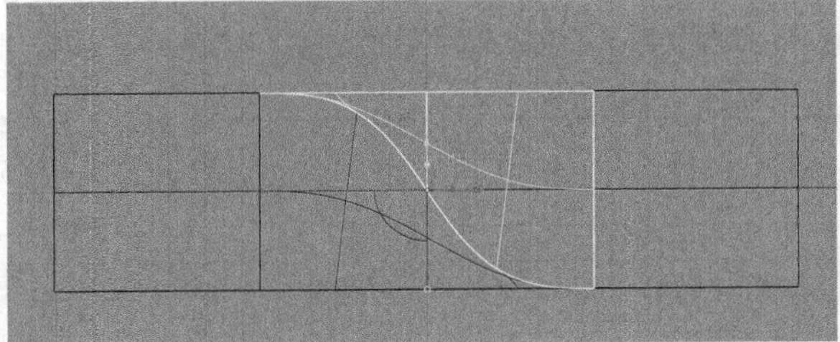

图2-198

22 将所有的面选中，单击“组合”工具，得到遥控器的主体多重曲面，如图2-199所示。

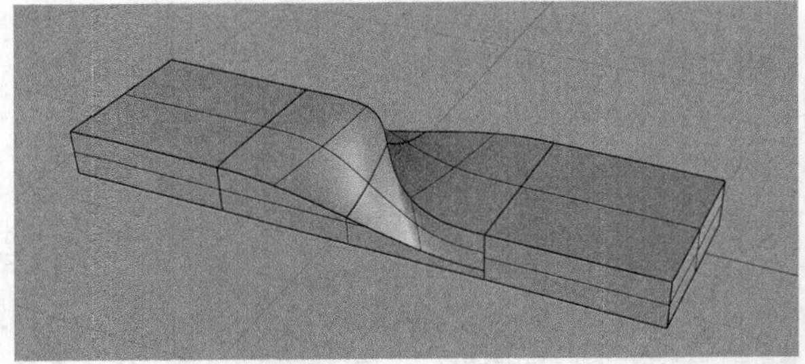

图2-199

23 **创建按钮**在顶视图中，使用“圆：中心点、半径”工具和“多重直线”工具创建遥控器按钮的线条，如图2-200所示。

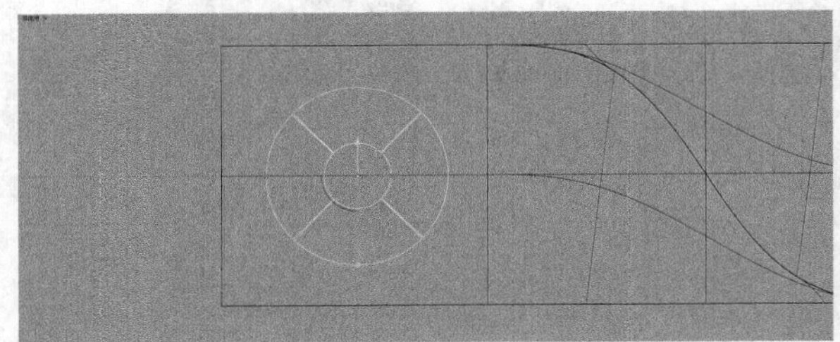

图2-200

24 使用“多重直线”工具对按钮线条进行挤出实体操作，让其和主体产生交集，如图2-201所示。

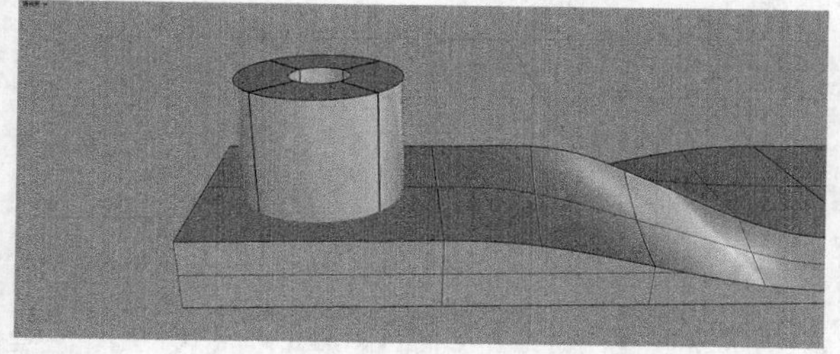

图2-201

25 单击工具集中的“布尔运算分割”工具，选择要分割的遥控器主体，单击鼠标右键完成操作。再选择用于切割按钮的拉伸物件，单击鼠标右键，接着将拉伸物体隐藏，留下中间交集部分，如图2-202所示。

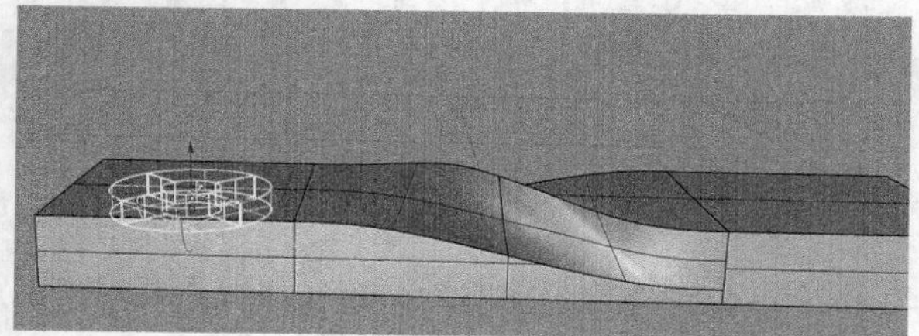

图2-202

26 使用工具集中的“单轴缩放”工具选取要缩放的物件，确定基准点1，再确定参考点2，向上缩放一段距离，如图2-203所示。

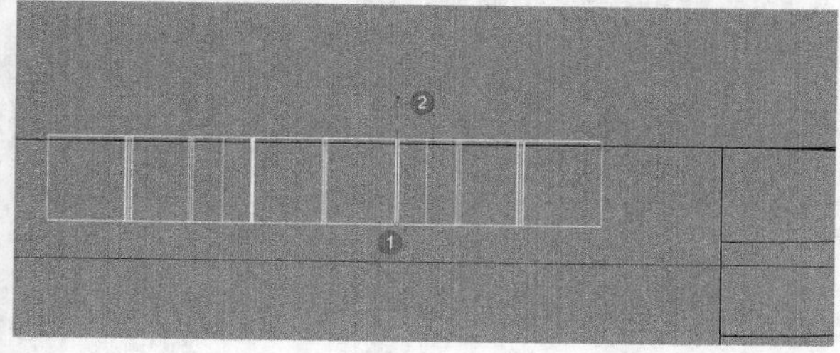

图2-203

27 在顶视图中，使用“圆：中心点、半径”工具创建遥控器按钮中间的圆，如图2-204所示。

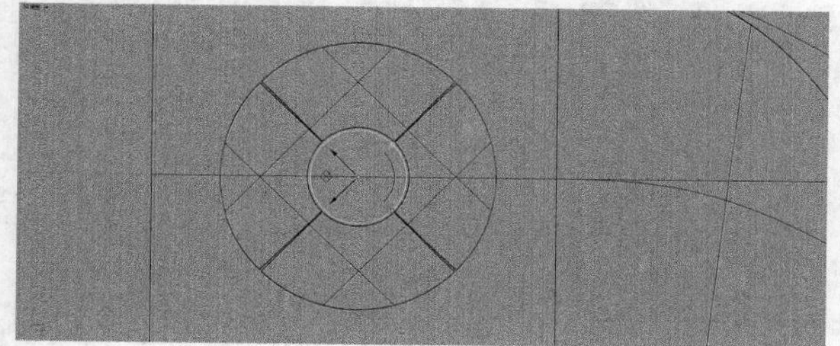

图2-204

28 参照步骤24和步骤25制作中间物件，如图2-205所示。

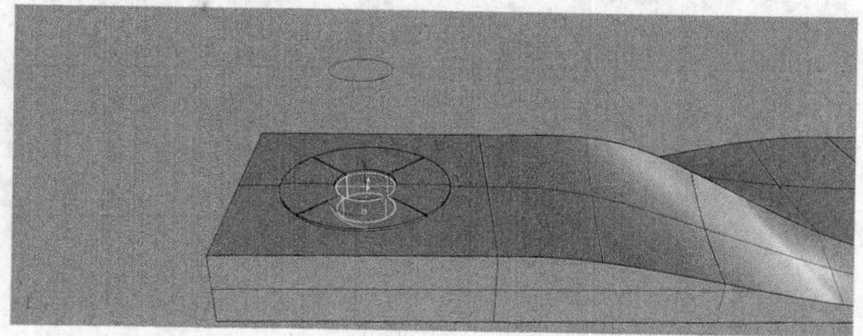

图2-205

29 **创建按钮指示键**在顶视图中，使用“多重直线”工具创建按钮指示键的形状，如图2-206所示。

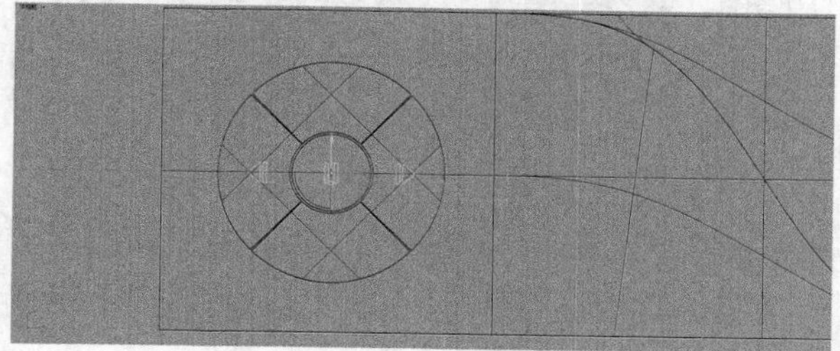

图2-206

30 使用工具集中的“多重直线”工具绘制多重直线，然后挤出实体，且要与按钮物件产生交集，如图2-207所示。

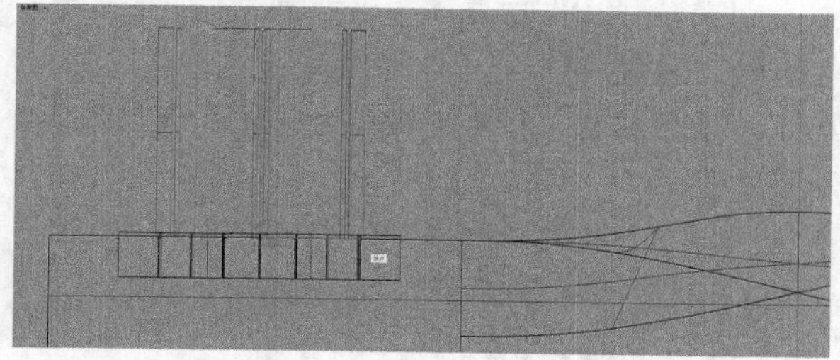

图2-207

31 单击工具集中的“布尔运算分割”工具，选择图2-208所示的要分割的高亮显示的物件，单击鼠标右键。再选择切割用的拉伸物件，单击鼠标右键。最后将拉伸物体隐藏，留下中间交集部分，如图2-209所示。

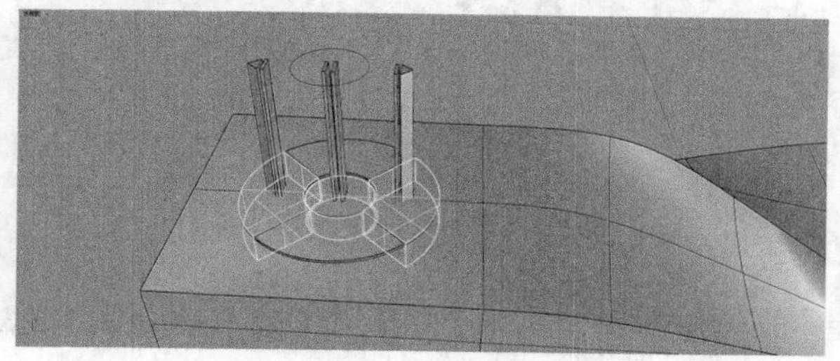

图2-208

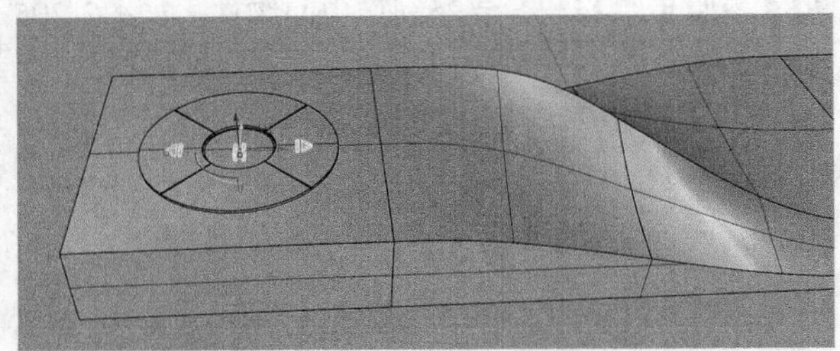

图2-209

32 使用工具集中的“边缘圆角”工具对模型进行圆角处理，如图2-210所示。

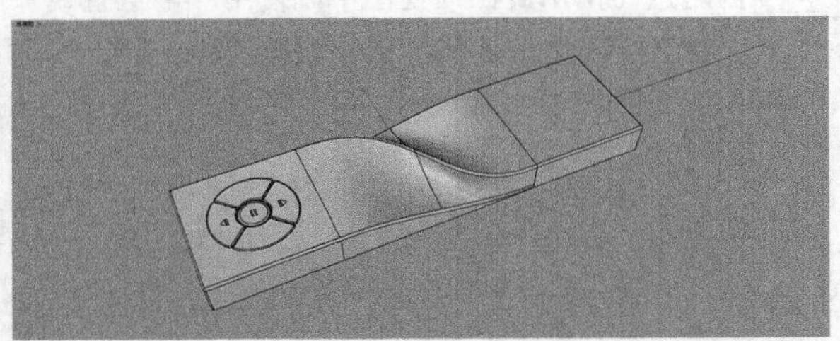

图2-210

2.3.2 直线挤出

“直线挤出”工具用于将曲线沿直线路径挤出曲面。

“直线挤出”工具在“指定三或四个角建立曲面”工具集中。

“直线挤出”工具操作为选择曲线，通过挤出得到曲面。

直线挤出指令是建模中最常用的指令。直线挤出可以通过操作轴和直线挤出这两种方式实现。

1. 通过操作轴挤出

01 选中需要挤出的曲线或多重曲线，移动鼠标指针到蓝色操作轴上面的蓝色圆点上，直到蓝点变成黑色，如图2-211所示。

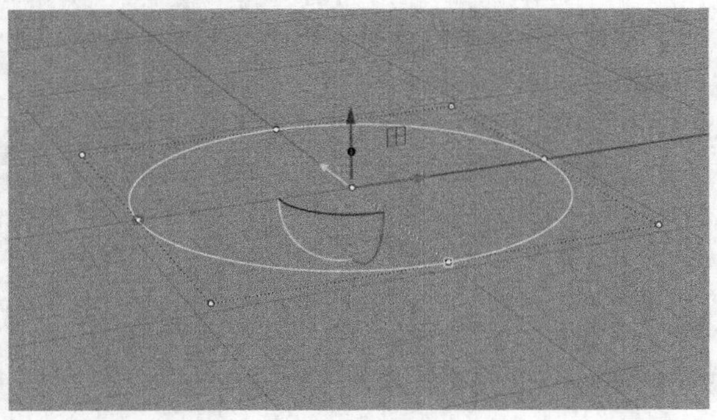

图2-211

02 按住鼠标左键向上拖曳，此时不要松开鼠标，也可以输入数值10，如图2-212所示。

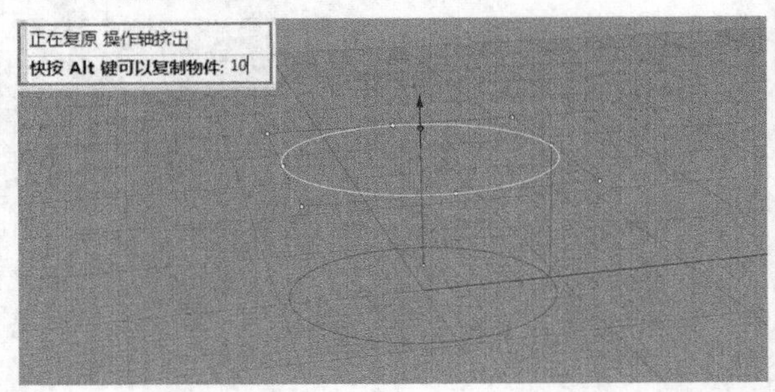

图2-212

03 按Enter键确认挤出高度为10，如图2-213所示。

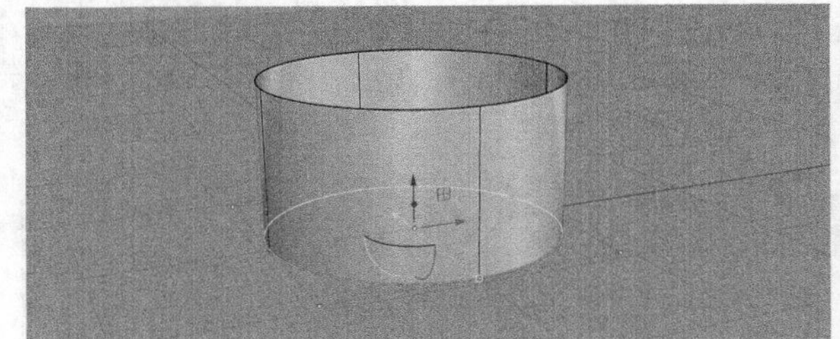

图2-213

04 如需得到两侧拉伸效果，那么在输入数值10后按住Shift键，然后按Enter键，如图2-214所示。

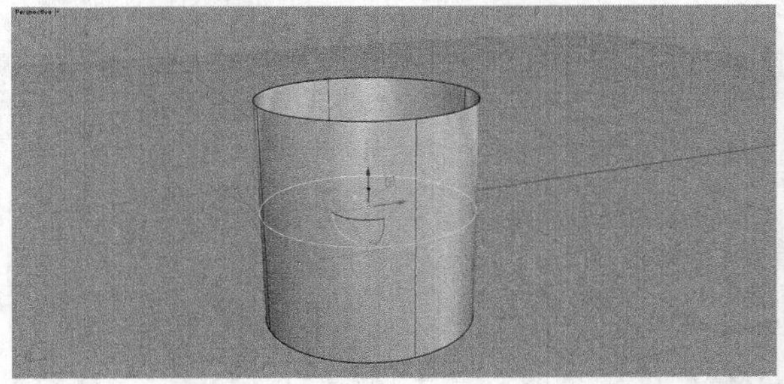

图2-214

2. 通过直线挤出指令挤出

01 选取曲线或多重曲线，如图2-215所示。

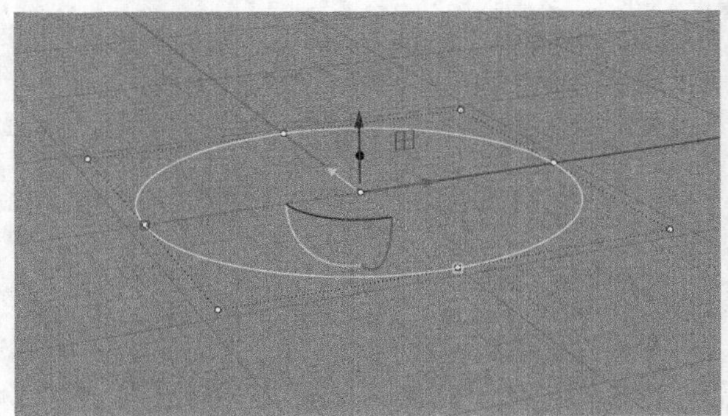

图2-215

02 如果需要拉伸的长度为10，那么输入数值10后，按住Shift键，然后按Enter键，如图2-216所示。

挤出长度 < 6.2771> (方向(D) 两侧(B)=否 实体(S)=是 删除输入物件(L)=否 至边界(T) 设定基准点(A)): _Solid=_No
挤出长度 < 6.2771> (方向(D) 两侧(B)=否 实体(S)=否 删除输入物件(L)=否 至边界(T) 设定基准点(A)): 10

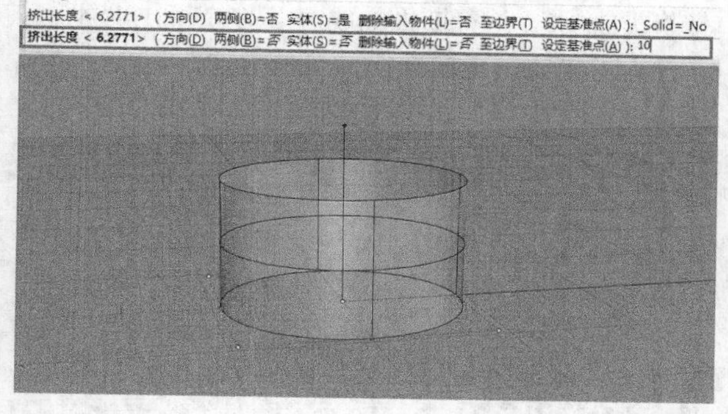

图2-216

03 单击指令栏中的方向，指定一个基准点，然后指定第二点决定方向角度，按Enter键完成操作，如图2-217所示。

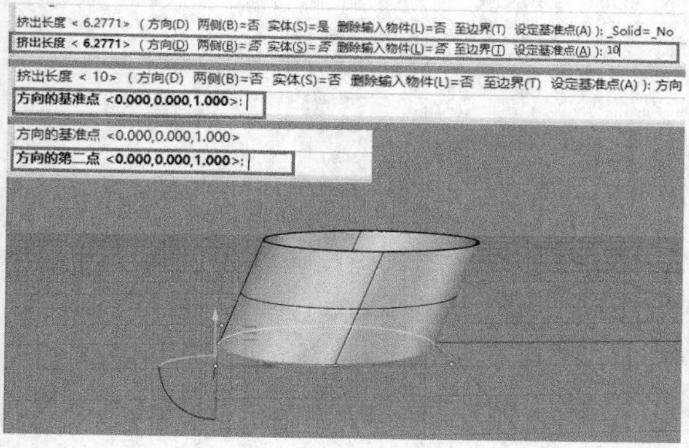

挤出长度 < 6.2771> (方向(D) 两侧(B)=否 实体(S)=是 删除输入物件(L)=否 至边界(T) 设定基准点(A)): _Solid=_No
挤出长度 < 6.2771> (方向(D) 两侧(B)=否 实体(S)=否 删除输入物件(L)=否 至边界(T) 设定基准点(A)): 10
挤出长度 < 10> (方向(D) 两侧(B)=否 实体(S)=否 删除输入物件(L)=否 至边界(T) 设定基准点(A)): 方向
方向的基准点 <0.000,0.000,1.000>:
方向的基准点 <0.000,0.000,1.000>
方向的第二点 <0.000,0.000,1.000>:

图2-217

04 在起点的两侧挤出物件时，建立的物件长度为指定的长度的两倍，如图2-218所示。

挤出长度 < 10> (方向(D) 两侧(B)=是 实体(S)=否 删除输入物件(L)=否 至边界(T) 设定基准点(A)): _Solid=_No
挤出长度 < 10> (方向(D) 两侧(B)=是 实体(S)=否 删除输入物件(L)=否 至边界(T) 设定基准点(A)): 10

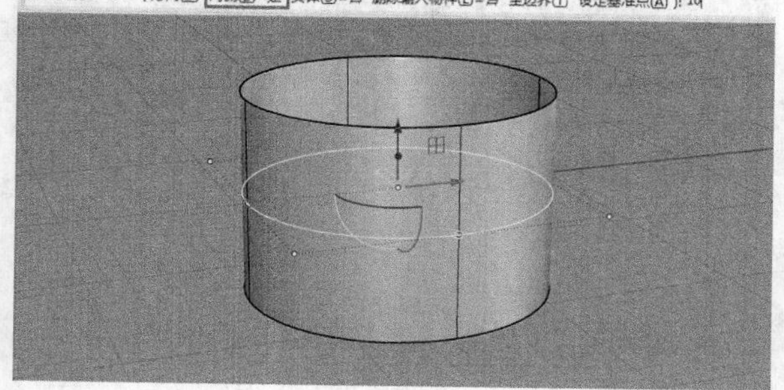

图2-218

05 单击实体，如果挤出的曲线是封闭的平面曲线，挤出后的曲面两端会各建立一个平面，并将挤出的曲面与两端的平面组合为封闭的多重曲面，如图2-219所示。

挤出长度 < 10> (方向(D) 两侧(B)=否 实体(S)=否 删除输入物件(L)=否 至边界(T) 设定基准点(A)): 实体=是
挤出长度 < 10> (方向(D) 两侧(B)=否 实体(S)=是 删除输入物件(L)=否 至边界(T) 设定基准点(A)):

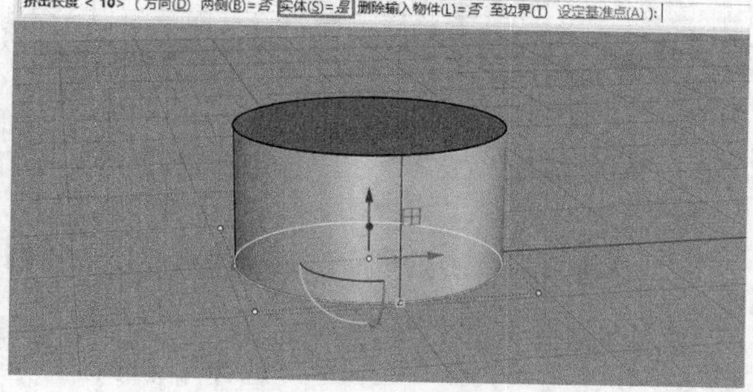

图2-219

2.3.3 沿着曲线挤出

"沿着曲线挤出"工具用于将曲线沿着曲线路径挤出曲面。

"沿着曲线挤出"工具在"指定三或四个角建立曲面"工具集中。

"沿着曲线挤出"工具操作为选择初始曲线，选择工具，选择路径曲线。

01 选择需要挤出的曲线或多重曲线，单击"沿着曲线挤出"工具，如图2-220所示。

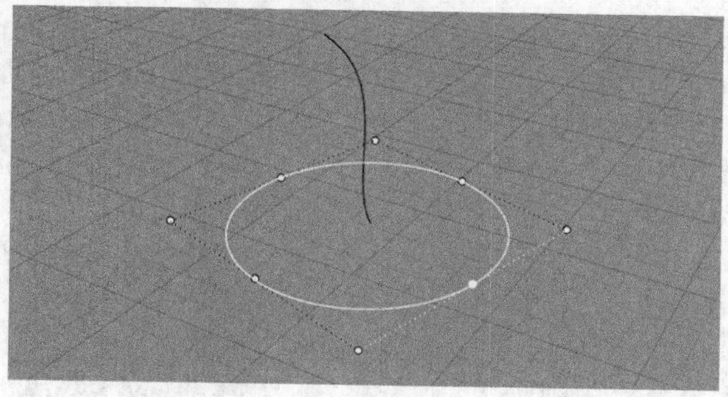

图2-220

02 此时，指令栏会提示"选取靠近路径曲线在靠近起点处"。单击作为路径的曲线的起点（图中的底部顶点），如图2-221所示。

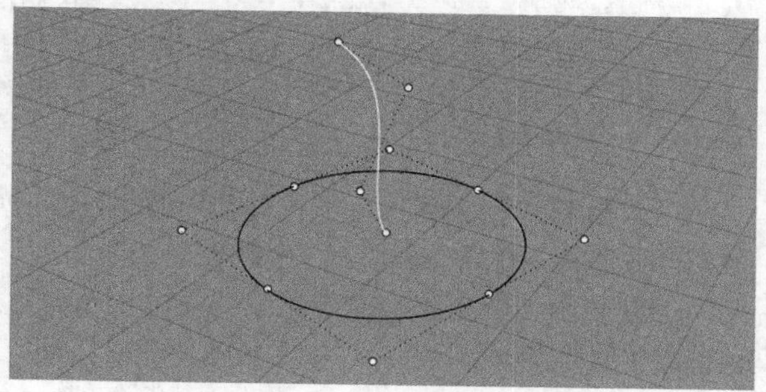

图2-221

2.3.4 单轨扫掠

“单轨扫掠”工具用于将一条或数条断面曲线沿单一路径扫掠曲面。

“单轨扫掠”工具在“指定三或四个角建立曲面”工具集中。

“单轨扫掠”工具操作为选择路径，选择断面曲线，扫掠得到曲面。

01 单击“单轨扫掠”工具，选择路径曲线，选择断面曲线，按Enter键确认。观察断面曲线方向，再次按Enter键完成操作，如图2-222所示。

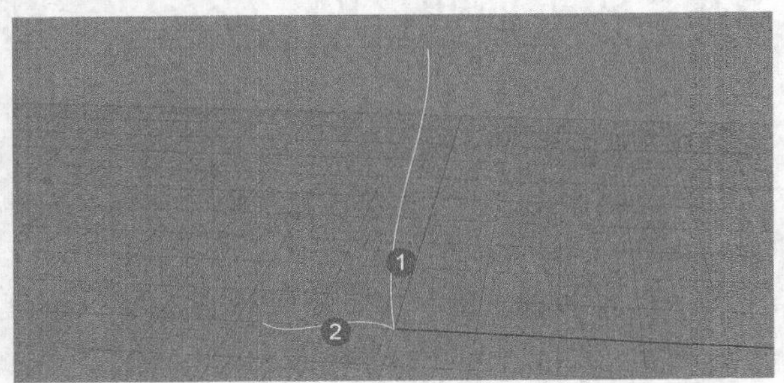

图2-222

02 打开“单轨扫掠选项”对话框，设置相关参数，如图2-223所示。最终效果如图2-224所示。

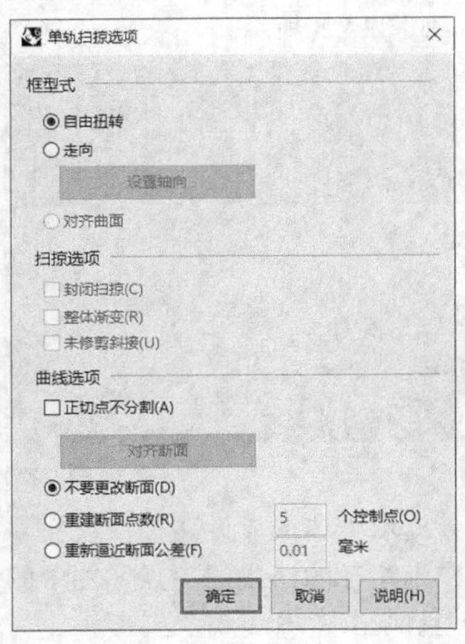

图2-223

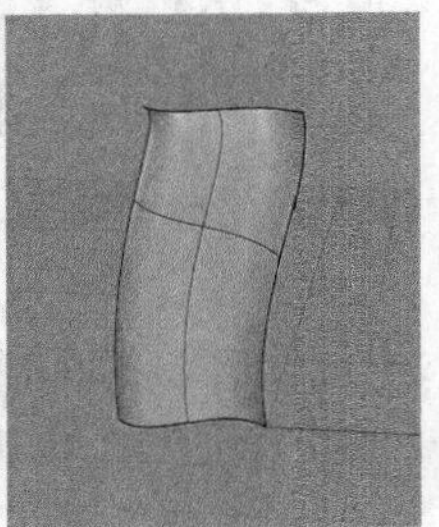

图2-224

2.3.5 双轨扫掠

“双轨扫掠”工具用于将一条或数条断面曲线沿两条路径扫掠曲面。

“双轨扫掠”工具在“指定三或四个角建立曲面”工具集中。

“双轨扫掠”工具操作为选择路径，选择断面曲线，扫掠得到曲面。

01 单击“双轨扫掠”工具，选择路径曲线1，选择路径曲线2，选择断面曲线3，选择断面曲线4，按鼠标右键确认。观察断面曲线的方向，再次单击鼠标右键完成操作，如图2-225所示。

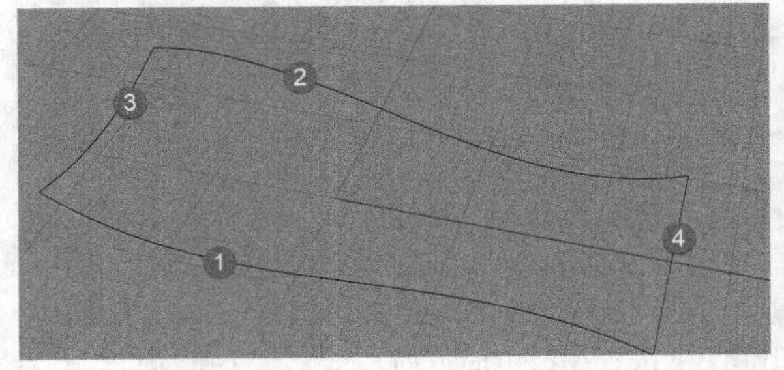

图2-225

02 打开“双轨扫掠选项”对话框，设置相关参数，如图2-226所示。最终效果如图2-227所示。

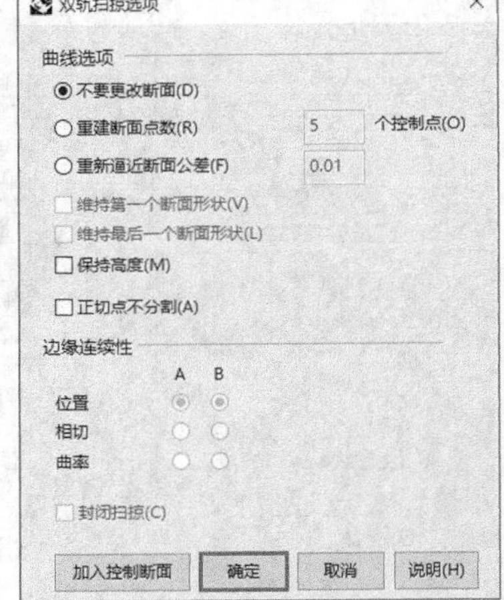

图2-226

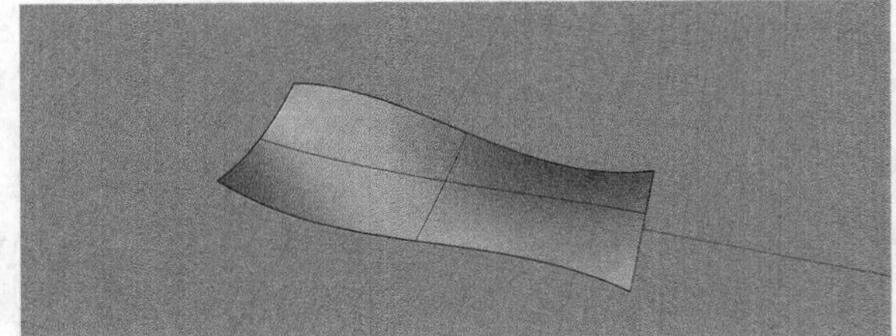

图2-227

2.3.6 旋转成形

“旋转成形”工具用于以一条轮廓曲线绕着旋转轴旋转建立曲面。

“旋转成形”工具在“指定三或四个角建立曲面”工具集中。

“旋转成形”工具操作为选择断面曲线，围绕中心轴旋转成形。

01 单击“控制点曲线”工具，在前视图中绘制曲线，如图2-228所示。单击“旋转成形”工具，选择该曲线作为要旋转的曲线，选择中心轴作为旋转轴，如图2-229所示。

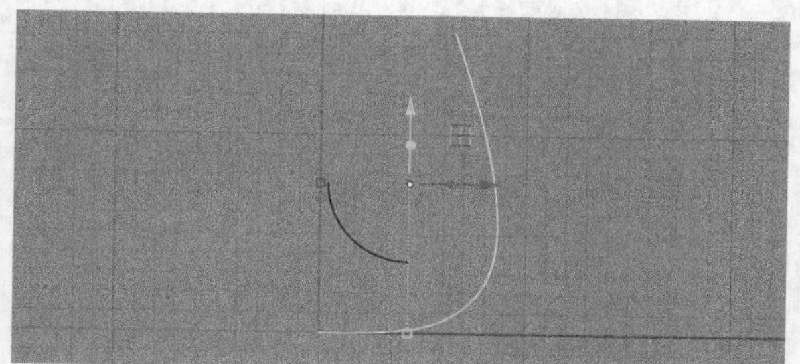

图2-228

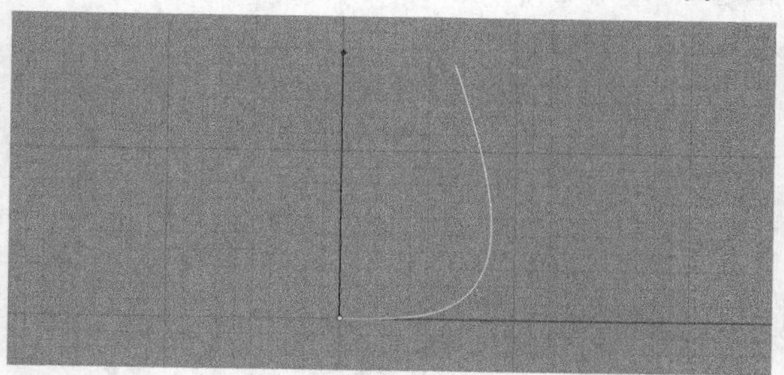

图2-229

02 在顶视图中选择水平方向右侧位置作为旋转起点，绕轴心逆时针或顺时针移动鼠标，在透视图中观察，效果如图2-230所示。完整旋转一周（360°）后，单击鼠标左键确定旋转终点，旋转成形的物件如图2-231所示。

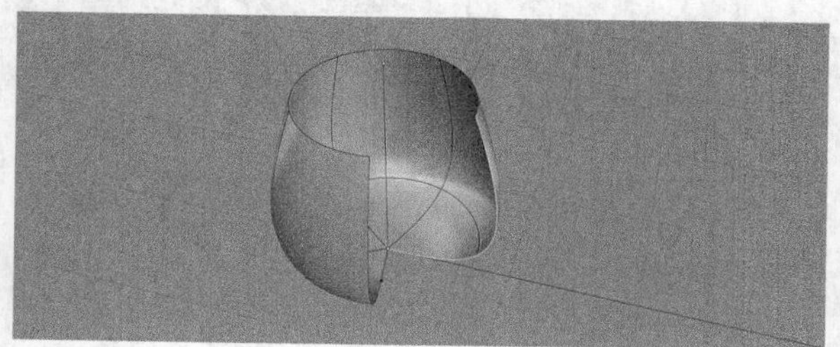

图2-230

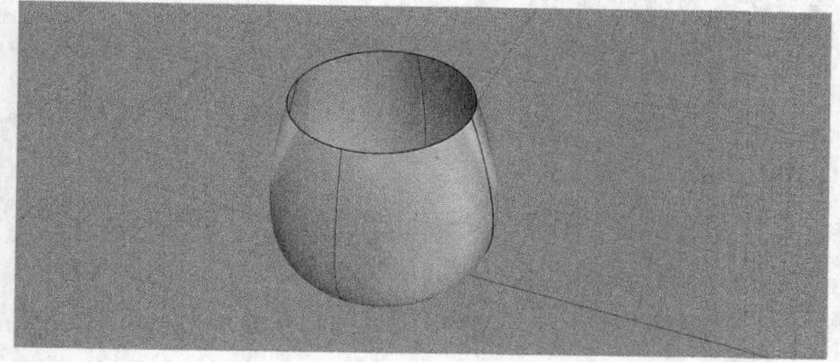

图2-231

03 单击“偏移曲面”工具，选中旋转成形的曲面，设置向内偏移厚度为1，如图2-232所示。得到杯子实体如图2-233所示。

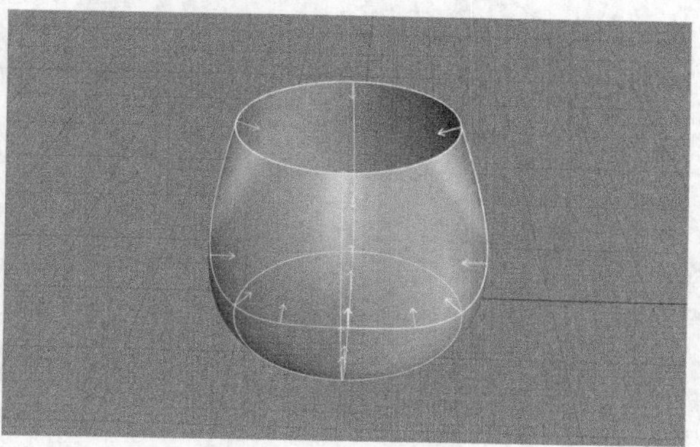

图2-232

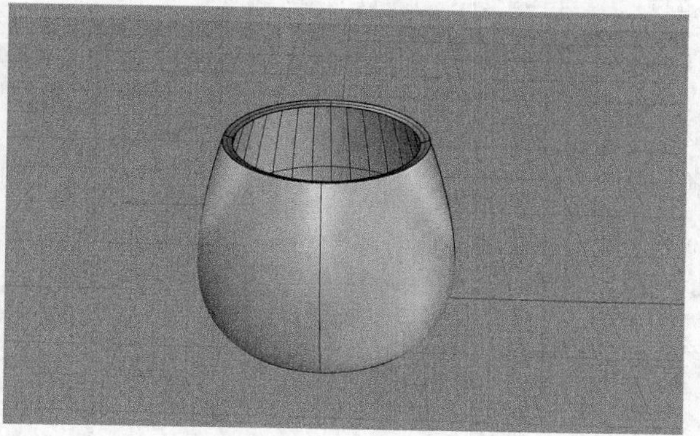

图2-233

04 使用工具集中的“边缘圆角”工具对模型进行圆角处理，如图2-234所示。

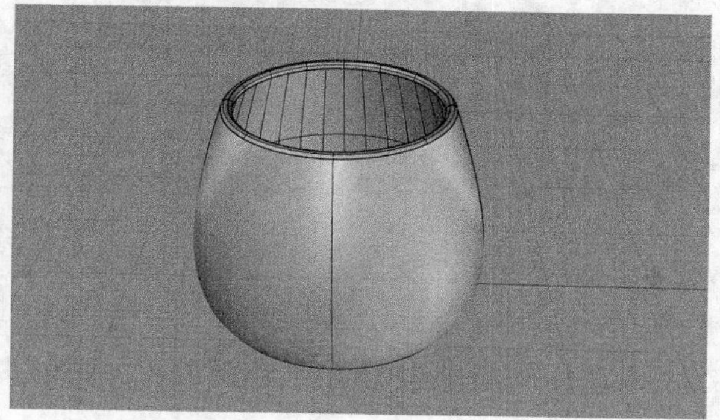

图2-234

2.3.7 沿路径旋转成形

“沿路径旋转成形”工具“旋转成形”工具的鼠标右键操作为“沿路径旋转成形”，是以一条轮廓曲线沿着一条路径曲线，同时绕着中心轴旋转建立曲面。

01 使用工具集中的“多边形：星形”工具绘制星形，按快捷键0+Space确定起点，设置边数为6，此时指定的第1个半径如图2-235所示。继续指定第2个半径，如图2-236所示。

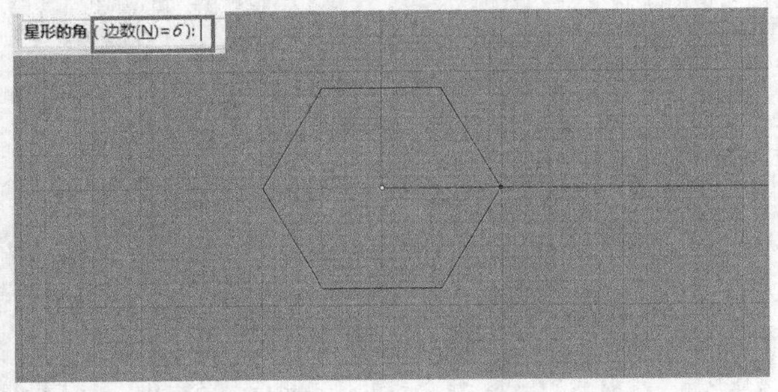

图2-235

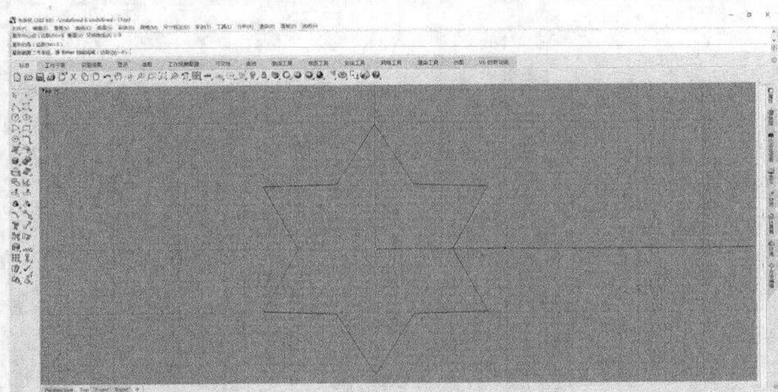

图2-236

02 单击“控制点曲线”工具，在顶视图中绘制曲线，绘制曲线时控制点落在星形的顶点处，得到一个封闭的曲线，如图2-237所示。

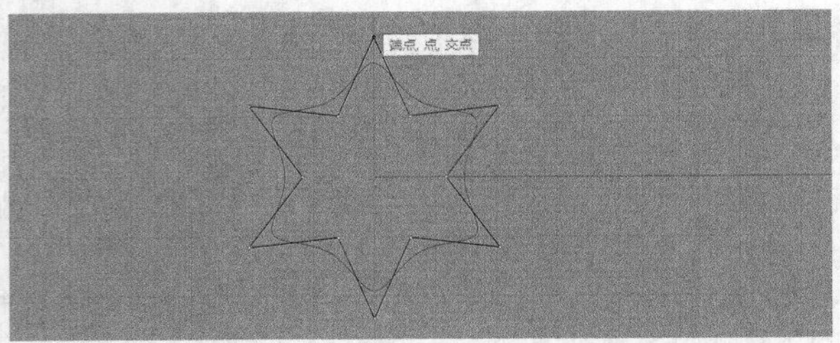

图2-237

03 选择“多重直线”按钮，在前视图中按快捷键0+Space，找到并确定初始顶点位置，按住Shift键，移动鼠标，垂直拉出一条线段作为辅助垂线，如图2-238所示。

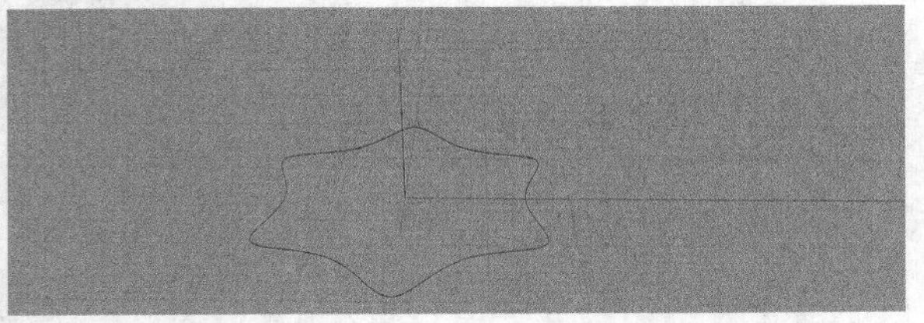

图2-238

04 单击“控制点曲线”工具，在前视图中绘制曲线，注意曲线的底部落在底面造型线上，如图2-239所示。

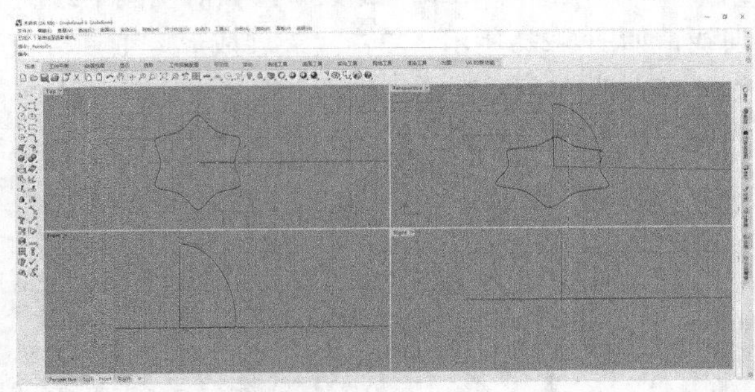

图2-239

05 使用鼠标右键单击“旋转成形”工具，选取一条轮廓曲线1，选取一条路径曲线2，指定旋转轴的起点3，指定旋转轴的终点4，如图2-240所示。得到图2-241所示的曲面。

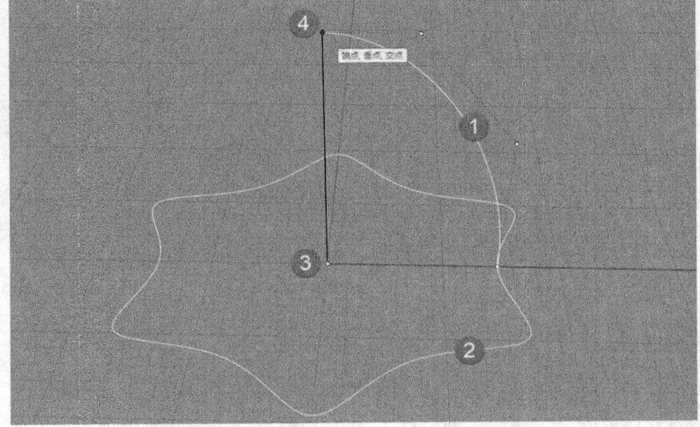

图2-240

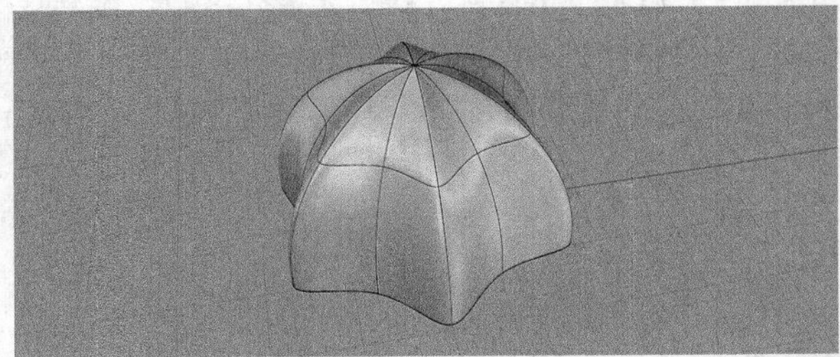

图2-241

2.3.8 放样

“放样”工具用于通过曲线之间的过渡建立曲面。

“放样”工具在“指定三或四个角建立曲面”工具集中。

“放样”工具操作为选取数条轮廓曲线，通过“放样选项”对话框建立曲面。

01 使用“控制点曲线”工具绘制数条封闭曲线，顶视图和透视图效果如图2-242和图2-243所示。

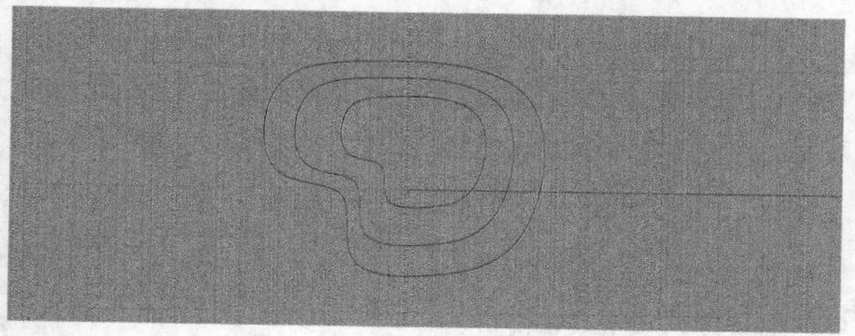

图2-242

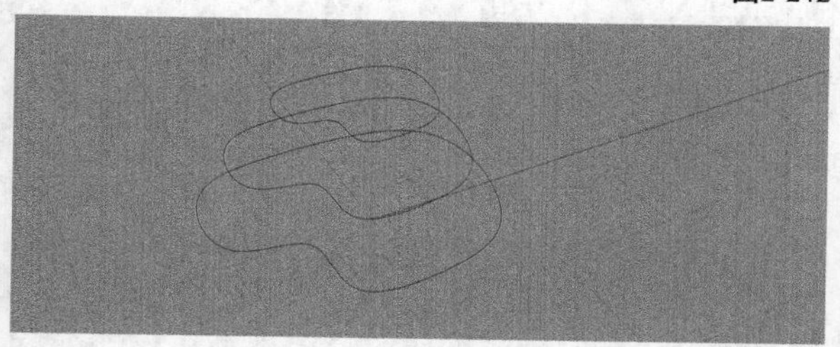

图2-243

02 单击“放样”工具，依次选取所有曲线，按Enter键确认，视图会显示曲线的接缝点，如图2-244所示，按Enter键确认。打开“放样选项”对话框，如图2-245所示。观察透视图，符合预期，效果如图2-246所示。

图2-244

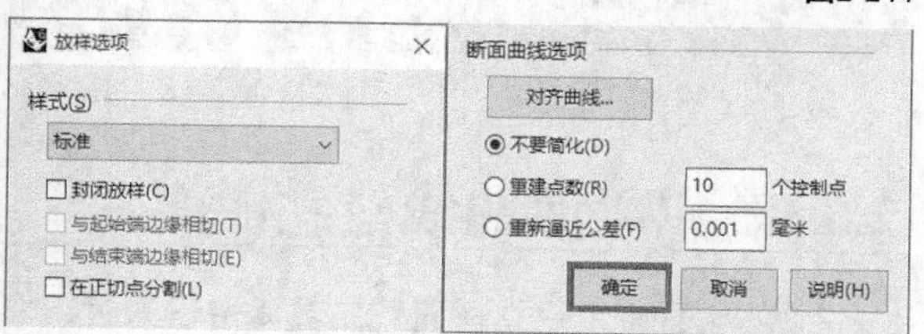

图2-245

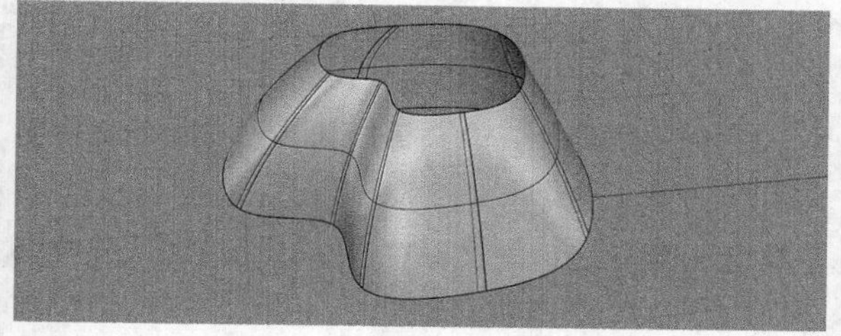

图2-246

2.3.9 二三四边生面

“以二、三或四个边缘曲线建立曲面”工具用于为数条开放的边缘曲线建立曲面。

“以二、三或四个边缘曲线建立曲面”工具在“指定三或四个角建立曲面”工具集中。

“以二、三或四个边缘曲线建立曲面”工具操作为依次选中开放的边缘曲线为基础，建立曲面。

使用“控制点曲线”工具绘制4条相接的曲线，如图2-247所示，单击“以二、三或四个边缘曲线建立曲面”工具，选择所有曲线，按Enter键确认，生成的曲面如图2-248所示。

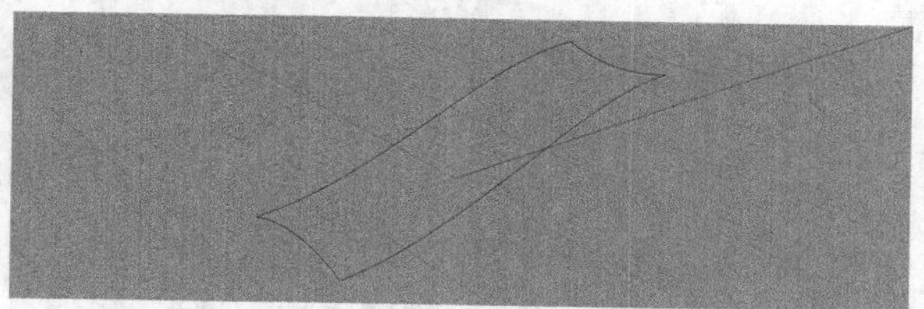

图2-247

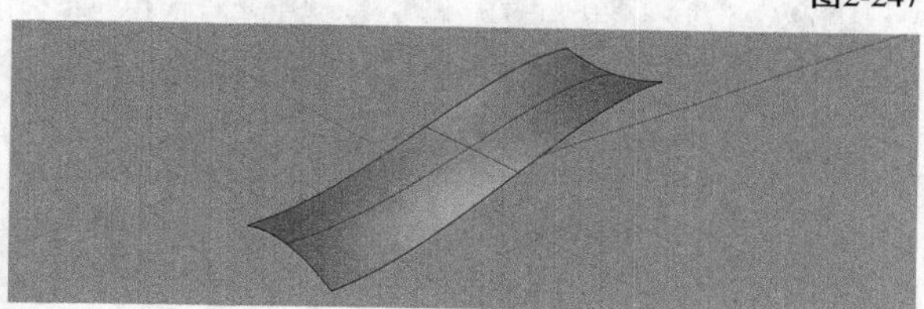

图2-248

2.3.10 从网线建立曲面

“从网线建立曲面”工具用于为不同走向的U、V曲线建立曲面。

“从网线建立曲面”工具在“指定三或四个角建立曲面”工具集中。

“从网线建立曲面”工具操作为选取数条曲线，通过对话框操作建立曲面。

01 使用“控制点曲线”工具绘制数条曲线，如图2-249所示。注意，一个方向的曲线必须跨越另一个方向的曲线，同方向的曲线不可以相互跨越。

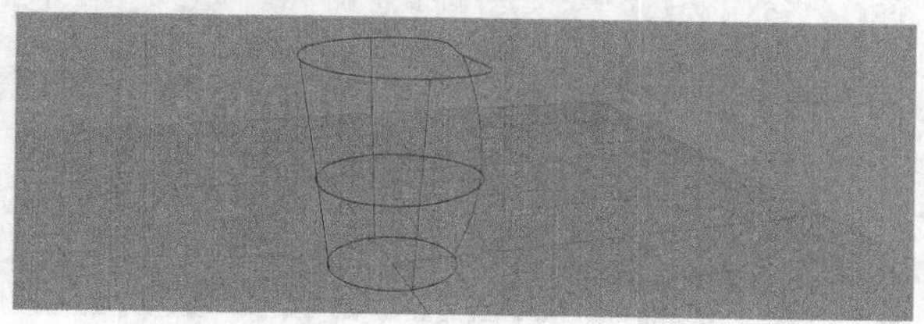

图2-249

02 选择“从网线建立曲面”工具，选择所有曲线，按Enter键确认。打开“以网线建立曲面”对话框，如图2-250所示。在透视图中预览建立曲面后的效果，如图2-251所示。单击对话框中的“确定”按钮，建立后的曲面效果如图2-252所示。

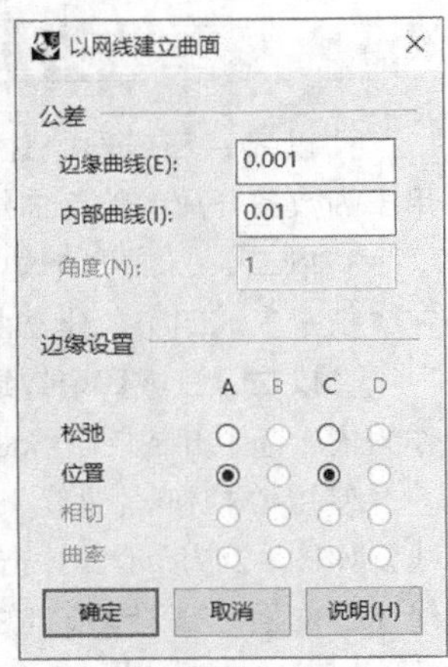

图2-250

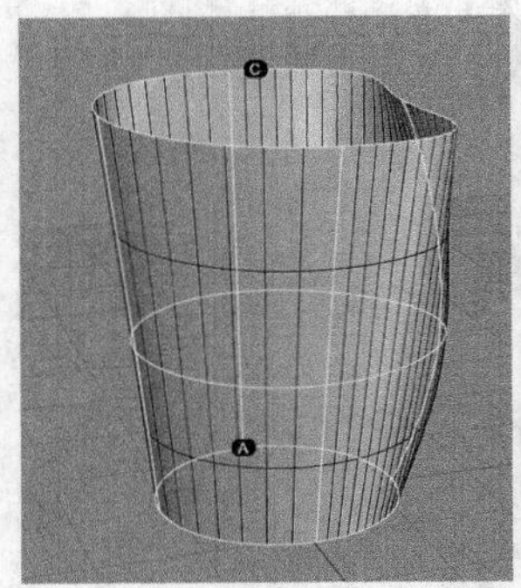

图2-251

图2-252

2.3.11 嵌面

“嵌面”工具用于通过对曲线运算得到重建的近似面。

“嵌面”工具在“指定三或四个角建立曲面”工具集中。

“嵌面”工具操作为选取要逼近的曲线、曲面边缘等，通过“嵌面曲面选项”对话框建立曲面。

01 使用“圆柱体”工具、“分割”工具和“控制点曲线”工具创建图2-253所示的物件。

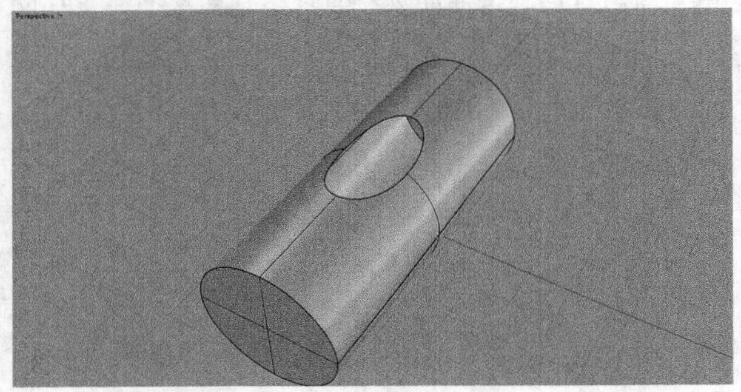

图2-253

02 单击“嵌面”工具，选择图2-253中绿色部分的两条曲线和边缘曲线，按Enter键确认。打开“嵌面曲面选项”对话框，设置图2-254所示的参数，单击“预览”按钮预览(P)。在透视图中观察嵌面结果，如图2-255所示，符合预期，如图2-256所示。

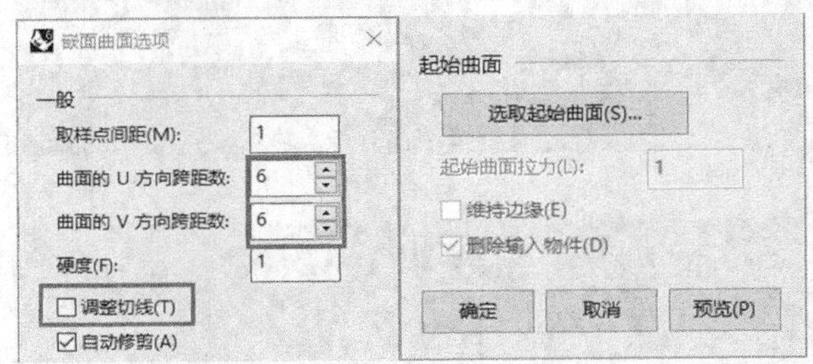

图2-254

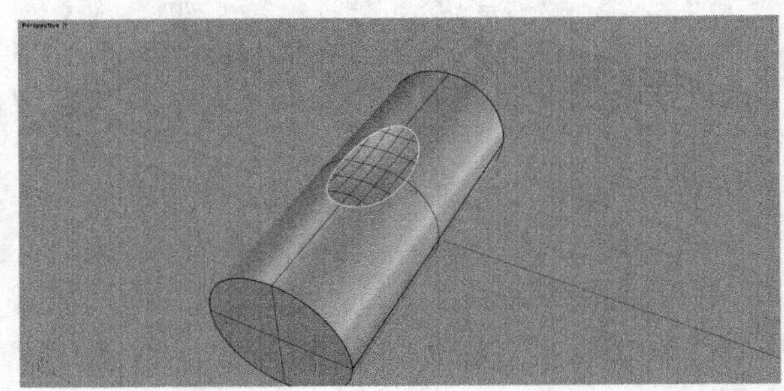

图2-255

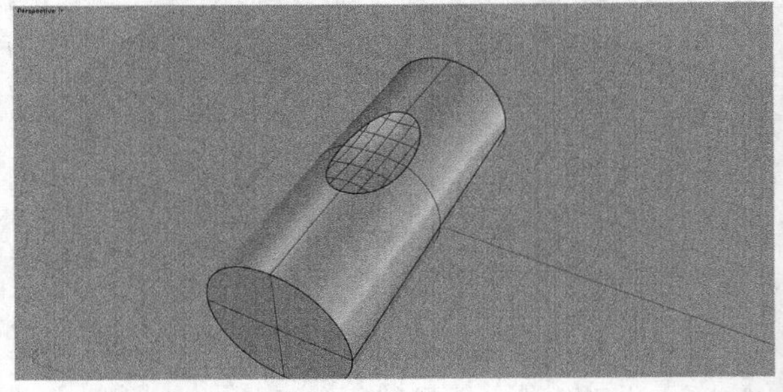

图2-256

2.3.12 以平面曲线建立曲面

“以平面曲线建立曲面”工具用于为封闭曲线建立曲面，为平面上的边缘曲线建立曲面。

“以平面曲线建立曲面”工具在“指定三或四个角建立曲面”工具集中。

“以平面曲线建立曲面”工具操作为选中封闭的平面曲线为基础，建立曲面。

01 **为封闭曲线建立曲面**单击“以平面曲线建立曲面”工具，选择封闭曲线，如图2-257所示。按Enter键建立曲面，如图2-258所示。

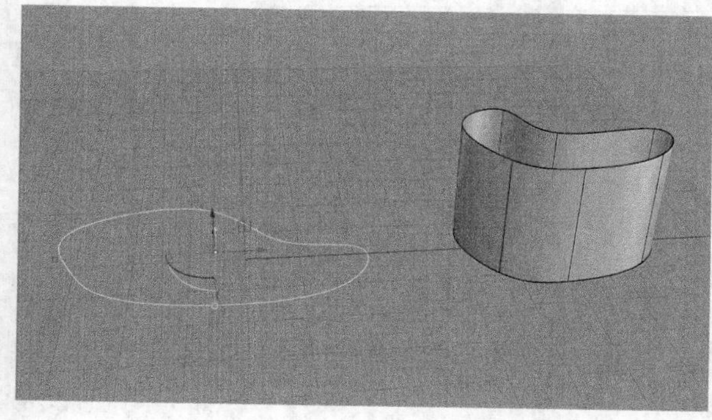

图2-257

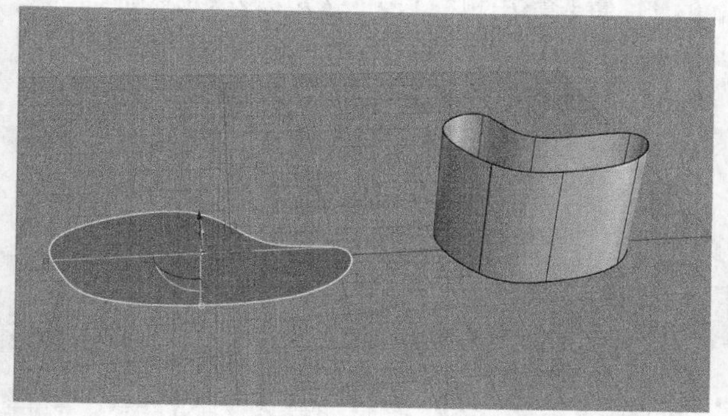

图2-258

02 选择封闭的边缘曲线，如图2-259所示。按Enter键建立曲面，如图2-260所示。

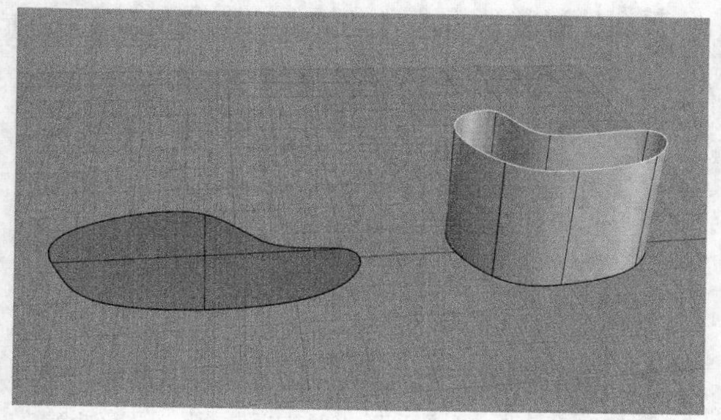

图2-259

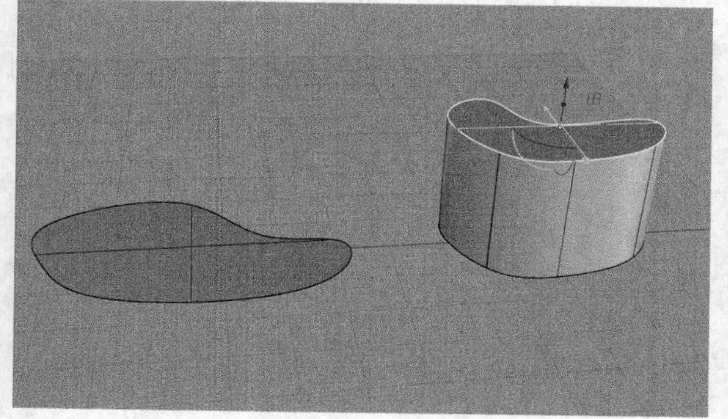

图2-260

2.3.13 偏移曲面

“偏移曲面”工具用于等距离偏移复制曲面或多重曲面。

“偏移曲面”工具在“曲面圆角”工具集中。

“偏移曲面”工具操作为选择曲面，设置偏移方向和距离，偏移复制成新的曲面。

01 创建曲面使用“控制点曲线”工具、“旋转成形”工具创建图2-261所示的物件。单击“偏移曲面”工具，选择一个曲面，按Enter键确认，白色箭头表示法线方向，如图2-262所示。

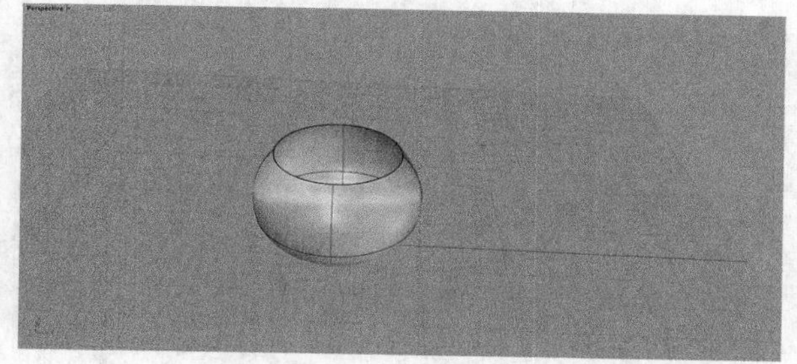

图2-261

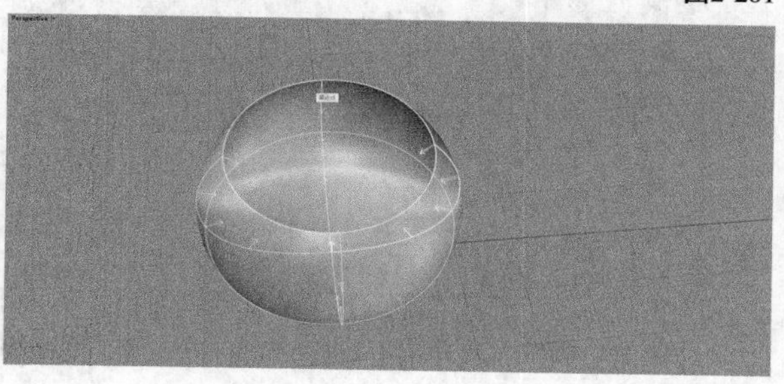

图2-262

02 单击指令栏的“距离”，输入1，设置“距离=1”，如图2-263所示。按Enter键确认，偏移后的曲面如图2-264所示。

选取要偏移的曲面或多重曲面，按 Enter 完成
选取要反转方向的物体，按 Enter 完成 (距离(D)=1 角(C)=锐角 实体(S)=否 松弛(L)=否 公差(T)=0.001 两侧(B)=否 全部反转(F)): '_Help
选取要反转方向的物体，按 Enter 完成 (距离(D)=1 角(C)=锐角 实体(S)=否 松弛(L)=否 公差(T)=0.001 两侧(B)=否 全部反转(F)):

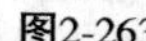

图2-263

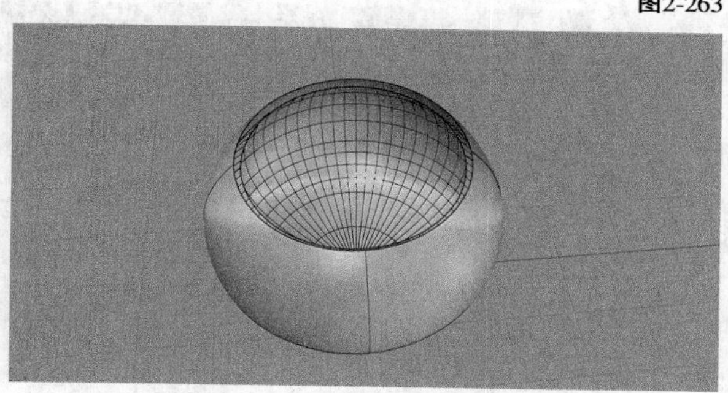

图2-264

03 放大视角，发现曲面虽然偏移成功，但是整个物件不是实体，如图2-265所示。

图2-265

04 回到步骤02，在指令栏中选择“实体=是”，如图2-266所示。按Enter键确认，如图2-267所示。

指令: _OffsetSrf
选取要反转方向的物体，按 Enter 完成 (距离(D)=1 角(C)=锐角 实体(S)=否 松弛(L)=否 公差(T)=0.001 两侧(B)=否 全部反转(F)): 实体=是
选取要反转方向的物体，按 Enter 完成 (距离(D)=1 角(C)=锐角 实体(S)=是 松弛(L)=否 公差(T)=0.001 两侧(B)=否 删除输入物件(I)=是 全部反转(F)):

图2-266

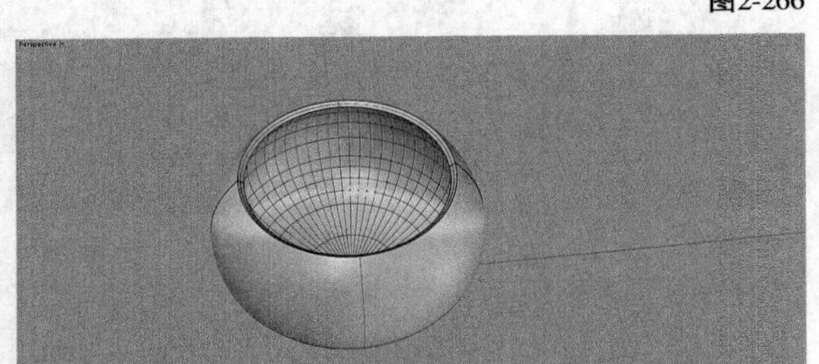

图2-267

2.3.14 衔接曲面

“衔接曲面”工具用于调整曲面的边缘与其他曲面的衔接，即和其他曲面形成位置、正切或曲率连续效果。

“衔接曲面”工具在“曲面圆角”工具集中。

“衔接曲面”工具操作见具体工具介绍。

对图2-268中的曲面1、2两个边缘进行衔接曲面处理，“衔接曲面”的参数如图2-269所示。下面详解具体参数。

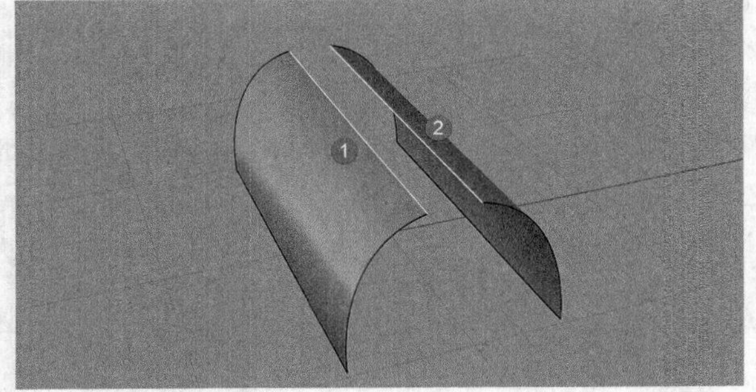

图2-268

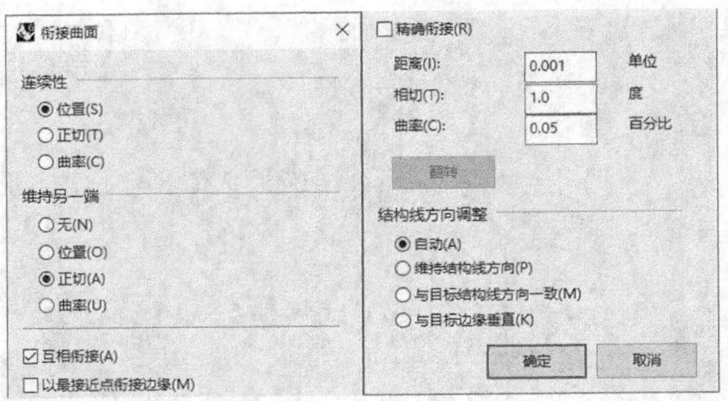

图2-269

01 **位置关系**用边缘1去衔接边缘2来衔接曲面，参数如图2-270所示。衔接后两个边缘会移动到一起，但是接缝处有折痕效果，如图2-271所示。

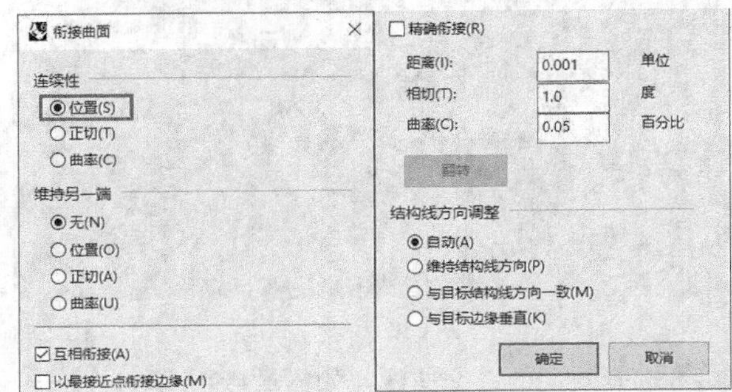

图2-270

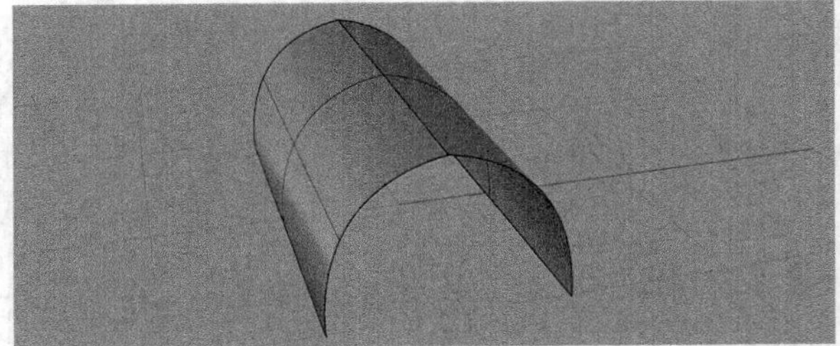

图2-271

02 **正切关系**用边缘1去衔接边缘2来衔接曲面，参数如图2-272所示。衔接后两曲面中间顺滑，没有折痕效果，如图2-273所示。由此可见，正切的顺滑度更高。

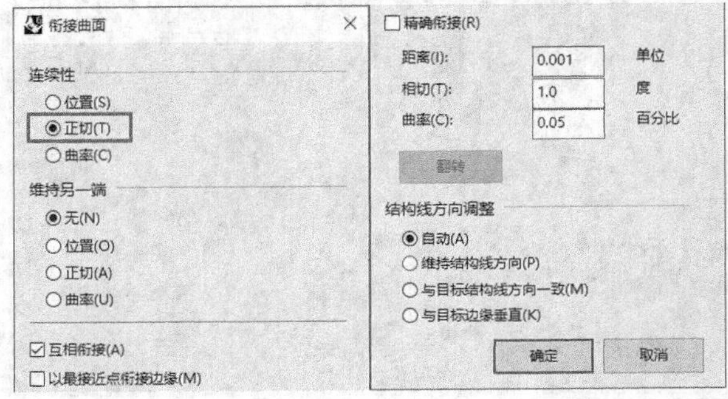

图2-272

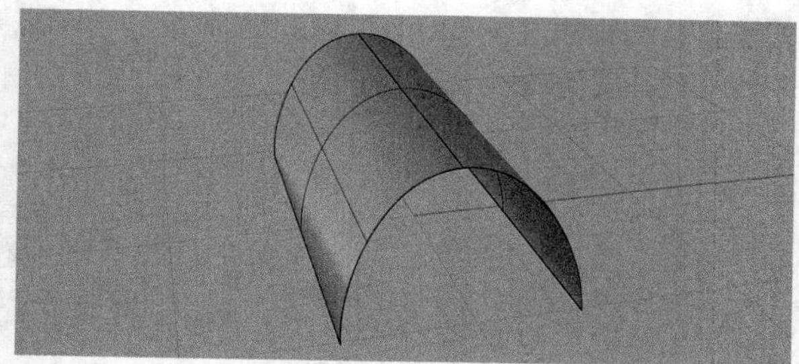

图2-273

03 维持另一端改变曲面的阶数增加控制点，避免曲面另一端的边缘的连续性被破坏。使用1边去衔接2边，此时取消选择“互相衔接”，参数如图2-274所示。衔接曲面前的效果如图2-275所示，衔接曲面后的效果如图2-276所示。因此，衔接曲面时如果是非互相衔接，那么衔接的曲面会变动，被衔接的曲面不会变动。

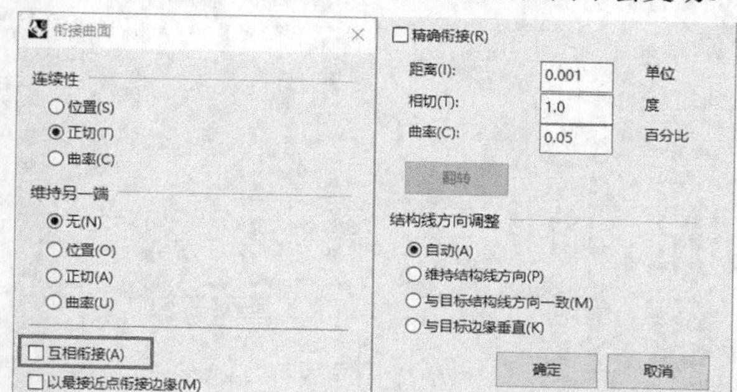

图2-274

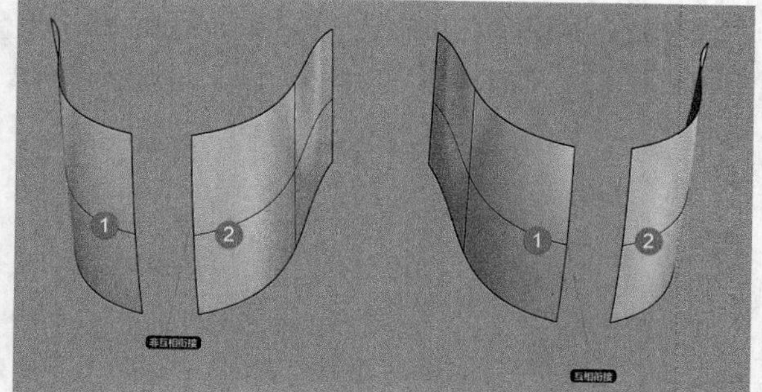

图2-275

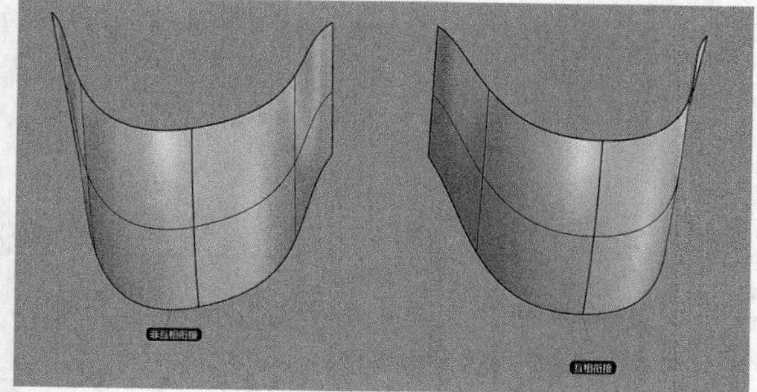

图2-276

04 以最接近点衔接边缘以最接近点衔接边缘的参数如图2-277所示。衔接曲面前的效果如图2-278所示，衔接曲面后的效果如图2-279所示。

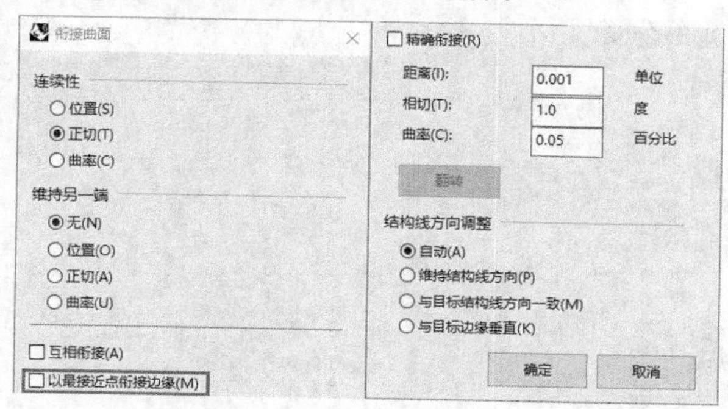

图2-277

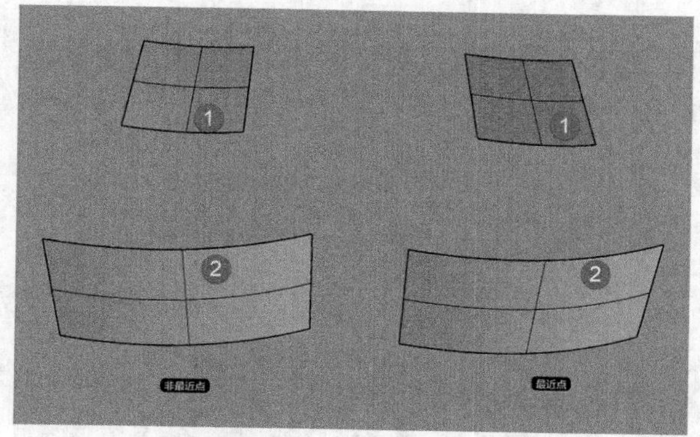

图2-278

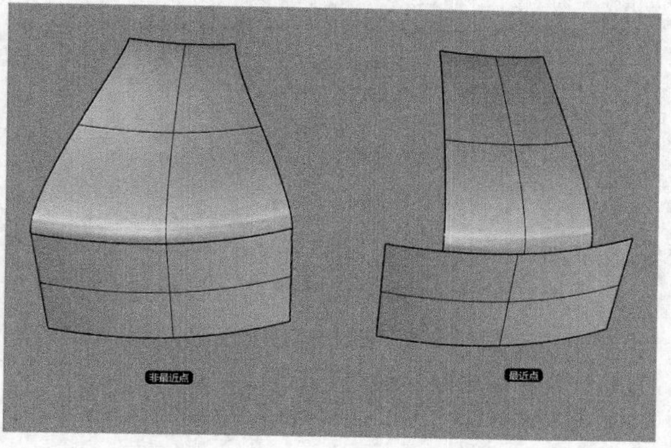

图2-279

提示 变更的曲面边缘与目标边缘有两种对齐方式。

非最近点：延展或缩短曲面边缘，使两个曲面的边缘在衔接后端点对端点。

最近点：将变更的曲面边缘的每一个控制点拉至目标曲面边缘上的最接近点。

05 精确衔接精确衔接边缘的参数如图2-280所示。衔接曲面前的效果如图2-281所示，衔接曲面后的效果如

图2-282所示。检查两个曲面衔接后边缘的误差是否小于设定的公差，必要时会在变更的曲面上加入更多的结构线（节点），使两个曲面衔接边缘的误差小于设定的公差。

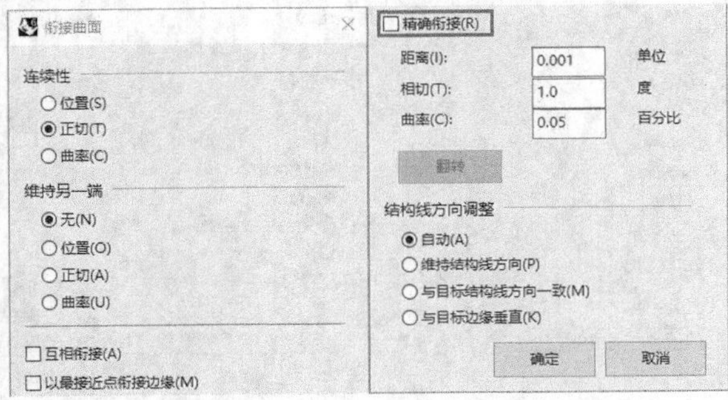

图2-280

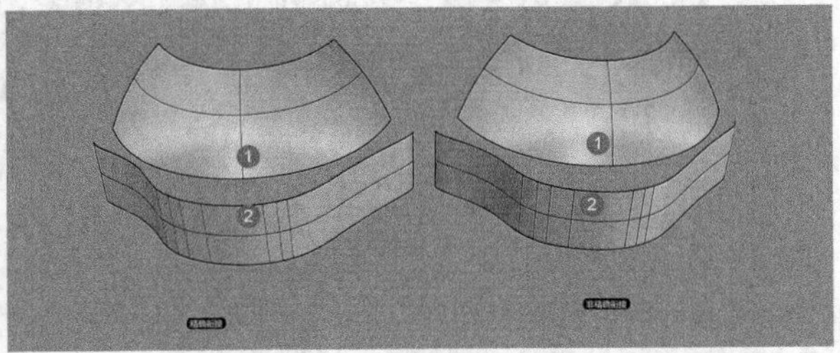

图2-281

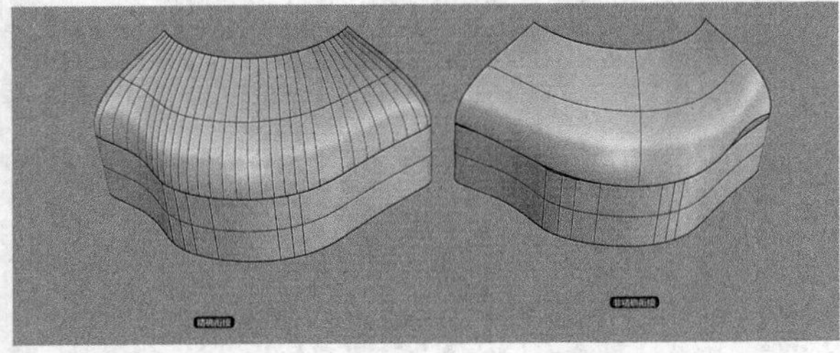

图2-282

06 **自动**自动衔接边缘的参数如图2-283所示。如果目标边缘未修剪，那么结果和“与目标结构线方向一致”选项相同；如果目标边缘是修剪过的边缘，那么结果和“与目标边缘垂直”选项相同。

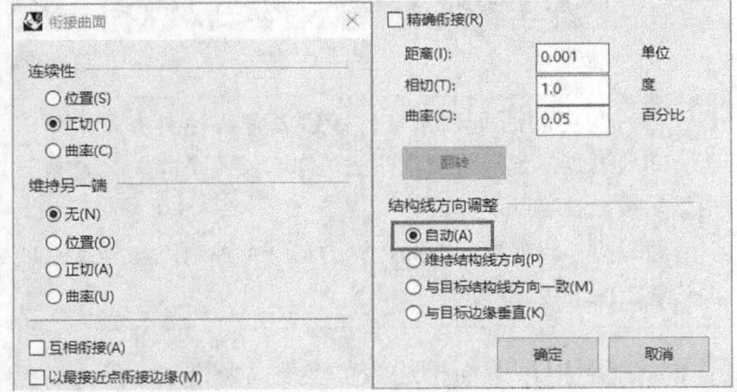

图2-283

07 **维持结构线方向**其参数如图2-284所示，此方法不改变现有结构线的方向。

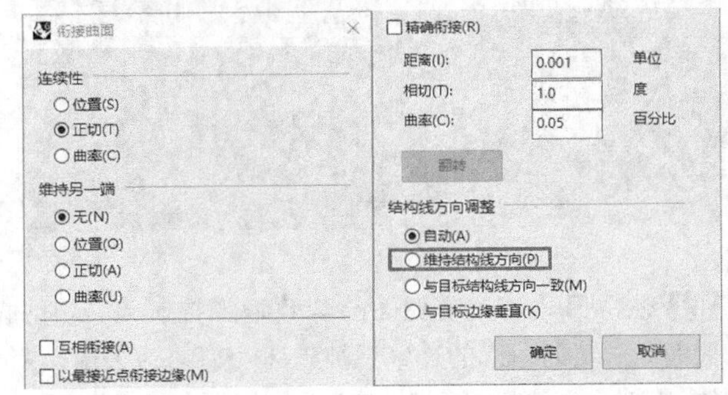

图2-284

08 **与目标结构线方向一致**其参数如图2-285所示。变更的曲面的结构线方向会与目标曲面的结构线保持平行。

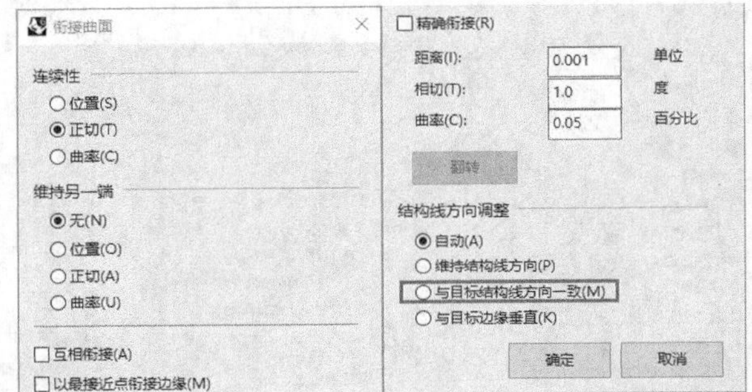

图2-285

09 **与目标边缘垂直**其参数如图2-286所示。使用该选项可以使变更的曲面的结构线方向与目标曲面边缘垂直。

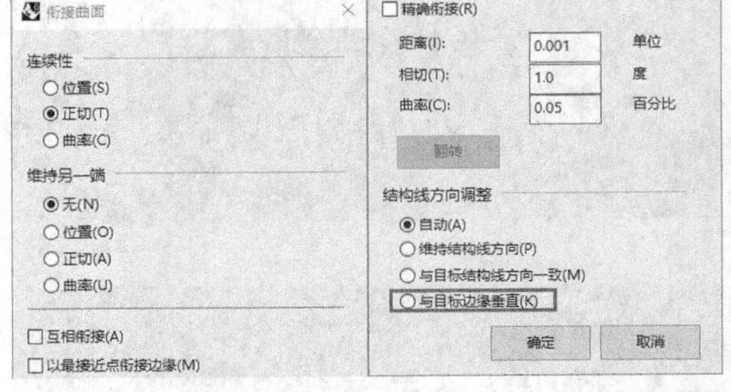

图2-286

2.3.15 混接曲面

“混接曲面”工具用于混接两个曲面的边缘，创建出圆滑过渡的曲面。

“混接曲面”工具在“曲面圆角”工具集中。

"混接曲面"工具操作为选择两个曲面边缘，将其混接形成新的曲面。

01 单击"混接曲面"工具，依次选择要进行混接的曲面边缘，如图2-287所示。

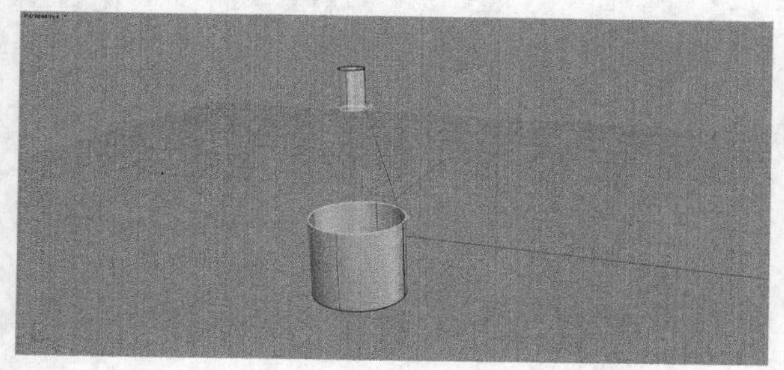

图2-287

02 确认曲线接缝点无误，按Enter键确认。打开"调整曲面混接"对话框，如图2-288所示。此时可以在透视图中预览混接效果，调整对话框中的两个滑块，效果如图2-289所示。直到混接效果达到预期，如图2-290所示。

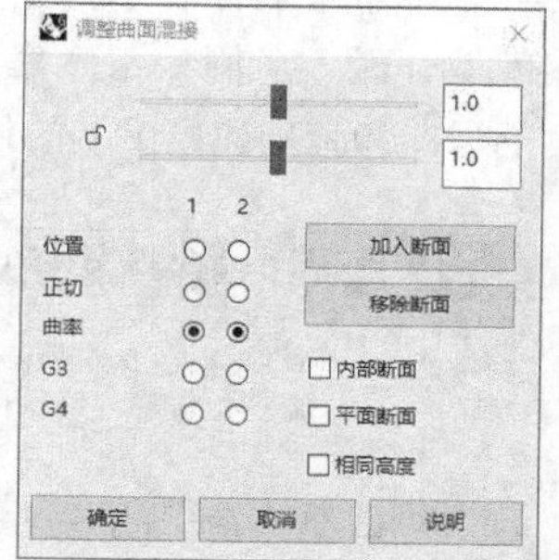

图2-288

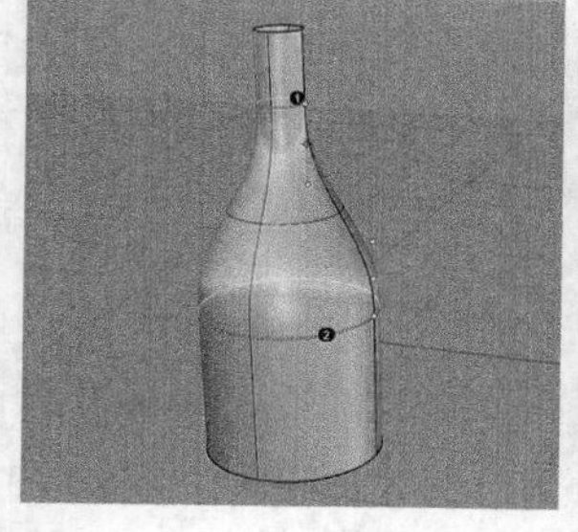

图2-289

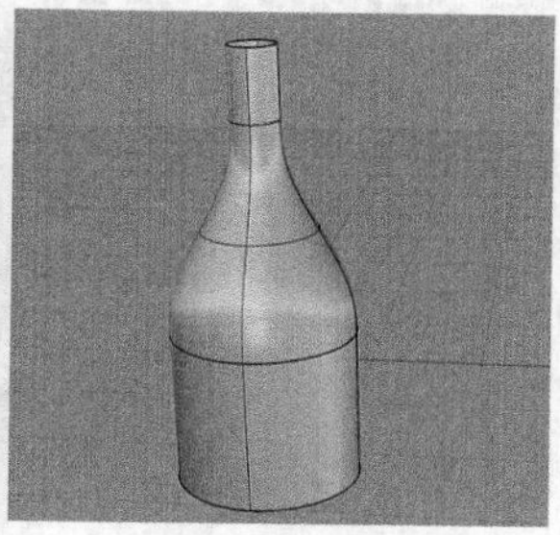

图2-290

> **提示** 在"调整曲面混接"对话框中，有"位置""正切"和"曲率"等多种混接连续性计算方式，可以调节滑块的位置来改变混接效果。这个功能可以参照"第4章 NURBS建模原理"。

2.3.16 重建曲面

"重建曲面"工具用于根据设定的阶数和控制点数重建曲面，让曲面更易于编辑；实体亦同理。

"重建曲面"工具在"曲面圆角"工具集中。

"重建曲面"工具操作为选择曲面，在"重建曲面"对话框中设置"点数"和"阶数"。

01 重建实体单击"重建曲面"工具，选择实体球体，如图2-291所示，按Enter键确认。打开"重建曲面"对话框，设置重建后的U、V点数和阶数，如图2-292所示。

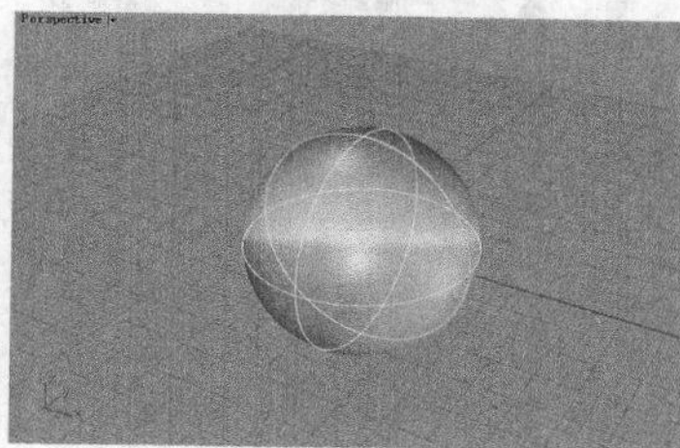

图2-291

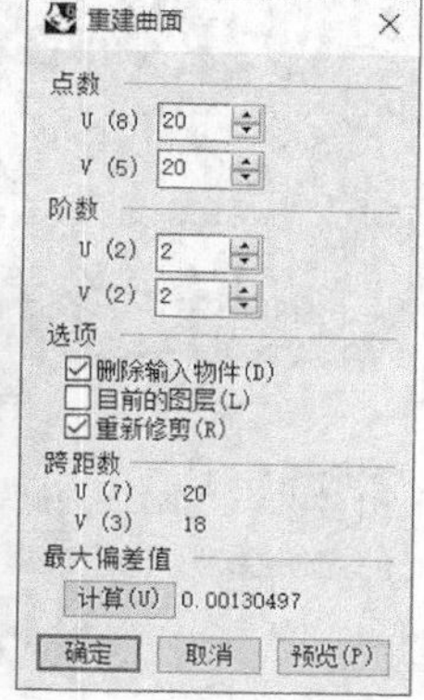

图2-292

02 单击"确定"确定按钮，得到重建曲面后的球体，如图2-293所示。

03 球体增加了U、V控制点数，使用"显示物件控制点"工具显示其控制点，如图2-294所示。

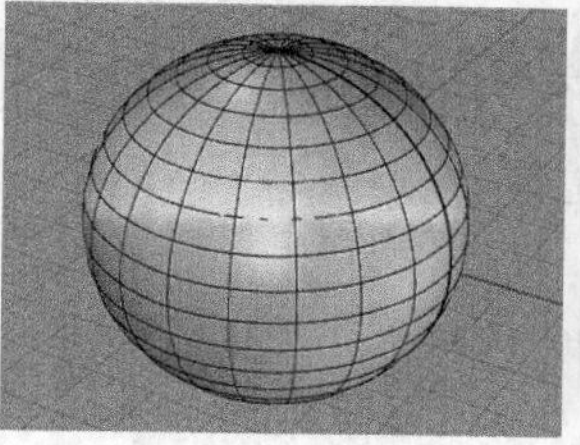

图2-293

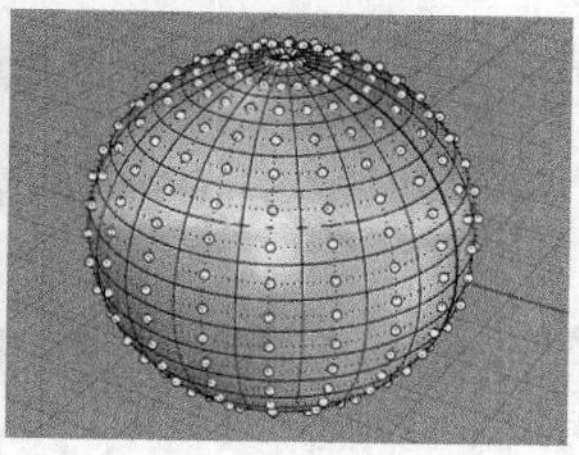

图2-294

04 选择一些控制点，进行编辑，可以发现经过重建曲面后的物件，可编辑性更高了，如图2-295所示。

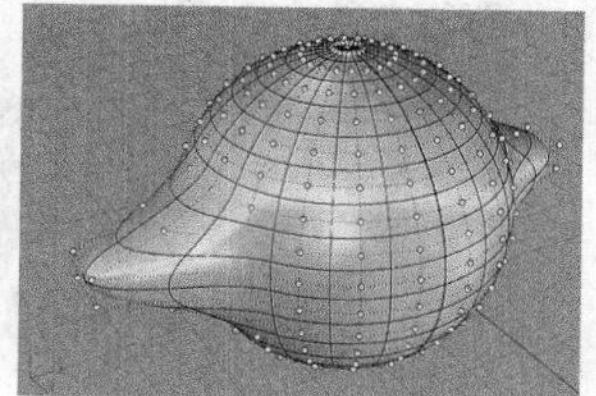

图2-295

2.3.17 曲面圆角

"曲面圆角"工具用于在两个曲面之间建立半径固定的圆角曲面。

"曲面圆角"工具在"曲面圆角"工具集中。

"曲面圆角"工具操作为选择两个相接的曲面，设定半径大小，创建圆角。

单击"曲面圆角"工具，在指令栏中输入倒角圆的半径参数，如图2-296所示，按Enter键确认。依次选择两个需要进行圆角的相切曲面，如图2-297所示，效果如图2-298所示。

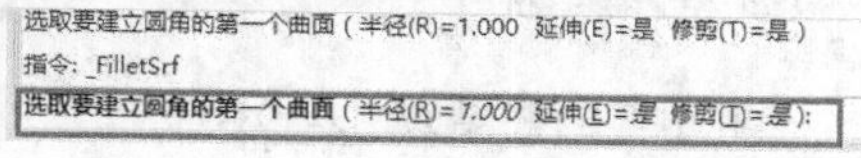

选取要建立圆角的第一个曲面 (半径(R)=1.000 延伸(E)=是 修剪(T)=是)
指令: _FilletSrf
选取要建立圆角的第一个曲面 (半径(R)=1.000 延伸(E)=是 修剪(T)=是):

图2-296

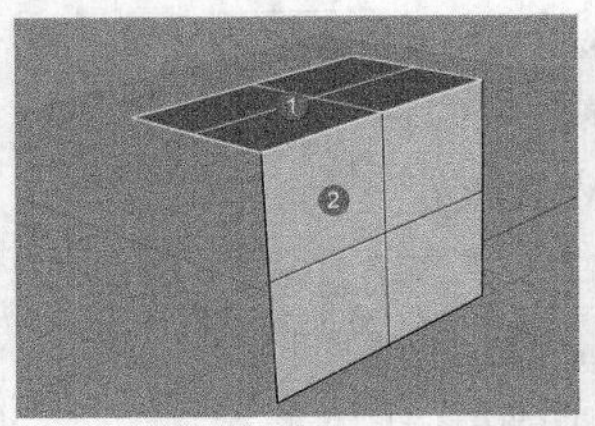

图2-297

图2-298

提示 "曲面斜角"工具的用法与"曲面圆角"工具的操作原理一样，这里不再赘述。

2.4 课堂练习

下面准备了两个练习供读者练习本章的知识。每个练习后面给出了相应的制作提示，读者可以根据相关提示，并结合前面的课堂案例来进行操作。

2.4.1 课堂练习：制作门插销

场景位置 无
实例位置 实例文件>CH02>课堂练习：制作门插销.3dm
视频名称 课堂练习：制作门插销.mp4
学习目标 掌握曲线生面的技巧

门插销的效果如图2-299所示。

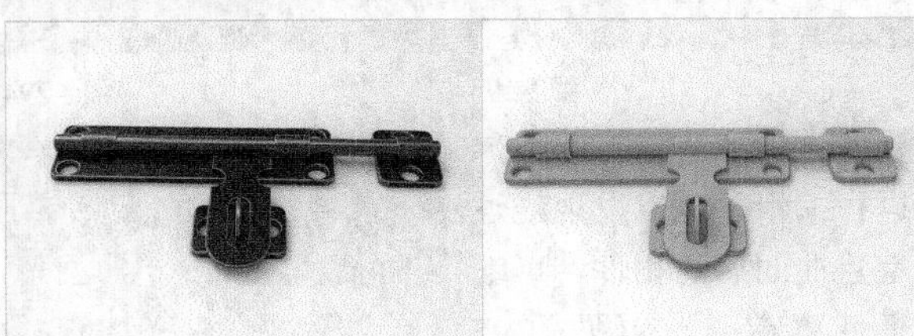

图2-299

制作提示如图2-300所示。

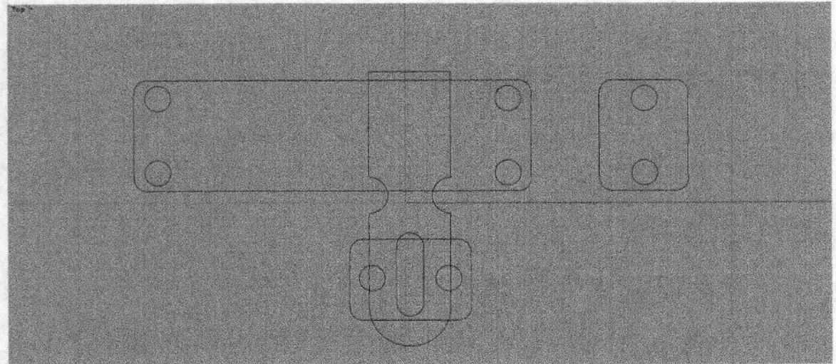

图2-300

2.4.2 课堂练习：制作充电线

场景位置 无
实例位置 实例文件>CH02>课堂练习：制作充电线.3dm
视频名称 课堂练习：制作充电线.mp4
学习目标 掌握曲线生面的技巧

充电线的效果如图2-301所示。

制作提示如图2-302所示。

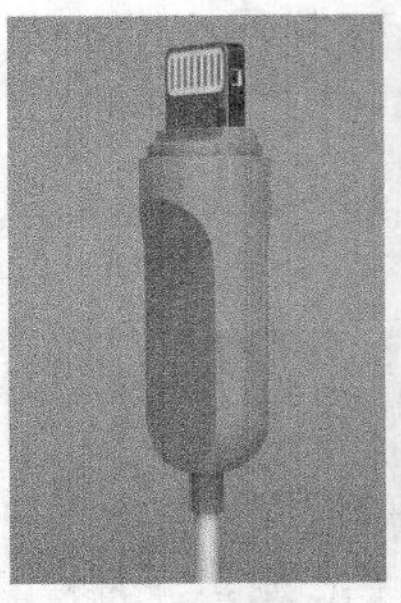

图2-301

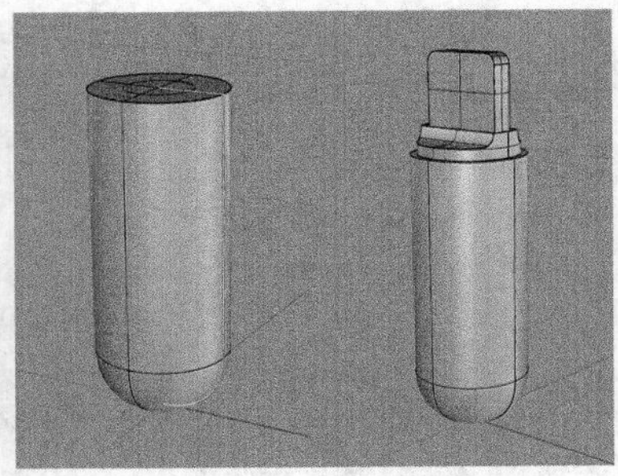

图2-302

2.5 课后习题

本章最后准备了两个习题，读者可以在空余时间做一做，巩固一下本章的内容，以熟练掌握建模的思路和基础建模工具的使用方法。

2.5.1 课后习题：制作蝴蝶结小椅子

场景位置 无
实例位置 实例文件>CH02>课后习题：制作蝴蝶结小椅子.3dm
视频名称 课后习题：制作蝴蝶结小椅子.mp4
学习目标 掌握搭建曲线的方法

蝴蝶结小椅子的效果如图2-303所示。

制作提示如图2-304所示。

图2-303

图2-304

2.5.2 课后习题：制作不规则花瓶

场景位置 无
实例位置 实例文件>CH02>课后习题：制作不规则花瓶.3dm
视频名称 课后习题：制作不规则花瓶.mp4
学习目标 掌握衔接曲面的方法

不规则花瓶的效果如图2-305所示。

制作提示如图2-306所示。

图2-305

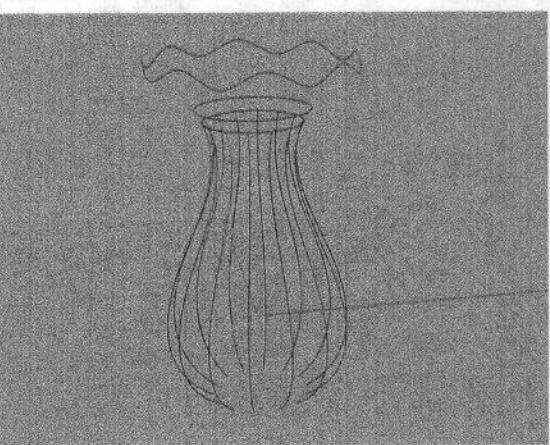

图2-306

第3章 实体建模技术

本章将介绍Rhino的基础实体建模工具，包括立方体、球体、圆柱管和圆锥体等。通过对本章的学习，读者可以快速地创建出一些简单的基本几何体模型。

课堂学习目标

- 了解建模的思路
- 掌握基础工具的使用方法
- 掌握标准基本体的创建方法
- 掌握变形工具的使用方法

3.1 实体工具

实体是一个封闭的曲面或多重曲面，无论何时，只要曲面或多重曲面能够形成完全封闭的空间，就可以构成实体。使用实体工具可以建立单一曲面实体、多重曲面实体以及挤出物件实体。

本节内容介绍

名称	作用	重要程度
立方体	用于建立一个立方体多重曲面	高
圆柱体	用于建立一个圆柱体	高
球体	用于建立一个实体的球体	高
椭圆体	用于建立一个椭圆体	中
抛物面锥体	用于建立一个抛物面锥体	中
圆锥体	用于建立一个圆锥体	中
平顶锥体	用于建立一个平顶锥体	中
棱锥	用于建立一个棱锥	中
平顶棱锥	用于建立一个平顶棱锥	中
圆柱管	用于建立一个圆柱管	中
环状体	用于建立一个环状体	高
薄壳	用于对实体物件进行薄壳处理	高

3.1.1 课堂案例：制作桌面蓝牙音箱

场景位置　无
实例位置　实例文件>CH03>课堂案例：制作桌面蓝牙音箱.3dm
视频名称　课堂案例：制作桌面蓝牙音箱.mp4
学习目标　掌握实体模型的创建方法

桌面蓝牙音箱效果如图3-1所示。

图3-1

01 **制作音箱主体** 使用工具集中的“矩形：圆角”工具绘制圆角矩形，如图3-2所示。单击工具集中的“直线挤出”工具，将曲线挤出为实体，如图3-3所示。

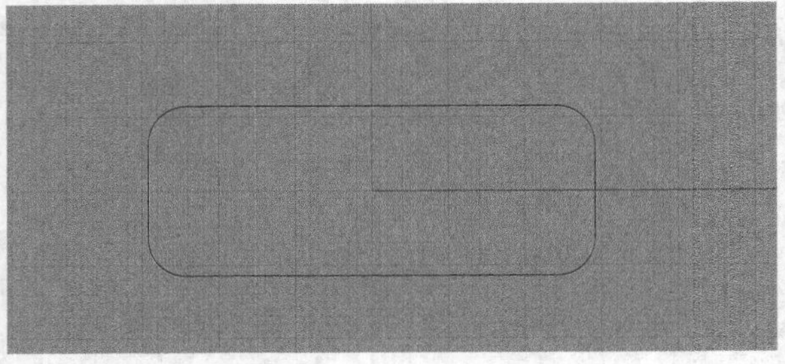

图3-2

图3-3

02 使用工具集中的“边缘斜角”工具对挤出的实体进行边缘斜角处理，如图3-4所示。

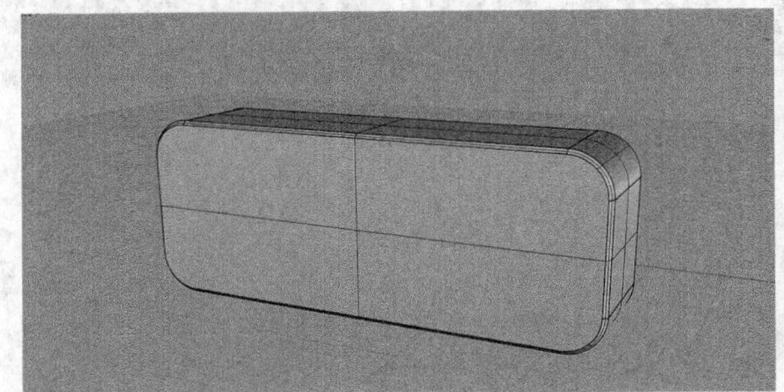

图3-4

03 使用工具集中的“复制边缘”工具选中图3-5所示的位置，然后进行复制，并执行组合操作。

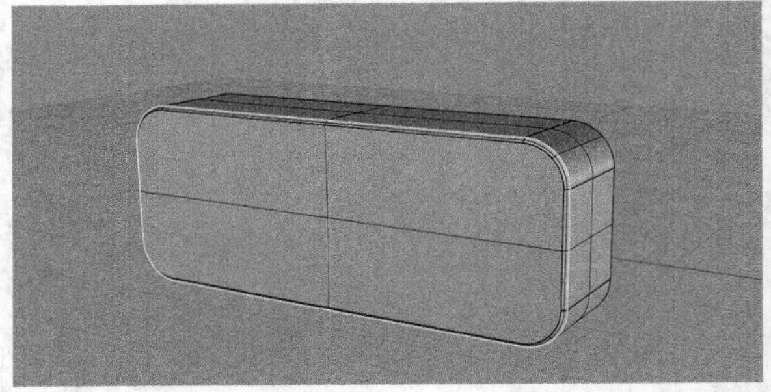

图3-5

04 在前视图中对复制出来的线使用工具集中的“偏移曲线”工具，对线进行偏移处理，如图3-6所示。

图3-6

05 选择复制和偏移的线条，使用“直线挤出”工具将曲线挤出为实体，如图3-7所示。

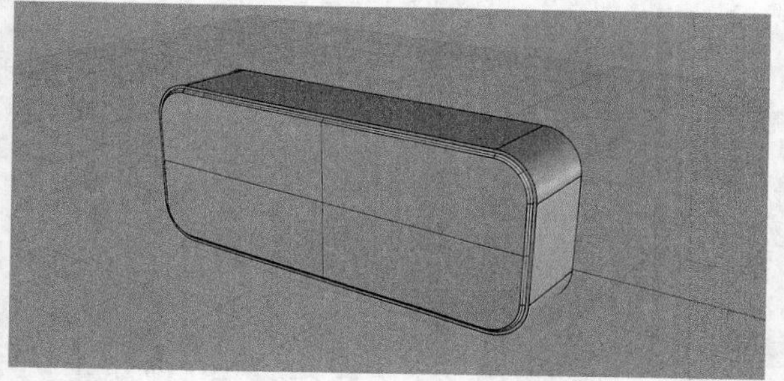

图3-7

06 在顶视图上画好图3-8所示的线条，然后使用工具集中的“镜像”工具对线进行镜像处理。接着使用操作轴挤出曲面，使曲面和模型上半部分完全交在一起，如图3-9所示。

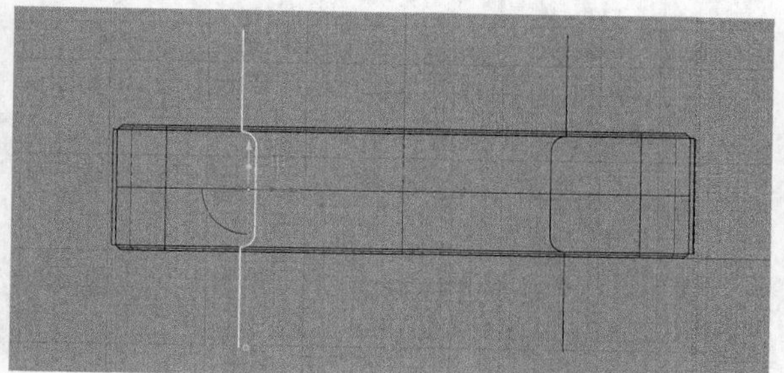

图3-8

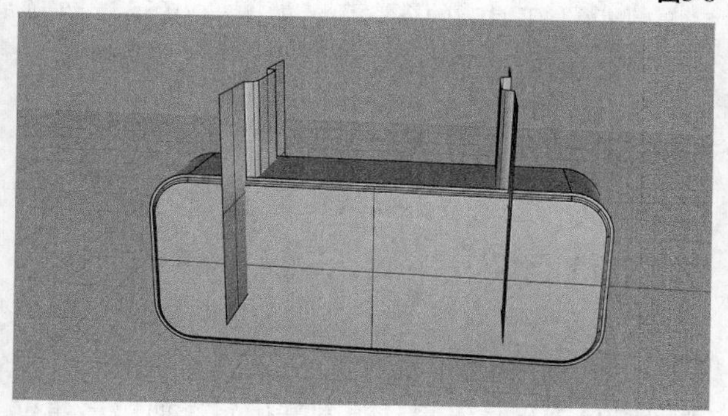

图3-9

07 单击工具集中的“布尔差集”工具，用挤出的两个面对外面实体进行布尔差集处理，如图3-10所示。

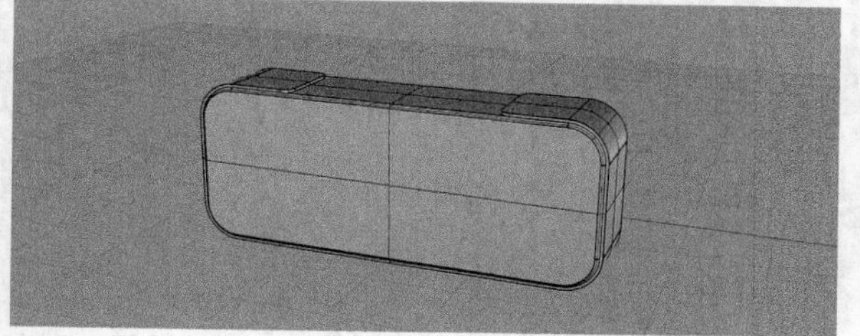

图3-10

08 在顶视图的中间位置使用“圆：中心点、半径”工具画圆，如图3-11所示。

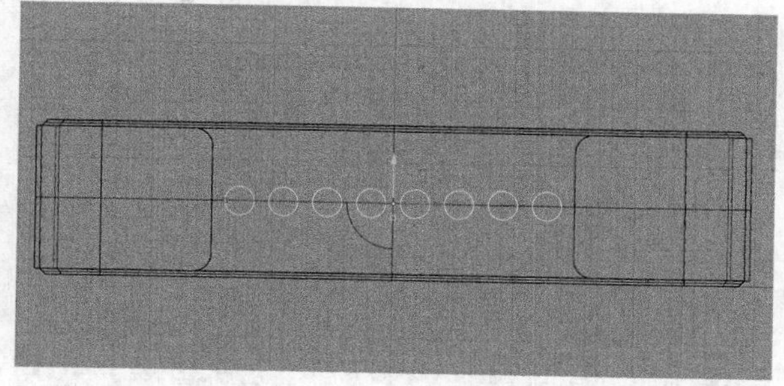

图3-11

09 使用“直线挤出”工具对圆进行实体挤出，如图3-12所示。然后原地复制一份，用复制后的对象对主体进行布尔差集操作，如图3-13所示。

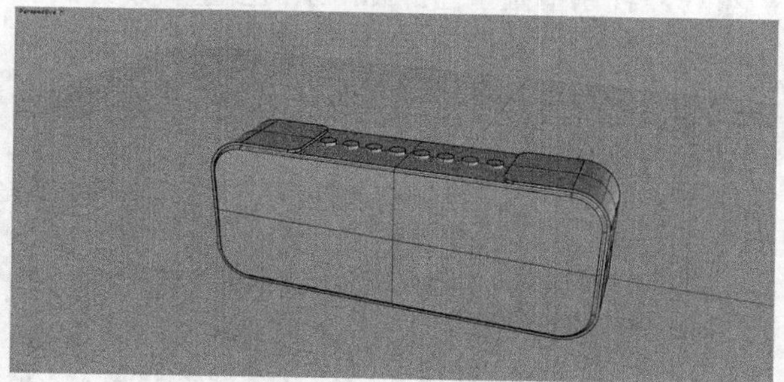

图3-12

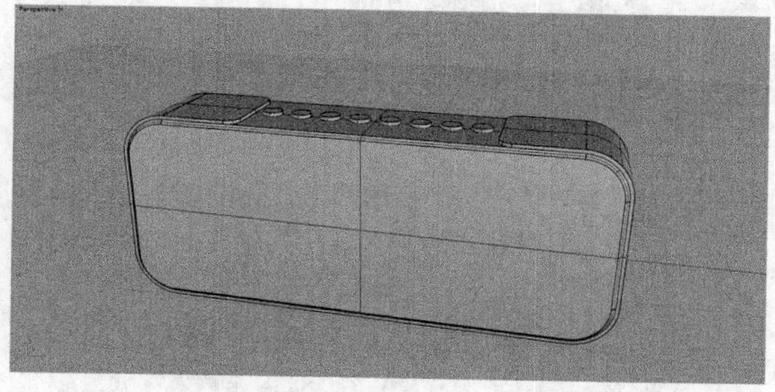

图3-13

10 在前视图使用工具集中的“复制边缘”工具，选中图3-14所示的曲面，然后进行复制和执行组合。在前视图使用工具集中的“偏移曲线”工具对复制出来的线进行偏移处理。

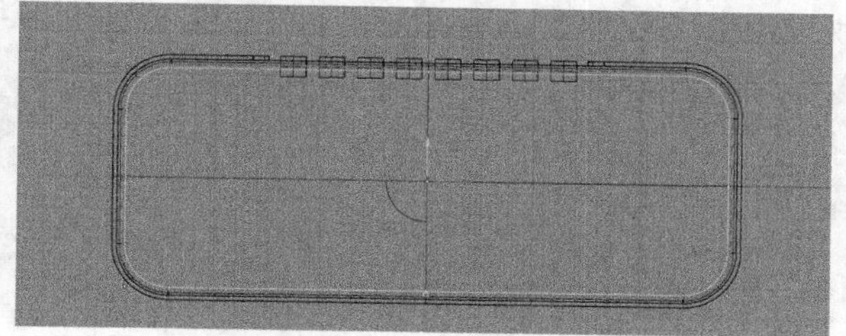

图3-14

11 使用“直线挤出”工具对复制的线和偏移的曲线进行实体挤出，然后对主体进行布尔差集操作，如图3-15所示。

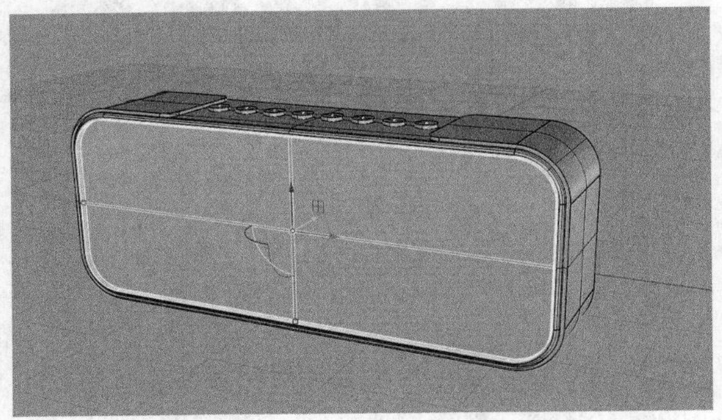

图3-15

12 在右视图中画出图3-16所示的多重曲线，然后选中所有的多重曲线，使用“直线挤出”工具对多重曲线进行实体挤出，接着对挤出的实体进行镜像处理，如图3-17所示。

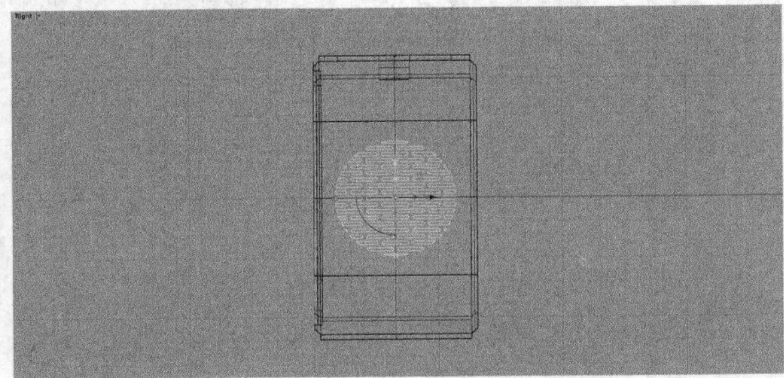

图3-16

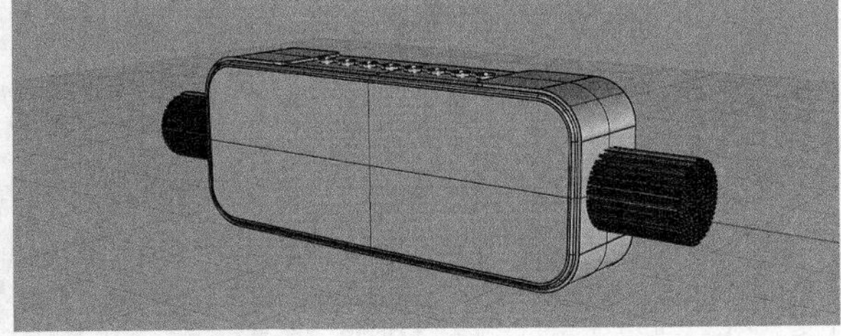

图3-17

13 单击工具集中的“布尔差集”工具，对主体进行布尔差集处理，如图3-18所示。

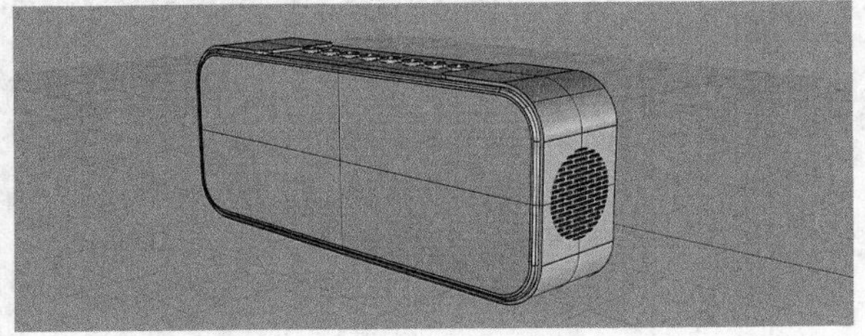

图3-18

14 使用工具集中的“边缘圆角”工具对模型进行圆角处理，如图3-19所示。

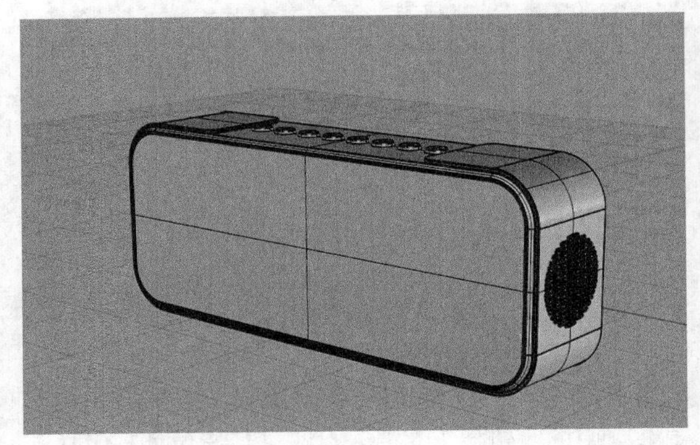

图3-19

3.1.2 立方体

“立方体：角对角、高度”工具集用于建立一个立方体多重曲面。

“立方体：角对角、高度”工具集在左侧工具列。

“立方体：角对角、高度”工具集操作见具体工具介绍。

单击工具列中的“立方体：角对角、高度”工具的下三角，如图3-20所示。在弹出的面板中包含了多种建立立方体的工具，如图3-21所示。

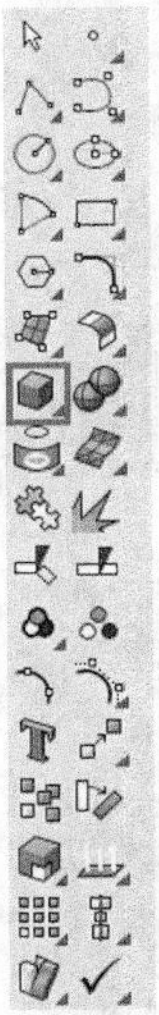

图3-20

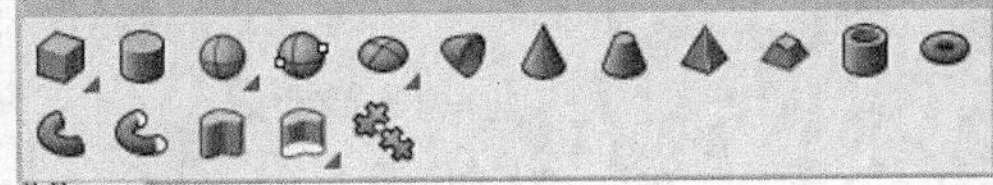

图3-21

01 单击“立方体：角对角、高度”工具，在顶视图中单击鼠标左键，找到并确定底面第一角位置，如图3-22所示。

图3-22

02 移动鼠标，可以向各个方向拖出任意矩形大小。单击鼠标左键确定另一角，如图3-23所示。

图3-23

03 上下移动鼠标并确定高度，单击鼠标左键确定高度，如图3-24所示。完成立方体的绘制，如图3-25所示。

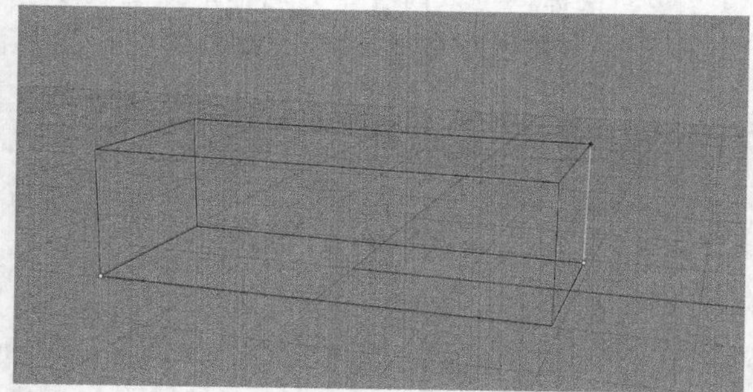

图3-24

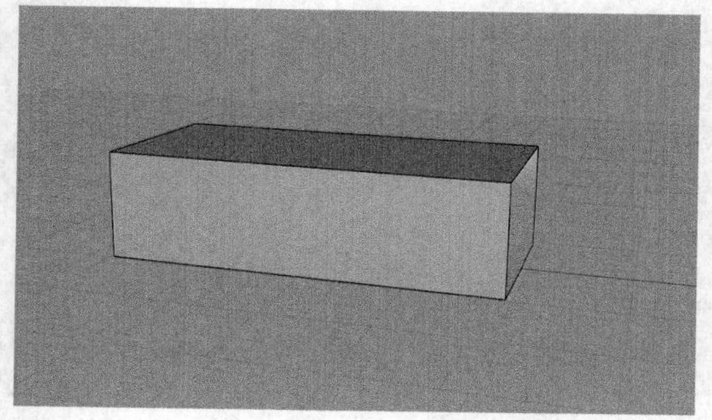

图3-25

3.1.3 圆柱体

"圆柱体"工具用于建立一个圆柱体。

"圆柱体"工具在"实体"选项卡的顶部工具列中。

"圆柱体"工具操作见具体工具介绍。

01 单击"圆柱体"工具，在顶视图中通过拖曳鼠标确定底面圆心点，如图3-26所示。

图3-26

02 移动鼠标，可以向各个方向拖出任意半径。单击鼠标左键确定半径大小，如图3-27所示。

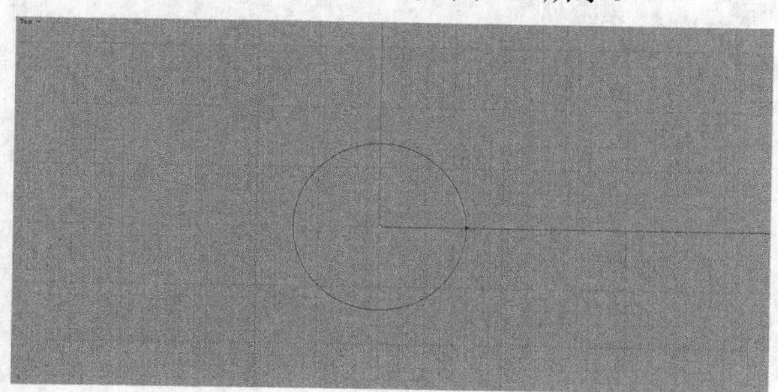

图3-27

03 上下移动鼠标并确定高度，单击鼠标左键确定高度，如图3-28所示。完成圆柱体的绘制，如图3-29所示。

图3-28

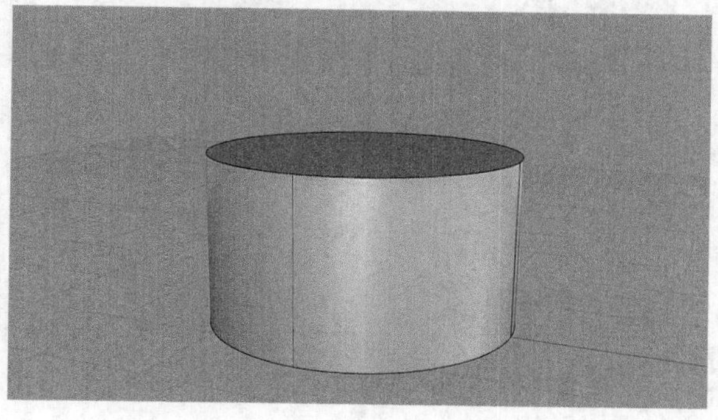

图3-29

3.1.4 球体

“球体：中心点、半径”工具集用于建立一个实体的球体。

“球体：中心点、半径”工具集在“实体”选项卡的顶部工具列中。

“球体：中心点、半径”工具操作见具体工具介绍。

01 单击“球体：中心点、半径”工具，在顶视图中通过鼠标移动确定球心，如图3-30所示。

图3-30

02 移动鼠标，可以向各个方向拖出任意半径。单击鼠标左键确定球体的半径，如图3-31所示。完成球体的绘制，如图3-32所示。

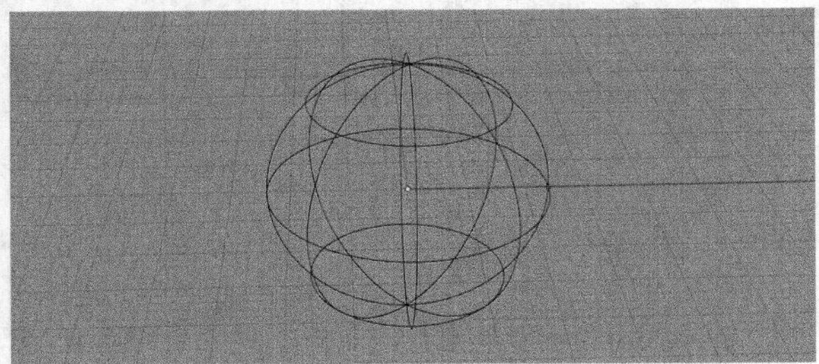

图3-31

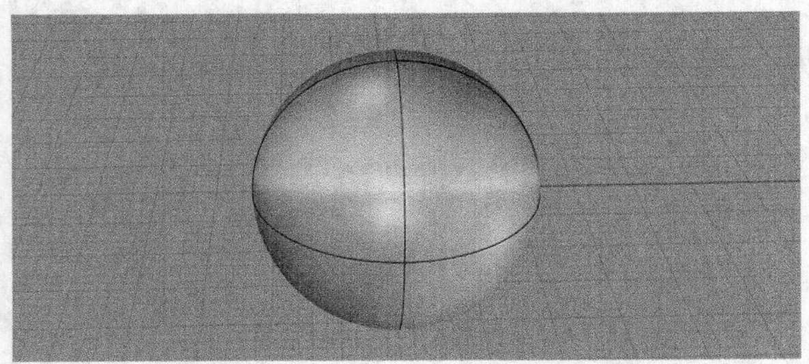

图3-32

3.1.5 椭圆体

“椭圆体：从中心点”工具集用于建立一个椭圆体。

“椭圆体：从中心点”工具集在“实体”选项卡中的顶部工具列中。

“椭圆体：从中心点”工具操作见具体工具介绍。

01 单击“椭圆体：从中心点”工具，通过移动鼠标确定中心点，如图3-33所示。

图3-33

02 移动鼠标，可以向各个方向拖出任意长度的线段。单击鼠标左键确定第一轴的终点，如图3-34所示。

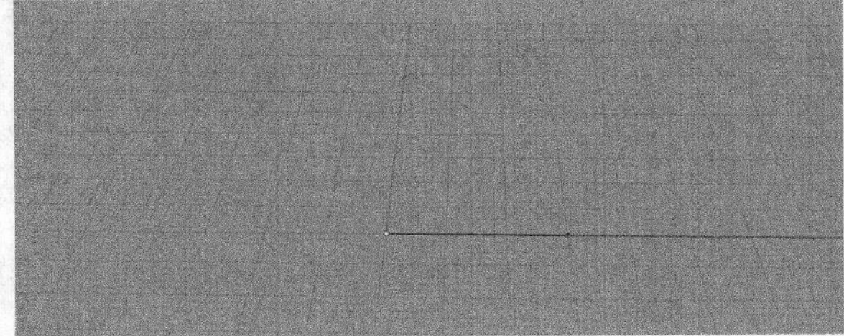

图3-34

03 移动鼠标，单击鼠标左键确定第二轴的终点，如图3-35所示。

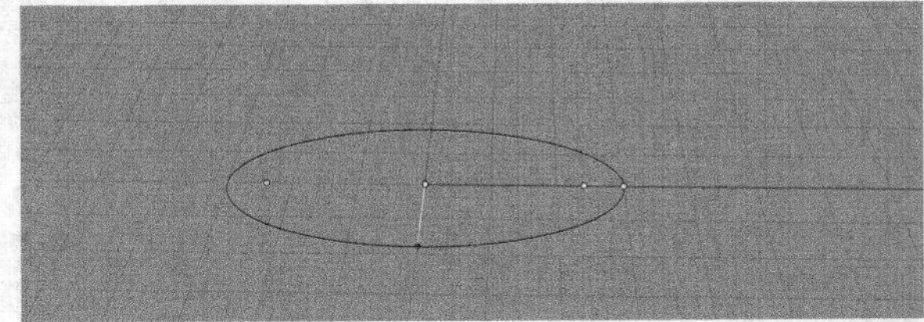

图3-35

04 继续移动鼠标，可以在上下方向拖出任意长度的线段。单击鼠标左键确定第三轴的终点，如图3-36所示。完成椭圆体的绘制，如图3-37所示。

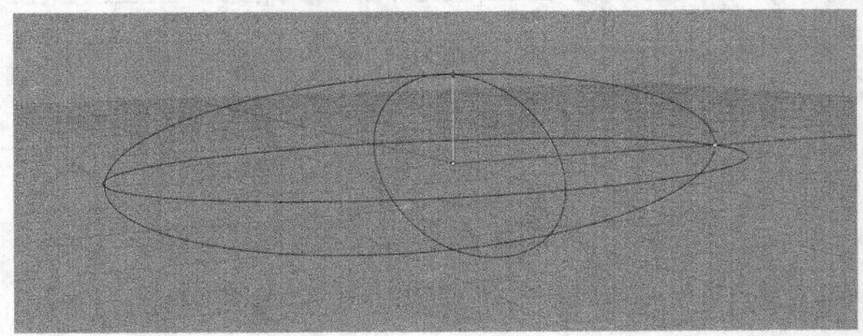

图3-36

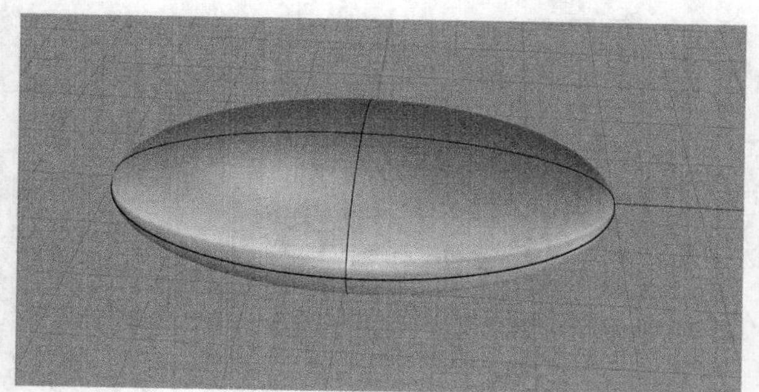

图3-37

3.1.6 抛物面锥体

“抛物面锥体”工具用于建立一个抛物面锥体。

“抛物面锥体”工具在“实体”选项卡的顶部工具列中。

“抛物面锥体”工具操作见具体工具介绍。

01 单击“抛物面锥体”工具，通过移动鼠标确定抛物面锥体焦点，如图3-38所示。

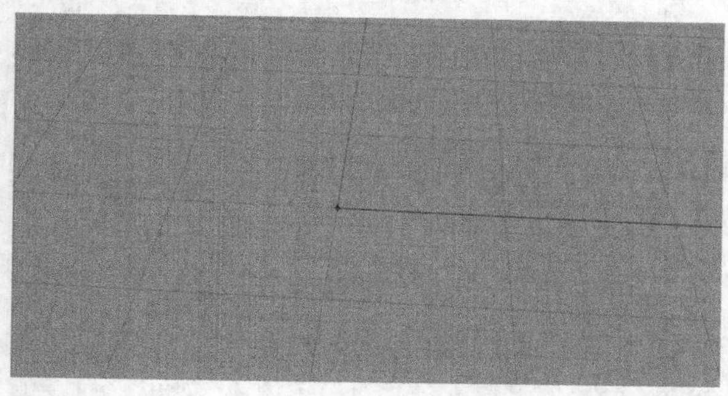

图3-38

02 移动鼠标，可以向各个方向移动。单击鼠标左键确定抛物面锥体的方向，此为抛物线的“开口”方向，如图3-39所示。

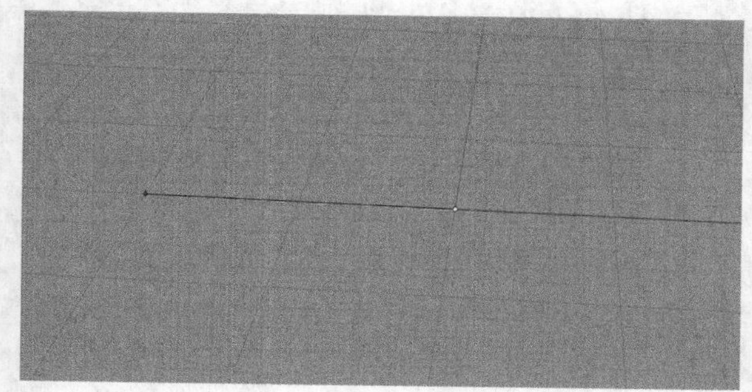

图3-39

03 移动鼠标，单击鼠标左键确定抛物面锥体的端点，如图3-40所示。完成抛物面锥体的绘制，如图3-41所示。

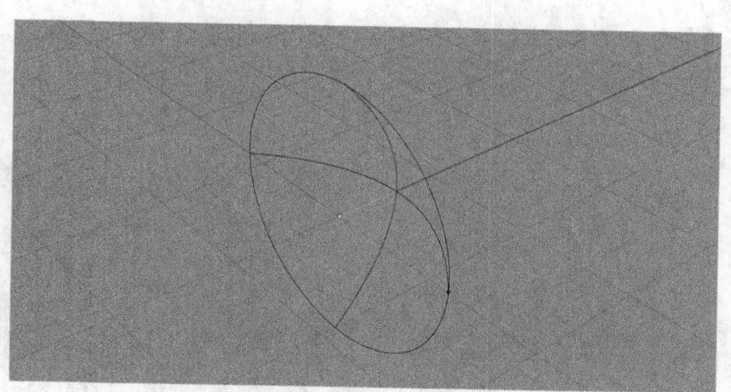

图3-40

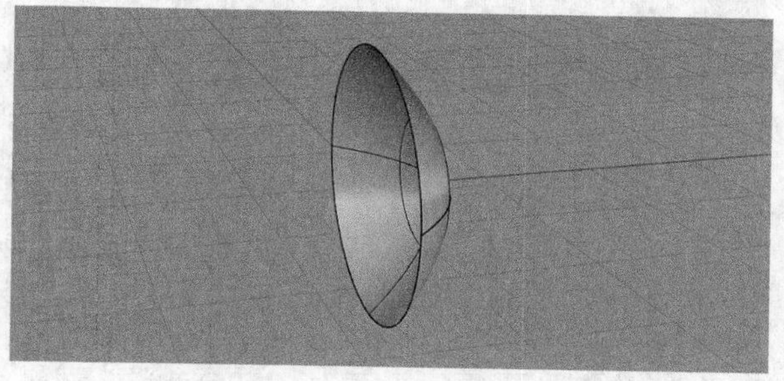

图3-41

3.1.7 圆锥体

“圆锥体”工具用于建立一个圆锥体。

“圆锥体”工具在“实体”选项卡的顶部工具列中。

“圆锥体”工具操作见具体工具介绍。

01 单击“圆锥体”工具，通过移动鼠标确定底面圆心点，如图3-42所示。

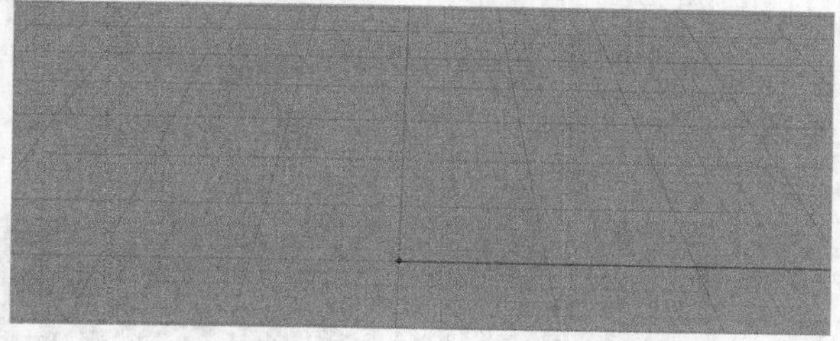

图3-42

02 移动鼠标，可以向各个方向拖出任意半径。单击鼠标左键确定半径大小，如图3-43所示。

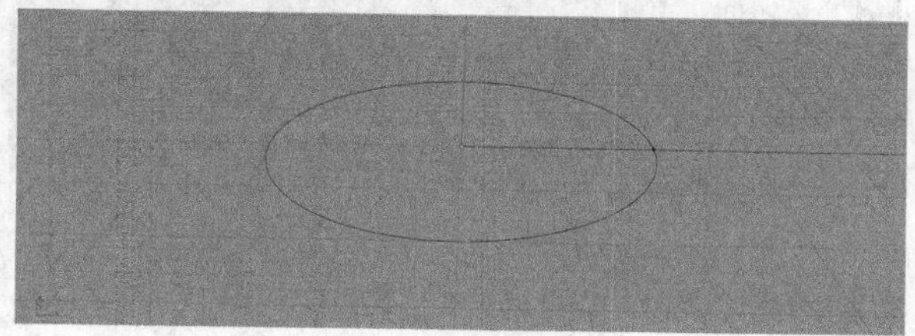

图3-43

03 上下移动鼠标，设置合适的高度。单击鼠标左键确定高度，如图3-44所示。完成圆锥体的绘制，如图3-45所示。

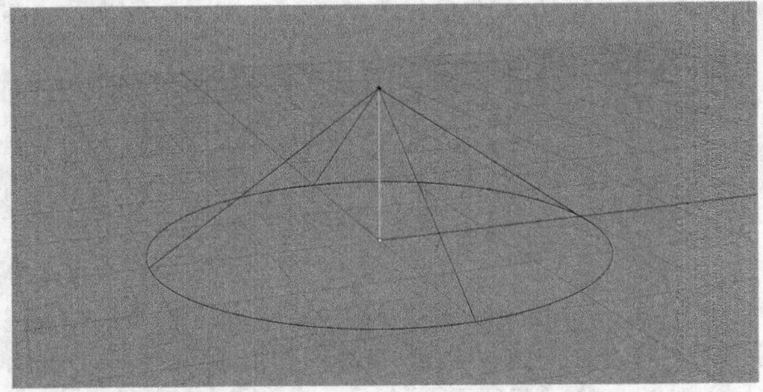

图3-44

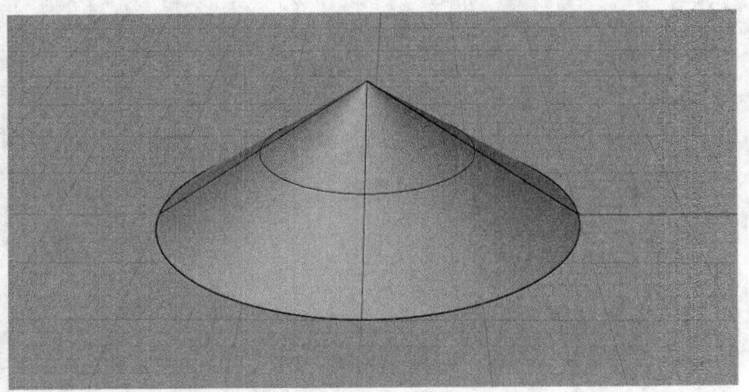

图3-45

3.1.8 平顶锥体

“平顶锥体”工具用于建立一个平顶锥体。

“平顶锥体”工具在“实体”选项卡的顶部工具列中。

“平顶锥体”工具操作见具体工具介绍。

01 单击“平顶锥体”工具，通过移动鼠标确定底面圆心点，如图3-46所示。

图3-46

02 移动鼠标，可以向各个方向拖出任意半径。单击鼠标左键确定半径大小，如图3-47所示。

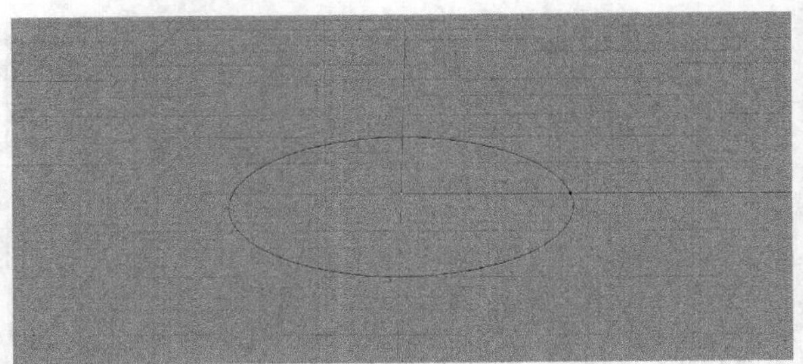

图3-47

03 上下移动鼠标，设置高度。单击鼠标左键确定高度，如图3-48所示。

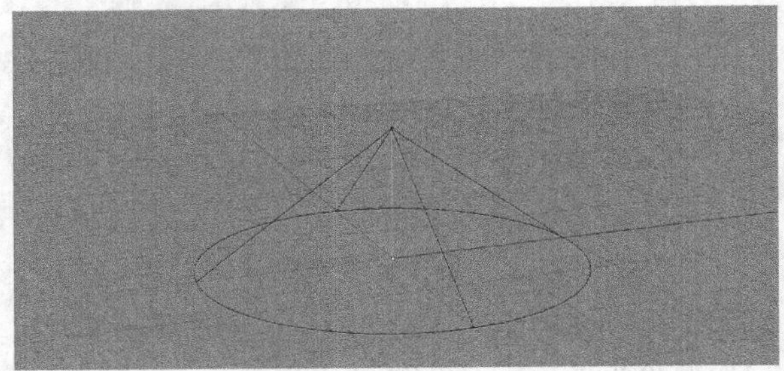

图3-48

04 继续移动鼠标，可以拖出任意半径。单击鼠标左键确定顶部半径，如图3-49所示。

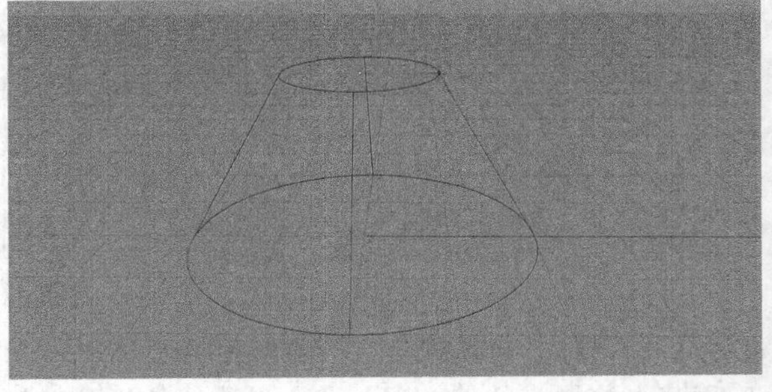

图3-49

3.1.9 棱锥

“棱锥”工具用于建立一个棱锥。

“棱锥”工具在“实体”选项卡的顶部工具列中。

“棱锥”工具操作为单击左键设定端点。

01 单击“棱锥”工具，在顶部指令栏中确定需要的棱锥边数，输入5，建立五棱锥，如图3-50所示。

内接棱锥中心点 (边数(N)=5 模式(M)=*内切* 边(D) 星形(S) 方向限制(I)=*垂直* 实体(O)=*是*):

图3-50

02 移动鼠标，单击鼠标左键确定棱锥角的位置，如图3-51所示。

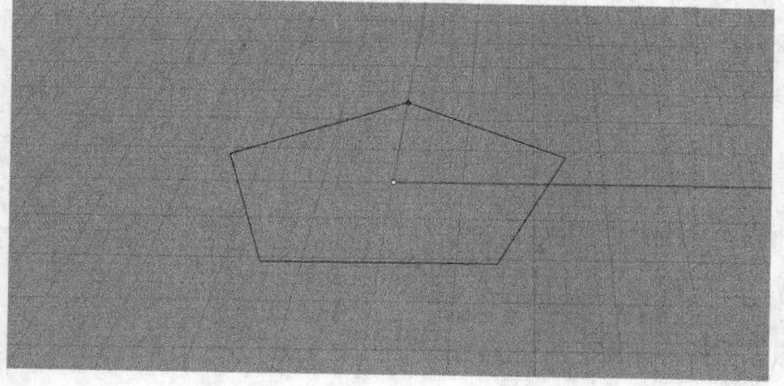

图3-51

03 上下移动鼠标，设置高度。单击鼠标左键确定高度，如图3-52所示。完成五棱锥的绘制，如图3-53所示。

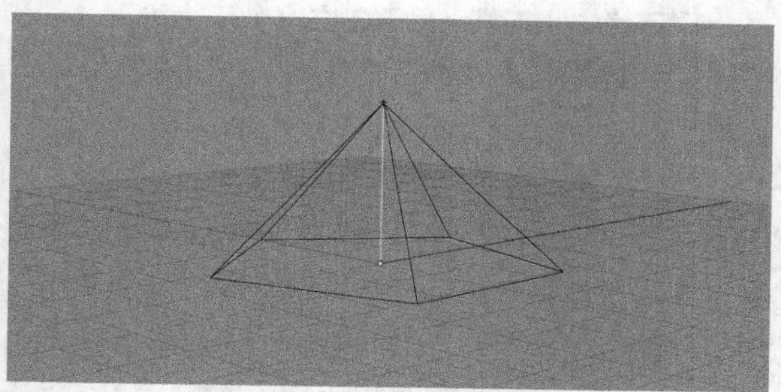

图3-52

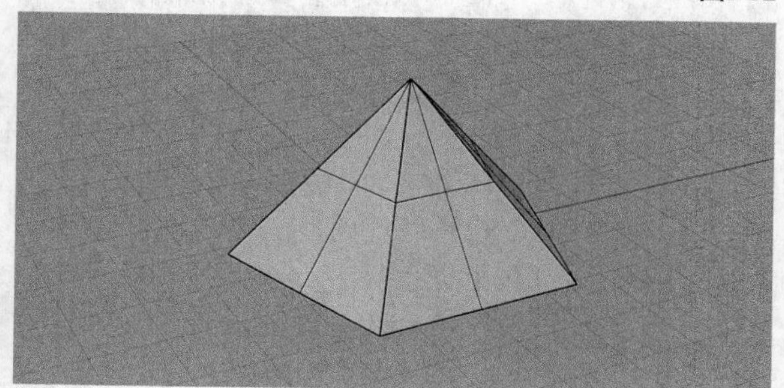

图3-53

3.1.10 平顶棱锥

“平顶棱锥”工具用于建立一个平顶棱锥。

“平顶棱锥”工具在“实体”选项卡的顶部工具列中。

“平顶棱锥”工具操作见具体工具介绍。

01 单击“平顶棱锥”工具，在顶部指令栏中确定需要的棱锥边数，输入3，如图3-54所示。

内接平顶棱锥中心点 (边数(N)=3 模式(M)=*内切* 边(D) 星形(S) 方向限制(I)=*垂直* 实体(O)=*是*):

图3-54

02 移动鼠标，单击鼠标左键确定棱锥角的位置，如图3-55所示。

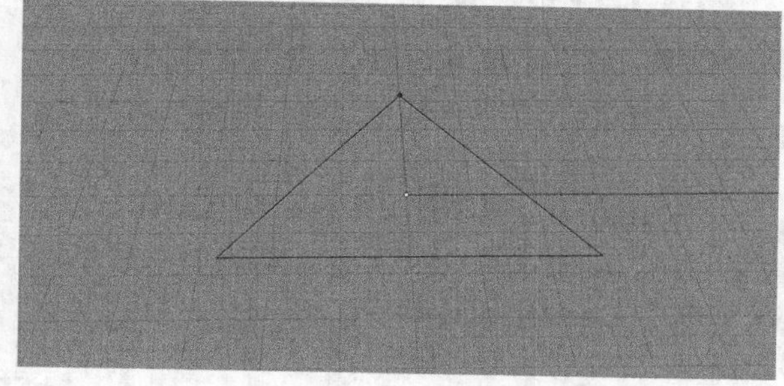

图3-55

03 上下移动鼠标，设置高度。单击鼠标左键确定高度，如图3-56所示。

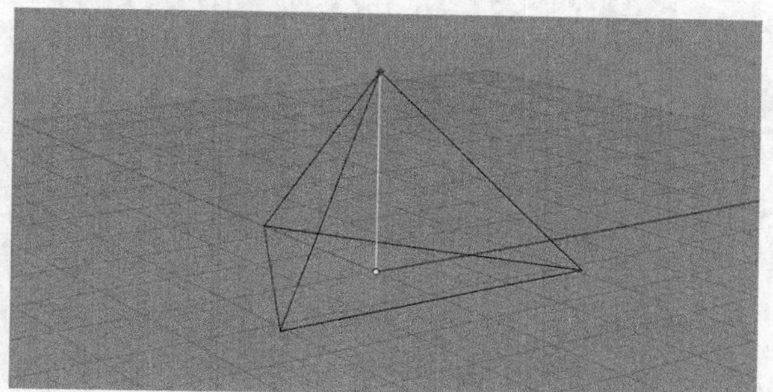

图3-56

04 继续移动鼠标，单击鼠标左键确定顶部的面积大小，如图3-57所示。完成平顶棱锥的绘制，如图3-58所示。

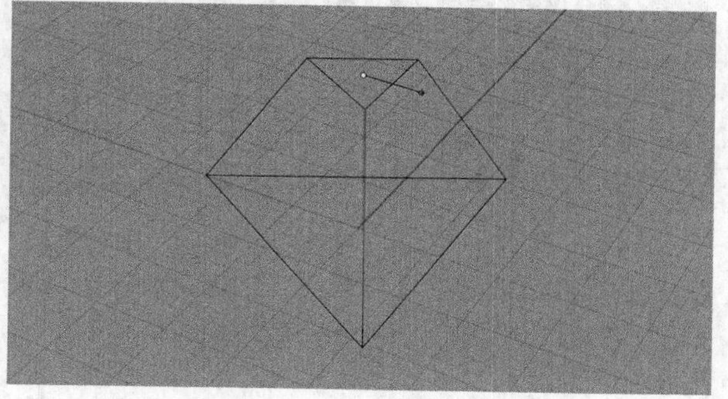

图3-57

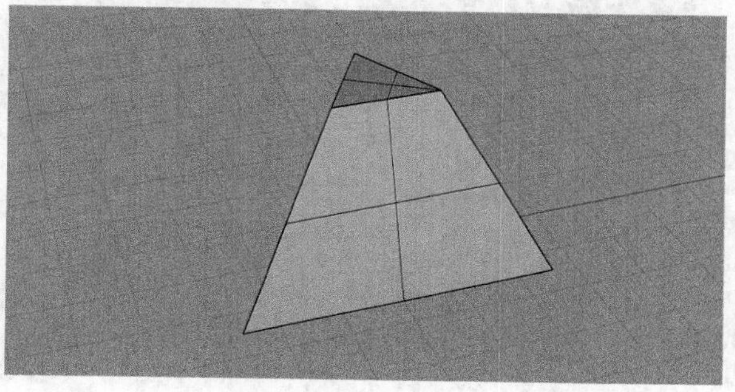

图3-58

3.1.11 圆柱管

“圆柱管”工具用于建立一个圆柱管。

“圆柱管”工具在“实体”选项卡的顶部工具列中。

“圆柱管”工具操作见具体工具介绍。

01 单击“圆柱体”工具，在顶视图中通过移动鼠标确定底面圆心点。然后移动鼠标，单击鼠标左键确定外部半径大小，如图3-59所示。

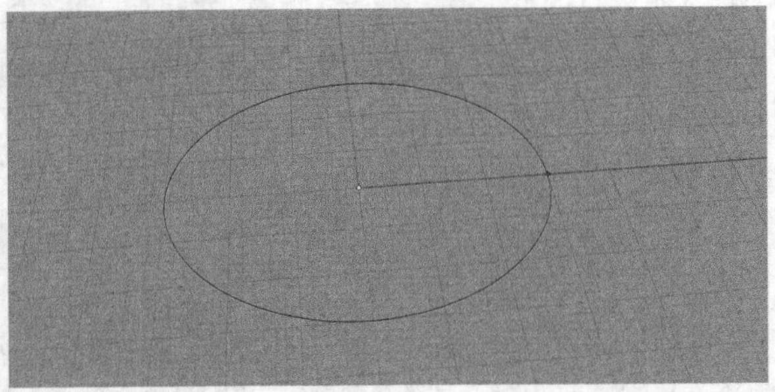

图3-59

02 移动鼠标，可以向各个方向拖出任意半径，单击鼠标左键确定内部半径大小，如图3-60所示。

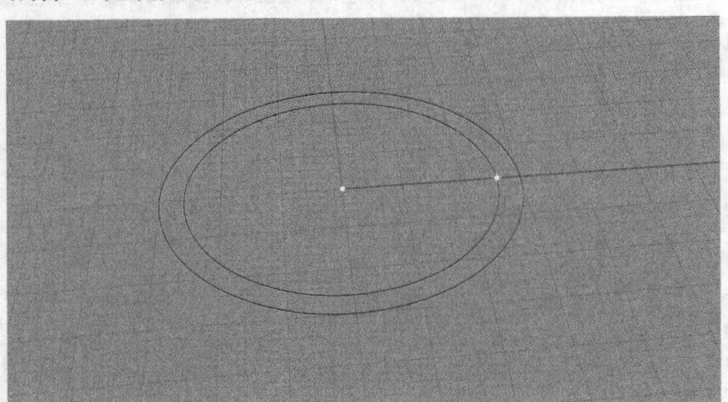

图3-60

03 上下移动鼠标，设置高度。单击鼠标左键确定高度，如图3-61所示。完成圆柱管的绘制，如图3-62所示。

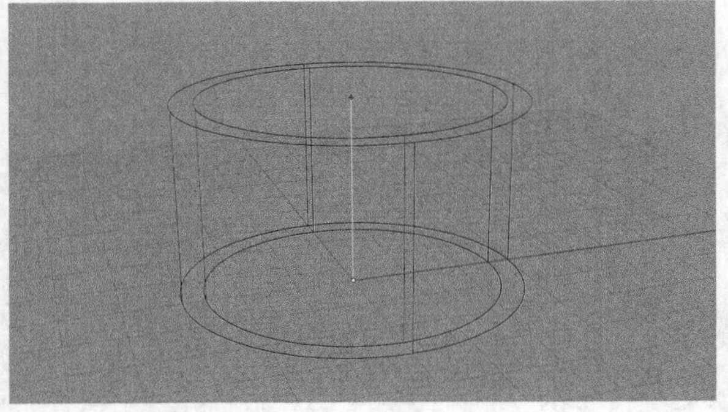

图3-61

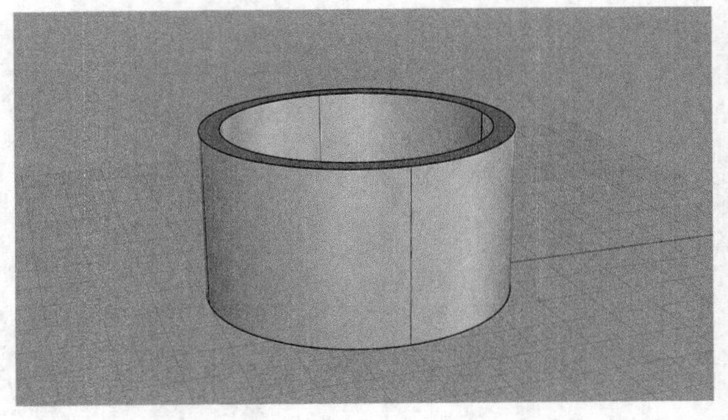

图3-62

3.1.12 环状体

“环状体”工具用于建立一个环状体。

“环状体”工具在“实体”选项卡的顶部工具列中。

“环状体”工具操作见具体工具介绍。

01 单击“环状体”工具，在顶视图中通过移动鼠标确定底面圆心点。然后移动鼠标，单击鼠标左键确定第1半径，如图3-63所示。

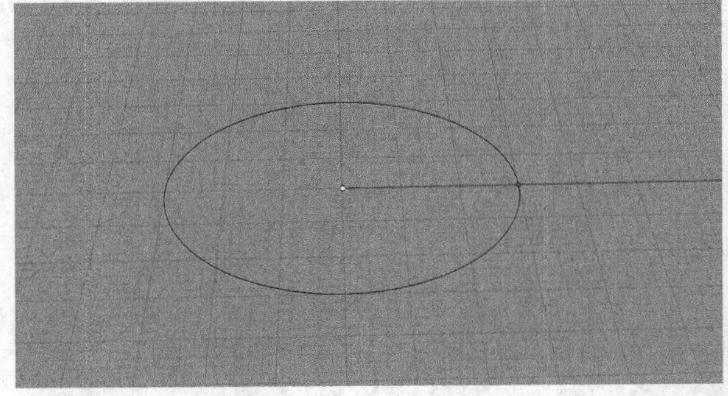

图3-63

02 移动鼠标，单击鼠标左键确定第2半径，如图3-64所示。完成环状体的绘制，如图3-65所示。

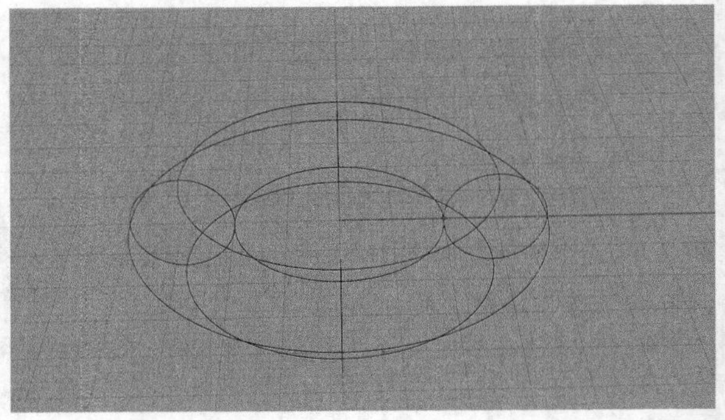

图3-64

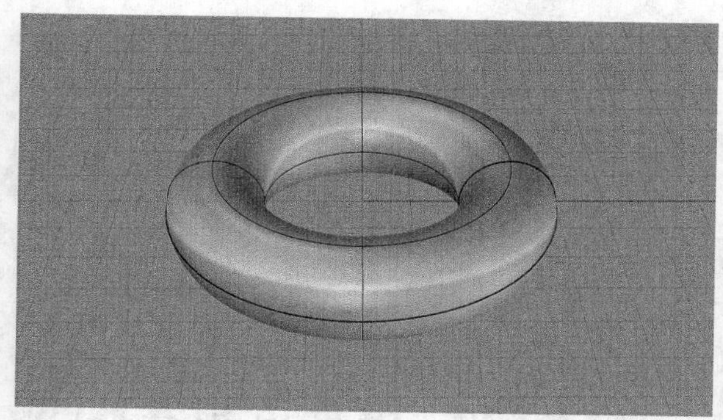

图3-65

3.1.13 薄壳

“薄壳”工具用于对实体物件进行薄壳处理。

“薄壳”工具在“实体”选项卡的顶部工具列中。

“薄壳”工具操作见具体工具介绍。

01 使用“圆柱体”工具绘制一个圆柱体，如图3-66所示。

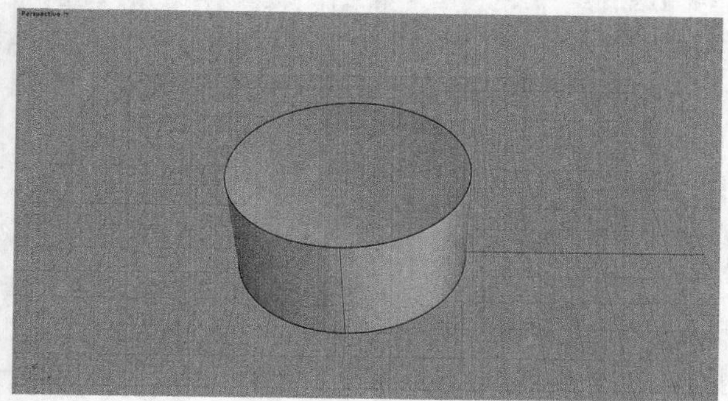

图3-66

02 单击“薄壳”工具，选取封闭的多重曲面上要删除的面（至少要留下一个面未选取），此时选取顶面，如图3-67所示。在指令栏中调整壳体的厚度，如图3-68所示。

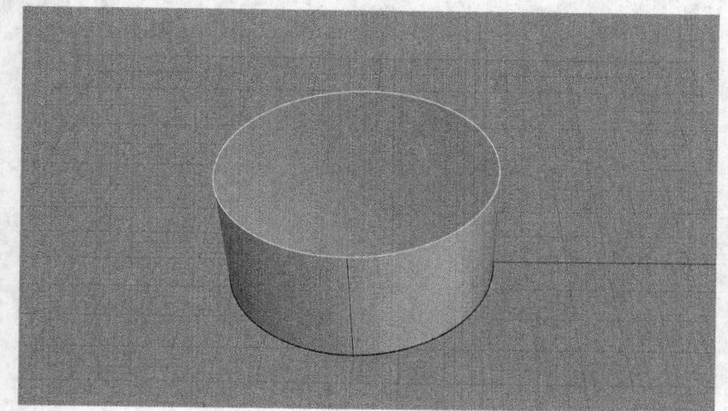

图3-67

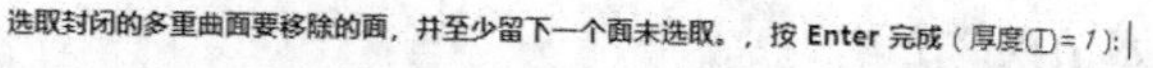

选取封闭的多重曲面要移除的面，并至少留下一个面未选取。，按 Enter 完成 (厚度(T)= 1):

图3-68

03 单击鼠标右键，选取的面会被移除，然后进行薄壳操作，如图3-69所示。

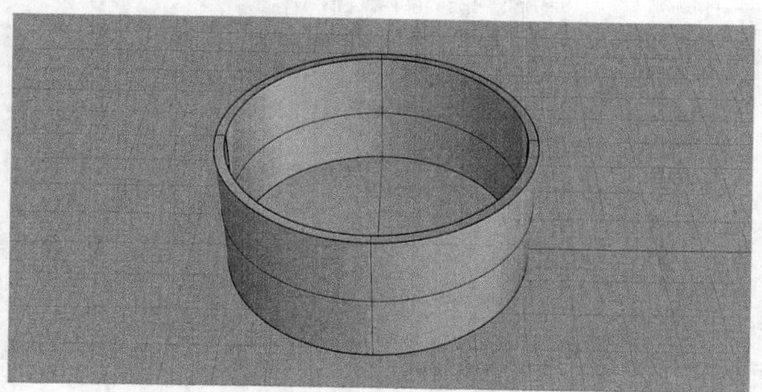

图3-69

提示 目前，薄壳与偏移曲面功能还在不断完善中，用于多重曲面时有以下几个已知的问题。

第1个：交汇点附近曲面数为奇数时可能会导致问题出现，特别是当曲面的偏移必须以交汇点延伸时，使用偏移曲面（角=锐角）和薄壳，并且将角设置为锐角，如果只偏移交汇点附近的一部分曲面，就会出现问题；锥状交汇点在所有情况下都会出现问题。

第2个：复杂顶点（有3条以上边缘线）也可能会导致问题出现，特别是只偏移或薄壳处理顶点附近的一部分曲面而不是全部曲面的时候。

第3个：将偏移曲面应用在具有外露边缘的多重曲面上，如果外露边缘形成凹形边界，将无法正常工作。

第4个：如果偏移与被移除的面之间有相邻的面，那么必须延伸该面以填补空白，否则就会出现问题。

第5个：任何单一曲面偏移后形成自交的情况都会出现问题。

3.2 阵列工具

本节介绍阵列工具的使用技巧。在工具列中，单击“矩形阵列”工具的下三角，如图3-70所示。在弹出的面板中包含多种阵列的工具，包括“矩形阵列”工具、“环形阵列”工具、“沿着曲线阵列”工具、“在曲面上阵列”工具、“沿着曲面上的曲线阵列”工具和“直线阵列”工具，如图3-71所示。

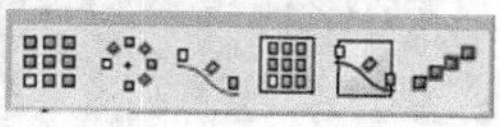

图3-70

图3-71

本节内容介绍

名称	作用	重要程度
矩形阵列	用于在列、行、层(x、y、z)几个方向复制排列物件	高
环形阵列	用于围绕指定的中心点复制物件	高
沿着曲线阵列	用于沿曲线以固定间距复制物件	高
在曲面上阵列	用于沿着曲面以行与列的方式复制物件	中
沿着曲面上的曲线阵列	用于沿着曲面上的曲线以行与列的方式复制物件	中
直线阵列	用于在单一方向上等间距复制物件	高

3.2.1 课堂案例：制作收纳盒

场景位置　无
实例位置　实例文件>CH03>课堂案例：制作收纳盒.3dm
视频名称　课堂案例：制作收纳盒.mp4
学习目标　掌握阵列的使用方法

收纳盒效果如图3-72所示。

图3-72

01 选择“圆：中心点、半径”工具，绘制出两个圆，如图3-73所示。

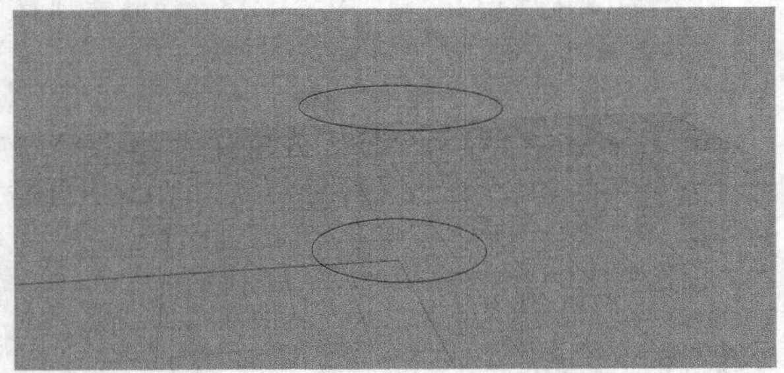
图3-73

02 单击“放样”工具，依次选取两个圆，按Enter键确认，视图会显示曲线的接缝点，再按Enter键确认，如图3-74所示。

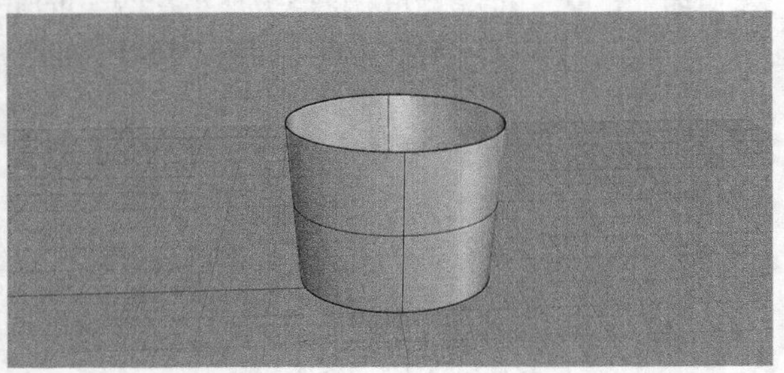
图3-74

03 切换至顶视图，继续单击“圆：中心点、半径”工具，绘制出两个圆，如图3-75所示。

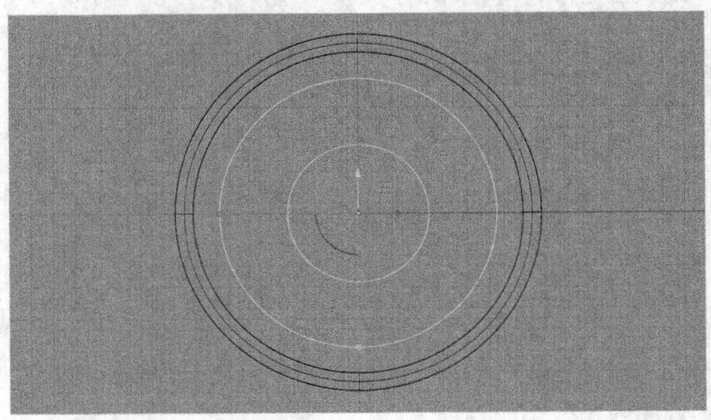
图3-75

04 单击“多重直线”工具确定多重直线起点为圆心，按住Shift键锁定正交方向，向右移动鼠标确定下一点，如图3-76所示。

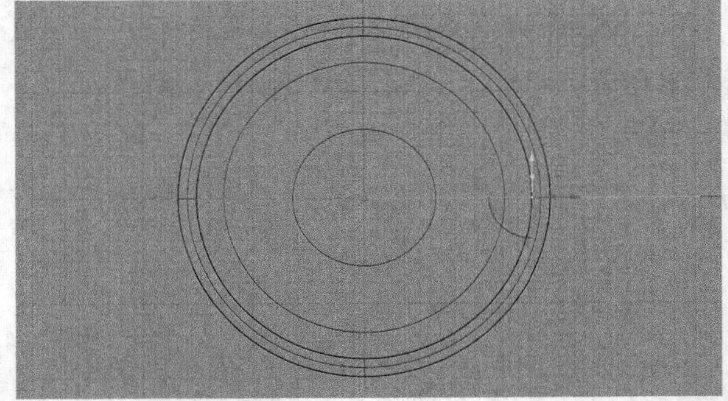
图3-76

05 单击“环形阵列”工具，选取直线物件，指定环形阵列的中心点，在顶部指令栏中输入8，如图3-77所示。按Enter键确认，如图3-78所示。

阵列数 <8>:

图3-77

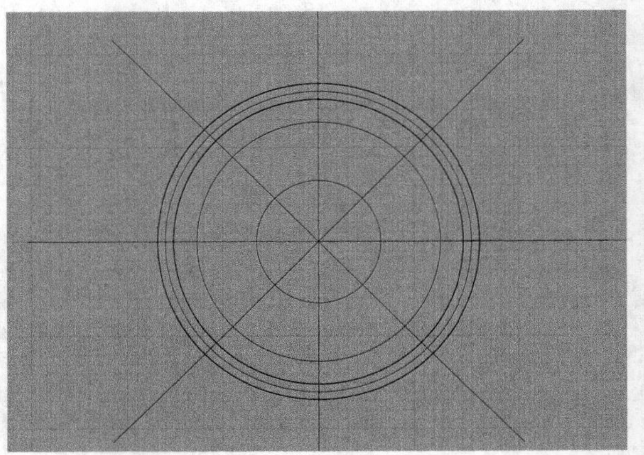
图3-78

06 单击“修剪”工具，将多余的线段修剪掉，如图3-79所示。

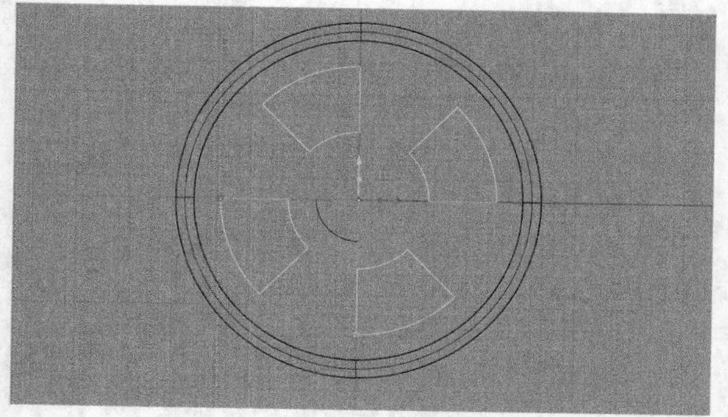

图3-79

07 使用工具集中的“直线挤出”工具对多重曲线进行实体挤出，如图3-80所示。

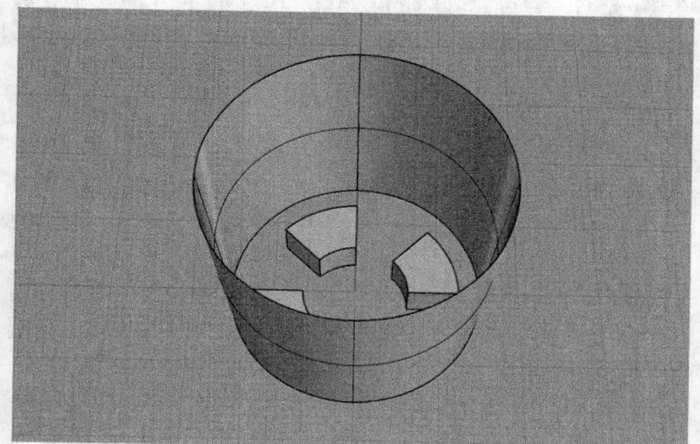

图3-80

08 使用“将平面洞加盖”工具将上面主体部分封闭为实体，如图3-81所示。

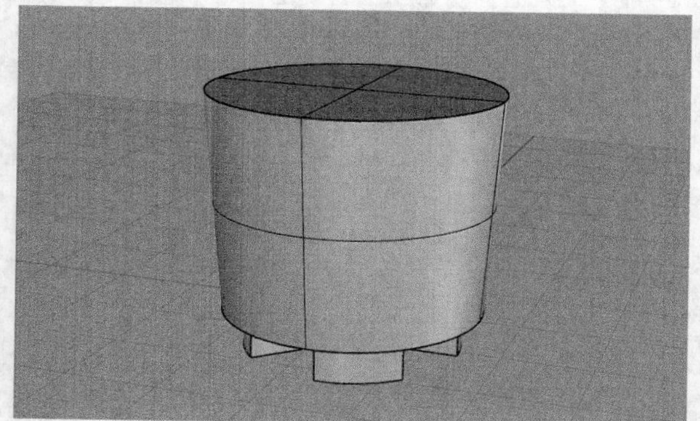

图3-81

09 单击“多重直线”工具，在盒体的边缘绘制一条直线段，如图3-82所示。

10 使用工具集中的“圆管（圆头盖）”工具选中直线段建立圆管，如图3-83所示。

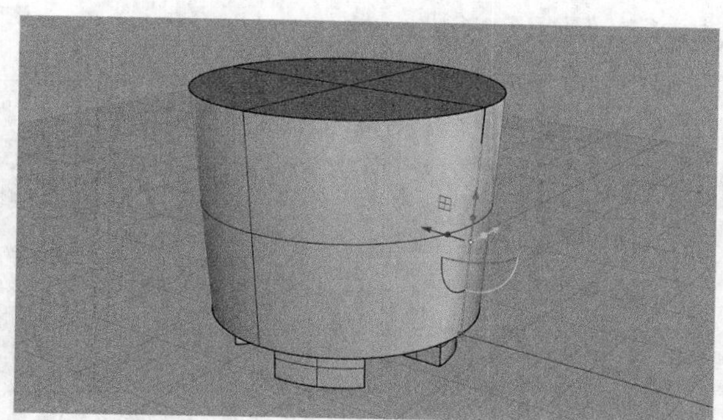

图3-82

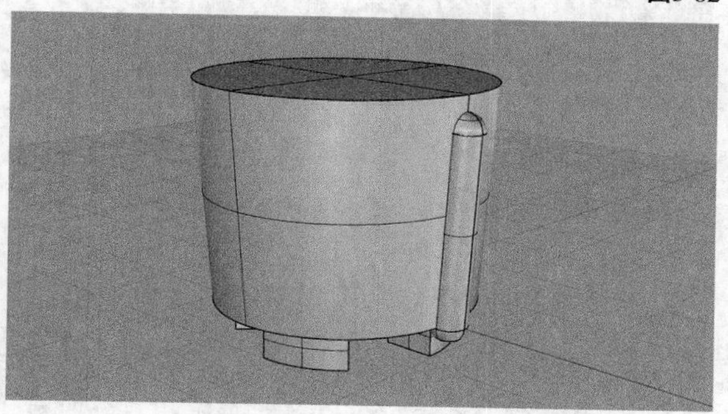

图3-83

11 使用“单轴缩放”工具将圆管压扁，如图3-84所示。

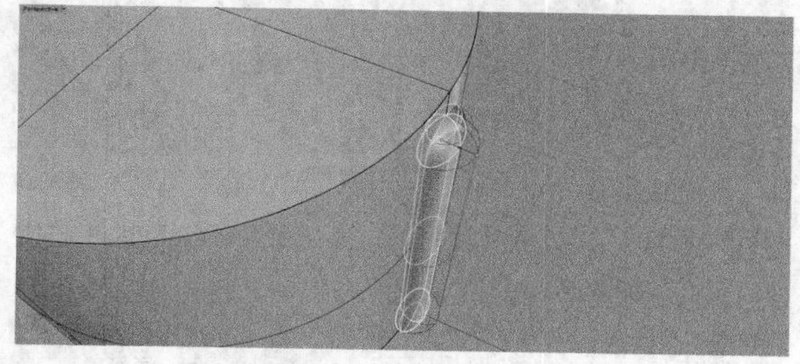

图3-84

12 单击“环形阵列”工具，选取圆管物件，指定环形阵列的中心点，在顶部指令栏中输入12，然后按Enter键确认，如图3-85所示。

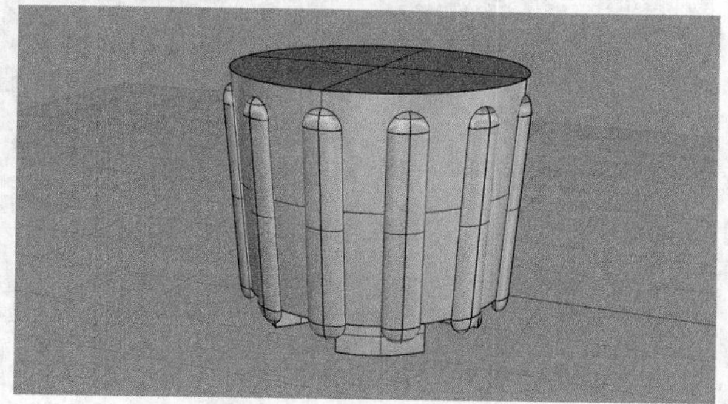

图3-85

13 单击工具集中的“布尔运算差集”工具，选取中间要被减去的物件，然后按Enter键确认，选取所有圆管并减去物件，如图3-86所示。

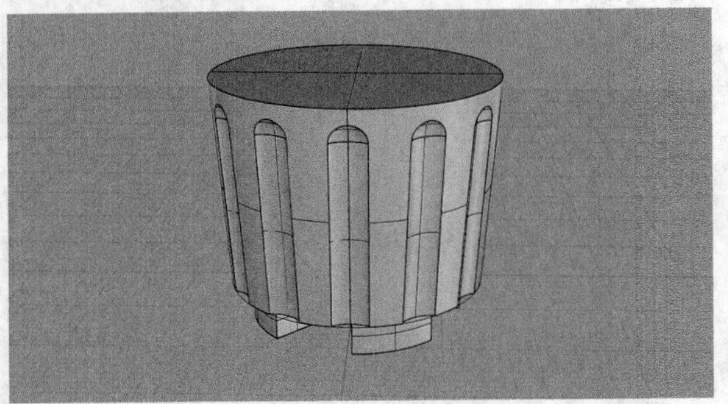

图3-86

14 单击“薄壳”工具，选取封闭的多重曲面上想要删除的顶面，然后按Enter键确认，如图3-87所示。

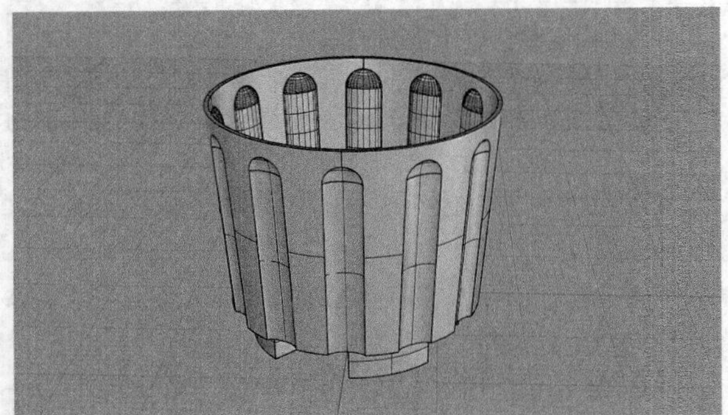

图3-87

15 使用工具集中的“边缘圆角”工具对模型进行圆角处理，如图3-88所示。

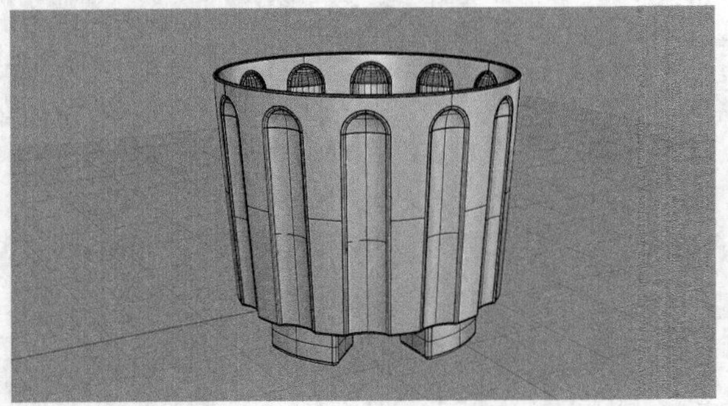

图3-88

3.2.2 矩形阵列

“矩形阵列”工具用于在列、行、层（*x*、*y*、*z*）几个方向复制排列物件。

“矩形阵列”工具在左边工具列中。

“矩形阵列”工具操作见具体工具介绍。

01 单击“矩形阵列”工具，选取物件，如图3-89所示。阵列方向为当前活动工作平面的*x*、*y*、*z* 3个方向。

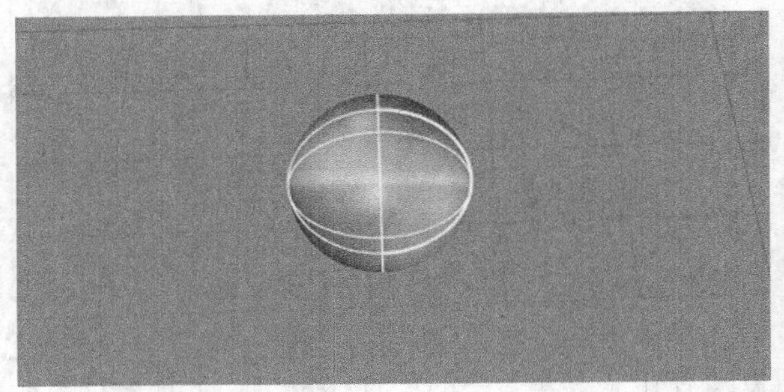

图3-89

02 输入*x*方向的复制数为5，单击鼠标右键，如图3-90所示。输入*y*方向的复制数为5，单击鼠标右键，如图3-91所示。输入*z*方向的复制数为3，单击鼠标右键，如图3-92所示。

X 方向的数目 <1>: 5

图3-90

Y 方向的数目 <1>: 5

图3-91

Z 方向的数目 <1>: 3

图3-92

> **提示** 阵列数根据个人需求输入，可以输入1或更大的复制数。

03 指定一个矩形的两个对角定义单位方块的距离（*x*与*y*方向的间隔）。此时，顶部指令栏中预览为“是”，如图3-93所示。在窗口中可以预览所得效果，如图3-94所示。

单位方块或 X 方向的间距 (预览(P)=是 X数目(X)=5 Y数目(Y)=5 Z数目(Z)=3):

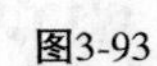

图3-93

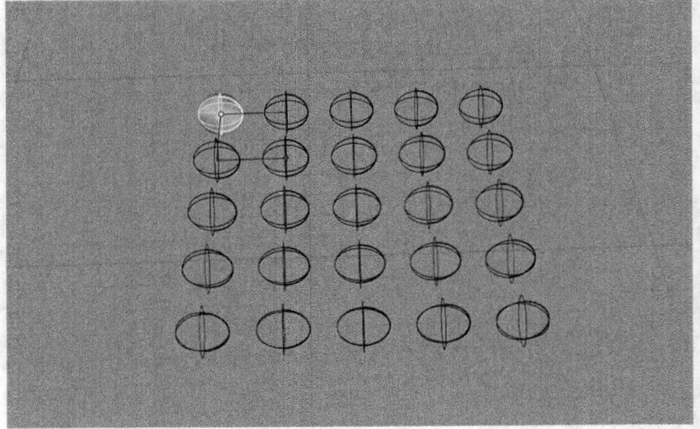

图3-94

04 移动鼠标，预览单位方块的高度，如图3-95所示。单击鼠标左键确定单位方块的高度，单击鼠标右键完成操作，如图3-96所示。

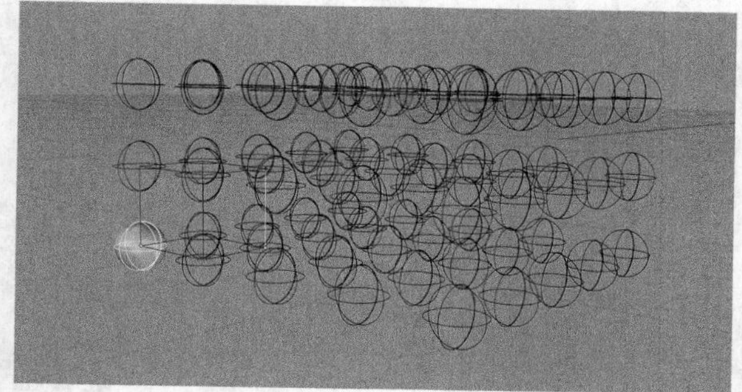
图3-95

图3-96

3.2.3 环形阵列

"环形阵列"工具用于围绕指定的中心点复制物件。

"环形阵列"工具在左边工具列中。

"环形阵列"工具操作见具体工具介绍。

01 单击"环形阵列"工具，选取物件，指定环形阵列的中心点，如图3-97所示。

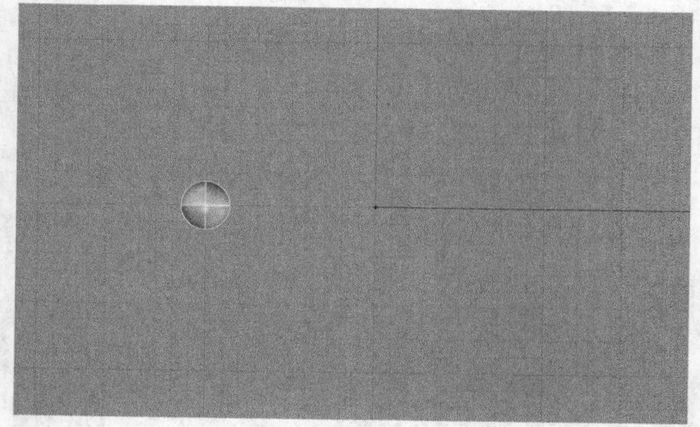
图3-97

02 输入阵列物件的数目，单击鼠标左键完成操作。注意，输入数值必须等于或大于2，如图3-98所示。

阵列数 <12>:

图3-98

03 输入旋转角度总和，单击鼠标右键确认，默认为360°，如图3-99所示。物件的副本会绕着由中心点定义的旋转轴旋转，如图3-100所示。单击鼠标右键完成操作，如图3-101所示。

旋转角度总合或第一参考点 <360> (预览(P)=是 步进角(S) 旋转(R)=是 Z偏移(Z)=0):

图3-99

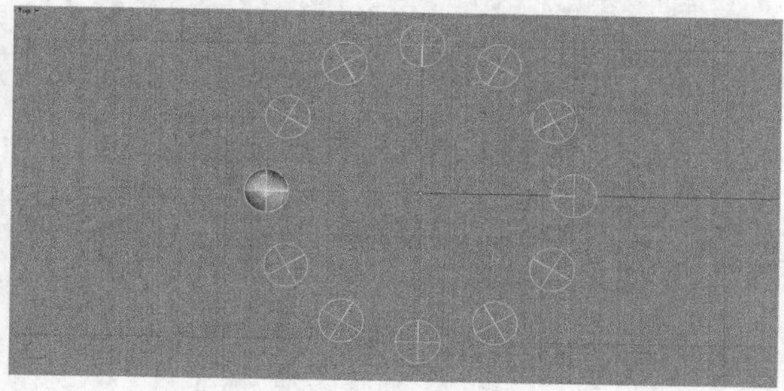
图3-100

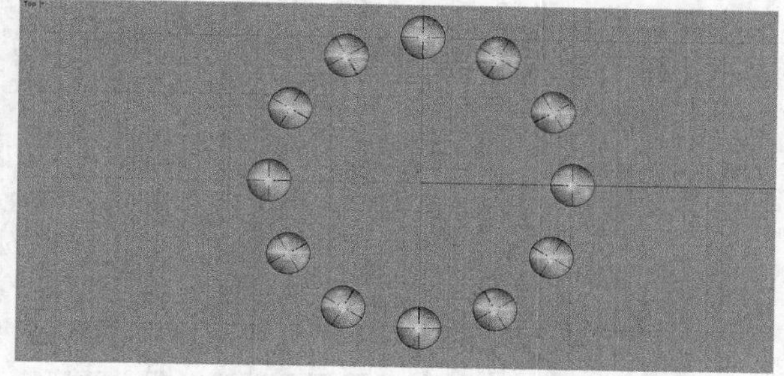
图3-101

3.2.4 沿着曲线阵列

"沿着曲线阵列"工具用于沿曲线以固定间距复制物件。

"沿着曲线阵列"工具在左边工具列中。

"沿着曲线阵列"工具操作见具体工具介绍。

01 使用"立方体：角对角、高度"工具和"控制点曲线"工具建立立方体和曲线，如图3-102所示。

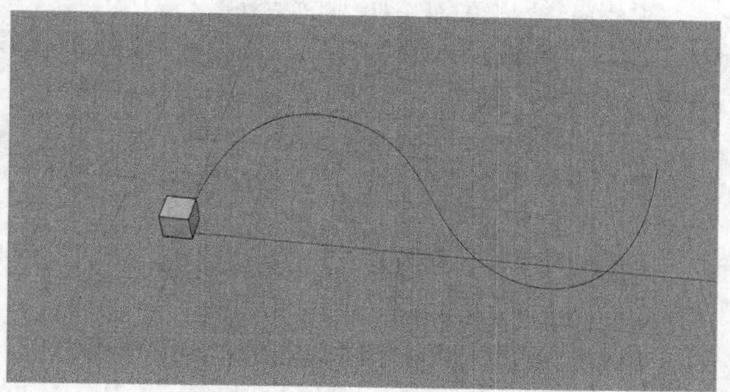
图3-102

02 单击“沿着曲线阵列”工具，使用鼠标右键选取要阵列的物件1，继续单击选取路径曲线2，如图3-103所示。

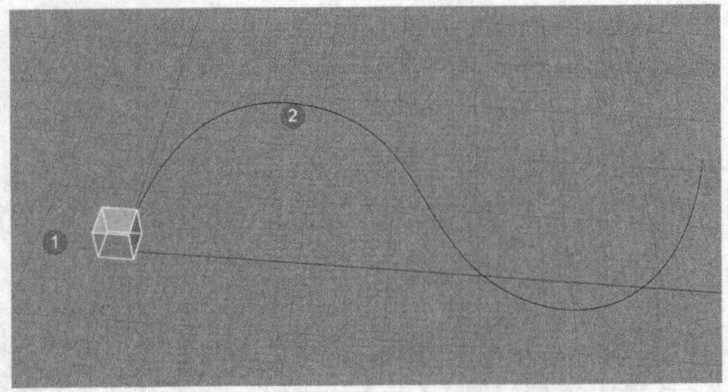

图3-103

03 此时会弹出“沿着曲线阵列选项”对话框，设置“项目数”为7，如图3-104所示，效果如图3-105所示。

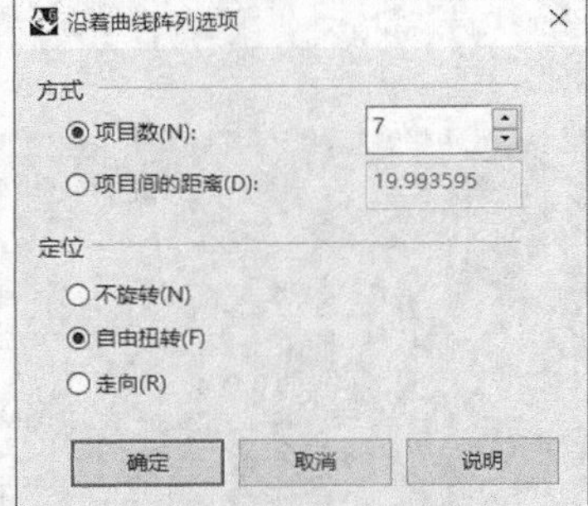

图3-104

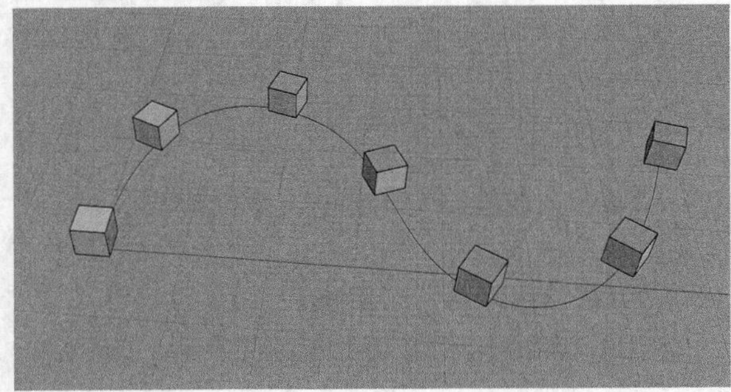

图3-105

提示 下面介绍重要参数。

项目数：输入物件沿着曲线阵列的数目。

项目间的距离：设置阵列物件之间的距离值，阵列物件的数量依曲线长度而定。

定位：决定了物件沿曲线阵列时如何旋转。

自由扭转：物件沿着曲线阵列时会在三维空间中旋转，如图3-106所示。

不旋转：物件沿着曲线阵列时会维持与原来的物件一样的定位，如图3-107所示。

走向：物件沿着曲线阵列时会维持相对于工作平面朝上的方向，但会进行水平旋转，如图3-108所示。

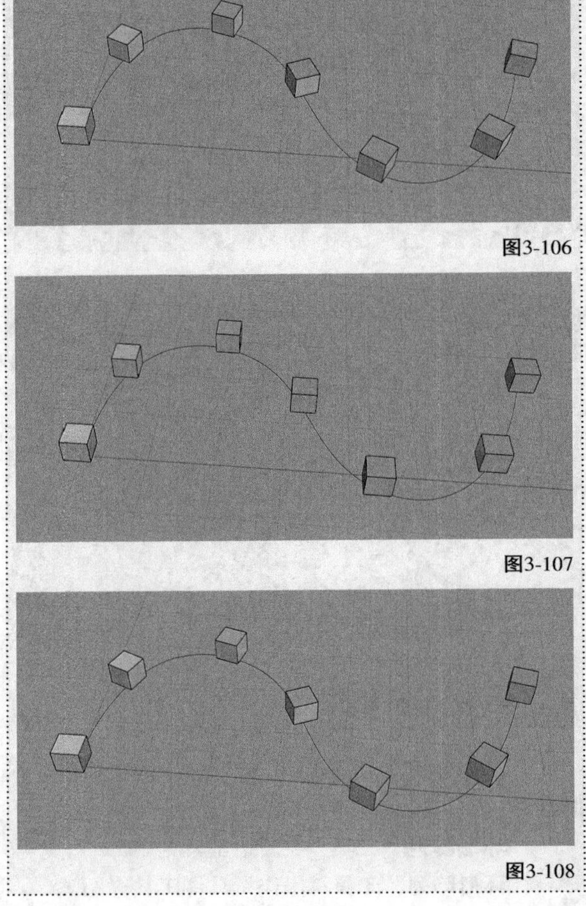

图3-106

图3-107

图3-108

3.2.5 在曲面上阵列

“在曲面上阵列”工具用于沿着曲面以行与列的方式复制物件。

“在曲面上阵列”工具在左边工具列中。

“在曲面上阵列”工具操作见具体工具介绍。

01 在视图中建立出阵列的物件和基准曲面，如图3-109所示。

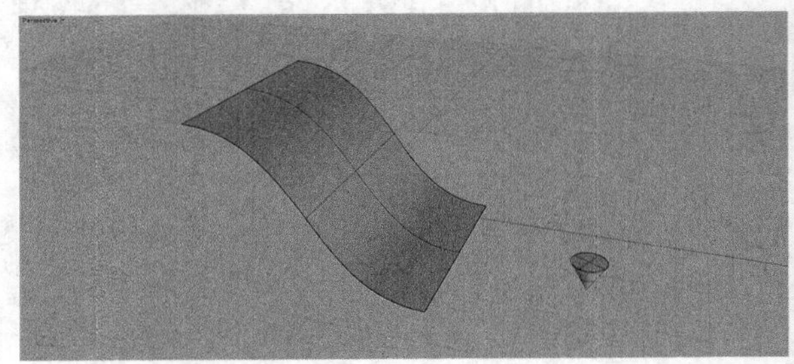

图3-109

02 单击“在曲面上阵列”工具，使用鼠标右键选取要阵列的物件，确定圆锥顶点阵列物件的基准点，如图3-110所示。阵列物件的参考法线指定为圆锥顶面的中心点，如图3-111所示。

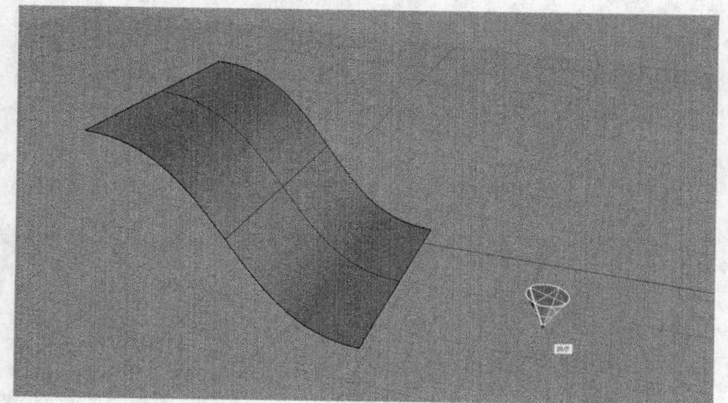

图3-110

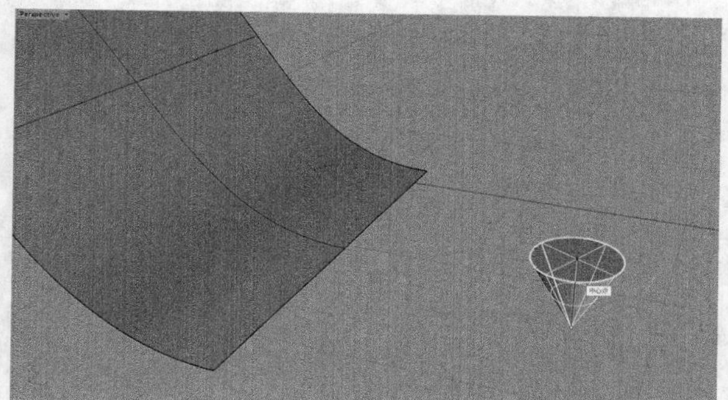

图3-111

03 选取阵列物件的目标曲面，如图3-112所示。曲面上出现红色的箭头为U方向的走向，在顶部指令栏中设置“曲面U方向的项目数”为5，如图3-113所示。

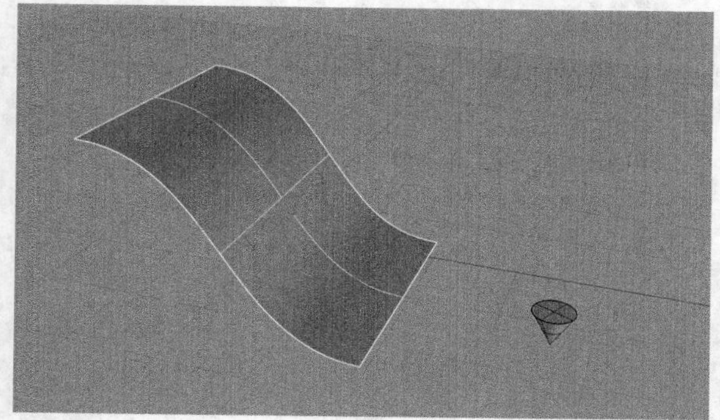

图3-112

曲面 U 方向的项目数 <2>: 5

图3-113

04 单击鼠标右键完成，曲面上出现绿色的箭头为V方向的走向，如图3-114所示。在顶部指令栏中设置“曲面V方向的项目数”为4，如图3-115所示。

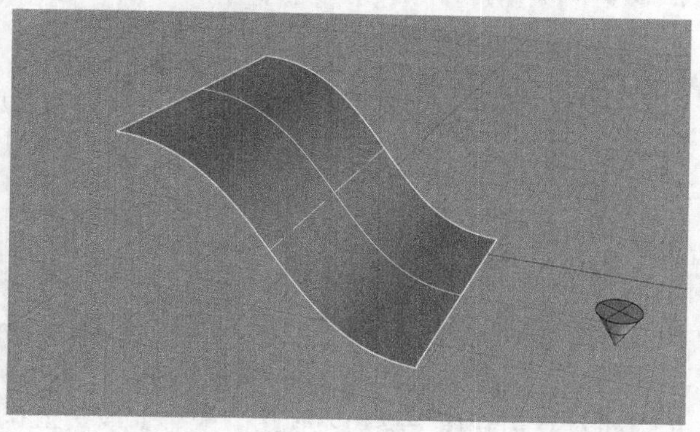

图3-114

曲面 V 方向的项目数 <2>: 4

图3-115

05 单击鼠标右键完成制作，效果如图3-116所示。

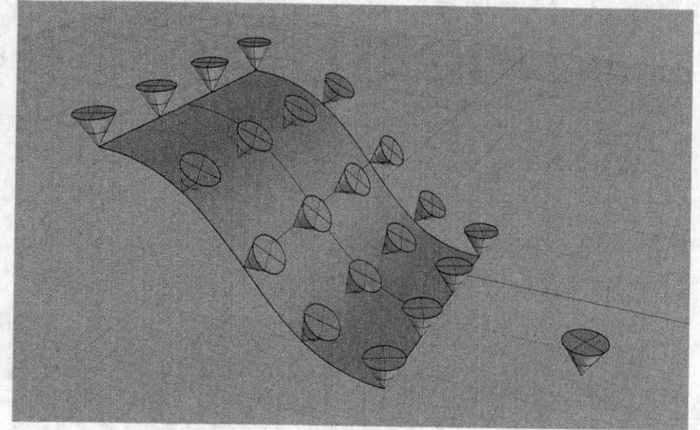

图3-116

3.2.6 沿着曲面上的曲线阵列

“沿着曲面上的曲线阵列”工具用于沿着曲面上的曲线以行与列的方式复制物件。

“沿着曲面上的曲线阵列”工具在左边工具列中。

“沿着曲面上的曲线阵列”工具操作见具体工具介绍。

01 使用曲面工具建立曲面，如图3-117所示。

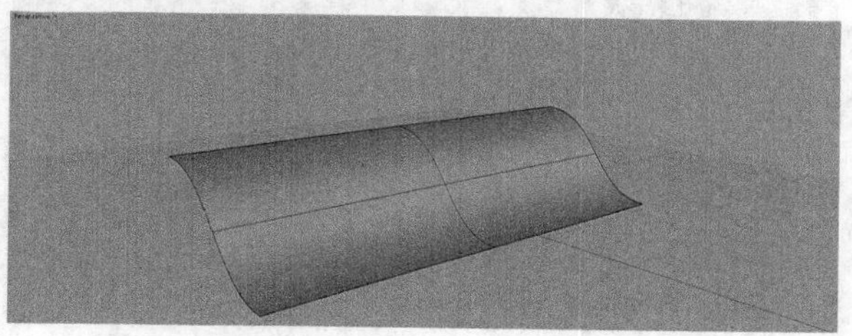

图3-117

02 在前视图中使用“控制点曲线”工具画出图中曲线，如图3-118所示。

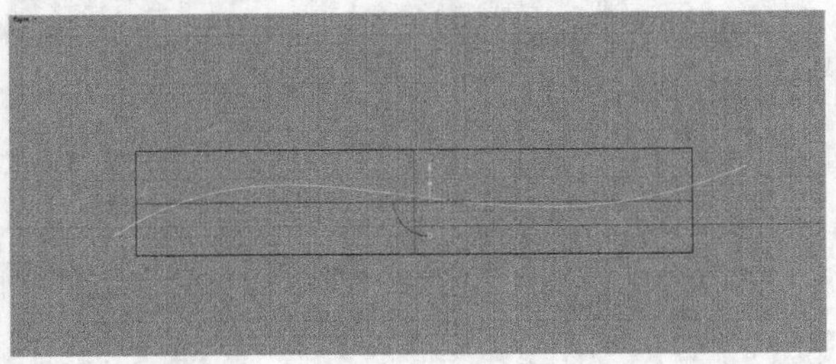

图3-118

03 继续在前视图中操作，使用“投影曲线”工具，得到曲面上的曲线，如图3-119所示。

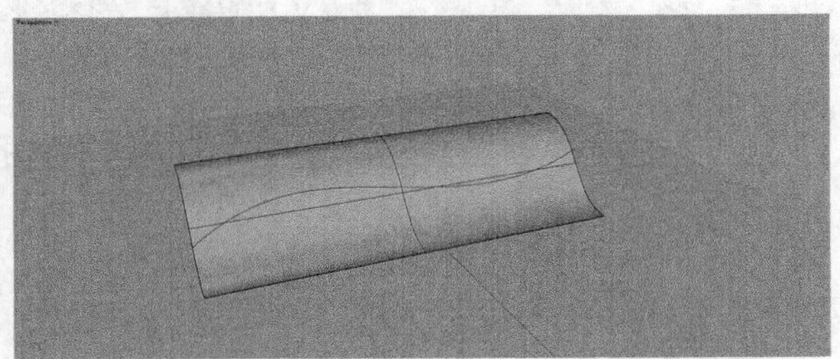

图3-119

04 单击“球体：中心点、半径”工具，以曲线端点为圆心建立一个球体，如图3-120所示。

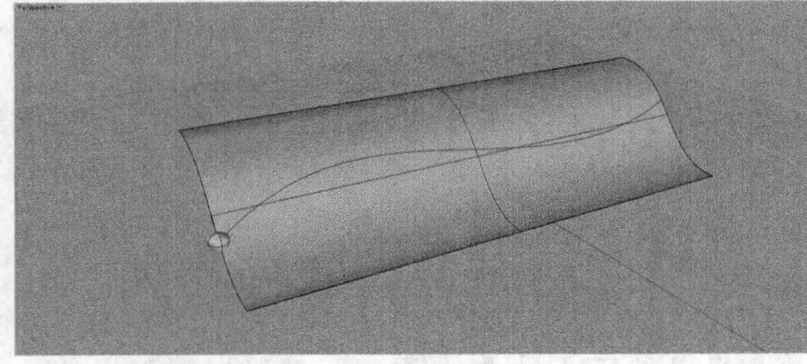

图3-120

05 单击“沿着曲面上的曲线阵列”工具，指定圆心为基准点，如图3-121所示。选取一条路径曲线的端点，以该端点作为物件阵列的起点，如图3-122所示。选取曲面，如图3-123所示。

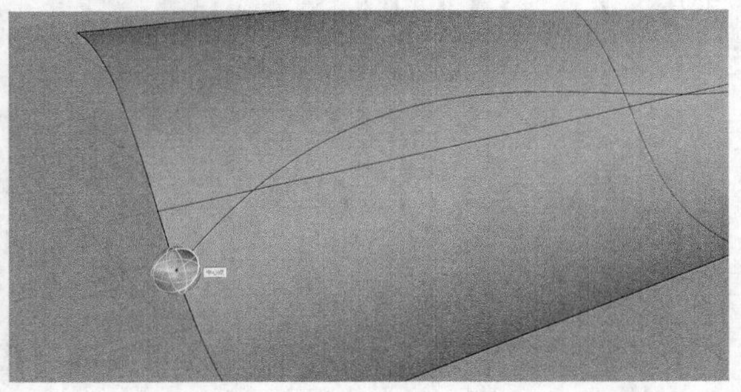

图3-121

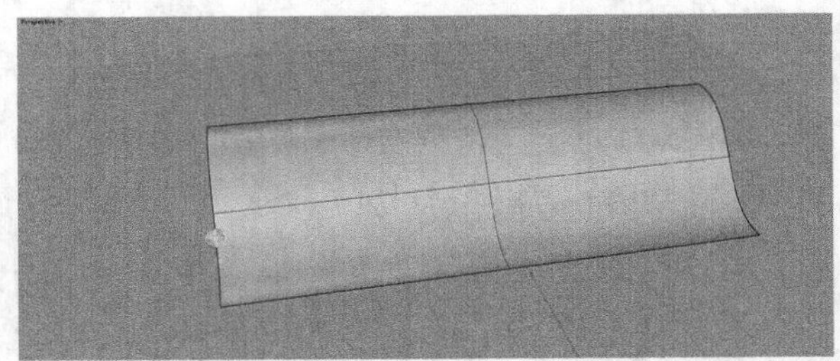

图3-122

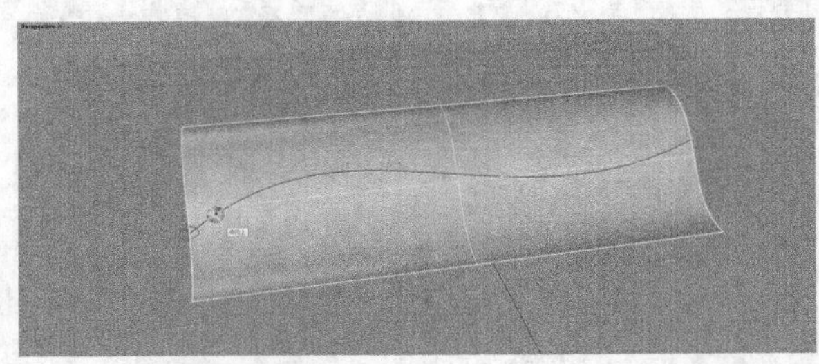

图3-123

06 在曲线上指定要放置物件的点或输入与上一个放置点的距离，如图3-124所示。

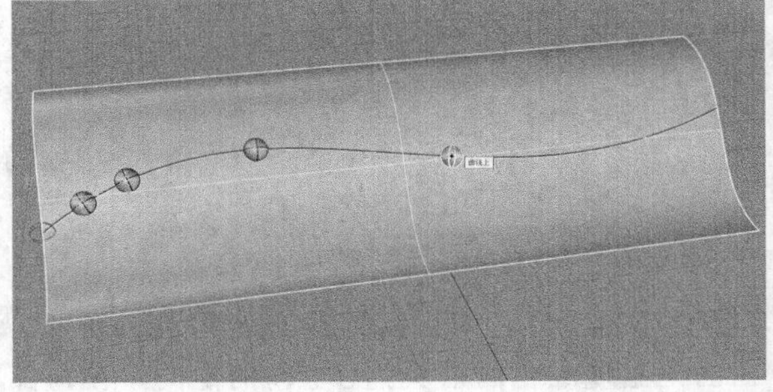

图3-124

提示 物件距离有两种方式可以选择平均分段或数目，如图3-125所示。

放置物体或输入与上一个物体的距离（平均分段(D) 数目(M)）：

图3-125

平均分段：输入物件的数量，如图3-126所示。

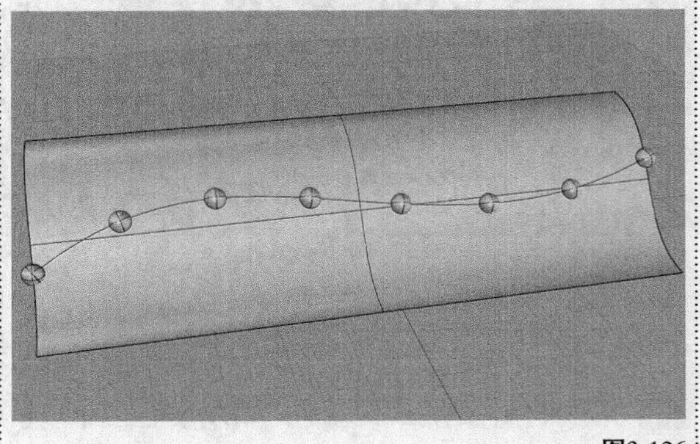

图3-126

数目：输入物件之间的距离，如图3-127所示。

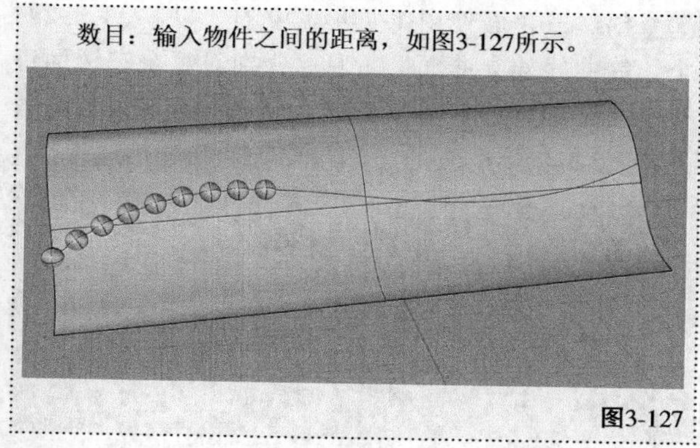

图3-127

3.2.7 直线阵列

“直线阵列”工具用于在单一方向上等间距复制物件。

“直线阵列”工具在左边工具列中。

“直线阵列”工具操作见具体工具介绍。

01 单击“直线阵列”工具，选取要阵列的物件，如图3-128所示。确定“阵列数”为5，如图3-129所示。

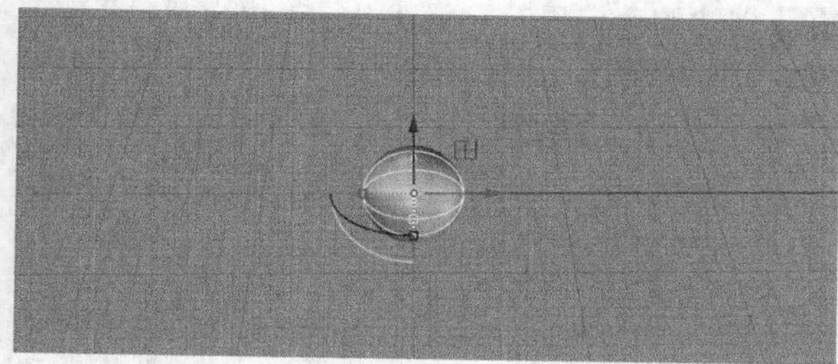

图3-128

阵列数 <2>: 5

图3-129

02 确定第一参考点为圆心，移动鼠标，在任意方向确定第二参考点，如图3-130所示。单击鼠标右键完成操作，如图3-131所示。

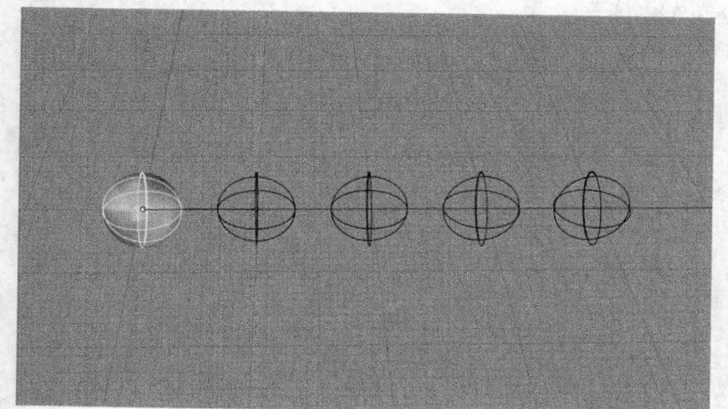

图3-130

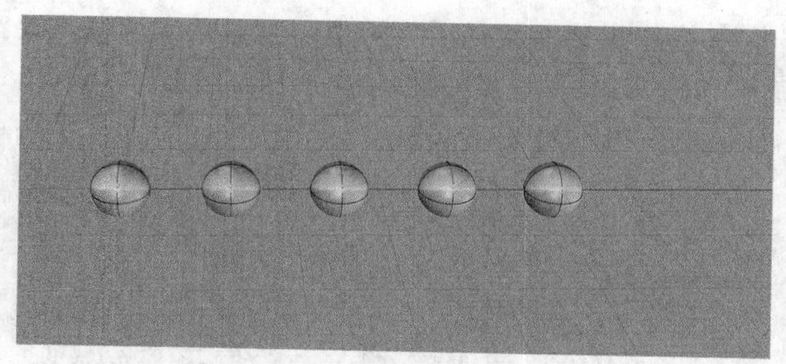

图3-131

3.3 变形工具

本节介绍变形工具的使用方法和技巧。在工具列中，单击“沿着曲面流动”工具的下三角，如图3-132所示。在弹出的面板中包含了多种变形的工具，包括沿着曲面流动、球形对变、绕转、延展、扭转、弯曲、锥状化、沿着曲线流动和变形控制器，如图3-133所示。

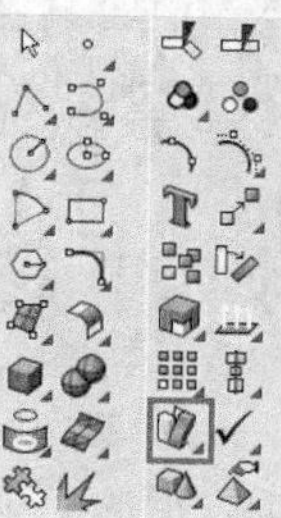

图3-132

图3-133

本节内容介绍

名称	作用	重要程度
沿着曲面流动	用于将物件从来源曲面对变至目标曲面	高
球形对变	用于以球体为参考物件将物件包覆到曲面上	中
绕转	用于以螺旋形变形物件	高
延展	用于指定的方向上延展物件的一部分	中
扭转	用于绕着一个轴线扭转物件	中
弯曲	用于沿着骨干做圆弧弯曲	中
锥状化	用于将物件沿着指定轴线做锥状变形	中
沿着曲线流动	用于将物件或群组以基准曲线对应至目标曲线	高
变形控制器	用于以曲线、曲面当作变形控制器的控制物件，对受控制的物件做二维或三维的平滑变形	中

3.3.1 课堂案例：制作蜡烛

场景位置　无
实例位置　实例文件>CH03>课堂案例：制作蜡烛.3dm
视频名称　课堂案例：制作蜡烛.mp4
学习目标　掌握纹理的创建方法

蜡烛效果如图3-134所示。

图3-134

01 搭建蜡烛框架使用“矩形：角对角”工具绘制正方形，如图3-135所示。在透视图中按住Alt键向上复制一份，如图3-136所示。

图3-135

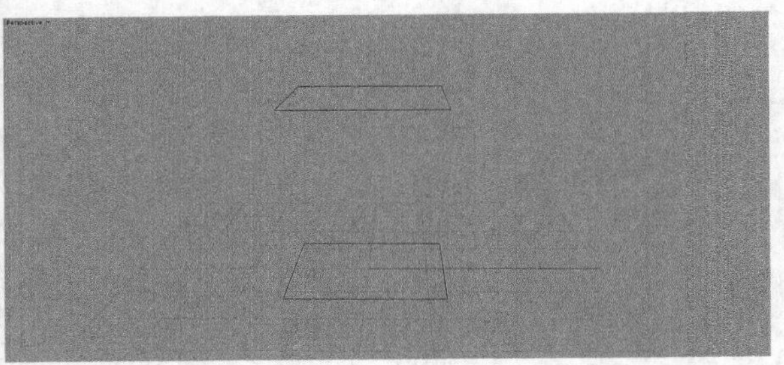

图3-136

02 使用“多重直线”工具将两个正方形的上下顶点连接起来，继续连接中间交点。注意，这里的线条比较多，避免捕捉错误，最好在物件锁点处只开启“端点”和“点”的捕捉，如图3-137所示。

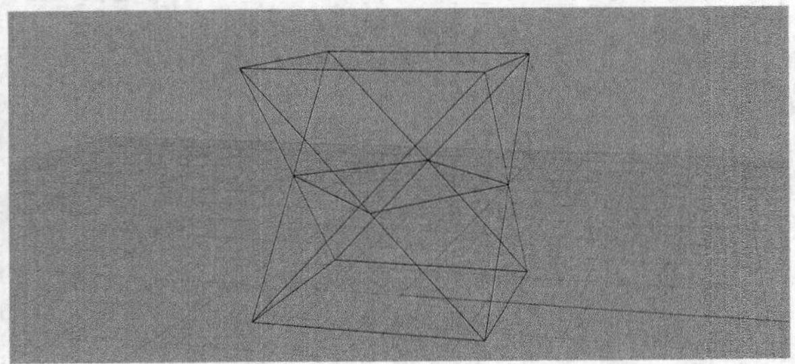

图3-137

03 选中中间的线条，使用“分割”工具将线条全部打断，如图3-138所示。

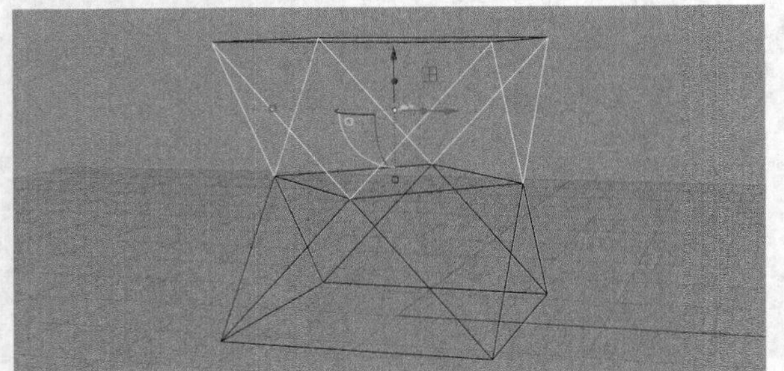

图3-138

04 创建三角面使用工具集中的“以二、三或四个边缘曲线建立曲面”工具分别对每个三边面进行生面操作，如图3-139所示。所有的面完成后的效果如图3-140所示。

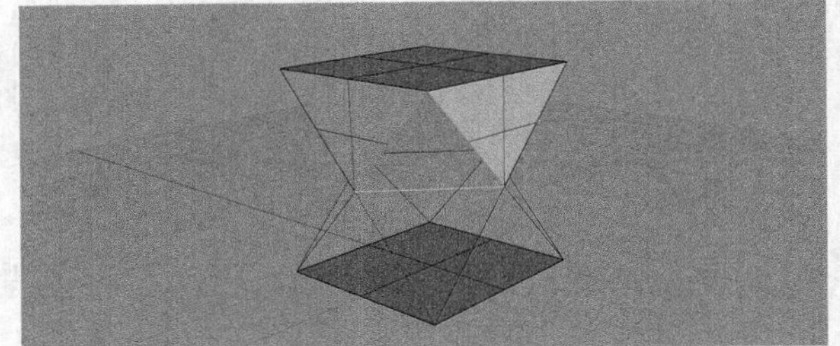

图3-139

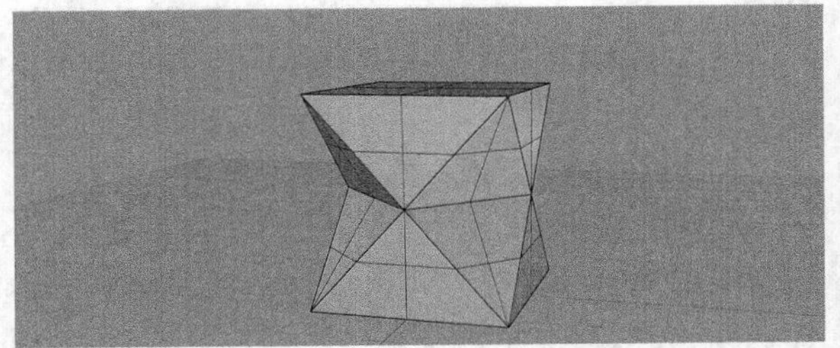

图3-140

05 创建圆角使用工具集中的“边缘圆角”工具选中所有的边，进行圆角处理，如图3-141所示。

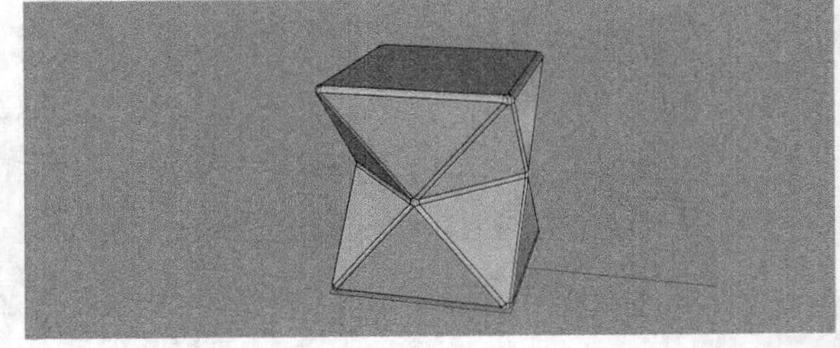

图3-141

06 使用“圆：中心点、半径”工具在顶视图中创建一个圆，如图3-142所示。然后使用“修剪”工具将蜡烛顶部面的中间圆部分修剪掉，如图3-143所示。

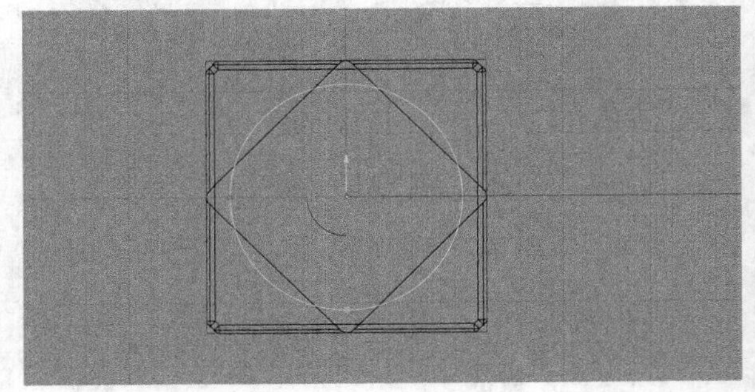

图3-142

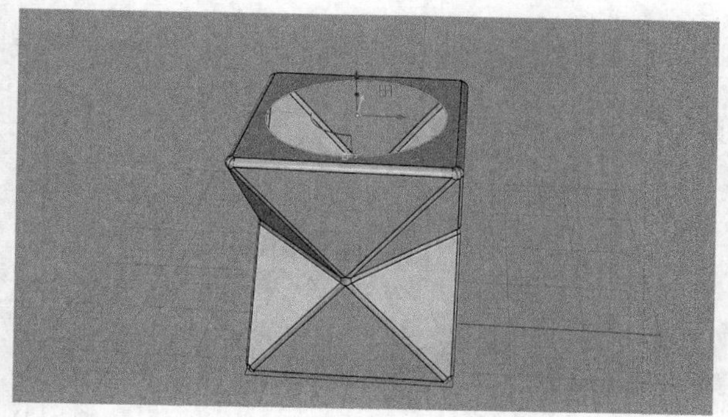

图3-143

07 切换到前视图，在中间部分画一条水平辅助线，在右边抽离一根辅助线，使用工具集中的“可调式混接曲线”工具在视图中选择两个辅助线靠近混接的一端进行曲线混接，如图3-144所示。调整“调整曲线混接”对话框中的参数，如图3-145所示。

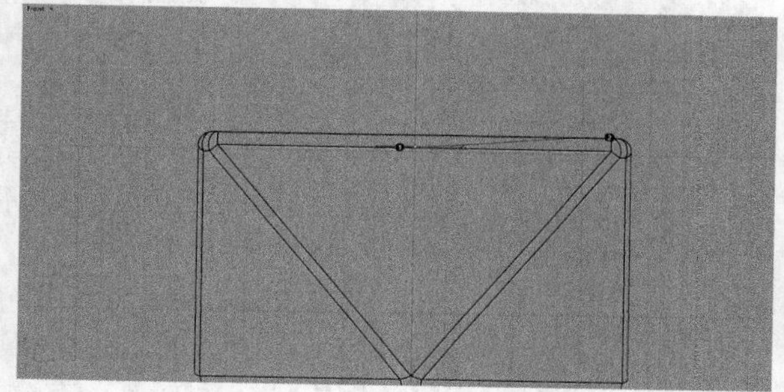

图3-144

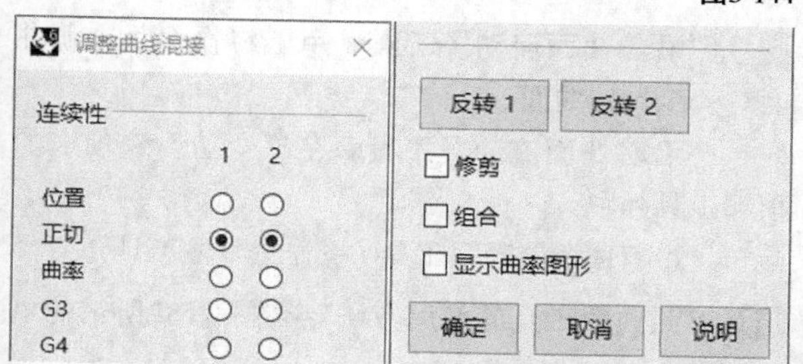

图3-145

08 使用工具集中的“旋转成形”工具在前视图中对混接的线条进行旋转成形操作，如图3-146所示。

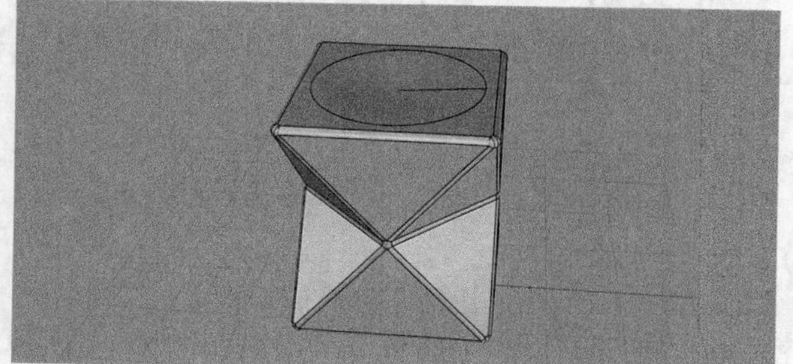

图3-146

09 **制作蜡烛芯**使用“圆：中心点、半径”工具在顶视图中创建两个圆，如图3-147所示。

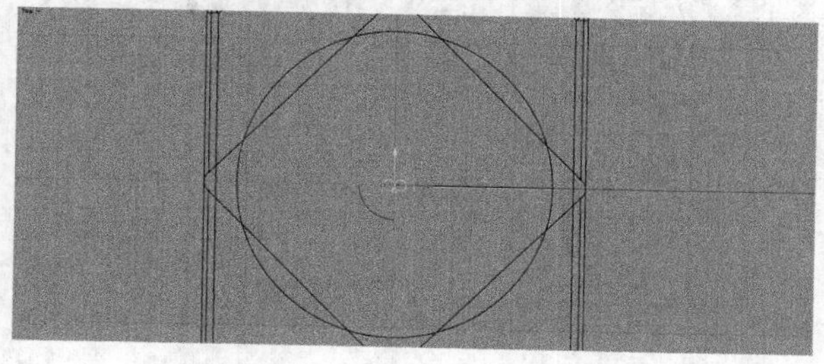

图3-147

10 选中两个小圆，然后使用工具集中的“直线挤出”工具对其进行挤出操作，参数如图3-148所示。得到的两个圆柱体如图3-149所示。

挤出长度 < 16> (方向(D) 两侧(B)=是 实体(S)=是 删除输入物件(L)=否 至边界(T) 设定基准点(A)):

图3-148

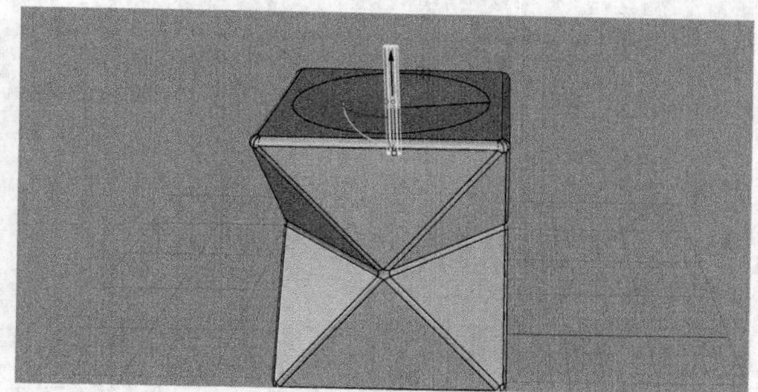

图3-149

11 使用工具集中的“扭转”工具指定扭转轴的起点1，指定扭转轴的终点2，如图3-150所示。切换到顶视图，拖曳鼠标绕着物件旋转3圈，这里可以根据情况确定旋转的圈数，如图3-151所示。得到灯芯的物件如图3-152所示。

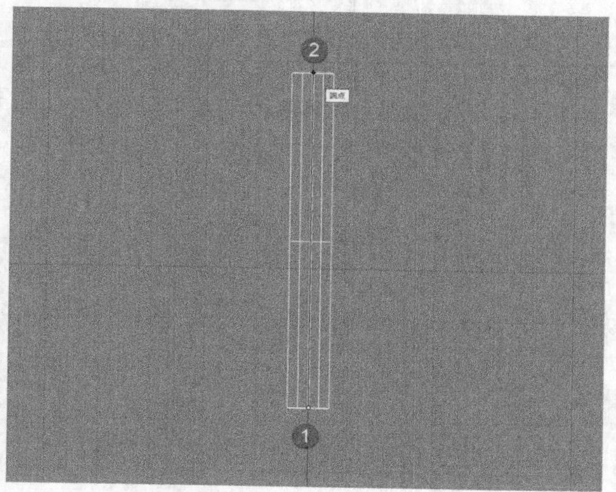

图3-150

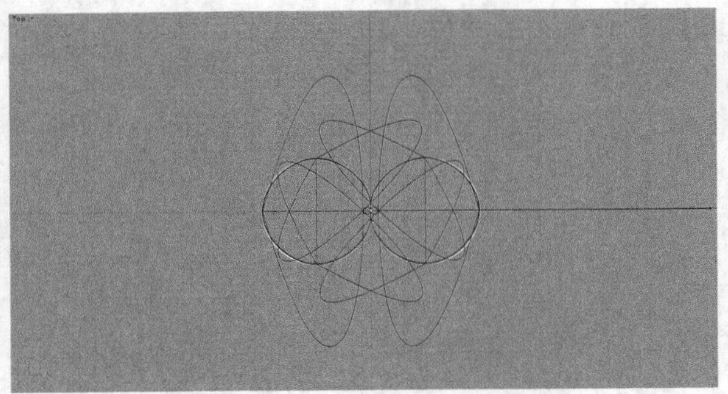

图3-151

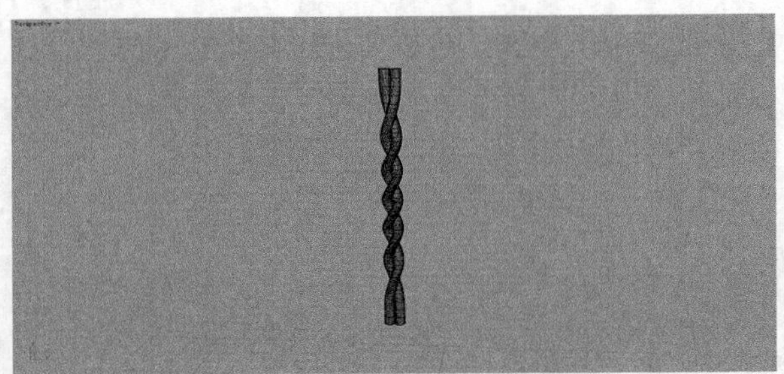

图3-152

12 切换到前视图，使用工具集中的“弯曲”工具指定骨干的起点1，指定骨干的终点2，确定弯曲的通过点，如图3-153所示。

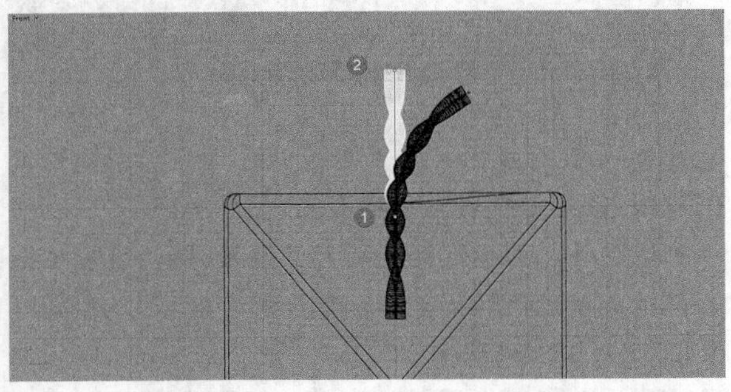

图3-153

13 此时顶部的烛芯显得非常不自然，需要把顶部去掉一部分。创建一个分割的平面，如图3-154所示。使用工具集中的“布尔差集”工具去除烛芯顶部的多余部分，如图3-155所示。

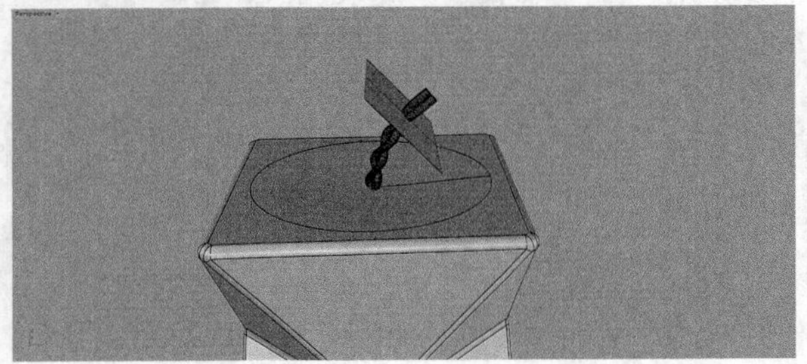

图3-154

图3-155

14 使用操作轴并按住Alt键，复制两个物件，使用操作轴分别对其进行等比缩放，得到完整的模型，如图3-156所示。

图3-156

3.3.2 沿着曲面流动

“沿着曲面流动”工具用于将物件从来源曲面对变至目标曲面。

“沿着曲面流动”工具在“变动”选项卡的顶部工具列中。

“沿着曲面流动”工具操作见具体工具介绍。

01 参照曲面工具的使用方法建立图3-157所示的单一曲面。

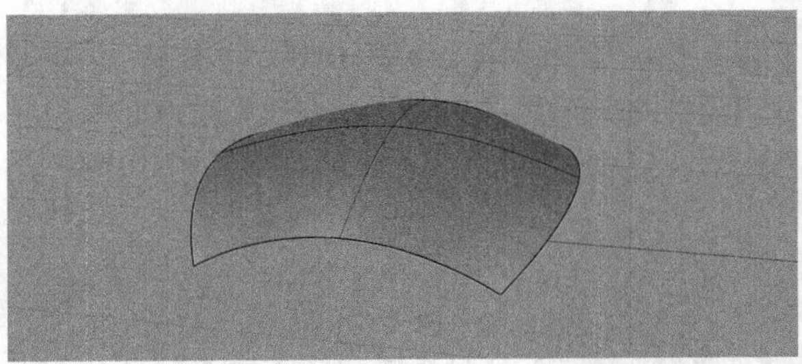

图3-157

02 使用工具集中的“建立UV曲线”工具，选取曲面并建立UV曲线，单击鼠标右键，如图3-158所示。

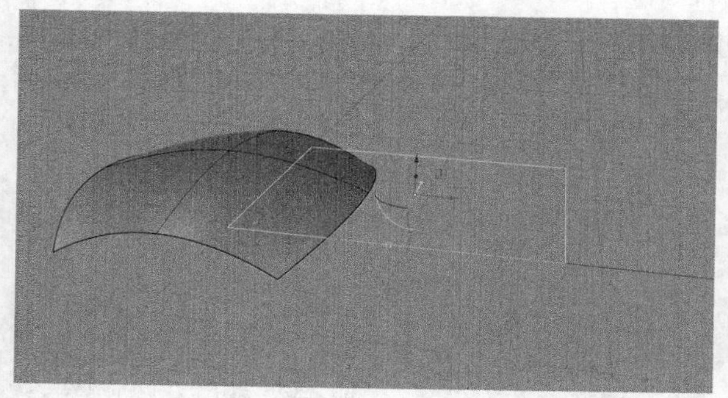

图3-158

03 使用工具集中的“以平面曲线建立曲面”工具选择视窗中UV展开曲线建立平面，为避免曲面遮挡，可以适当向右移动一段距离，如图3-159所示。

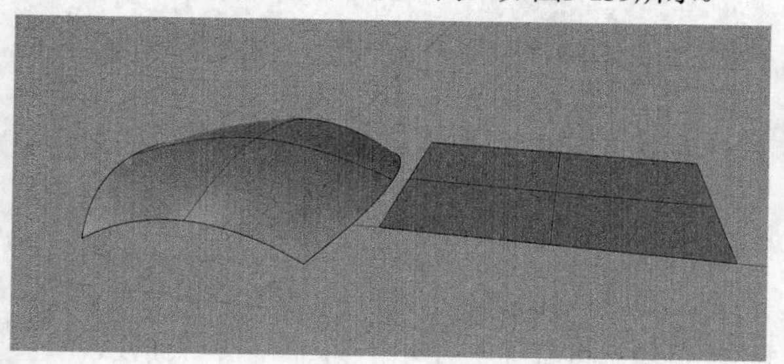

图3-159

04 参照第2章的曲面工具，在平面上建立图3-160所示的纹理。

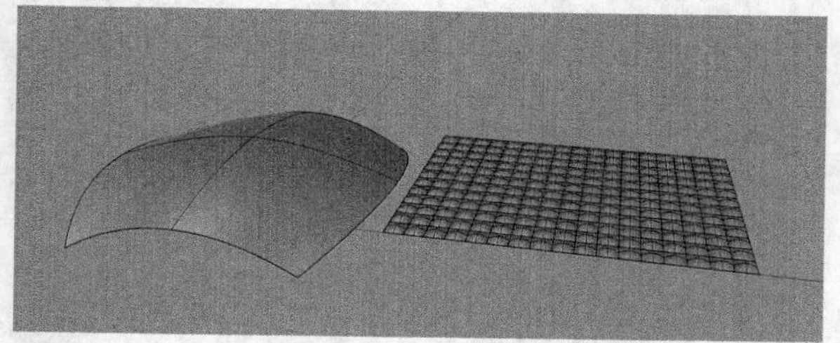

图3-160

05 单击“沿着曲面流动”工具，选取要沿着曲面流动的物件，单击鼠标右键，如图3-161所示。选取基底曲面为平面曲线建立的平面，如图3-162所示。选取第1步建立的目标曲面，如图3-163所示。流动出来的曲面纹理如图3-164所示。

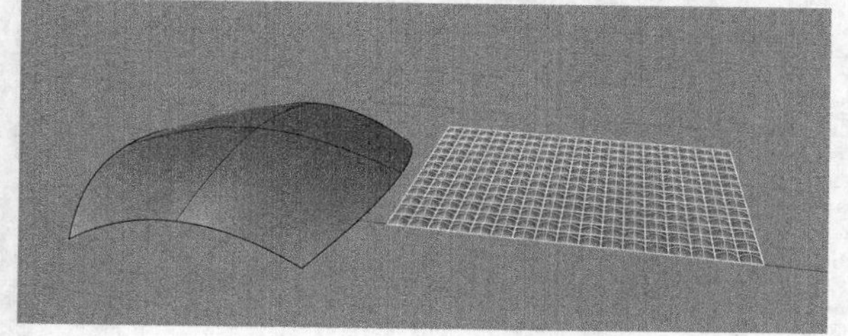

图3-161

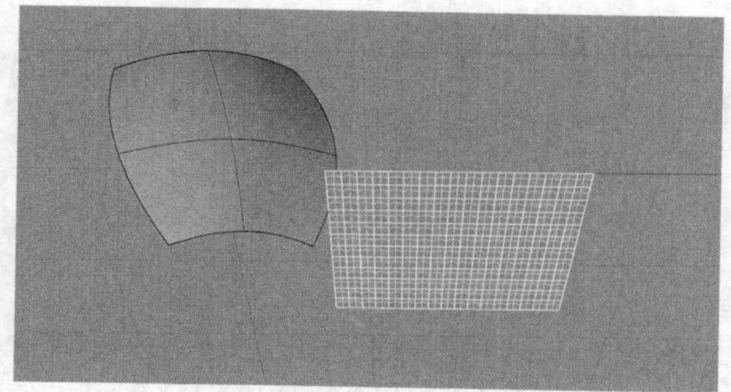

图3-162

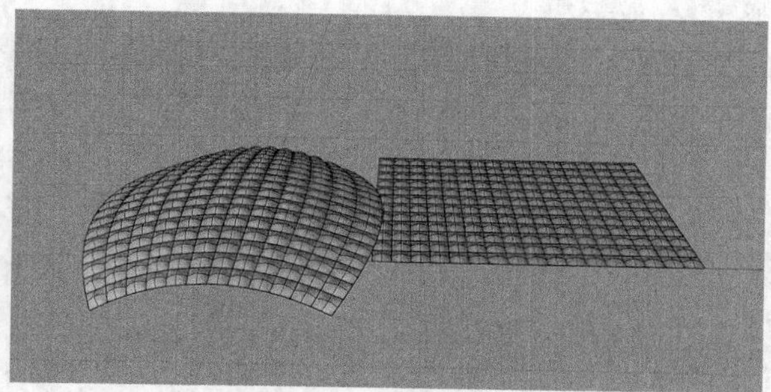

图3-163

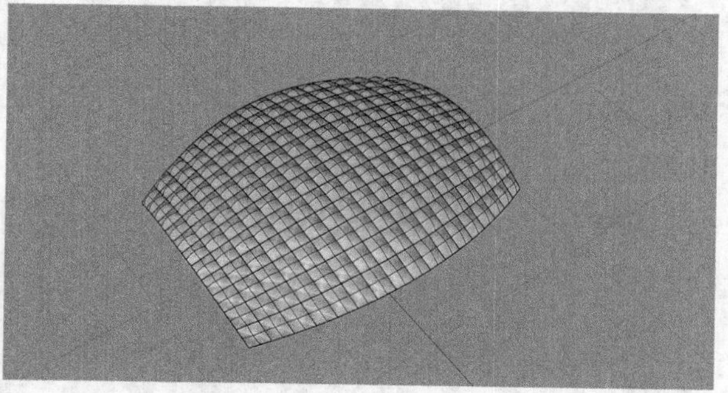

图3-164

提示 下面介绍沿着曲面流动的重要参数。

硬性：决定在变形中哪些物件是不变形的。“是”表示单个物件本身不会产生变化，只有位置改变了；“否”表示单个物件自身和位置都发生了变化。

平面：画出一个平面作为基准曲面。

约束法线：“是”表示在哪个工作视窗选择的目标曲面，就在物件映射到目标曲面时，使用该工作视窗工作平面的法线方向；“否”表示将物件映射到目标曲面时使用目标曲面的法线方向。

维持结构：决定是否在变形以后维持曲线或曲面控制点的结构。这个选项无法使用在多重曲面上，如果选取的物件是多重曲面，指令不会显示这个选项。“是”表示维持物件的控制点结构有可能因为控制点不足而使变形的结果较不精确；“否”表示使用更多控制点重新逼近物件，使变形结果更加精准。

3.3.3 球形对变

“球形对变”工具用于以球体为参考物件将物件包覆到曲面上。

“球形对变”工具在“变动”选项卡的顶部工具列中。

“球形对变”工具操作见具体工具介绍。

01 选择“控制点曲线”工具，按快捷键0+Space确定起点，通过确定控制点绘制曲线，如图3-165所示。

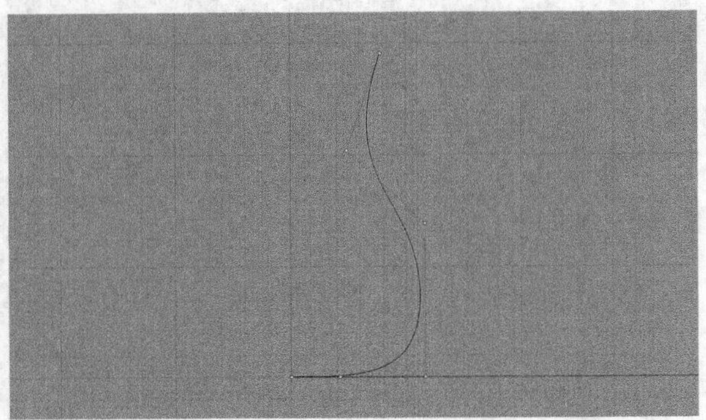

图3-165

02 选中多重曲线，使用“旋转成形”工具围绕z轴进行旋转，如图3-166所示。

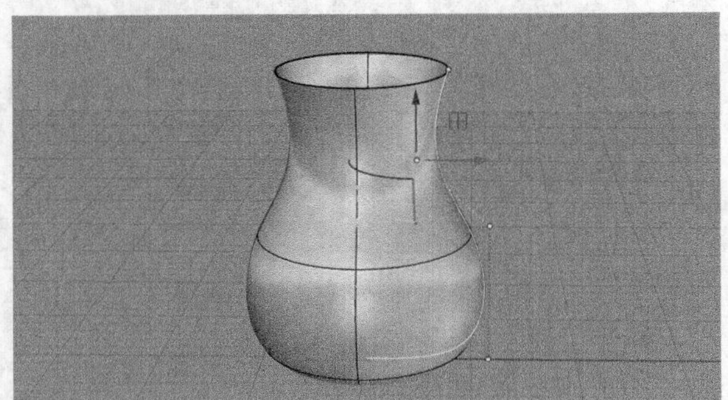

图3-166

03 使用“椭圆：中心点、半径”工具和“控制点曲线”工具画出图3-167所示的多重曲线的造型。

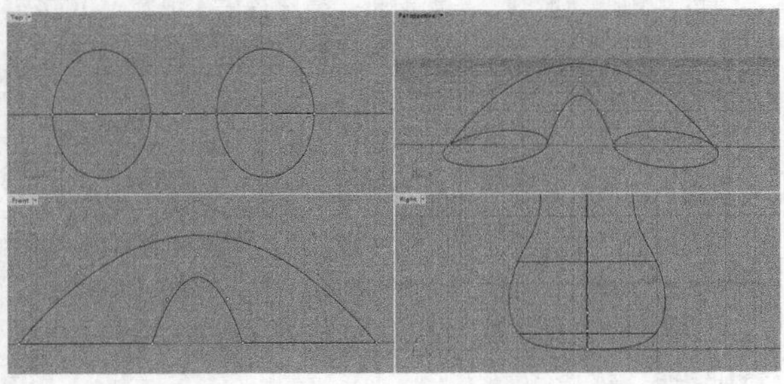

图3-167

04 单击“双轨扫掠”工具，选择路径曲线1，选择路径曲线2，选择断面曲线3，选择断面曲线4，按鼠标右键确认。观察断面曲线的方向，再次单击鼠标右键完成操作，如图3-168所示。

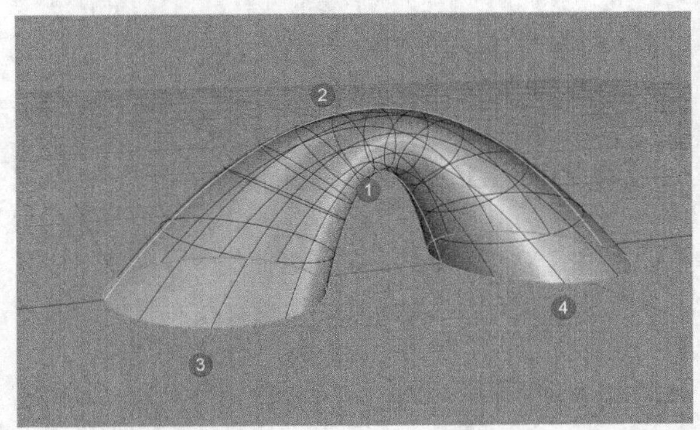

图3-168

05 单击“多重直线”工具，在前视图中单击鼠标左键，找到并确定初始点位置。使用工具集中的“物件交集”工具，选择直线和瓶身，如图3-169所示。单击鼠标右键完成操作，线和面的交集为点，这样可以求得瓶身上的两个点，如图3-170所示。

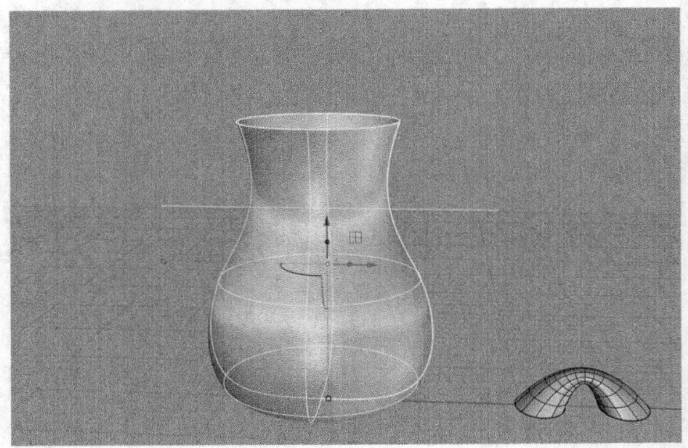

图3-169

图3-170

06 单击“球形对变”工具，选取要球形对变的物件，设定参照球体的中心点为把手底部的中点，以中点到把手边缘距离指定大小，如图3-171所示。然后选取目标瓶身曲面，如图3-172所示。指定曲面上放置的点为前面所求的点，指定把手的大小和方向，按住Shift键锁定正交方向，如图3-173所示，单击鼠标右键完成操作，如图3-174所示。

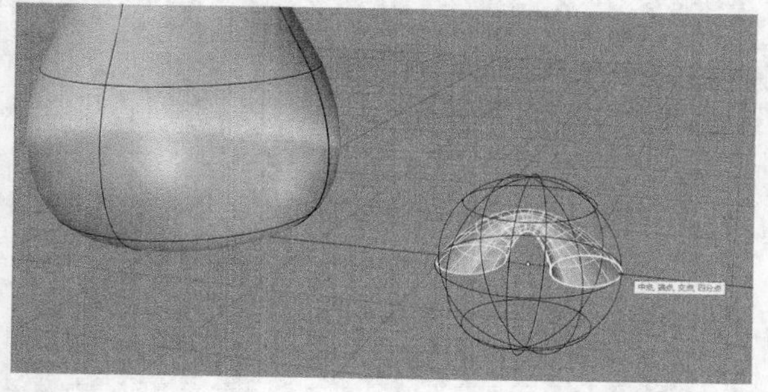

图3-171

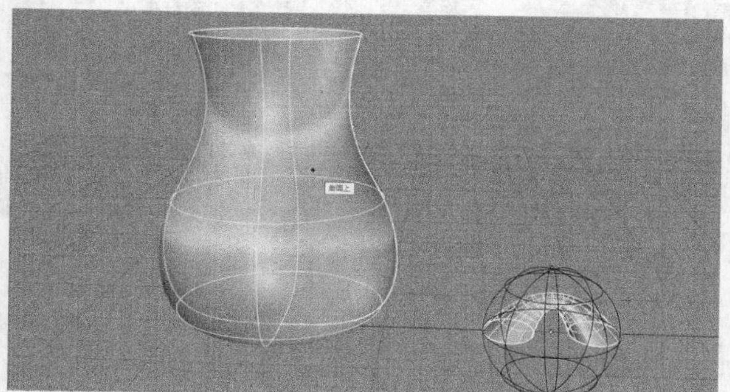

图3-172

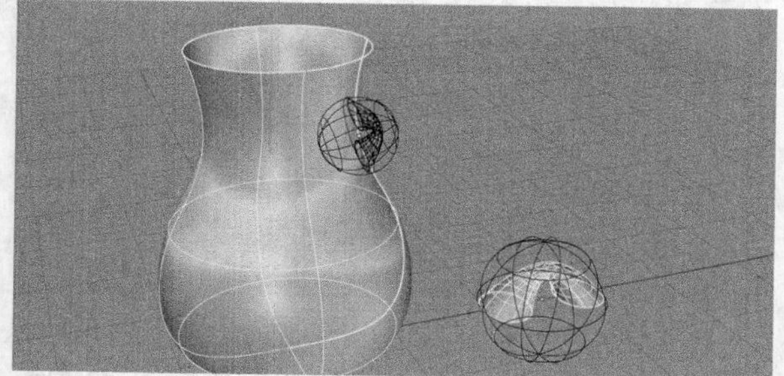

图3-173

图3-174

07 单击“镜像”工具，选择把手，在前视图中确认镜像平面为z轴方向，得到对称的把手，如图3-175所示。

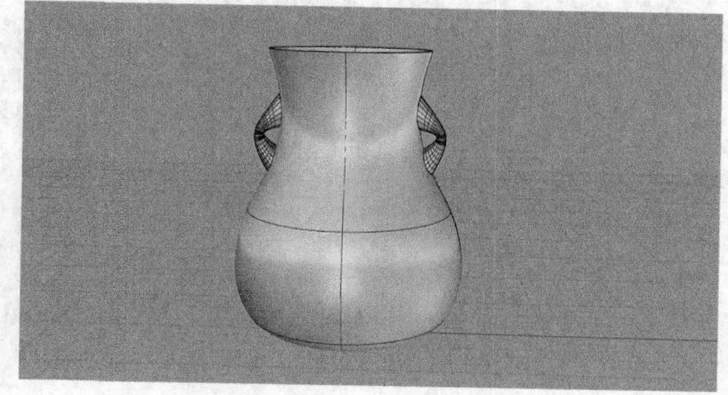

图3-175

08 单击“修剪”工具，选择两个把手，修剪瓶身和把手相交的部位，然后全部选择对象，单击“组合”工具，将对象组合在一起，如图3-176所示。

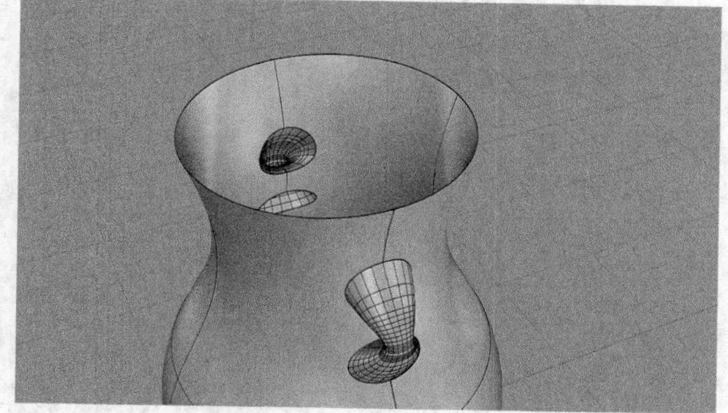

图3-176

09 使用“偏移曲面”工具选中瓶身曲面，此时需要向内偏移出实体，确认曲面上的箭头指向内部，如果不是，则单击指令栏上的“反转”。完成后的效果如图3-177所示。注意，这里的偏移厚度可根据所做的模型大小进行适当的调整。

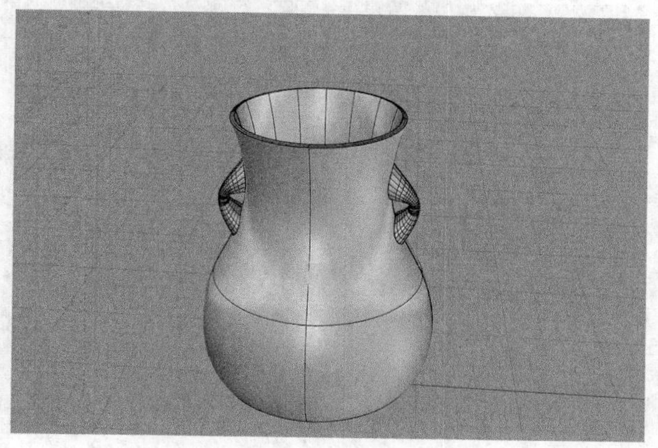

图3-177

10 使用工具集中的“边缘圆角”工具对模型进行圆角处理，瓶子的效果如图3-178所示。

图3-178

3.3.4 绕转

“绕转”工具用于以螺旋形变形物件。

“绕转”工具在“变动”选项卡的顶部工具列中。

“绕转”工具操作见具体工具介绍。

01 在顶视图中，参照第2章的曲线工具画出图3-179中的轮廓线。

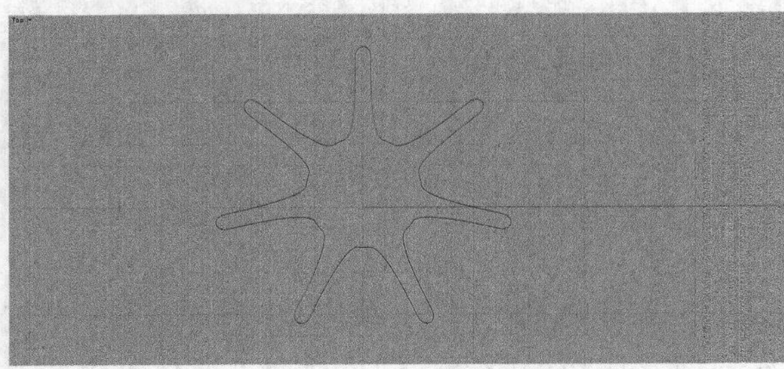

图3-179

02 单击工具集中的“直线挤出”工具，将曲线挤出为实体，如图3-180所示。

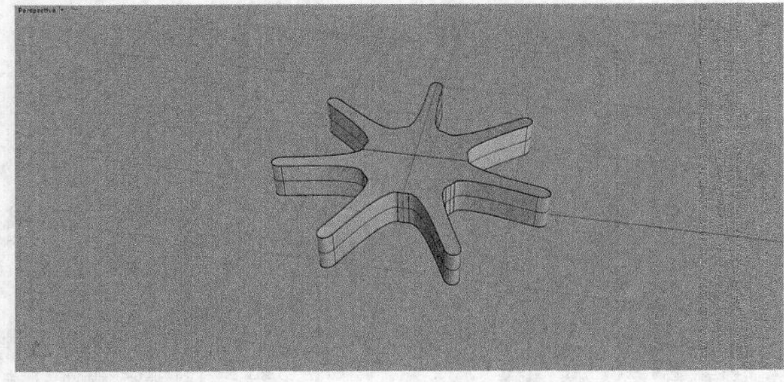

图3-180

03 切换到顶视图，单击“圆：中心点、半径”工具，通过确定圆的中心点位置和拉出半径绘制出两个同心圆，如图3-181所示。

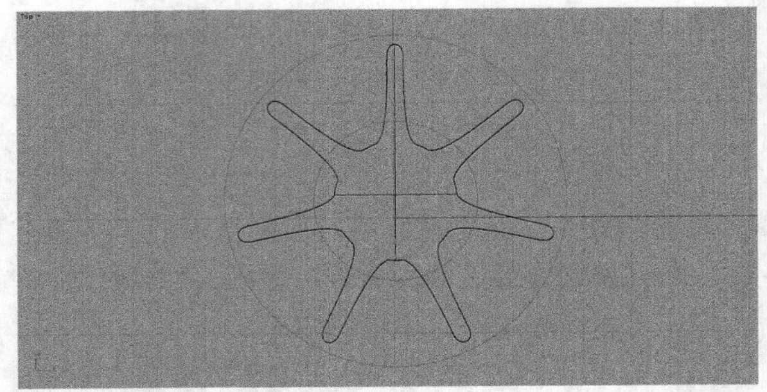

图3-181

04 单击“绕转”工具，绕转中心为同心圆的圆心，第1个半径为小圆，第2半径为大圆，如图3-182所示。绕转角度可以通过鼠标确定大小，如图3-183所示。确定好绕转的角度后，单击鼠标右键完成制作，如图3-184所示。完成后的造型如图3-185所示。

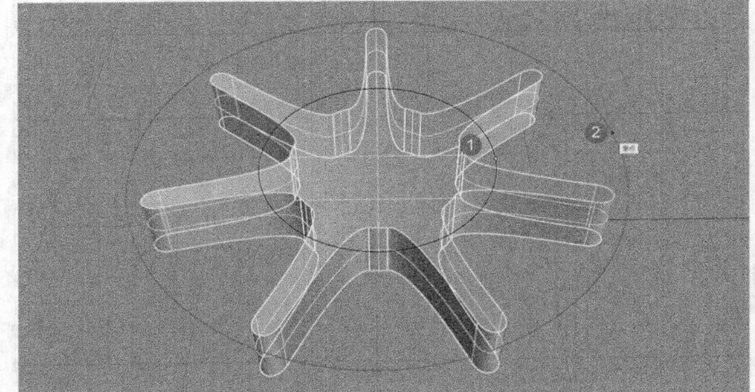

图3-182

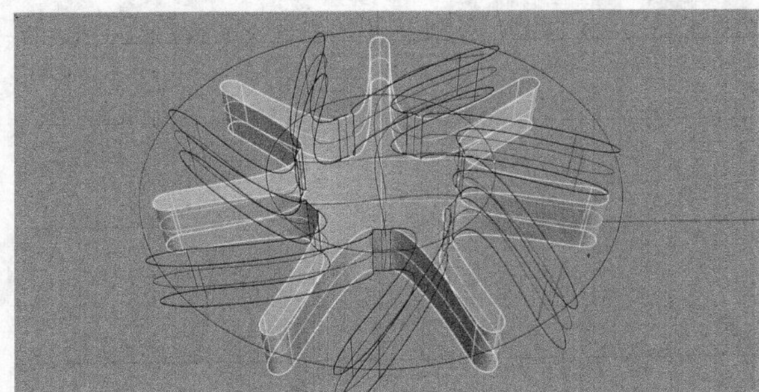

图3-183

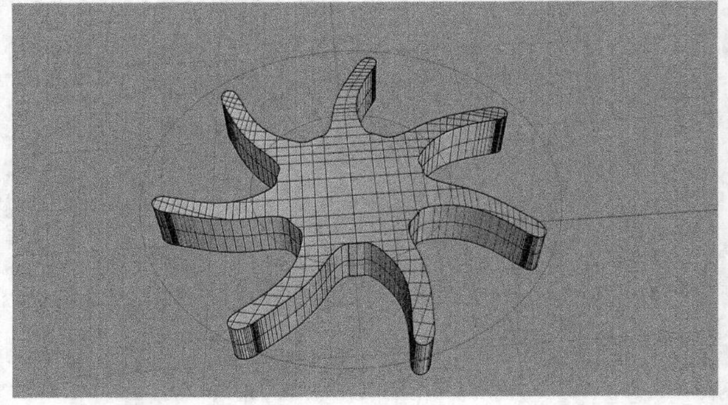

图3-184

图3-185

3.3.5 延展

"延展"工具▣**用于**在指定的方向上延展物件的一部分。

"延展"工具▣**在**"变动"选项卡的顶部工具列中。

"延展"工具▣**操作**见具体工具介绍。

01 在顶视图中，画出图3-186所示的轮廓线。

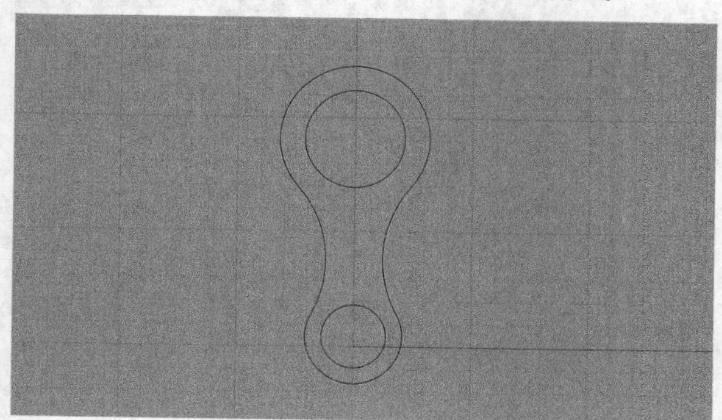

图3-186

02 单击工具集中的"直线挤出"工具，将曲线挤出为实体，如图3-187所示。

图3-187

03 在顶视图中使用"多重直线"工具画出需要使用的3条参照线，如图3-188所示。

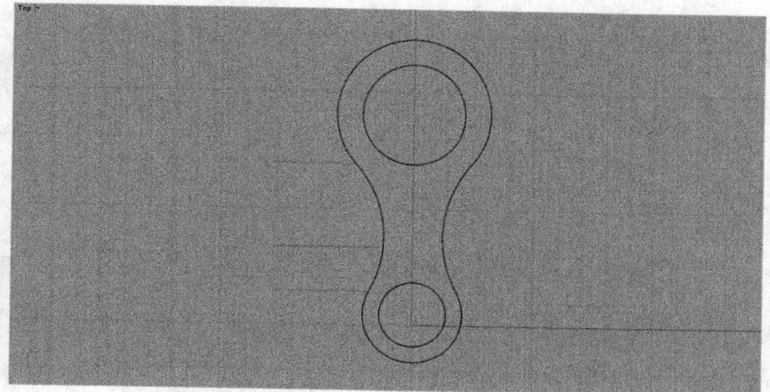

图3-188

04 单击"延展"工具▣，确定延展轴的起点1和延展轴的终点2，如图3-189所示。然后延展至点3，如图3-190所示。完成后的造型如图3-191所示。

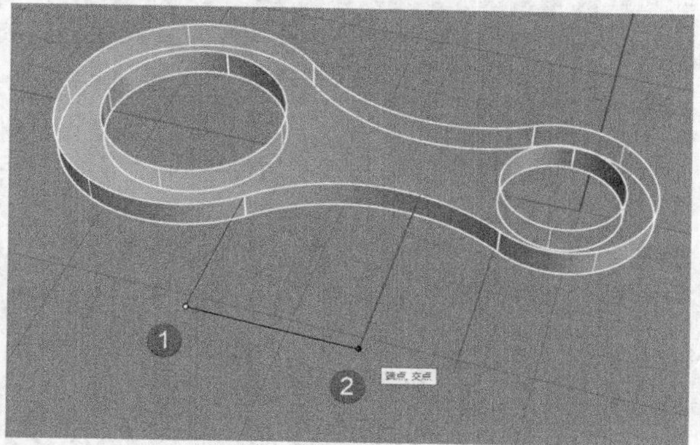

图3-189

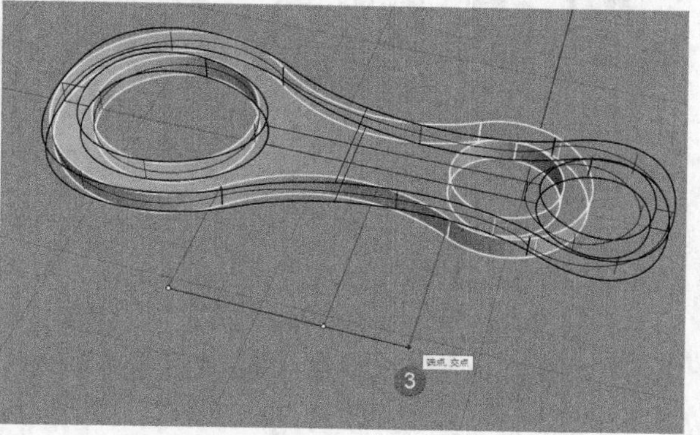

图3-190

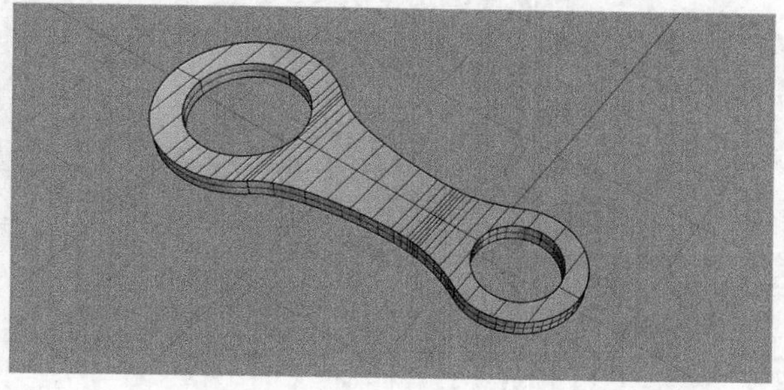

图3-191

3.3.6 扭转

“扭转”工具用于绕着一个轴线扭转物件。

“扭转”工具在“变动”选项卡的顶部工具列中。

“扭转”工具操作见具体工具介绍。

01 使用工具集中的“矩形：圆角”工具绘制圆角矩形。单击工具集中的“直线挤出”工具，将曲线挤出为实体，如图3-192所示。

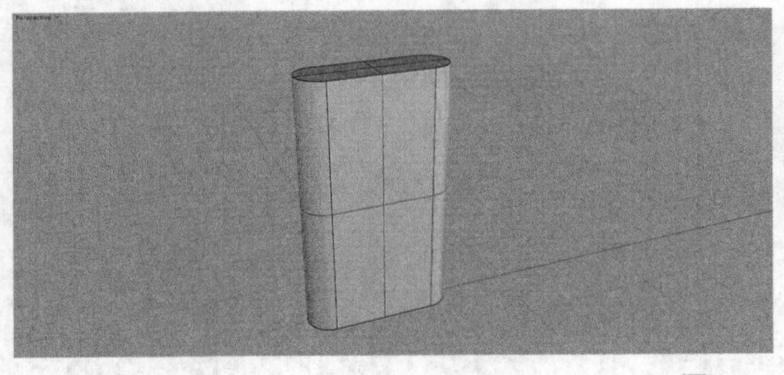

图3-192

02 使用鼠标右键单击透视图工作视窗标题，将“着色模式”切换为“半透明模式”，如图3-193所示。使用“多重直线”工具创建中间的参照线，如图3-194所示。

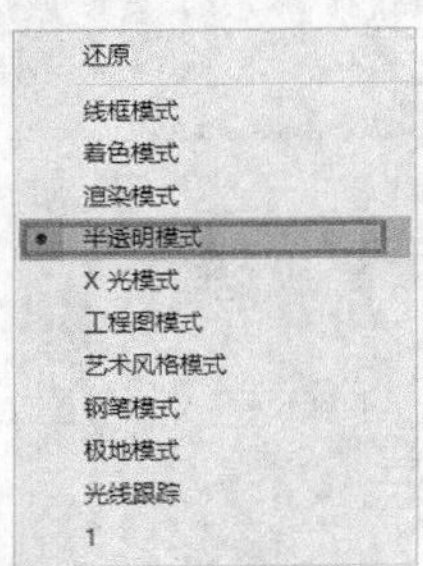

图3-193

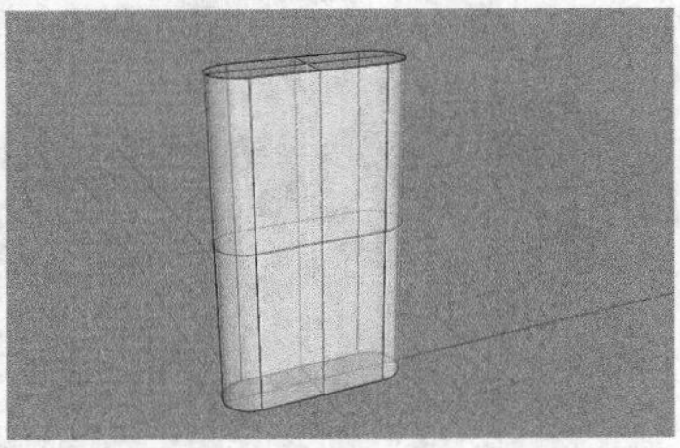

图3-194

03 选取扭转的物件，单击“扭转”工具，单击扭转起点1和扭转终点2，如图3-195所示。切换到顶视图，按住Shift键锁定正交方向，确定起始角度，如图3-196所示。绕着中点拖曳鼠标旋转一圈，完成后的效果如图3-197所示。

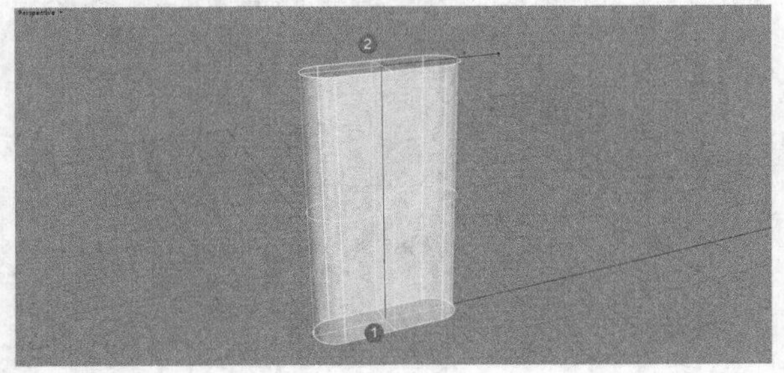

图3-195

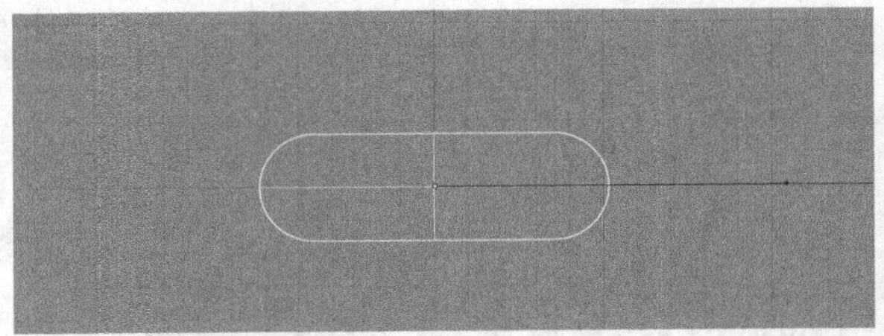

图3-196

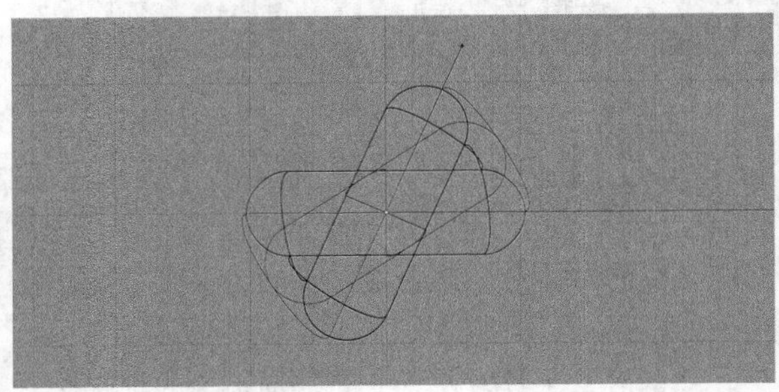

图3-197

04 单击透视图工作视窗标题，将“半透明模式”切换为“着色模式”，如图3-198所示。

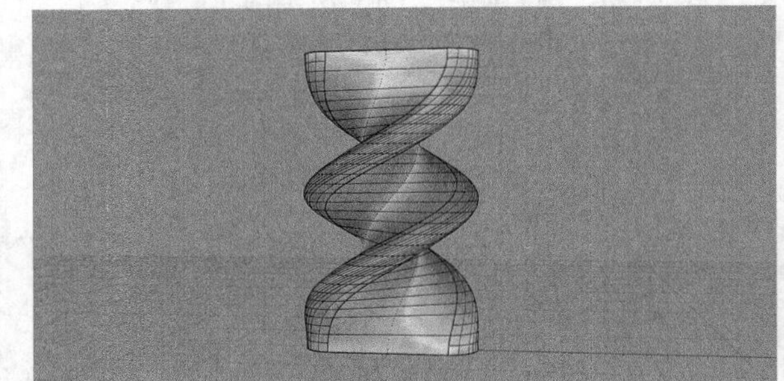

图3-198

3.3.7 弯曲

“弯曲”工具用于沿着骨干做圆弧弯曲。

“弯曲”工具在“变动”选项卡的顶部工具列中。

“弯曲”工具操作见具体工具介绍。

01 建立图3-199所示的平面。

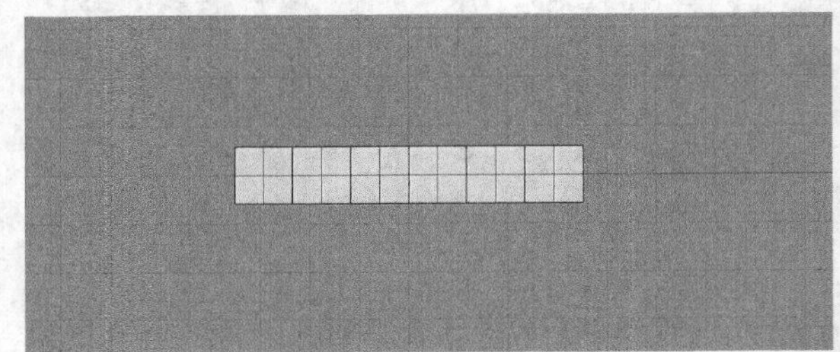

图3-199

02 选取需要弯曲的平面，单击“弯曲”工具，确定骨干起点1和骨干终点2，如图3-200所示。通过移动鼠标指定弯曲通过点，如图3-201所示。效果如图3-202所示。

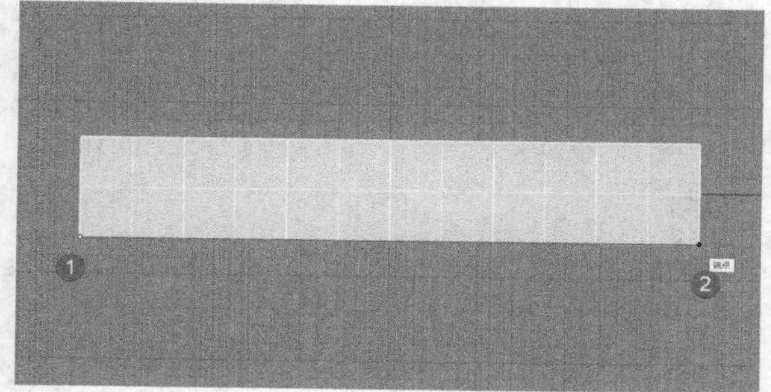

图3-200

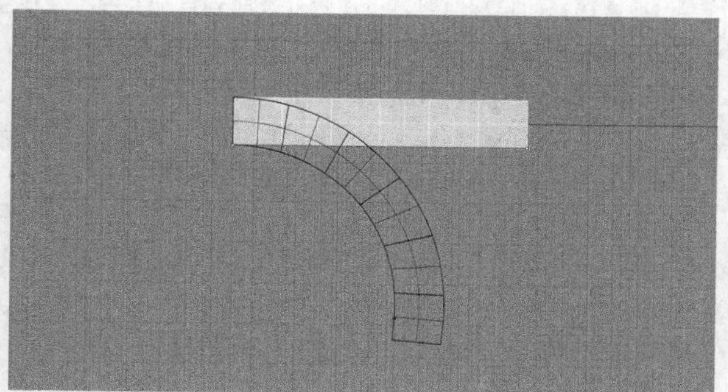

图3-201

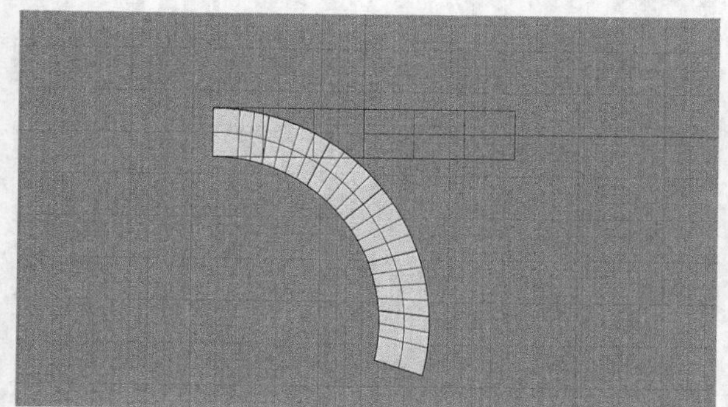

图3-202

3.3.8 锥状化

“锥状化”工具用于将物件沿着指定轴线做锥状变形。

“锥状化”工具在“变动”选项卡的顶部工具列中。

“锥状化”工具操作见具体工具介绍。

01 在视图中建立要变形的物件和参照线，如图3-203所示。

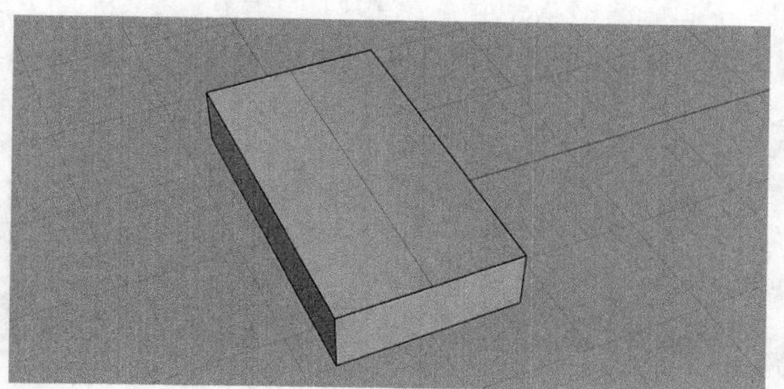

图3-203

02 单击“锥状化”工具，选取立方体物件，确定锥状轴的起点1，确定锥状轴的终点2，如图3-204所示。确定起始距离并锁定正交方向，如图3-205所示。通过移动鼠标终止距离，预览效果如图3-206所示。完成后的效果，如图3-207所示。

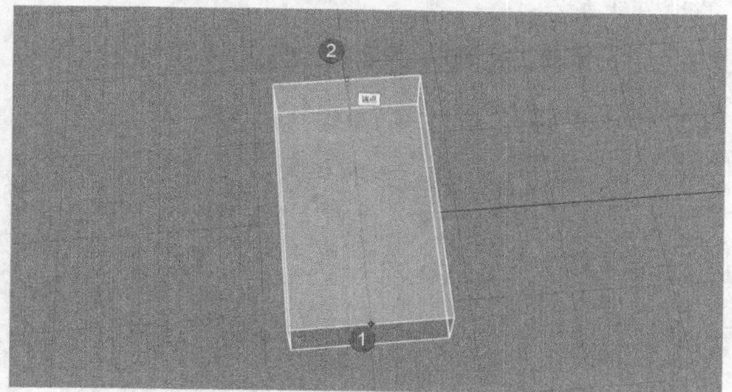

图3-204

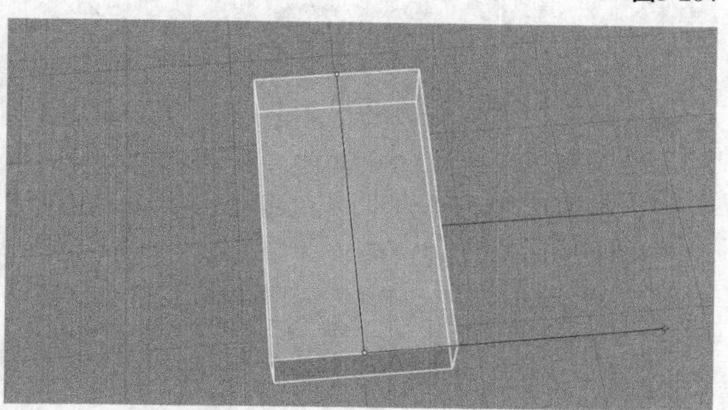

图3-205

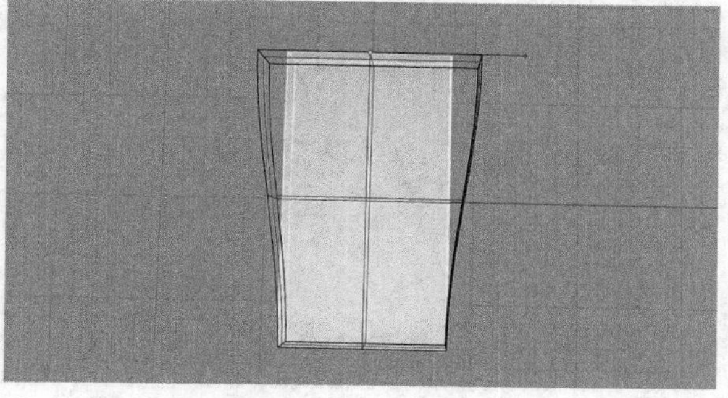

图3-206

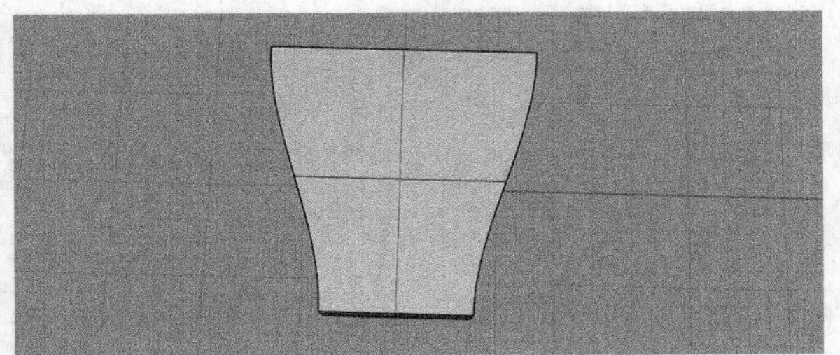

图3-207

3.3.9 沿着曲线流动

“沿着曲线流动”工具用于将物件或群组以基准曲线对应至目标曲线。

“沿着曲线流动”工具 在“变动”选项卡的顶部工具列中。

“沿着曲线流动”工具操作见具体工具介绍。

01 在视图中建立物件和参照线，如图3-208所示。

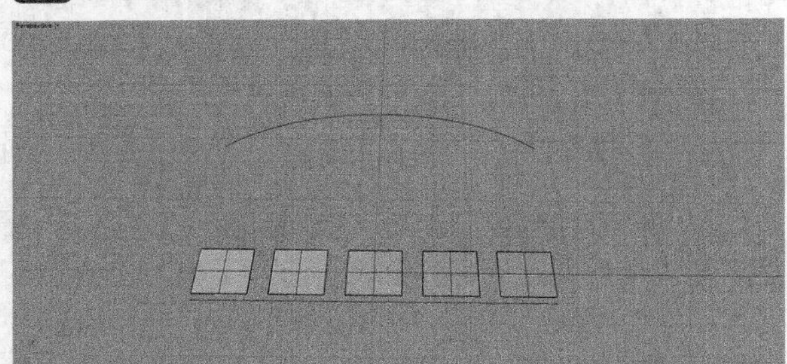

图3-208

02 单击“沿着曲线流动”工具，选取要沿着曲线流动的物件，如图3-209所示。单击鼠标右键完成操作，继续选择基准曲线，如图3-210所示。继续选择目标曲线，如图3-211所示。

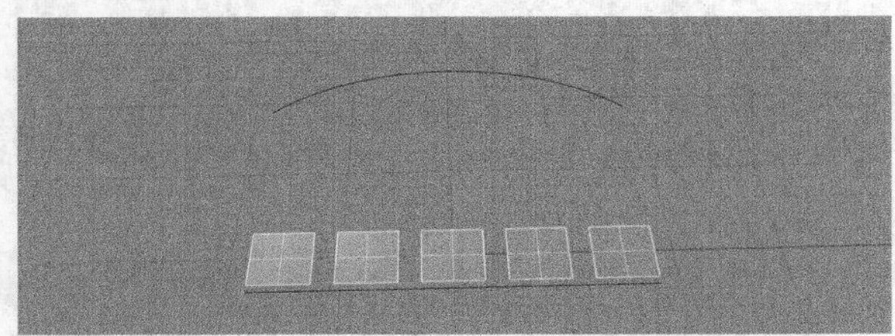

图3-209

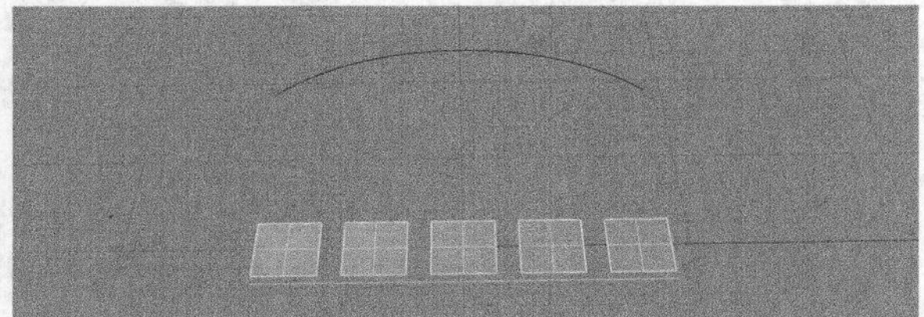

图3-210

图3-211

提示 下面介绍重要参数。

复制：设置是否复制物件，当加号⊞出现时代表已打开复制模式。

硬性：硬性选项决定在变形中哪些物件是不变形的。

直线：画出一条直线作为基准曲线。“是”表示在哪个工作视窗选择的目标曲线，就在物件映射到目标曲线时，使用该工作视窗工作平面的法线方向；“否”表示将物件映射到目标曲线时使用目标曲线的法线方向。

局部：指定两个圆定义环绕基准曲线的“圆管”，物件在圆管内的部分会被流动，在圆管外的部分固定不变，圆管壁为变形力衰减区。

延展：“是”表示物件在流动后会因为基准曲线和目标曲线的长度不同而被延展或压缩，如图3-212所示；“否”表示物件在流动后长度不会改变，如图3-213所示。

图3-212

图3-213

维持结构：维持结构选项决定是否在变形以后维持曲线或曲面控制点的结构。这个选项无法使用在多重曲面上，如果选取的物件是多重曲面，那么指令不会显示这个选项。“是”表示维持物件的控制点结构有可能因为控制点不足而使变形的结果较不精确；“否”表示使用更多控制点重新逼近物件，使变形结果更加精准。

走向：决定了物件在创建的时候是否发生扭转。轴用于计算截面的三维旋转，小部件显示起始截面和结束截面的法线方向。

3.3.10 变形控制器

“变形控制器”工具用于以曲线、曲面作为变形控制器的控制物件，对受控制的物件做二维或三维的平滑变形。

“变形控制器”工具在“变动”选项卡的顶部工具列中。

“变形控制器”工具操作见具体工具介绍。

01 **制作杯身**选择“控制点曲线”工具，按快捷键0+Space，通过确定控制点绘制曲线，如图3-214所示。

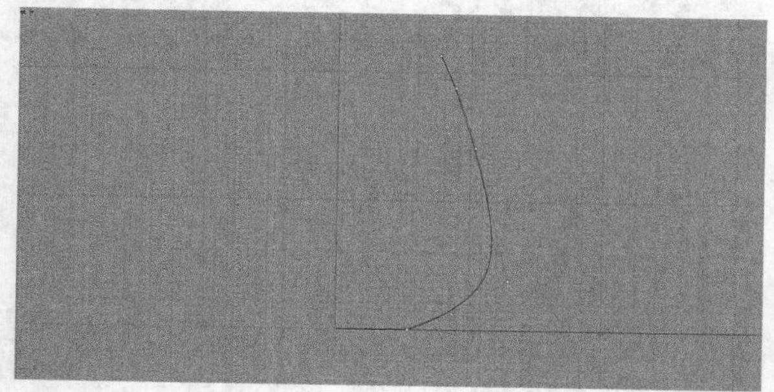

图3-214

02 选中多重曲线，使用“旋转成形”工具，以z轴为旋转轴进行旋转，如图3-215所示。

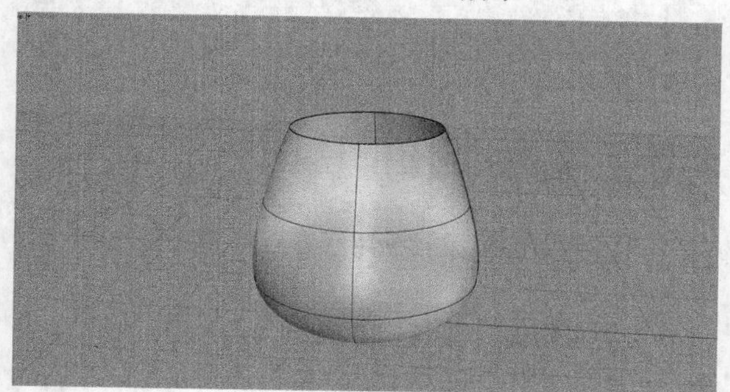

图3-215

03 使用“偏移曲面”工具，选中杯子曲面，此时需要向内偏移成实体，曲面上的箭头指向内部，如图3-216所示。如果不是，则单击指令栏中的“反转”，实体需要显示“是”。完成后的效果如图3-217所示。

图3-216

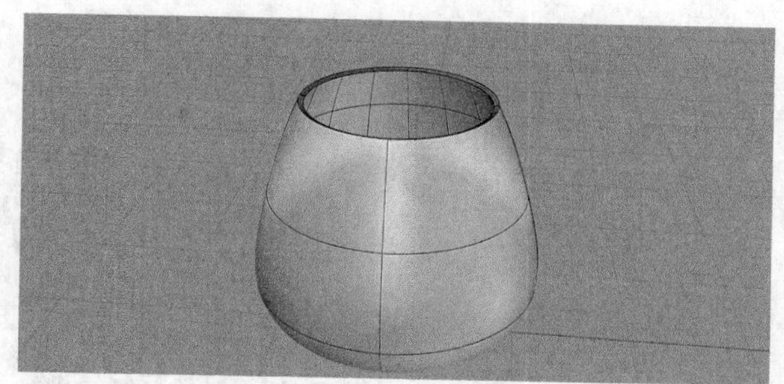

图3-217

04 切换到前视图，选择“圆：中心点、半径”工具，在前视图中的合适位置单击鼠标左键确定中心点位置，按住Shift键，拖曳鼠标拉出圆的半径，单击鼠标左键确认，如图3-218所示。

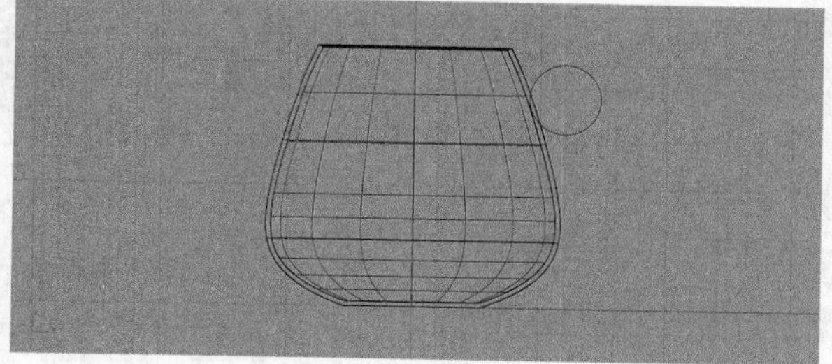

图3-218

05 选择工具集中的“圆管（平头盖）”工具，选中圆并建立圆管，如图3-219所示。

图3-219

06 选择环状体，单击工具集中的“布尔运算分割”工具，将环状体用杯身分割开，然后选中内部的实体，删除多余的对象，如图3-220所示。

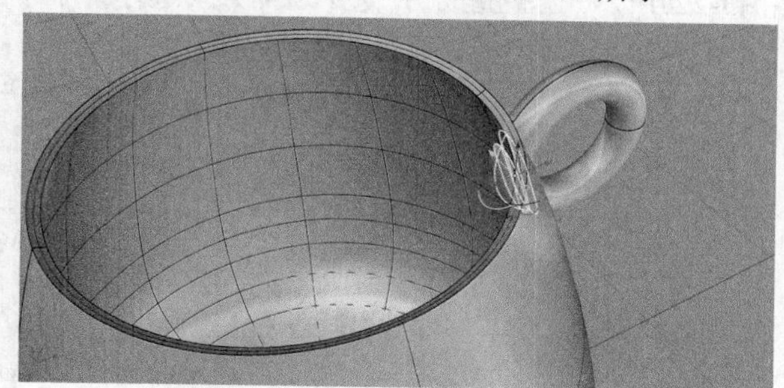

图3-220

07 单击“布尔联集”工具，将杯身和把手合并为一体。使用工具集中的“边缘圆角”工具选中所有的边，进行圆角处理，如图3-221所示。

图3-221

08 单击“变形控制器”工具，选取杯子为控制物件，在顶部指令栏中单击边框方块，如图3-222所示。继续设置默认为世界坐标系统，如图3-223所示。变形控制器参数设置如图3-224所示。确认“要编辑的范围”为整体，如图3-225所示。完成后视图中就会增加编辑点，如图3-226所示。

选取控制物件 (边框方块(B) 直线(L) 矩形(R) 立方体(O) 变形(D)=精确 维持结构(P)=否):

图3-222

座标系统 <世界> (工作平面(C) 世界(W) 三点(P)):

图3-223

变形控制器参数 (X点数(X)=4 Y点数(Y)=4 Z点数(Z)=4 X阶数(D)=3 Y阶数(E)=3 Z阶数(G)=3):

图3-224

要编辑的范围 <整体> (整体(G) 局部(L) 其它(O)):

图3-225

图3-226

09 使用操作轴移动控制点，调整杯子前端的造型，如图3-227所示。调整完成后，选中边框方块进行删除，如图3-228所示。调整完成后的杯子如图3-229所示。

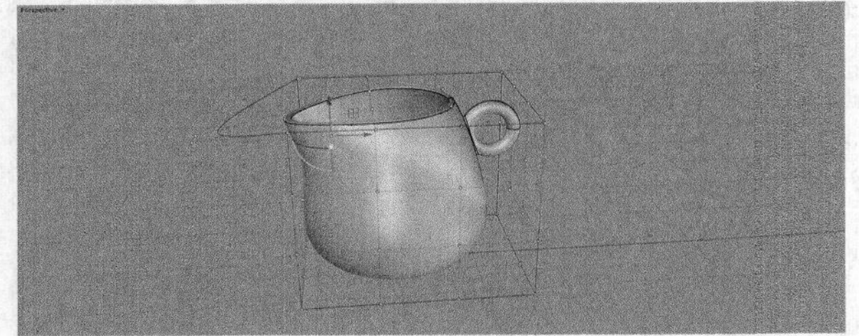

图3-227

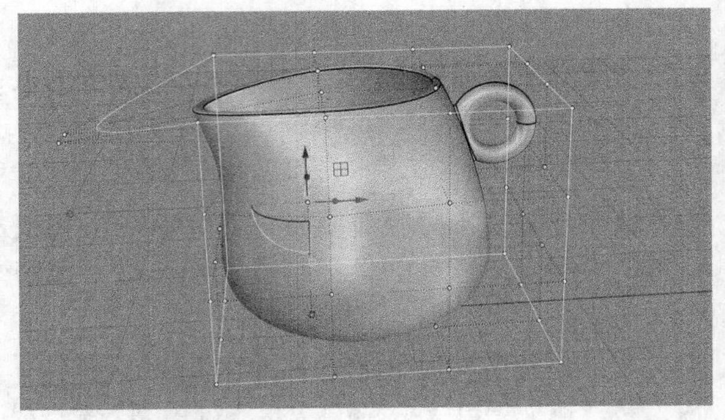

图3-228

图3-229

3.4 文字物件工具

“文字物件”工具用于建立文字曲线、曲面或多重曲面。

“文字物件”工具在左侧工具列。

“文字物件”工具操作见具体工具介绍。

单击“文字物件”工具，会出现“文本物件”对话框，如图3-230所示。

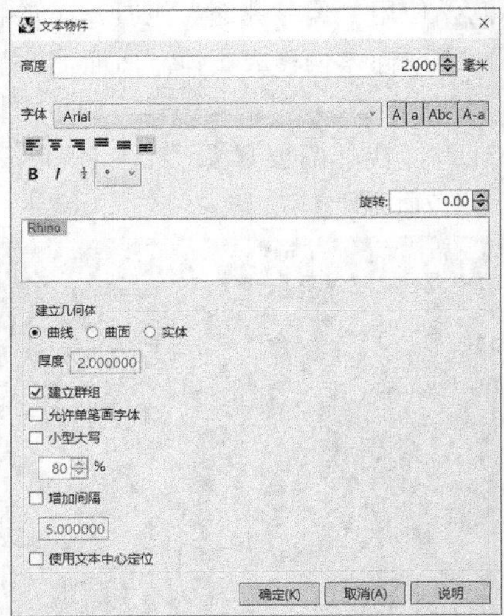

图3-230

文本物件选项详解

高度：设定文字的高度（模型单位）。

字体：设置字体。

A a Abc A-a：分别表示大写、小写、首字母大写、反转大小写。

左侧对齐文本：设定文字在水平方向靠左。

居中对齐文本：设定文字在水平方向居中。

右侧对齐文本：设定文字在水平方向靠右。

顶部对齐文本：设定文字在垂直方向居上。

纵向居中对齐文本：设定文字在垂直方向居中。

底部对齐文本：设定文字在垂直方向靠下。

B：设定字体样式为粗体。

I：设定字体样式为斜体。

旋转：设置文本的旋转角度。

文本框：在图3-231中的编辑栏中输入文字。在编辑栏中单击鼠标右键可以剪切、复制、粘贴文字。

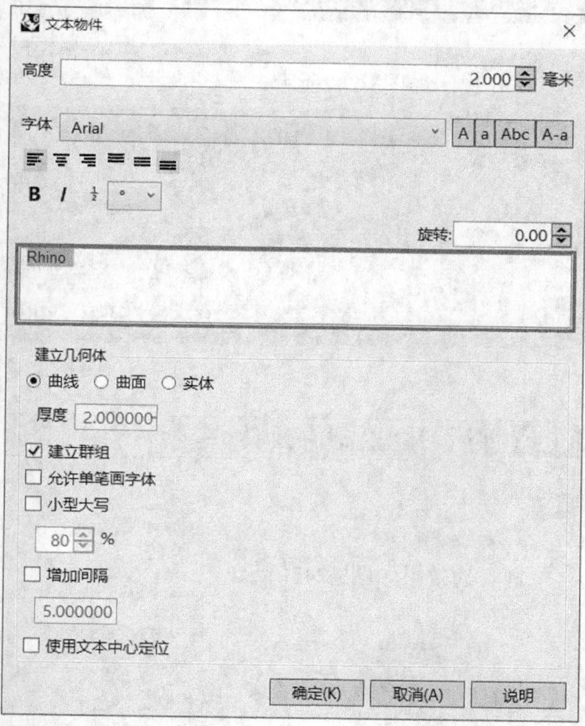

图3-231

曲线：以文字的外框线建立曲线，如图3-232所示。

图3-232

曲面：以文字的外框线建立曲面，如图3-233所示。

图3-233

实体：建立实体文字，如图3-234所示。使用“厚度”可以指定实体高度。

图3-234

建立群组：以群组形式建立文本物件。

允许单笔画字体：建立的文字曲线为开放曲线，可作为文字雕刻机的路径，如图3-235所示。如果不选中，那么单线字形显示为边缘封闭的字形，如图3-236所示。

图3-235

图3-236

小型大写：以小型大写的方式显示英文小写字母，以相对于正常字母高度的百分比来设置小型大写字母。

增加间隔：设置字与字之间的间距。

使用文本中心定位：放置文本时，光标会出现在文本的中心。

3.5 课堂练习

下面准备了两个练习供读者练习本章的知识。每个练习后面给出了相应的制作提示，读者可以根据相关提示，并结合前面的课堂案例来进行操作。

3.5.1 课堂练习：制作香水瓶子

场景位置	无
实例位置	实例文件>CH03>课堂练习：制作香水瓶子.3dm
视频名称	课堂练习：制作香水瓶子.mp4
学习目标	掌握实体工具的使用方法

香水瓶子的效果如图3-237所示。

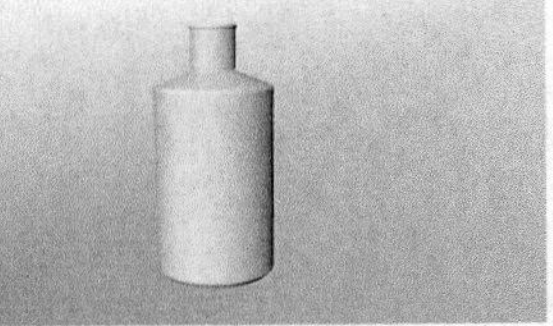

图3-237

制作提示如图3-238所示。

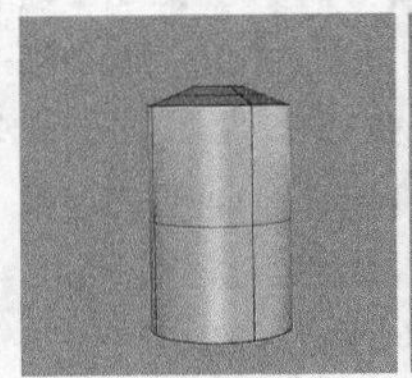

图3-238

3.5.2 课堂练习：制作灯具

场景位置	无
实例位置	实例文件>CH03>课堂练习：制作灯具.3dm
视频名称	课堂练习：制作灯具.mp4
学习目标	掌握搭建多重直线的方法

灯具的效果如图3-239所示。

图3-239

制作提示如图3-240所示。

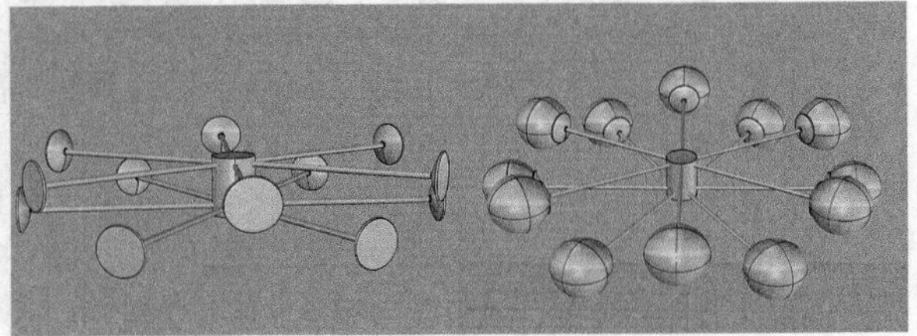

图3-240

3.6 课后习题

本章最后准备了两个习题，读者可以在空余时间做一做，巩固一下本章的内容，以熟练掌握建模的思路和基础建模工具的使用方法。

3.6.1 课后习题：制作简约吹风机

场景位置	无
实例位置	实例文件>CH03>课后习题：制作简约吹风机.3dm
视频名称	课后习题：制作简约吹风机.mp4
学习目标	掌握生面的技巧

简约吹风机的效果如图3-241所示。

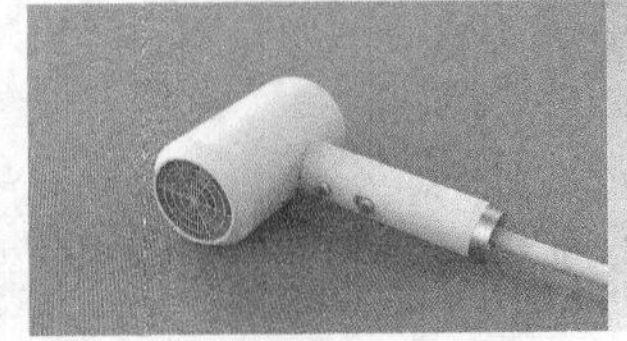

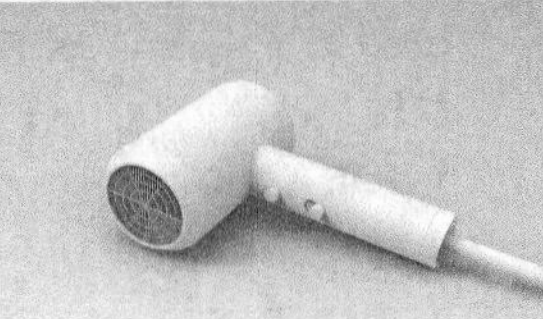

图3-241

制作提示如图3-242所示。

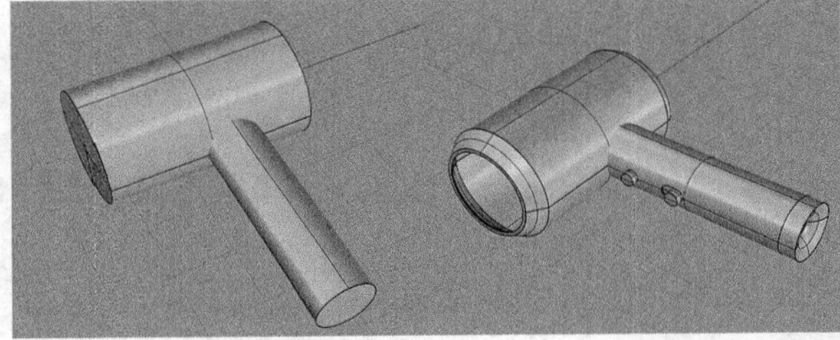

图3-242

3.6.2 课后习题：制作钟表

场景位置	无
实例位置	实例文件>CH03>课后习题：制作钟表.3dm
视频名称	课后习题：制作钟表.mp4
学习目标	掌握文字的建立方法

钟表的效果如图3-243所示。

图3-243

制作提示如图3-244所示。

图3-244

第4章 NURBS建模原理

本章将介绍Rhino中的NURBS建模原理，了解原理后可以更加清楚地去添加控制点，也能建立更好的模型。要想学习建立高质量曲面模型，先要学习并掌握本章内容。

课堂学习目标

- 掌握建模的常用术语
- 了解NURBS建模原理
- 完成高质量曲面模型

4.1 建模的常用术语

本节主要讲解建模中常用的专业术语，以方便读者的后续学习。

本节内容介绍

名称	作用	重要程度
控制点	决定了一条曲线的形状	高
编辑点	方便确定曲线的位置	中
结构线	观看模型曲面的走向	高
锐角点	控制曲线转折点	中
方向	分辨曲面的正反或*u*/*v*方向	高
周期曲线与曲面	更好地为曲面塑形	高
非流形边缘	分析错误的边	中

4.1.1 课堂案例：制作创意圆椅

场景位置 无
实例位置 实例文件>CH04>课堂案例：制作创意圆椅.3dm
视频名称 课堂案例：制作创意圆椅.mp4
学习目标 掌握产品模型的创建流程

创意圆椅效果如图4-1所示。

图4-1

01 单击“球体：中心点、半径”工具，在视图中按快捷键0+Space确定中心点，如图4-2所示。

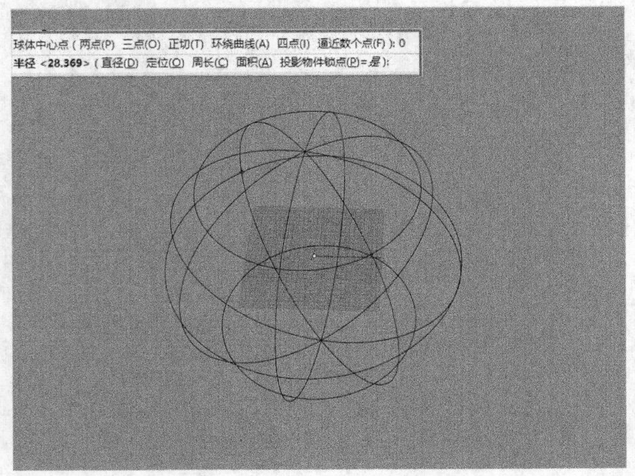

图4-2

02 在指令栏中单击“直径”，输入760，确定直径长度，如图4-3所示，完成后的球体如图4-4所示。

直径 <1520.000> (半径(R) 定位(O) 周长(C) 面积(A) 投影物件锁点(P)=是): 760

图4-3

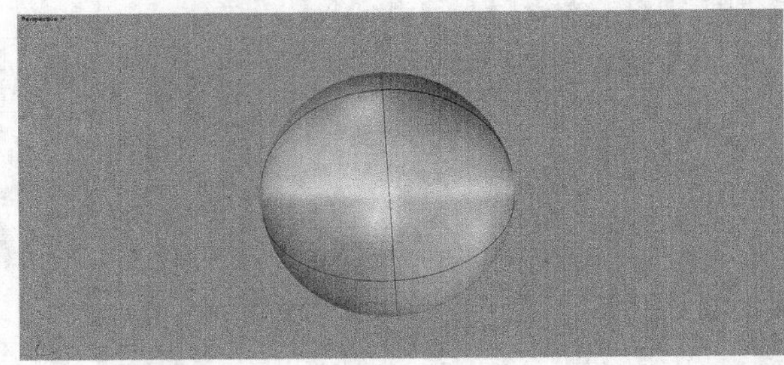

图4-4

03 将视图切换到前视图，使用“多重直线”工具绘制图4-5所示的直线段。

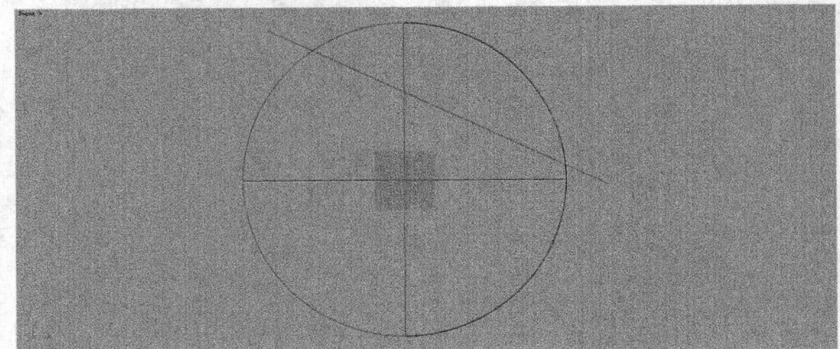

图4-5

04 选取直线段，然后单击“修剪”工具，使用鼠标单击需要去掉的部分，此时单击右上角部分，效果如图4-6所示。

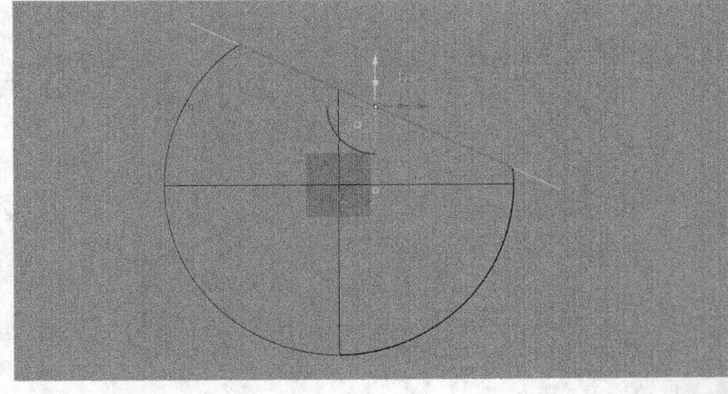

图4-6

05 在透视图中选取物件，然后使用鼠标右键单击“原地复制物件”工具，将物件备份一份，如图4-7所示。

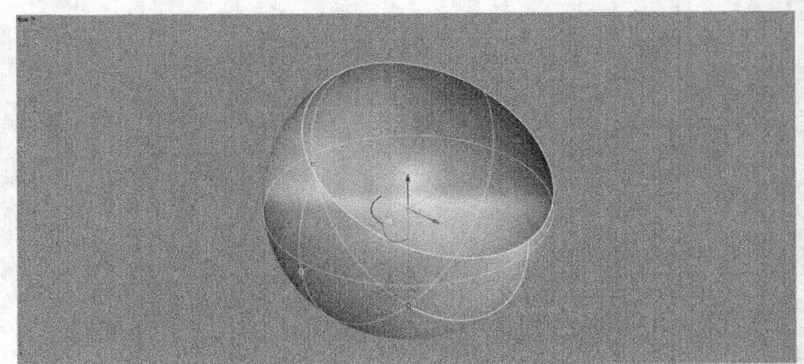

图4-7

06 选择一个物件，单击“偏移曲面”工具，确认指令栏中的“距离”为20，“实体”为“是”，如图4-8所示。这里需要让方向向外偏移，如图4-9所示。如果方向相反，那么单击指令栏最后一项“全部反转”即可。

选取要反转方向的物体，按 Enter 完成 (距离(D)=20 角(C)=锐角 实体(S)=是 松弛(L)=否 公差(T)=0.001 两侧(B)=否 删除输入物件(I)=是 全部反转(F)):

图4-8

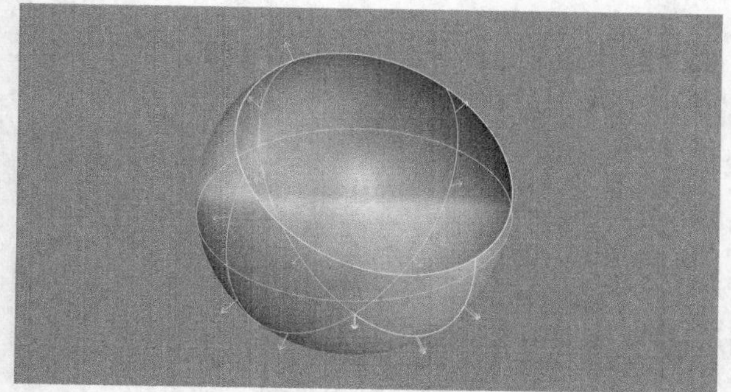

图4-9

07 将视图切换到前视图，使用“多重直线”工具绘制图4-10所示的直线段。

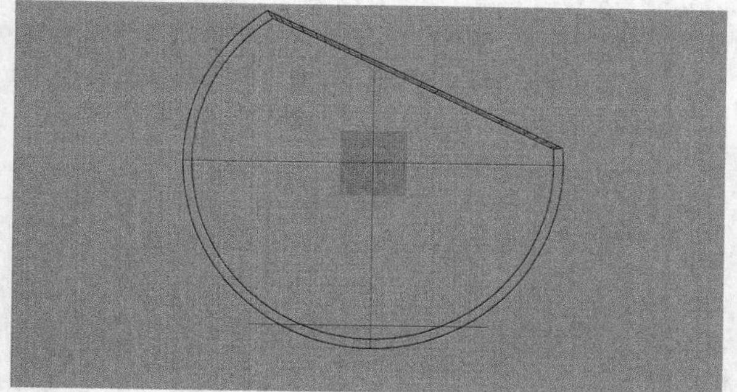

图4-10

08 切换到透视图，选中直线段，将鼠标指针放到绿色操作轴箭头的圆点上，此时圆点变成黑色，然后按住鼠标左键拖曳，如图4-11所示。按住Shift键，将面向两侧拉伸，让平面和球体完全相交，如图4-12所示。

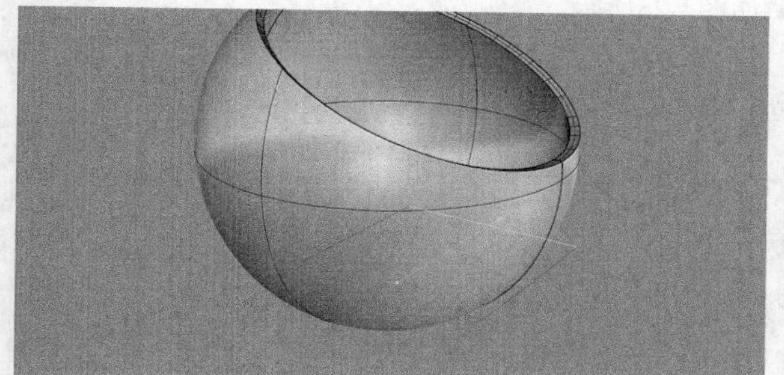

图4-11

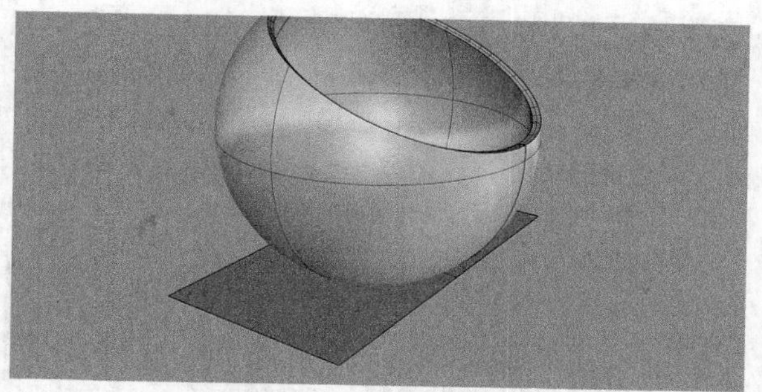

图4-12

09 选择要被修剪的实体，单击工具集中的“布尔运算差集”工具，选取修剪用的平面（平面为上一步建立的平面），单击鼠标右键即可完成，如图4-13所示。

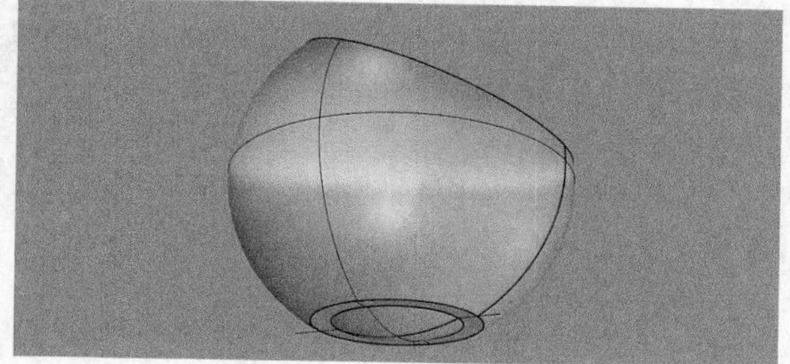

图4-13

10 切换到顶视图，使用“多重直线”工具绘制图4-14所示的封闭图形。

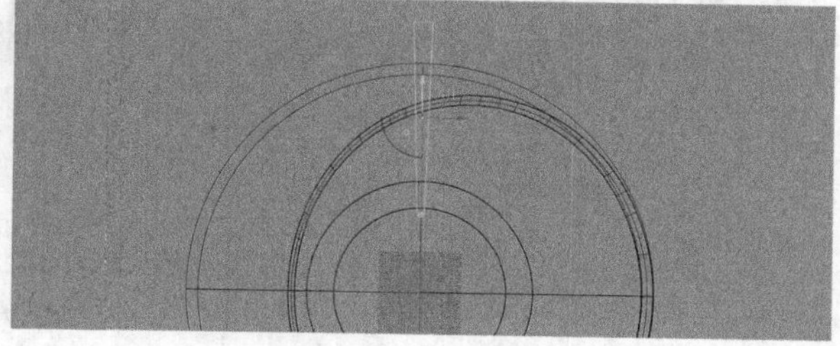

图4-14

11 选择绘制好的封闭图形，单击“环形阵列”工具，按快捷键0+Space确定阵列的中心点，如图4-15所示。在顶部指令栏中输入“阵列数”为40，如图4-16所示。

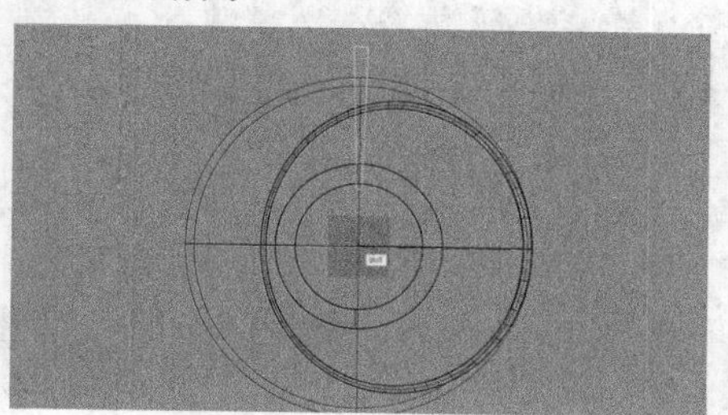

图4-15

阵列数 <40>:

图4-16

12 顶部指令栏中的参数如图4-17所示。视图中预览的效果如图4-18所示。确定无误后，单击鼠标右键即可。

按 Enter 接受设定。总合角度 = 360 (阵列数(I)=40 总合角度(F) 旋转(R)=是 Z偏移(Z)=0):

图4-17

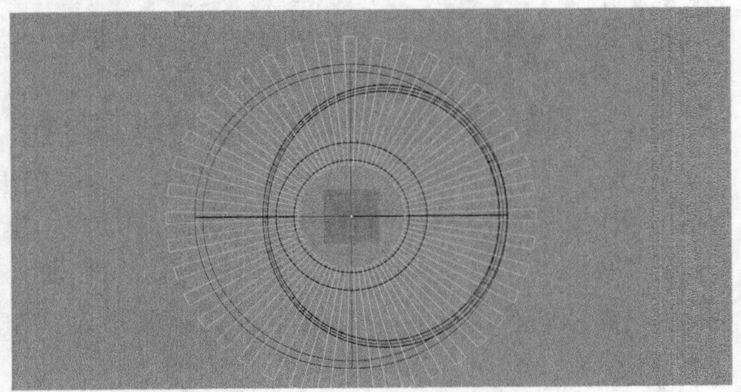

图4-18

13 选择所有阵列出来的图形，单击工具集中的“直线挤出”工具，在指令栏中设置“两侧=是”且“实体=是”，如图4-19所示。用鼠标将挤出长度拖曳至完全相交状态，确定好长度后单击鼠标右键，如图4-20所示。

挤出长度 < 79.371> (方向(D) 两侧(B)=是 实体(S)=是 删除输入物件(L)=否 至边界(T) 设定基准点(A)):

图4-19

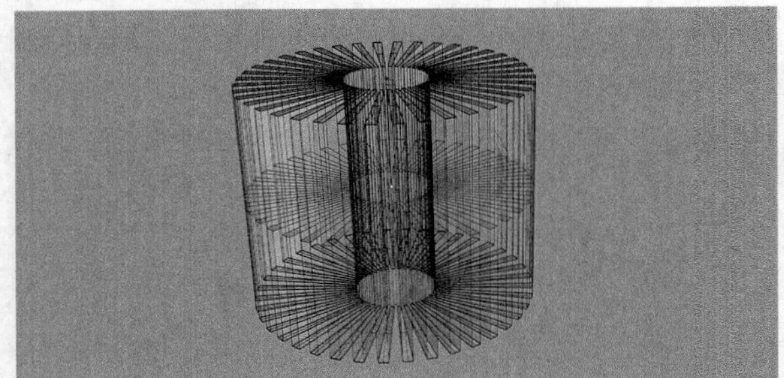

图4-20

14 选择中间的实体部分，如图4-21所示，单击工具集中的“布尔运算差集”工具，选取修剪物件，选择所有的拉伸物件，然后单击鼠标右键，完成后的效果如图4-22所示。

图4-21

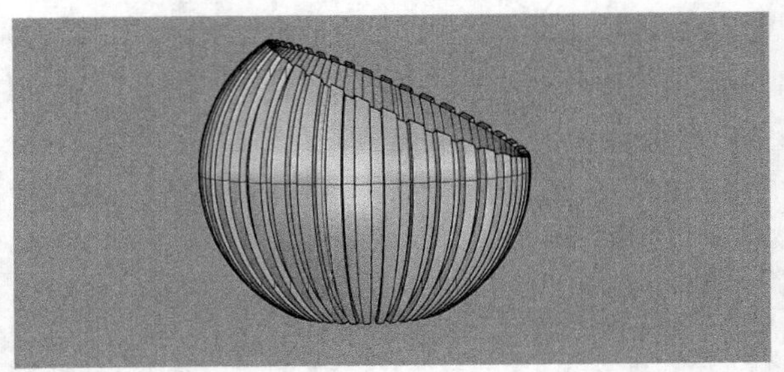

图4-22

15 切换到前视图，使用“多重直线”工具绘制图4-23所示的直线段。

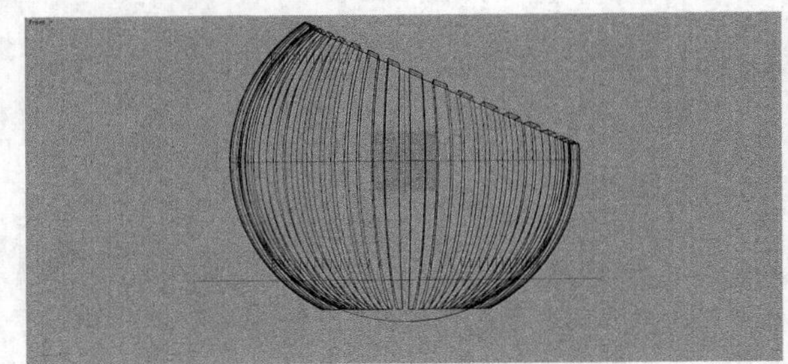

图4-23

16 切换到透视图，选中直线段，将鼠标指针放到绿色操作轴箭头的圆点上，此时圆点变成黑色，然后按住鼠标左键拖曳，再按Shift键进行两侧拉伸，让平面和球体处于完全相交状态，如图4-24所示。

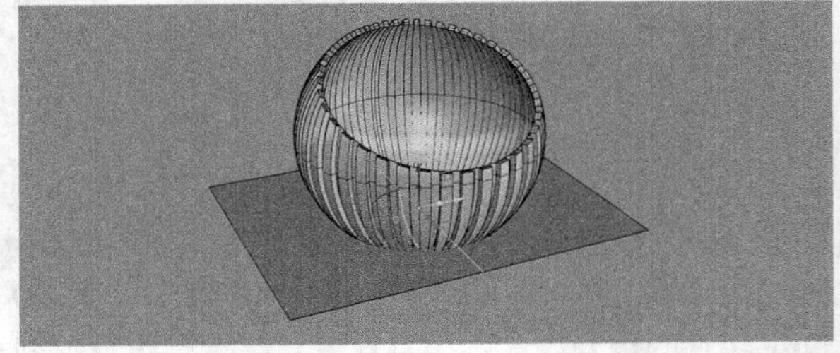

图4-24

17 选择中间之前复制的曲面，单击工具集中的“布尔运算差集”工具，选取修剪物件，选择所有的拉伸物件，然后单击鼠标右键，完成后的效果如图4-25所示。

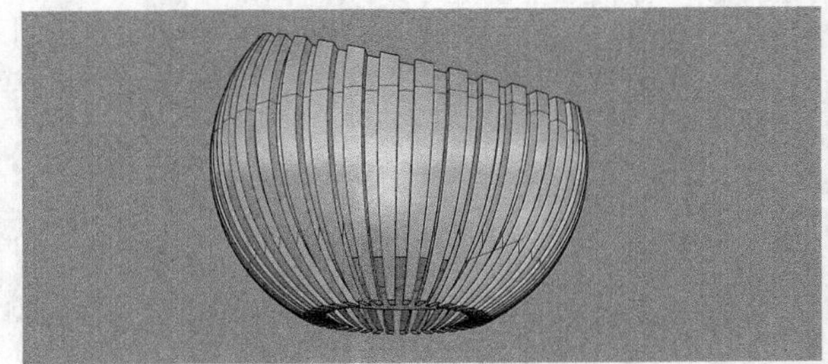

图4-25

18 切换到右视图，单击“控制点曲线”工具，绘制出图4-26所示的曲线。

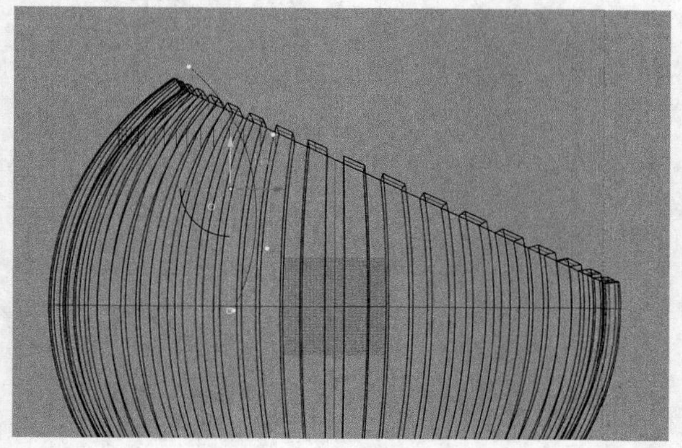

图4-26

19 单击“旋转成形”工具，选择绘制的曲线作为要旋转的曲线，单击图4-27所示的位置作为旋转轴，完成后的效果如图4-28所示。

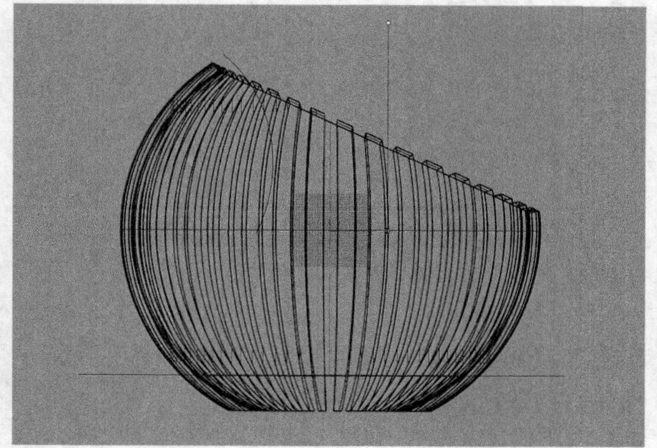

图4-27

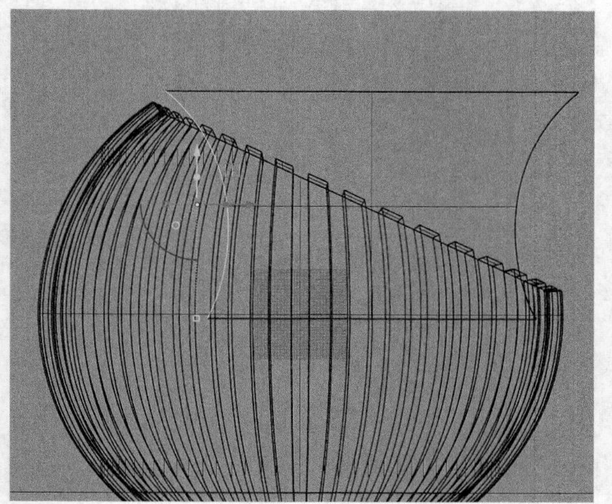

图4-28

20 单击“重建曲面”工具，选择旋转曲面，参数设置如图4-29所示。

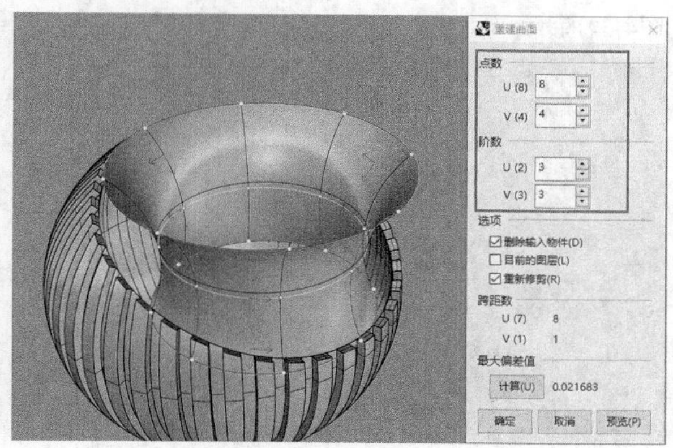

图4-29

21 使用“显示物件控制点”工具，将曲面的控制点打开，拖动控制点调整造型，使其尽量接近中间洞的边缘，如图4-30所示。

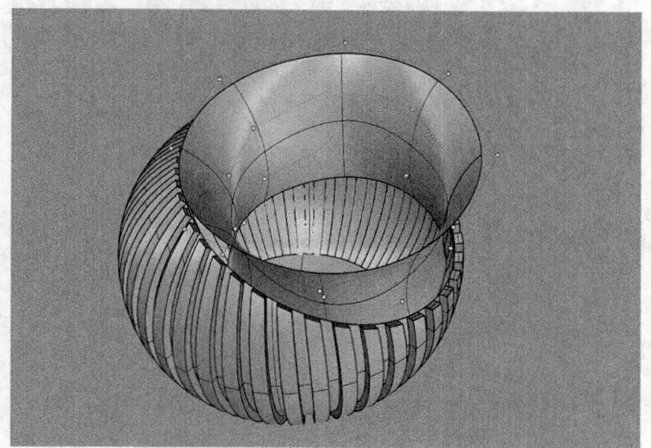

图4-30

22 将视图切换到右视图，使用“多重直线”工具绘制图4-31所示的直线段。

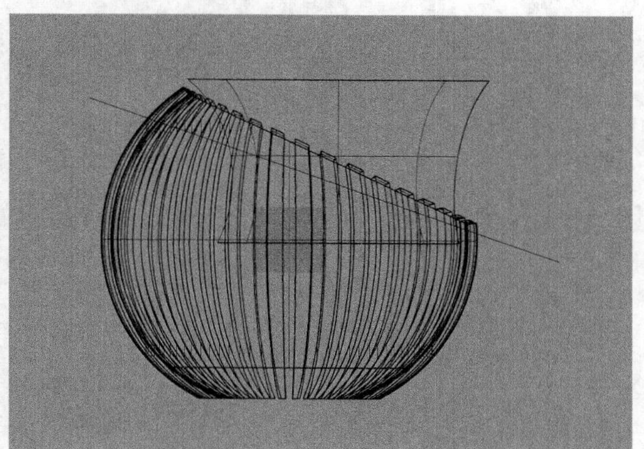

图4-31

23 先选取直线段，然后单击“修剪”工具，继续单击需要去掉的部分，此时单击右上角部分，如图4-32所示。

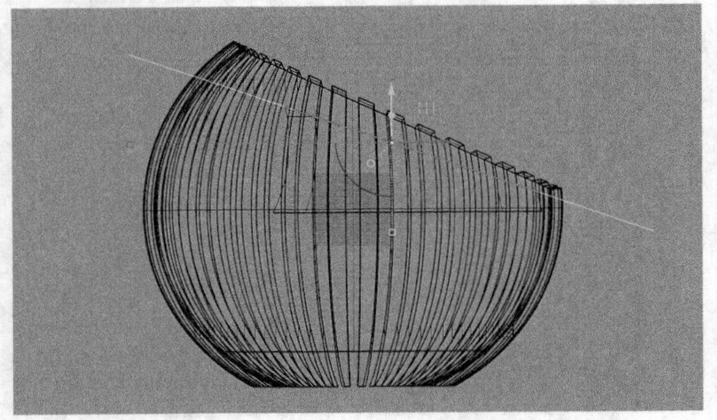

图4-32

24 单击“混接曲面”工具，依次选择要进行混接的曲面边缘，如图4-33所示。

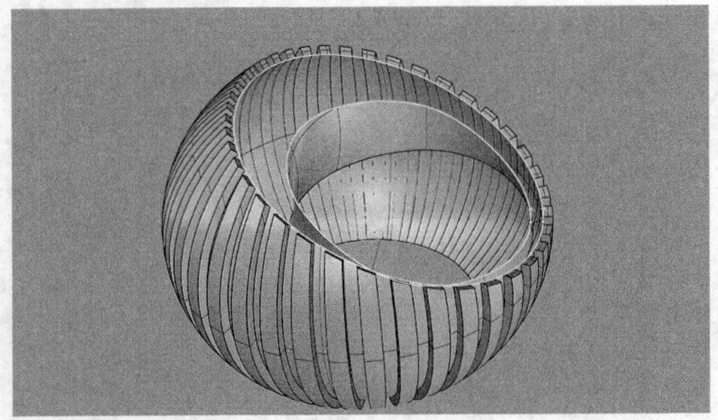

图4-33

25 确认曲线接缝点无误，按鼠标右键确认。打开“调整曲面混接”对话框，此时可以在透视图中预览混接效果。调整对话框中的两个滑块，直到混接效果达到预期，单击鼠标右键，完成曲面混接，如图4-34所示。

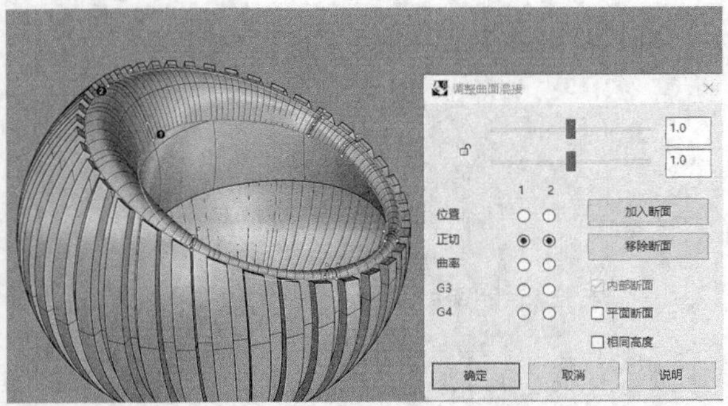

图4-34

26 将中间的3块面选中并组合在一起，如图4-35所示。

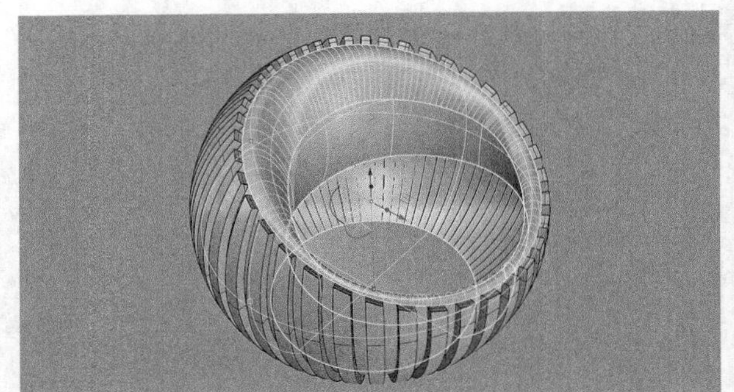

图4-35

27 单击“椭圆体：从中心点”工具，在指令栏中单击直径，使用直径绘制椭圆体，如图4-36所示。

椭圆体中心点 (角(C) 直径(D) 从焦点(F) 环绕曲线(A)):

图4-36

28 在确定椭圆体的长轴、短轴时，将其捕捉到中间曲面的边缘，如图4-37所示。

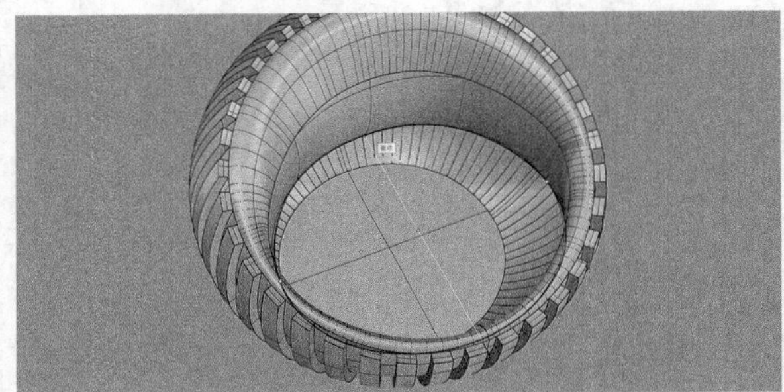

图4-37

29 移动鼠标确定椭圆体的高度，如图4-38所示。完成后的效果如图4-39所示。

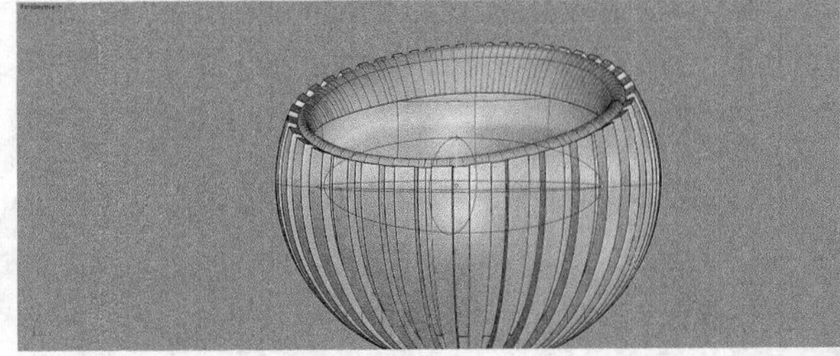

图4-38

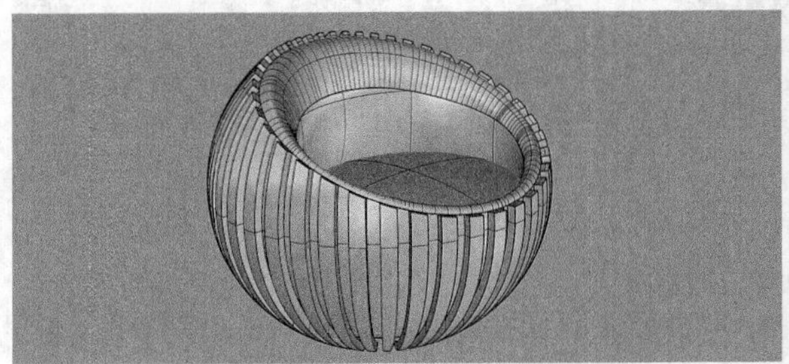

图4-39

30 使用工具集中的“边缘圆角”工具对模型进行圆角处理，如图4-40所示。

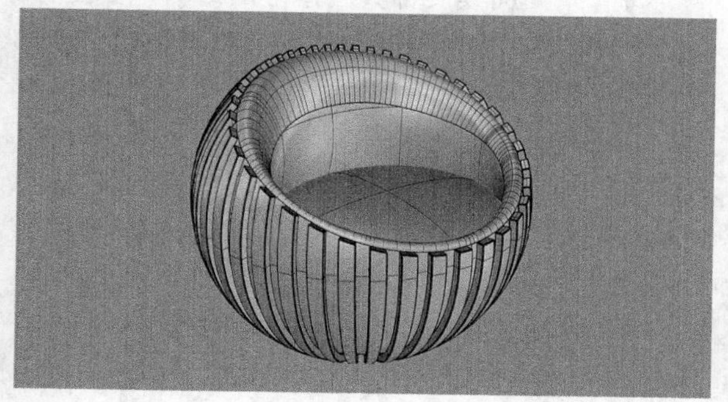

图4-40

4.1.2 控制点

控制点决定了一条曲线的形状，曲线上每个点的位置是通过若干个控制点加权得到的。每个点的加权根据控制参数而变化，对于一条阶数为d的曲线，权重值在参数空间d+1的范围内都不为零，权重根据度数d的多项式函数（基函数）而改变，在区间的边界处，基函数平滑地变为零，平滑程度由多项式的次数决定。

控制点越多，就越能逼近一条给定的曲线，但只有一类曲线可以用限定数量的控制点精确表示，这就是NURBS曲线。NURBS曲线的每个控制点都具有标量权重，因此可以在不增加控制点数量的情况下控制曲线的形状，特别是它可以用一组二次曲线精确表示圆和椭圆这样的曲线，NURBS中的“有理”一词指的就是这些权重。

三维控制点在三维建模中被大量使用，是平时用来代表三维空间上具体位置的“点”。

可以通过单击“显示物件控制点”工具显示曲线或曲面的控制点。曲线控制点如图4-41所示，曲面控制点如图4-42所示。

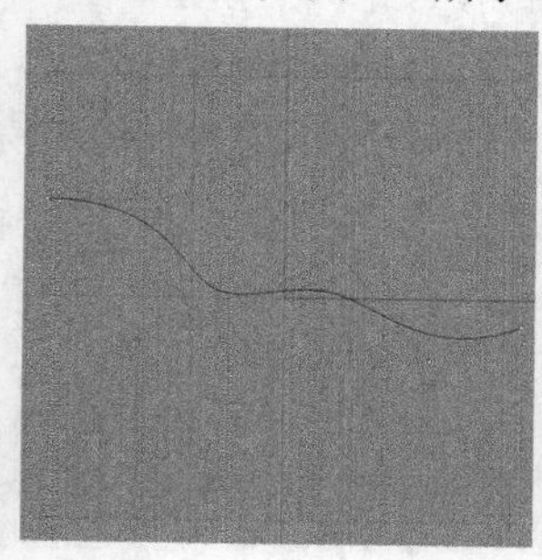

图4-41

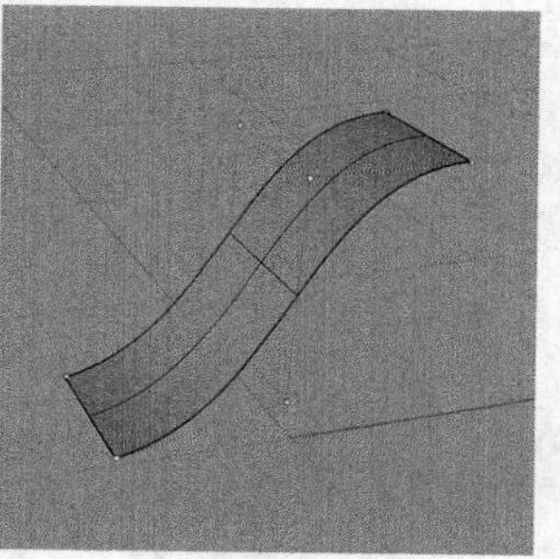

图4-42

4.1.3 编辑点

曲线的编辑点是由计算曲线节点的平均值得到的。读者可以通过单击“显示物件编辑点”工具显示曲线或曲面的编辑点，如图4-43所示。

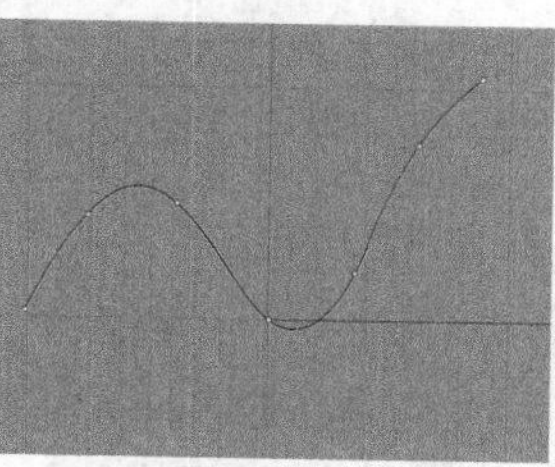

图4-43

提示 编辑点与控制点非常类似，但编辑点是位于曲线上的点，而且移动一个编辑点通常会改变整条曲线的形状，移动控制点只会改变曲线一个范围内的形状。修改编辑点适用于需要让一条曲线通过某一个点的情况，而修改控制点可以改变曲线的形状并同时保持曲线的平整度。

4.1.4 结构线

结构线是曲面上同样的u或v参数值的连线，Rhino使用曲面结构线和边缘显示NURBS曲面的形状。在预设情形下，结构线会显示在节点的位置。如果曲面只有单一跨距（One-Span），如最简单的矩形平面，那么曲面的u、v方向会各多显示一条结构线，如图4-44所示。

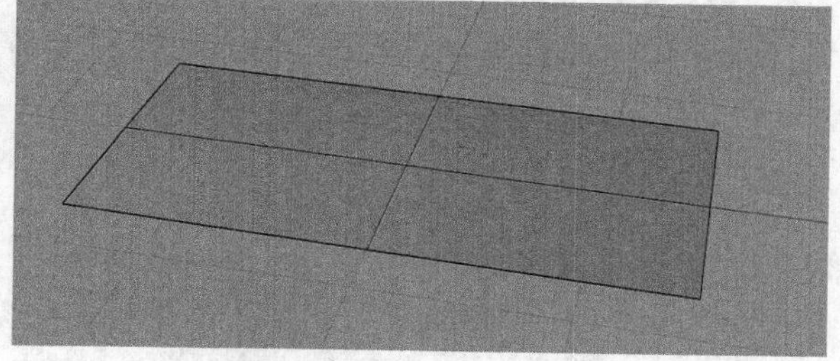

图4-44

4.1.5 锐角点

锐角点是曲线上开始显著改变方向的点，如矩形的角点就是锐角点。锐角点有时也出现在显著改变曲线的位置，一个圆角矩形，从直线向圆弧改变的地方即为锐角点。图4-45所示的矩形内的点标记出了曲线上锐角点所在的位置。

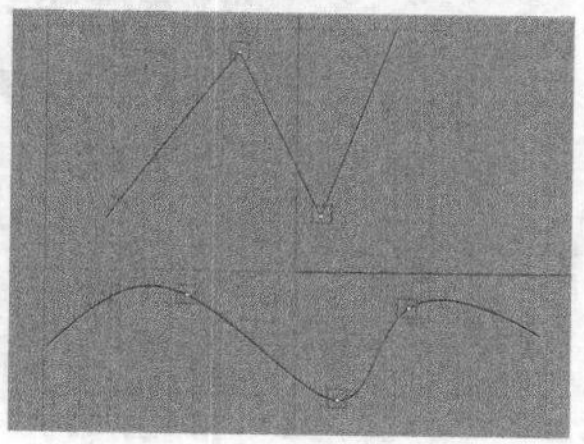

图4-45

4.1.6 方向

曲线和曲面的方向是不同的，曲线只有1个方向，而曲面包含3个方向。

1. 法线方向

对于曲线，曲线上显示的是曲线的方向，曲线的方向是指起点至终点的方向，如图4-46所示。对于曲面，以封闭的曲面（圆锥体、圆柱体和立方体等）或单一曲面实体（球体、环状体等）为例，曲面的法线方向总是朝外，如图4-47所示。而开放的曲面或多重曲面的法线方向则不一定，需要显示出法线辨别正反面，如图4-48所示。“分析方向”工具可以显示物件的法线方向。

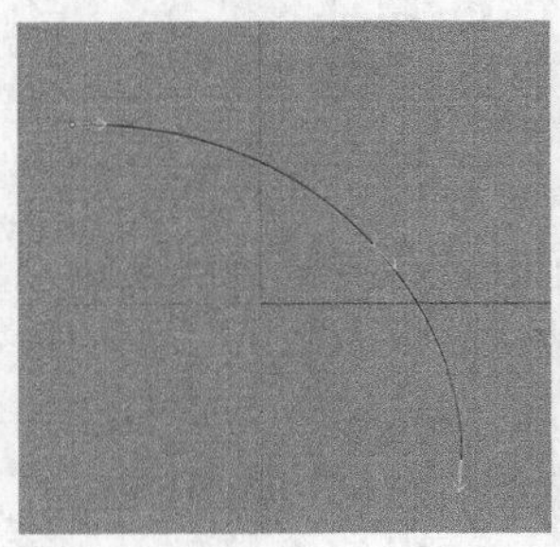

图4-46

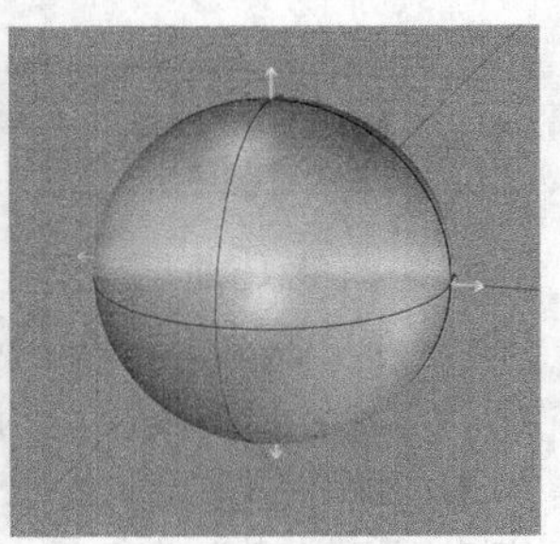

图4-47

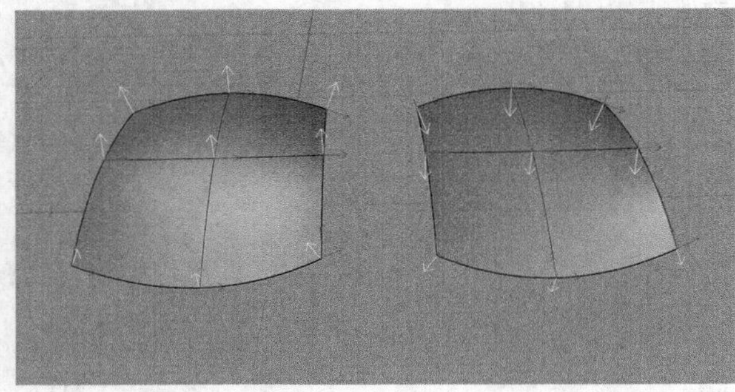

图4-48

曲面的法线方向如图4-49所示。如果曲面的法线方向被反转，那么会有蓝色的直线指出曲面原生的法线方向，如图4-50所示。

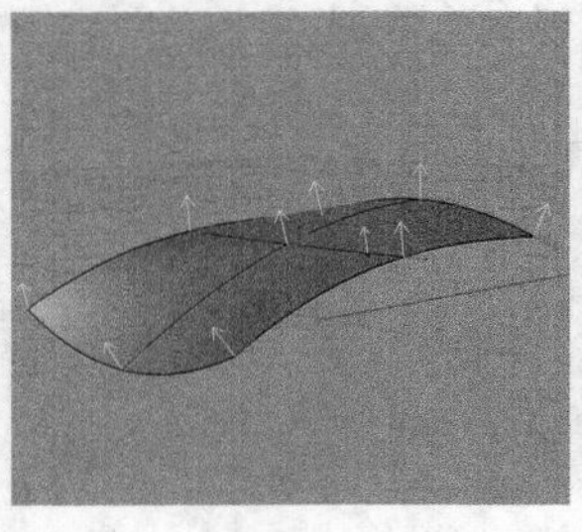

图4-49

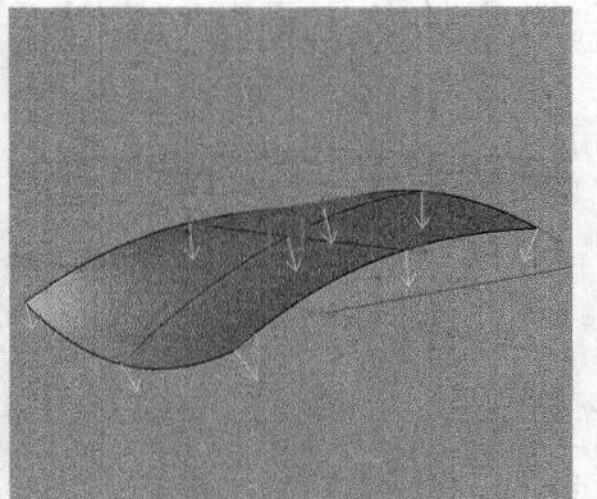

图4-50

2. *u*/*v*方向

每一个曲面其实都具有矩形的结构，曲面有3个方向：*u*、*v*、*n*（法线）。读者可以使用“分析方向”工具显示曲面的*u*、*v*、*n*方向，如图4-51所示。曲面的*u*、*v*方向会随着曲面的形状流动，*u*方向是以红色箭头显示，*v*方向是以绿色箭头显示，*n*（法线）方向是以白色箭头显示。读者可以将曲面的*u*、*v*、*n*方向视为与*x*、*y*、*z*方向一样，只不过*u*、*v*、*n*方向是位于曲面上的。曲面上的贴图、插入节点都与*u*、*v*方向有关。

圆形的曲面在开放的两个边缘各汇集成一个点，如图4-52所示。

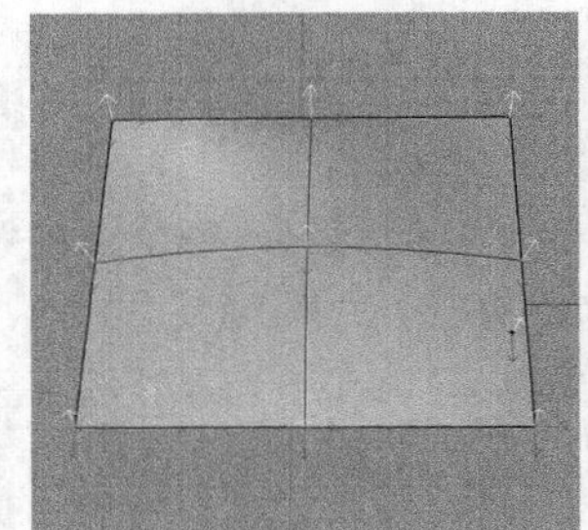

图4-51

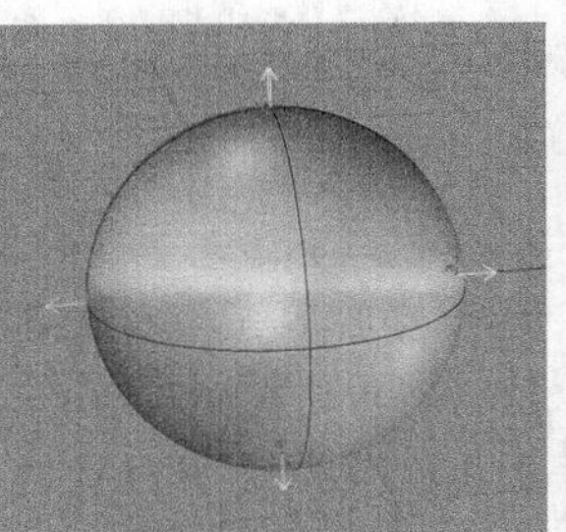

图4-52

4.1.7 参数化

曲线和曲面的参数化是依据一个或多个变量在一个特定的范围内变化而生成曲线或曲面的规范。

4.1.8 周期曲线与曲面

周期曲线是接缝处平滑的封闭曲线，编辑接缝附近的控制点，不会产生锐角，如图4-53所示。

非周期曲线是接缝处（曲线起点与终点的位置）为锐角点的封闭曲线，移动非周期曲线接缝附近的控制点，可能会产生锐角，如图4-54所示。

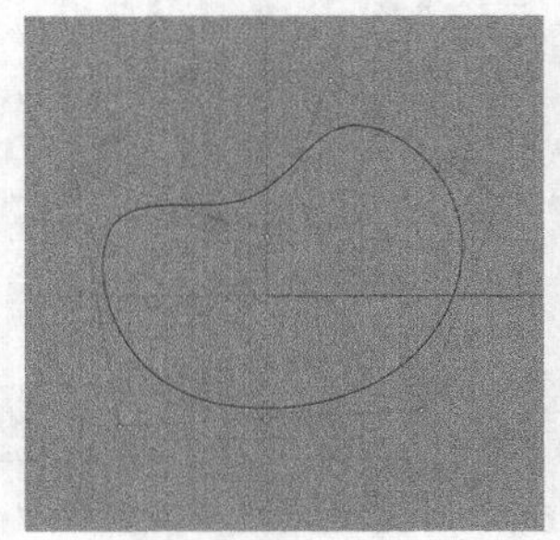

图4-53

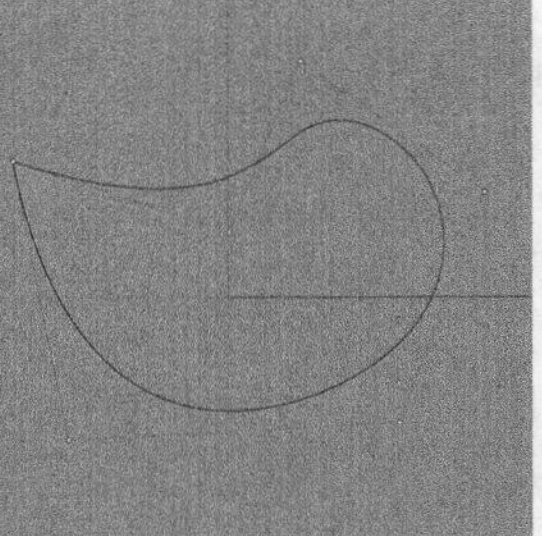

图4-54

周期曲面是封闭的曲面，移动周期曲面接缝附近的控制点，不会产生锐边，以周期曲线建立的曲面通常也会是周期曲面，如图4-55所示。

非周期曲面是封闭的曲面，移动非周期曲面接缝附近的控制点，可能会产生锐边，以非周期曲线建立的曲面通常也会是非周期曲面，如图4-56所示。

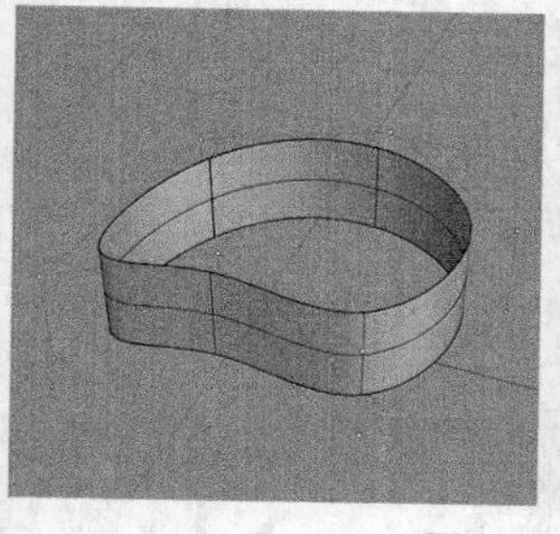

图4-55

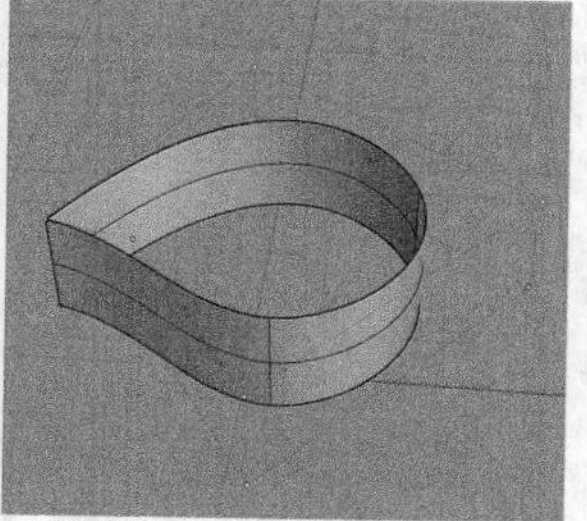

图4-56

4.1.9 非流形边缘

被3个或3个以上的网格面或曲面共用的边缘称为非流形边缘。读者可以使用“显示边缘”工具高亮显示多重曲面的非流形边缘。图4-57所示为以品红色显示的非流形边缘效果。

图4-57

4.1.10 公差

测量所需的准确度或数值的可接受误差范围，通常使用的符号是±（数值）。

4.2 NURBS建模基础

NURBS是Non-Uniform Rational B-Splines的缩写，即非均匀有理B样条曲线。B样条曲线是一种出现比较早的绘制曲线的方式，Photoshop里面的钢笔工具和CorelDRAW里面的贝塞尔曲线工具都是B样条曲线，而NURBS则在B样条曲线的基础上扩展出了更多的可控制特性。大部分时候使用的NURBS都是均匀和非有理的，只有一些较为特殊的曲线才具有非均匀和有理的特性。

本节内容介绍

名称	作用	重要程度
均匀与非均匀的区别	对造型的影响	中
有理与非有理的区别	可用于更好地理解周期曲线或曲面	高
权重	理解如何控制复杂曲线	中
阶数的概念	理解曲线的平滑关系	中
阶数和控制点的关系	掌握控制点与阶数的数量关系	中
阶数和节点的关系	理解最简曲线的意义	中
最简曲线	用于高质量曲面的建立	高
连续性	两个或两个以上曲线或曲面之间的顺滑程度	高

4.2.1 课堂案例：制作马克杯

场景位置　无
实例位置　实例文件>CH04>课堂案例：制作马克杯.3dm
视频名称　课堂案例：制作马克杯.mp4
学习目标　掌握餐具产品的建模流程

马克杯的效果如图4-58所示。

图4-58

01 制作杯体 在顶视图中使用“多边形：中心点、半径”工具绘制正六边形。在顶部指令栏中单击“边数”，输入6，如图4-59所示。然后按快捷键0+Space确定六边形的中心点，移动鼠标，按Shift键锁定正交方向，确定六边形的大小，如图4-60所示。完成后的效果如图4-61所示。

内接多边形中心点 (边数(N)=6 模式(M)=内切 边(D) 星形(S) 垂直(V) 环绕曲线(A)):

图4-59

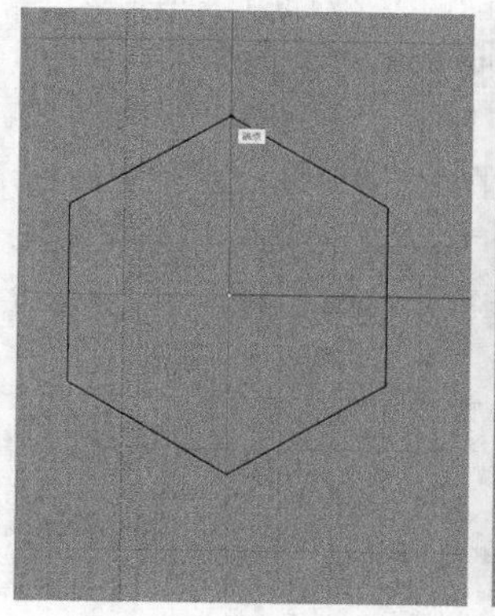

图4-60

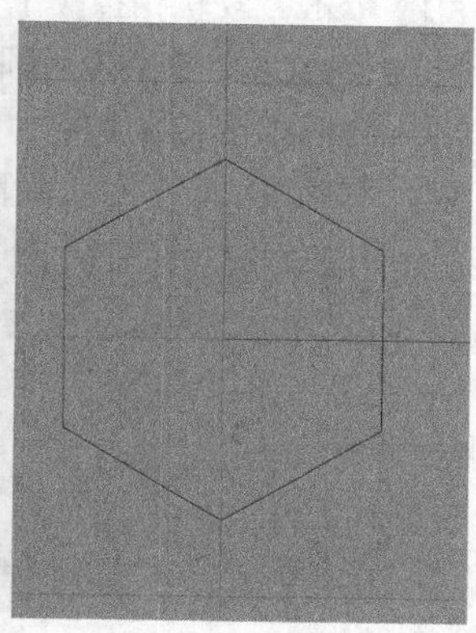

图4-61

02 单击“多边形：中心点、半径”工具，重复上面的步骤，画出稍大的另一个正六边形，如图4-62所示。

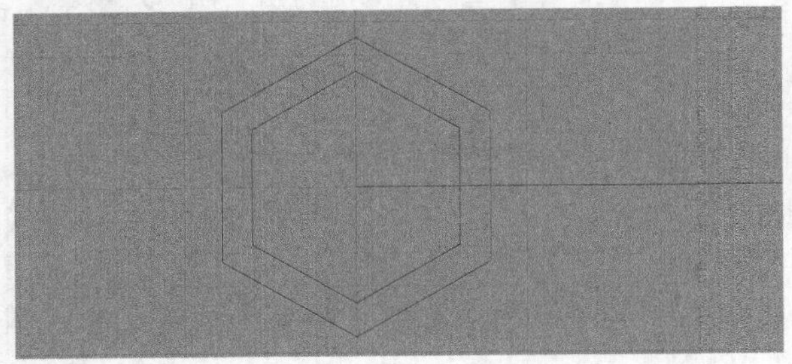

图4-62

03 切换至透视图，选择大的六边形，通过操作轴向上移动一段距离，如图4-63所示。

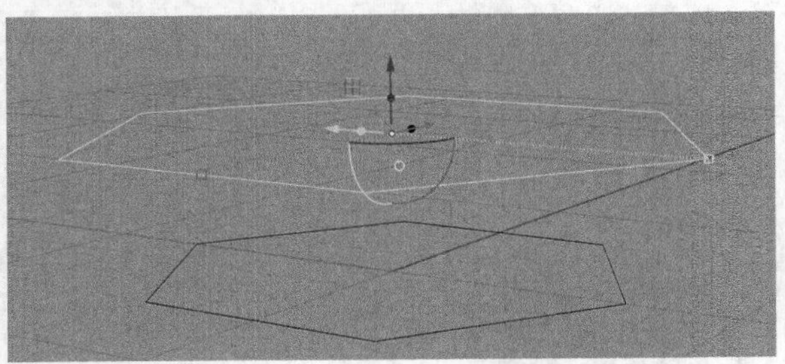

图4-63

04 使用“多重直线”工具将两个正六边形的上下顶点连接起来，这里只需要连接两条即可，如图4-64所示。

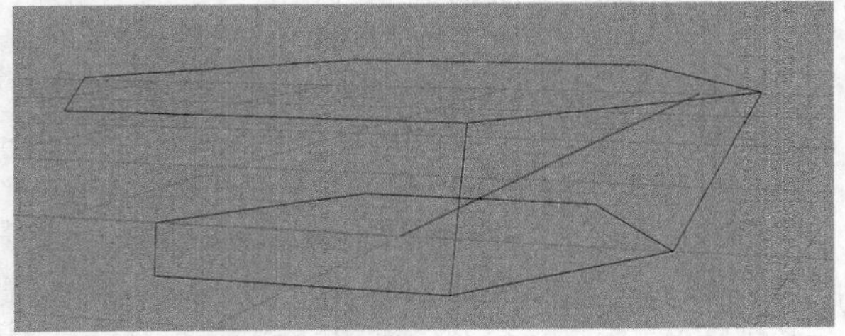

图4-64

05 单击“双轨扫掠”工具，选择路径曲线1，选择路径曲线2，选择断面曲线3，选择断面曲线4，如图4-65所示。按鼠标右键确认，观察断面曲线的方向，再次按鼠标右键，如图4-66所示。

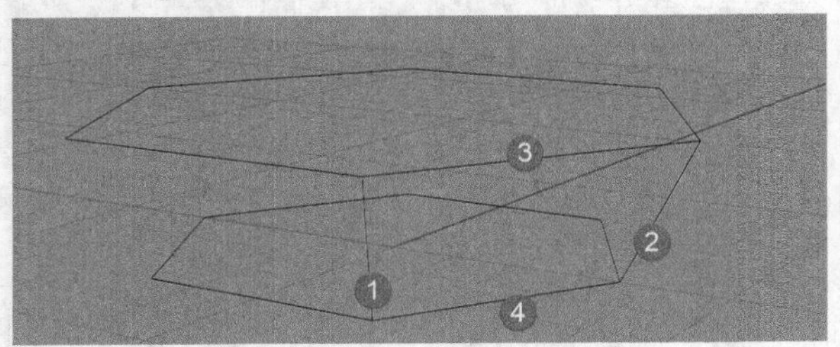

图4-65

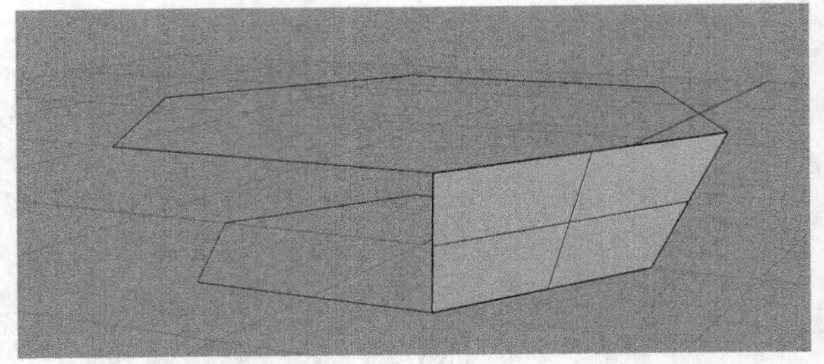

图4-66

06 单击工具集中的“延伸曲面”工具，选择上面的曲面边缘，移动鼠标，确定边缘的长度，如图4-67所示。确定好长度后单击鼠标右键，如图4-68所示。

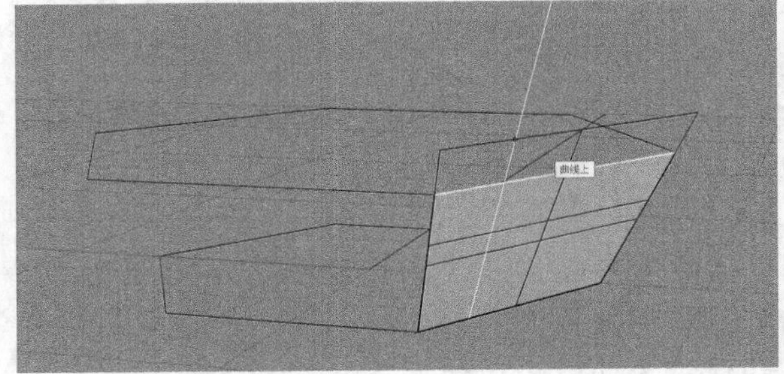

图4-67

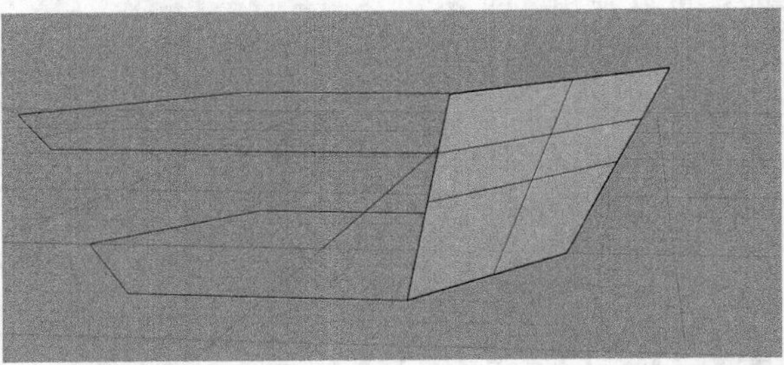

图4-68

07 选取直线段，然后单击“修剪”工具，继续单击需要去掉的部分，如图4-69所示。单击两个角，修剪后的效果如图4-70所示。

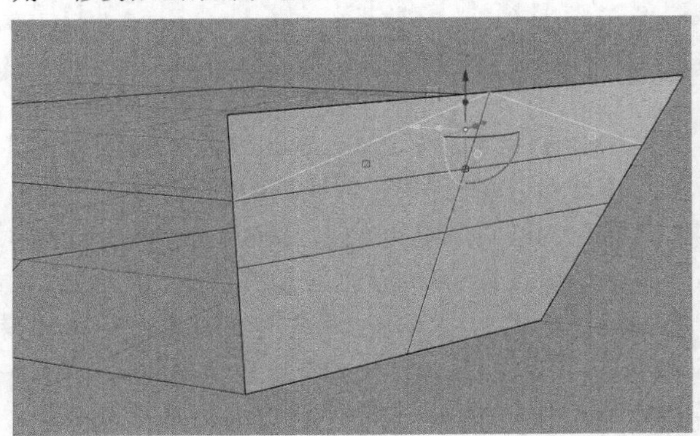

图4-69

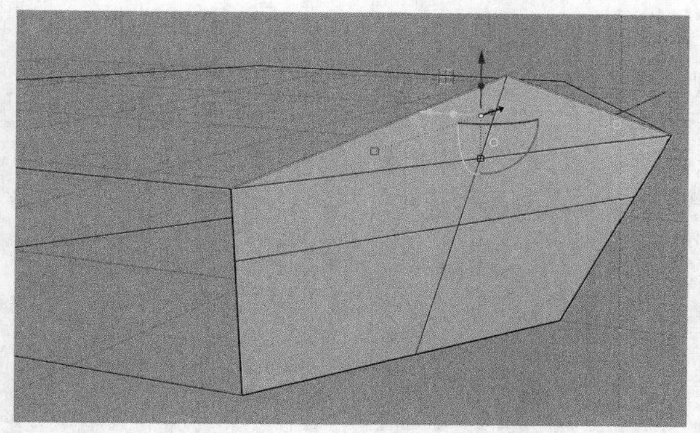

图4-70

08 选择好修剪后的平面，单击“环形阵列”工具，按快捷键0+Space指定环形阵列的中心点，设置“阵列数”为6，预览效果如图4-71所示。单击鼠标右键完成操作，如图4-72所示。

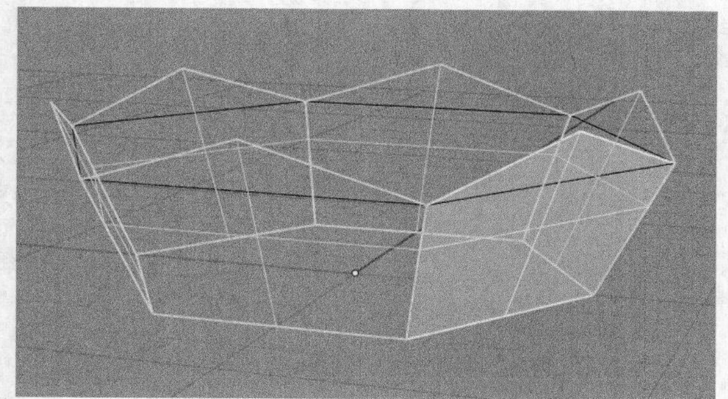

图4-71

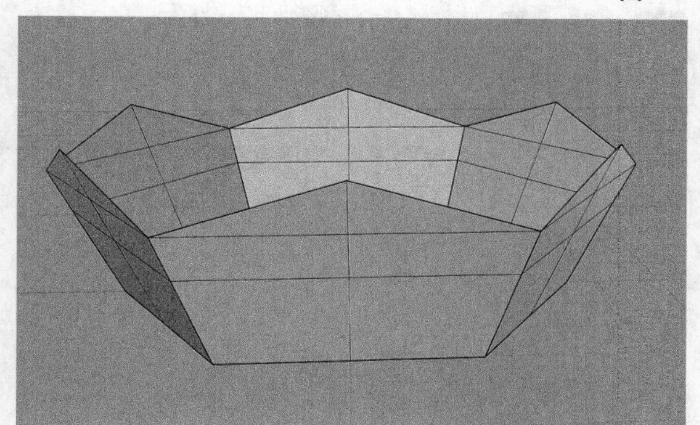

图4-72

09 切换到顶视图，使用“多边形：中心点、半径”工具绘制正十二边形，在顶部指令栏中单击“边数”，输入12，如图4-73所示。按快捷键0+Space确定十二边形的中心点，按Shift键锁定正交方向，确定十二边形的大小，如图4-74所示。

内接多边形中心点 (边数(N)= 12 模式(M)=内切 边(D) 星形(S) 垂直(V) 环绕曲线(A)):

图4-73

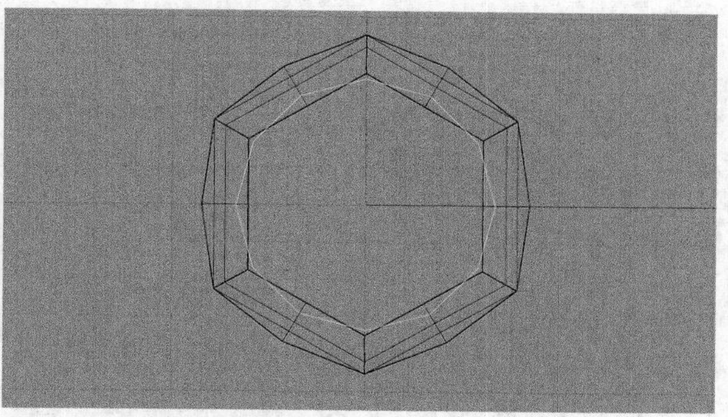

图4-74

10 切换至透视图，选择十二边形，通过操作轴向上移动一段距离，如图4-75所示。

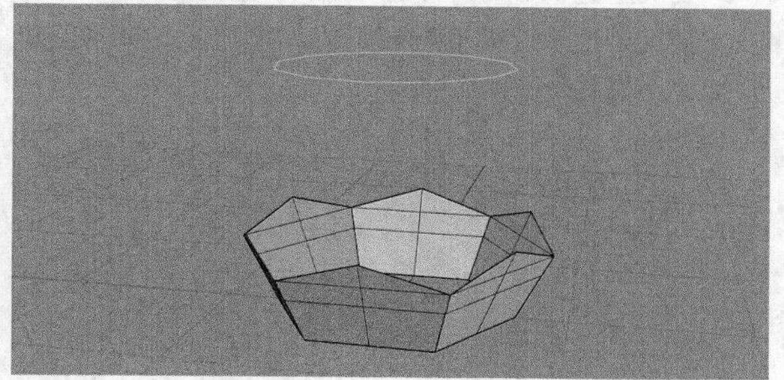

图4-75

11 单击“放样”工具，选择十二边形的一条边，继续单击下面曲面的一条边，如图4-76所示。单击鼠标右键完成操作，如图4-77所示。

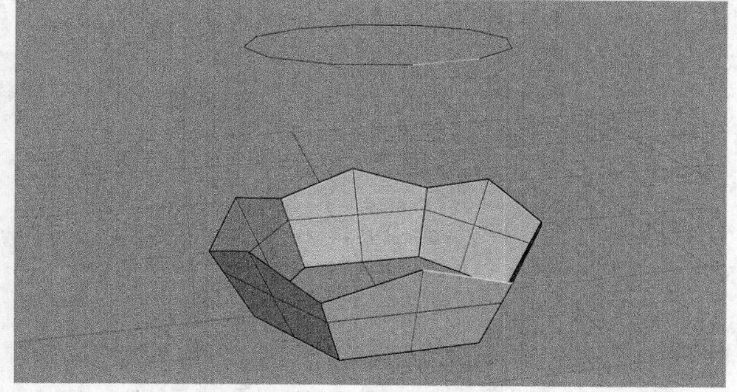

图4-76

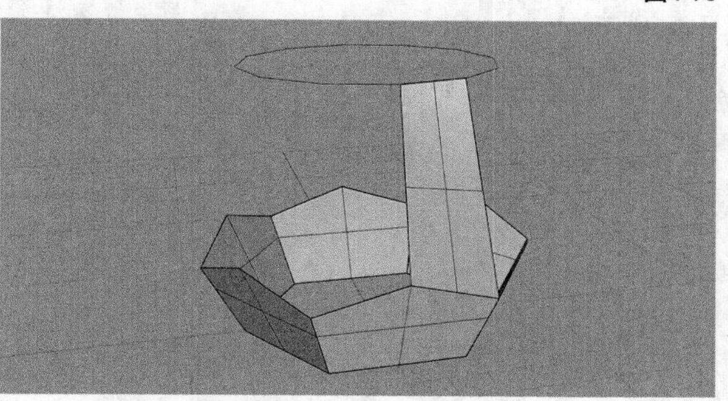

图4-77

12 重复上一个步骤，完成右边的平面，如图4-78所示。

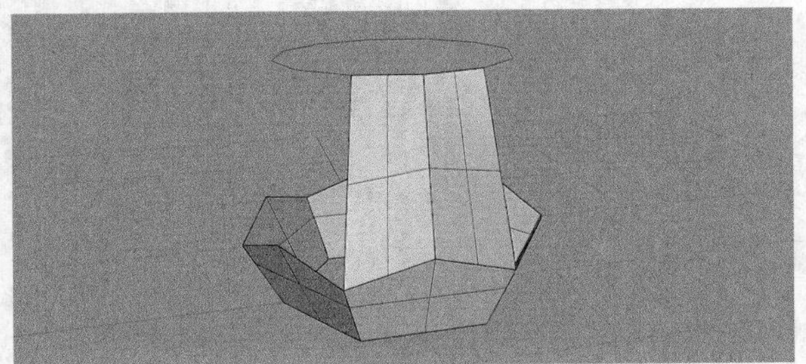

图4-78

13 选择放样的两个平面，单击“环形阵列”工具，按快捷键0+Space指定环形阵列的中心点，设置“阵列数”为6，预览效果如图4-79所示。单击鼠标右键完成操作，如图4-80所示。

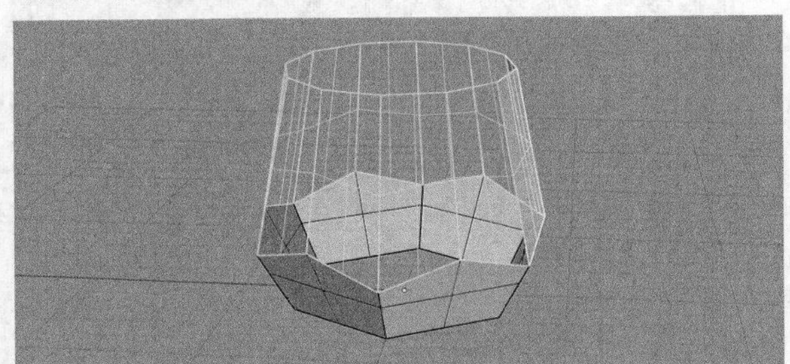

图4-79

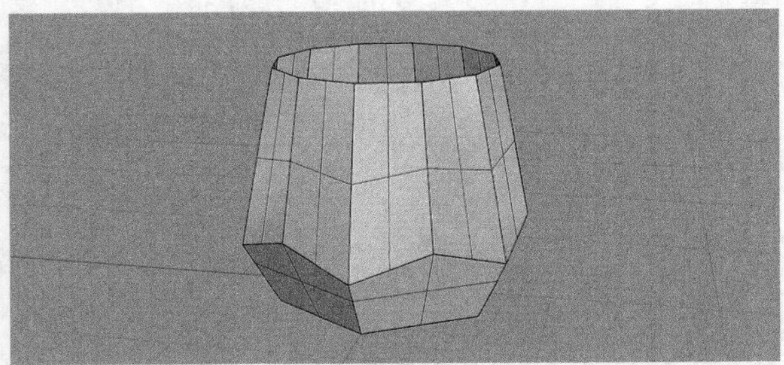

图4-80

14 选择所有的平面并组合在一起，然后单击“将平面洞加盖”工具，将杯体封闭为实体，如图4-81所示。

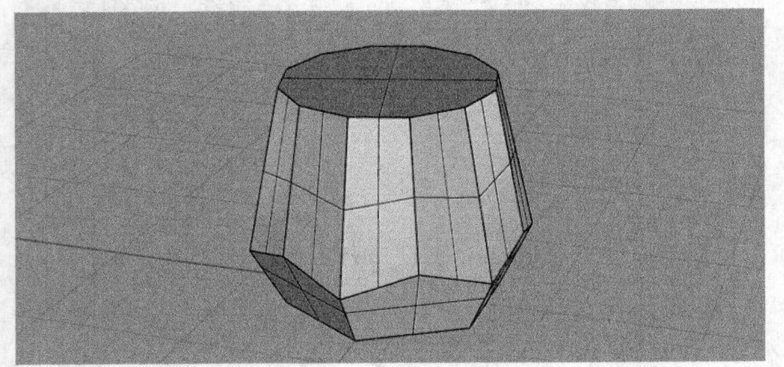

图4-81

15 单击“薄壳”工具，选取封闭的多重曲面上要删除的面，注意至少要留下一个面未选取，这里选取顶面，如图4-82所示。在指令栏中调整壳体的厚度。完成后，使用鼠标右键单击选取的面并移除，然后进行薄壳处理，如图4-83所示。

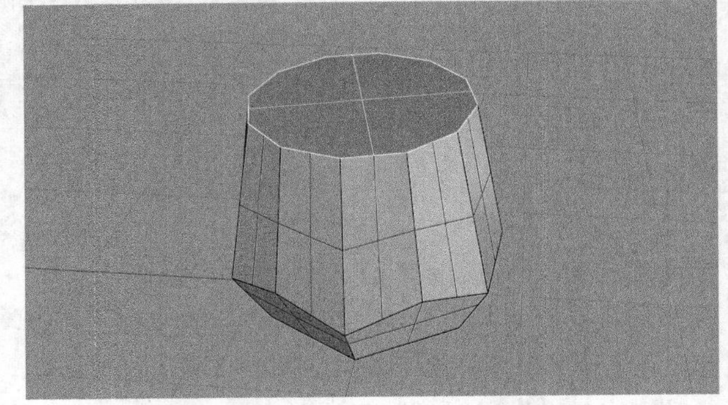

图4-82

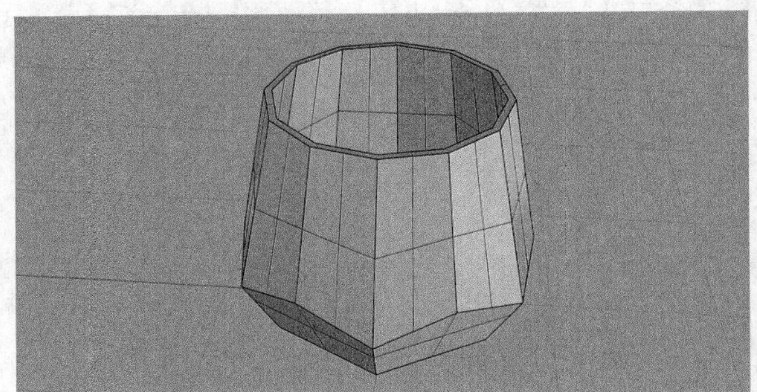

图4-83

16 选择“圆：中心点、半径”工具，绘制出一个圆，圆的半径比杯口大一点即可，如图4-84所示。

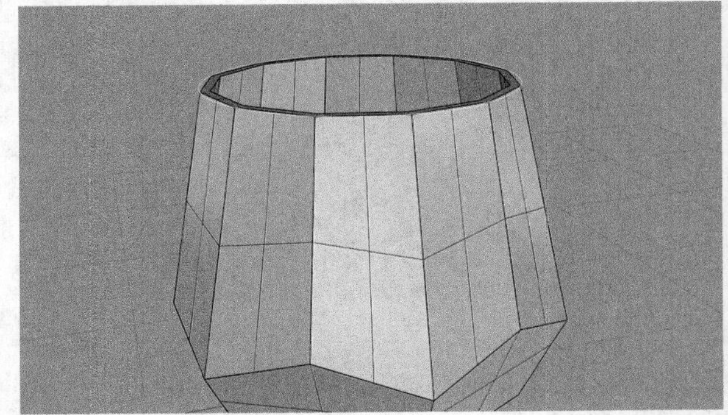

图4-84

17 单击工具集中的“直线挤出”工具，将圆挤出为实体，设置指令栏的参数，如图4-85所示。挤出后的效果如图4-86所示。

挤出长度 < 2.1472> (方向(D) 两侧(B)=否 实体(S)=是 删除输入物件(L)=否 至边界(T) 设定基准点(A)):

图4-85

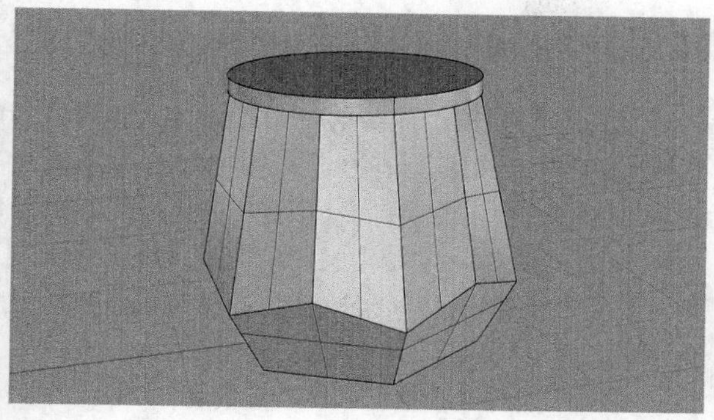

图4-86

18 使用“矩形：角对角”工具并按Shift键绘制两个正方形，然后使用“单点”工具绘制出点，如图4-87所示。

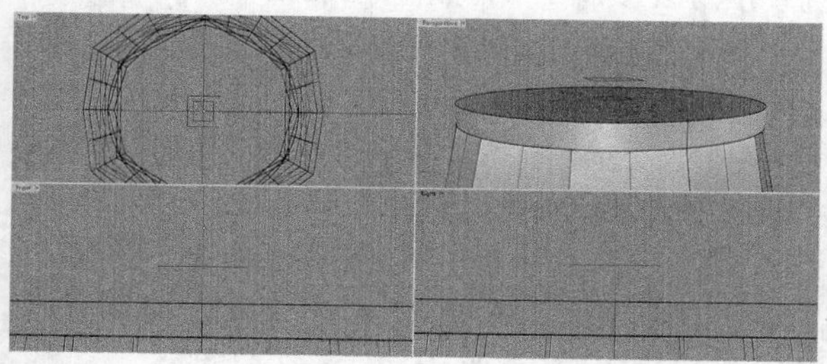

图4-87

19 单击“放样”工具，依次选取点和两个矩形，预览效果无误后单击鼠标右键完成操作，如图4-88所示。

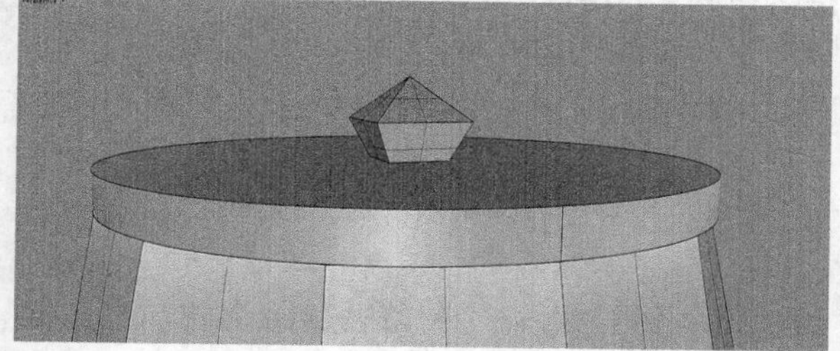

图4-88

20 切换到右视图，单击“控制点曲线”工具，绘制出图4-89所示的曲线。

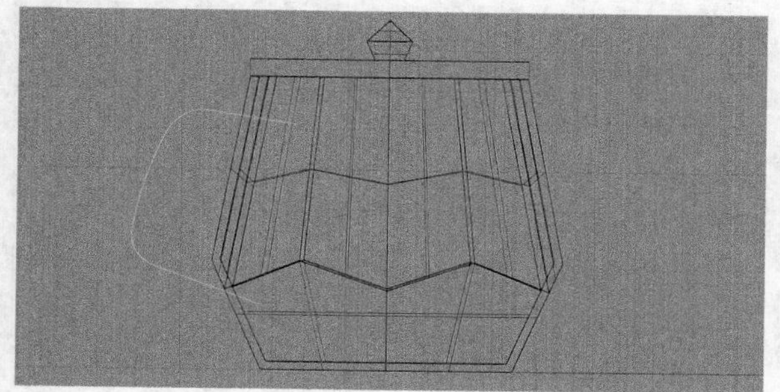

图4-89

21 单击“椭圆：中心点、半径”工具，在指令栏中单击“环绕曲线”，如图4-90所示，绘制出一个椭圆形的截面，如图4-91所示。

椭圆中心点 (可塑形的(D) 垂直(V) 角(C) 直径(I) 从焦点(F) 环绕曲线(A)):

图4-90

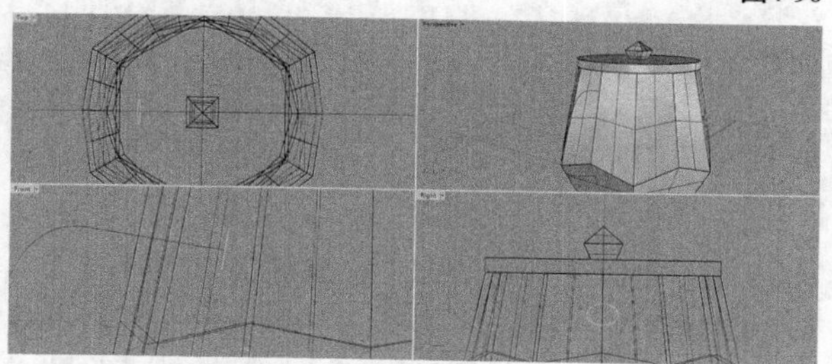

图4-91

22 单击“单轨扫掠”工具，选择路径曲线1，选择断面曲线2，如图4-92所示。确认断面曲线的方向正确后，单击鼠标右键，如图4-93所示。

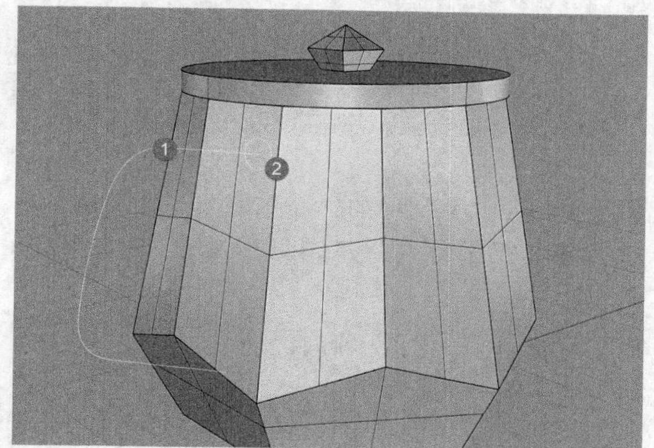

图4-92

图4-93

23 选择图4-94所示的杯子把手部件，单击工具集中的“布尔运算分割”工具，选择切割用的杯体部件，单击鼠标右键完成操作。

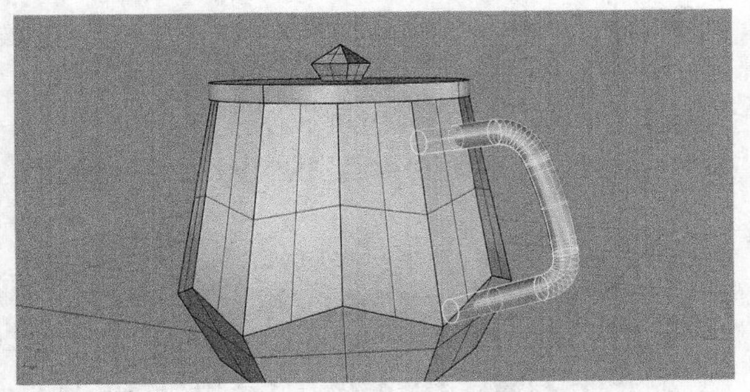

图4-94

24 选中中间分割后的部件，删除多余的部分，如图4-95所示。

图4-95

25 单击工具集中的“布尔联集”工具，选择杯体和把手部件，单击鼠标右键，如图4-96所示。

图4-96

26 使用工具集中的“边缘圆角”工具对模型进行圆角处理，如图4-97所示。

图4-97

4.2.2 均匀与非均匀的区别

这里指的是节点赋值的均匀。很多人会误认为控制点是确定曲线造型的，其实控制点并不直接影响曲线造型，只影响了节点的位置。控制点的位置和它的赋值，才是定义一条曲线造型的因素。简而言之，控制点是间接控制的，而节点是直接控制的。

那么节点的赋值是怎么样设定的呢？

Rhino中有两个绘制曲线工具，分别是“控制点曲线”和“编辑点曲线”。一种是定义控制点来绘制曲线，另一种是定义节点来绘制曲线。其实它们的区别主要就是节点赋值方式的不同。

第1个工具是通过定义控制点画出曲线，这样绘制的曲线节点的赋值是固定的，按照0、1、2、3、4……依次类推，有规律地赋值。所以使用该工具绘制出来的曲线始终是均匀的。

第2个工具是直接用节点来绘制曲线，而节点的定义方式默认是“弦长”。按照弦长的方式绘制的曲线一般都是不均匀的。

另外，节点还有两种不同的方式，通过单击“编辑点曲线”工具，如图4-98所示。单击“节点（K）=均匀”可调节节点的另外两种方式。图4-99所示分别是“均匀”和“弦长平方根”。“弦长平方根”和“弦长”类似，也是一种不均匀的绘制方式。

下一点，按 Enter 完成 (阶数(D)=3 节点(K)=均匀 持续封闭(P)=否 终点相切(N) 复原(U)):

图4-98

节点 <均匀> (均匀(U) 弦长(C) 弦长平方根(S)):

图4-99

那么均匀与否，对曲线的影响如何呢？

其实就是对造型的影响。图4-100所示的两条曲线都有5个控制点，而且控制点均重合，都是非有理曲线，但是造型不一样。原因在于黑色曲线是均匀的，红色是不均匀的。由此可见，节点的赋值也会影响造型。其实这也是一种可以在复杂造型情况下减少曲线复杂度的方式。

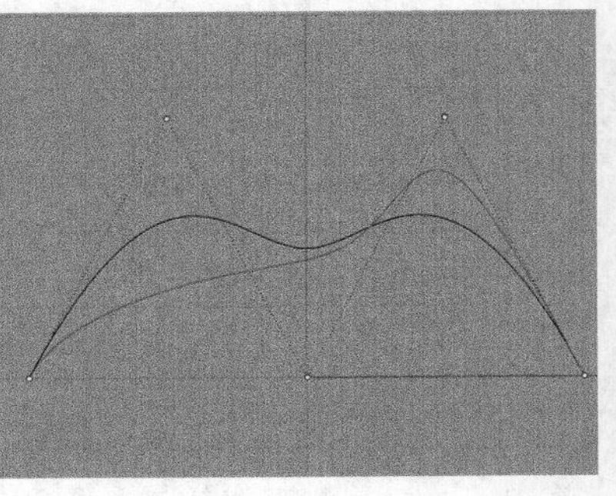

图4-100

4.2.3 有理与非有理的区别

先理解一下比较容易理解的“有理”。在Rhino中，可以注意观察一下，几乎所有的标准几何曲线都是有理曲线。圆、椭圆、抛物线和双曲线等，都属于二次曲线范畴，这些只能用有理曲线才可以精确描述。

下面就以圆为代表来详细解释有理的含义。见图4-101，最左边的圆才是有理的圆，其他两个都是非有理的。有两种方法可以判断出这个结果。

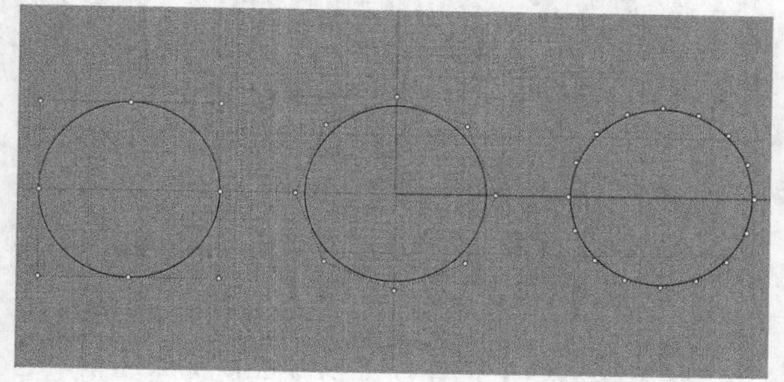

图4-101

第1种：通过工具集中的“打开曲率图形”工具来检测曲线曲率的变化，白色曲线和黑色曲线的距离都一样，那就表明这条曲线的曲率都是一样的。

见图4-102，中间圆的白色曲线看起来像一个多边形，所以它的曲率是不一样的；右边的曲线看起来和左边的曲线一样，都很圆，其实它还是一个多边形，因为右边曲线的密度比左边的那个圆大，所以只是更加接近于标准的圆而已，实际上并未达到标准圆的要求。为了更清楚地分辨右边圆和标准圆之间的区别，可以把曲率图形的检测结果“放大”。当把右边圆放大的时候，就可以很清楚地看到它的曲率检测结果其实还是一个多边形，如图4-103所示。标准圆不论放大多少倍，结果都是圆的，如图4-104所示。

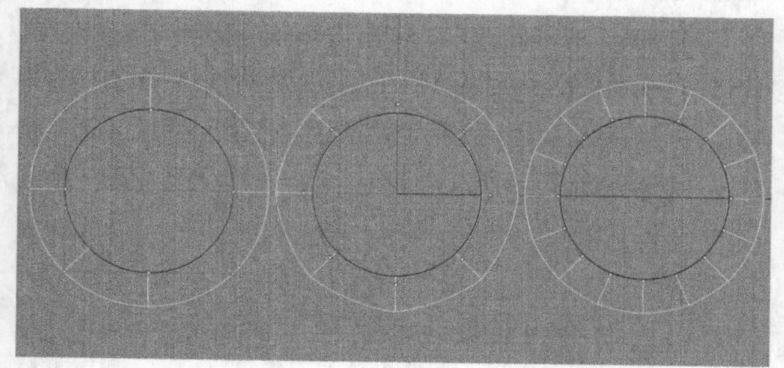

图4-102

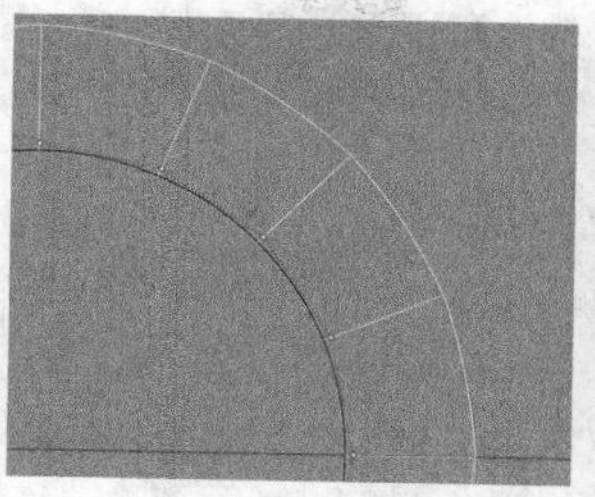

图4-103

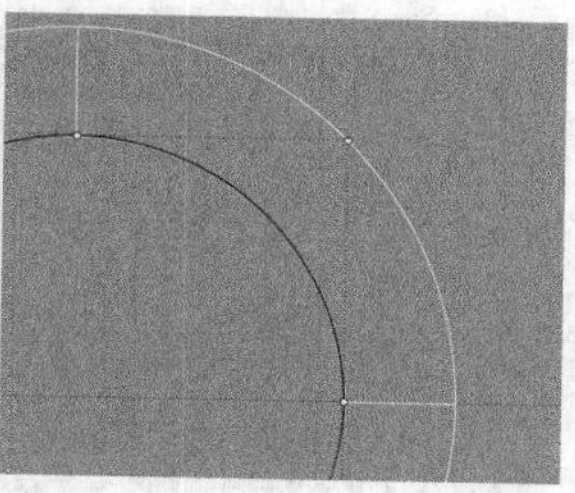

图4-104

第2种：也可以用“半径尺寸标注”工具来检测。见图4-105，上面的圆得到的结果显示每个半径都相等，说明是标准圆。中间的圆得到的结果显示在不同位置，半径不一样，说明是接近于圆的圆；下面的圆的检测结果表示虽然误差很小，但是在不同位置的半径也不一样。

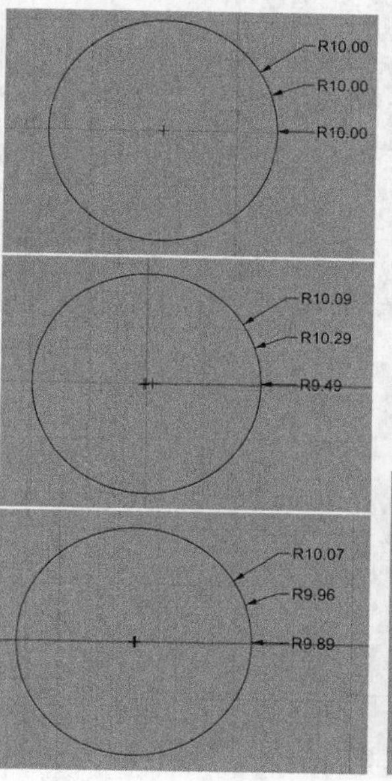

图4-105

通过上面两种方法证明第1个圆才是标准圆以后，以图4-106所示的结果就可以从中取出1/4个圆来说明有理在模型中是如何表现的。

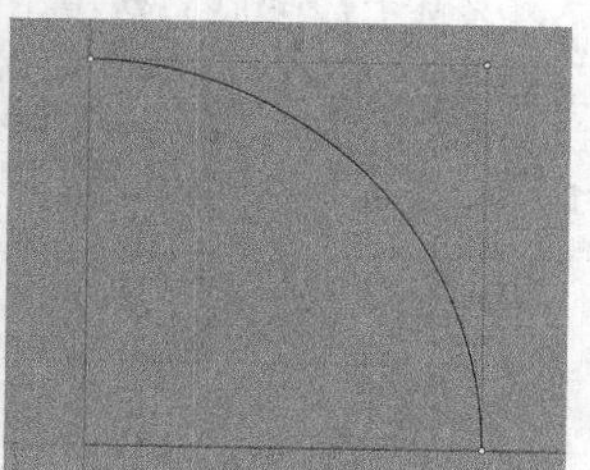

图4-106

1/4圆曲线只有3个控制点。使用“编辑控制点权值”工具来查看每个控制点的权重。左侧上面控制点权重值如图4-107所示，右侧上面控制点权重值如图4-108所示，右侧下面控制点权重值如图4-109所示，比较后可以看出，右侧上面的控制点权重和其他两个控制点的值不一样。

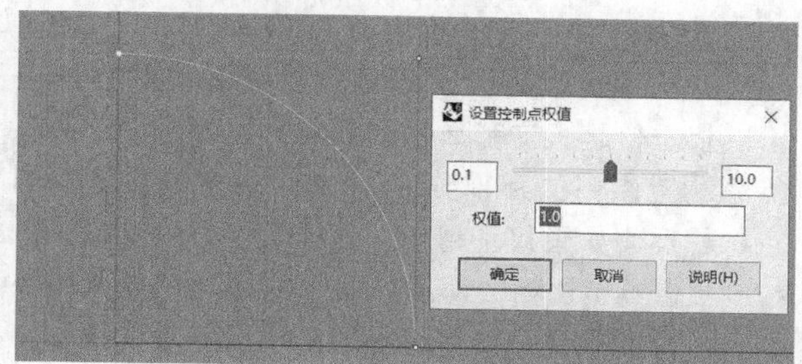

图4-107

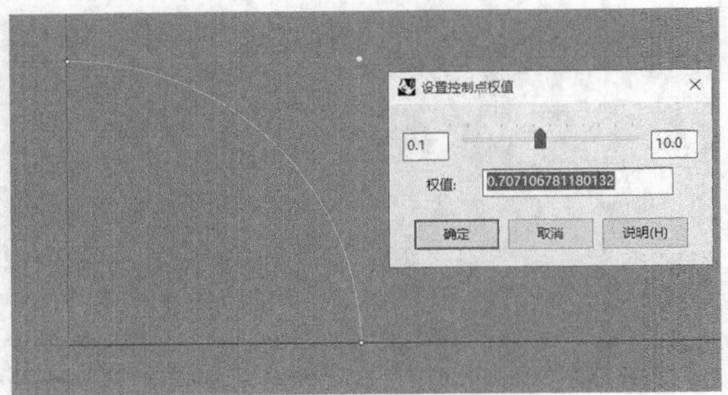

图4-108

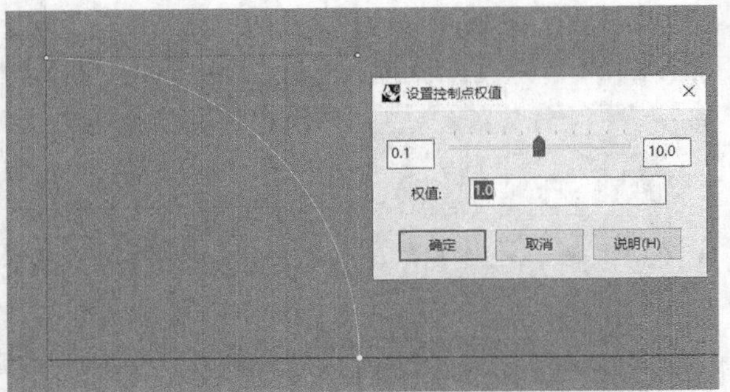

图4-109

因此，在NURBS中，所谓的有理，在模型中的表现就是控制点的权重不一样。

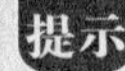

在该小节中提到的权重值请参考下一小节内容。

4.2.4 权重

见图4-110，共有4条封闭曲线，它们都是非有理曲线。第1条曲线是标准圆重建设置6个控制点后的结果。第2~第4条曲线是第1条曲线改变权重后的结果。

第2条曲线是把最右边控制点的权重减小为0.5的结果，相当于这个点的作用力度减少了50%。

第3条曲线是把最右边控制点的权重增大到1.5，相当于这个点的作用力度增加了1.5倍。

第4条曲线是把最右边控制点的权重增大到3，相当于这个点的作用力度增加了3倍。

从图中可以看出：所谓权重就是控制点的引力。权重值越大，那么它的吸引力也就越大，控制点影响范围内的那部分曲线/曲面也就越接近控制点；相反，如果权重越小，它的吸引力也就越小，控制点影响范围内的那部分曲线/曲面也就越远离控制点。总的来说，权重影响的是控制点对曲线和曲面的吸引力。

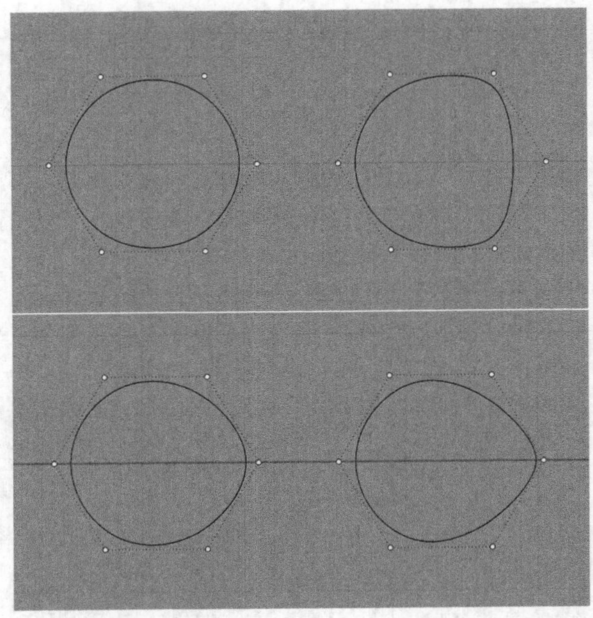

图4-110

利用权重这个特性，可以做很多特殊造型。它能够保证用较少的控制点来绘制造型复杂的曲线，提高曲线的质量，如图4-111所示。

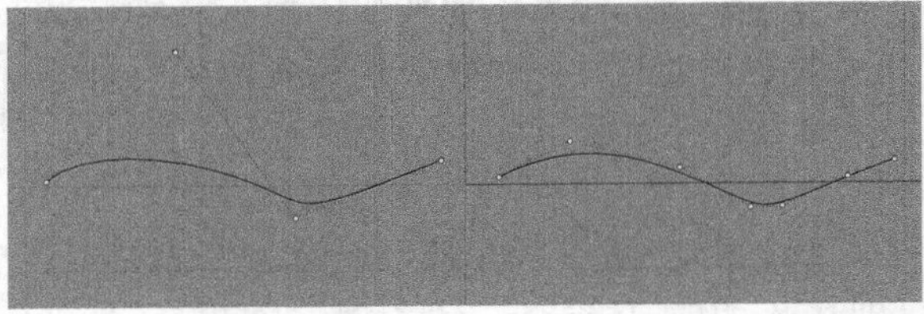

图4-111

左边是有理曲线，所以控制点可以比较少，而曲线质量比较高。因为每个点都可以控制作用力的强度，所以造型能力也会比较强。

4.2.5 阶数的概念

简单地说，“阶数”是一个数值，准确来说它是描述一条曲线的方程的“指数”。

例如，通过高中课本知识中介绍的圆的方程式$x^2+y^2=z^2$可以看出，指数是2。这个指数在NURBS中被定义为阶数，所以在Rhino中，标准圆曲线是2阶的。当然，要注意2阶可以描述标准圆，那么更高的阶也同样可以描述。而平时所绘制的直线，用1阶就足够了。

最常用到的曲线“阶数”一般是1阶、3阶和5阶。默认为3阶曲线，一般不需要改变。不同“阶数”的曲线主要区别就是曲线的光顺程度不同。下面举例说明这个问题。

使用“多重直线”工具绘制一条多重直线，如图4-112所示，黑色曲线为一阶曲线。通过多重直线的几个定义点，使用“控制点曲线”工具绘制一条曲线，在顶部指令栏中单击阶数来改变阶数值，如图4-113所示。改变“阶数”为2，绘制出红色曲线，如图4-114所示。用同样的方法绘制默认的3阶橙色曲线和4阶蓝色曲线，如图4-115所示。

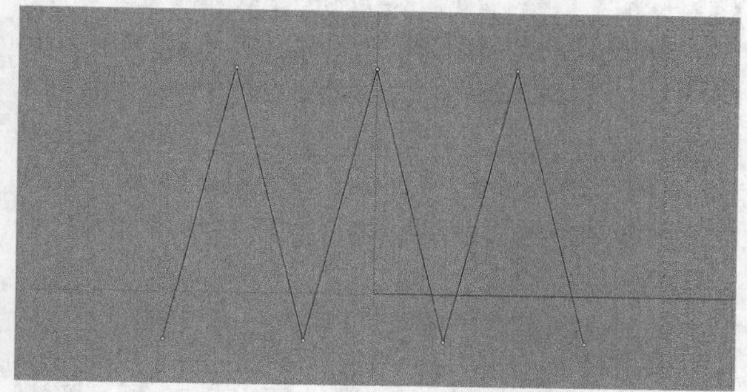

图4-112

曲线起点（阶数(D)=*3* 持续封闭(P)=*否*）:

图4-113

曲线阶数 <**3**>: 2

图4-114

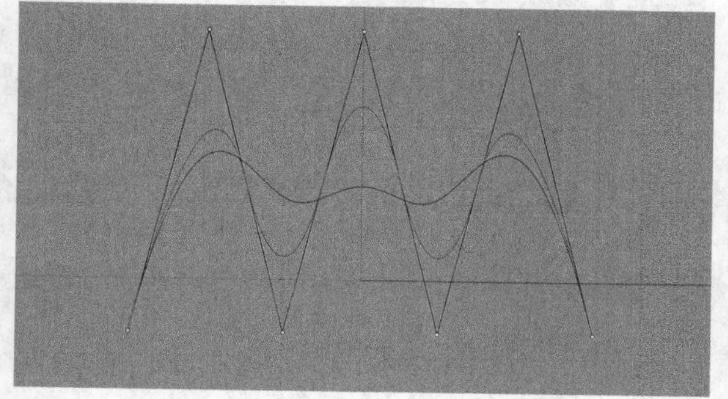

图4-115

从上面案例可以看出，曲线“阶数”越高，曲线绷得越紧，每个控制点对它的影响力就越小。所以，“阶数”越高，曲线越容易光顺。但要注意，并不是在实际建模时“阶数”设置得越高越好。

一般对外观造型品质要求比较高的行业，都倾向于使用高阶的曲线和曲面，主要是为了得到更好的模型品质。例如，在汽车业中，经常用的曲面都是5阶~7阶。但是“阶数”太高了也未必好，前面说了“阶数”就是曲线方程的指数，可以想象一下指数为7的方程解起来有多费力。这样就不难理解，“阶数”越高就需要占用更多的系统资源。

Rhino目前可以制作最高为11阶的曲线和曲面。Rhino的核心可以支持最高为42阶的曲线和曲面，只是界面没有开放出来，所以读者无法使用。下面介绍“阶数”改变的两种方式。

第1种：先设置“阶数”，然后绘制曲线。在Rhino中，使用“控制点曲线”工具画线时可以设置所需要曲线的“阶数”，如图4-116所示。单击“阶数（D）=3”即可输入需要的阶数值。

曲线起点（阶数(D)=3 持续封闭(P)=否）: 阶数

曲线阶数 <**3**>:

图4-116

第2种：先绘制曲线，然后修改“阶数”。绘制完成的曲线或曲面我们同样可以改变它的“阶数”。使用工具集中的“改变阶数”工具即可改变曲线的阶数，还可以使用工具集中的“更改曲面阶数”工具改变曲面的阶数。

4.2.6 阶数和控制点的关系

先绘制出这样一些曲线：把“阶数”设置为11，然后画两个点的曲线，以同样的方法再分别画3个、4个、5个和6个点的曲线，如图4-117所示。

图4-117

接下来，选择有两个控制点的曲线，在右边栏物件属性界面中选择“详细数据”，如图4-118所示。打开“物件描述”对话框，如图4-119所示。

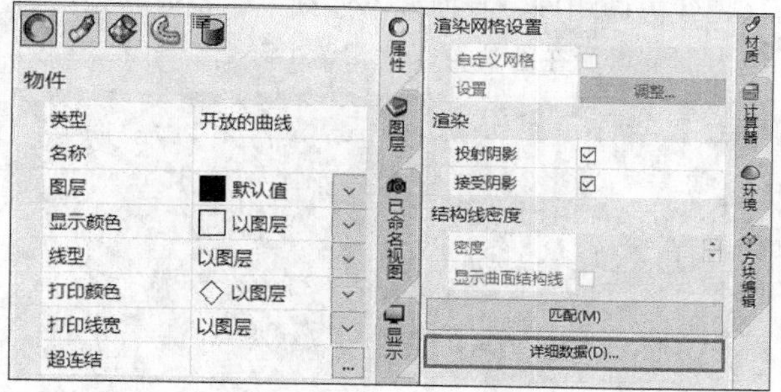

图4-118

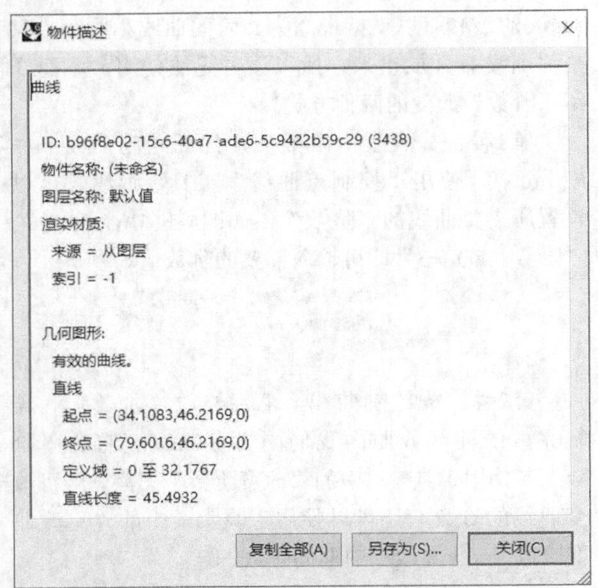

图4-119

注意看里面的文字，对比它们的控制点数量和“阶数”值。用同样的方法查看其他曲线。

通过这个案例，可以发现一个规律：n阶的曲线至少需要n+1个控制点数，如果控制点数少于设置的阶数值，会默认转换成按照控制点数量可以做出来的最高阶数值的曲线。

提示 在这里注意一个误区，n阶的曲线至少需要n+1个控制点数，用公式表示为：控制点≥阶数+1。这里不能转换成“阶数≤控制点-1”。首先，在Rhino中，目前最高阶为11，但是控制点可以是无数个。假设画一条3阶的曲线，你可以有n个控制点，但是阶数不等于“控制点-1”。

4.2.7 阶数和节点的关系

下面通过几张图的对比来找“阶数”和节点的关系，注意看它们的节点位置。

图4-120是一条2阶曲线，节点处只有G0连续（切线方向相同，且曲率不连续）。也就是说，曲线内部节点所在的位置，光滑性并不好。

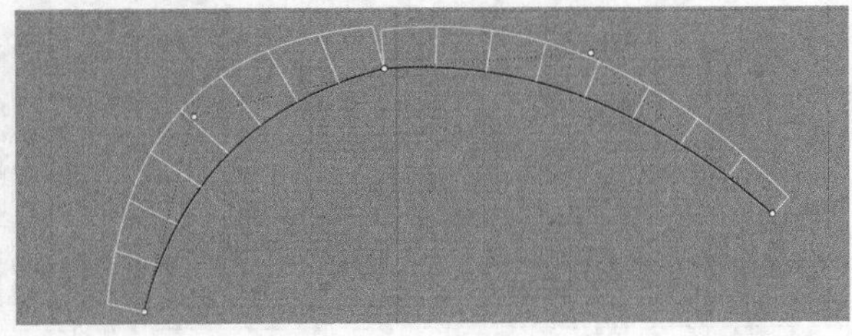

图4-120

图4-121是一条2阶曲线，节点处只有G1连续（切线方向相同，且曲率不连续）。

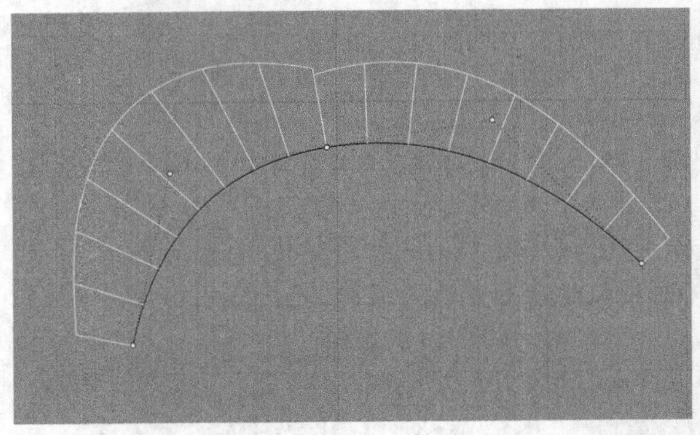

图4-121

图4-122是一条3阶曲线，节点处达到了G2连续（曲率连续，但是曲率的变化率不连续，也就是未到G3连续）。

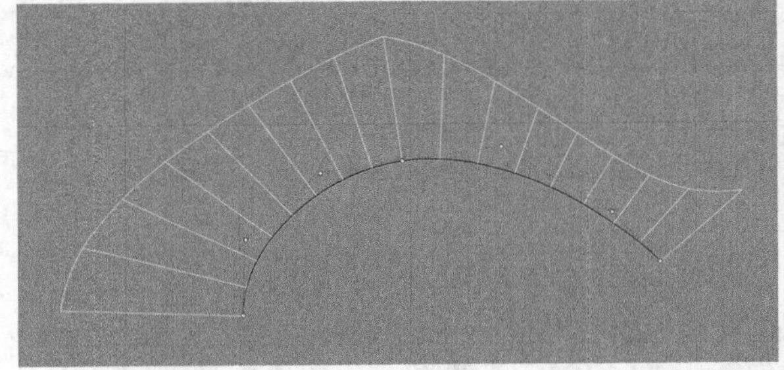

图4-122

通过上面几张图，可以对节点有两点新的理解。

第1点：节点会降低曲线在该处的连续性。

第2点：高阶的曲线可以提高节点处曲线的连续性。

因此，为什么制作高品质的模型喜欢用高阶的曲线或者曲面，这是一个方面的原因。Rhino默认建立曲线是“阶数=3”的曲线，因为3阶曲线是能够使内部达到G2连续的最低“阶数”的曲线。另外，虽然阶数很低，但是最简曲线内部连续性也是很高的，这就是最简曲线的优势。

提示 注意，拥有节点的曲线是NURBS的特性之一，不要把它看作是一个缺陷，其实它是一种优势。早期的曲线，如果需要10个控制点来描述造型，就一定要9阶的曲线，那么如果是需要30个控制点，那就需要29阶的曲线，而29阶的曲线很难计算。但NURBS就可以用低“阶数”扩展出无穷多个控制点造型。解决的办法就是用节点来把很多更低阶的曲线自动对接起来，并且保持一定的光滑度。所以，这是一种技术的进步。

4.2.8 最简曲线

前面讲到了一个“n阶的曲线至少需要n+1个控制点数”的公式为“控制点≥阶数+1”。那么，当“控制点=阶数+1”的时候，曲线就是最简曲线。最简曲线就是不能再减少控制点的曲线；如果减少控制点，那么曲线的阶数就会降级。

例如，“阶数=5”的曲线，可以有6个控制点，也可以有7个控制点，更可以有10个控制点，甚至还可以有更多的控制点数量。其中，只有6个控制点的曲线是“阶数=5”的最简曲线。如果最简曲线上多了一个控制点，则曲线上也会跟着多出一个节点。

例如，一条最简曲线上只有2个控制点，就是曲线的端点。最简曲线上曲线内部是没有节点的，所以，最简曲线有一个重要特性：最简曲线一定是均匀的。

4.2.9 连续性

一个曲线或曲面可以被描述为具有Gn连续性，n是表示光滑度的增量，即在曲线上取一点，然后分析该点与其两侧线段的关系。

G0：两侧曲线在这一点相遇（位置连续）。

G1：两侧曲线在这一点的切线方向相同（相切连续）。

G2：两侧曲线在这一点的曲率相同（曲率连续）。

1. 位置连续（G0）

只测量两条曲线端点的位置是否相同，两条曲线的端点位于同一个位置时称为位置连续（G0），换句话说就是两条曲线的端点相接，如图4-123所示。

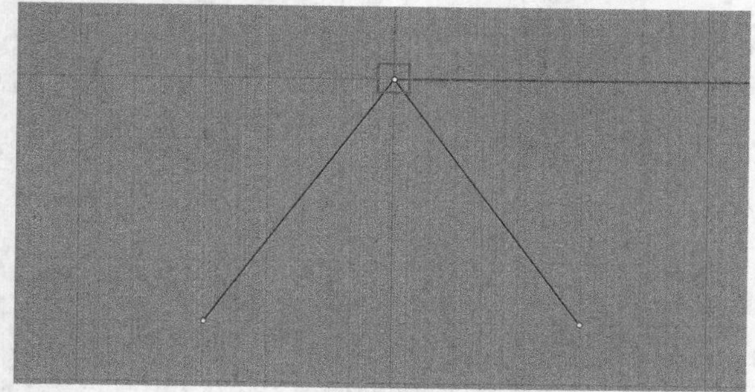

图4-123

2. 相切连续（G1）

测量两条曲线端点的位置及方向是否相同，换句话说就是两条曲线的端点相接且方向一致。曲线端点的方向是由第一个和第二个控制点决定，两条曲线相接点的前两个控制点（共4个控制点）位于同一直线上时称为相切连续（G1）。两条曲线在相接点的一阶导数相同，如图4-124所示。

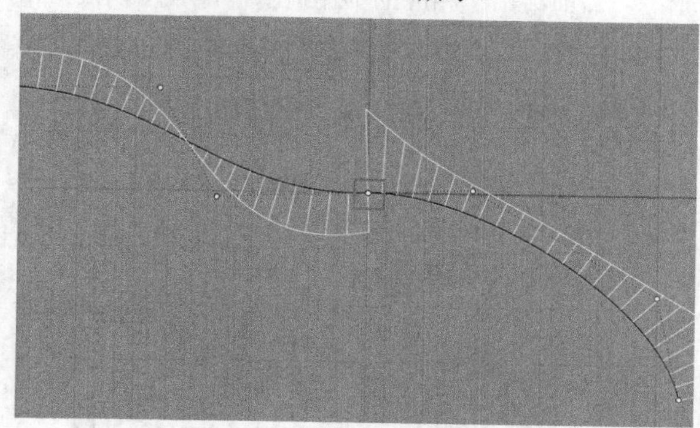

图4-124

3. 曲率连续（G2）

测量两条曲线端点的位置、方向及曲率是否相同，三者都相同时称为曲率连续（G2），换句话说就是两条曲线的端点不只相接，连方向与半径都一样。曲率连续无法以控制点的位置来判断。两条曲线在相接点的一阶、二阶导数相同，如图4-125所示。

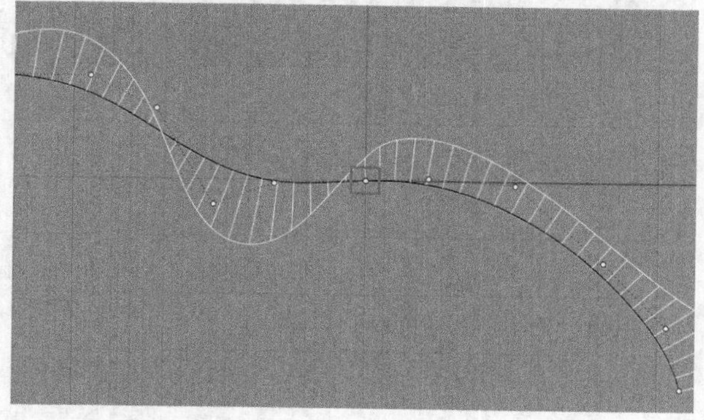

图4-125

G3连续比G2增加一个条件，两条曲线的端点除了位置、方向及半径一致以外，半径的变化率也必须相同。

连续性的作用是连续性在建模过程中体现在光滑性上。连续性越高，曲线与曲线或者曲面与曲面之间的光滑过渡就越好。那么如何判断曲线的连续性呢？

第1种：判断几条曲线之间的连续性，使用工具集中的“两条曲线的几何连续性”工具。

第2种：判断一条复合曲线的连续性，使用工具集中的“打开曲率图形”工具。白色曲线的光滑程度反映了被检测曲线曲率的变化情况。白色曲线越平滑，表示被检测曲线的光滑性越好。

4.3 课堂练习

下面准备了两个练习供读者练习本章的知识。每个练习后面给出了相应的制作提示，读者可以根据相关提示，并结合前面的课堂案例来进行操作。

4.3.1 课堂练习：制作菠萝容器

场景位置	无
实例位置	实例文件>CH04>课堂练习：制作菠萝容器.3dm
视频名称	课堂练习：制作菠萝容器.mp4
学习目标	掌握容器产品的建模流程

菠萝容器的效果如图4-126所示。

图4-126

制作提示如图4-127所示。

图4-127

4.3.2 课堂练习：制作节能灯

场景位置	无
实例位置	实例文件>CH04>课堂练习：制作节能灯.3dm
视频名称	课堂练习：制作节能灯.mp4
学习目标	掌握流线产品的建模流程

节能灯的效果如图4-128所示。

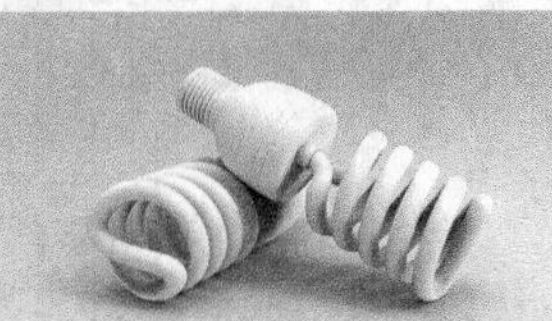

图4-128

制作提示如图4-129所示。

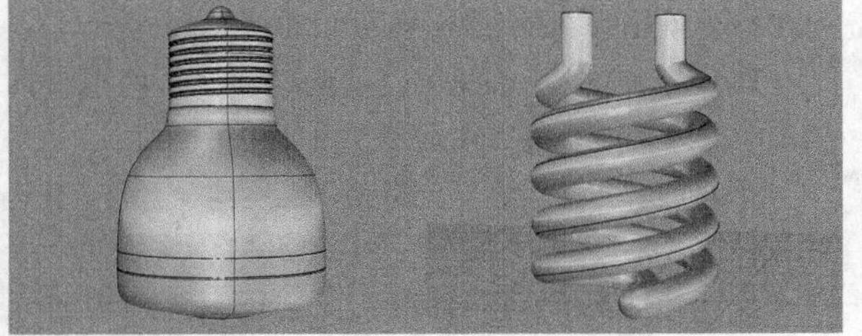

图4-129

4.4 课后习题

本章最后准备了两个习题，读者可以在空余时间做一做，巩固一下本章的内容，以熟练掌握建模的思路和基础建模工具的使用方法。

4.4.1 课后习题：制作U盘

场景位置	无
实例位置	实例文件>CH04>课后习题：制作U盘.3dm
视频名称	课后习题：制作U盘.mp4
学习目标	掌握生面的技巧

U盘的效果如图4-130所示。

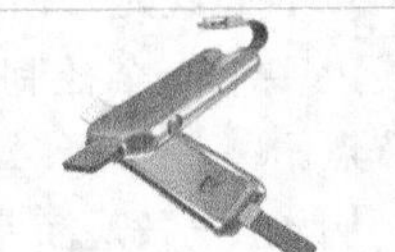

图4-130

制作提示如图4-131所示。

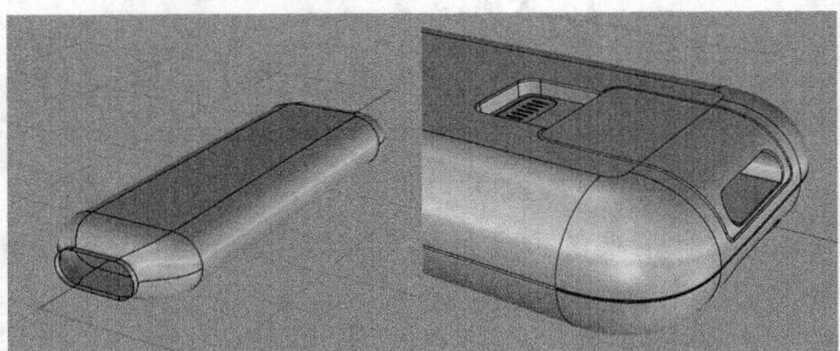

图4-131

4.4.2 课后习题：制作几何体蓝牙音箱

场景位置	无
实例位置	实例文件>CH04>课后习题：制作几何体蓝牙音箱.3dm
视频名称	课后习题：制作几何体蓝牙音箱.mp4
学习目标	掌握几何体的切割法

几何体蓝牙音箱的效果如图4-132所示。

图4-132

制作提示如图4-133所示。

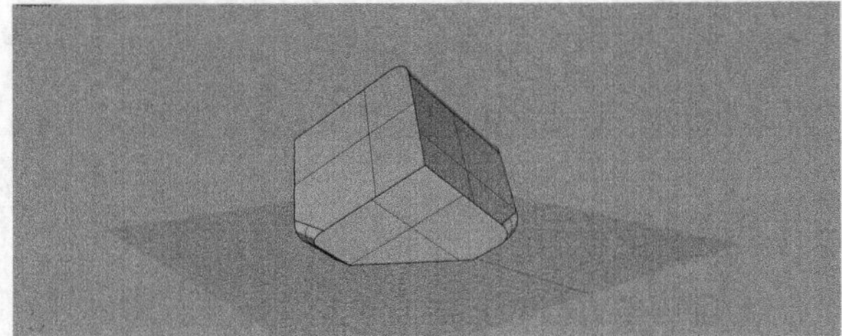

图4-133

第5章 工程图出图规范

本章将介绍在Rhino中对工程图进行标注的方法和工程图纸的设置标准。工程出图与商业出模是有密切关联的，这也是Rhino精确建模的根本所在。

课堂学习目标

- 掌握简单工程图的标注方法
- 掌握剖面线的建立方法

5.1 尺寸标注

尺寸标注是设计师之间进行交流的必不可少的注释，能让大家更明确地了解产品模型的大小，也方便后期的生产和制造，具体的标注规则需要参照机械制图的标注规则。

本节内容介绍

名称	作用	重要程度
注解样式	用于设置注解样式	高
水平或垂直标注	用于建立水平或垂直的直线尺寸标注	高
半径和直径标注	用于标注圆或圆弧的半径或直径	高

5.1.1 课堂案例：零件尺寸标注

场景位置　场景文件>CH05>01.3dm
实例位置　实例文件>CH05>课堂案例：零件尺寸标注.3dm
视频名称　课堂案例：零件尺寸标注.mp4
学习目标　完成2D图的建立

零件尺寸标注效果如图5-1所示。

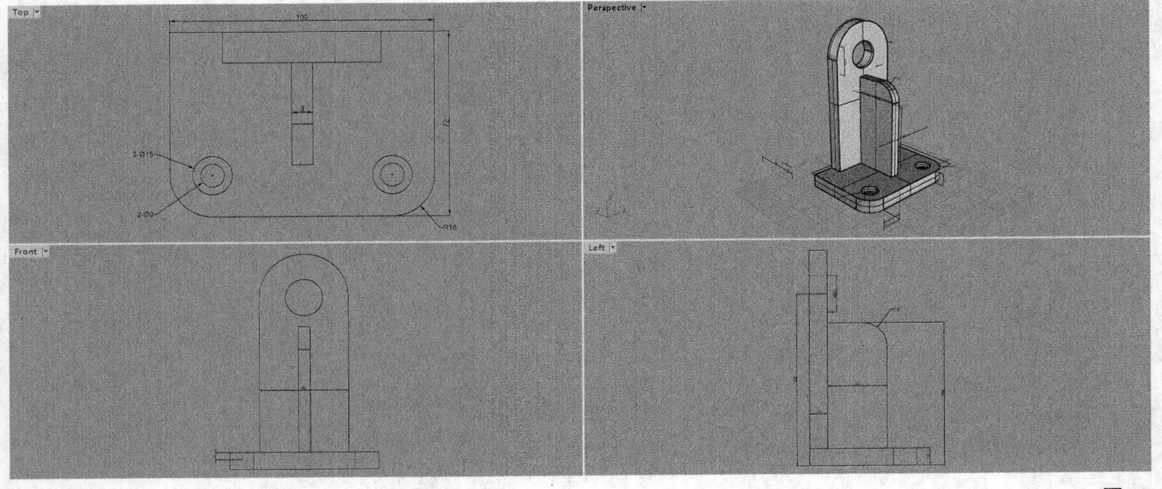

图5-1

01 打开“场景文件>CH05>01.3dm”文件，如图5-2所示。

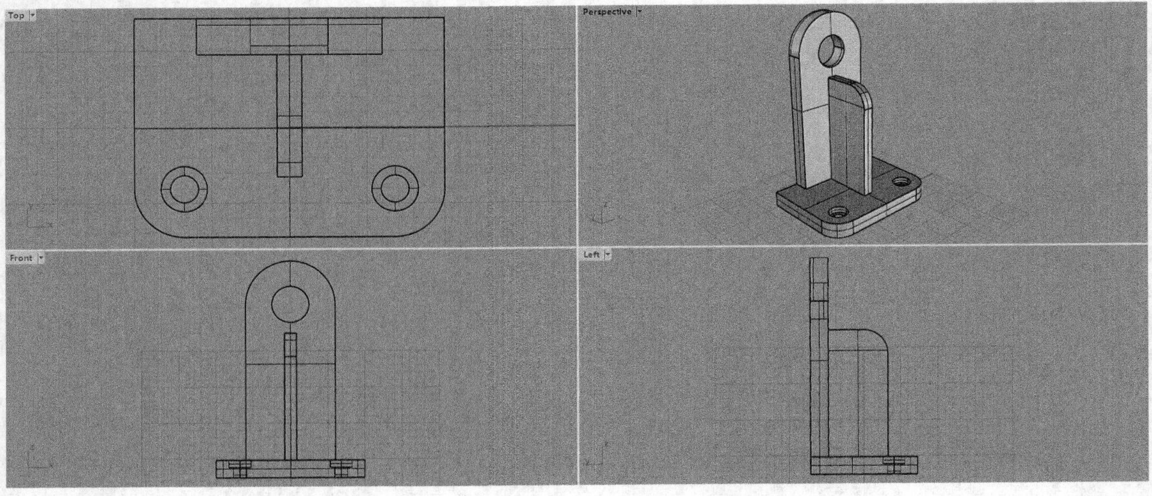

图5-2

02 在工作视窗的顶视图、前视图、右视图中使用鼠标右键单击工作视窗标题，将视图切换到工程图模式，如图5-3所示。切换完成后如图5-4所示。

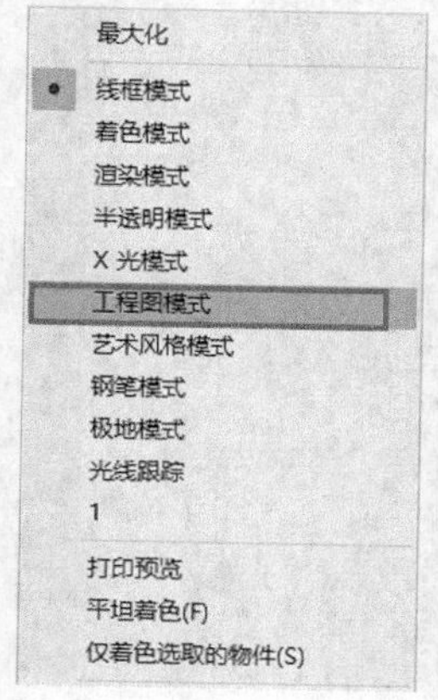

图5-3

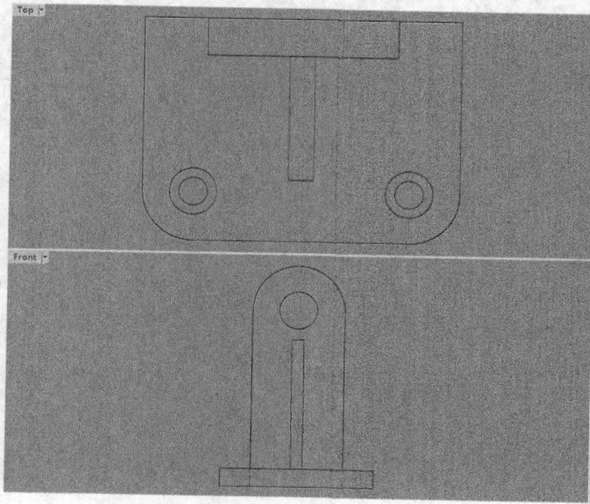

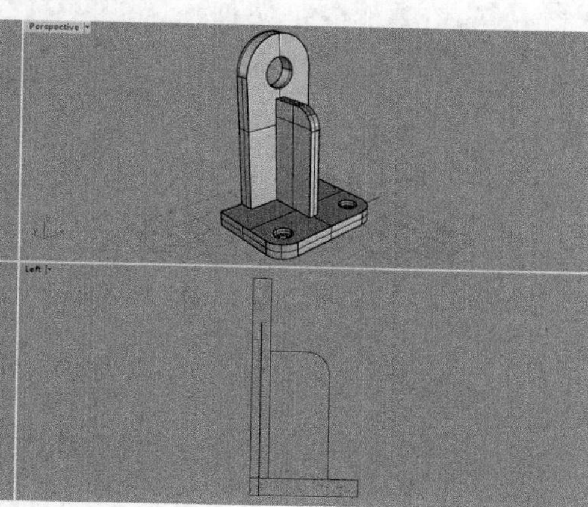

图5-4

03 **顶视图标注**双击顶视图中的工作视窗标题，将顶视图放大，为标注尺寸做准备，如图5-5所示。

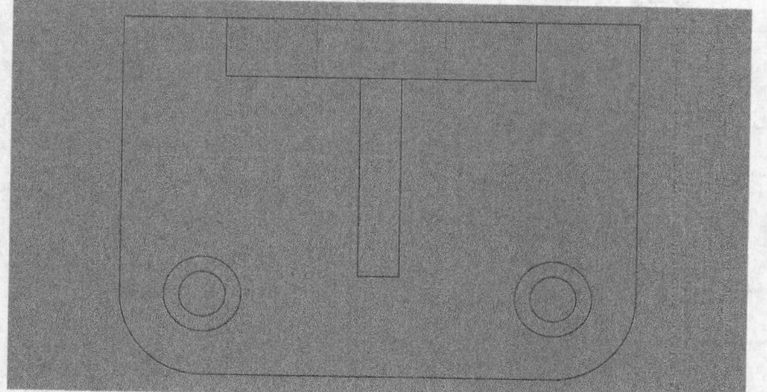

图5-5

04 使用“水平尺寸标注”工具和“垂直尺寸标注”工具标注出顶视图中的水平尺寸和垂直尺寸，如图5-6所示。

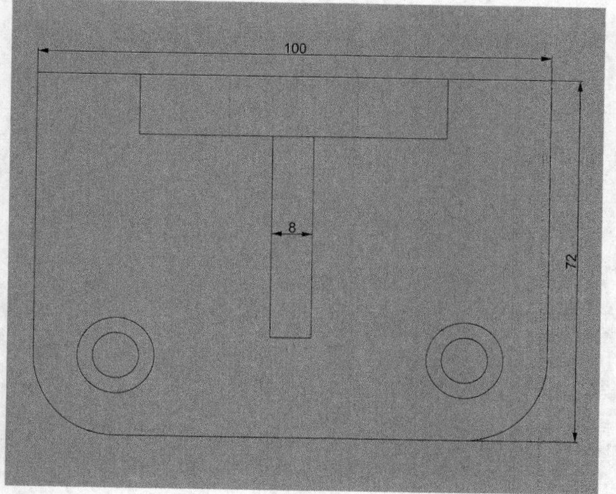

图5-6

05 使用“直径尺寸标注”工具标注出顶视图中的两个圆的直径，此时发现小圆的直径中间被遮挡住了，如图5-7所示。

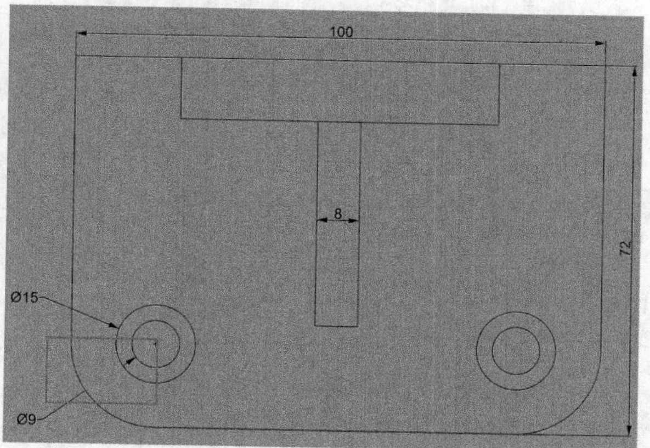

图5-7

提示 尺寸标注的工具是自带建构历史的，所以需要选中尺寸后使用工具集中的“清除建构历史”工具破坏建构历史，才可以进行编辑和移动。

06 切换到前视图，把直径为9的尺寸标注通过操作轴向上移动至无遮挡区域即可，如图5-8所示。移动完成后回到顶视图，发现此时无遮挡了，如图5-9所示。

图5-8

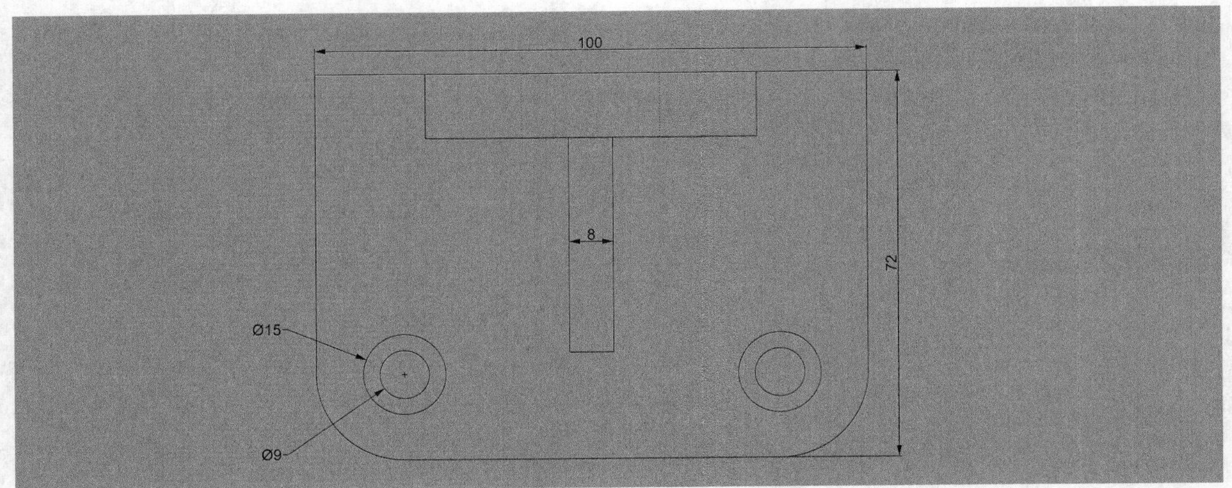

图5-9

07 这里的圆孔直径在两边都有，所以需要变动数值。双击尺寸弹出“编辑半径尺寸标注”对话框，如图5-10所示，在φ<>符号前输入“2-”即可，如图5-11所示。

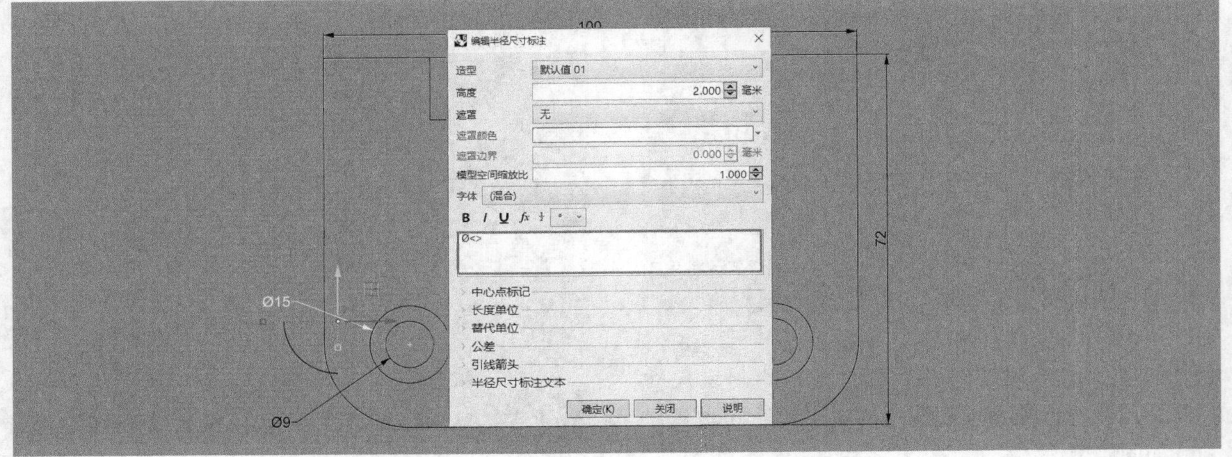

图5-10

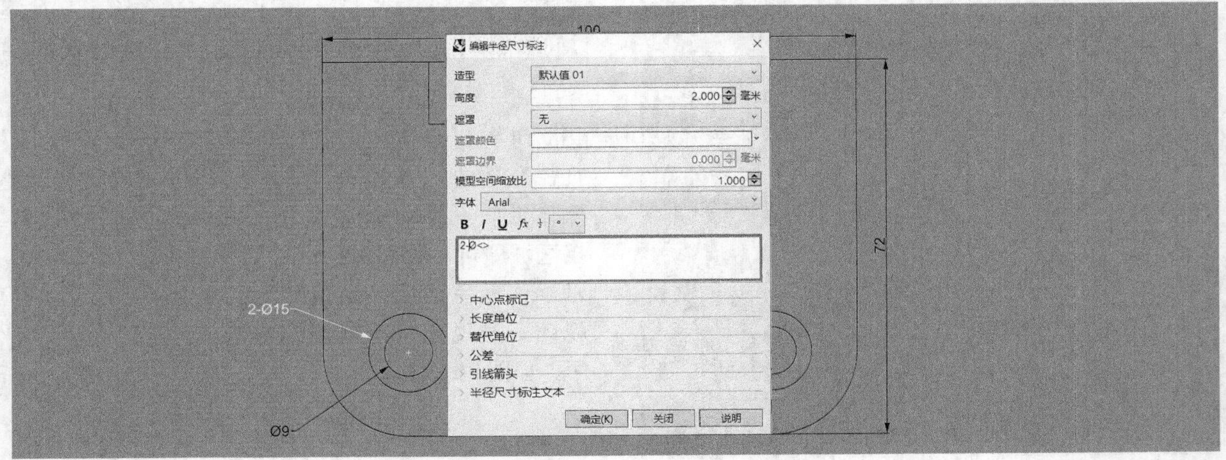

图5-11

08 重复操作上一步骤，将 ϕ9的直径标注也改为2-ϕ9，如图5-12所示。

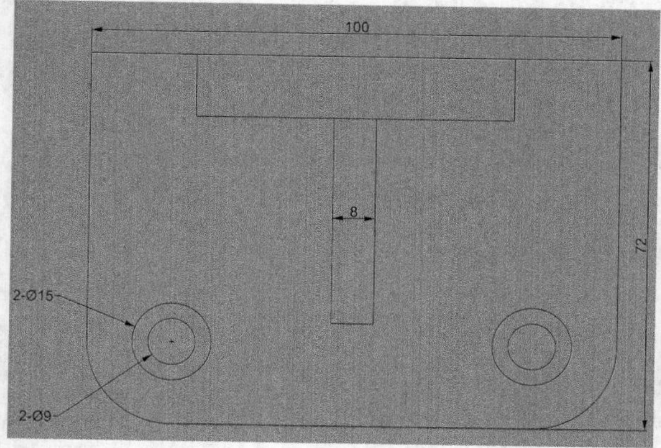

图5-12

09 使用“直径尺寸标注”工具标注出顶视图中右边圆角的大小，如图5-13所示。

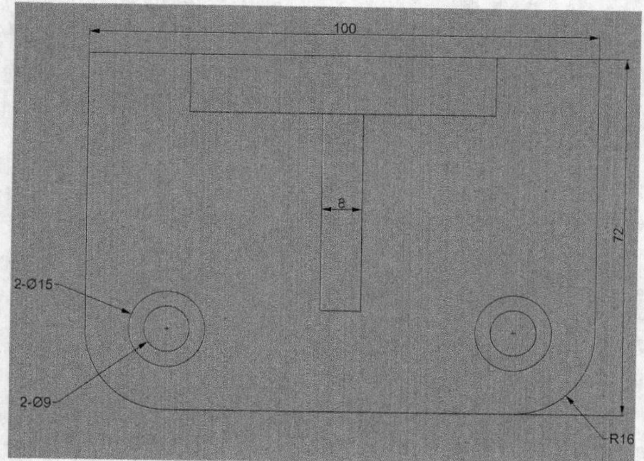

图5-13

10 **前视图标注**使用“水平尺寸标注”工具和“垂直尺寸标注”工具标注出前视图中的水平尺寸和垂直尺寸，如图5-14所示。

图5-14

11 **右视图标注**使用“水平尺寸标注”工具和“垂直尺寸标注”工具标注出右视图中的水平尺寸和垂直尺寸，如图5-15所示。

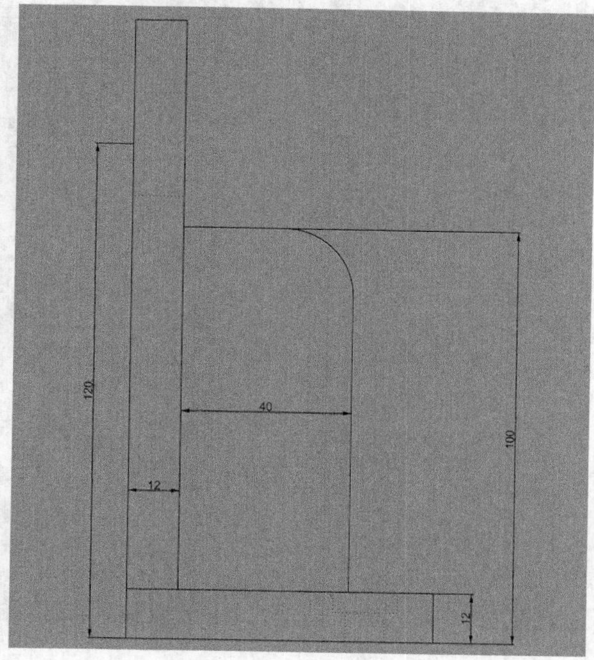

图5-15

12 此时，在右视图中标注直径是不好捕捉的，那么可以使用“垂直尺寸标注”工具标注出顶部圆孔的尺寸，如图5-16所示。使用工具集中的“清除建构历史”工具破坏建构历史进行编辑。双击尺寸标注，将红色区域修改为ϕ25，如图5-17所示。修改完成后的效果如图5-18所示。

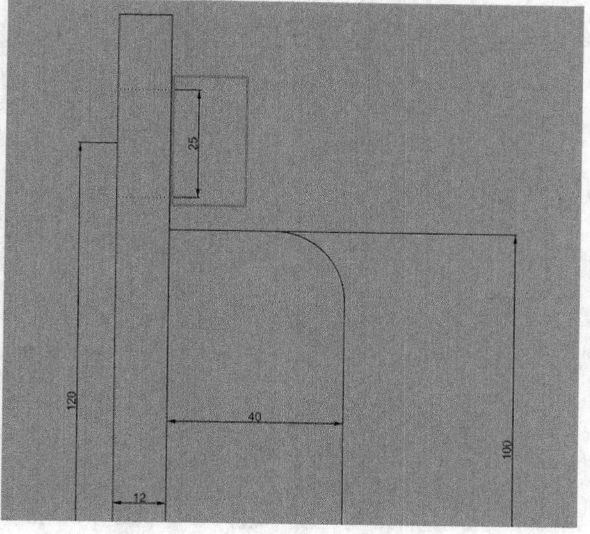

图5-16

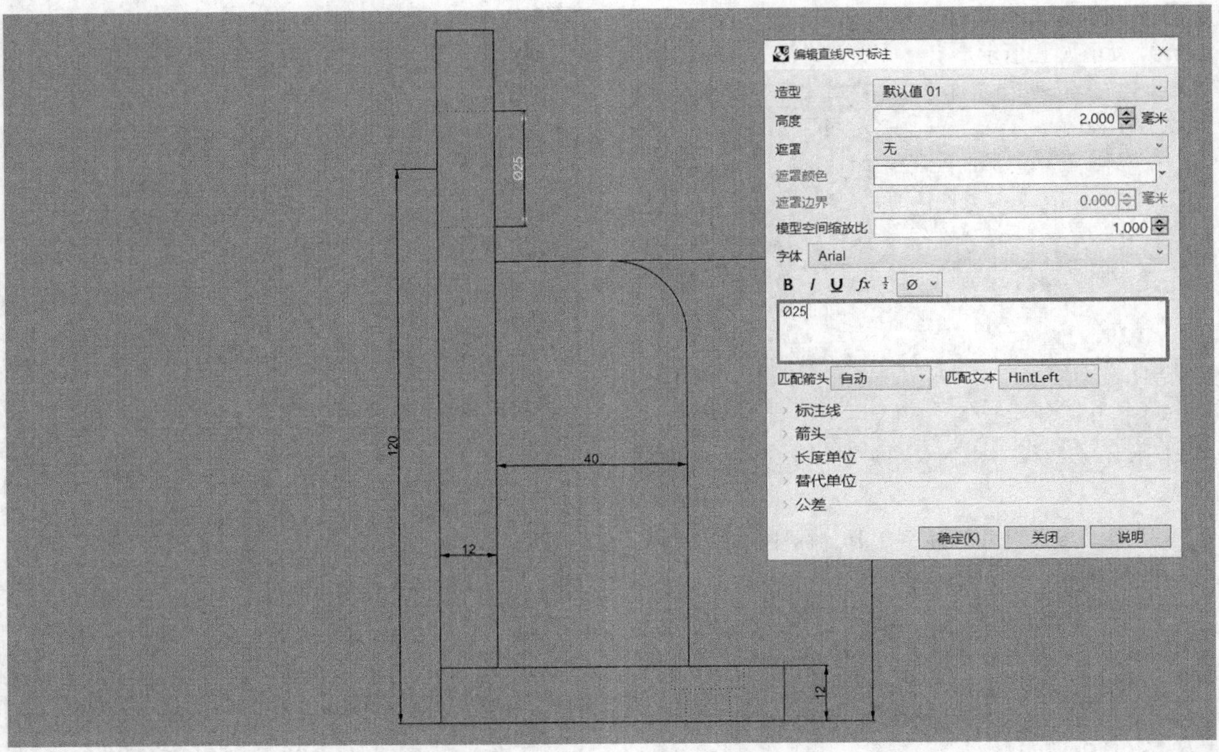
编辑直线尺寸标注
造型
默认值 01
高度
2.000
毫米
遮罩
无
遮罩颜色
遮罩边界
0.000
模型空间缩放比
1.000
字体
Arial
Ø25
匹配箭头
自动
匹配文本
HintLeft
标注线
箭头
长度单位
替代单位
公差
确定(K)
关闭
说明
Ø25
120
40
12
12

图5-17

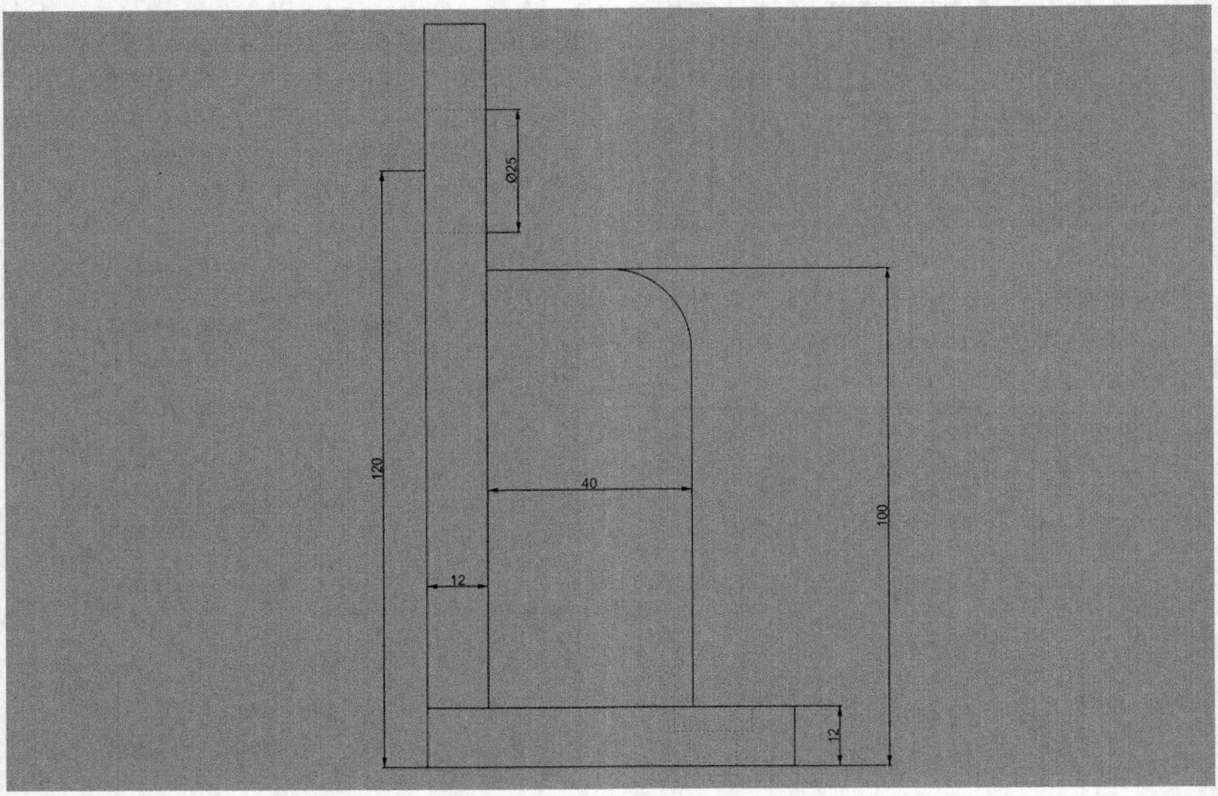
Ø25
120
40
12
100
12

图5-18

13 使用“直径尺寸标注”工具标注出顶视图中右边圆角的大小，如图5-19所示。完成上面所有的尺寸标注后，如果还想继续进行更多优化，可以将其保存为DWG格式，然后用AutoCAD进行编辑。

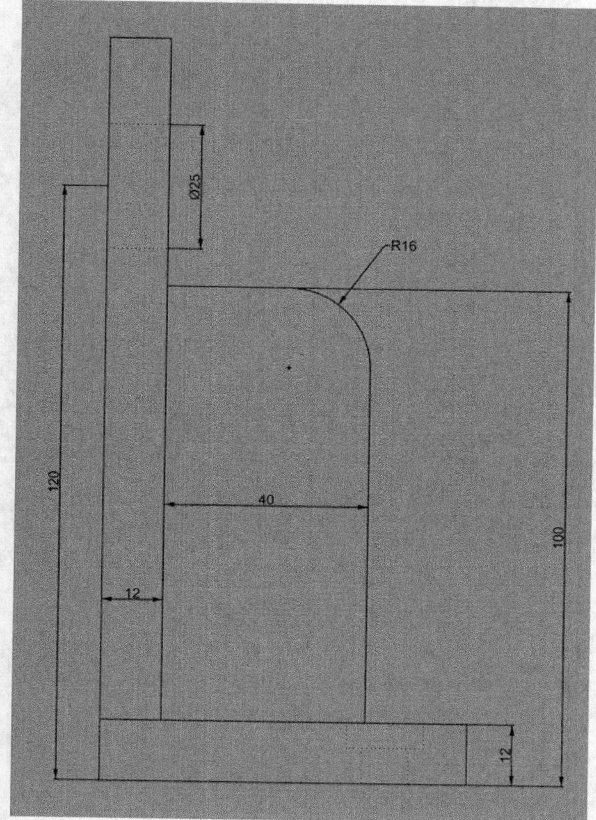

图5-19

5.1.2 注解样式

“注解样式”工具用于设置注解样式。

“注解样式”工具在“出图”选项卡的顶部工具列中。

“注解样式”工具操作见具体工具介绍。

01 切换到“出图”选项卡，如图5-20所示。单击“注解样式”工具，在弹出的“文件属性”对话框中对尺寸样式进行编辑和添加，如图5-21所示。

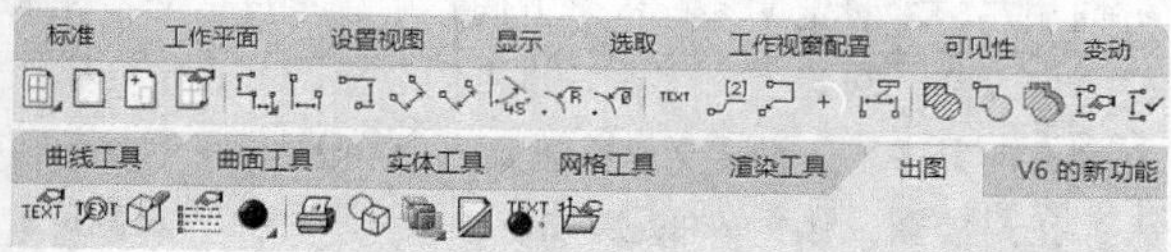

图5-20

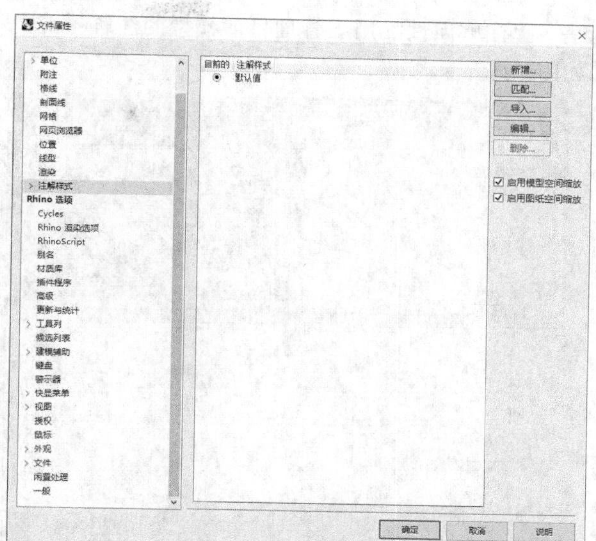

图5-21

02 在“文件属性”对话框的“注解样式”中选择“新增”，可以增加新的注解样式（读者可以对“名称”进行改动）。“默认值”中有一部分模板可供选择，如图5-22所示。

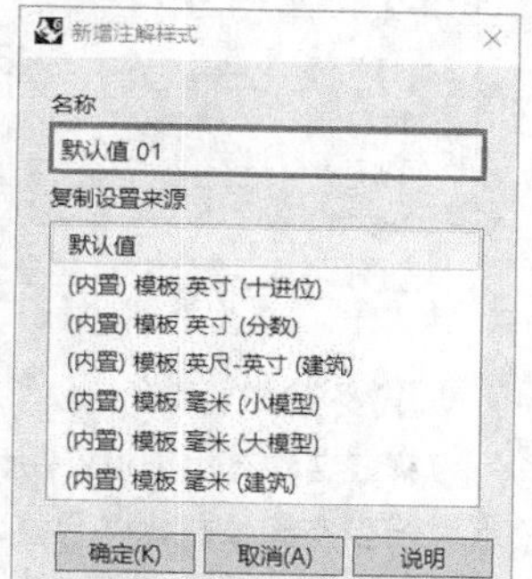

图5-22

03 选择新建的“默认值01”，进入“注解样式”，具体操作如图5-23所示。

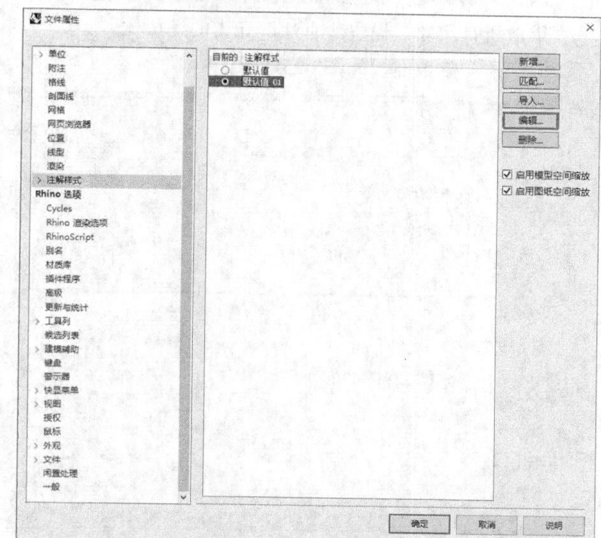

图5-23

“注解属性”用于管理目前模型的注解样式，如图5-24所示。

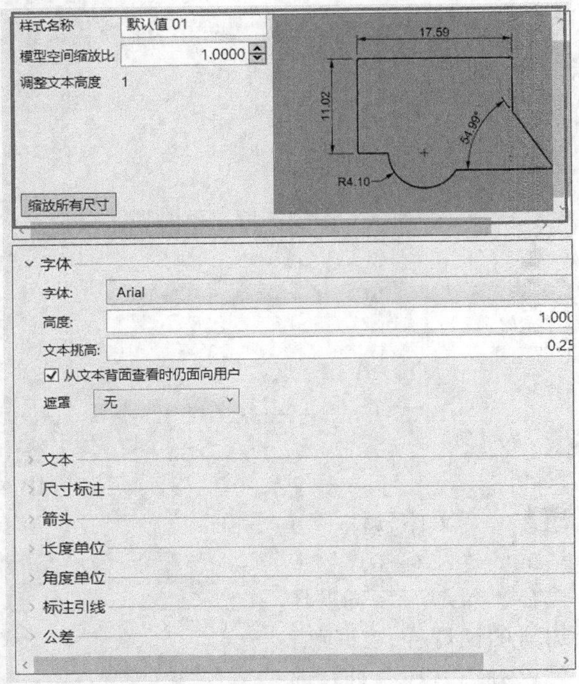

图5-24

重要参数详解

样式名称：用于设置注解样式的名称。

模型空间缩放比：设置元素（如箭头或文字）在模型空间的缩放比。此值通常为打印缩放值的倒数。文字的高度、延伸线的长度和延伸线的偏移距离等显示为它们本身的尺寸值与此值的乘积。

调整文本高度：调整高度后文本所显示的高度。

缩放所有尺寸：设置所有注解元素的缩放比。

“字体”参数面板如图5-25所示。

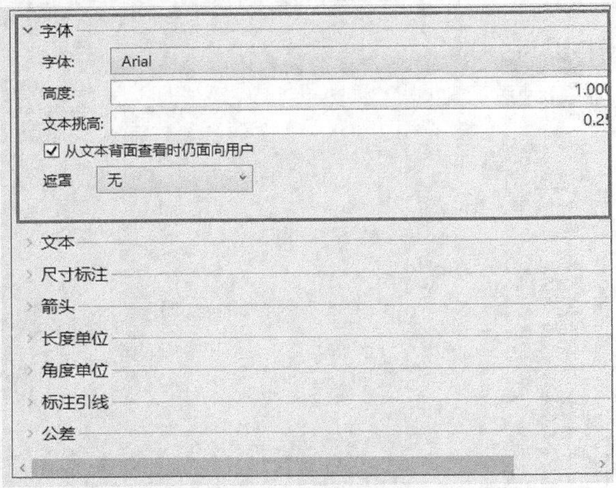

图5-25

重要参数详解

字体：用于选择字体的样式。

高度：设置文字的高度（注意模型单位）。

文字挑高：设置文字、尺寸标注线及遮罩边缘的间距。

从文本背面查看时仍面向用户：从文本背面查看文本时，文本依然面向用户。

遮罩：尺寸标注与标注引线文字的遮罩边界宽度由文字挑高设定控制。通常在文字背后加入底色方块。

背景：以背景颜色作为遮罩的颜色，如图5-26所示。

单一颜色：从“选取颜色”对话框中选择遮罩的颜色，如图5-27所示。

图5-26

图5-27

“文本”的参数面板如图5-28所示。

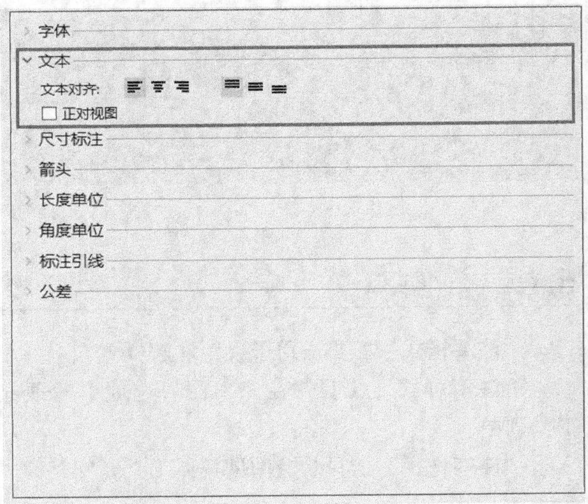

图5-28

重要参数详解

文本对齐：设定文字的对齐方式。设定文字在水平方向靠左，设定文字在水平方向置中，设定文字在水平方向靠右，设定文字在垂直方向靠上，设定文字在垂直方向置中，设定文字在垂直方向靠下。

正对视图：让文本总是浮动在屏幕上，图5-29中左侧是未开启“正对视图”的效果，右侧是开启“正对视图”的效果。

图5-29

“尺寸标注”的参数面板如图5-30所示。

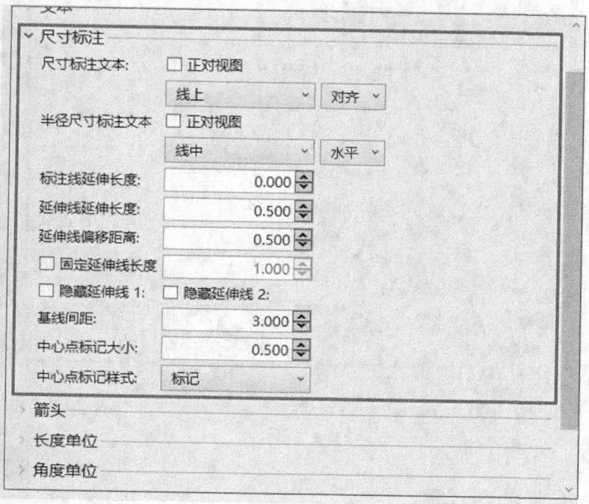

文本
尺寸标注
尺寸标注文本: ☐ 正对视图
线上 | 对齐
半径尺寸标注文本 ☐ 正对视图
线中 | 水平
标注线延伸长度: 0.000
延伸线延伸长度: 0.500
延伸线偏移距离: 0.500
☐ 固定延伸线长度 1.000
☐ 隐藏延伸线 1: ☐ 隐藏延伸线 2:
基线间距: 3.000
中心点标记大小: 0.500
中心点标记样式: 标记
箭头
长度单位
角度单位

图5-30

重要参数详解

尺寸标注文本：设置线性标注文本如何显示。

正对视图：图5-31中左侧为开启“正对视图”的效果，右侧为未开启“正对视图”的效果。

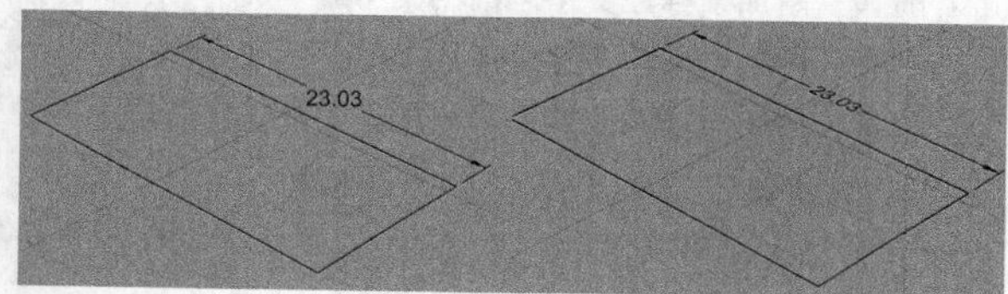

图5-31

线上：将标注文字放置于标注线之上，与标注线对齐，如图5-32所示。

线中：在标注线上切出一个置中的缺口来放置标注文字，如图5-33所示。

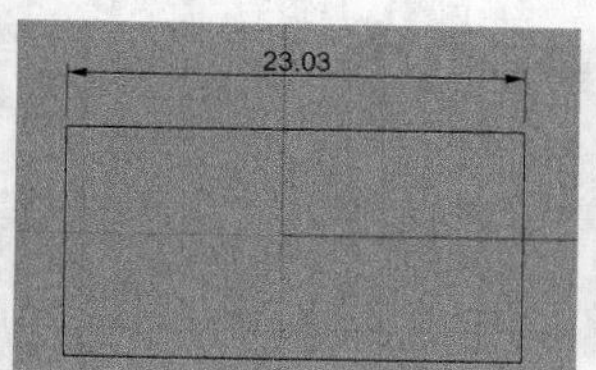

图5-32

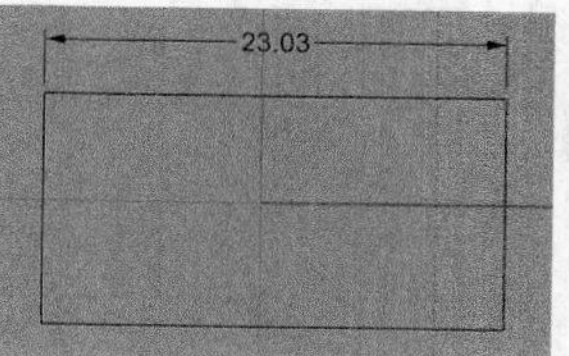

图5-33

对齐：建立与尺寸标注线对齐的文本，如图5-34所示。

水平：标注尺寸标注的方向，标注文字总是正对视图，如图5-35所示。

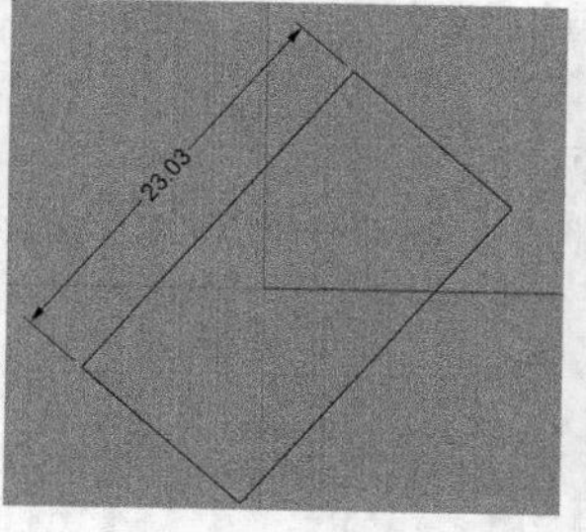

图5-34

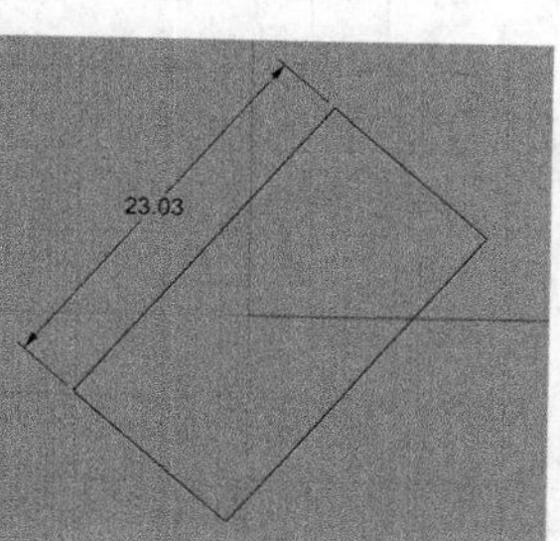

图5-35

半径尺寸标注文本：设置半径尺寸标注文本如何显示。

正对视图：图5-36中左侧为开启“正对视图”的效果，右侧为未开启“正对视图”的效果。

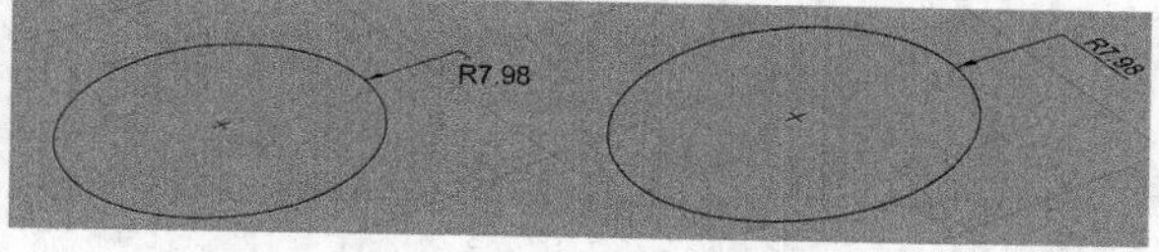

图5-36

线上：将标注文字放置于标注线之上，与标注线对齐，如图5-37所示。

线中：在标注线上切出一个置中的缺口来放置标注文字，如图5-38所示。

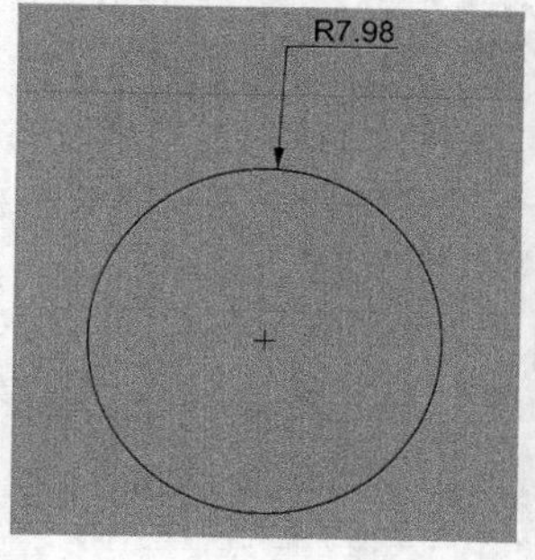

图5-37

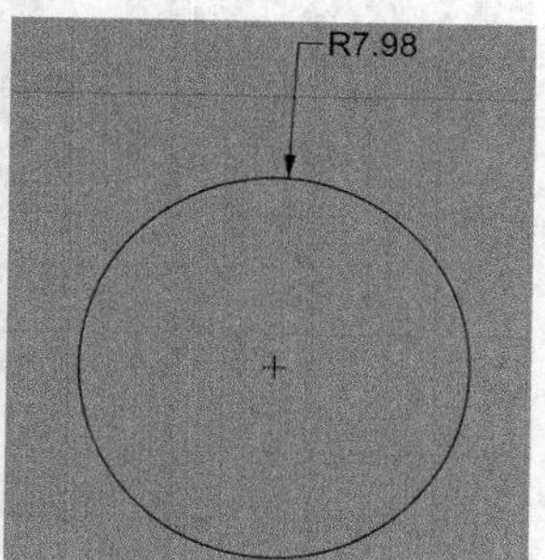

图5-38

水平：标注尺寸标注的方向，标注文字总是正对视图，如图5-39所示。

对齐：建立与尺寸标注线对齐的文本，如图5-40所示。

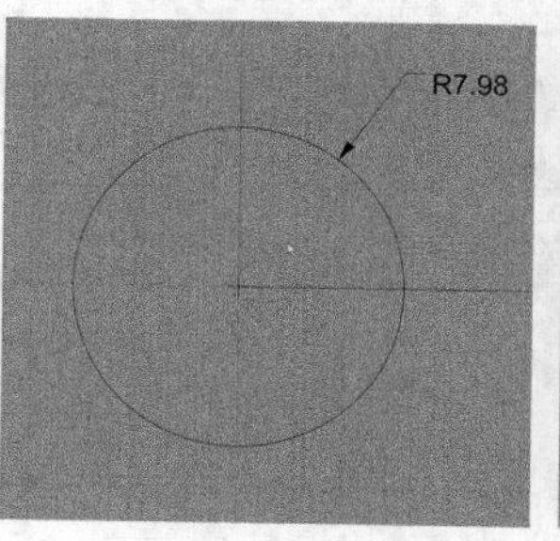

图5-39

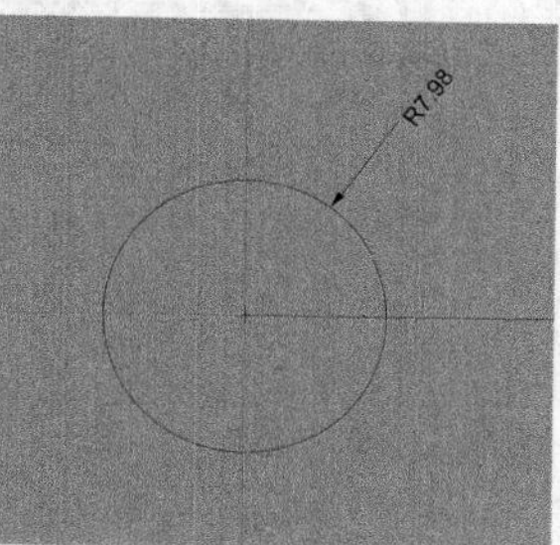

图5-40

标注线延伸长度：标注线突出于延伸线的长度（通常与斜标配合使用）。

延伸线延伸长度：延伸线突出于标注线的长度。

延伸线偏移距离：延伸线起点与物件标注点之间的距离。

固定延伸线长度：指定所有尺寸的延伸长度。

基线间距：基线尺寸到原尺寸的距离。

中心点标记大小：设置半径或直径尺寸标注的中心点标记的大小。

中心点标记样式：设置半径或直径尺寸标注的中心点标记的样式。

无：不绘制中心点，如图5-41所示。

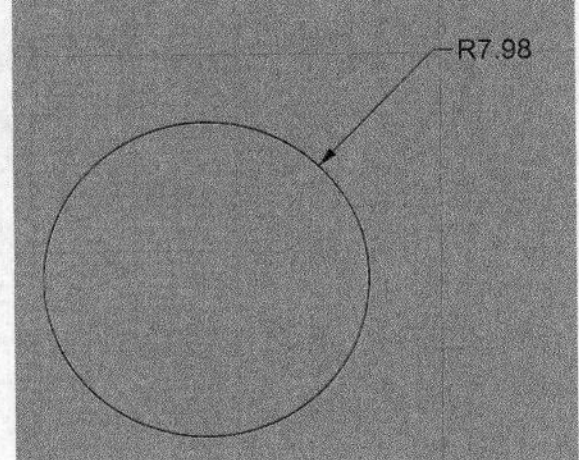

图5-41

标记：在半径或直径的中心绘制一个十字标记，如图5-42所示。

标记与线：一个延伸超过物件边缘的线和标记，如图5-43所示。

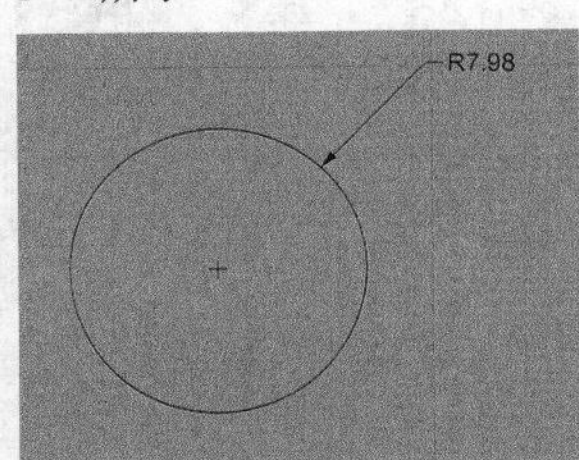

图5-42

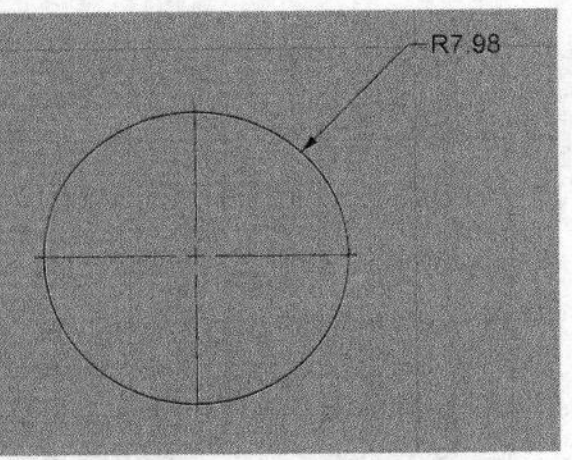

图5-43

“箭头”的参数面板如图5-44所示。

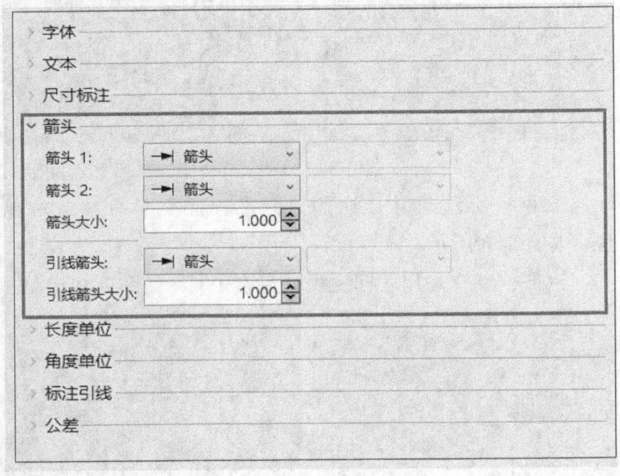

字体
文本
尺寸标注
箭头
箭头 1: 箭头
箭头 2: 箭头
箭头大小: 1.000
引线箭头: 箭头
引线箭头大小: 1.000
长度单位
角度单位
标注引线
公差

图5-44

重要参数详解

自定义箭头：使用定义的图块作为箭头。

箭头大小：箭头顶部到尾部的长度。

“长度单位”的参数面板如图5-45所示。

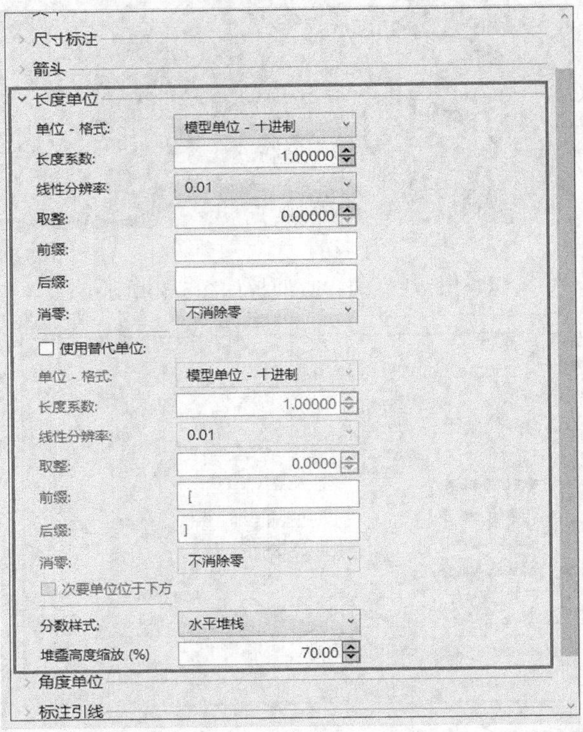

尺寸标注
箭头
长度单位
单位 - 格式: 模型单位 - 十进制
长度系数: 1.00000
线性分辨率: 0.01
取整: 0.00000
前缀:
后缀:
消零: 不消除零
使用替代单位:
单位 - 格式: 模型单位 - 十进制
长度系数: 1.00000
线性分辨率: 0.01
取整: 0.0000
前缀: [
后缀:]
消零: 不消除零
次要单位位于下方
分数样式: 水平堆栈
堆叠高度缩放 (%) 70.00
角度单位
标注引线

图5-45

重要参数详解

单位-格式：线性尺寸标注所使用的单位。

长度系数：转换Rhino单位和尺寸标注单位的缩放比。

线性分辨率：距离的十进制小数位数。

取整：将维度舍入到最接近的值。

前缀：附加于标注文字之前的文字。

后缀：附加于标注文字之后的文字。

消零：关闭尺寸开头或结尾处的零显示。

“角度单位”的参数面板如图5-46所示。

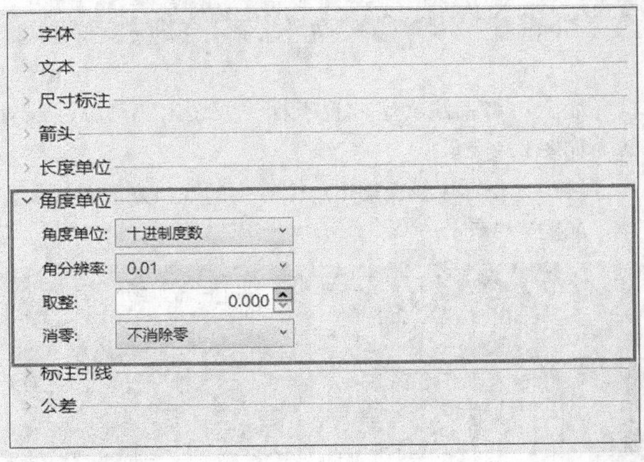

字体
文本
尺寸标注
箭头
长度单位
角度单位
角度单位: 十进制度数
角分辨率: 0.01
取整: 0.000
消零: 不消除零
标注引线
公差

图5-46

重要参数详解

角度单位：角度标注所使用的单位。

角度分辨率：角度的十进制小数位数。

取整：将维度舍入到最接近的值。

消零：关闭尺寸开头或结尾处的零显示。

"标注引线"的参数面板如图5-47所示。

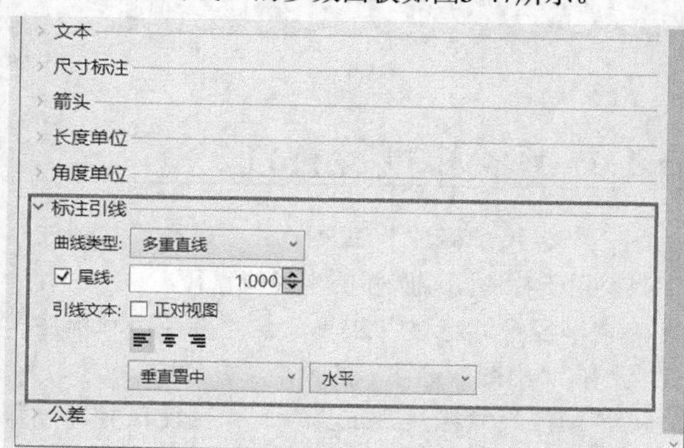

图5-47

重要参数详解

曲线类型：设置标注引线的曲线类型。

尾线：在标注引线与文本之间添加一条短的水平线。

"公差"的参数面板如图5-48所示。

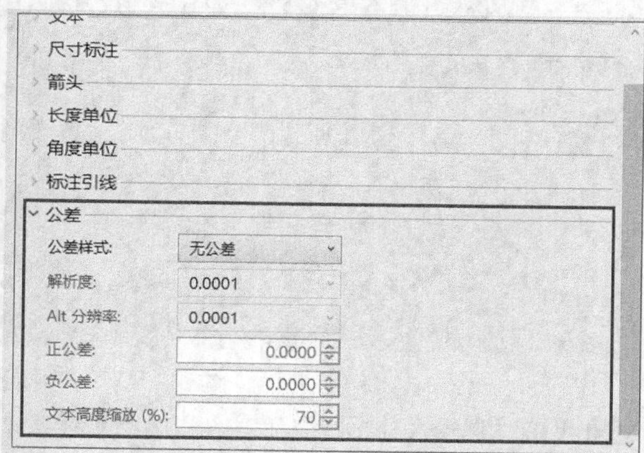

图5-48

重要参数详解

公差样式：控制公差以何种样式显示在尺寸标注线上。

无公差：不加入公差。

对称：加入有正负号"±"的单一公差值，如图5-49所示。

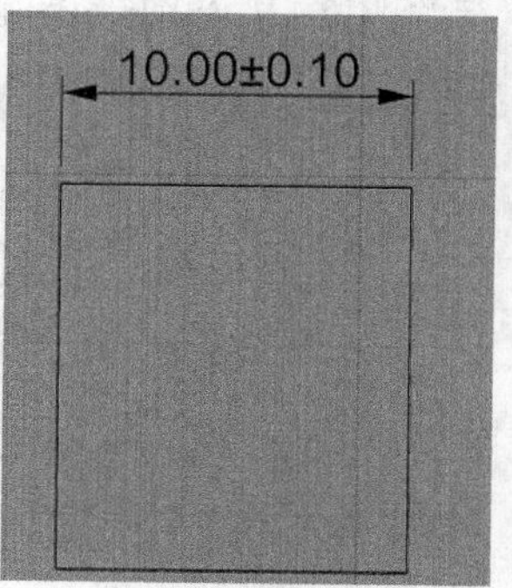

图5-49

偏差值：加入正公差值+与负公差值-，如图5-50所示。

限制：以尺寸标注的长度加上正公差的数值作为长度的上限，以尺寸标注的长度加上负公差的数值作为长度的下限，如图5-51所示。

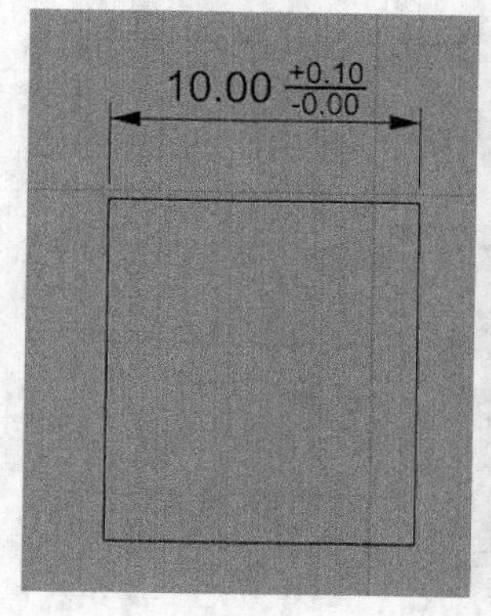

图5-50

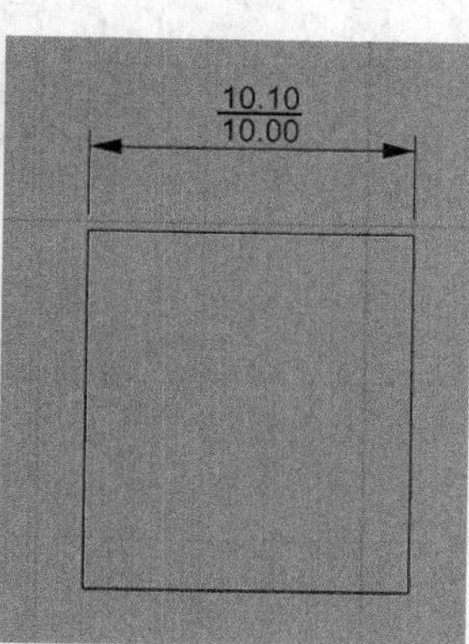

图5-51

Alt分辨率：指定容差值的小数位数。

正公差：指定最大或上限值。

负公差：指定最小或下限值。

文本高度缩放（%）：指定相对文本高度。

5.1.3 水平或垂直标注

"水平尺寸标注"工具、**"垂直尺寸标注"工具**用于建立水平或垂直的直线尺寸标注。

"水平尺寸标注"工具、**"垂直尺寸标注"工具**在"出图"选项卡的顶部工具列中。

"水平尺寸标注"工具、**"垂直尺寸标注"工具操作**见具体工具介绍。

01 对图5-52所示的矩形进行尺寸标注。

图5-52

02 单击"水平尺寸标注"工具，确定尺寸标注的第1点，如图5-53所示；确定尺寸标注的第2点，如图5-54所示。通过移动鼠标并单击鼠标确定标注引线的位置，如图5-55所示。

图5-53

图5-54

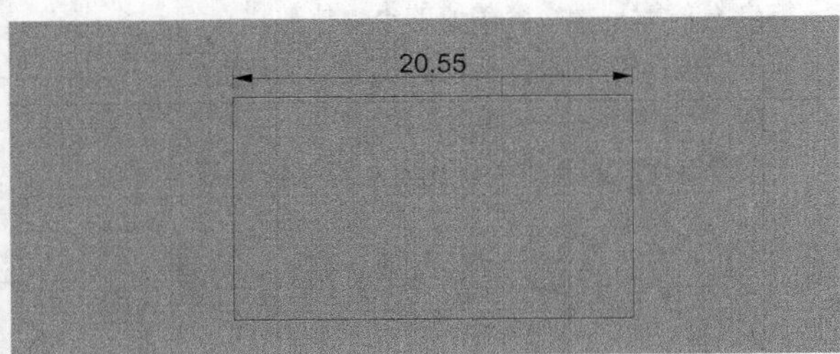

图5-55

03 单击“垂直尺寸标注”工具，确定尺寸标注的第1点，如图5-56所示；确定尺寸标注的第2点，如图5-57所示。通过移动鼠标并单击鼠标确定标注引线的位置，如图5-58所示。

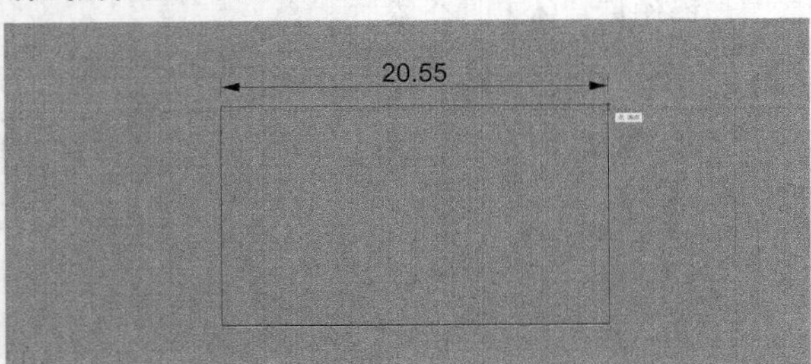

图5-56

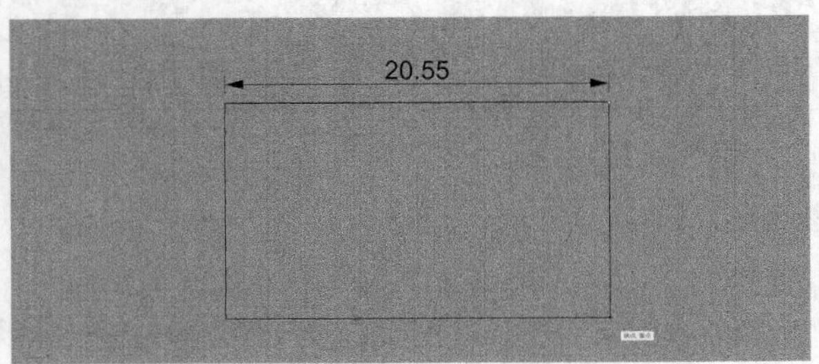

图5-57

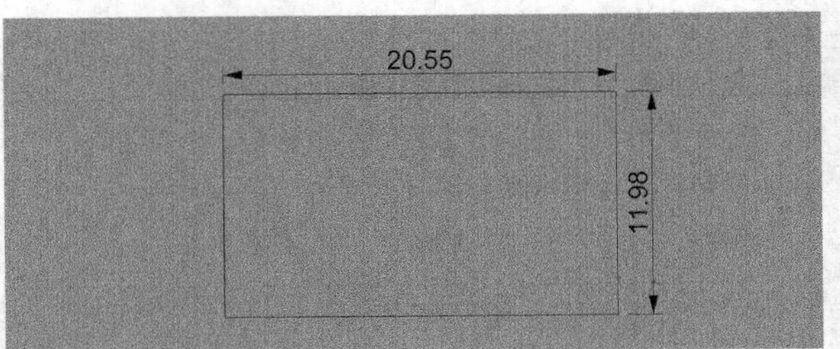

图5-58

5.1.4 半径和直径标注

“半径尺寸标注”工具、“直径尺寸标注”工具用于标注圆或圆弧的半径或直径。

“半径尺寸标注”工具、“直径尺寸标注”工具在“出图”选项卡的顶部工具列中。

“半径尺寸标注”工具、“直径尺寸标注”工具操作见具体工具介绍。

01 单击“半径尺寸标注”工具，选取要标注半径的曲线或圆，通过移动鼠标并单击鼠标确定尺寸标注的位置，如图5-59所示。

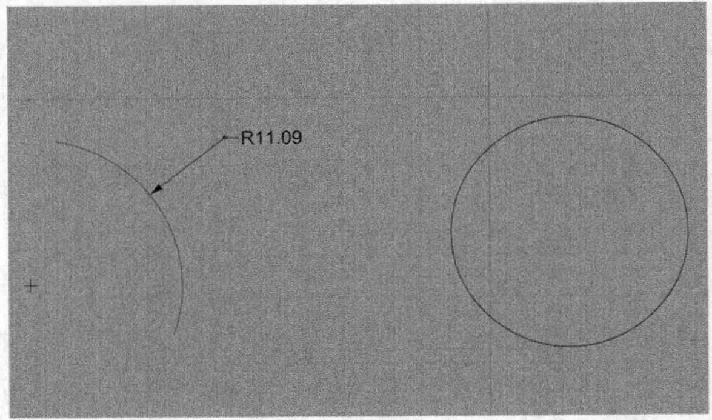

图5-59

02 单击“直径尺寸标注”工具，选取要标注直径的曲线或圆，通过移动鼠标并单击鼠标确定尺寸标注的位置，如图5-60和图5-61所示。

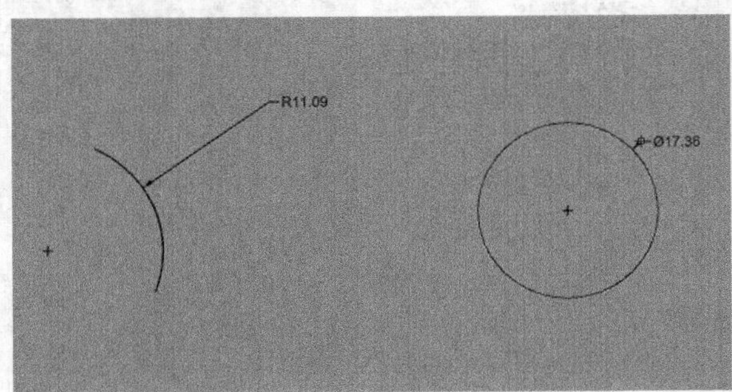

图5-60

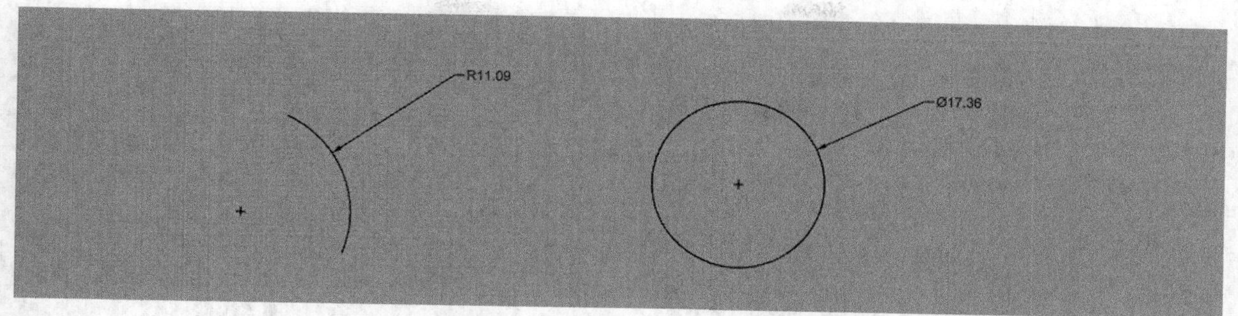

图5-61

5.2 剖面线

“剖面线”工具用于以直线组成的图案填满曲线边界内的区域。

“剖面线”工具在“出图”选项卡的顶部工具列中。

“剖面线”工具操作见具体工具介绍。

01 下面以图5-62所示的零件为例讲解如何进行尺寸标注。

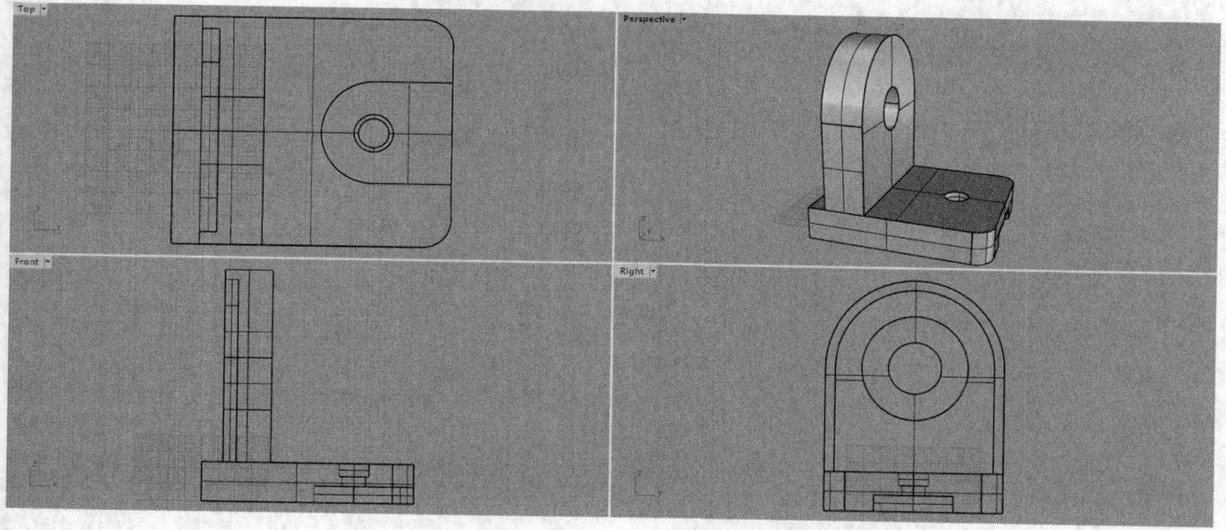

图5-62

02 在工作视窗的顶视图、前视图、右视图中使用鼠标右键单击工作视窗标题，将视图切换到工程图模式，切换完成后的效果如图5-63所示。

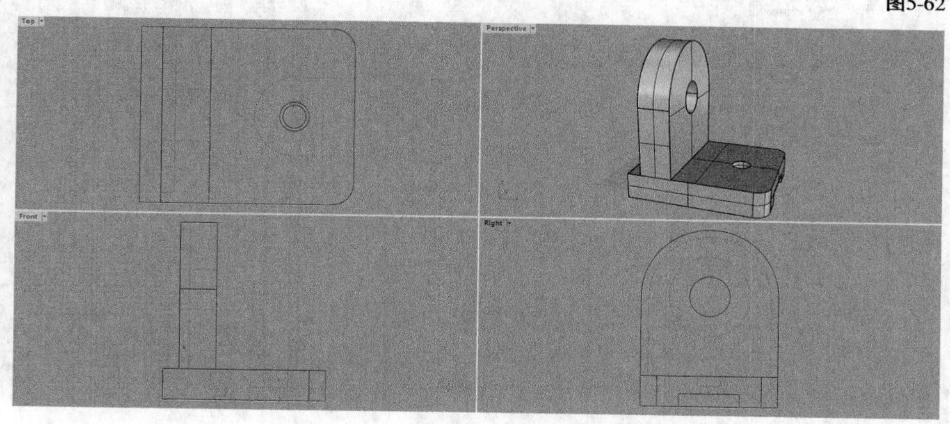

图5-63

03 顶视图标注双击顶视图中的工作视窗标题，将顶视图放大，以方便标注尺寸。使用“水平尺寸标注”工具和“垂直尺寸标注”工具标注出顶视图中的水平尺寸和垂直尺寸，如图5-64所示。

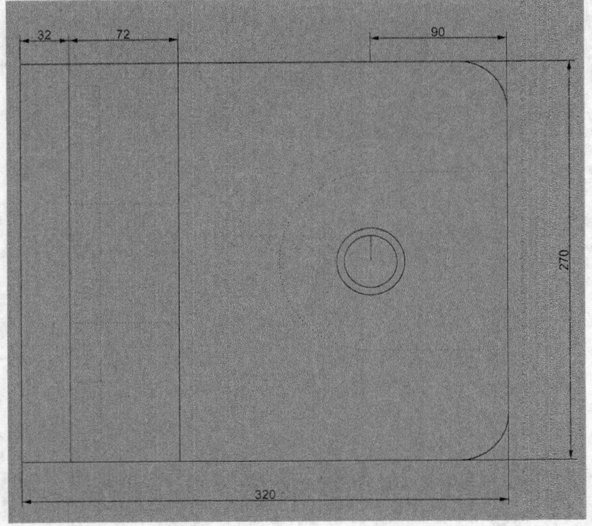

图5-64

04 使用“直径尺寸标注”工具标注出顶视图中右边圆角的大小，如图5-65所示。

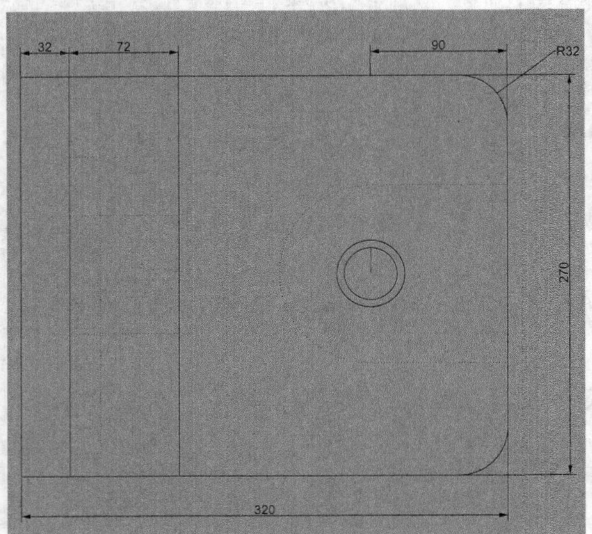

图5-65

05 在右视图中标注直径是不好捕捉的，此处可以用“垂直尺寸标注”工具标注出顶部圆孔的尺寸，如图5-66所示。然后使用工具集中的“清除建构历史”工具破坏建构历史进行编辑。双击尺寸标注，将框选区域修改为ϕ120，如图5-67所示。修改完成后的效果如图5-68所示。

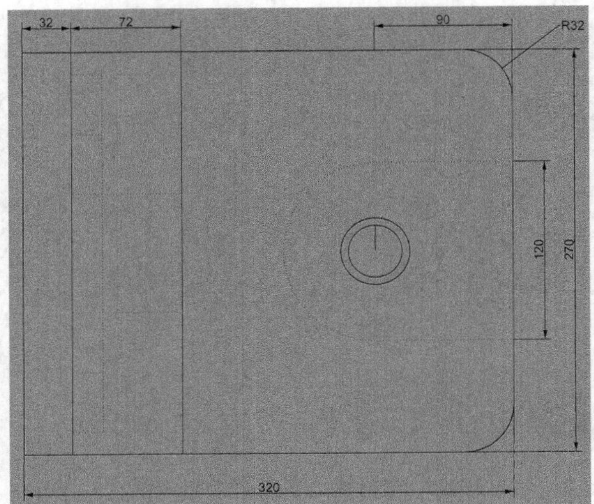

图5-66

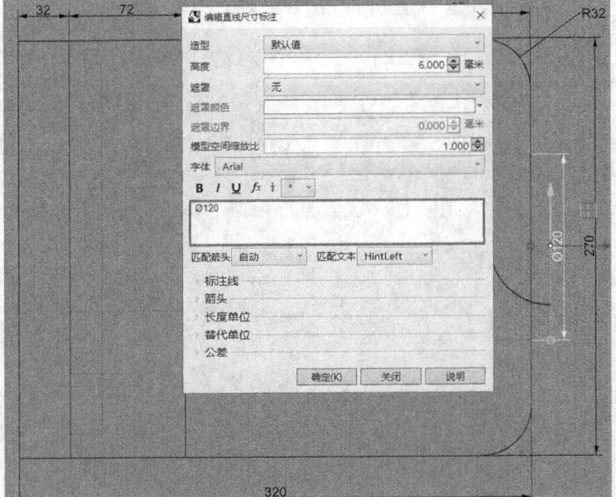

图5-67

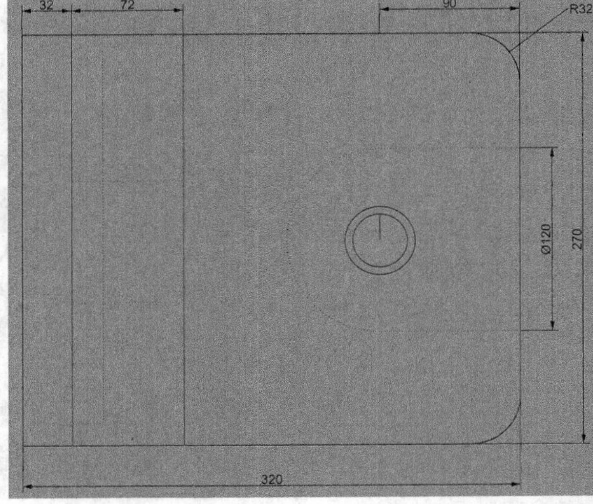

图5-68

06 **前视图标注**将前视图双击放大，如图5-69所示。

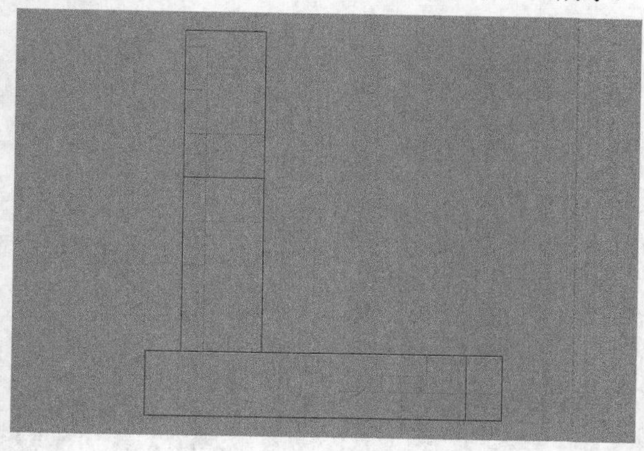

图5-69

07 使用“多重直线”工具将需要做剖面处理的轮廓绘制出来，如图5-70所示。

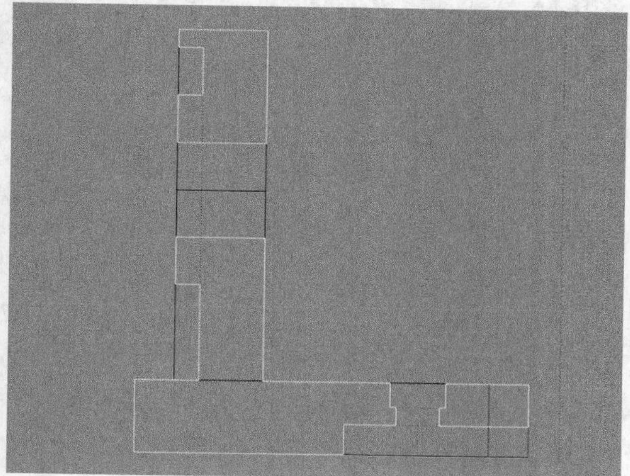

图5-70

08 选择一个封闭多重曲线，单击“剖面线”工具，打开“剖面线”对话框，参数设置如图5-71所示。

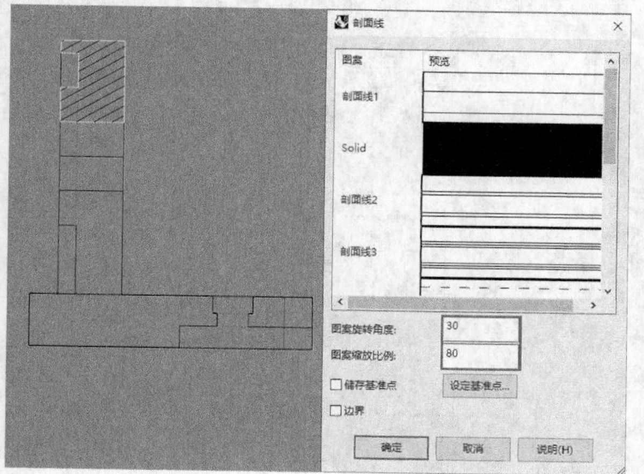

图5-71

09 重复上一步骤，在图5-72所示的位置创建出剩下的剖面线。

10 使用“水平尺寸标注”工具和“垂直尺寸标注”工具标注出前视图中的水平尺寸和垂直尺寸，如图5-73所示。直径标注方法参照步骤05。

图5-72

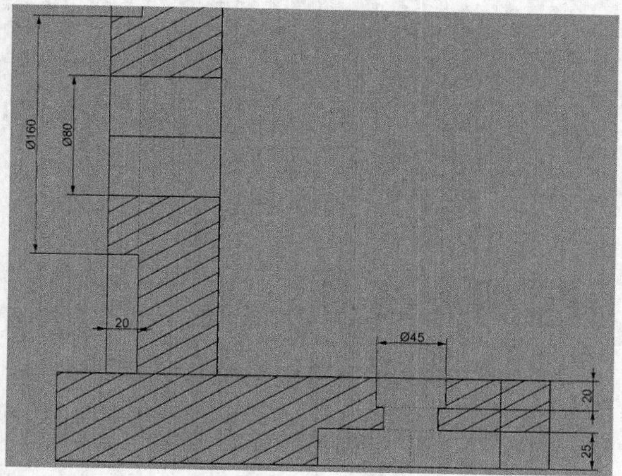

图5-73

11 **右视图标注**使用“水平尺寸标注”工具和“垂直尺寸标注”工具标注出右视图中的水平尺寸和垂直尺寸，如图5-74所示。

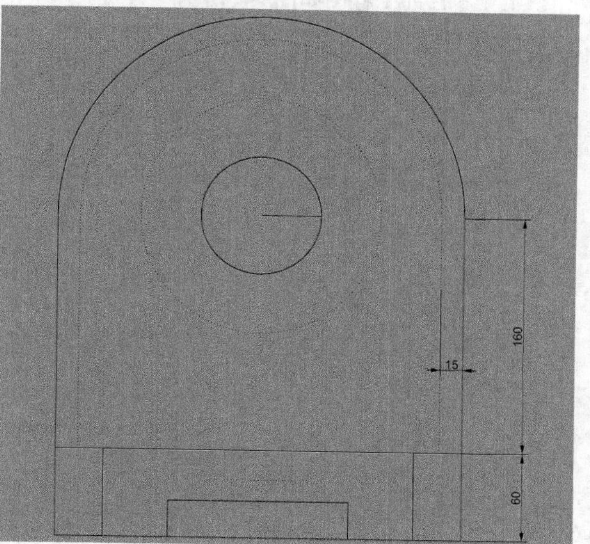

图5-74

12 标注完成后的效果如图5-75所示。完成上面所有的尺寸标注后，如果还想继续进行更多优化处理，则可以将其保存为DWG格式，然后用AutoCAD进行编辑。

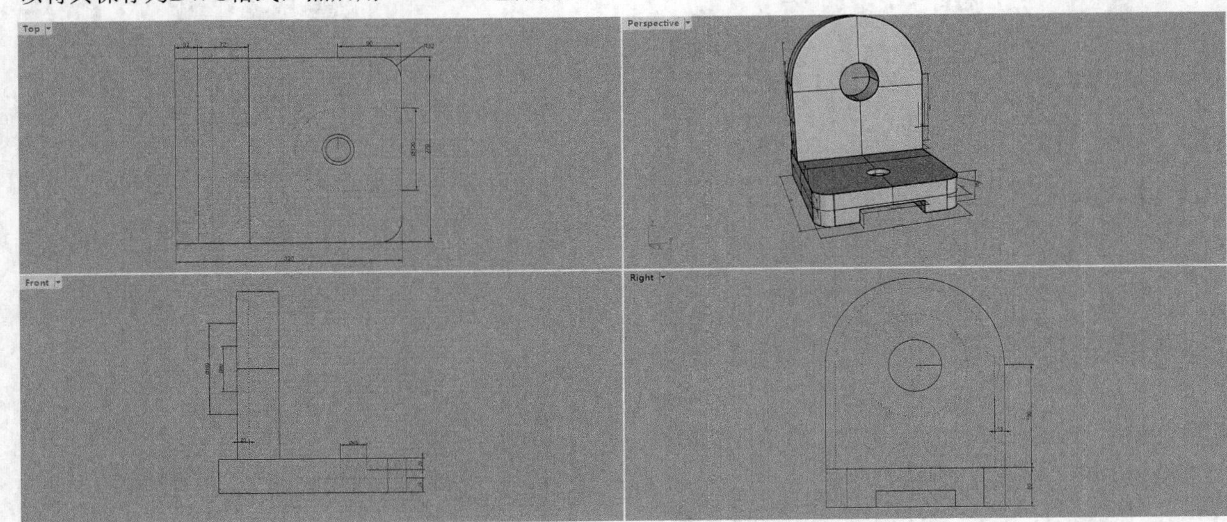

图5-75

5.3 课堂练习

下面准备了两个练习供读者练习本章的知识。读者可以根据相关提示，并结合前面的课堂案例来进行操作。

5.3.1 课堂练习：标注工业零件

场景位置	场景文件>CH05>02.3dm
实例位置	实例文件>CH05>课堂练习：标注工业零件.3dm
视频名称	课堂练习：标注工业零件.mp4
学习目标	掌握工程图的标注方法

工业零件的工程图如图5-76所示。

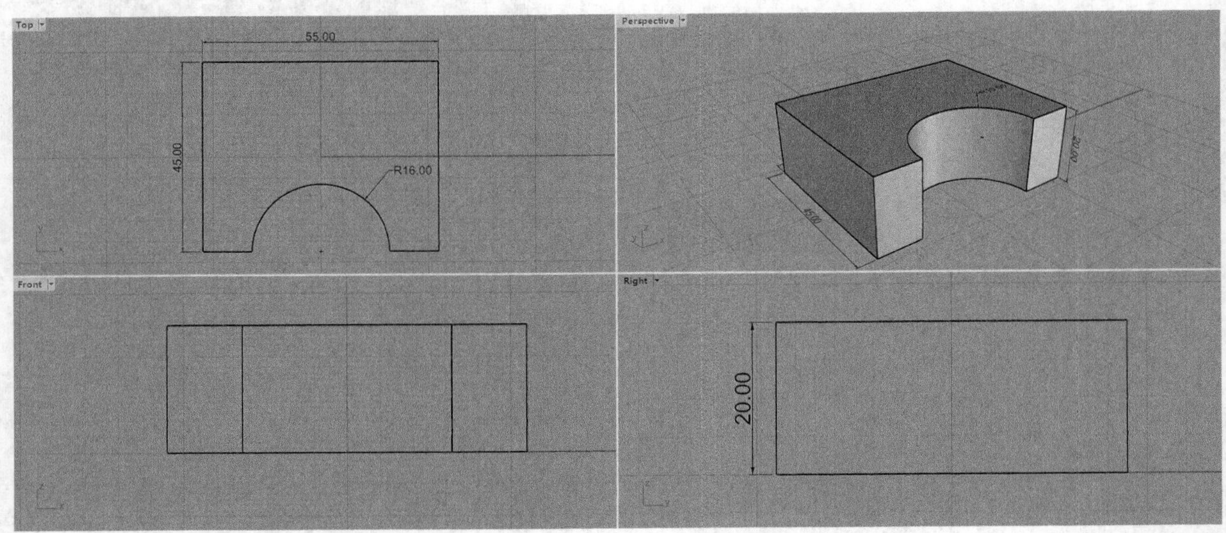

图5-76

5.3.2 课堂练习：标注灯泡规格

场景位置	场景文件>CH05>03.3dm
实例位置	实例文件>CH05>课堂练习：标注灯泡规格.3dm
视频名称	课堂练习：标注灯泡规格.mp4
学习目标	掌握工程图的标注方法

灯泡规格的工程图如图5-77所示。

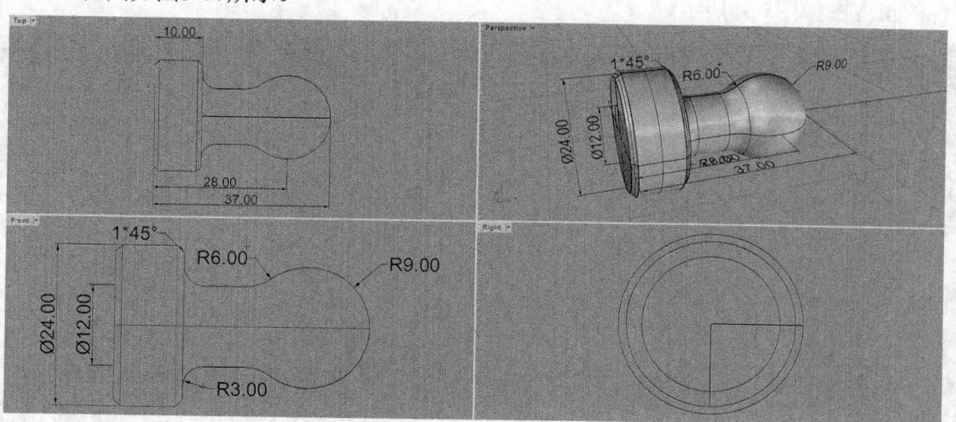

图5-77

5.4 课后习题

下面准备了两个习题供读者练习本章的知识，读者可以根据相关提示，结合前面的课堂案例来进行操作。

5.4.1 课后习题：标注工业产品

场景位置	场景文件>CH05>04.3dm
实例位置	实例文件>CH05>课后习题：标注工业产品.3dm
视频名称	课后习题：标注工业产品.mp4
学习目标	掌握工程图的标注方法

工业产品的工程图如图5-78所示。

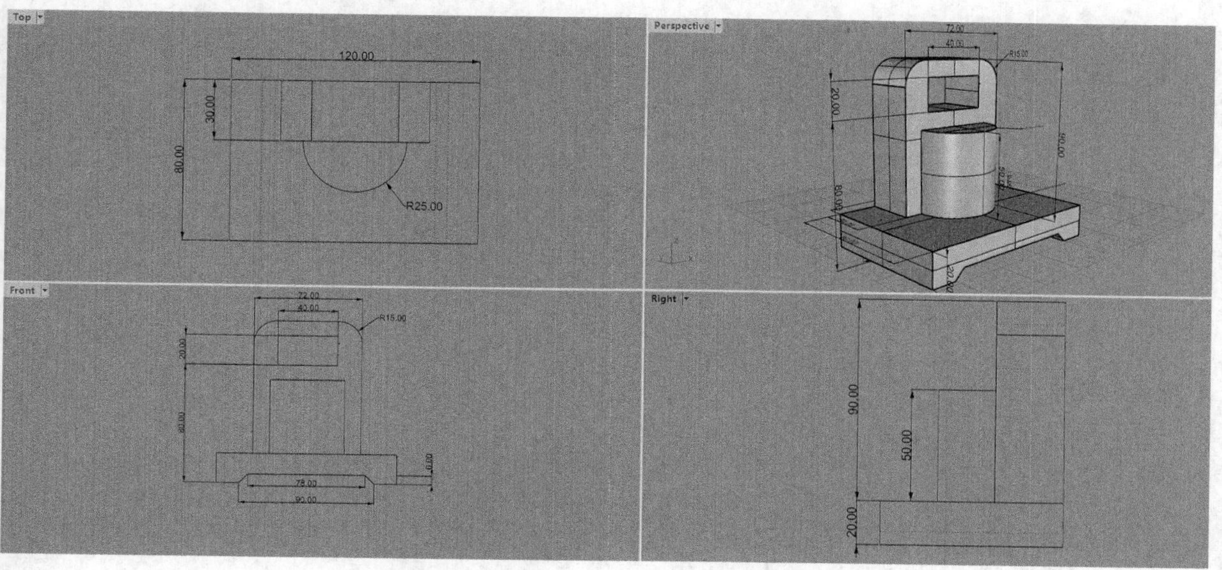

图5-78

5.4.2 课后习题：标注衔接零件

场景位置	场景文件>CH05>05.3dm
实例位置	实例文件>CH05>课后习题：标注衔接零件.3dm
视频名称	课后习题：标注衔接零件.mp4
学习目标	掌握工程图的标注方法

衔接零件的工程图如图5-79所示。

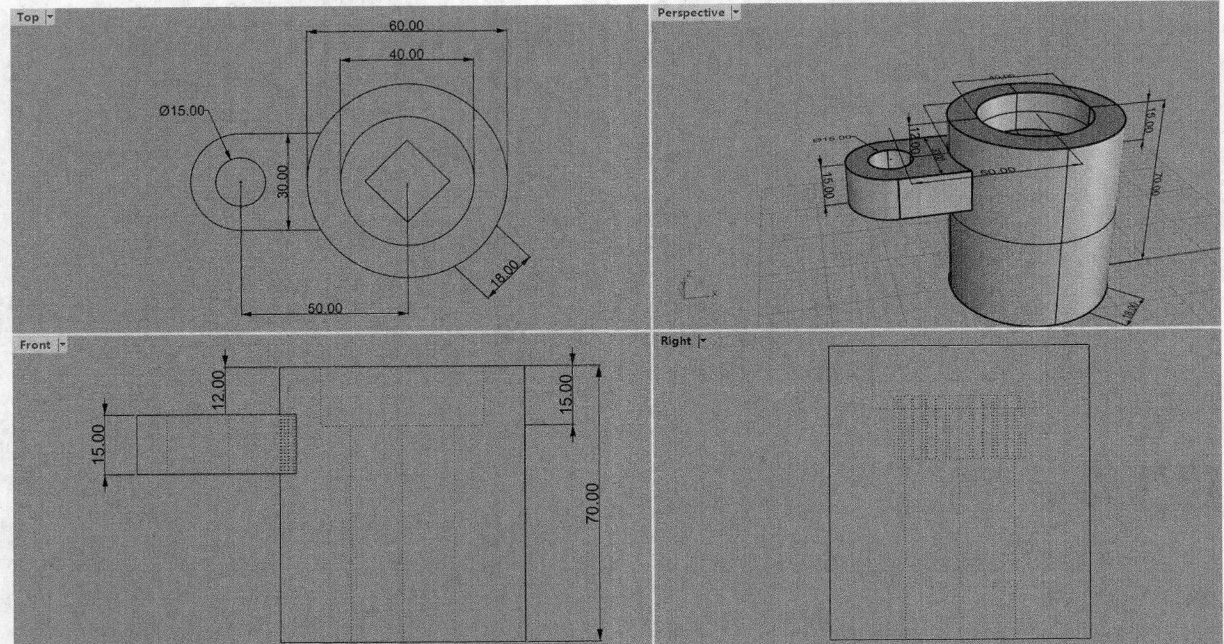

图5-79

第6章 KeyShot 8操作基础

本章将进入渲染环节。一个好的模型，如果没有好的材质和灯光，就不会很好地呈现产品细节。本章主要讲解KeyShot 8的面板参数，希望读者认真学习并掌握相关操作技巧，为学习后面的材质和灯光打好基础。

课堂学习目标

- 掌握KeyShot 8的基础面板
- 掌握常用参数

6.1 KeyShot 8的基础界面

安装好KeyShot 8后，可以通过双击桌面快捷方式来启动软件。在启动KeyShot 8的过程中，可以观察到KeyShot 8的启动画面，如图6-1所示。启动完成后，可以查看工作界面，如图6-2所示。

图6-1

图6-2

此时，KeyShot的界面上并没有预设的“库”面板和“项目”面板，需要单击下方的“库”和“项目”，开启“库”面板和“项目”面板，如图6-3所示。

图6-3

本节内容介绍

名称	作用	重要程度
工具栏	用于执行相关操作	高
库面板	用于为模型指定材质，为场景添加环境和背景等	中
实时工作窗口	实际操作界面	中
视图基本操作	操作视图	高

6.1.1 工具栏

在工具栏中可以快速、方便地访问KeyShot中常用的窗口和功能。图标的中心分组提供了在KeyShot工作时从输入到输出的一些工具操作。拖动工具栏左侧的手柄位置，将其从主窗口拖曳下来，可以使工具栏保持浮动，如图6-4所示。

图6-4

重要参数解析

工作区：选择一个预设的工作界面或创建自定义界面，以及选择深色或浅色的主题界面。

CPU使用量：选择核心数量，用于窗口的实时渲染。

暂停：暂停窗口的实时渲染。

性能模式：切换实时渲染到更快的低性能模式。

渲染NURBS：在实时渲染窗口中呈现NURBS数据。

区域：编辑渲染区域。

移动工具：启用移动工具和提示，如果没有选择任何内容，则需要手动选择。

翻滚：默认鼠标左键为旋转相机。

平移：默认鼠标左键为平移相机。

推移：默认鼠标左键为前后推移相机。

视角：快速调整当前相机的角度值。

添加相机：在当前的位置添加新相机并保存相机列表。

锁定相机：锁定当前相机的属性。

工作室：显示或隐藏工作室窗口。

几何视图：显示或隐藏几何视图窗口。

配置程序向导：打开配置程序向导，如图6-5所示。

图6-5

云库：打开读者默认的浏览器，共享和下载材质、背景、纹理和环境等数据库。

导入：导入3D文件或打开一个新的场景。

库：打开“库”面板，查看“库”面板里更多的参数。

项目：打开“项目”面板，查看“项目”面板里更多的参数。

动画：打开动画时间轴和动画属性窗口，查看动画时间轴更多的参数。

KeyShotXR：打开KeyShotXR向导，查看KeyShotXR更多的参数。

渲染：打开“渲染”窗口，查看“渲染”更多的参数。

截屏：保存需要截图的实时视图。

6.1.2 库面板

“材质”选项卡位于“库”面板中，包含库中所有预设和已保存的材质，如图6-6所示。

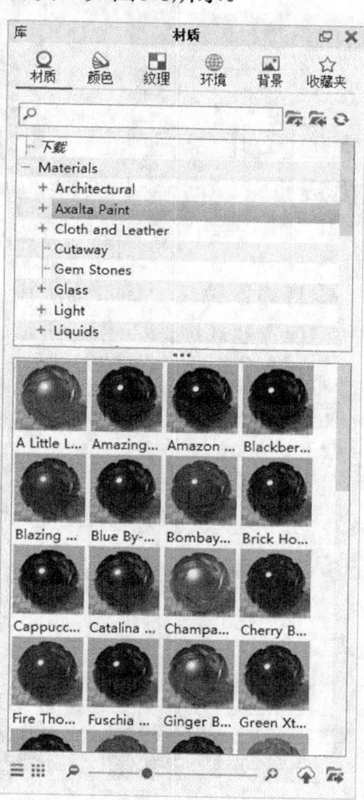

图6-6

重要参数解析

搜索：输入任意关键字，按名称搜索材质。

新建文件夹：单击此按钮可添加自定义材质文件夹。

导入：导入一个KMP格式的材质文件。

刷新：如果对材质进行了更改，需要单击此按钮刷新材质。

文件夹树：包含材质文件夹的文件夹结构。

材质缩略图：在所选文件夹中预览材质球。

列表和缩略图切换：使用缩略图或列表视图显示材质。

缩放滑块：更改缩略图的大小，也可以使用+和-来改变大小。

上传到云库：上传自定义材质到云库。

导出：将保存的材质导出为KMP格式的文件。

颜色：位于"库"面板中，包含库中所有预设和已保存的颜色，如图6-7所示。

纹理：位于"库"面板中，包含库中所有预设和已保存的纹理，如图6-8所示。

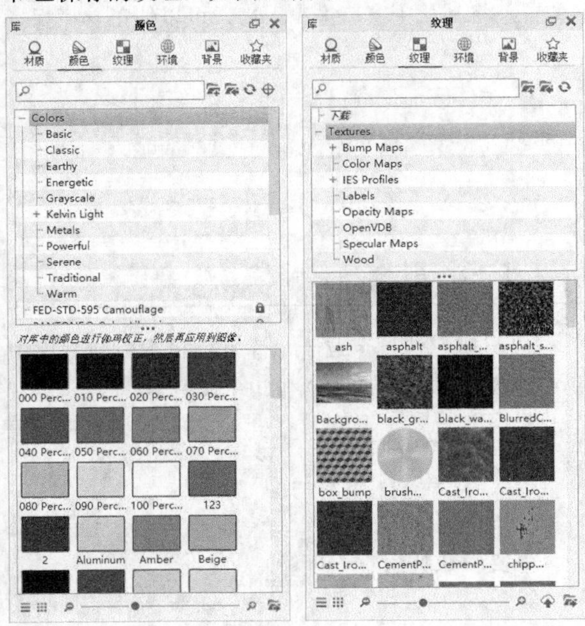

图6-7 图6-8

环境：位于"库"面板中，包含库中所有预设和已保存的环境，如图6-9所示。

背景：位于"库"面板中，包含库中所有预设和已保存的背景，如图6-10所示。

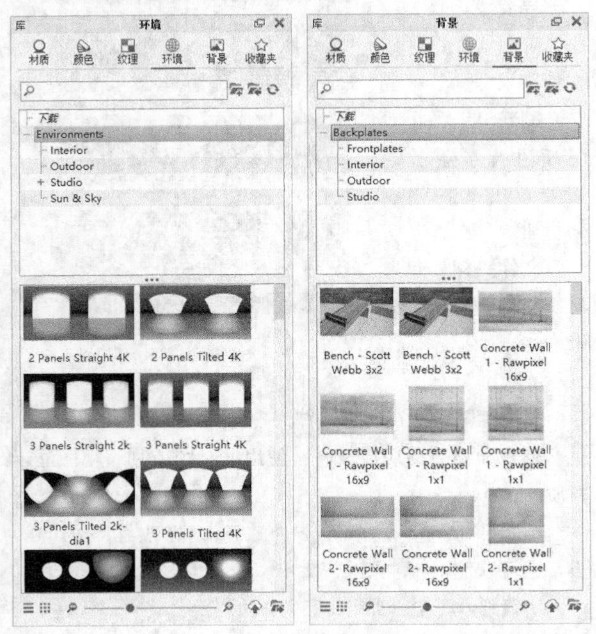

图6-9 图6-10

收藏夹：允许用户将常用资源保存到收藏夹中，可以大大提高工作效率，如图6-11所示。

图6-11

6.1.3 实时工作窗口

KeyShot的实时视图窗口是KeyShot用户界面中的主视口。所有3D模型的实时渲染都将在此处进行。读者可以使用摄像机控件，多选对象导航场景，并直接在模型上或其周围区域中单击鼠标右键，以查看更多选项。在实时工作窗口中单击鼠标右键，将会出现对模型进行编辑的选项，如图6-12所示。

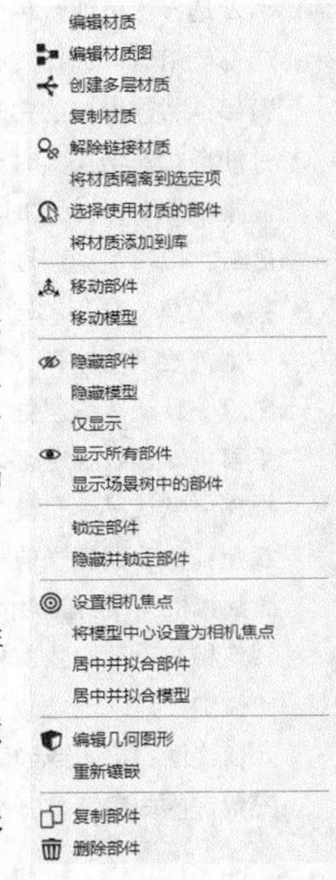

图6-12

重要参数解析

编辑材质：导航到材质属性进行更改。

编辑材质图：打开"材质图"面板。

创建多层材质：转换为多层材质。

复制材质：复制当前选定部件上的材质。

解除链接材质：取消当前部件材质链接。

将材质隔离到选定项：将当前材质隔离到选定项目。

选择使用材质的部件：选取使用当前材质的部件。

将材质添加到库：将材质添加到材料库中。

移动部件：对部件启用移动工具和提示。

移动模型：对模型启用移动工具和提示。

隐藏部件：在窗口中隐藏当前部件。

隐藏模型：在窗口中隐藏当前模型。

仅显示：在窗口中隐藏未选取项目。

显示所有部件：在窗口中显示出所有部件。

显示场景树中的部件：显示当前场景树中的部件。

锁定部件：在窗口中锁定当前部件。

隐藏并锁定部件：在窗口中隐藏和锁定当前部件。

设置相机焦点：把当前部件设置到相机对焦点。

将模型中心设置为相机焦点：把当前模型中心设置到相机对焦点。

居中并拟合部件：将当前部件调整到视窗的中间位置。

居中并拟合模型：将当前模型调整到视窗的中间位置。

编辑几何图形：对部件进行编辑。

重新镶嵌：打开细分设置窗口。

复制部件：在原地复制一份当前选定的部件。

删除部件：删除当前部件。

6.1.4 视图基本操作

视图操作的快捷键如表6-1所示。

表6-1

快捷键	作用
鼠标左键	旋转透视视图
滚轮	放大或缩小视图
滚轮单击	平移视图
Ctrl+鼠标左键	旋转环境

6.2 项目面板

“项目”面板包含场景中所有内容的所有参数和设置，分为6个选项卡：场景、材质、环境、照明、相机和图像。读者可以通过工具栏或空格键显示/隐藏“项目”面板。

6.2.1 场景

“场景”面板的重要参数如图6-13所示。

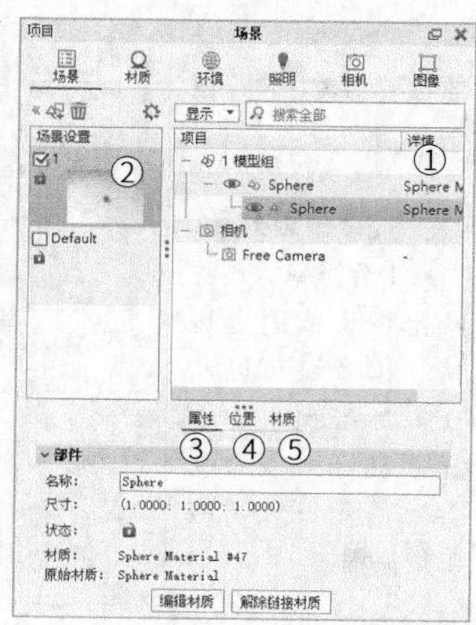

图6-13

重要参数介绍

①**项目**：管理场景中的物件，如“模型组”和“相机”等。

②**场景设置**：用于查看场景中的环境、灯光、材质等物件的设置状态，便于实时编辑和处理场景。

③**属性**：场景树中当前突出显示的模型集或项目的属性。

④**位置**：可以在此处设置所选模型、组或部件的尺寸或位置。

⑤**材质**：这是项目库，列出了当前场景中的所有材质。

6.2.2 材质

“材质”面板的重要参数如图6-14所示。

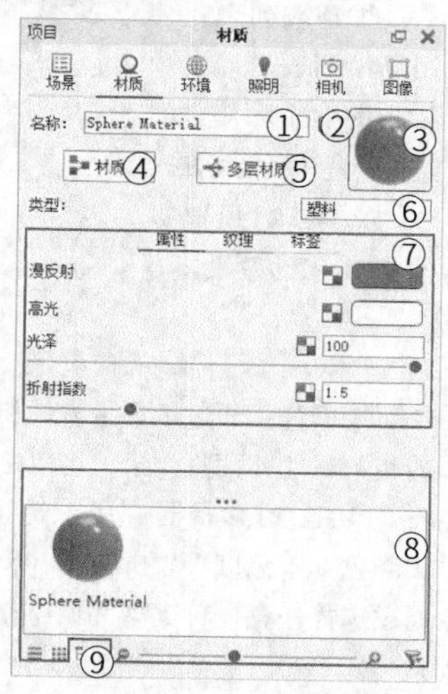

图6-14

重要参数介绍

①**名称**：项目中显示的材质名称，如果项目具有相同材质的多个实例（未链接），则数字将附加到材质中。

②**保存**：在材质库中保存材质的副本。

③**预览**：预览当前材质。可以通过将另一种材质从“材质库”拖曳到预览上来替换当前材质。

④**材质图**：“材质图”在单独的窗口中打开，并在图形视图中显示材质、纹理、标签等作为节点，以显示复杂材质中的连接关系。

⑤**多层材质**：任何材质都可以变成多层材质，以促进非破坏性材质的交换、变化或颜色改变。

⑥**类型**：可以在此处更改所选部件上的材质类型。更改材质类型时可在类型之间转换任何属性。

⑦**属性/纹理/标签**：每种类型的材质都有一组可以调整的属性，以及添加标签和纹理的选项。“纹理”图标表示能够应用纹理贴图的设置。

⑧**项目内材质库**：列出当前场景中的所有材质。

⑨**材质视图**：树视图显示所有标签/纹理。

6.2.3 环境

“环境”面板的重要参数如图6-15所示。

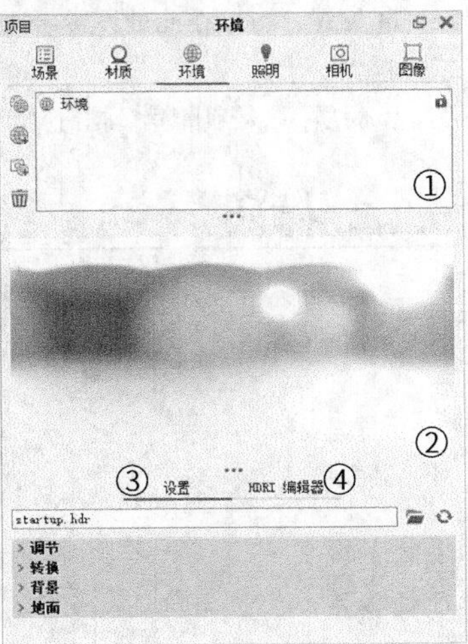

图6-15

重要参数介绍

①**环境列表**：使用环境列表可以在项目中的多个环境之间进行设置和轻松切换。

②**HDRI预览**：预览HDRI的效果。

③**设置**：通过设置下方的相关参数可以调整当前HDRI的相关属性并预览效果。可以控制所选环境的属性。

④**HDRI编辑器**：用于选择不同的HDRI类型，包含“颜色”“色度”“Sun&Sky”和“图像”4种类型，可以通过选择任意一种类型并调整相关参数来预览效果。

6.2.4 照明

“照明”面板的重要参数如图6-16所示。

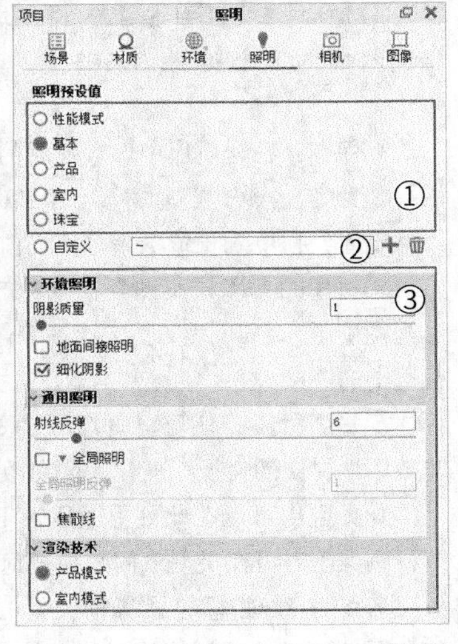

图6-16

重要参数介绍

①**照明预设值**：KeyShot附带4个照明预设，可以更快地应用全局光设置。

②**自定义**：在这里，可以访问自己的自定义预设。要添加新预设，请调整设置，然后选择“+”符号。

③**环境照明**：设置相关参数，调整照明效果。

6.2.5 相机

“相机”的重要参数如图6-17所示。

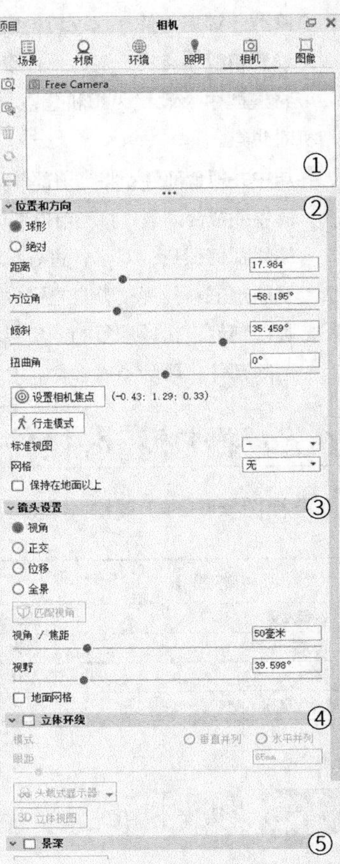

图6-17

重要参数介绍

①**相机列表**：使用相机列表，可以在场景中设置/保存多个相机。这有助于在工作室中重复使用和修改动画或使用相机。在相机列表中，自由相机始终可用且无法锁定或覆盖，它始终可以被选择并保持独立于相机动画。

②**位置和方向**：通过拖曳场景可以更改摄像机的位置，此部分将为读者提供更精确的摄像机定位方式，并允许设置摄像机目标。

③**镜头设置**：此部分允许更改相机镜头设置。

④**立体环绕**：该立体声模式将让读者可以通过头戴式VR显示器观看实时场景中的图像。

⑤**景深**：景深允许读者像使用普通相机一样设置焦距和相机的光圈值。

6.2.6 图像

“图像”面板的重要参数如图6-18所示。

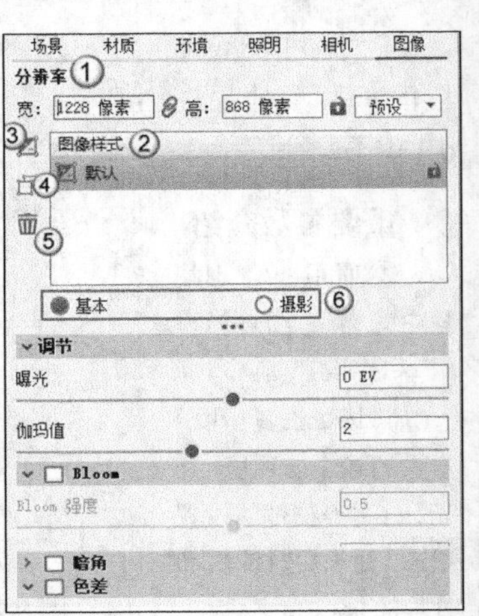

图6-18

重要参数介绍

①**分辨率**：设置特定像素或固定比率。读者还可以从众多标准预设中选择，甚至可以添加自己的预设以适应工作流程。

②图像样式：允许读者在同一场景中创建多个图像样式。

③添加图像样式：将新图像样式添加到列表中。

④重复图像样式：将当前图像样式的副本添加到列表中。

⑤删除图像样式：删除当前图像样式。

⑥图像样式类型：几乎与以前版本的KeyShot中的图像调整和图像效果选项相同。如果使用图像调整/效果打开旧场景，它们将被添加为“基本”图像样式。另外，“摄影”提供更多功能的调整，如通过色调映射和曲线。

6.3 课堂案例：渲染陶瓷杯

场景位置	场景文件>CH06>01.3dm
实例位置	实例文件>CH06>课堂案例：渲染陶瓷杯.ksp
视频名称	课堂案例：渲染陶瓷杯.mp4
学习目标	学习基本渲染流程和指定材质及添加灯光的方法

陶瓷杯的效果如图6-19所示。

01 将“场景文件>CH06>01.3dm”导入KeyShot中，如图6-20所示。

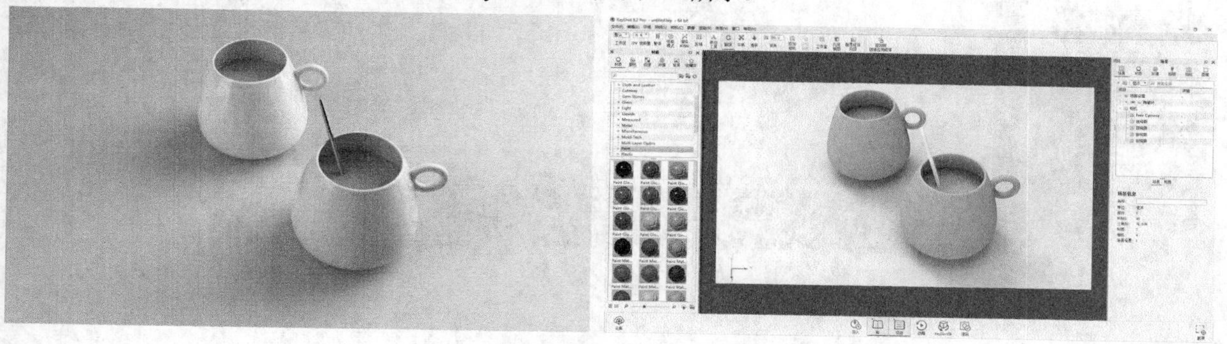

图6-19

图6-20

02 为了防止在指定材质和添加灯光的过程中移动模型，在“项目”面板的“相机”中添加一个新的“相机1”并锁定，如图6-21所示。

图6-21

03 为了防止材质链接到一起，不方便后面修改材质，这里需要添加一个灯光组来观察灯光的方向及大小，如图6-22所示。

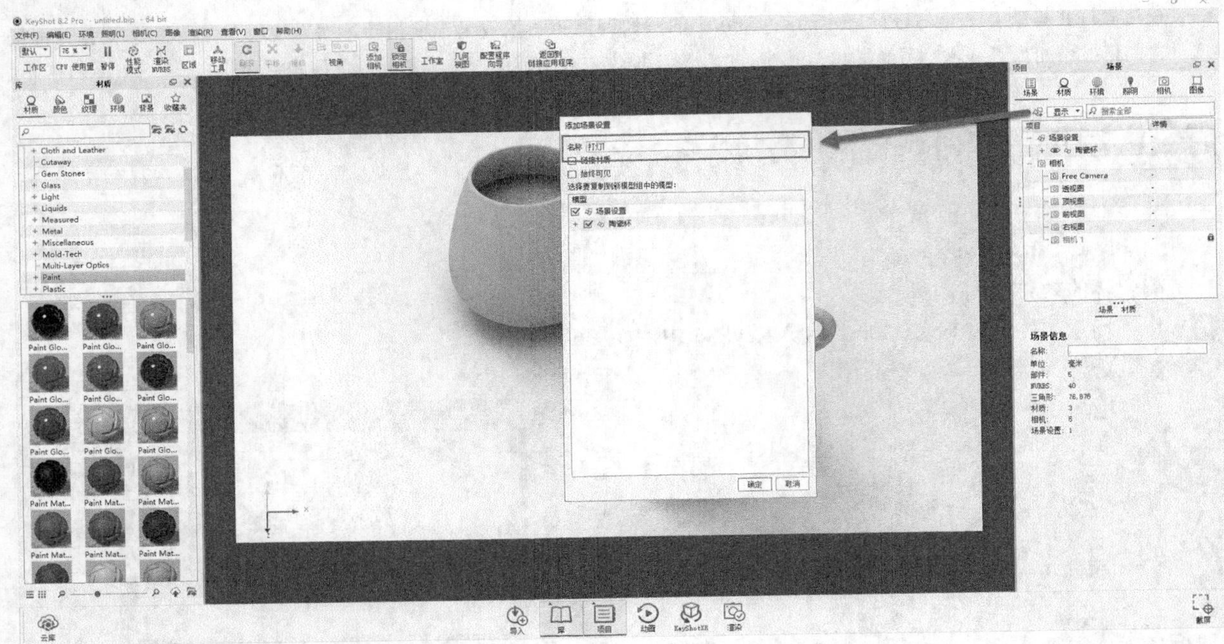

图6-22

04 将默认的模型组关上，打开用于打灯的灯光组，如图6-23所示。

图6-23

05 **添加地面**为了让地面显得更加真实，需要添加一个地面部件。执行“编辑>添加几何图形>添加地平面”菜单命令，如图6-24所示。

图6-24

06 拖曳一个光滑的材质给打灯模型组，如图6-25所示。

图6-25

07 添加背景灯光将背景灯光切换成色度，让环境变得更暗，但能看见模型的位置。把白色色块改为灰色（R:85，G:85，B:85），如图6-26所示。

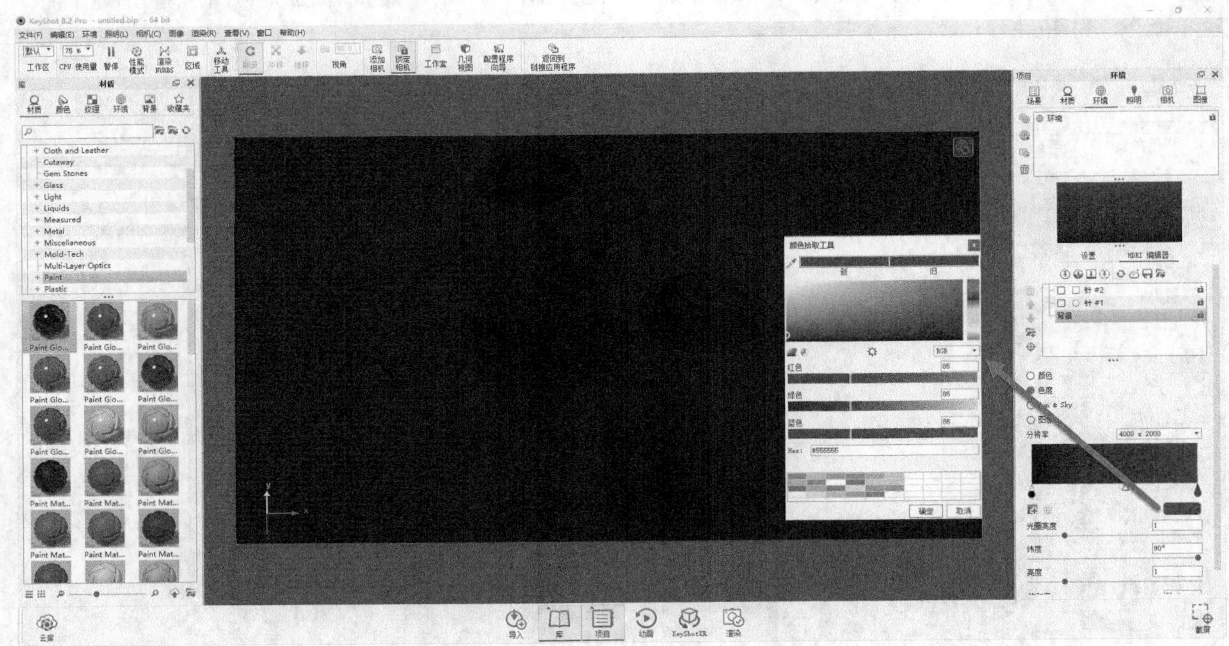

图6-26

08 添加灯光在场景中单击鼠标左键，接着想让灯光照亮什么部位，就可以单击什么地方。此时需要在场景中添加一个逆光，将圆形灯光添加到图6-27所示的位置，然后设置“半径”为49.32，“亮度”为3，“颜色”为白色。

图6-27

09 继续添加一个灯光，设置灯光形状为矩形，“大小”的X为21.2，Y为40.6，“亮度”为2，“颜色”为白色，如图6-28所示。

图6-28

10 将“项目”面板中的打灯模型组关闭，打开默认的模型组，如图6-29所示。

图6-29

11 制作地面材质双击地面部件，切换到“材质”面板，将材质更改为塑料材质，设置“漫反射”的颜色为淡紫色（R:244，G:154，B:179），“光泽”为30，“折射指数”为1.5，如图6-30所示。

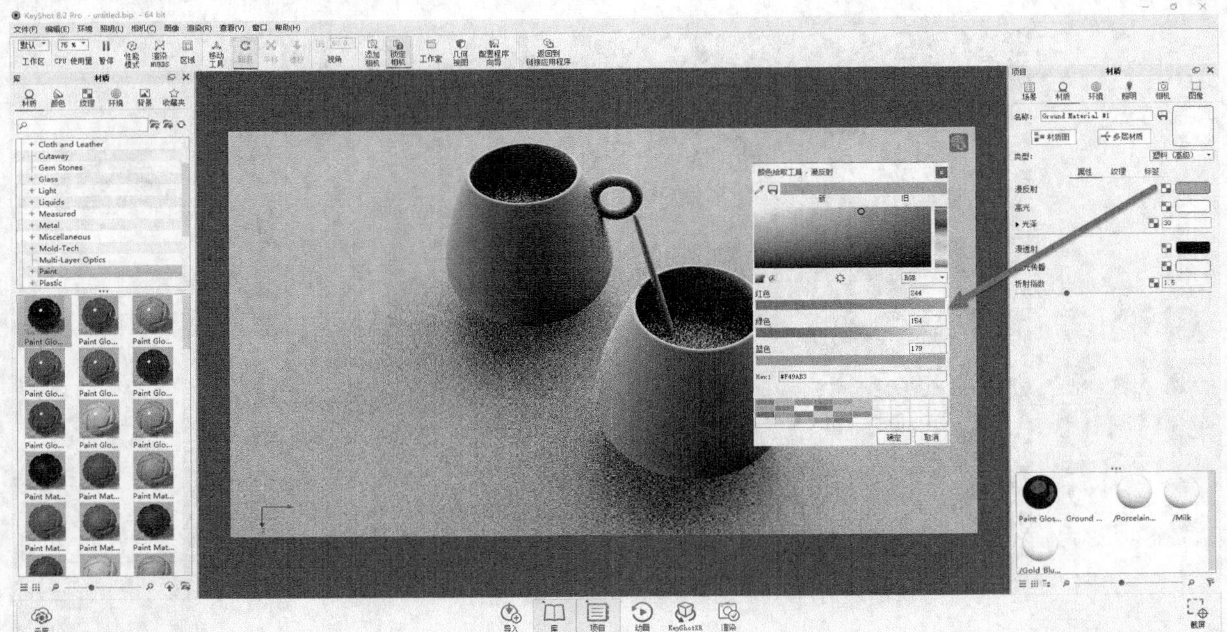

图6-30

12 制作搅拌棍材质双击搅拌棍部件，将材质更改为金属材质，设置“金属类型”为“已测量”，“光泽”为100，如图6-31所示。

图6-31

13 **制作杯子材质**双击杯子部件，将材质更改为高级材质，设置“漫反射”和“高光”的颜色为白色，“氛围”为灰白色（R:242，G:242，B:242），“光泽”为100，如图6-32所示。

图6-32

14 **制作液体材质**双击液体部件，将材质更改为半透明材质，设置“表面”颜色为（R:255，G:225，B:225），“次表面”颜色为（R:252，G:195，B:195），“纹理”颜色为（R:255，G:222，B:222），“光泽”为20，如图6-33所示。

图6-33

15 材质调节完成后，选择底部的“渲染”，对输出文件进行命名，并设置路径和格式，如图6-34所示。

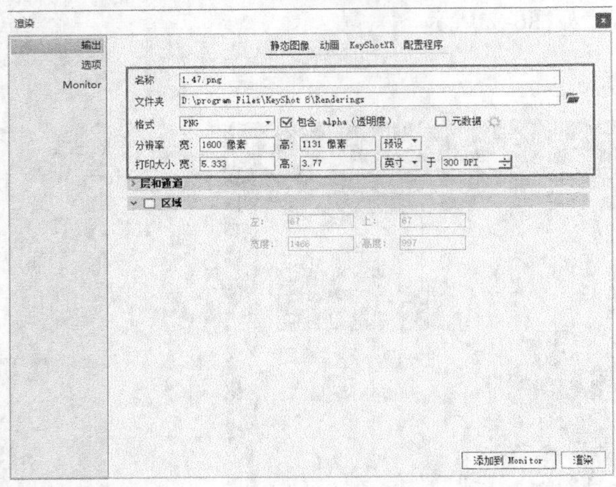

图6-34

16 **设置输出选项**设置“最大采样”的“采样值”为128（此处需要根据自己的计算机处理器的强弱进行增加或减少），如图6-35所示。陶瓷杯子完成后的效果如图6-36所示。

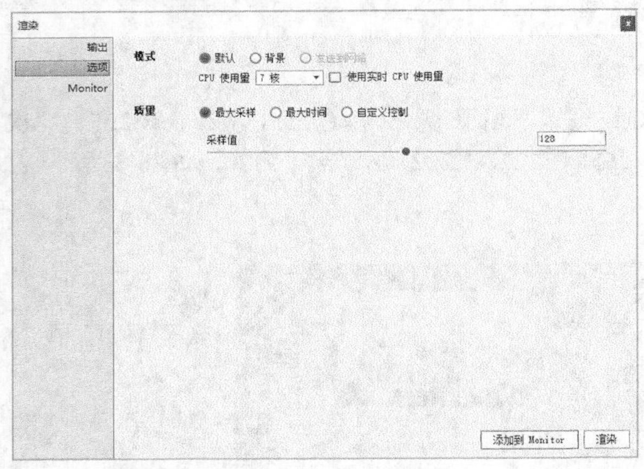

图6-35

图6-36

6.4 颜色库和颜色拾取器

本节将讲解颜色库和颜色拾取器的用法与参数。

本节内容介绍

名称	作用	重要程度
颜色库	可以将自定义的颜色拖放到实时窗口内的任何一个部件上	高
颜色拾取器	快速更改颜色或以视觉方式测试颜色	高

6.4.1 颜色库

KeyShot颜色库允许读者将自定义的颜色拖放到实时窗口内的任何一个部件上，包括使用PANTONE®和RAL®颜色库，如图6-37所示。读者可以通过单击右上角的搜索框并输入颜色名称来完成颜色搜索。该库允许搜索整个选定文件夹内的颜色。

搜索操作也可以通过选择对话框右上角的十字线来实现。这将打开一个颜色拾取工具的窗口，允许选择要查找的颜色。另外，还可以通过使用“导入”功能来浏览文件，从CSV文件导入颜色库。

创建CSV文件时，使用RGB颜色条目需要遵循以下格式：名称，R，G，B。可以用逗号、分号或制表符分隔。其他颜色支持RGB（0~1）、HEX、CMYK、HSV和CIE-L*ab等，可以通过在“颜色库”中单击鼠标右键并选择“添加颜色”，然后在KeyShot中手动创建颜色。

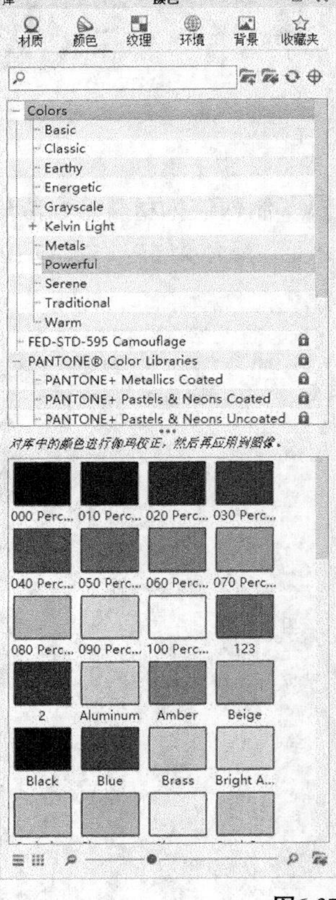

图6-37

6.4.2 颜色拾取器

单击“颜色属性”，就可以访问“颜色拾取工具”对话框，如图6-38所示。“颜色拾取工具”对话框可以让读者快速更改颜色或以视觉方式测试颜色。读者可以使用颜色栏、颜色映射、颜色滑块（输入数字）或通过从颜色样本中拖放来更改颜色。

图6-38

重要参数介绍

吸管：可以用于选择显示器上的任何颜色。当选择吸管工具时，鼠标指针下的颜色将出现在新颜色栏区域中。使用鼠标左键选择颜色或按Esc键可以退出吸管选择模式。

颜色栏：如果改变当前颜色，颜色栏区域包含当前颜色和旧颜色。

色彩地图：KeyShot同时包含色相色域（默认）和传统三色色轮，这些可以在色彩地图的左下方切换。当前颜色以黑白圆圈显示在色彩地图上。

彩色滑块：颜色拾取工具为各种颜色空间和值标尺提供了颜色滑块。色彩空间可以在色彩地图右下角的色彩空间下拉菜单中进行更改。包含RGB——红色、绿色和蓝色的颜色通道，CMYK——青色、品红色、黄色和黑色的颜色通道，HSV——色调和饱和度值的颜色通道、灰度-亮度值通道，CIE-L*ab——亮度（L）、红绿（a）和蓝黄（b）的值通道，开尔文——温度的值通道。当选择色彩地图时，颜色滑块将更新以提供相应颜色空间的输入值。虽然在选择新的色彩时不会更改色彩地图，但在读者调整滑块并输入色彩条时，色彩地图将更改为显示所选颜色或输入的值。同样，模型将在实时视图中显示新颜色。读者可以在不改变颜色的情况下在彩色地图之间切换，但切换到灰度或开尔文值的比例时，会将颜色范围限制到这些比例。

颜色选择：该工具包含两个命令。“输入经伽马校正的值”命令主要用于对彩色滑块应用伽马校正（默认选择），“将图像伽马值应用到样本和颜色拾取器中的颜色”主要用于对材质的颜色样本和拾色器应用伽马校正（默认选择）。注意，该工具只会调整颜色预览效果，而不能调整数值。

颜色色板：使用底部的网格色卡可快速访问经常使用的颜色。在这里，可以快速添加色彩，并对其进行调整。读者可以在颜色拾取器顶部的颜色栏中拖放颜色到颜色网格色卡中，以创建自己的调色板。在拖放的时候，只需将新颜色拖放到现有的颜色上，或在颜色色板区域内拖放，即可覆盖之前的颜色。

6.5 编辑模型

本节讲解在KeyShot中编辑模型或部件的方法。

本节内容介绍

名称	作用	重要程度
复制模型	对模型进行复制	中
阵列	可用于复制多个模型进行展示	中

6.5.1 复制模型

很多时候导入的模型都是一个完整模型。如果没有提前在Rhino中复制好，这时候也没必要着急，因为在KeyShot中也是可以进行复制的。以图6-39中的球体为例，需要对其进行复制，可将鼠标指针移动到模型上，单击鼠标右键并选择“复制部件”命令，如图6-40所示。复制出同一位置的模型，移动的操作轴也会打开，可以使用操作轴将其拖开，如图6-41所示，这样就复制出了一个模型。

图6-39

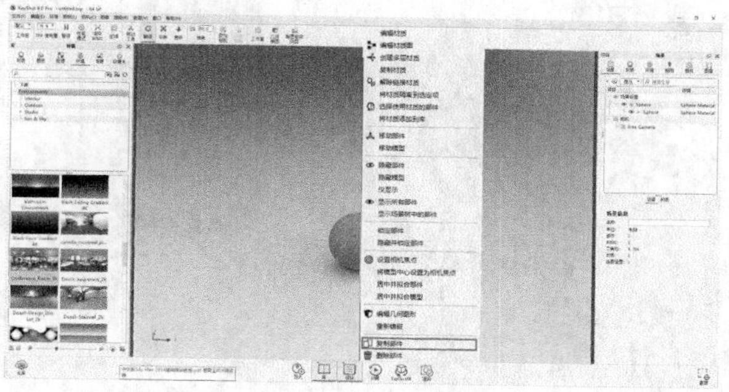

图6-40

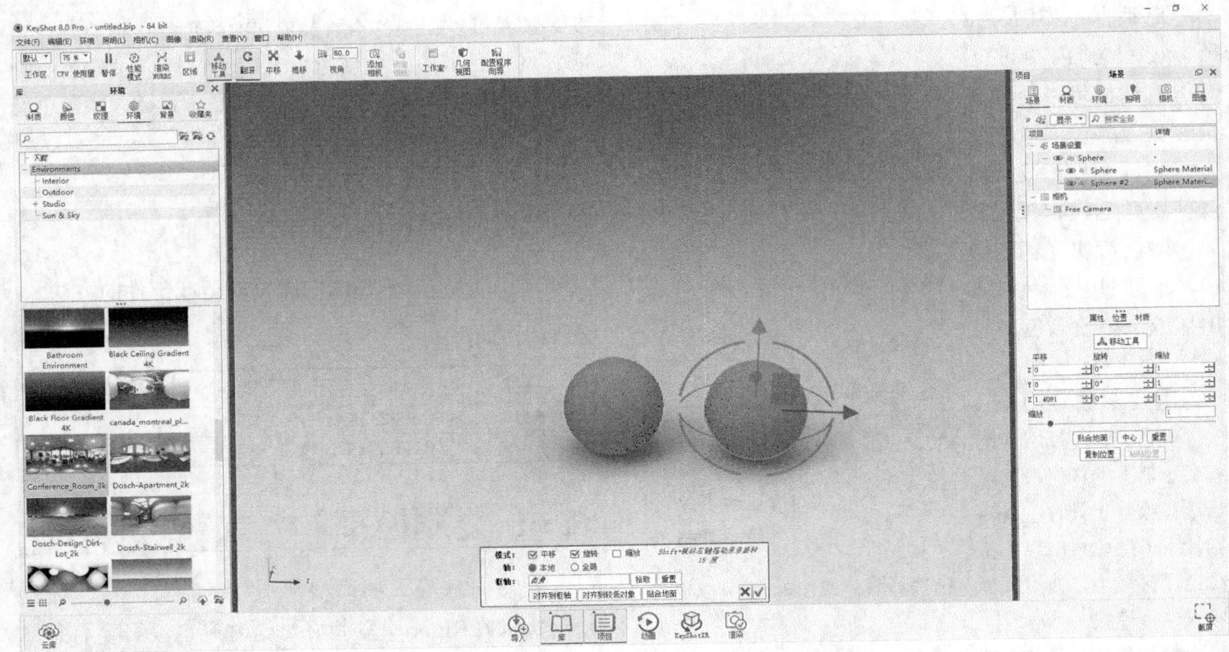

图6-41

6.5.2 阵列

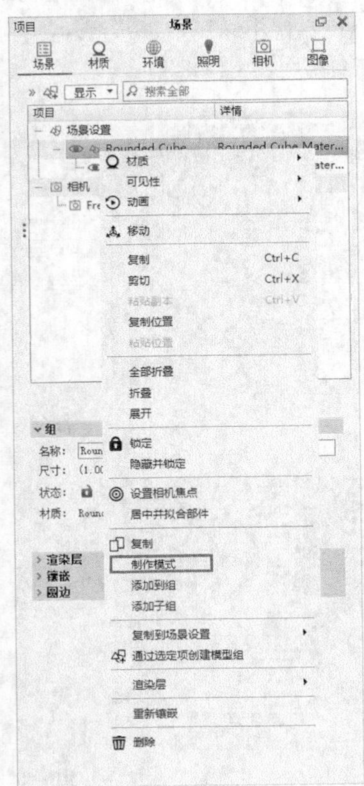

图6-42

阵列也是一个非常好用的功能，主要用于展示模型的各个角度和复制模型对象。在需要进行阵列的模型、模型组或部件上单击鼠标右键，选择“制作模式”命令，如图6-42所示。“线性”阵列的效果如图6-43所示，“圆形”阵列的效果如图6-44所示。

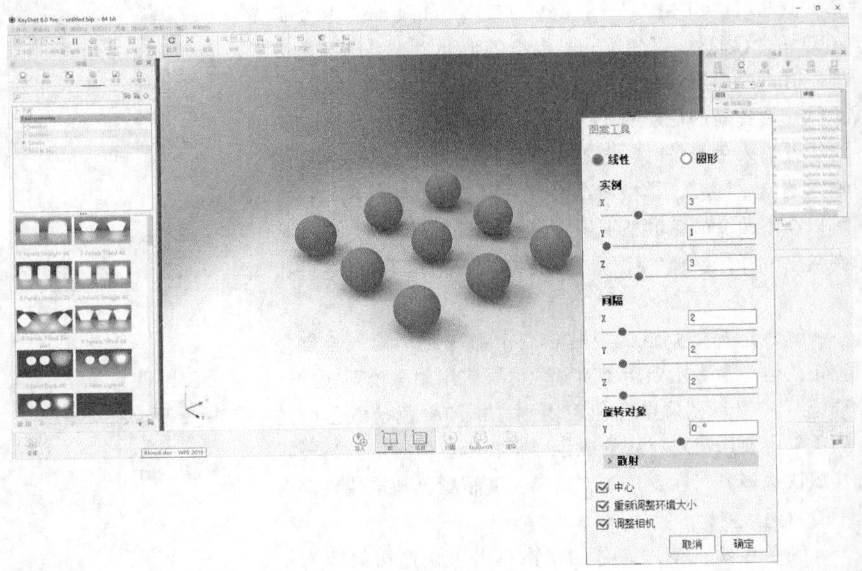

图6-43

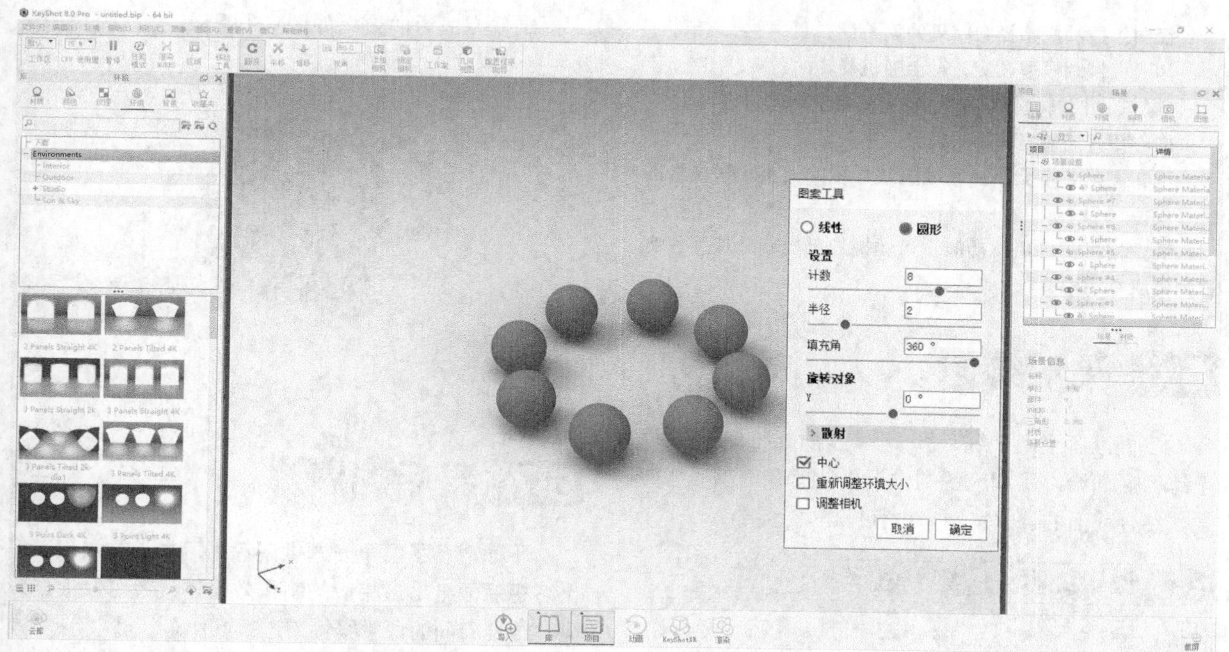

图6-44

“图案工具（线性）”面板如图6-45所示。

重要参数介绍

线性：以线性的模式创建阵列。

实例（线性）：设置沿x轴、y轴和z轴创建模型的个数。

间隔（线性）：设置模型x、y和z的间距大小。

旋转对象（线性）：沿着每个本地访问的Y进行旋转，以动态形式将它们放置在场景中。

散射（线性）：随机放置阵列的模型，对于需要随机分布模型的场景很有用。

移位：控制从原始模式矩阵中出现的偏差量。

Y旋转：控制模型在本地y轴上随机旋转的角度。

中心：将当前模式中的模型居中放置。

重新调整环境大小：自动调整环境的大小来适应当前所有模型。

调整相机：启用此功能，可让摄像机自动转换为拍摄视野中所有的模型。

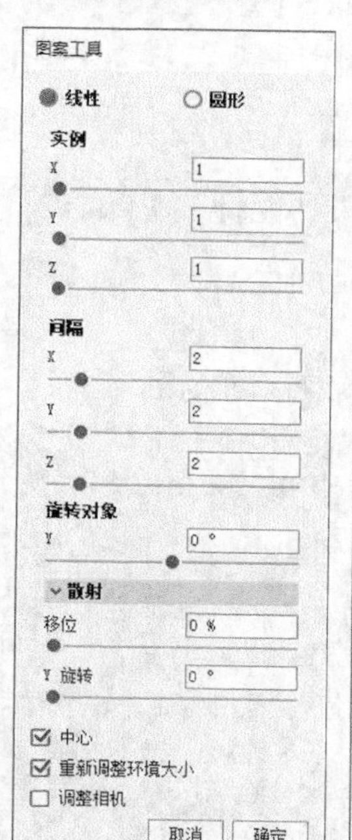

图6-45

“图案工具（圆形）”面板如图6-46所示。

重要参数介绍

圆形：以圆形的模式创建阵列。

设置（圆形）：设置圆形的计算方式。

计数：设置模型围绕一个轴排列的数量。

半径：设置从模型到中心或旋转轴的距离。

填充角：排列模型的角度，360°是一个完整的圆形。

旋转对象（圆形）：沿着每个本地访问的Y进行旋转，并以动态形式将它们放置在场景中。

散射（圆形）：随机放置阵列的模型，对于需要随机分布模型的场景很有用。

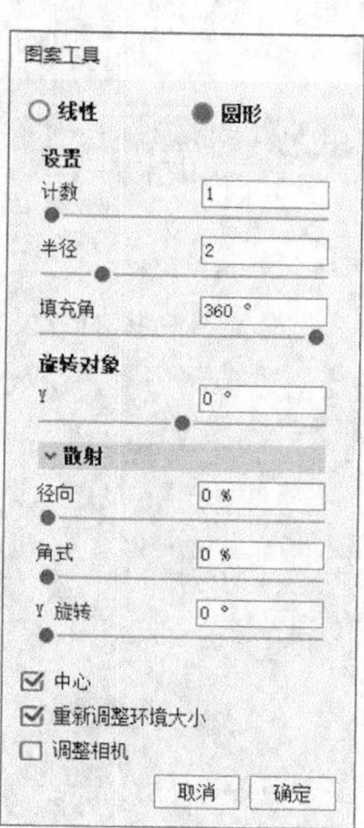

图6-46

径向：控制原始径向间隔的偏差量。

角式：控制模型在旋转轴上随机旋转的角度。

Y旋转：控制模型在本地y轴上随机旋转的角度。

中心：将当前模式中的模型居中放置。

重新调整环境大小：自动调整环境的大小来适应当前所有模型。

调整相机：启用此功能，可让摄像机自动转换为包含视野中所有的模型。

6.6 课堂练习

下面准备了两个练习供读者练习本章的知识。每个练习后面给出了相应的制作效果，读者可以根据效果，结合前面的课堂案例来进行操作。

6.6.1 课堂练习：渲染充电宝

场景位置	场景文件>CH06>02.3dm
实例位置	实例文件>CH06>课堂练习：渲染充电宝.ksp
视频名称	课堂练习：渲染充电宝.mp4
学习目标	掌握白色物件的渲染方法

充电宝模型的效果如图6-47所示。

制作完成后的效果如图6-48所示。

图6-47

图6-48

6.6.2 课堂练习：渲染马克杯

场景位置	场景文件>CH06>03.3dm
实例位置	实例文件>CH06>课堂练习：渲染马克杯.ksp
视频名称	课堂练习：渲染马克杯.mp4
学习目标	熟练使用纹理贴图

马克杯白模的效果如图6-49所示。

图6-49

制作完成后的效果如图6-50所示。

图6-50

6.7 课后习题

下面准备了两个习题供读者练习本章的知识。每个习题后面给出了相应的制作效果，读者可以根据效果，结合前面的课堂案例来进行操作。

6.7.1 课后习题：设置手机产品灯光

场景位置	场景文件>CH06>04.3dm
实例位置	实例文件>CH06>课后习题：设置手机产品灯光.ksp
视频名称	课后习题：设置手机产品灯光.mp4
学习目标	掌握打光技巧

手机白模的效果如图6-51所示。

制作完成后的效果如图6-52所示。

图6-51

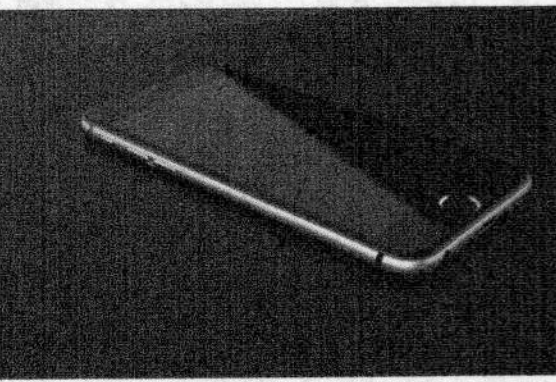

图6-52

6.7.2 课后习题：渲染遥控器

场景位置	无
实例位置	实例文件>CH06>课后习题：渲染遥控器.ksp
视频名称	课后习题：渲染遥控器.mp4
学习目标	掌握细节处理

遥控器白模的效果如图6-53所示。

制作完成后的效果如图6-54所示。

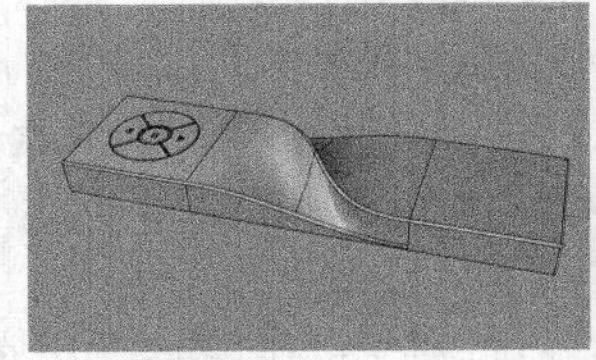

图6-53

图6-54

第7章 KeyShot材质和灯光

本章在上一章基础面板参数认识的基础上，结合课堂案例来全面介绍KeyShot灯光、KeyShot材质和KeyShot渲染参数的设置方法与技巧。

课堂学习目标

- 掌握产品渲染的流程
- 掌握布光技巧
- 完成基础的渲染案例

7.1 课堂案例：渲染充电枪

场景位置 场景文件>CH07>01.3dm
实例位置 实例文件>CH07>课堂案例：渲染充电枪.ksp
视频名称 课堂案例：渲染充电枪.mp4
学习目标 学习基本渲染流程和指定材质及添加灯光的方法

充电枪的效果如图7-1所示。

01 将“场景文件>CH07>01.3dm”导入KeyShot中，如图7-2所示。

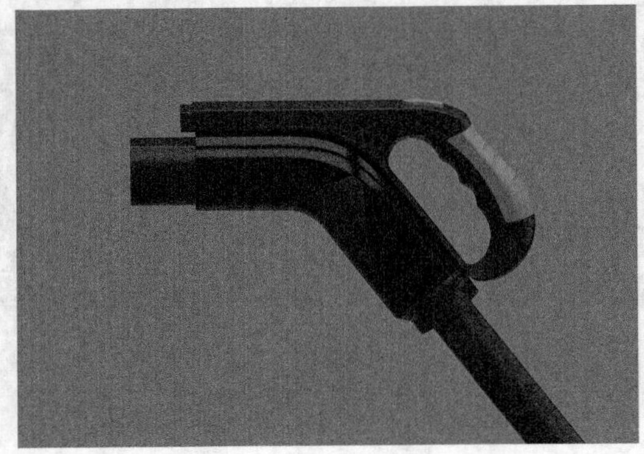

图7-1

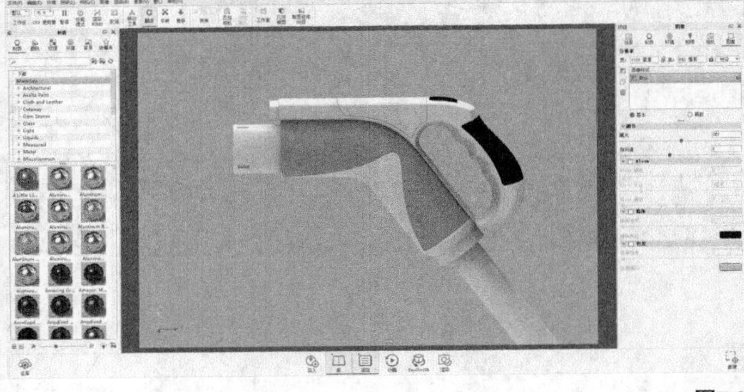

图7-2

02 为了防止在指定材质和添加灯光的过程中移动模型，需要在“项目”面板的“相机”中添加一个新的“相机1”并锁定，如图7-3所示。

03 为了防止材质链接到一起，不方便后面的材质修改，此时需要添加一个灯光组来观察灯光的方向及大小，如图7-4所示。

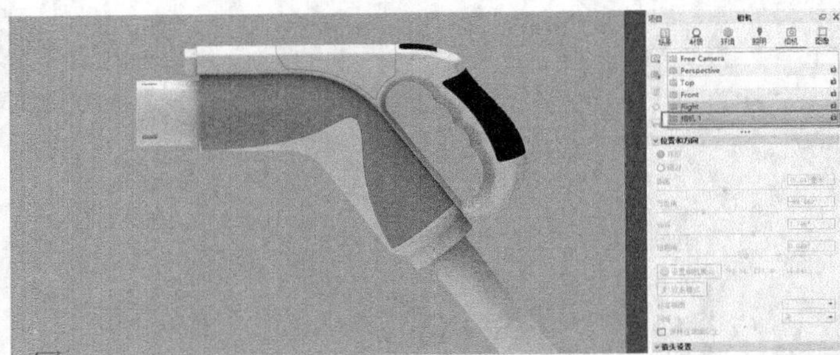

图7-3

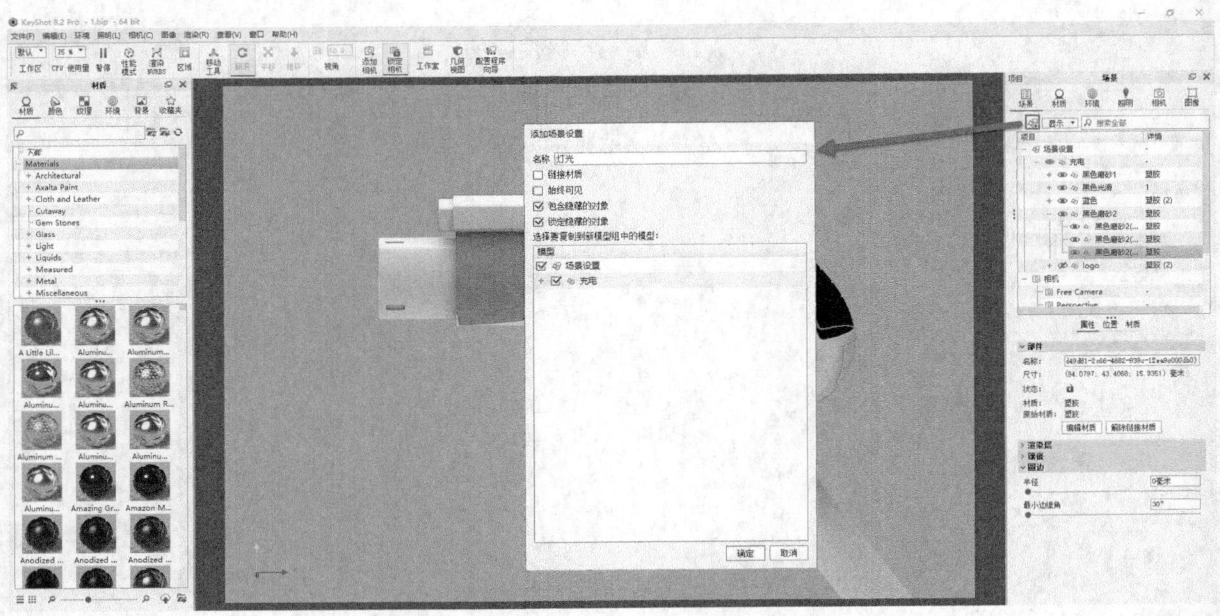

图7-4

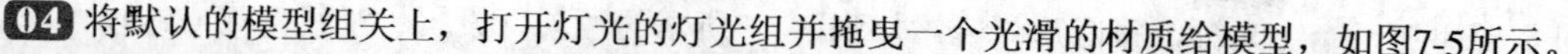

04 将默认的模型组关上，打开灯光的灯光组并拖曳一个光滑的材质给模型，如图7-5所示。

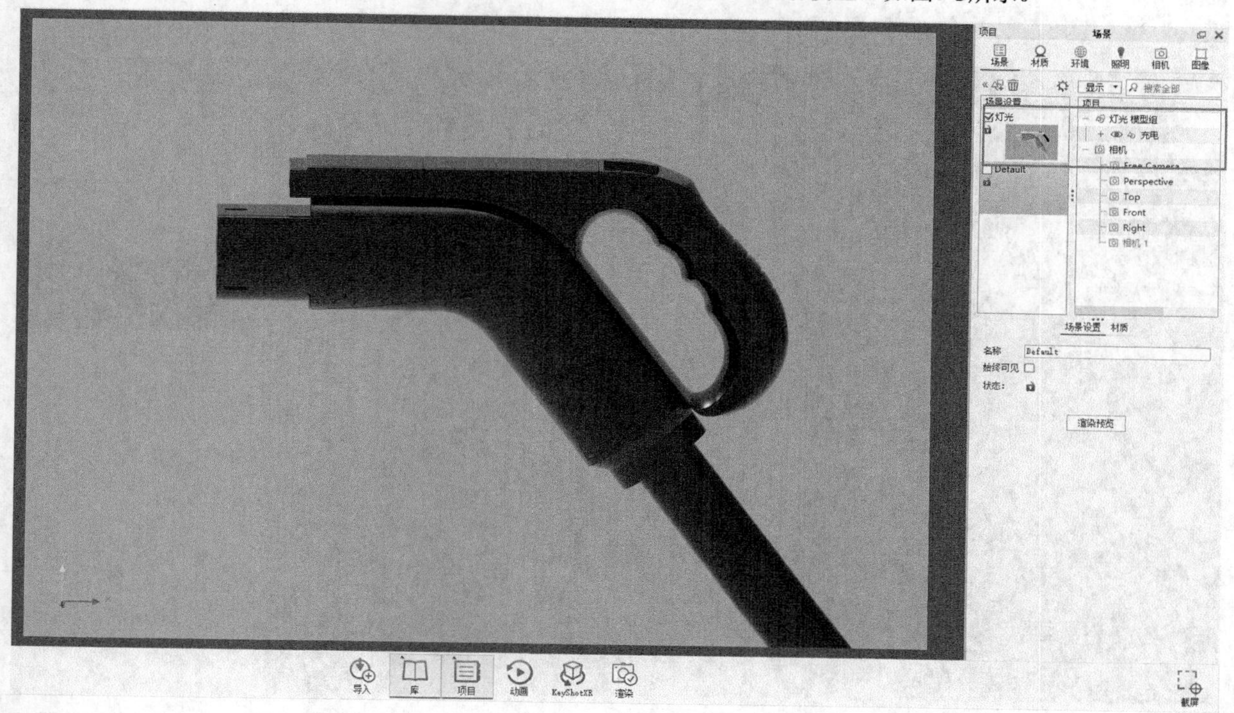

图7-5

05 **添加背景灯光**将背景灯光切换成色度，让环境变得更暗，但是能看见模型的位置。把白色色块改为灰色（R:105，G:105，B:105），如图7-6所示。

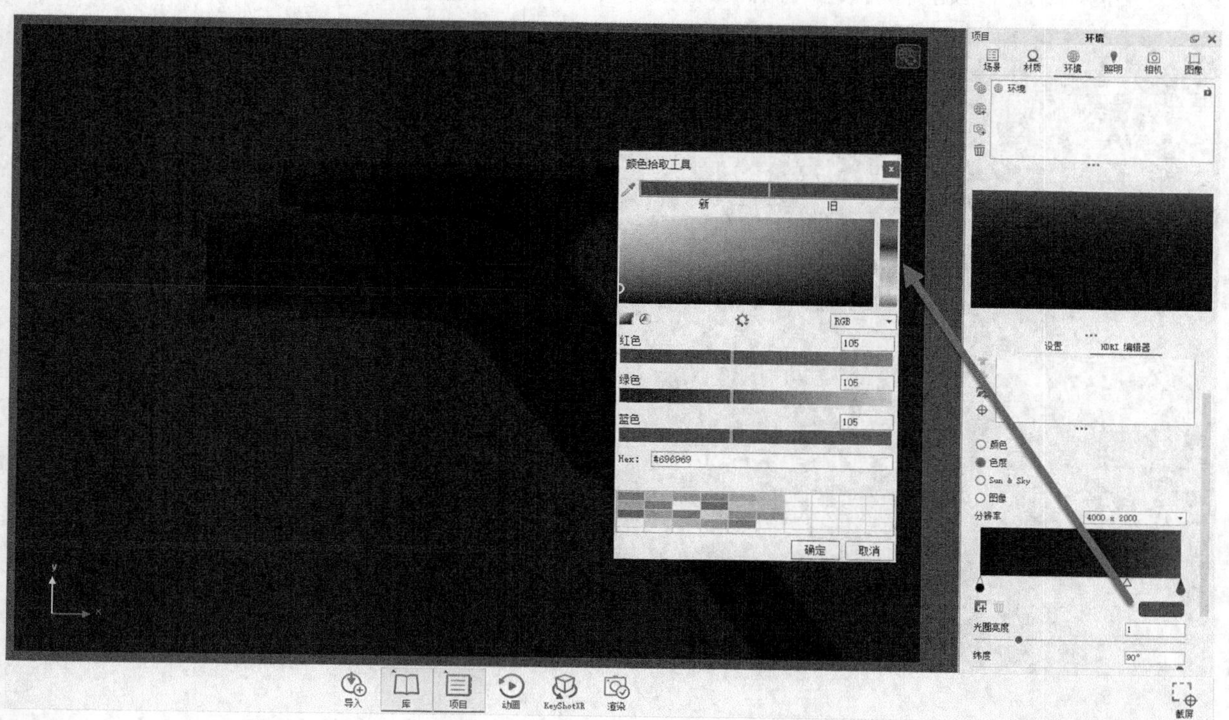

图7-6

06 **添加灯光** 此时需要添加一个主光源，将圆形灯光添加到图7-7所示的位置，设置“半径”为43.29，“亮度”为3，“颜色”为白色。

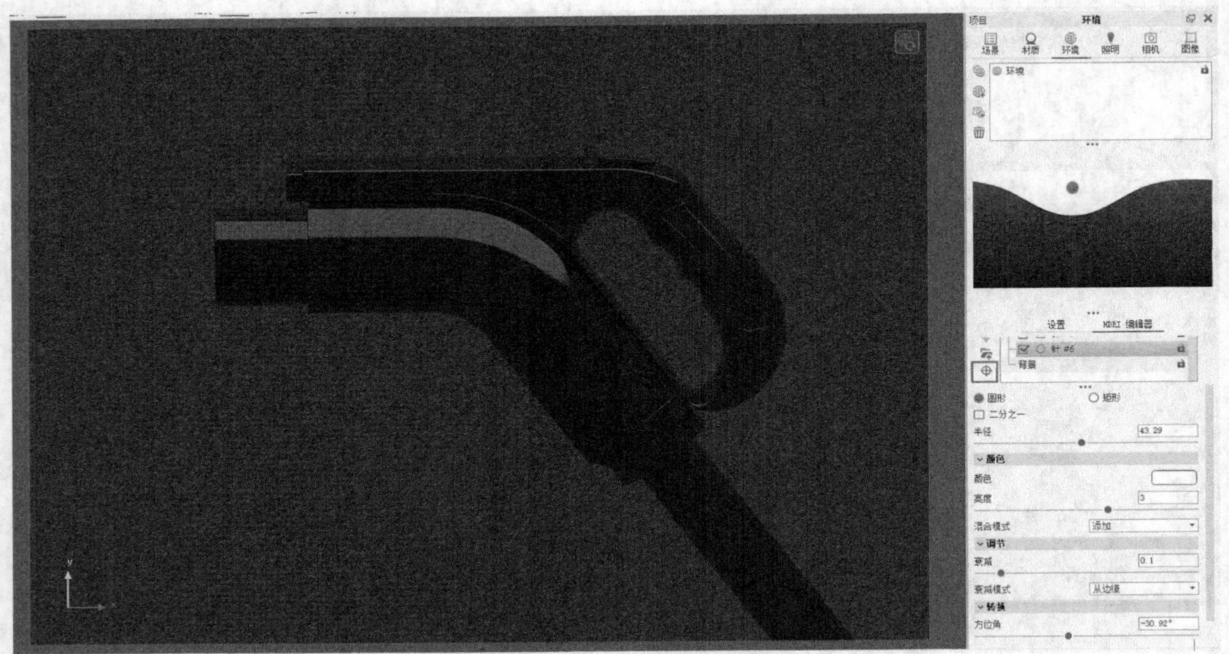

图7-7

07 为了让灯光更加真实，需要添加一个黑色矩形灯光，将主灯光中间分开。设置“大小”的X为68.2，Y为9.5，“亮度”为1，“颜色”为黑色。注意，这里需要将灯光“混合模式”调节为Alpha，如图7-8所示。

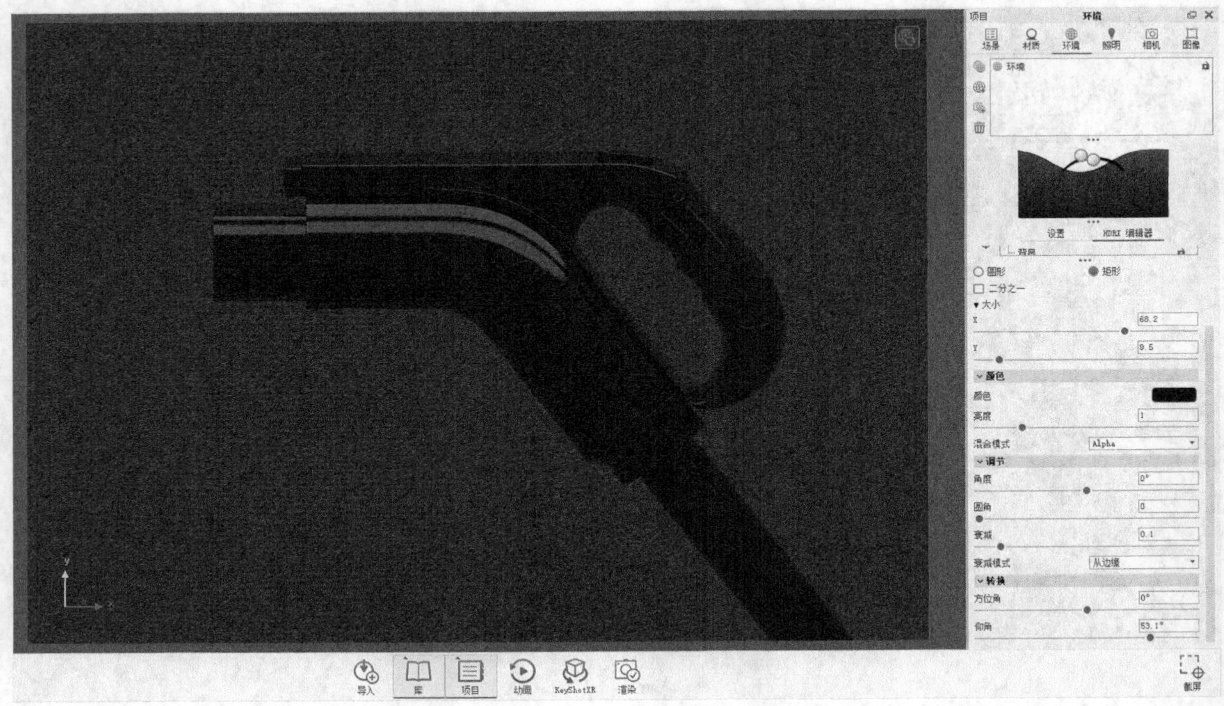

图7-8

08 单击鼠标右键，复制上一个灯光，将灯光“方位角”向左侧旋转，设置为-103.68°，如图7-9所示。

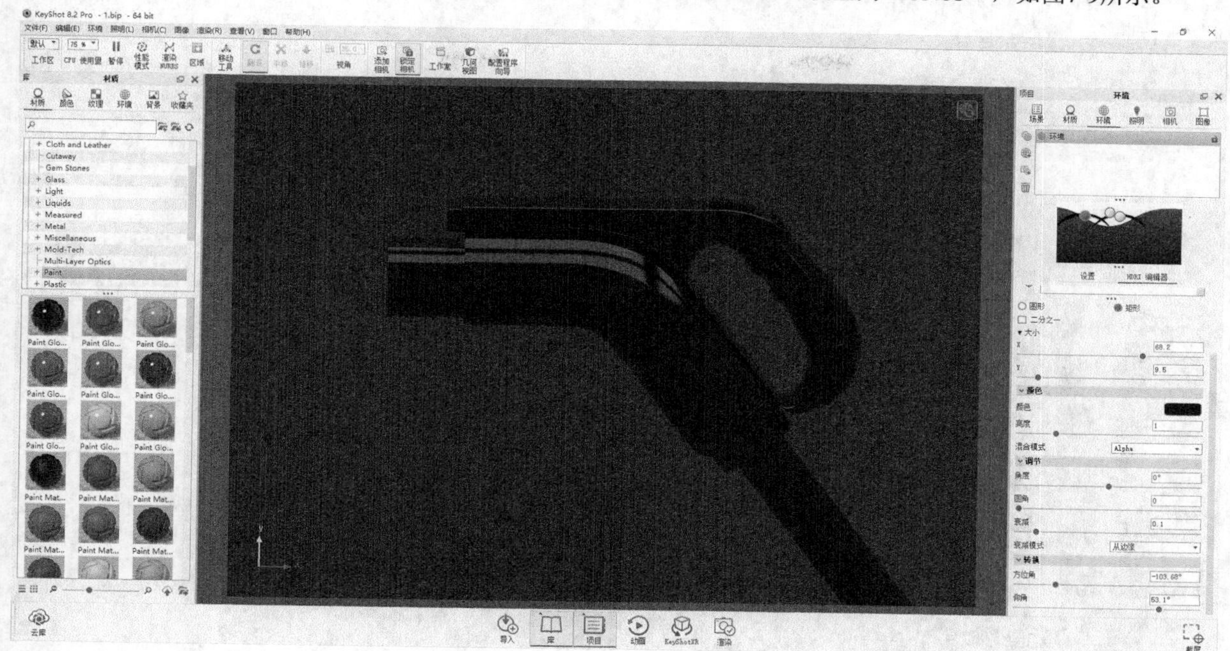

图7-9

09 添加充电枪的主灯光后，需要添加辅灯光。为其添加一个圆形逆灯光，设置“半径”为27.63，“亮度”为0.2，“颜色”为白色，如图7-10所示。

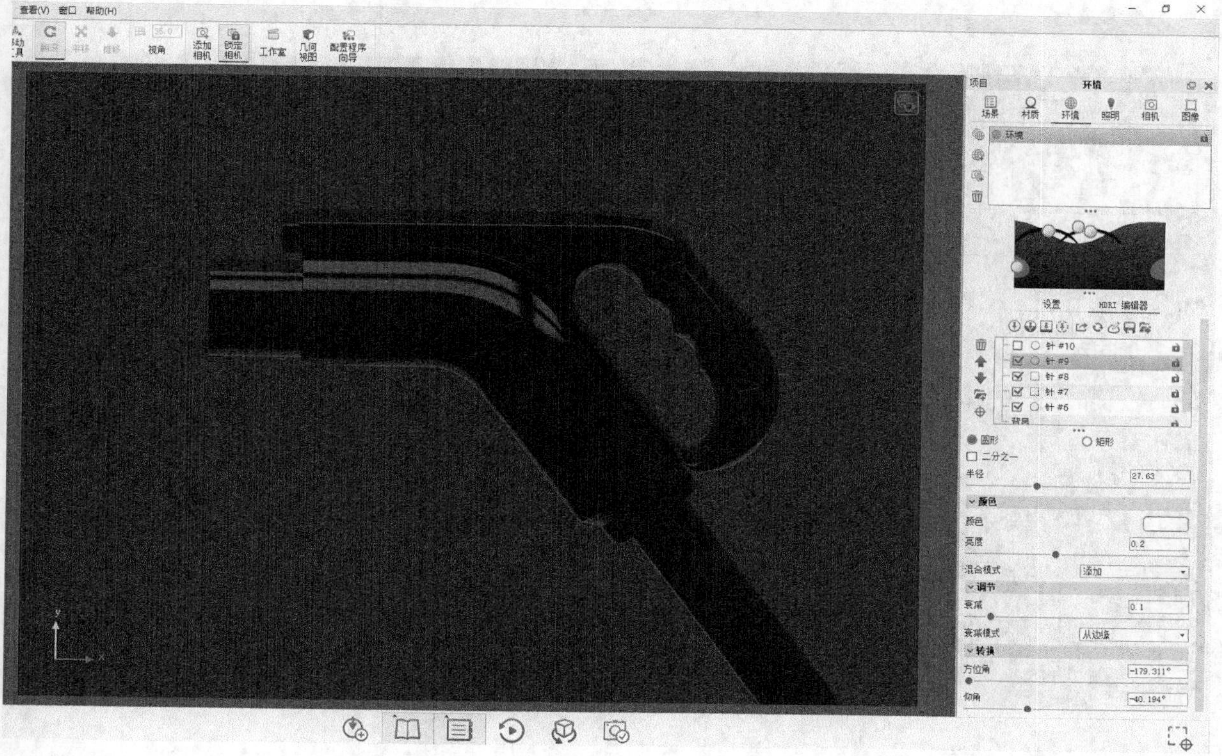

图7-10

10 继续添加一个圆形灯光，拖曳到手柄位置，设置“半径”30，“亮度”为0.5，“颜色”为白色，如图7-11所示。

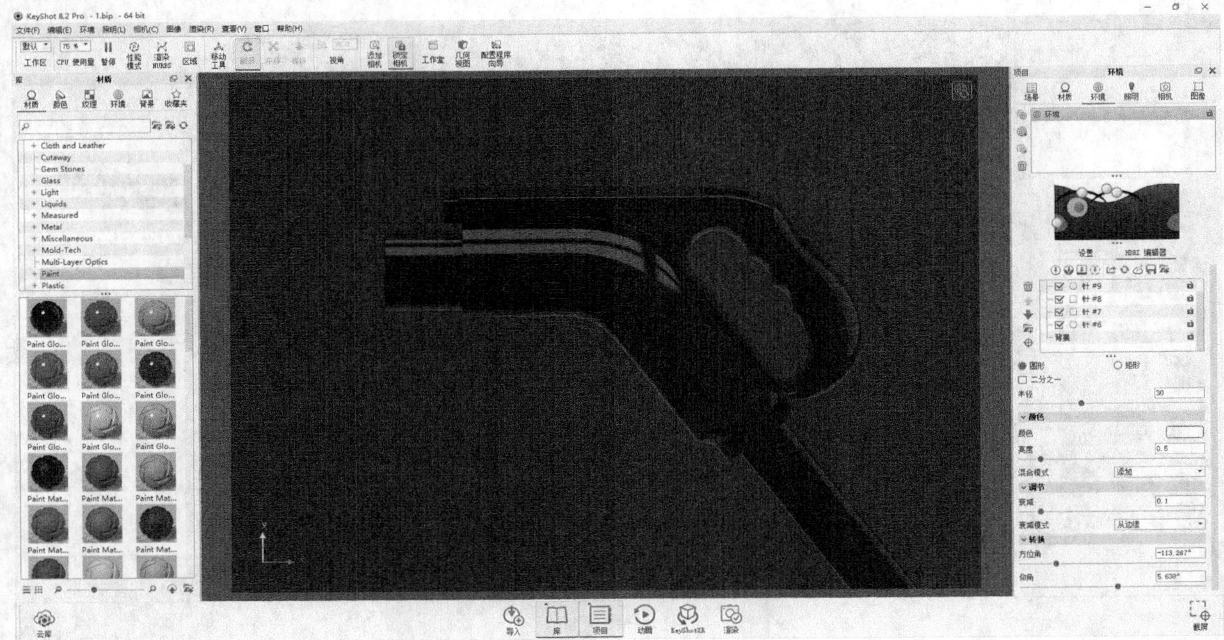

图7-11

11 将“项目”面板中的灯光模型组关闭，打开默认的模型组，如图7-12所示。

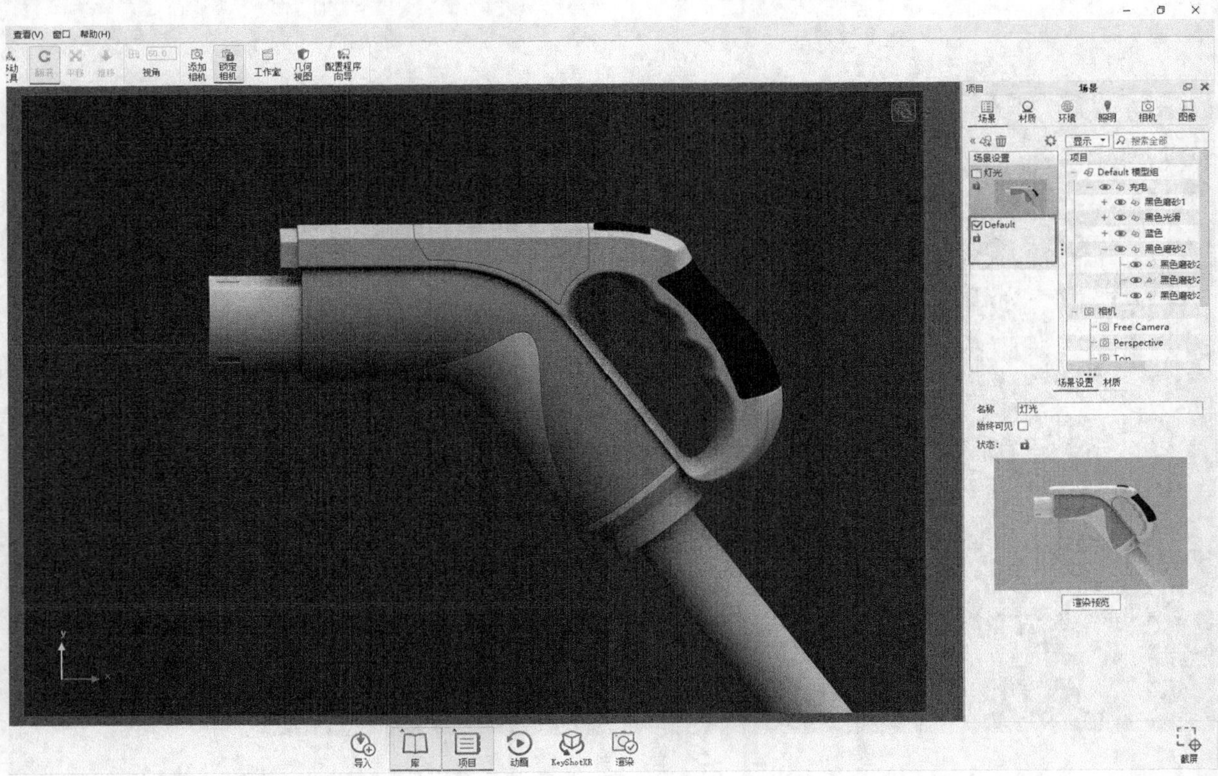

图7-12

12 在“项目”面板的“环境”中，将“设置”选项卡的“照明环境”切换成“颜色”，并设置青色（R:30，G:147，B:147）背景，如图7-13所示。

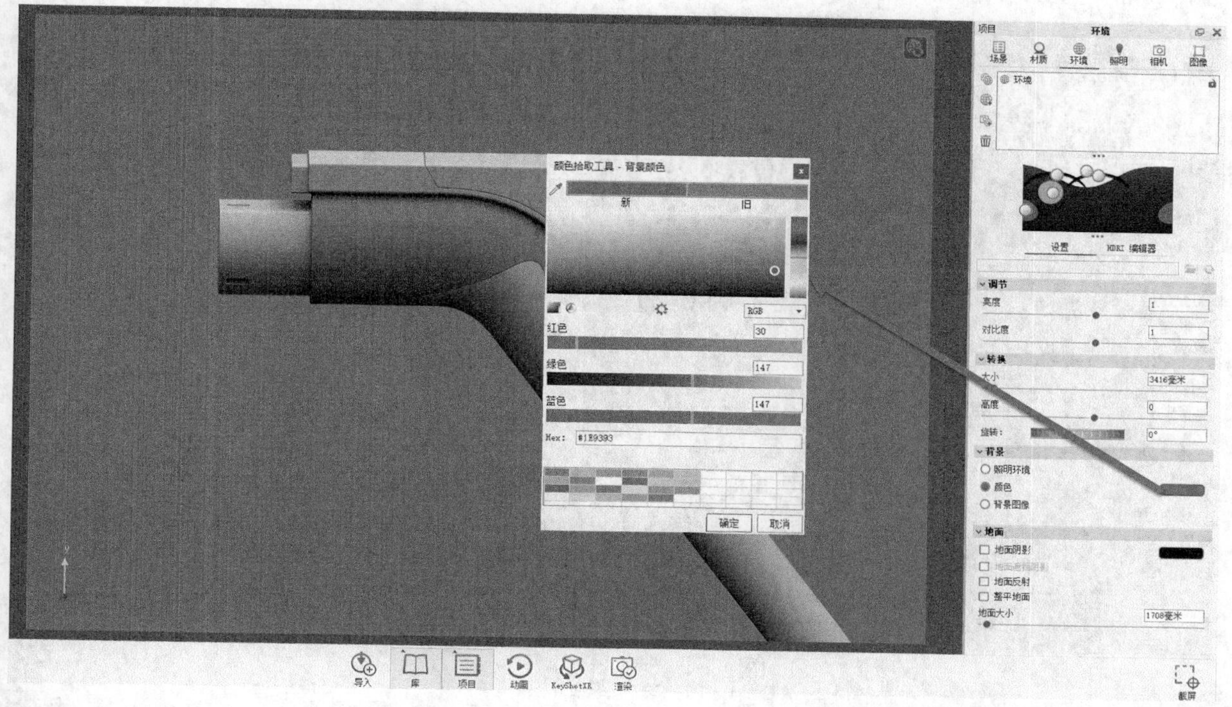

图7-13

13 双击充电枪头部件，此时切换到“材质”面板，将材质更改为塑料材质，设置“漫反射”的颜色为灰色（R:44，G:44，B:44），“光泽”为50，“折射指数”为1.5，如图7-14所示。

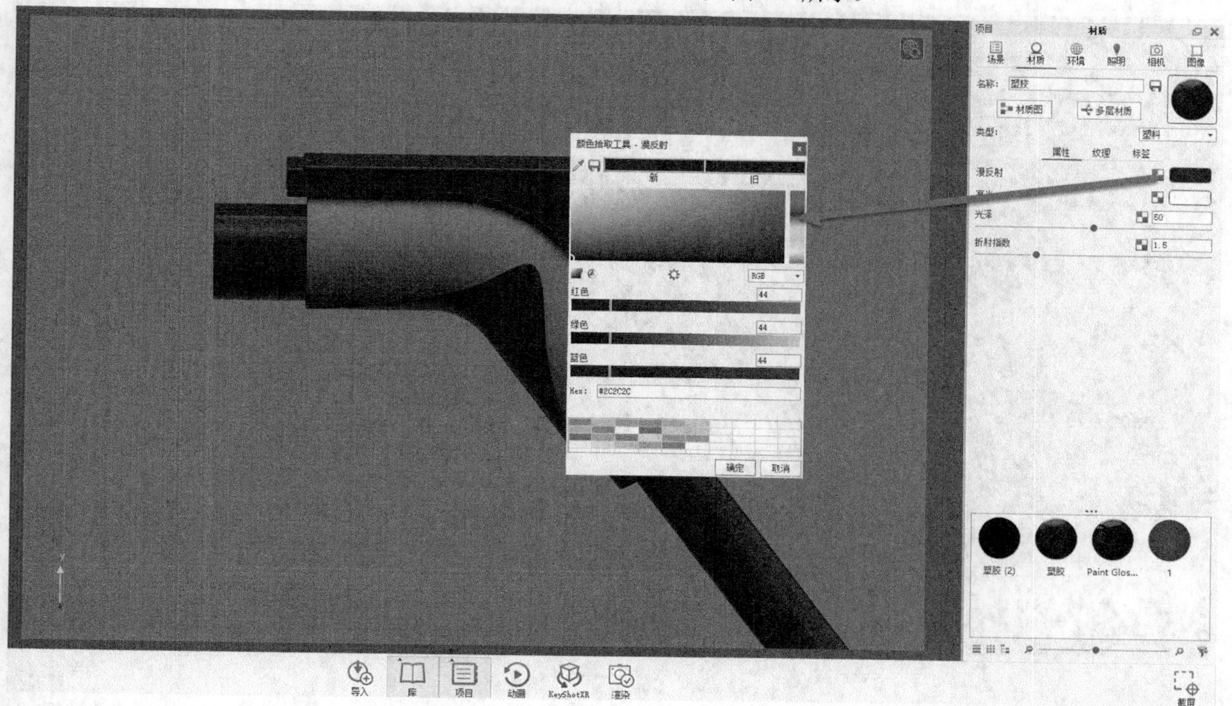

图7-14

14 双击中间光滑部位的部件，切换到“材质”面板，将材质更改为塑料材质，设置“漫反射”的颜色为黑色，“光泽”为99，“折射指数”为1.5，如图7-15所示。

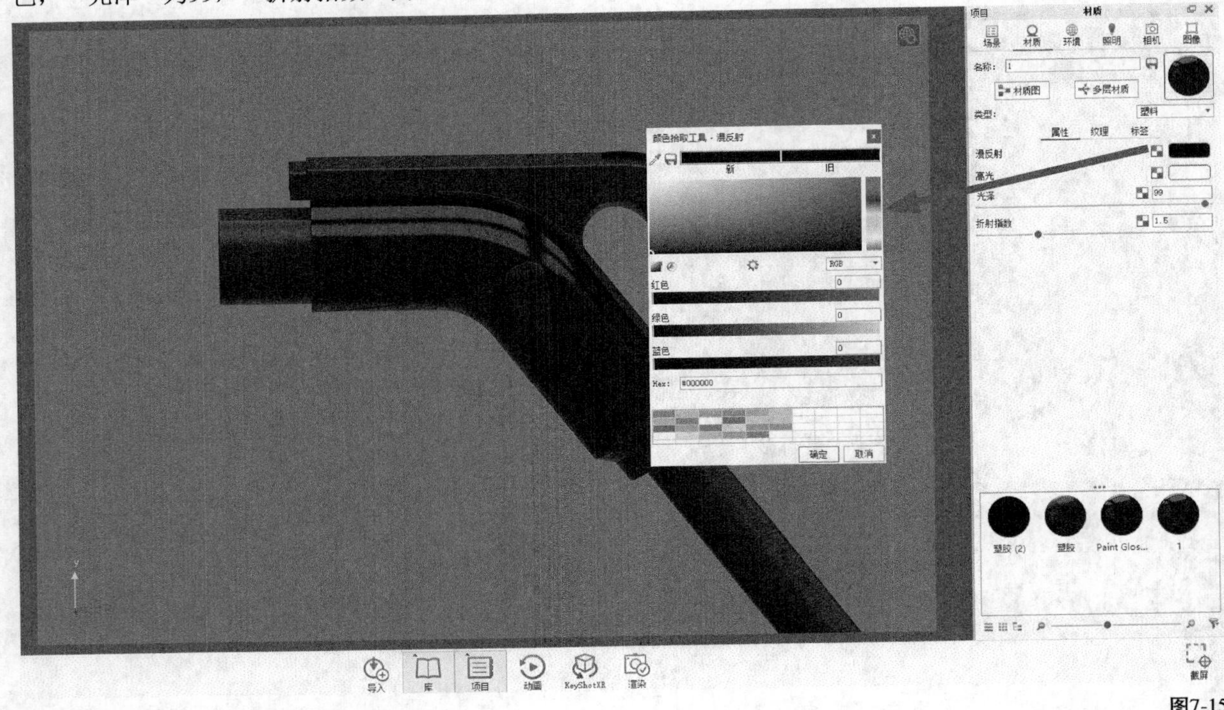

图7-15

15 双击手柄部件，切换到“材质”面板，将材质更改为塑料材质，设置“漫反射”的颜色为蓝色（R:60，G:181，B:181），“光泽”为30，“折射指数”为1.5，如图7-16所示。

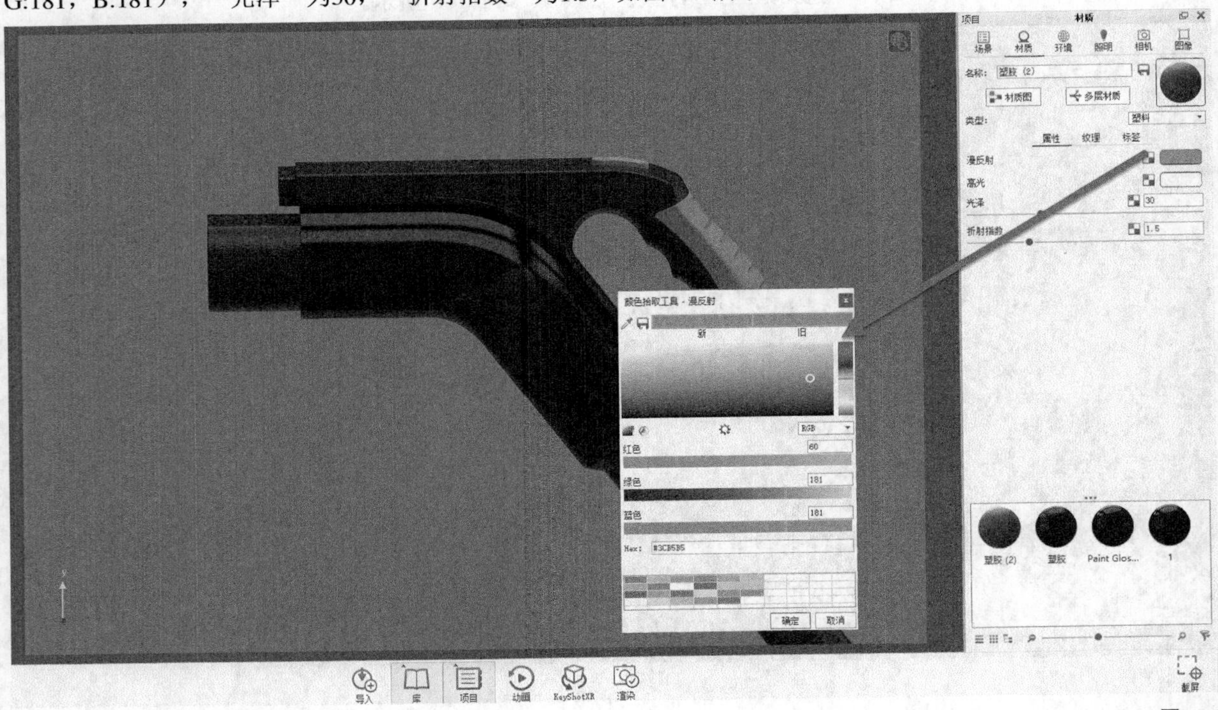

图7-16

16 调节完材质后，选择底部的“渲染”功能，对输出文件进行命名，设置路径和格式，如图7-17所示。

17 设置“最大采样”的“采样值”为128（此处需要根据自己的计算机处理器的强弱进行增加或减少），如图7-18所示。充电枪完成后的效果如图7-19所示。

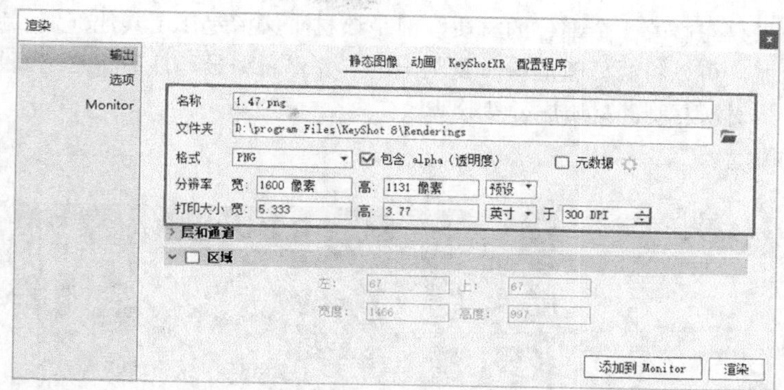

图7-17

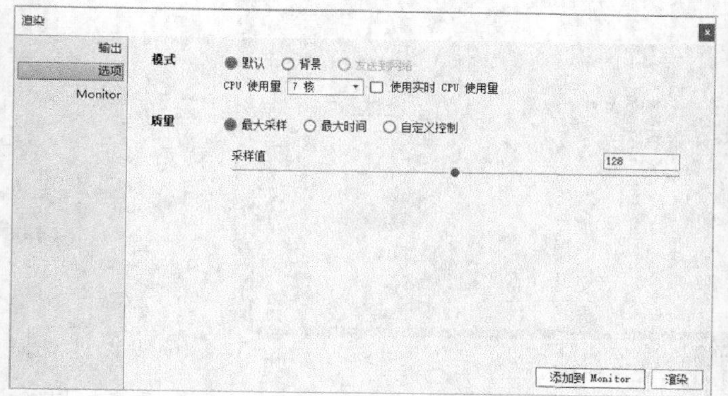

图7-18

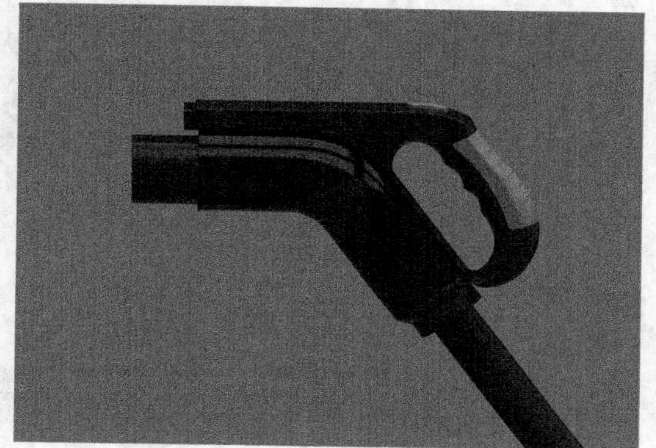

图7-19

7.2 材质

本节主要讲解如何找到材质和如何使用材质、常用材质的参数及所有纹理及其参数，帮助读者更深入地了解渲染和材质创建的工作原理。

本节内容介绍

名称	作用	重要程度
指定材质	给模型指定一个材质	高
编辑材质	对材质进行编辑	高
复制和粘贴材质	复制并粘贴现有的材质	中
材质类型	设置材质的属性	高
纹理类型	设置贴图的样式	中

7.2.1 指定材质

要指定材质给模型，可以拖曳材质库的材质。将鼠标指针放在材质球上，将看到材质球的预览效果，如图7-20所示。将材质球拖曳到模型上，然后释放鼠标左键，可将此材质指定给模型。一旦材质分配给模型，将加载一个副本，且被放置到“项目”中的“材质”里，如图7-21所示。

注意，在实际工作中，一个产品模型会有不同的材质，也有相同的材质位于不同的位置。在修改材质参数的时候，如果该材质应用到了模型的不同部位，那么所有指定了该材质的部位都会发生变化。因此，如果只想修改一个部位的材质，但是该材质又指定在了其他部位，应该如何让其他部位不发生变化呢？这个时候，可以将要修改的材质复制一个，并重新编号，然后将它重新指定给需要修改材质效果的模型部位，接下来对新复制的材质进行参数修改。

图7-20

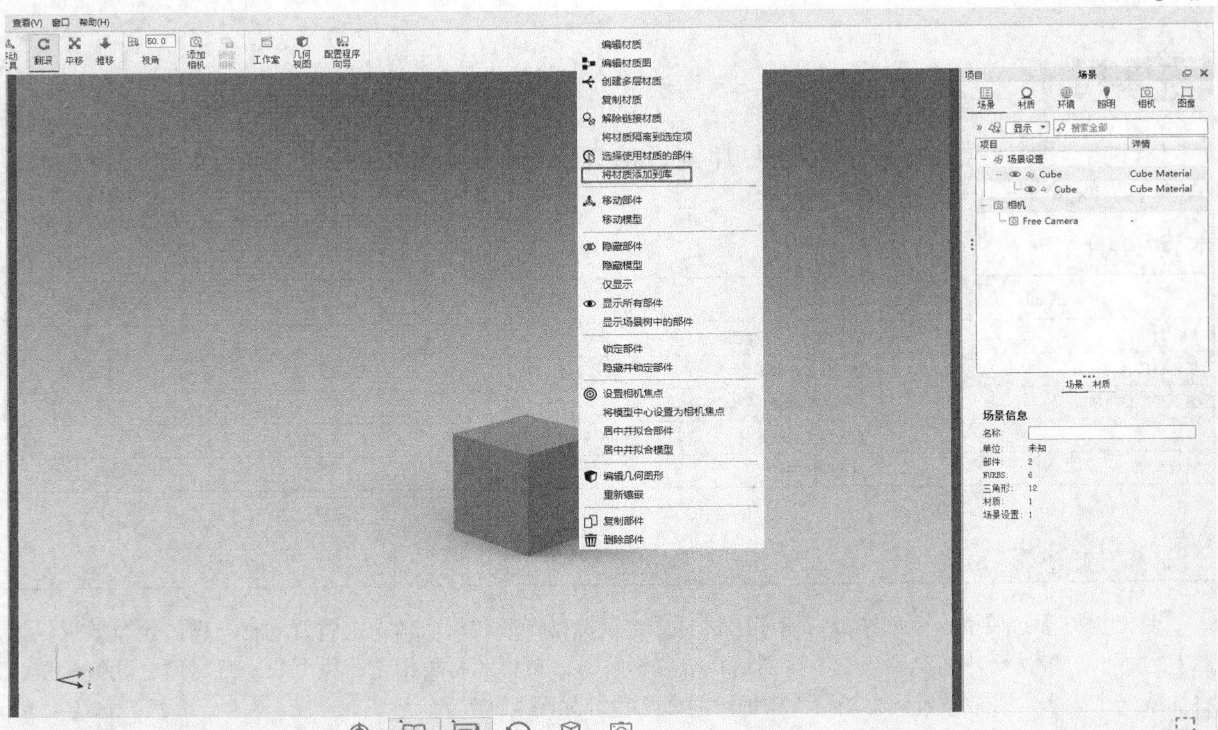

图7-21

7.2.2 编辑材质

虽然有多种方法可以导航到材质并进行属性更改，但所有编辑都是在“项目”面板的“材质”中完成的。可以使用以下方法访问材质属性，该方法将激活“项目”面板中材质属性的部分。所有材质编辑将更新实时交互视图。

在实时视图中双击部件，双击材质的缩略图，使用鼠标右键单击场景树中的部件并选择编辑材质，如图7-22所示。

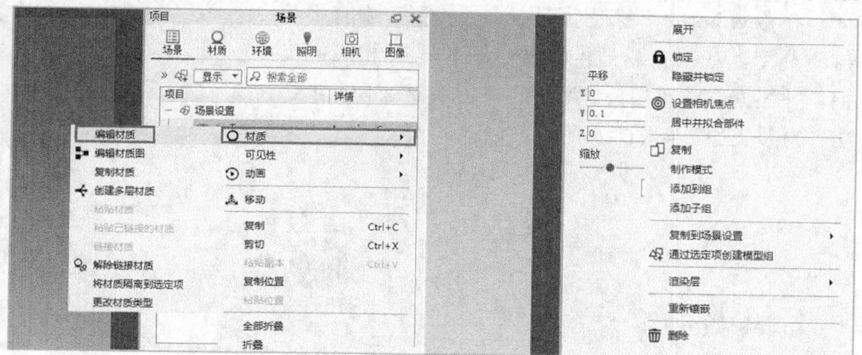

图7-22

7.2.3 复制和粘贴材质

在KeyShot中复制和粘贴材质，可以使当前材质从一个部件复制到另一个部件。如果对材质进行编辑，那么材质编辑将会影响两个部件。按住Shift键并使用鼠标左键单击材质，可复制材质；按住Shift键并用鼠标右键单击材质，则可粘贴材质。

提示 用此方法复制和粘贴材质会将原物件和复制物件的材质链接到一起。如果需要单独调节材质，则需要解除链接材质。可在需要单独调整材质的物件上单击鼠标右键，在弹出菜单中选择“解除链接材质”命令即可，如图7-23所示。

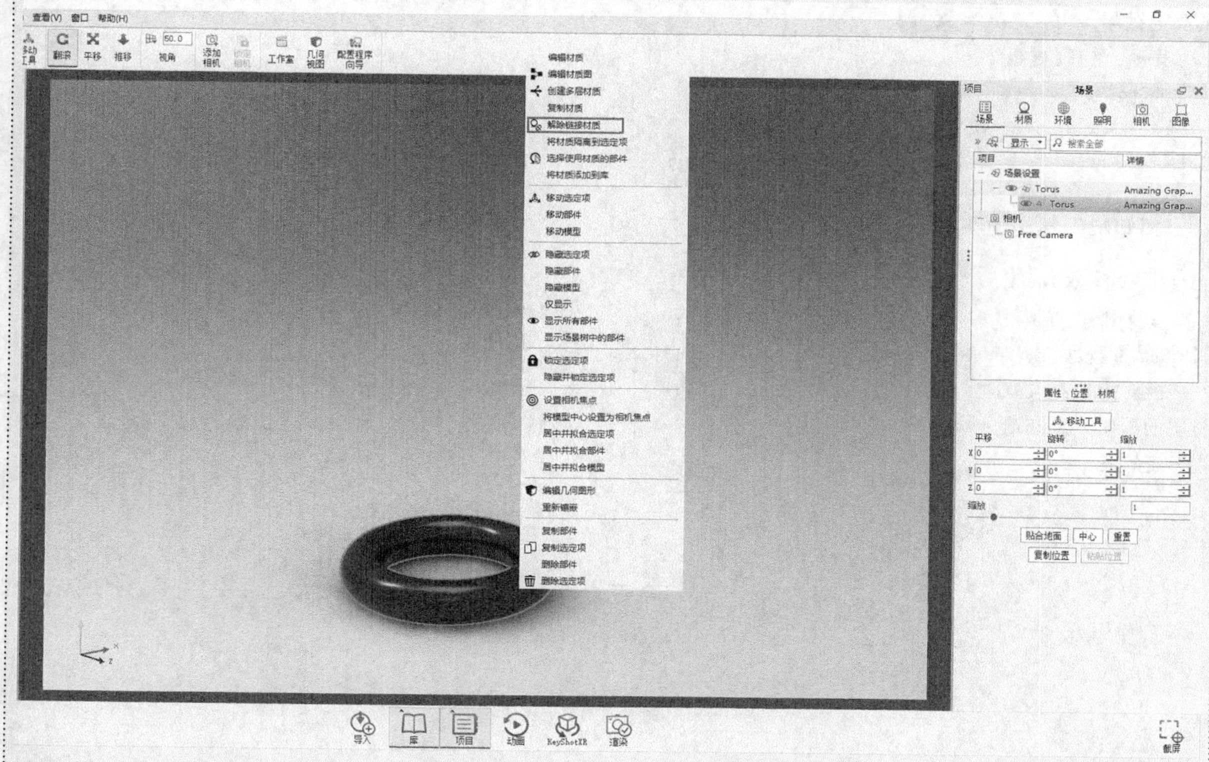

图7-23

7.2.4 材质类型

在KeyShot的“材质”面中，“类型”中有多种材质类型。在制作材质的时候，可以选择相应的类型，并根据需求对相关参数进行微调。默认为“半透明”材质类型，如图7-24所示。

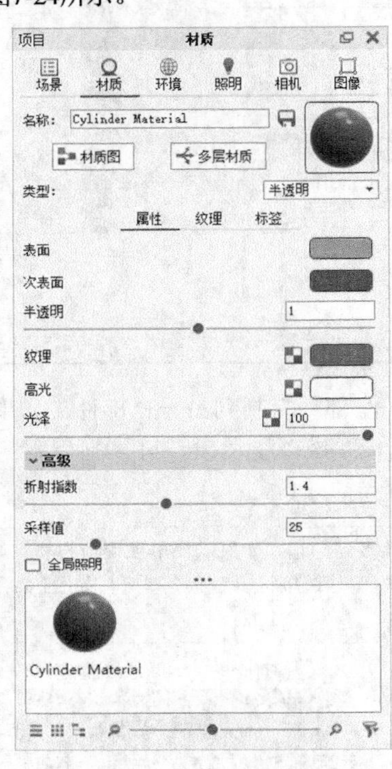

图7-24

重要参数介绍

表面: 设置材质的表面颜色。

次表面: 设置二层材质颜色。

半透明: 设置材质的半透明强度。

纹理: 设置半透明材质的纹路。

高光: 通过颜色亮度控制材质表面的高光效果。

光泽: 控制材质表面的光泽度。

“塑料”材质的参数面板如图7-25所示。

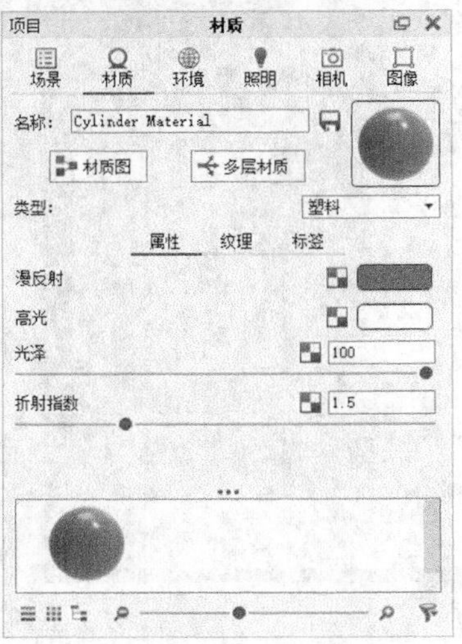

图7-25

重要参数介绍

漫反射: 设置塑料材质的表面颜色。

折射指数: 设置材质的透明效果和透视形变效果。

“实心玻璃”材质的参数面板如图7-26所示。

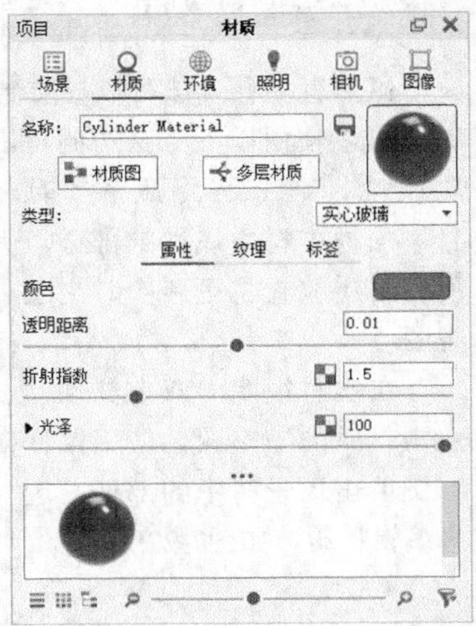

图7-26

提示 因为大部分参数与前面介绍的参数相同，所以接下来仅展示面板。以下是常用的材质类型，请读者务必了解。

“平坦”材质的参数面板如图7-27所示。

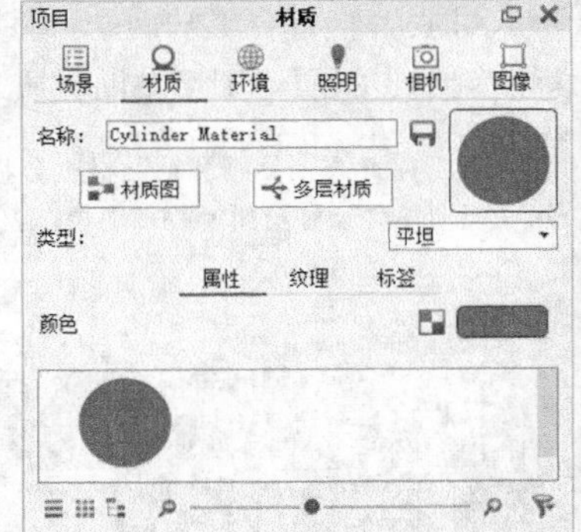

图7-27

“油漆”材质的参数面板如图7-28所示。

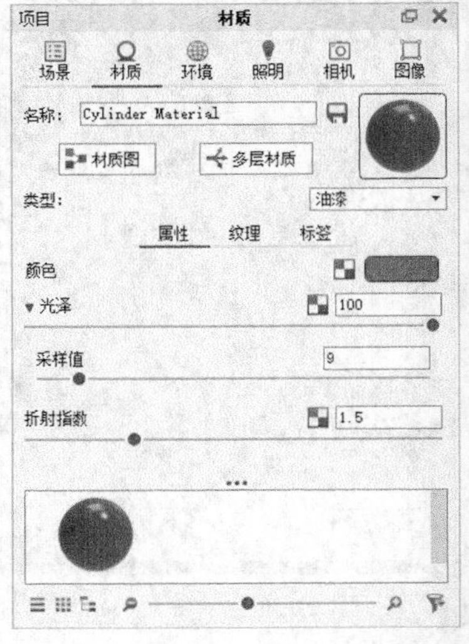

图7-28

“液体”材质的参数面板如图7-29所示。

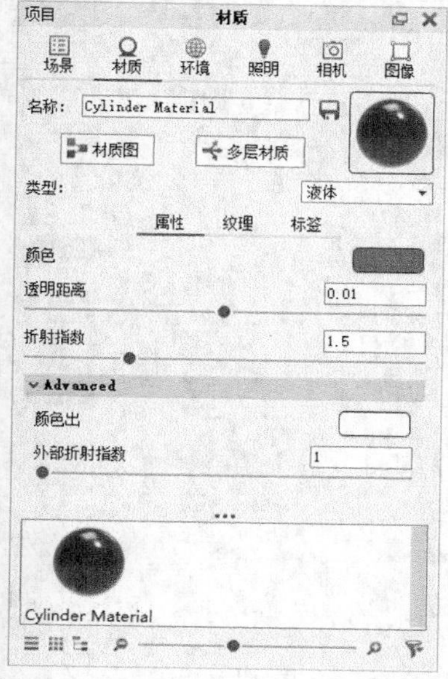

图7-29

“玻璃”材质的参数面板如图7-30所示。

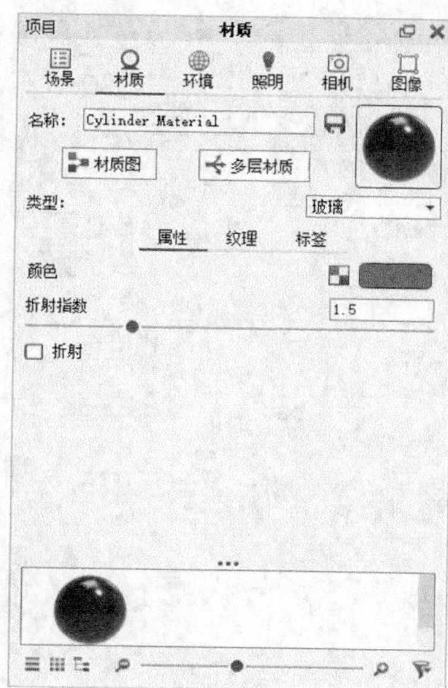

图7-30

“漫反射”材质的参数面板如图7-31所示。

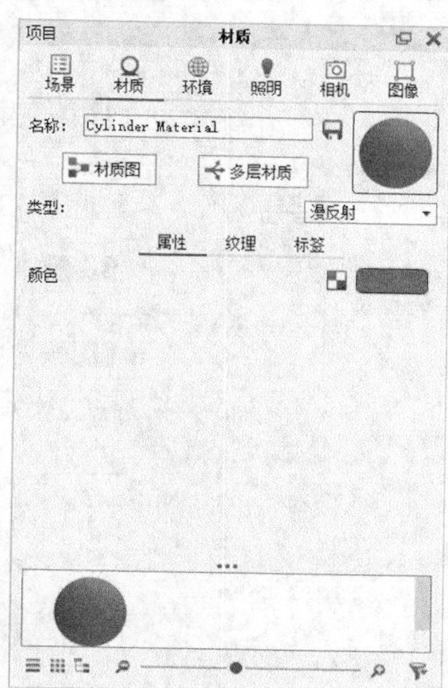

图7-31

“薄膜”材质的参数面板如图7-32所示。

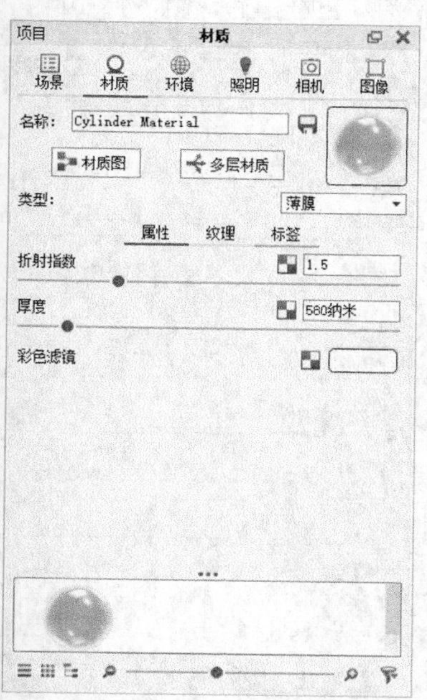

图7-32

“金属”材质的参数面板如图7-33所示。

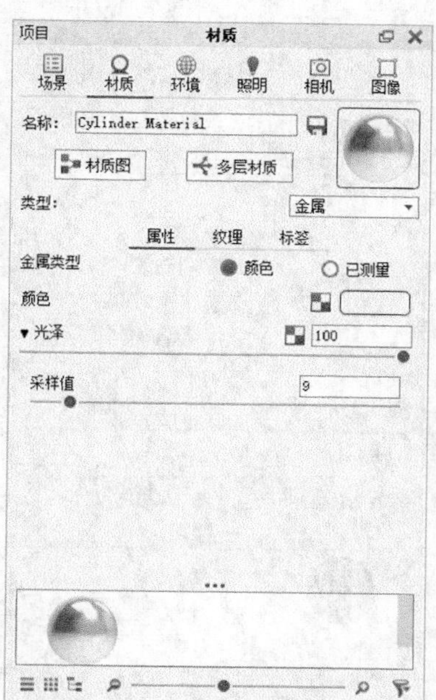

图7-33

“丝绒”材质的参数面板如图7-34所示。

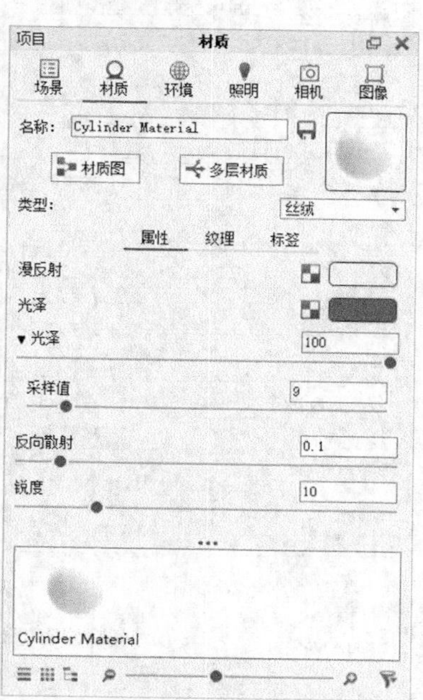

图7-34

“半透明（高级）”材质的参数面板如图7-35所示。

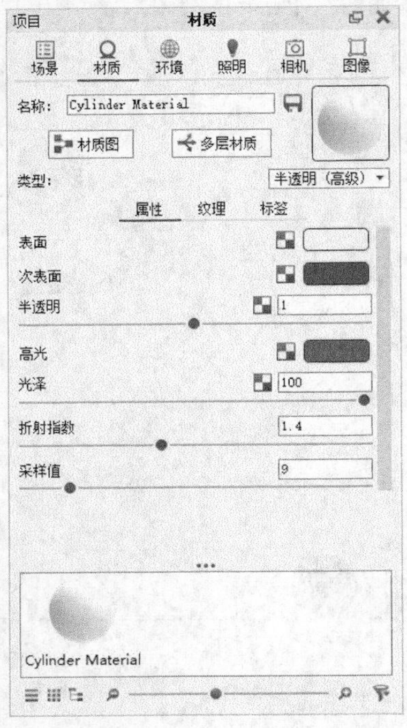

图7-35

“各向异性”材质的参数面板如图7-36所示。

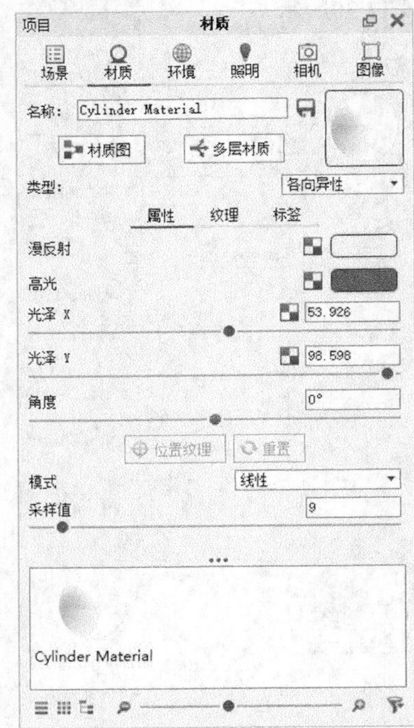

图7-36

“塑料（高级）”材质的参数面板如图7-37所示。

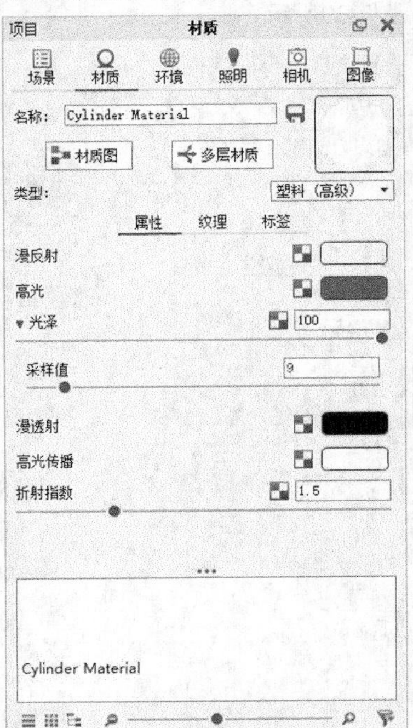

图7-37

“塑料（模糊）”材质的参数面板如图7-38所示。

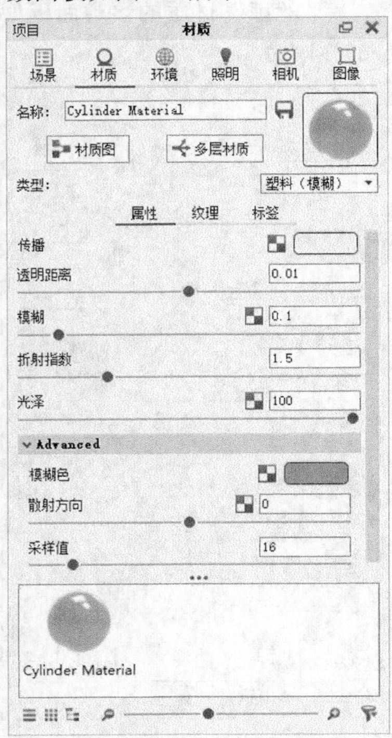

图7-38

“多层光学器件”材质的参数面板如图7-39所示。

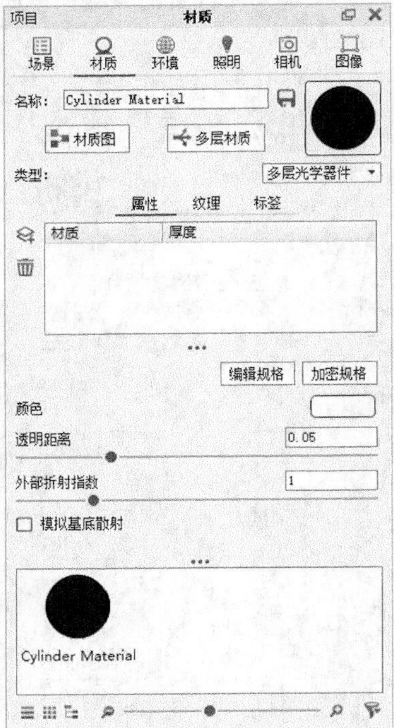

图7-39

“宝石效果”材质的参数面板如图7-40所示。

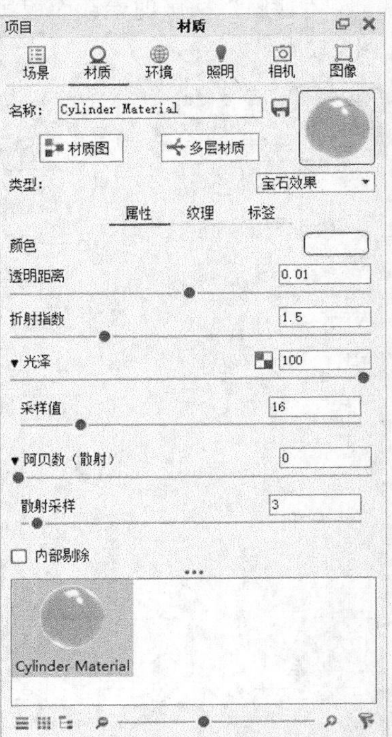

图7-40

“已测量”材质的参数面板如图7-41所示。

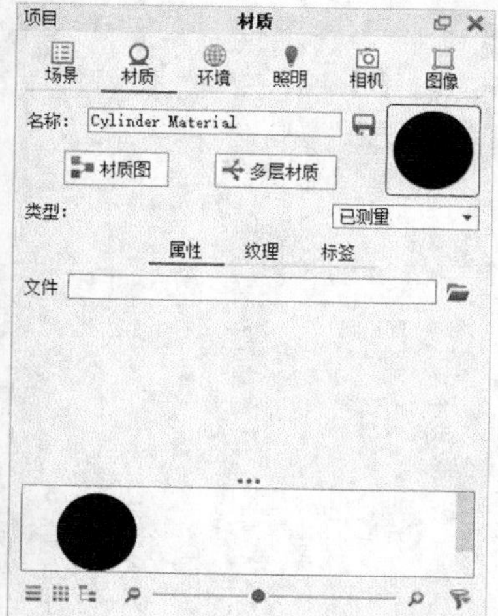

图7-41

“金属漆”材质的参数面板如图7-44所示。

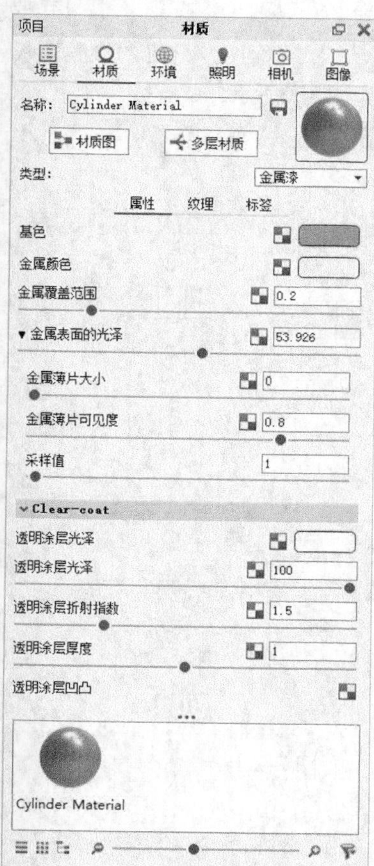

图7-44

“散射介质”材质的参数面板如图7-42所示。

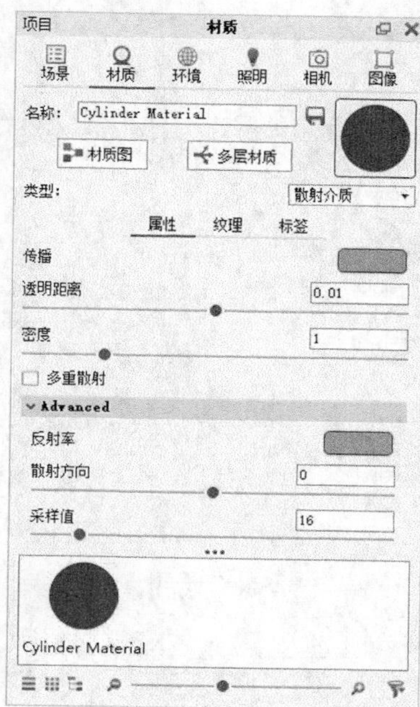

图7-42

“高级”材质的参数面板如图7-45所示。

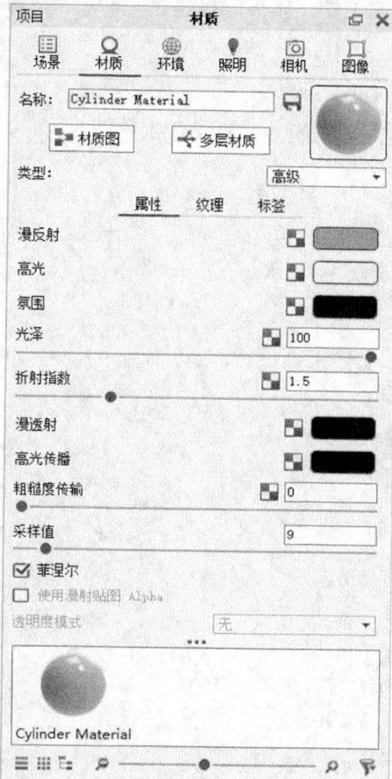

图7-45

“绝缘材质”材质的参数面板如图7-43所示。

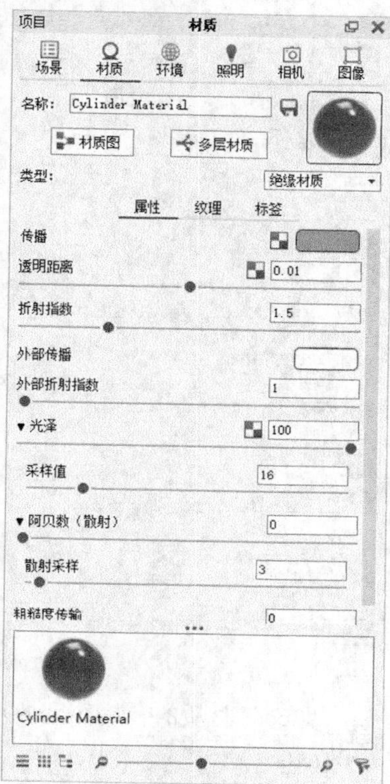

图7-43

“IES光”材质的参数面板如图7-46所示。

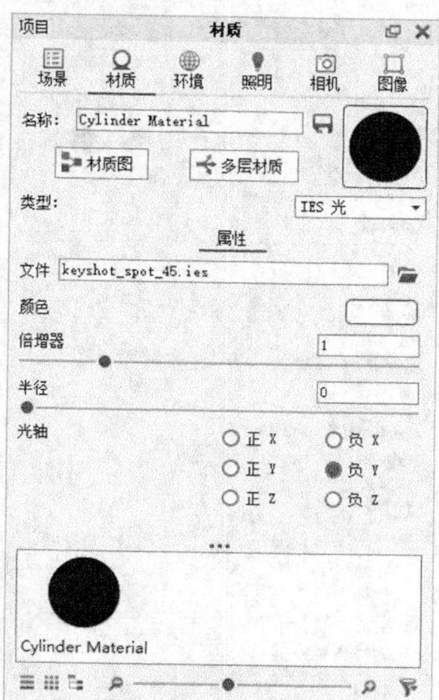

图7-46

“区域光”材质的参数面板如图7-47所示。

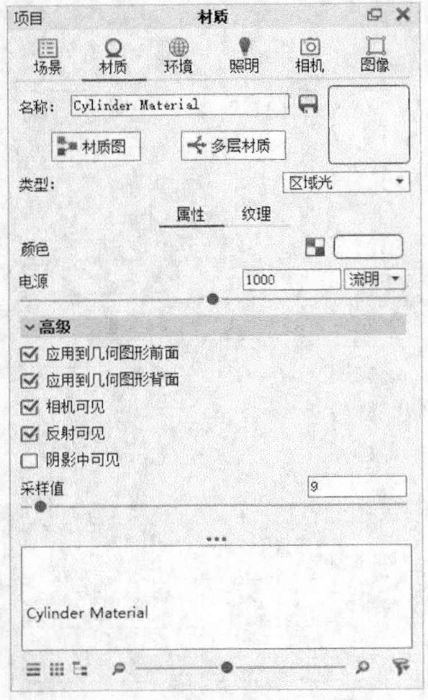

图7-47

“点光”材质的参数面板如图7-48所示。

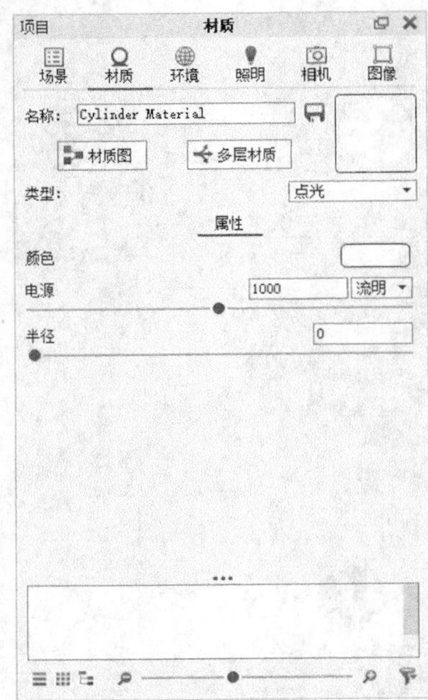

图7-48

“聚光灯”材质的参数面板如图7-49所示。

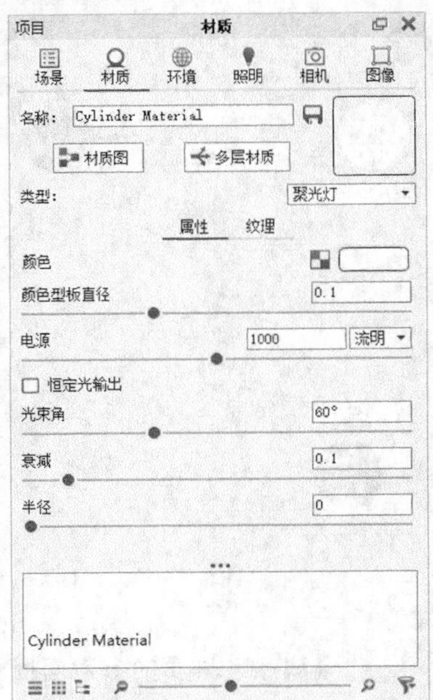

图7-49

“Toon”材质的参数面板如图7-50所示。

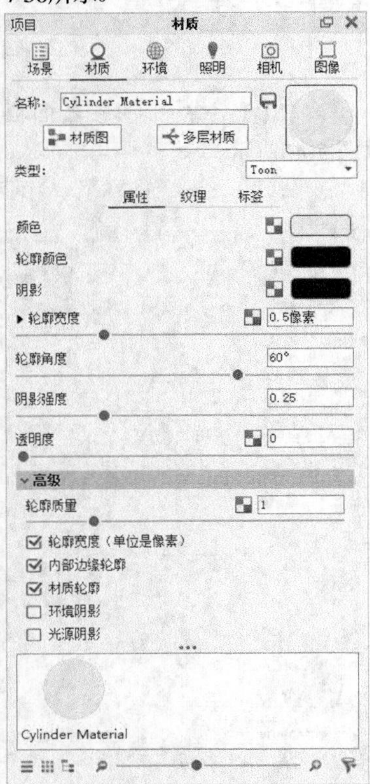

图7-50

“X射线”材质的参数面板如图7-51所示。

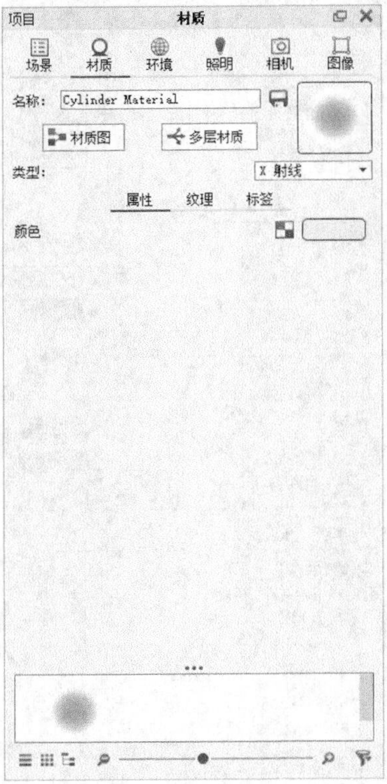

图7-51

“剖面图”材质的参数面板如图7-52所示。

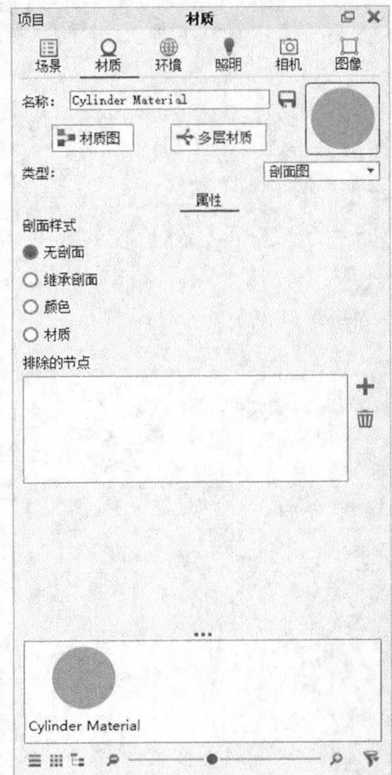

图7-52

“地面”材质的参数面板如图7-53所示。

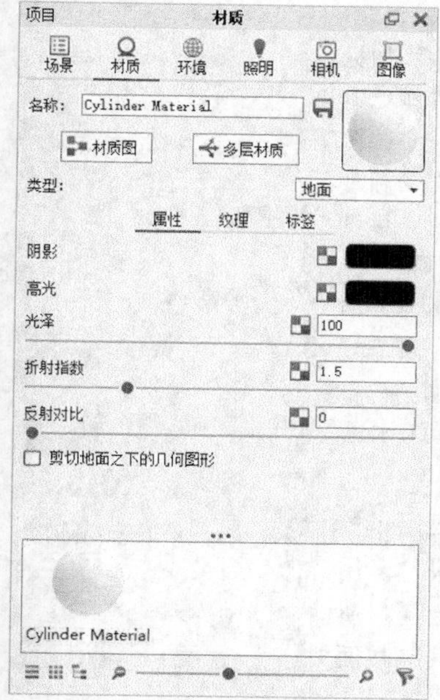

图7-53

“线框”材质的参数面板如图7-54所示。

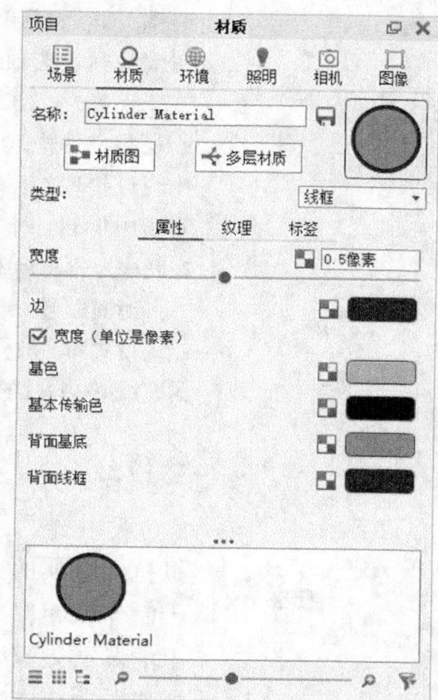

图7-54

“自发光”材质的参数面板如图7-55所示。

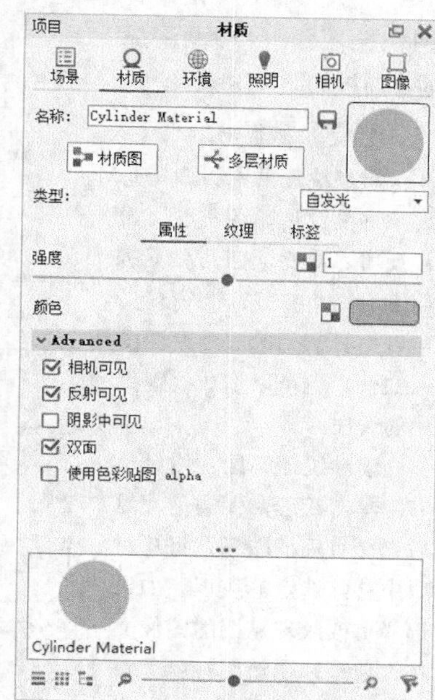

图7-55

7.2.5 纹理类型

单击“纹理”，切换到“纹理”选项卡，任何材质的“类型”都有“纹理”参数。可以在“类型”后面选择不同的“类型”，并以此来设置不同材质的表面细节。

1. UV平铺

“UV平铺属性”的参数面板如图7-56所示。

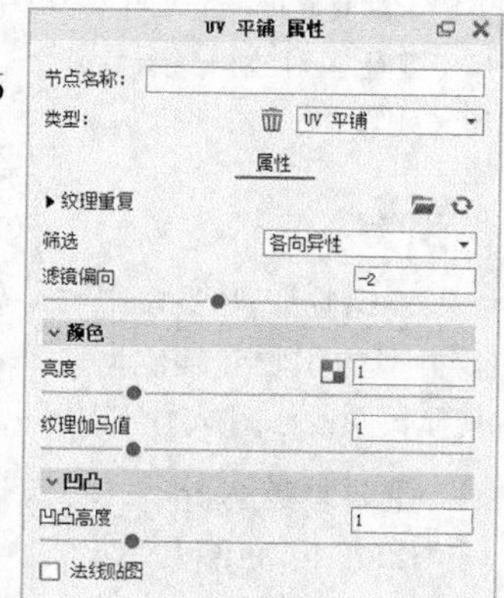

图7-56

重要参数解析

纹理重复：对图片进行重复平铺。

颜色：主要包含以下两种形式。

亮度：亮度也称明度，表示色彩的明暗程度。

纹理伽马值：是设置纹理亮度和对比度的辅助功能，增加伽马值可以对画面进行细微的明暗层次调整，控制整个画面的对比度表现。

2. 三平面

“三平面属性”面板如图7-57所示。

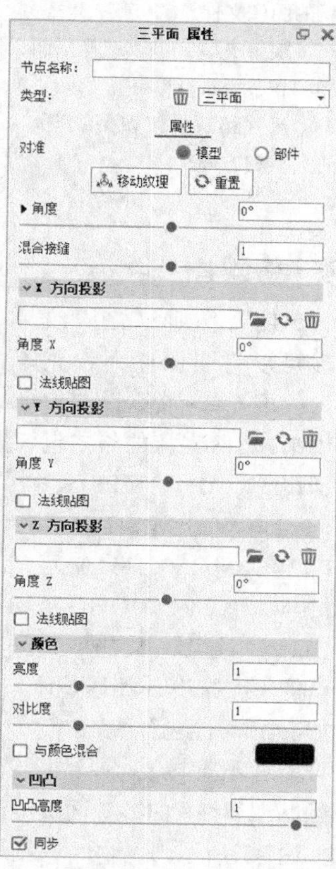

图7-57

重要参数解析

对准：主要包含以下4个设置。

模型：以整个模型为基准。

部件：以单个部件为基准。

移动纹理：启用移动纹理工具和提示。

重置：回到纹理调整之前的初始状态。

角度：可以调整纹理的旋转角度。

混合接缝：调整接缝处图片透明度的衰减度，使接缝处过渡自然。

X、Y、Z方向投影：可分别设置x、y、z轴方向的投影图片并可以调整角度。

3. 纹理贴图

“纹理贴图”是一种图像贴图。“纹理贴图属性”面板如图7-58所示。

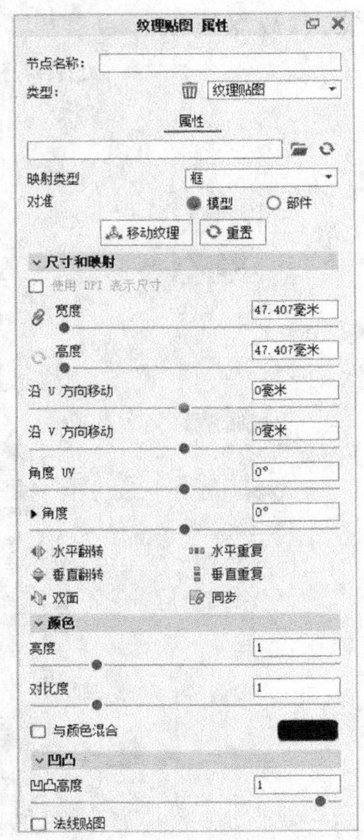

图7-58

重要参数解析

添加纹理贴图：双击想要添加的纹理贴图类型（如漫反射、高光、凹凸和不透明度），将打开一个窗口，可以选择需要的纹理贴图图像文件，也可以拖放纹理库中的纹理。

移除纹理贴图：用鼠标右键单击纹理贴图类型，然后选择垃圾桶图标，将从材质中移除选定的纹理。如果选择更改纹理贴图的图像文件，请选择刷新图标以更新纹理贴图并查看更改。如果想替换纹理贴图的图像文件，请选择文件图标，并选择一个新的图像文件。

映射类型：可以选择平面、框、圆柱形、球形、UV、相机和节点进行贴图。

尺寸和映射：调整纹理的大小和方向。

4. 视频贴图

使用“视频贴图”纹理可以将图像序列设置为纹理（或标签）以制作动画。目前支持的格式包括AVI、MP4、MPEG、FLV、WebM、DV、F4V、MOV、MLV、M4V、HEVC、OGG和OGV。注意，某些格式可能不支持变体编码，例如，AVI可能包含编码，但可能并不直接支持。“视频贴图属性”的参数面板如图7-59所示。

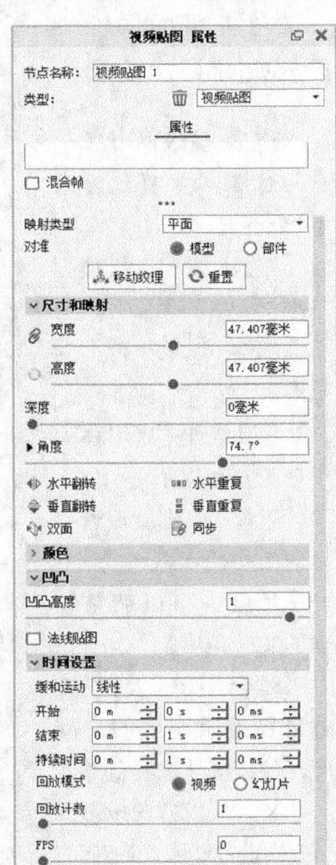

图7-59

重要参数解析

添加视频纹理：从纹理中选择纹理下拉菜单中的视频贴图或从标签选项卡中添加标签（视频）。在文件浏览器或视频文件中选择一个图像序列以提取帧，将在动画时间轴中创建一个节点，可以在其中定位和调整动画。

时间设置：选择动画中的运动模式和回放模式。设置开始、结束和持续的时间。

5. 拉丝

“拉丝”主要用于模拟拉丝金属的效果，多用于制作低粗糙度金属材质上的凹凸效果。其参数面板如图7-60所示。

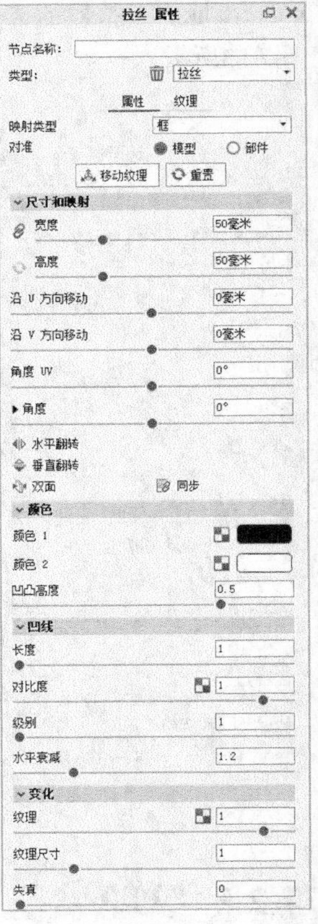

图7-60

重要参数解析

颜色：为纹理的高光和阴影设置颜色。

凹线：主要包含以下几点。

长度：主要用于控制拉丝的长度。

级别：调整拉丝的数量和锐度。

水平衰减：调整在水平方向上的衰减度。

变化：对拉丝进行大小和失真调整。

6. 织物

“织物”主要模拟许多类型的织物和编织网。其参数面板如图7-61所示。

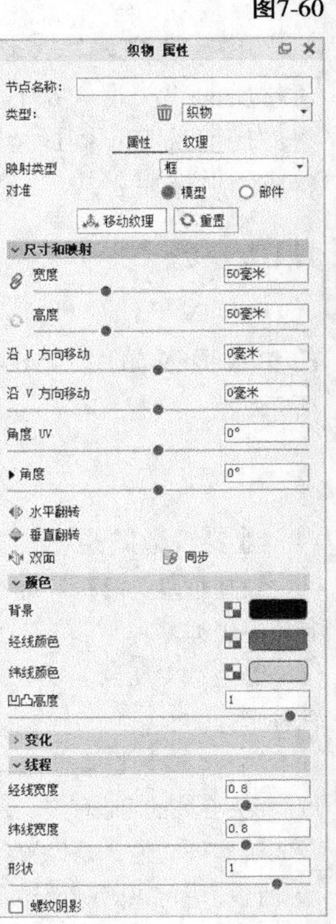

图7-61

重要参数解析

颜色：主要包含以下3点。

背景：设置经线线程和纬线线程背景的颜色。

经线颜色：设置经线上线程的颜色。

纬线颜色：设置纬线上线程的颜色。

变化：主要包含以下5点。

光纤：调整织线上的纤维数量。

纹理：调整直线上噪点数量。

编织失真：增加此值以随机扭曲形状。

色差：设置两条编织线之间的色相差。

宽度变化：控制线程粗细的变化。

线程：主要包含以下两点。

宽度：控制线程的粗细。

螺纹阴影：设置编织线的阴影，使编织线更立体。

7. 网格

"网格"主要用于创建一个形状模式的图案,可用于编辑不透明度贴图或彩色贴图。"网格属性"的参数面板如图7-62所示。

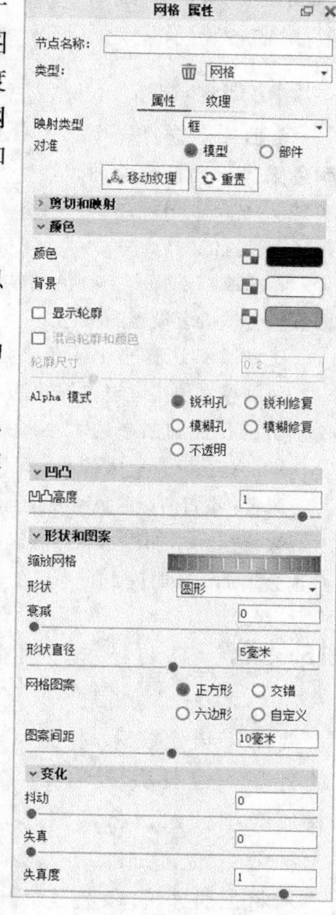

图7-62

重要参数解析

颜色：主要包含以下几点。

颜色：设置形状的颜色。如果使用"网格"作为不透明度贴图，可以将颜色设置为黑色来创建洞。也可为纹理的高光和阴影分别设置颜色。

背景：设置背景颜色。如果使用"格子多边形"作为不透明贴图，请将颜色设置为白色或加载形状和图案。

形状和图案：主要包含以下几点。

缩放网格：左右旋转后面的滚轮，对网格进行缩放。该缩放对形状直径和图案间距是联动调整。

形状：设置网格孔的形状，有圆形、椭圆、三角形、正方形、五边形、六边形和直线几种形状可供选择。

形状直径：改变形状的直径大小。

图案间距：调整每个形状之间的间距变化。

变化：主要包含以下两点。

抖动：调整模式的偏差值。

失真：增加此值以随机扭曲形状。

8. 体积图

"体积图属性"的参数面板如图7-63所示。

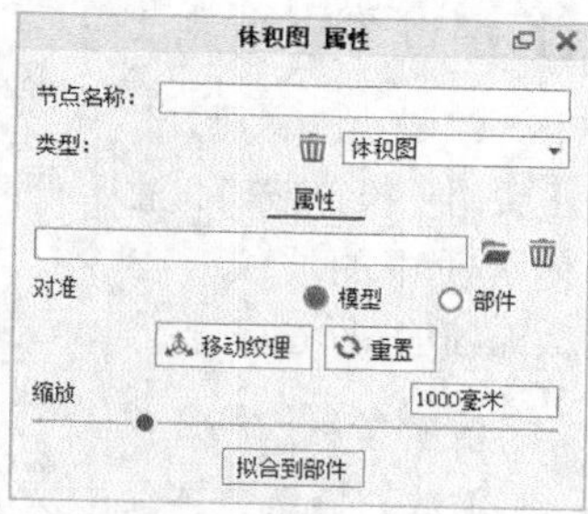

图7-63

重要参数解析

缩放：对纹理进行大小调控。

9. 划痕

"划痕"纹理可以用来添加风化和磨损效果，多用于处理金属材质，参数面板如图7-64所示。

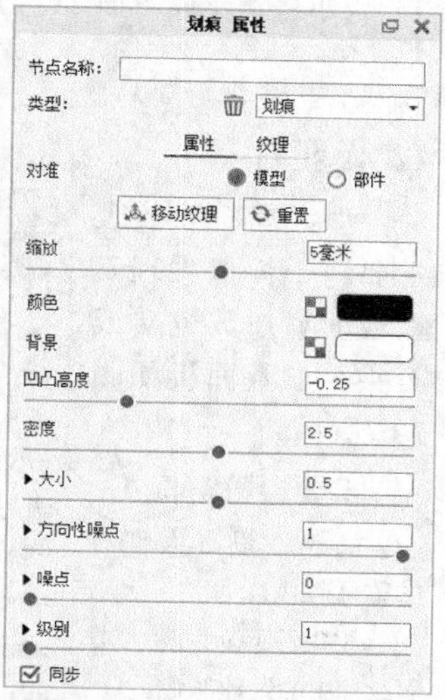

重要参数解析

缩放：调整整体纹理的大小。

颜色：用于调整划痕的颜色。

背景：用于调整划痕背景的颜色。

图7-64

密度：控制生成的划痕数量。

大小：调整划痕的大小。

方向性噪点：控制划痕方向的随机性。减小此值可以使划痕方向接近一致。

噪点：控制划痕的直线度。增加此值可以产生更多不规则的划痕。

10. 噪点（碎形）

"噪点（碎形）"主要用于模拟材质中的涟漪和凹凸，参数面板如图7-65所示。

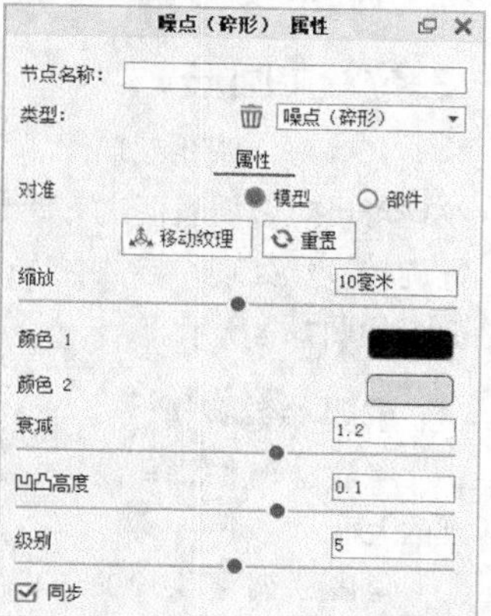

图7-65

重要参数解析

颜色：噪点具有浅色和深色，可以使用"颜色1"或"颜色2"修改颜色。

衰减：调整纹理边缘羽化程度。

凹凸高度：调节凹凸的高度。

11. 噪点（纹理）

“噪点（纹理）”主要用于模拟玻璃和液体材质中的波纹，参数面板如图7-66所示。

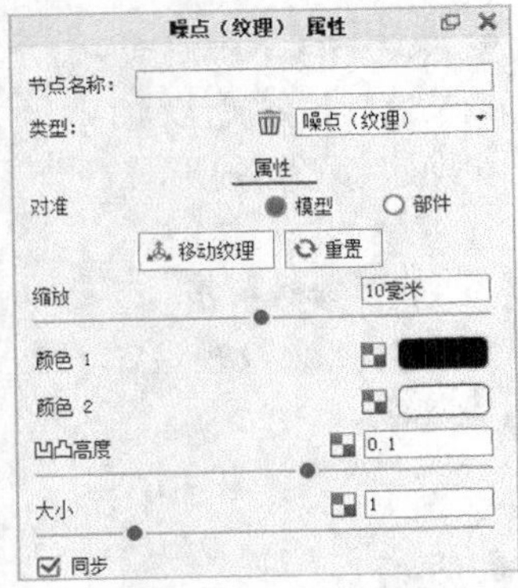

图7-66

重要参数解析

缩放：调整整体纹理的大小。

大小：调整噪点的大小。

12. 大理石

“大理石”纹理主要用于模拟大理石柜台面材质、瓷砖或石头，参数面板如图7-67所示。

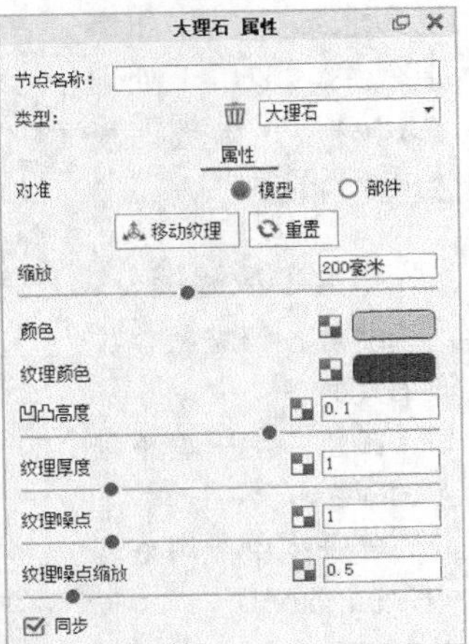

图7-67

重要参数解析

颜色：设置大理石的整体颜色。

纹理颜色：设置大理石纹理中的纹理颜色。

纹理厚度：设置大理石的纹理厚度。

纹理噪点：设置大理石纹理的随机波动值。

纹理噪点缩放：对大理石噪点纹理进行缩放。

13. 拉丝（圆形）

“拉丝（圆形）”纹理可以对金属表面进行旋转拉丝处理，参数面板如图7-68所示。

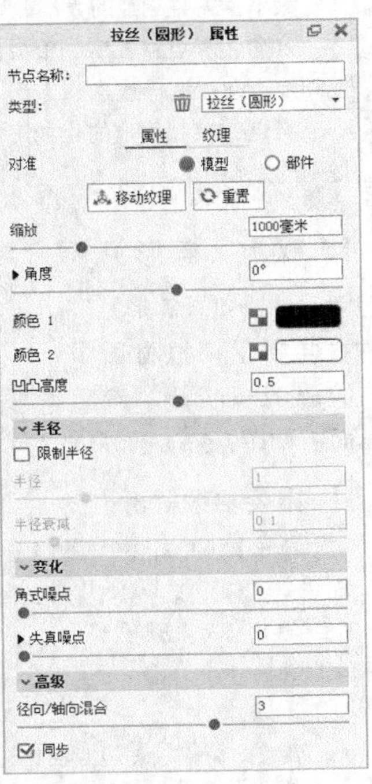

图7-68

重要参数解析

缩放：调整整体纹理的大小。

角度：调整纹理的旋转角度。

颜色：选择对比色来创建一个环状的拉丝图案。

半径：控制产生的环状数量。

变化：主要有以下两种形式。

角式噪点：改变环的宽度。

失真噪点：增加此值使环从完美的圆环偏离。对于传统的旋转刷面抛光，需要将此参数设置为0。

高级：创建连续的纹理，并持续到模型的顶部。一般保持默认值。

14. 曲率

“曲率”纹理可以分析模型和零件中的曲面曲率，参数面板如图7-69所示。

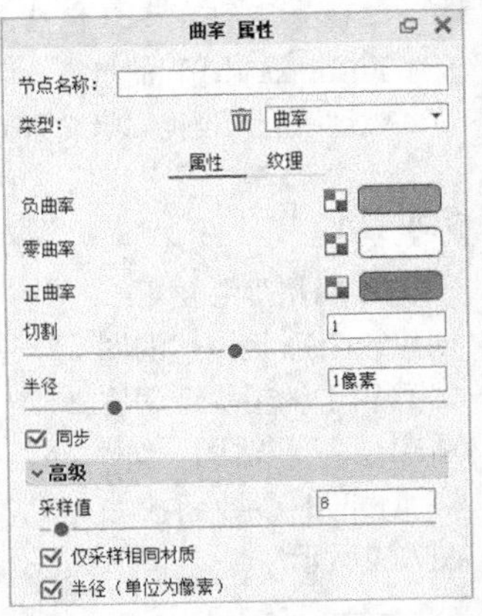

图7-69

重要参数解析

负曲率：选择一个颜色来显示当前表面曲率是负方向。角度越大越接近设置的颜色。

零曲率：选择一个颜色来显示零曲率。接近平面的表面颜色会越接近设置的颜色。

正曲率：选择一个颜色来显示当前表面曲率是正方向。角度越大越接近设置的颜色。

切割：控制曲率的大小。减小该值以使曲率范围更小，增加该值获得更大的曲率范围。

半径：设置估计曲率时曲面上每个点周围的半径。

采样值：增加样本以改善渐变的细腻程度。增加此参数也会增加渲染时间。

15. 木材

“木材”纹理主要用于自定义木材的外观。一般从塑料材质类型开始，将高光颜色更改为白色。“木材属性”的参数面板如图7-70所示。

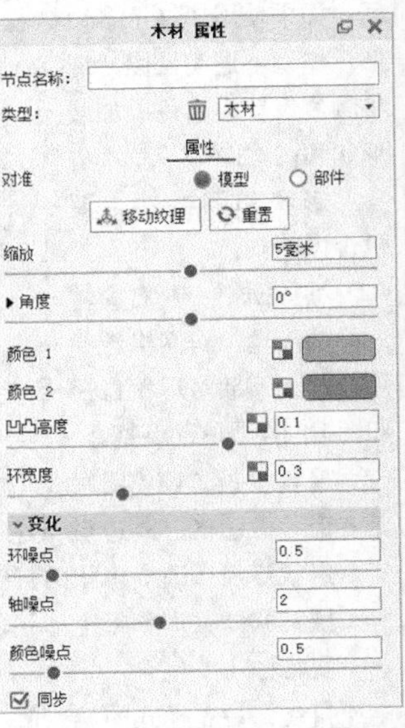

图7-70

重要参数解析

缩放：调整整体纹理的大小。

角度：调整纹理的旋转角度。

颜色：设置木纹的颜色。

环宽度：调整木环的厚度。

变化：主要有3个设置。

环噪点：设置每个环中的随机波动。

轴噪点：设置木纹整体方向的波动。

颜色噪点：设置随机的厚薄度区域，让木环纹理看起来更随机。

16. 木材（高级）

“木材（高级）”纹理比基本的木材纹理提供了更多的参数控制，并让贴图更具有真实感，参数面板如图7-71所示。

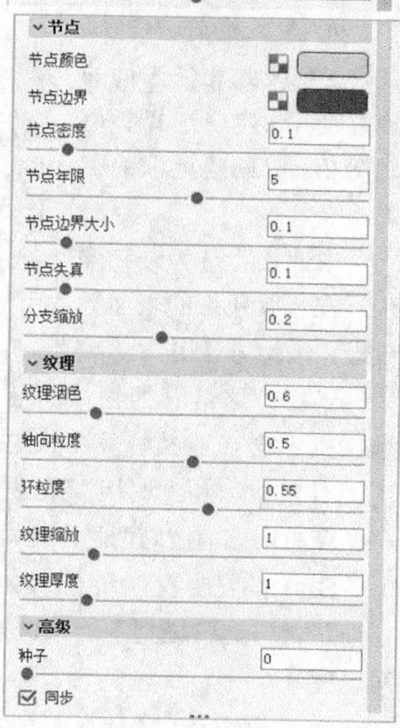

图7-71

重要参数解析

冬天/春天/夏天/秋天：“春天”和“夏天”在树上形成的新木材颜色浅。读者可以根据季节选择颜色样本以准确地对环进行着色。

变化：主要有以下5个设置。

环间隔变化：使用该参数可以控制环形粗细的对比度，以代表不同的年增长率。

环噪点：参照“木材”。

轴噪点：参照“木材”。

颜色噪点：参照“木材”。

季节性色彩噪点：基于季节性颜色改变色相，使每种颜色混合，使贴图更加真实。

节点：主要有以下7个设置。

节点颜色：节点颜色被混合到纹理的主色中。选择一个灰色值可以加深节点。

节点边界：建议设置得比其他任何颜色更暗。

节点密度：控制纹理中出现多少个结。

节点年限：增加此参数以增加结中出现的环数量。

节点边界大小：更改节点边界的厚度。

节点失真：控制节点的波动并在结形状中添加不规则的形状。

分支缩放：控制结的整体大小。

纹理：主要有以下5个设置。

纹理洇色：控制融入了环两侧颜色的颜色数量，可以降低环边缘的清晰度。

轴向粒度：增加此参数以模糊纹理。

环粒度：调整木环的厚度。

纹理缩放：调整木环之间的纹理条纹的大小。

纹理厚度：调整木环之间的纹理条纹的厚度。

高级：对前面所有的参数增加细腻度和随机性，创建更自然的外观。

17. 污点

“污点”纹理主要用于创建表面上散乱斑点的纹理图，参数面板如图7-72所示。

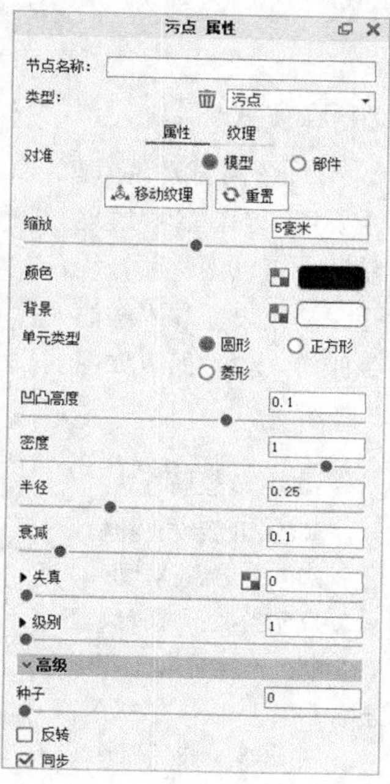

图7-72

重要参数解析

背景：设置背景的颜色。

单元类型：选择污点的形状，有圆形、正方形和菱形。

密度：控制表面上出现的斑点数量。

半径：改变生成的斑点的整体大小。

衰减：羽化形状的边缘，使其平滑。

失真：使斑点的形状随机扭曲。

级别：改变不同级别之间的大小差异。将该值增加到大于1，可以减小最小光斑尺寸；将该值减小到小于1，可以增加最大光斑尺寸。

18. 皮革

“皮革”纹理主要用于制作皮革纹理材质，参数面板如图7-73所示。

重要参数解析

颜色1：这是皮革凸点的颜色。这种颜色应该比“颜色2”更亮，但是为了使皮革更逼真，建议使其尽可能接近“颜色2”。

颜色2：这是皮革凹处的颜色。这种颜色应该比“颜色1”更暗。

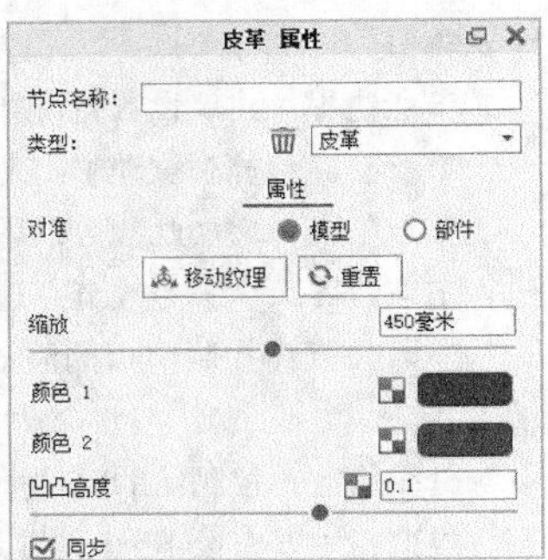

图7-73

19. 花岗岩

“花岗岩”纹理主要用于模拟花岗岩、瓷砖或石头的纹理，参数面板如图7-74所示。

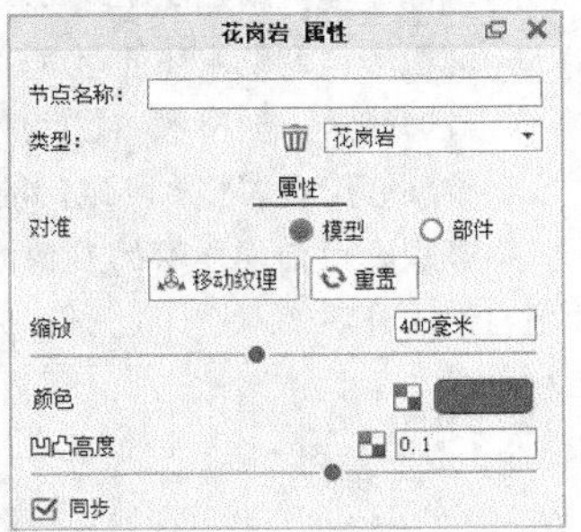

图7-74

20. 蜂窝式

“蜂窝式”纹理主要用于创建各种纹理贴图，可以创建锤打纹理、裂纹表面和弄皱的纸张等，参数面板如图7-75所示。

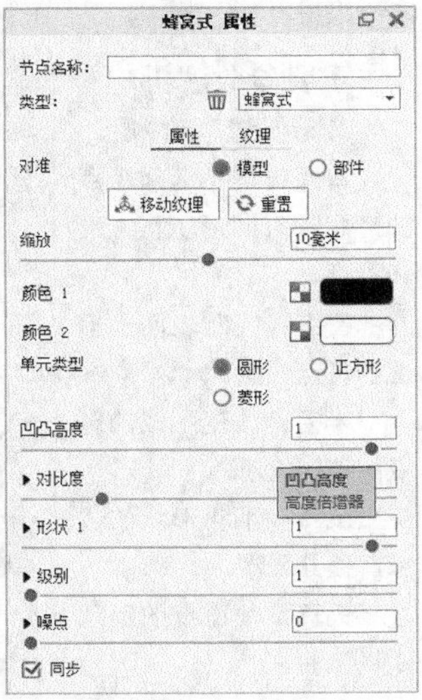

重要参数解析

颜色1：设置纹理颜色。

颜色2：设置背景颜色。

单元类型：选择纹理的形状，有圆形、正方形和菱形。

对比度：控制凹凸贴图的峰值和谷值的差异。此参数可以更精细地控制。

图7-75

形状：控制使用此滑块生成的分形形状。

噪点：添加噪点的线分形形状。

21. 迷彩

“迷彩”纹理可以模拟真实世界中的迷彩纹理，参数面板如图7-76所示。

重要参数解析

颜色1/2/3/4：设置要在纹理中使用的混合颜色。

颜色平衡：“颜色1”~“颜色4”以降序排列，“颜色1”的颜色比“颜色3”和“颜色4”的颜色更多。增大此参数可以平衡颜色比例，减小参数可以增加差异。

失真：主要用于控制形状的复杂程度。

变化：增大此参数可以羽化形状的边缘。

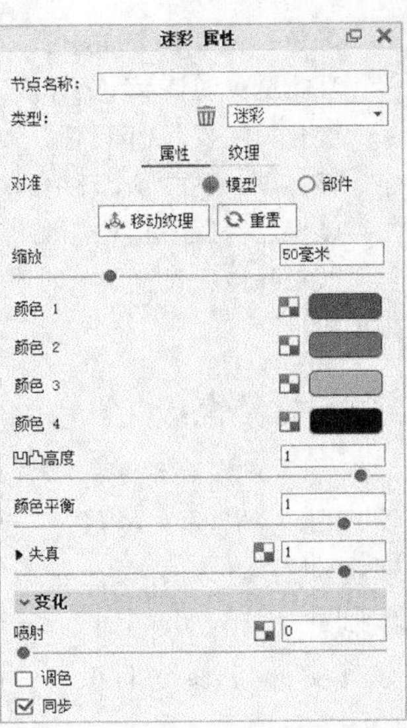

图7-76

22. 遮挡

“遮挡”纹理主要用于突出或增强投射到材质上的自身阴影，可以用来加强模型的体积感，参数面板如图7-77所示。

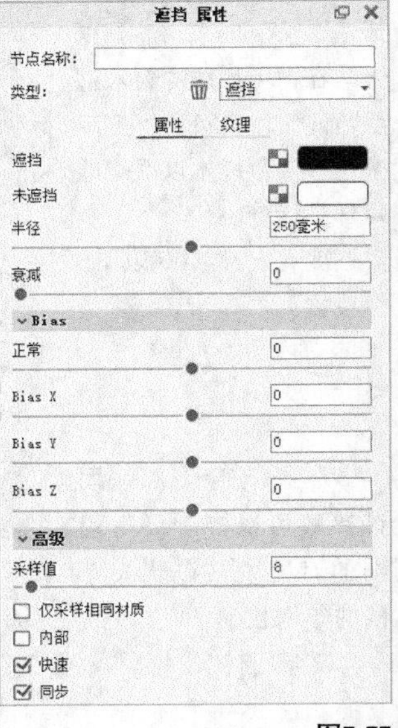

图7-77

重要参数解析

遮挡：选择一种颜色，在有彼此相邻表面的地方使用。建议选择颜色较暗值，以创建更深的阴影。

未遮挡：选择一种颜色，在相互接近的表面数量最少的地方使用。

半径：这是遮挡物体的最大距离。如果物体距离较远，则不会在遮挡计算中，这个值将控制阴影颜色的深度，对模型达到“遮挡”效果。

衰减：该值控制两种颜色混合的方式。

Bias：主要有两种形式。

正常：调整模型上“未遮挡”和“遮挡”颜色之间的对比度。

BiasX/Y/Z：这些设置会调整场景中x、y和z方向上“遮挡”颜色的强度。

高级：控制渲染图像的质量。

23. 顶点颜色

“顶点颜色”纹理仅用于从支持顶点颜色纹理贴图的其他3D应用程序导入的几何图形。如果导入不兼容的3D应用程序，那么不会产生任何影响。“顶点颜色属性”的参数面板如图7-78所示。

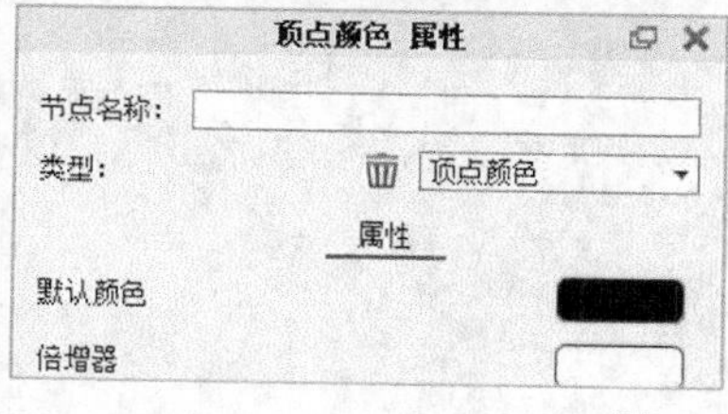

图7-78

重要参数解析

默认颜色：使用导入的顶点纹理控制用于Alpha通道的背景颜色。

倍增器：将颜色与导入的顶点颜色纹理混合。

24. 颜色渐变

可以在这种纹理上混合两种或两种以上的不同颜色，且无须创建自定义纹理贴图，参数面板如图7-79所示。

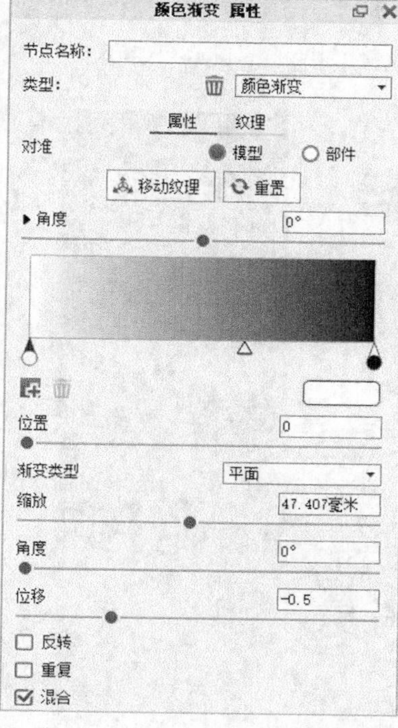

图7-79

重要参数解析

对准：参照“三平面”。

角度：调整整个纹理的角度。

颜色：双击一个颜色滑块并选择应用于颜色渐变的颜色。使用三角形滑块来确定渐变的中点。要向渐变添加另一种颜色，请单击“+”图标；要删除颜色，请选择要删除的颜色滑块，然后单击“垃圾箱”图标。

7.3 环境设置

“环境”的参数面板如图7-80所示。

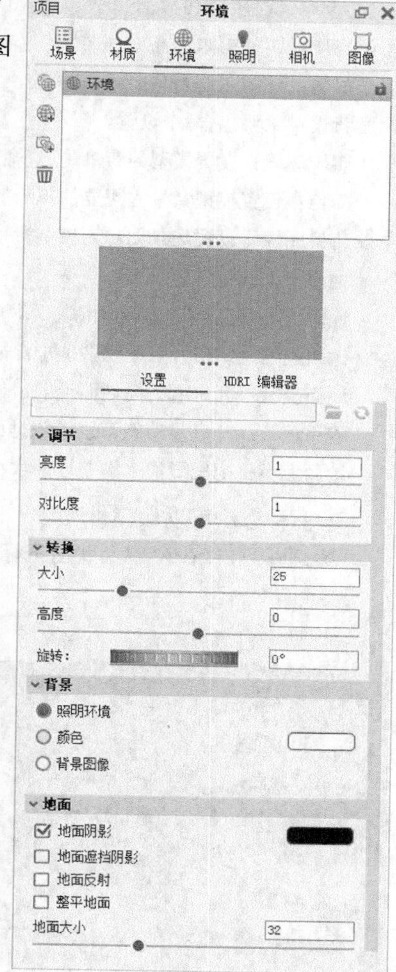

图7-80

重要参数介绍

复制环境：通过单击可以复制环境图标到环境列表的左上方。

创建环境：通过单击可以添加环境图标到环境列表的左上方。

删除环境：选中要删除的环境，通过单击可以添加垃圾箱图标到环境、列表的左上方来进行删除。

导入灯光：通过后面文件图标浏览文件夹，选择预设的HDR文件，当HDR调整后需要在KeyShot里面单击文件图标后面的刷新按钮。

调节：主要包含两个设置。

亮度：调整灯光的明暗程度。

对比度：表示一幅图像中明暗区域最亮的白和最暗的黑之间不同亮度层级的测量，差异范围越大，代表对比越大，差异范围越小，代表对比越小。

转换：主要包含3个设置。

大小：调整HDR的大小。

高度：调整HDR的高度。

旋转：使HDR绕着场景中*y*轴旋转。

背景：主要包含3个设置。

照明环境：设置模型的背景是当前照明的环境。

颜色：设置模型背景为想要的单一的色彩。

背景图像：设置场景图片为模型背景。

地面：主要包含5个设置。

地面阴影：开启或关闭地面阴影，并调整颜色。

地面遮挡阴影：开启此功能能加深阴影。

地面反射：开启或关闭地面反射。

整平地面：开启此功能可使HDR地面和模型贴合。

地面大小：拖曳滑块来调整地面大小。

有两种方法可以保存材质。

第1种：直接在模型上使用鼠标右键单击选择的材质，然后将其添加到库，如图7-81所示。

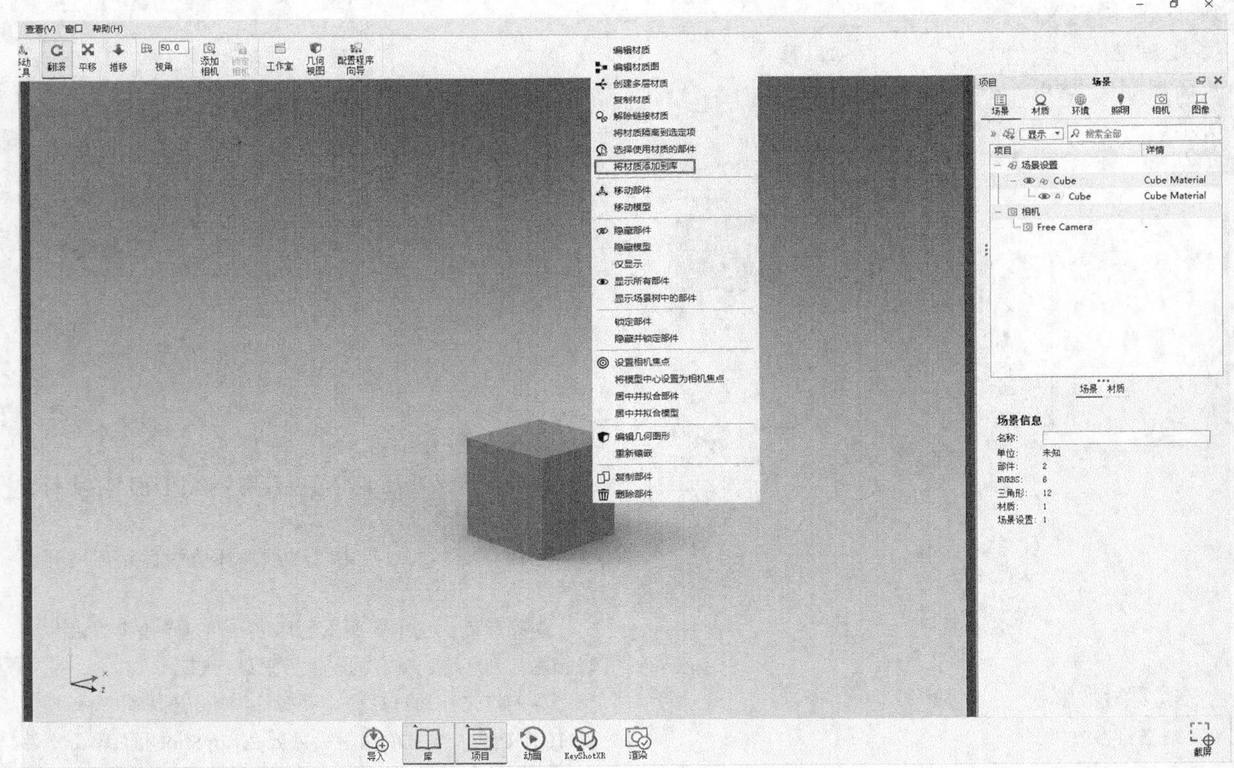

图7-81

第2种：直接在“项目”面板中的“材质”选项卡下单击名称后面的“保存到库”按钮，如图7-82所示，系统将提示指定目标文件夹，选中需要储存的文件夹，新材质将会保存到库，如图7-83所示。

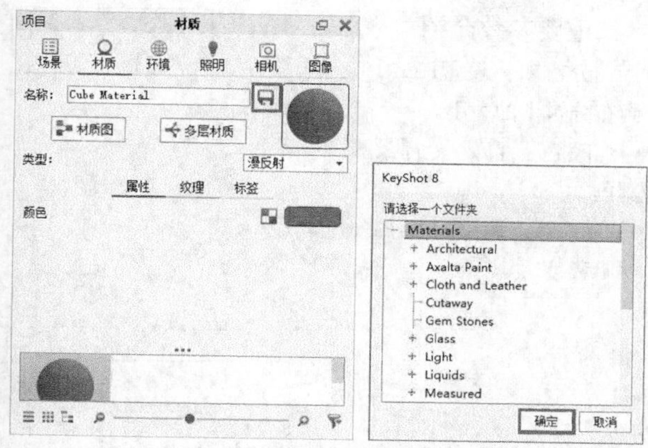

图7-82　图7-83

提示 读者可以通过在KeyShot资源的材料目录中添加一个文件夹，创建自己的文件夹并保存自定义的材质。

7.4 添加环境灯光

“环境”的参数面板如图7-84所示。

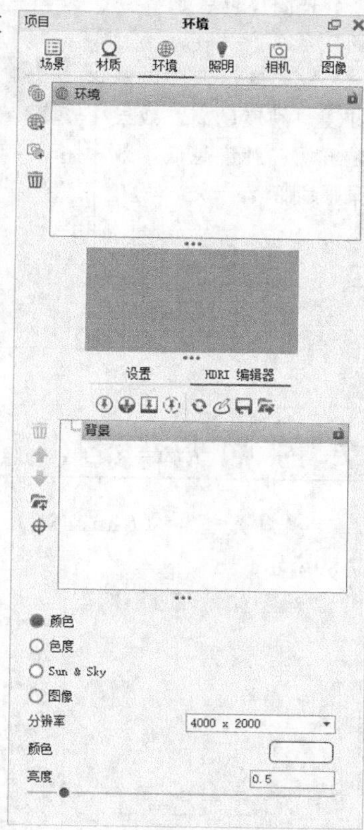

图7-84

重要参数介绍

添加针： 添加针的地方是HDRI展开的中心。用鼠标左键选择并把它放在所需位置。在控制部分中调整针达到预期的效果。

添加倾斜光源： 主要用于调整一个光源颜色和不透明度的变化。

添加图像针： 图像针允许使用HDR、HDZ、EXR、JPG、PNG、JPEG和BMP格式的图作为图像。这个图像可以创建特定的反射，模拟照明环境。添加图像针时，系统会提示选择要使用的图像。一旦选定，图像将被放置在预览窗口中。

添加复制针： 选择此选项后，将拍摄HDRI图像的快照并用作新针。选择“添加复制针”后，预览窗口上会出现黄色轮廓的针的手柄。此轮廓显示区域将被复制以用作针的图像。然后使用调整滑块设置大小和角度等参数。

生成全分辨率HDRI： 灯光如果有锯齿，单击该选项刷新生成高分辨率HDRI。

HDRI编辑画布： 打开HDRI画布编辑灯光。

保存至库： 把灯光放进预设灯光库里。

导出HDRI： 对当前调整好的HDRI进行导出。

设置高亮显示： 在模型上单击即可调整灯光，哪里不亮就单击哪里。

本节内容介绍

名称	作用	重要程度
灯光类型针（圆形）	添加圆形灯光	高
灯光类型针（矩形）	添加矩形灯光	高
灯光背景（颜色）	背景使用颜色	中
灯光背景（色度）	背景使用色度	中
灯光背景（Sun & Sky）	背景使用Sun & Sky	高
灯光背景（图像）	背景使用图像	中

7.4.1 灯光类型针（圆形）

“灯光类型针（圆形）”的参数面板如图7-85所示。

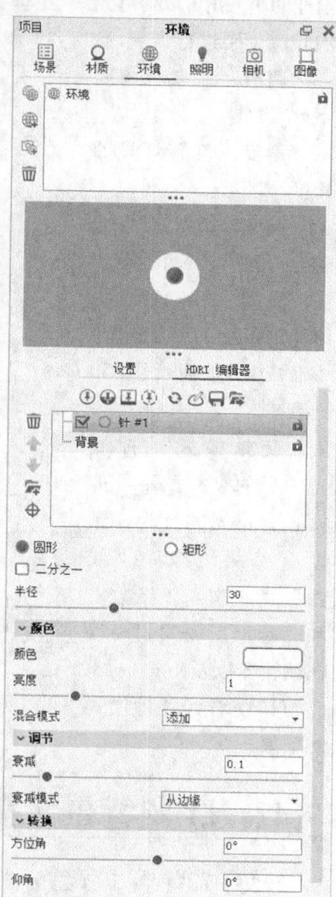

图7-85

重要参数介绍

二分之一： 将任何针的形状切两半，在视图中只出现指针的一半。如果对“二分之一”状态下的指针进行了调整，另一半也会同步变化，只是不显示。

半径： 调整灯光的半径大小。

颜色： 主要包含3个设置。

颜色： 调整灯光的颜色。

亮度： 调整灯光的明暗程度。

混合模式： 选择不同的方式让针混合并相互影响。使用此功能时，针顺序变得非常重要。

调节：主要包含两个设置。

衰减：控制针灯边缘的柔和度。可以选择更多衰减模式使边缘更柔和地衰减。

衰减模式：控制光中心的衰减，不同的模式有不同的行为，预设有“从边缘”“线性”“二次”“指数”和“圆形”模式。可以在编辑器以及KeyShot实时窗口中看到各种模式的效果。

转换：主要包含两个设置。

方位角：对灯光进行左右移动。

仰角：对灯光进行上下移动。

7.4.2 灯光类型针（矩形）

“灯光类型针（矩形）”的参数面板如图7-86所示。

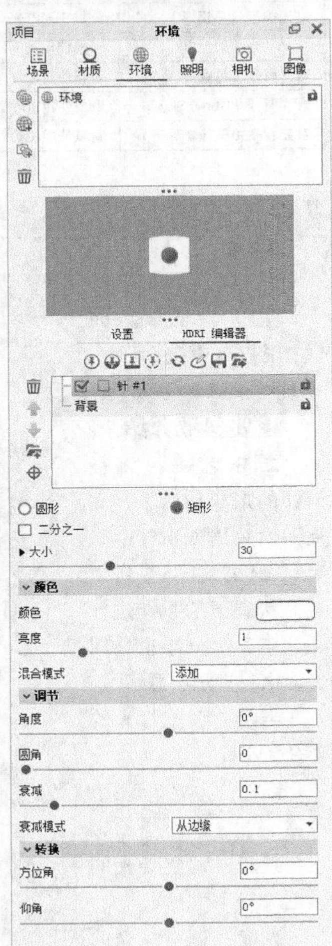

图7-86

重要参数介绍

大小：打开“大小”前面的小三角可以对灯光的长宽分别进行调整。

调节：主要包含以下4个设置。

角度：旋转灯光的角度。

圆角：对矩形灯光的4个角进行圆角处理。

衰减：控制针灯边缘的柔和度。可以选择更多衰减模式使边缘更柔和地衰减。

衰减模式：控制光中心的衰减，不同的模式有不同的行为，预设有“从边缘”“线性”“二次”“指数”和“圆形”模式。可以在编辑器以及KeyShot实时窗口中看到各种模式的效果。

7.4.3 灯光背景（颜色）

“灯光背景（颜色）”的参数面板如图7-87所示。

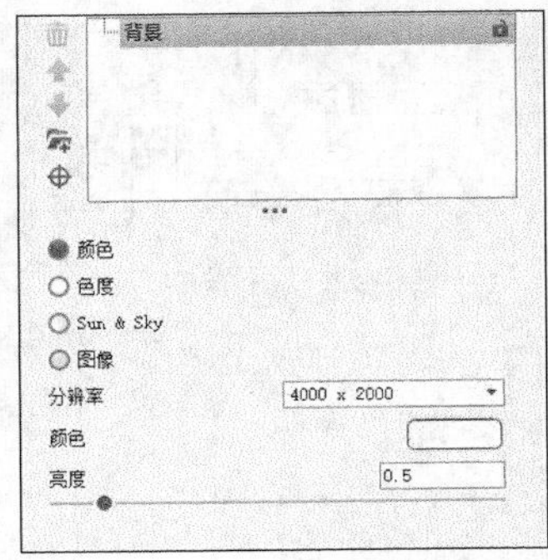

图7-87

重要参数介绍

分辨率：设置HDRI画布分辨率的大小。

颜色：自定义背景颜色。

亮度：调整灯光的明暗程度。

7.4.4 灯光背景（色度）

“灯光背景（色度）”的参数面板如图7-88所示。

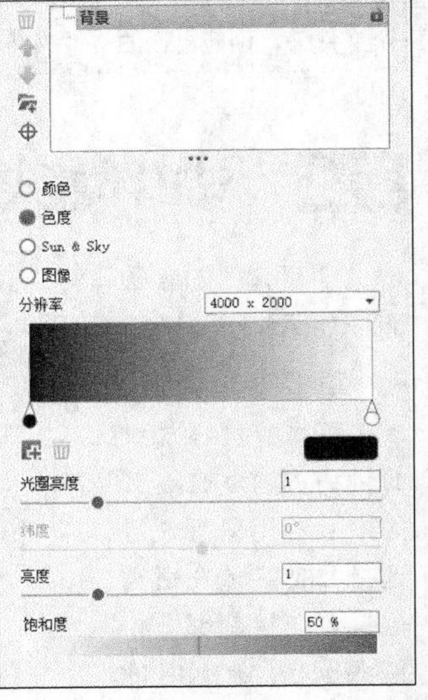

图7-88

重要参数介绍

光圈亮度：调整光圈亮度。

饱和度：调整色彩纯度。纯度越高，效果越鲜明；纯度越低，效果则越黯淡。

7.4.5 灯光背景（Sun&Sky）

“灯光背景（Sun&Sky）”的参数面板如图7-89所示。

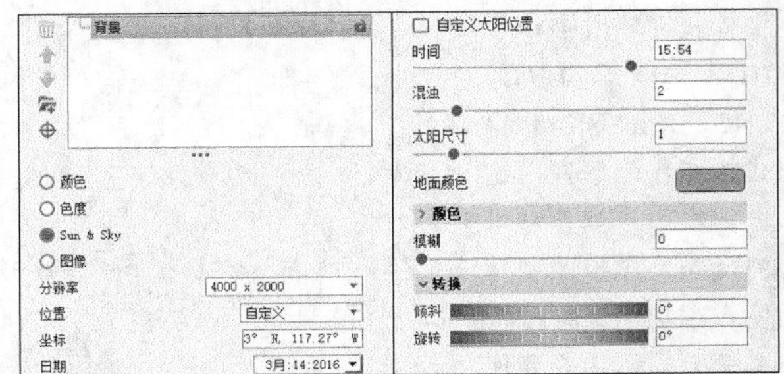

图7-89

重要参数介绍

位置：选择一个距离现场最近的预设城市，可以准确地描绘太阳和季节的位置。

坐标：可以选择“自定义”并输入位置的地理坐标。

日期：使用此选项将日期设置为场景发生的日期，以准确描绘季节的色温。

时间：设置场景发生的时间，以正确放置太阳。

混浊：增加此值可以为天空添加更多阴霾，以温暖的色调为天空着色并过滤场景中投射的阳光。

太阳尺寸：调整太阳的大小。

地面颜色：调整地面的颜色。

颜色：调整HDRI的亮度、对比度和饱和度。

模糊：对画布进行模糊，以达到更真实的环境效果。

转换：调整HDRI位置，并在HDRI画布中和实时界面中预览效果。

7.4.6 灯光背景（图像）

“灯光背景（图像）”的参数面板如图7-90所示。

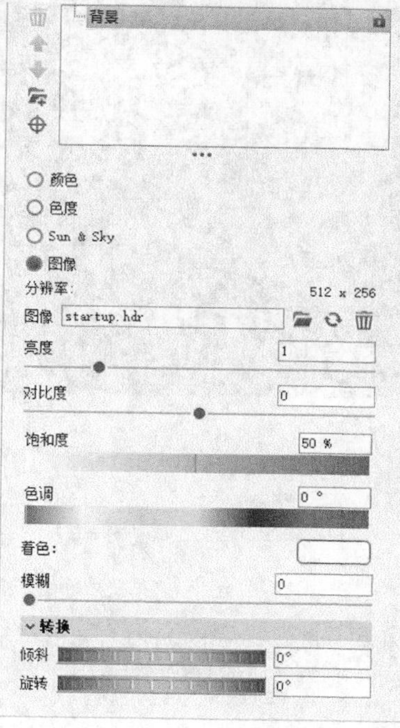

图7-90

重要参数介绍

图像：选择预设中的.hdr文件。

对比度：调整灯光的明暗对比。

色调：调整色彩的色相。

着色：为环境设置色调。

模糊：对画布进行模糊，以达到更真实的环境效果。

转换：调整HDRI位置，并在HDRI画布中和实时界面中预览效果。

7.5 课堂练习

下面准备了两个练习供读者练习本章的知识。每个练习后面给出了相应的制作效果，读者可以根据效果，结合前面的课堂案例来进行操作。

7.5.1 课堂练习：渲染耳机

场景位置	场景文件>CH07>02.3dm
实例位置	实例文件>CH07>课堂练习：渲染耳机.ksp
视频名称	课堂案例：渲染耳机.mp4
学习目标	掌握光线处理的方法

耳机白模的效果如图7-91所示。

图7-91

制作完成后的效果如图7-92所示。

图7-92

7.5.2 课堂练习：渲染凳子

场景位置	场景文件>CH07>03.3dm
实例位置	实例文件>CH07>课堂练习：渲染凳子.ksp
视频名称	课堂练习：渲染凳子.mp4
学习目标	掌握木纹材质的制作方法

凳子白模的效果如图7-93所示。

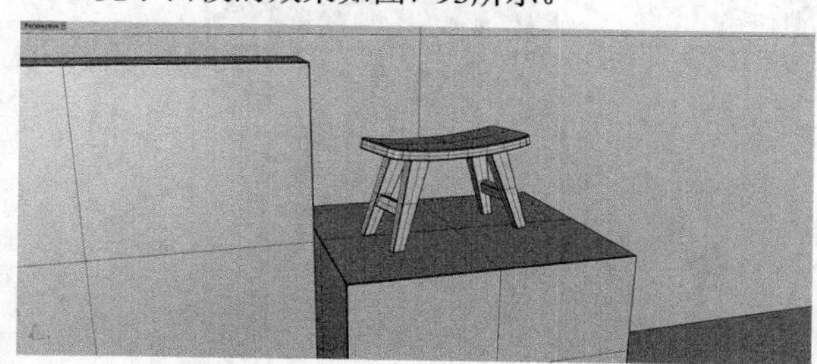

图7-93

制作完成后的效果如图7-94所示。

图7-94

7.6 课后习题

下面准备了两个习题供读者练习本章的知识，每个习题后面给出了相应的制作效果，读者可以根据效果，结合前面的课堂案例来进行操作。

7.6.1 课后习题：渲染魔方玩具

场景位置	场景文件>CH07>04.3dm
实例位置	实例文件>CH07>课后习题：渲染魔方玩具.ksp
视频名称	课后习题：渲染魔方玩具.mp4
学习目标	掌握材质的指定方法

魔方白模的效果如图7-95所示。

图7-95

制作完成后的效果如图7-96所示。

图7-96

7.6.2 课后习题：渲染卷发器

场景位置	场景文件>CH07>05.3dm
实例位置	实例文件>CH07>课后习题：渲染卷发器.ksp
视频名称	课后习题：渲染卷发器.mp4
学习目标	掌握灯光构造的技巧

卷发器白模的效果如图7-97所示。

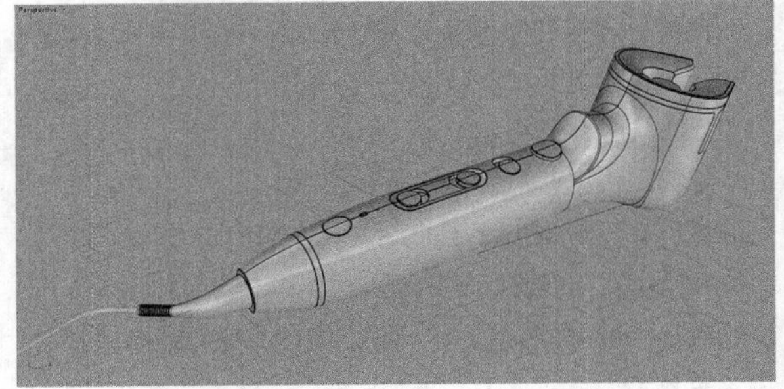

图7-97

制作完成后的效果如图7-98所示。

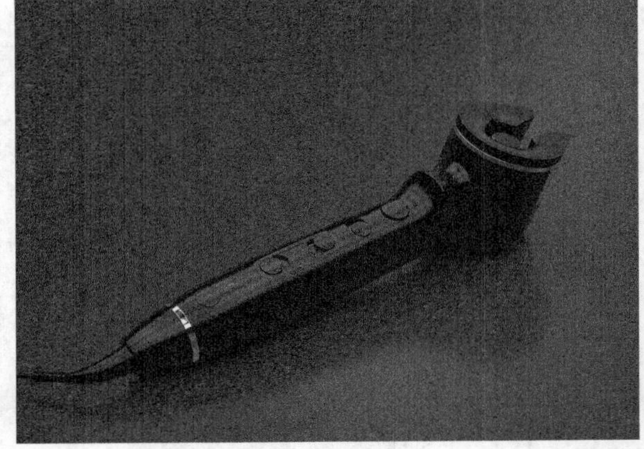

图7-98

第8章 产品建模综合实训

本章将结合前面学习的软件知识讲解产品建模、产品渲染工作中的主要流程和制作过程。通过对本章的学习，读者可以快速制作出简单的工业产品。

课堂学习目标

- 掌握基础生面工具的用法
- 掌握Rhino产品建模的流程
- 掌握曲面建模的技法
- 掌握工业产品模型的造型设计

8.1 课堂案例：制作鼠标

场景位置　无
实例位置　实例文件>CH08>课堂案例：制作鼠标.3dm
视频名称　课堂案例：制作鼠标.mp4
学习目标　掌握产品建模的基本渲染流程

鼠标的效果如图8-1所示。

图8-1

8.1.1 制作鼠标主体

01 选择“控制点曲线”工具，用最少的控制点数绘制3条汇聚到一点的鼠标轮廓线，黑色的线为左右对称的曲线，如图8-2所示。

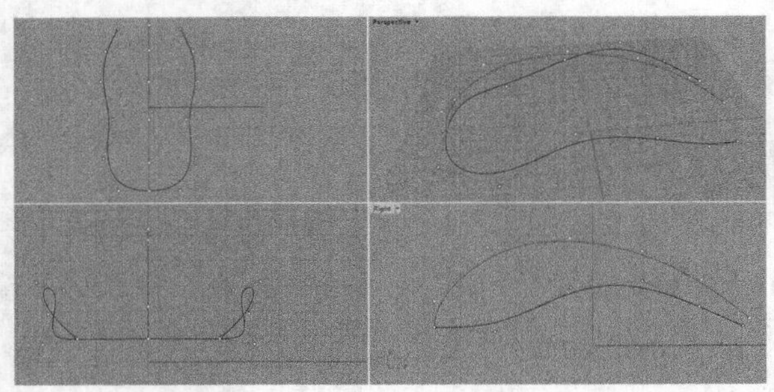

图8-2

02 单击“放样”工具，依次选取所有曲线，按Enter键确认。打开“放样选项”对话框，如图8-3所示。观察透视图，如果符合预期，按Enter键确认，效果如图8-4所示。

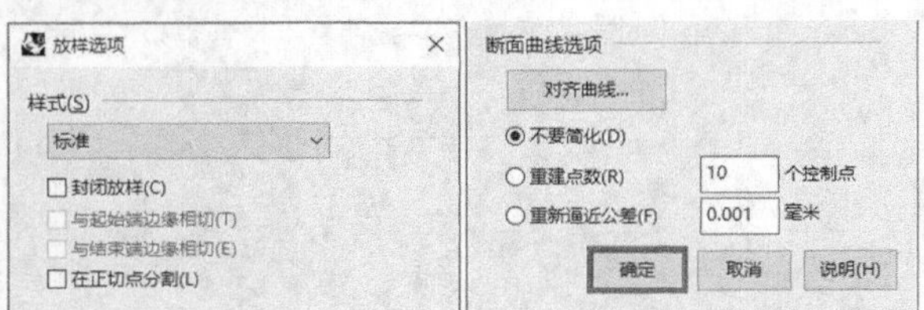

图8-3

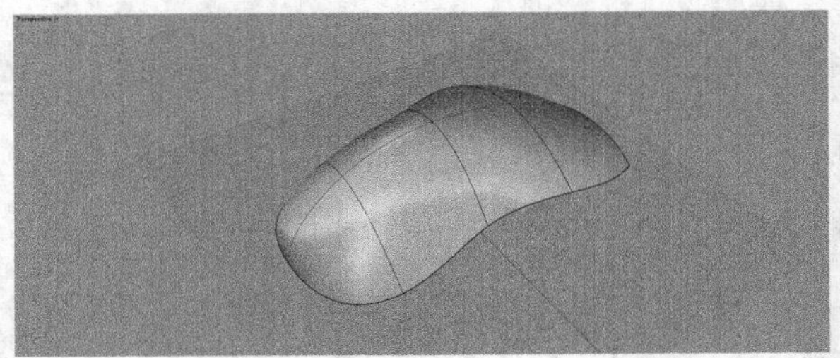

图8-4

03 使用工具集中的“抽离结构线”工具选择曲面，观察结构线方向，如果相反，那么需要单击指令栏的“切换”，方向和位置如图8-5所示。

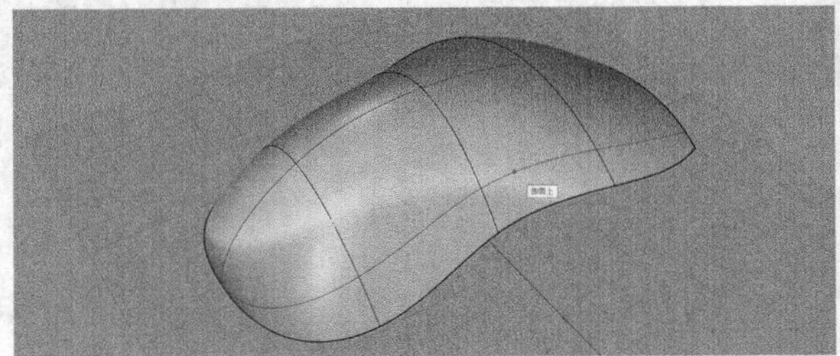

图8-5

04 使用“显示物件控制点”工具打开所有曲线控制点，使用操作轴对其位置进行调整。图8-6所示的黑色线和紫色线为左右对称曲线，调整一边即可。

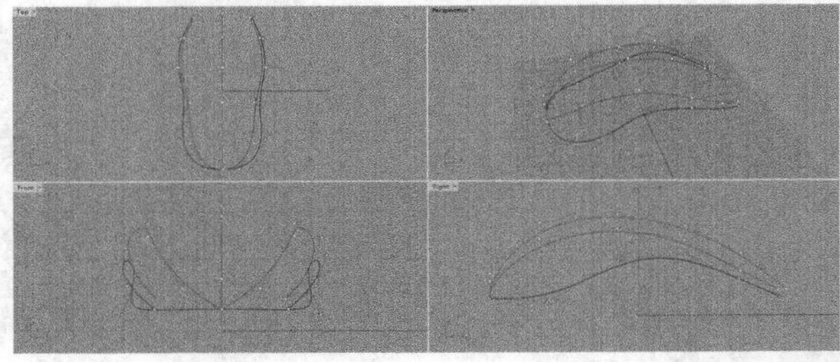

图8-6

05 单击“放样”工具，依次选取所有曲线，按Enter键确认。观察透视图，如果符合预期，按Enter键确认，效果如图8-7所示。使用“显示物件控制点”工具打开曲面控制点，可再次调整，调整时需要对称调整，点的走向如图8-8所示。

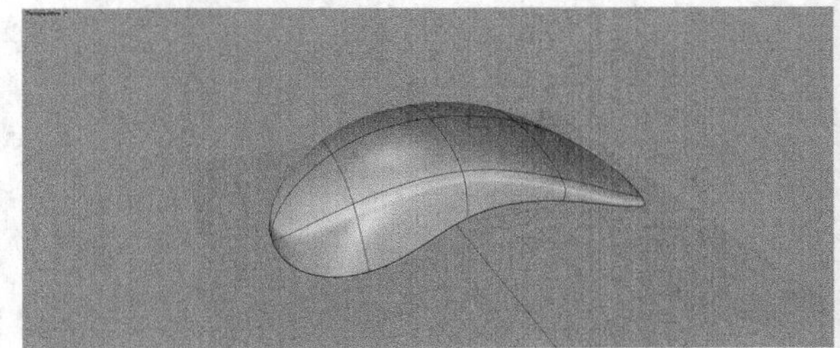

图8-7

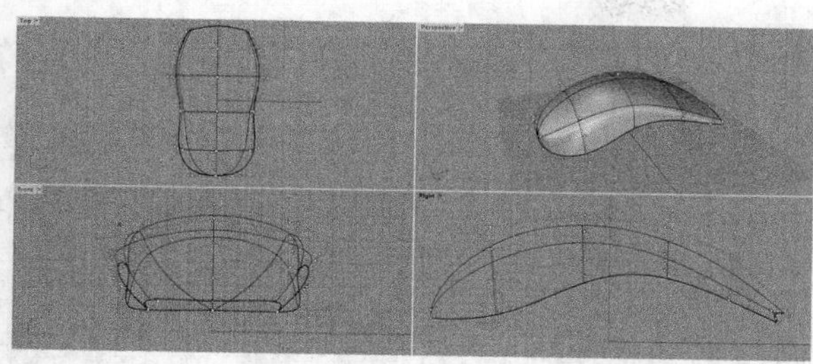

图8-8

06 使用鼠标右键单击“以结构线分割曲面”工具，指令栏如图8-9所示，分割的方向如图8-10所示。如果方向相反，则单击“切换”。

分割点 (方向(D)=U 切换(T) 缩回(S)=是):

图8-9

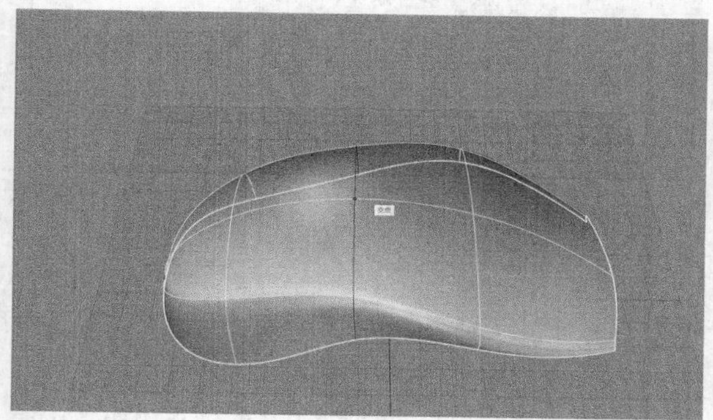

图8-10

07 使用鼠标右键单击，重复上一个指令，继续对前面的面进行分割，参照步骤04对图8-11所示的1、2处进行分割。

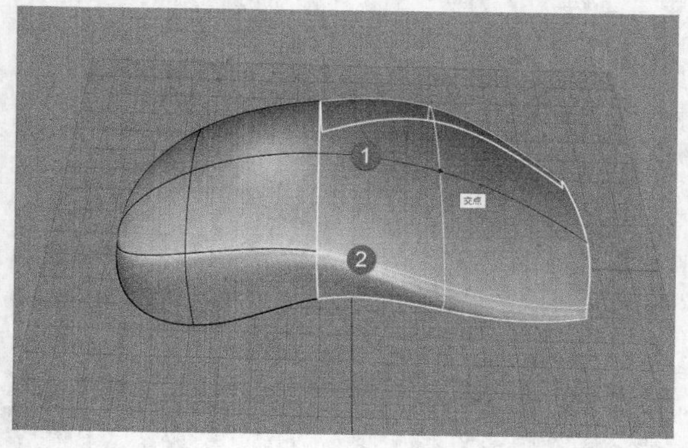

图8-11

08 选中图8-12中的曲面，单击工具集中的“更改曲面阶数”工具，在指令栏输入“新的U”为1，如图8-13所示。单击右键完成操作。单击鼠标右键重复上一个步骤，在指令栏输入“新的U阶数”为1，如图8-14所示。因为v方向不需要改变，直接单击鼠标右键完成操作。

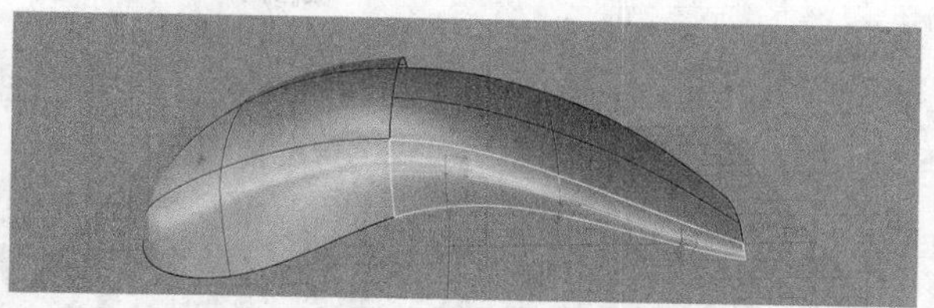

图8-12

新的 U 阶数 <3> (可塑形的(D)=是): 1

图8-13

新的 U 阶数 <1> (可塑形的(D)=是): 3

图8-14

09 将1和2面组合到一起，单击“衔接曲面”工具，使用小曲面边缘去衔接曲面2边缘，衔接曲面参数如图8-15所示。继续单击“衔接曲面”工具，使用小曲面边缘去衔接曲面1边缘，衔接曲面参数如图8-16所示。

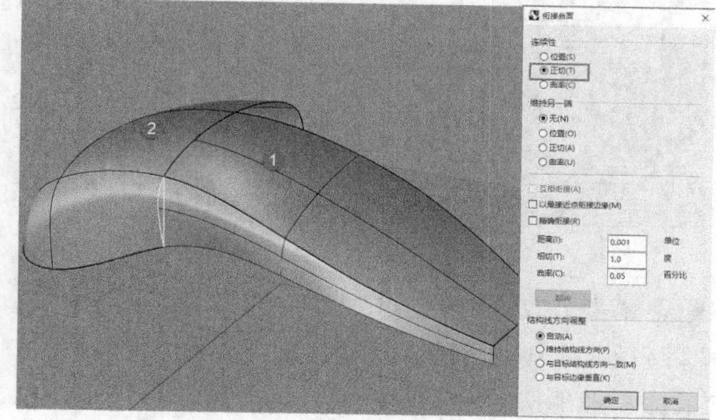

图8-15

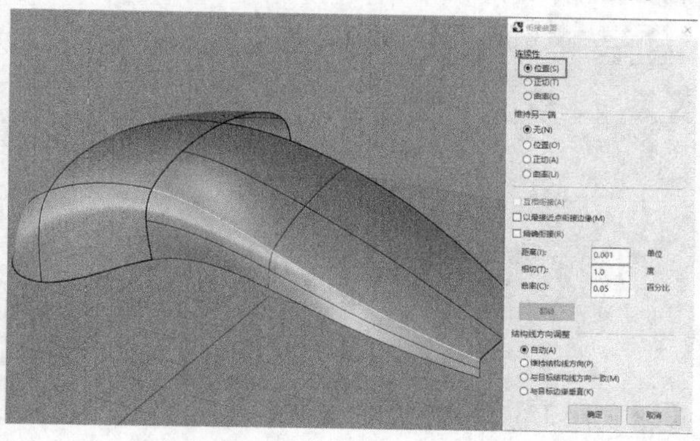

图8-16

10 使用工具集中的“镜像”工具对前面的两块面进行镜像处理，完成后的效果如图8-17所示。

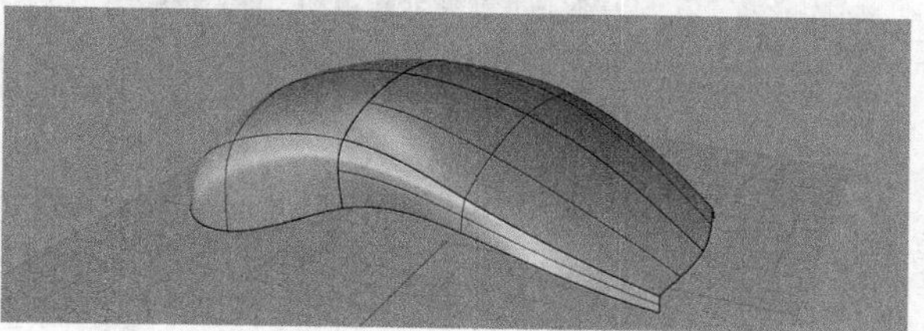

图8-17

11 选择“控制点曲线”工具，绘制鼠标底部轮廓线，如图8-18所示。绘制曲线时两条长曲线的控制点的点数要保持一致，如图8-19所示。

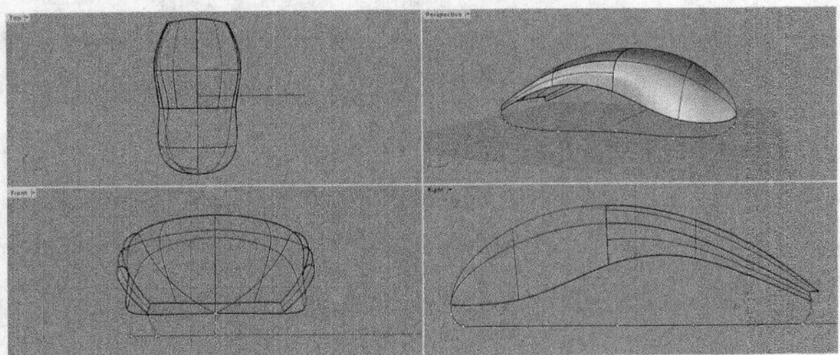

图8-18

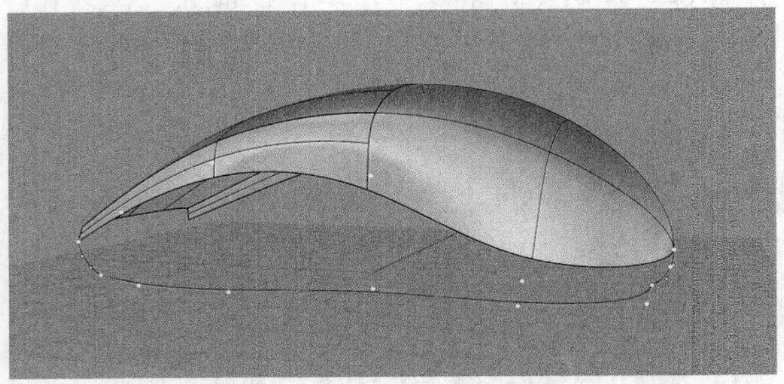

图8-19

12 单击“双轨扫掠”工具，选择路径曲线1，选择路径曲线2，选择断面曲线3，选择断面曲线4，按鼠标右键确认。观察断面曲线的方向，再次单击鼠标右键完成操作，如图8-20所示。

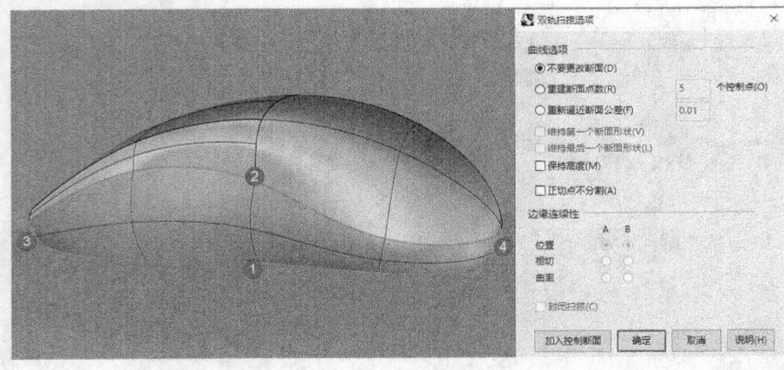

图8-20

13 使用工具集中的“镜像”工具对底部面进行镜像处理，完成后的效果如图8-21所示。

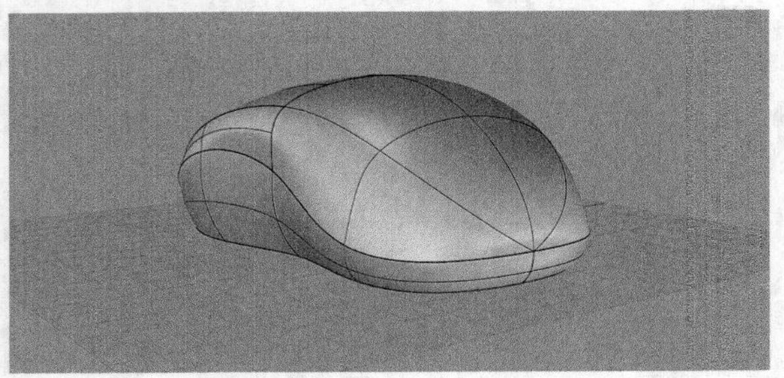

图8-21

14 单击“多重直线”工具，将鼠标的前端端点连接起来，如图8-22所示。

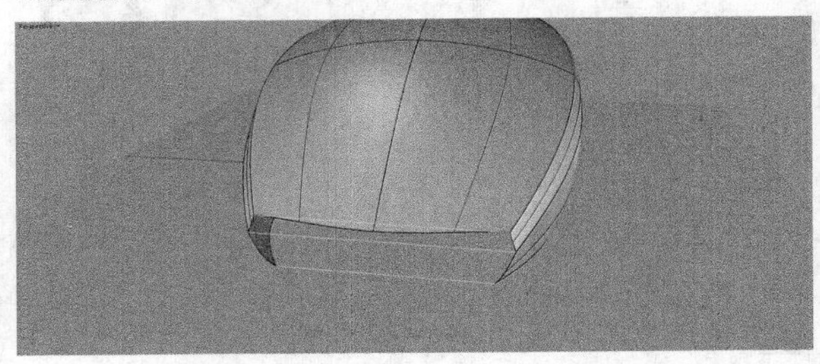

图8-22

15 选取前端的3条直线，使用工具集中的“重建曲线”工具重建为3阶4点，如图8-23所示。

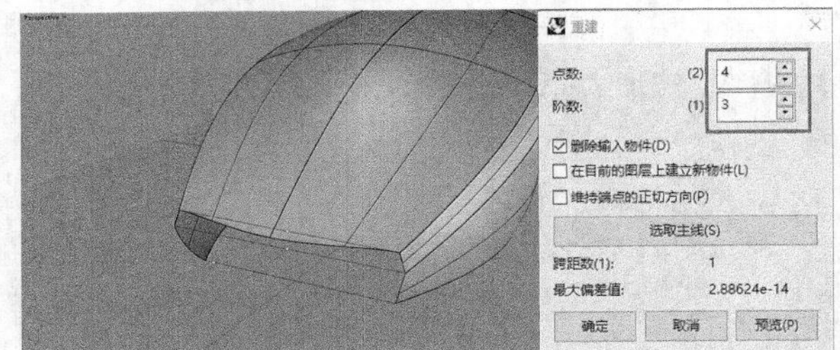

图8-23

16 使用“显示物件控制点”工具打开前端曲线控制点，选中图8-24中的直线中间的两个点。切换到顶视图，沿着绿轴方向向外拖曳一小段距离，调整出一个弧度，如图8-25所示。

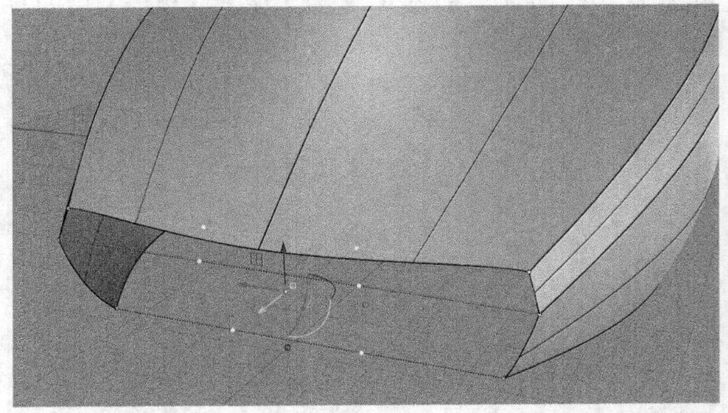

图8-24

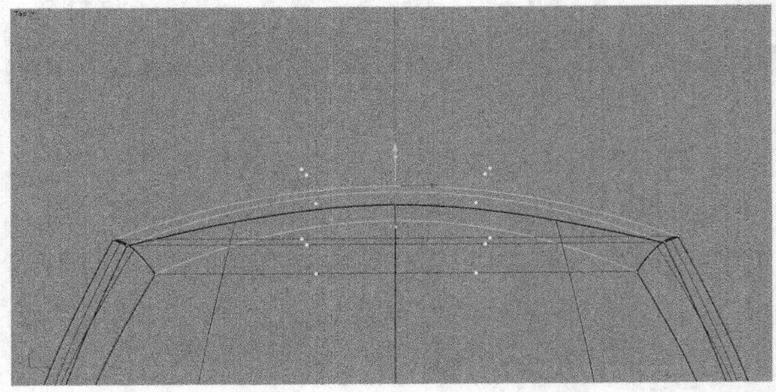

图8-25

17 单击“多重直线”工具，将鼠标的前端中点处连接起来，如图8-26所示。

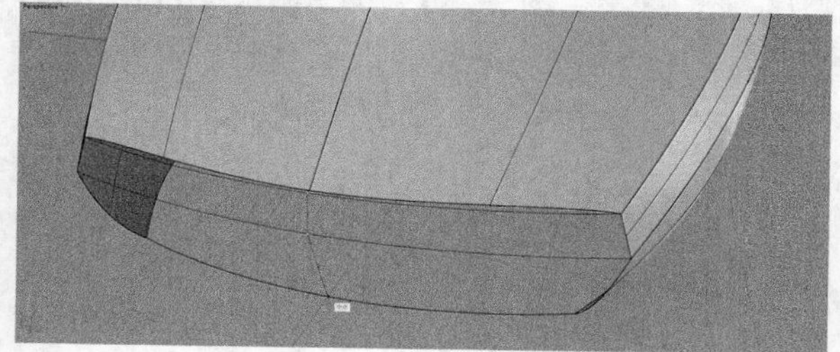

图8-26

18 使用“分割”工具选中横向3条曲线，选取切割物件为中间直线，如图8-27所示。

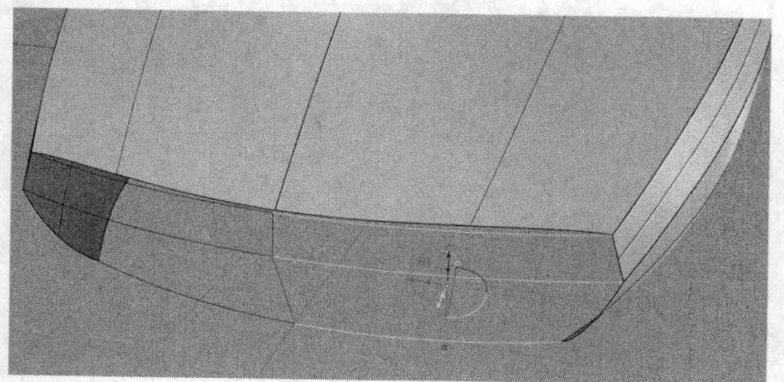

图8-27

19 单击“衔接曲面”工具，使用曲面边缘去衔接对应曲线，“衔接曲面”参数如图8-28所示。左右两边都衔接完成后的效果如图8-29所示。

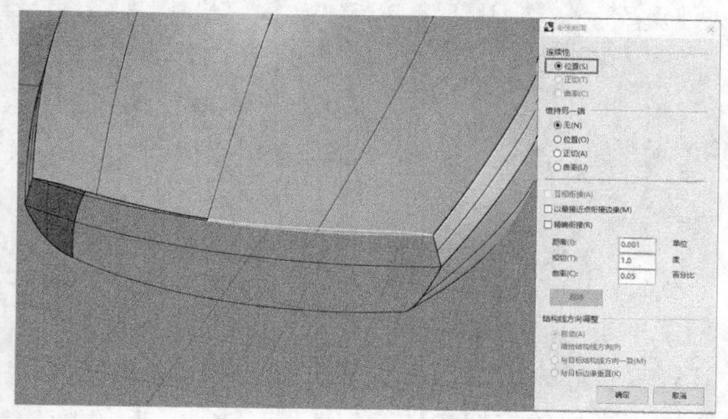

图8-28

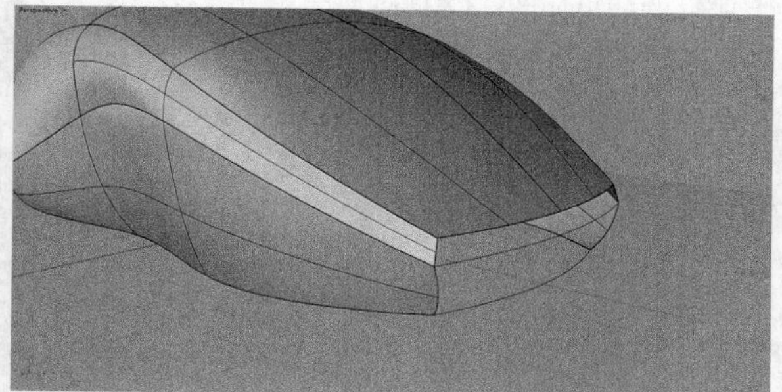

图8-29

20 单击“双轨扫掠”工具，选择路径曲线1，选择路径曲线2，选择断面曲线3，单击鼠标右键确认。观察断面曲线方向，再次单击鼠标右键，如图8-30所示。用同样的方式完成下边四边面，如图8-31所示。

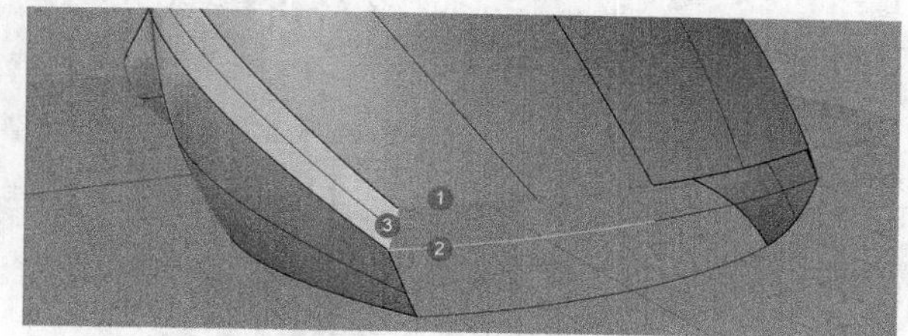

图8-30

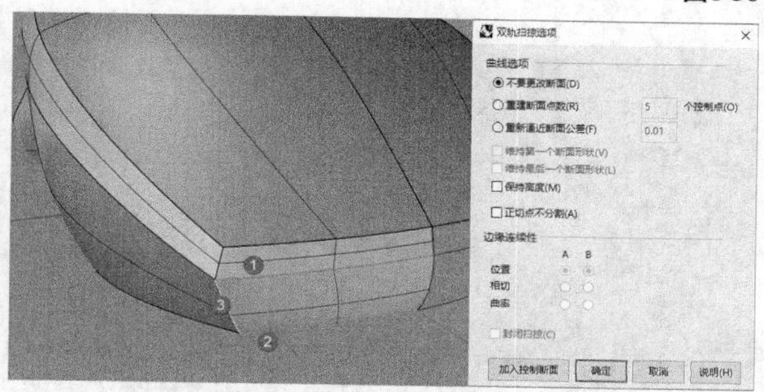

图8-31

21 使用工具集中的“镜像”工具对前端面进行镜像处理，完成后的效果如图8-32所示。此时，中间对称平面的连接处明显没有接上。

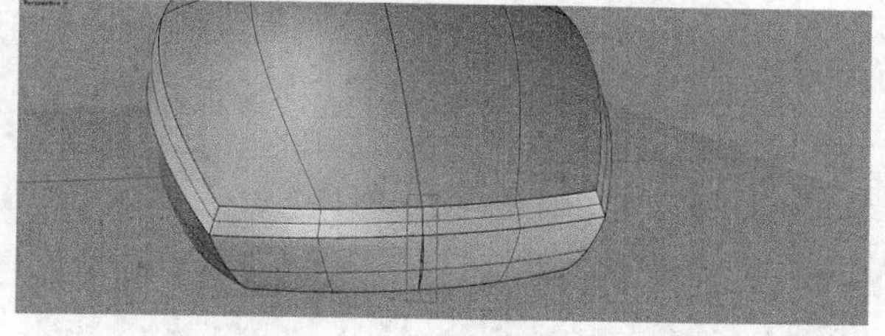

图8-32

22 单击“衔接曲面”工具，选中曲面边缘1和曲面边缘2进行衔接，此时因为是互相衔接，所以没有先后顺序，“衔接曲面”参数如图8-33所示。

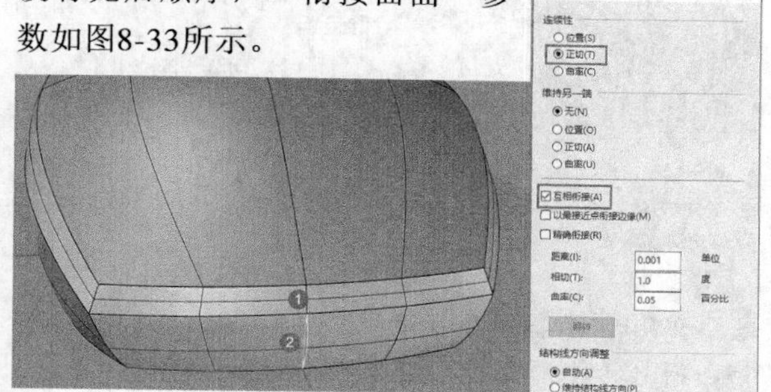

图8-33

23 此时，鼠标底面还是开放的，未封闭起来，如图8-34所示。将所有曲面组合到一起，使用工具集中的“将平面洞加盖”工具将底面封闭起来，如图8-35所示。

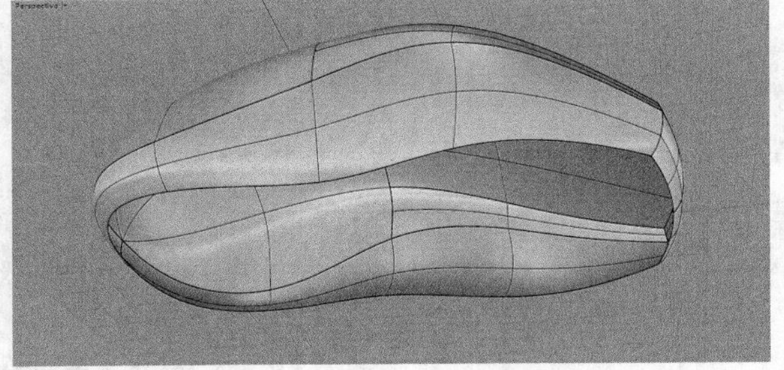

图8-34

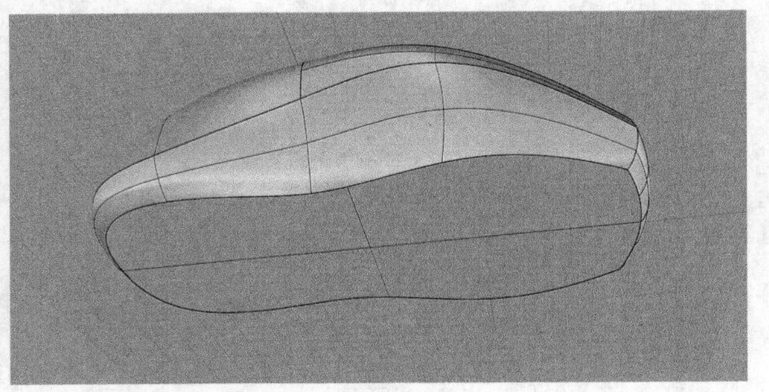

图8-35

24 使用工具集中的“抽离”工具将底面抽离开，然后单击“偏移曲面”工具，选中曲面。此时需要向内偏移成实体，让曲面上的箭头指向内部，如果不是，则单击指令栏上的反转。注意，“实体”需要显示“是”，如图8-36所示。如果箭头方向相反，那么可单击图8-37中的“全部反转”。

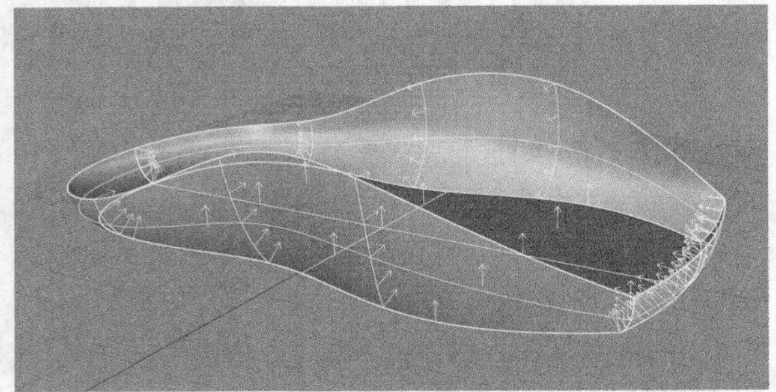

图8-36

选取要反转方向的物体，按 Enter 完成 (距离(D)=1 角(C)=锐角 实体(S)=是 公差(T)=0.001 删除输入物件(L)=是 全部反转(F)):

图8-37

25 继续使用鼠标对顶面的多重曲面的壳体进行偏移，将其转化为实体，如图8-38所示。

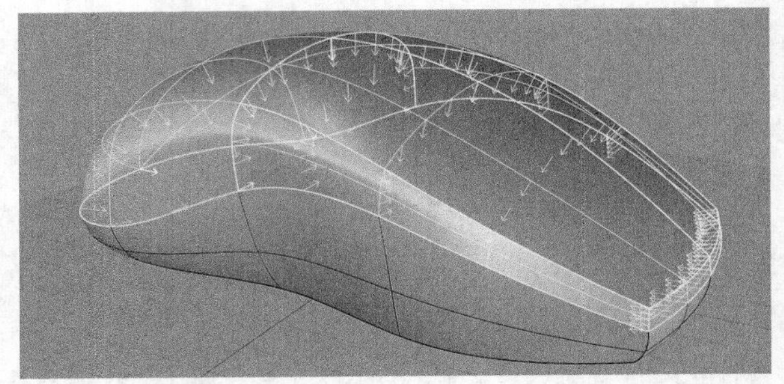

图8-38

26 使用工具集中的“矩形：圆角”工具、“多重直线”工具和“控制点曲线”工具在顶视图中绘制出多重曲线，如图8-39所示。

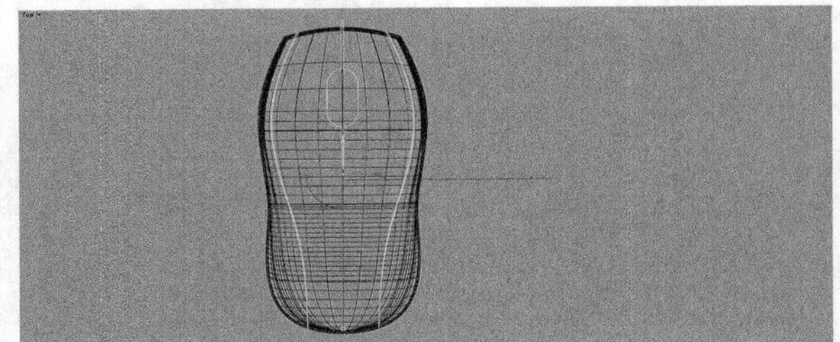

图8-39

27 使用工具集中的“直线挤出”工具将上一步绘制的多重曲线挤出为曲面，如图8-40所示。

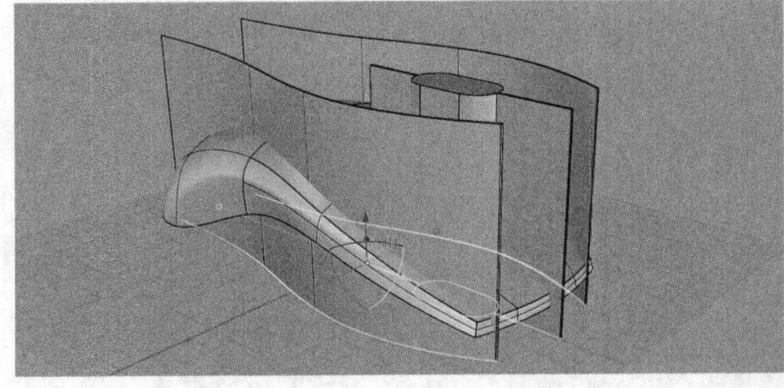

图8-40

28 单击工具集中的“布尔运算差集”工具，选择要被减去的鼠标壳多重曲面，按Enter键完成。单击修剪用的拉伸物件，如图8-41所示。按Enter键完成后的效果如图8-42所示。

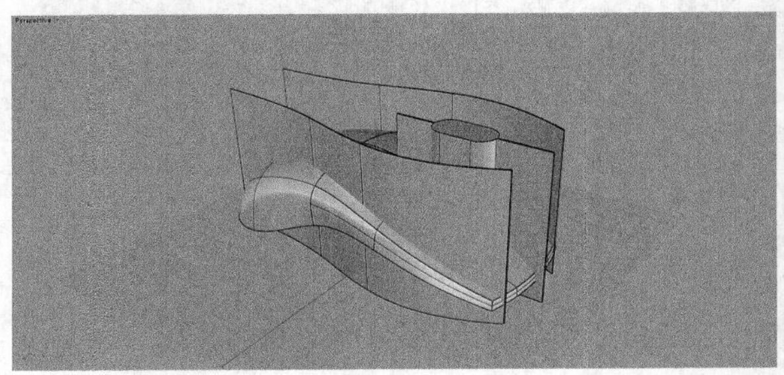

图8-41

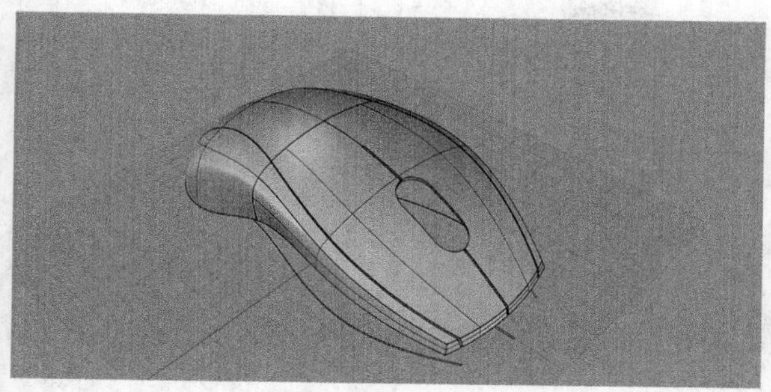

图8-42

8.1.2 制作鼠标滚轮

01 使用“控制点曲线”工具在顶视图中绘制出曲线，如图8-43所示。

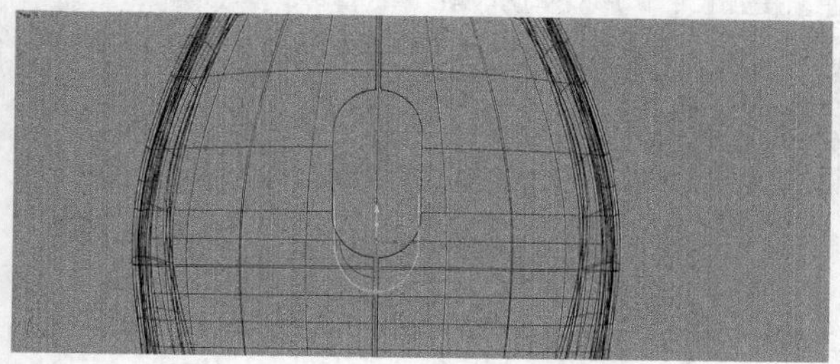

图8-43

02 单击“旋转成形”工具，设置旋转轴为曲线两端点轴进行旋转，如图8-44所示。确认旋转角度为默认360°，如果不是，则单击“360度”，如图8-45所示。按Enter键完成操作，如图8-46所示。

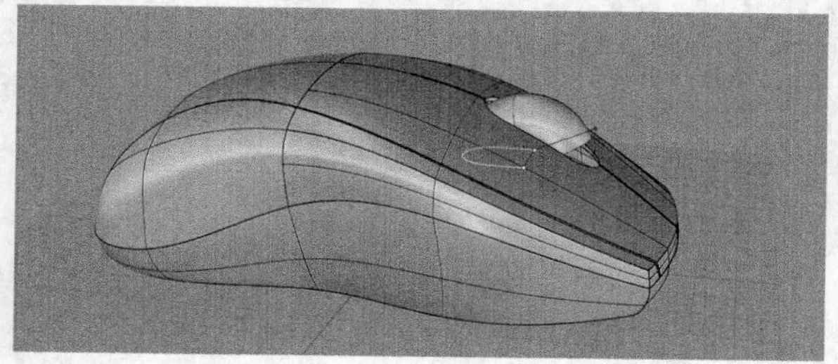

图8-44

旋转角度 <360> (删除输入物件(D)=否 可塑形的(F)=否 360度(U) 分割正切点(S)=否):

图8-45

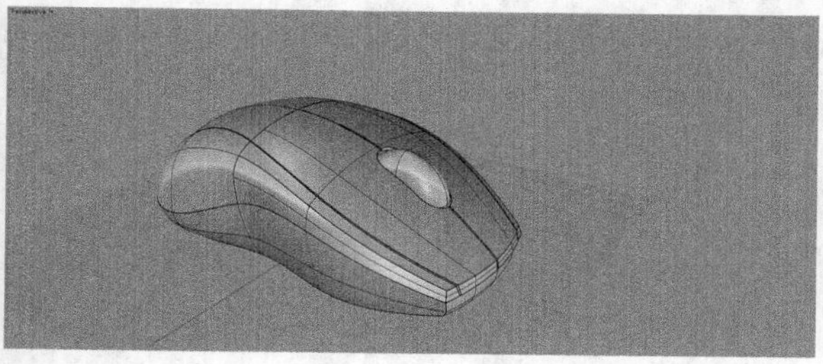

图8-46

8.1.3 制作鼠标线

01 使用“控制点曲线”工具在顶视图中绘制出曲线，效果如图8-47所示。右视图中鼠标衔接处的控制点如图8-48所示。

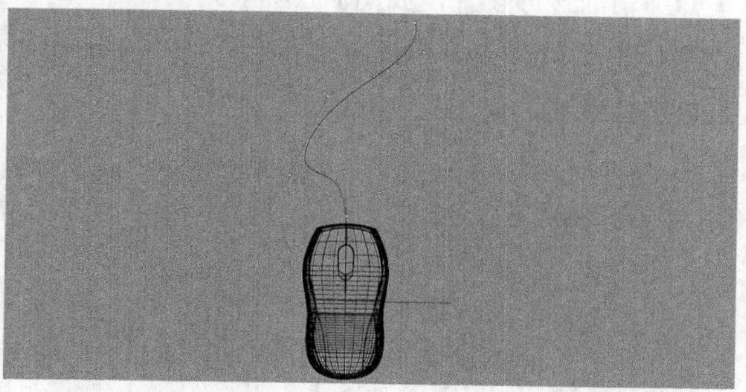

图8-47

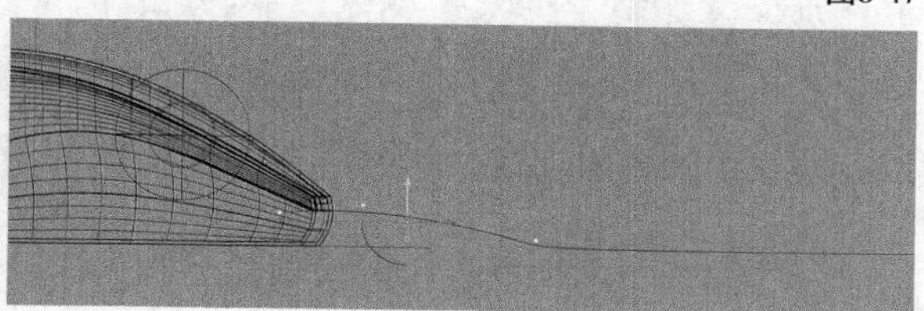

图8-48

02 单击工具集中的“圆管（平头盖）”工具，选中鼠标线曲线并建立圆管，圆管大小按照比例进行适当调整，如图8-49所示。

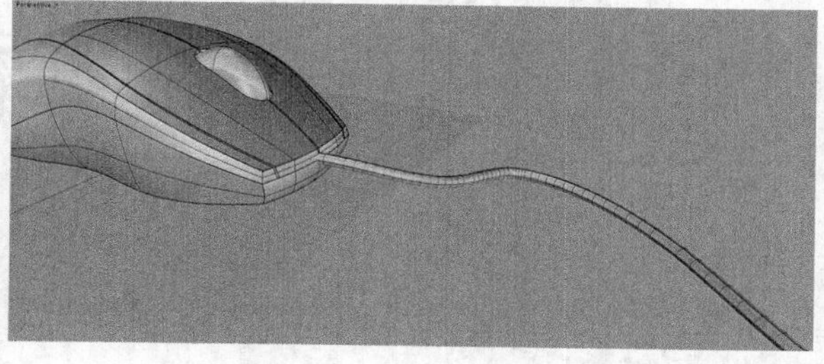

图8-49

03 选择“圆：中心点、半径”工具，在前视图中的鼠标线和鼠标交接位置单击鼠标左键确定顶点位置。按住Shift键，拖曳鼠标拉出圆的半径，并单击鼠标左键确认，如图8-50所示。

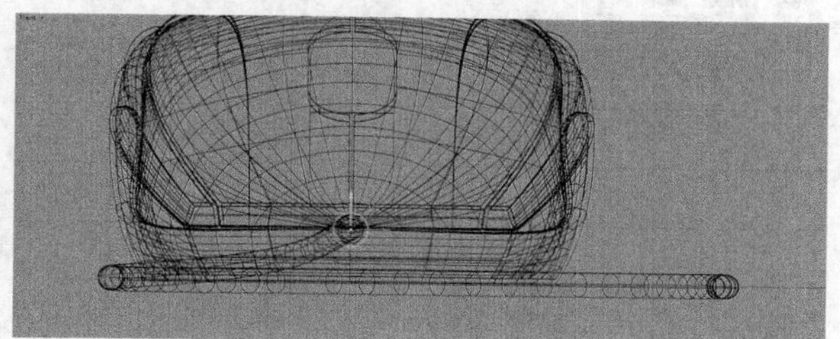

图8-50

04 使用工具集中的“直线挤出”工具对上一步绘制的圆进行实体挤出，如图8-51所示。

05 单击工具集中的“布尔运算差集”工具，选择要被减去的鼠标多重曲面，按Enter键完成。单击修剪用的拉伸物件，如图8-52所示。

06 使用工具集中的“边缘圆角”工具对模型进行圆角处理，如图8-53所示。

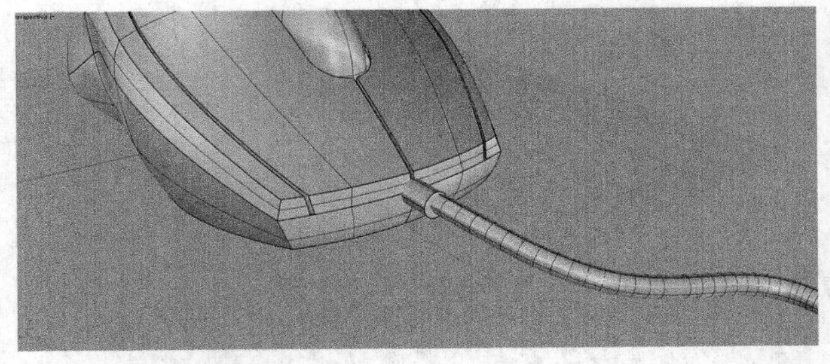
图8-51

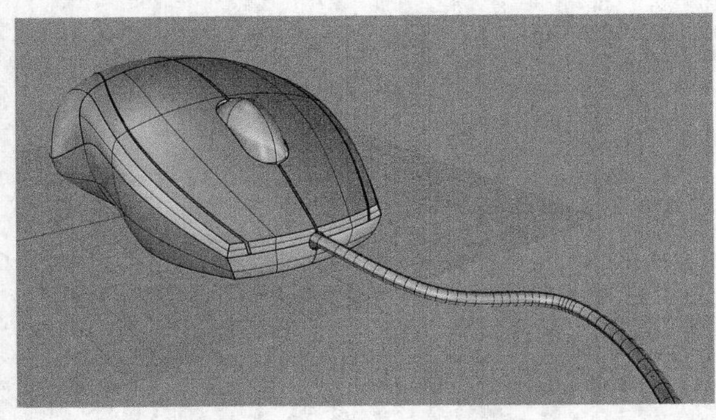
图8-52

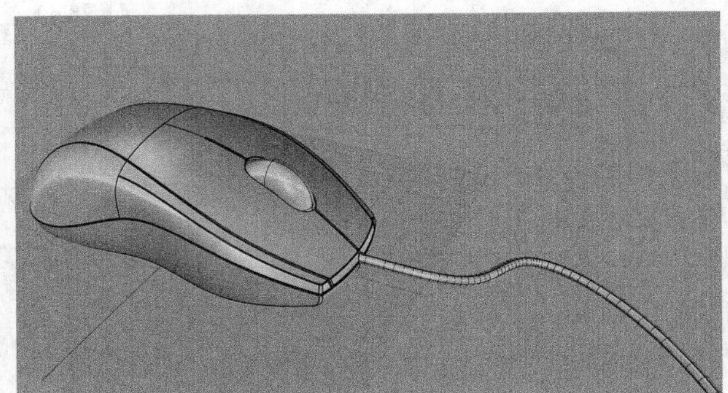
图8-53

8.1.4 添加默认材质

01 导入Rhino模型到KeyShot中，如图8-54所示。

图8-54

02 为了防止材质链接到一起，不方便后面的材质修改，此时需要添加一个灯光组用来观察灯光的方向及大小，如图8-55所示。

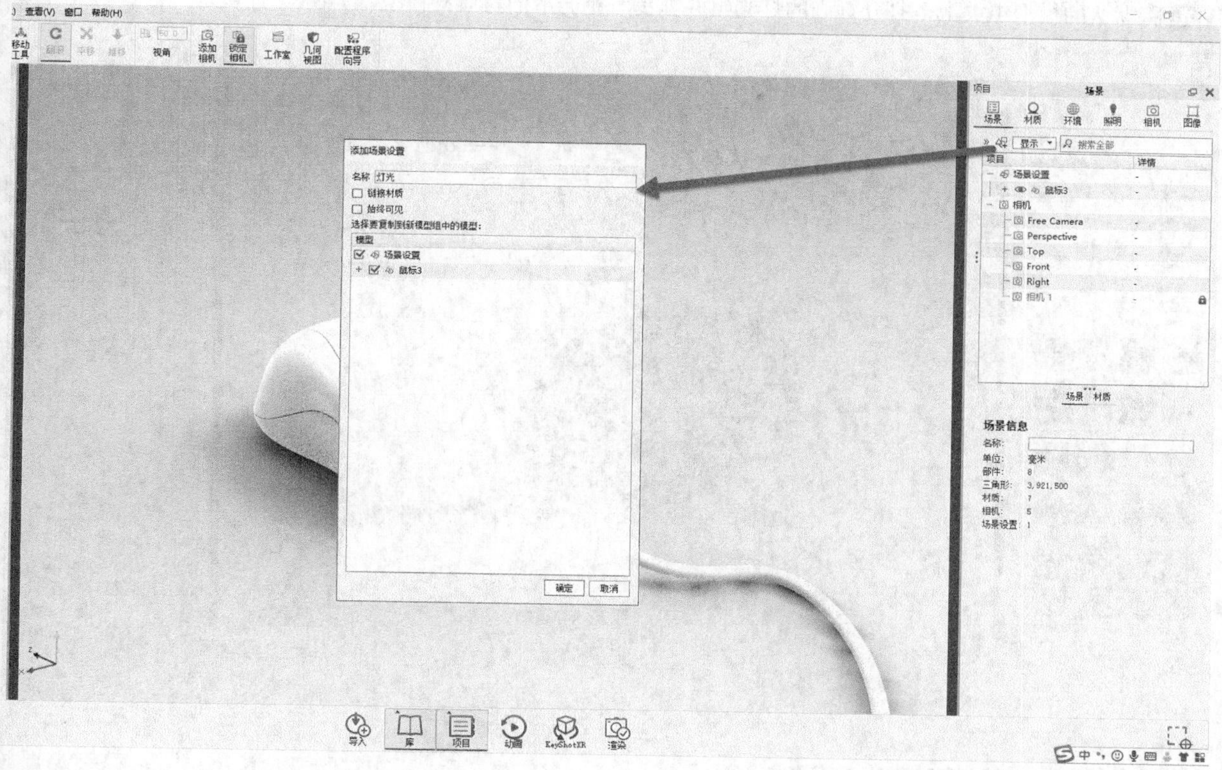

图8-55

03 为了防止在指定材质和添加灯光的过程中移动模型，需要在“项目”面板的“相机”中添加一个新的“相机1”，然后锁定相机，如图8-56所示。

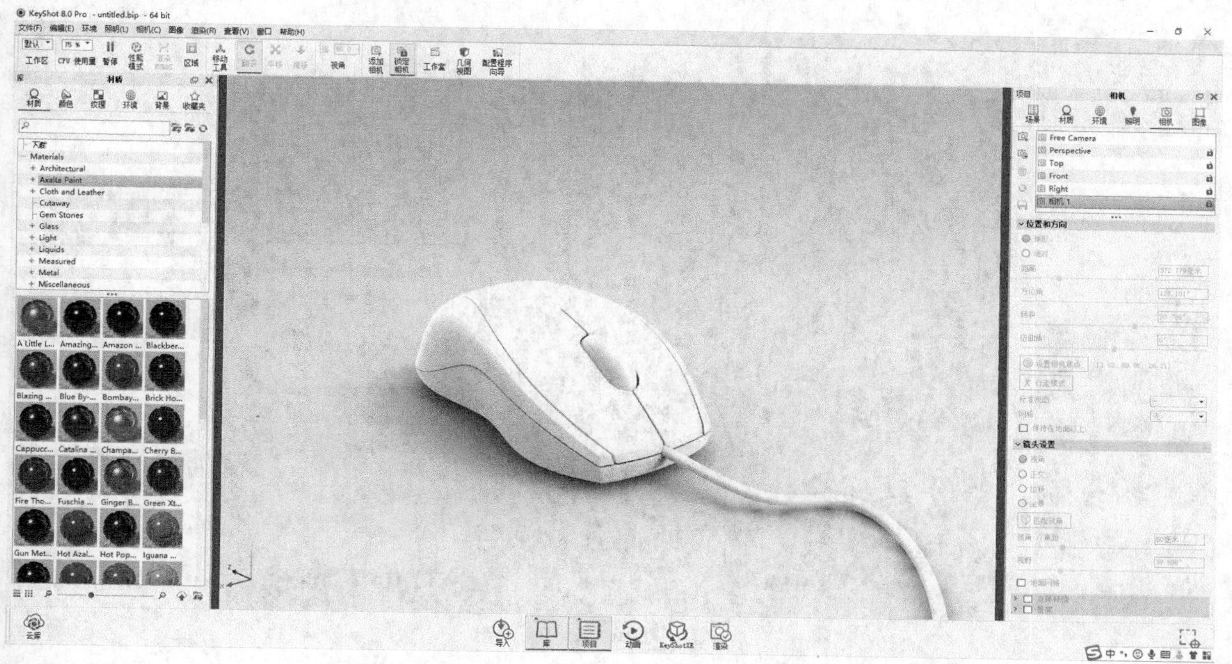

图8-56

04 将默认的模型组关上，打开灯光的灯光组并拖曳一个光滑的材质给模型，如图8-57所示。

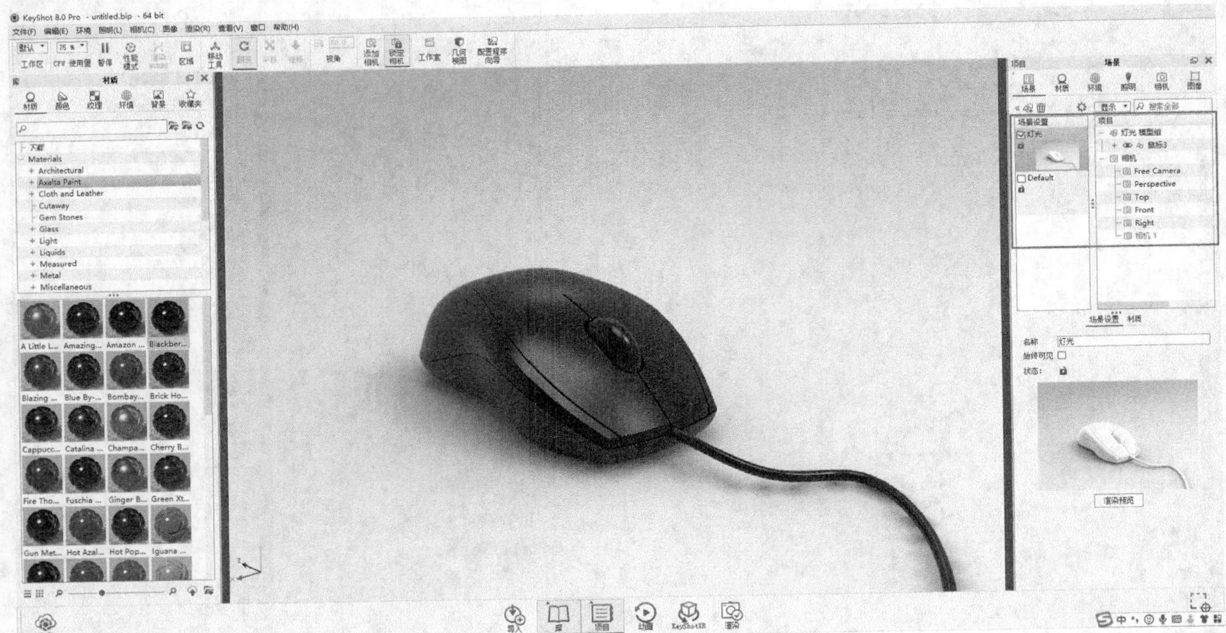

图8-57

8.1.5 添加背景灯光

将背景灯光切换成色度，让环境变得更暗，但是能看见模型的位置。将白色色块改为灰色（R:104，G:104，B:104），如图8-58所示。

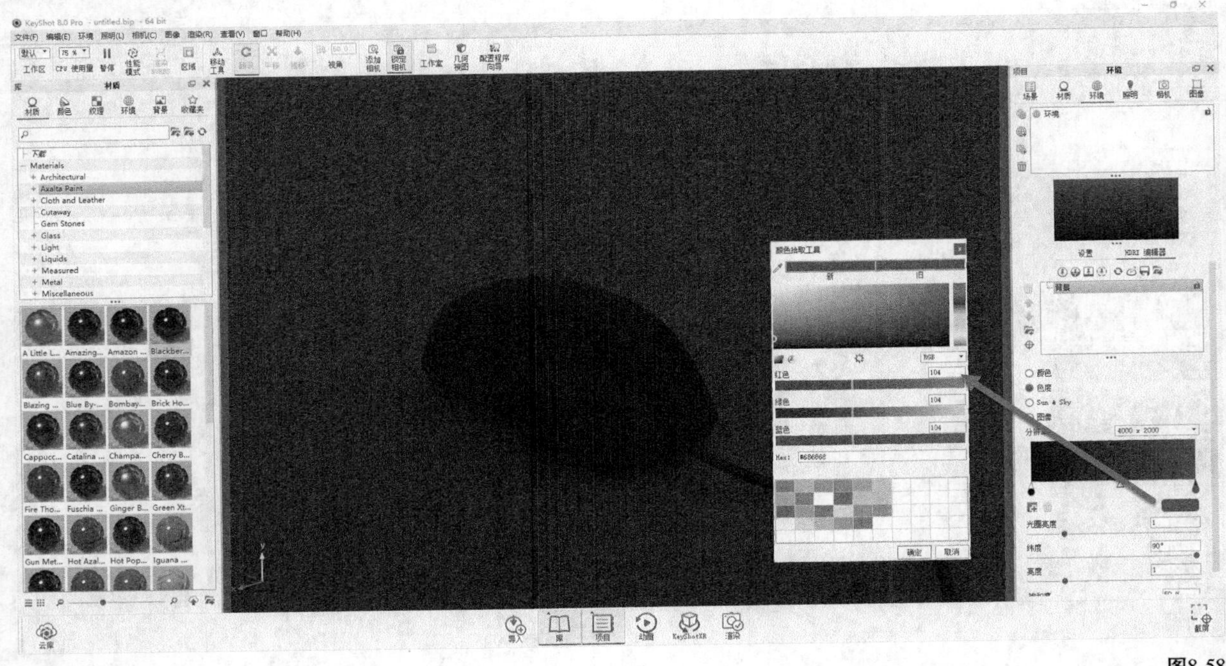

图8-58

8.1.6 添加灯光

01 设置高亮显示模式，此时需要添加一个主光源。添加圆形灯光，设置“半径”为46.08，“亮度”为0.8，“颜色”为白色，如图8-59所示。

图8-59

02 继续在鼠标前部添加一个冷色圆形灯光，设置“半径”为66.96，“亮度”为0.5，“颜色”为淡蓝色（R:217，G:246，B:254），如图8-60所示。

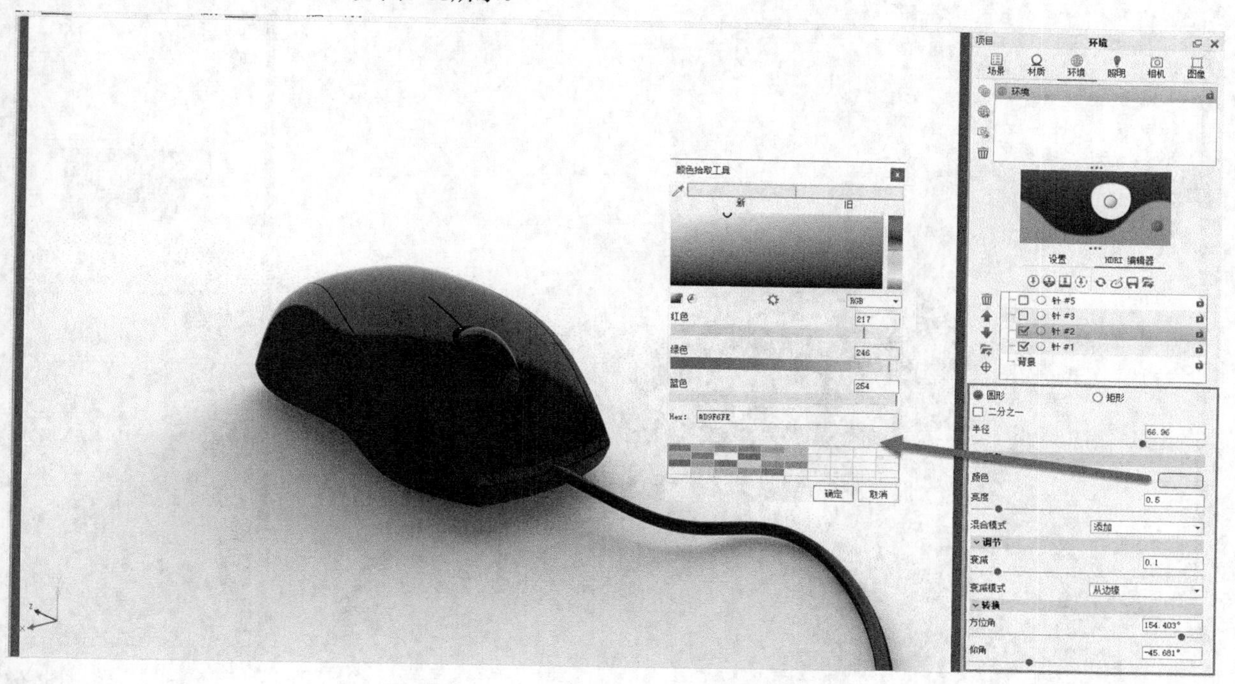

图8-60

03 为了让主灯光更加突出，在中间部位添加一个圆形灯光，设置“半径”为19.86，“亮度”为3，“颜色”为淡黄色（R:251，G:231，B:217），如图8-61所示。

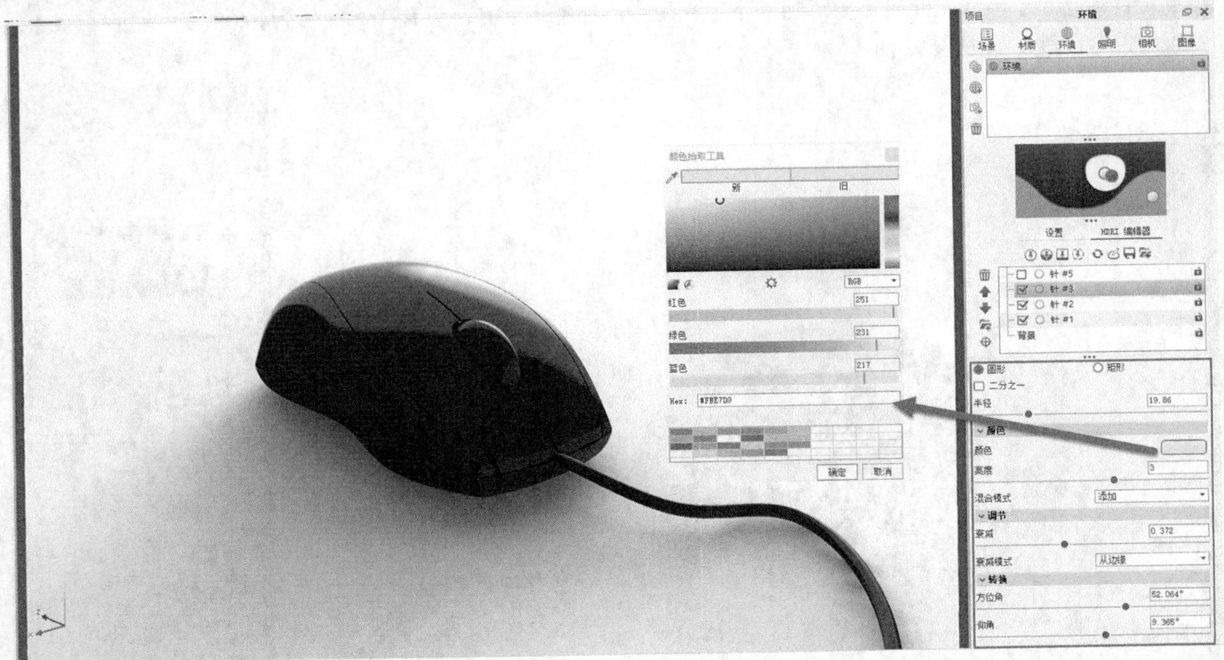

图8-61

04 因为看不见鼠标左边的细节，所以这里也需要一个灯光。添加一个圆形灯光，设置“半径”为30，“亮度”为2，“颜色”为淡蓝色（R:230，G:255，B:255），如图8-62所示。

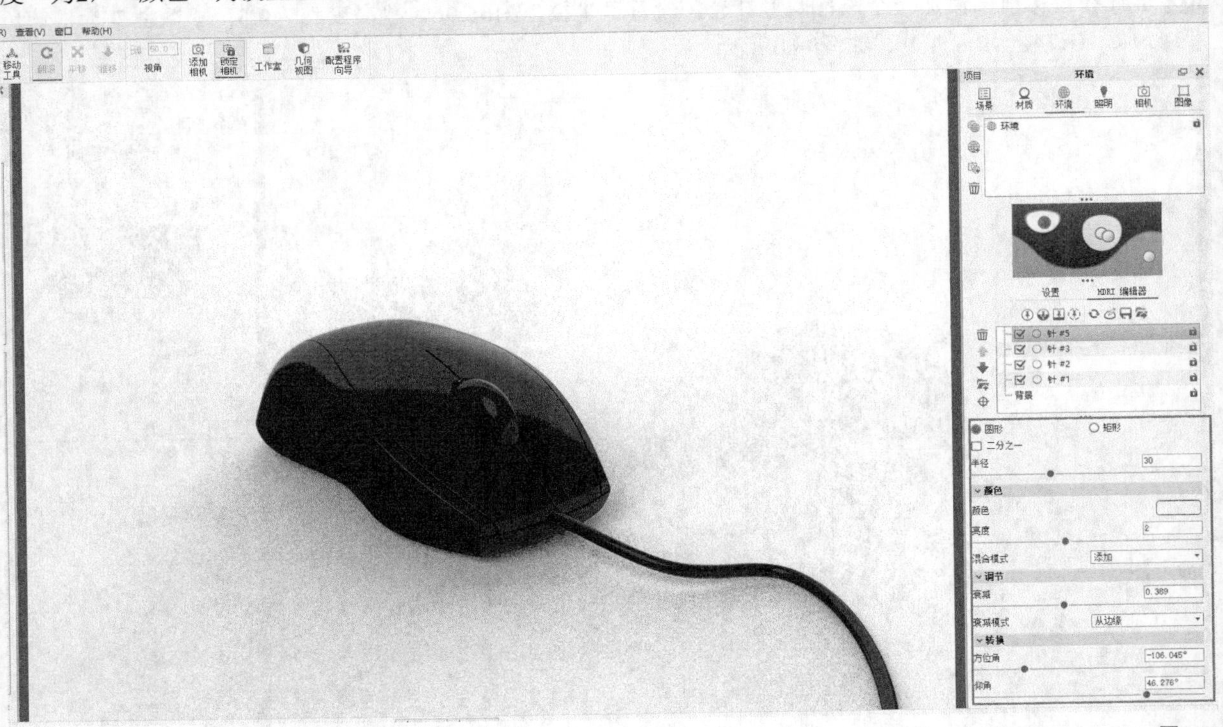

图8-62

05 将“项目”面板中的灯光模型组关闭，打开默认的模型组，如图8-63所示。

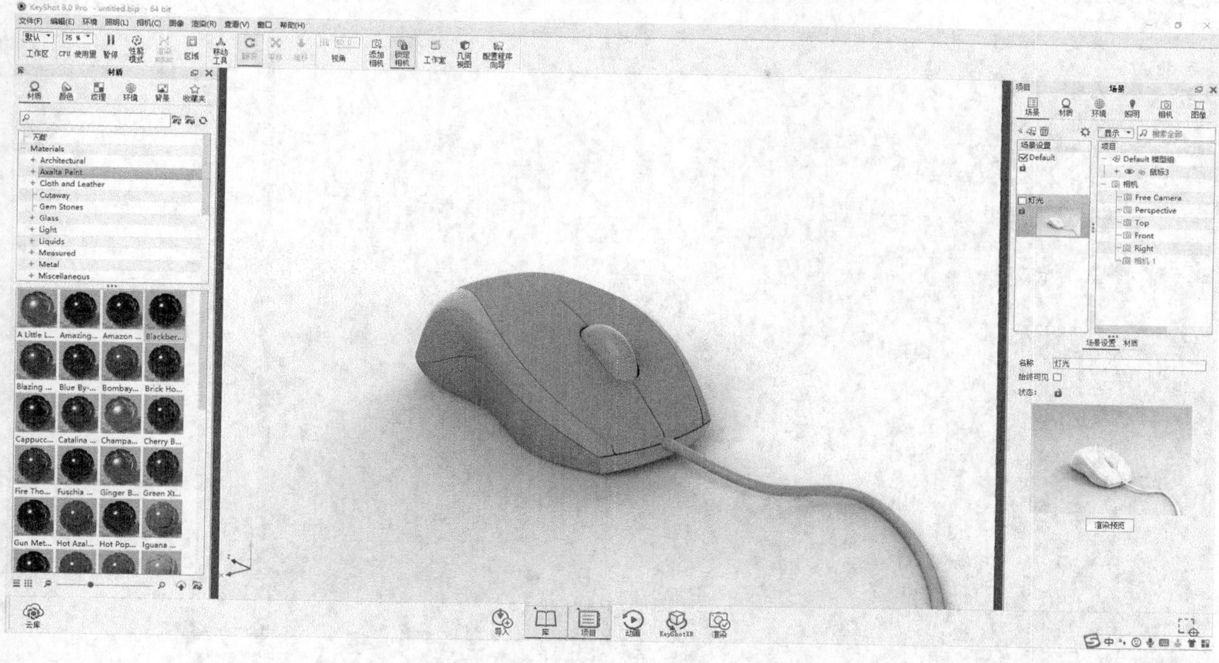

图8-63

8.1.7 添加地面

01 为了让地面显得更加真实，添加一个地面部件。执行“编辑>添加几何图形>添加地平面”菜单命令，如图8-64所示。

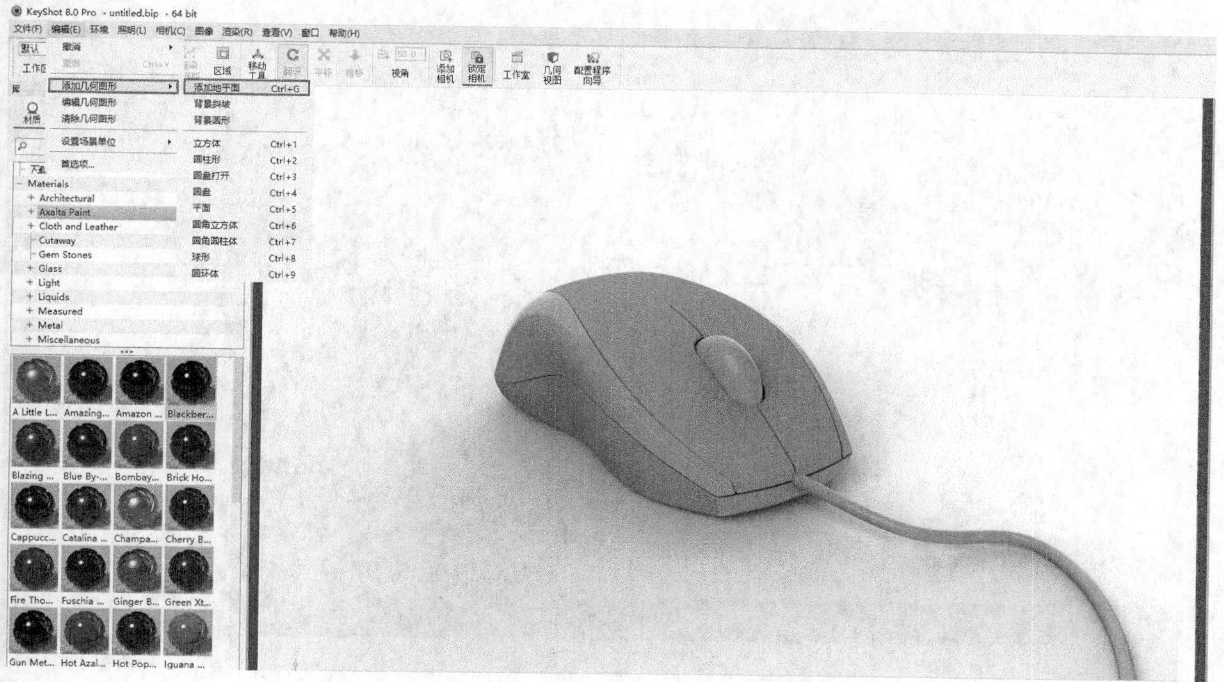

图8-64

02 双击地面模型，切换到“材质”面板，指定地面材质为塑料材质，保持默认参数设置即可，如图8-65所示。

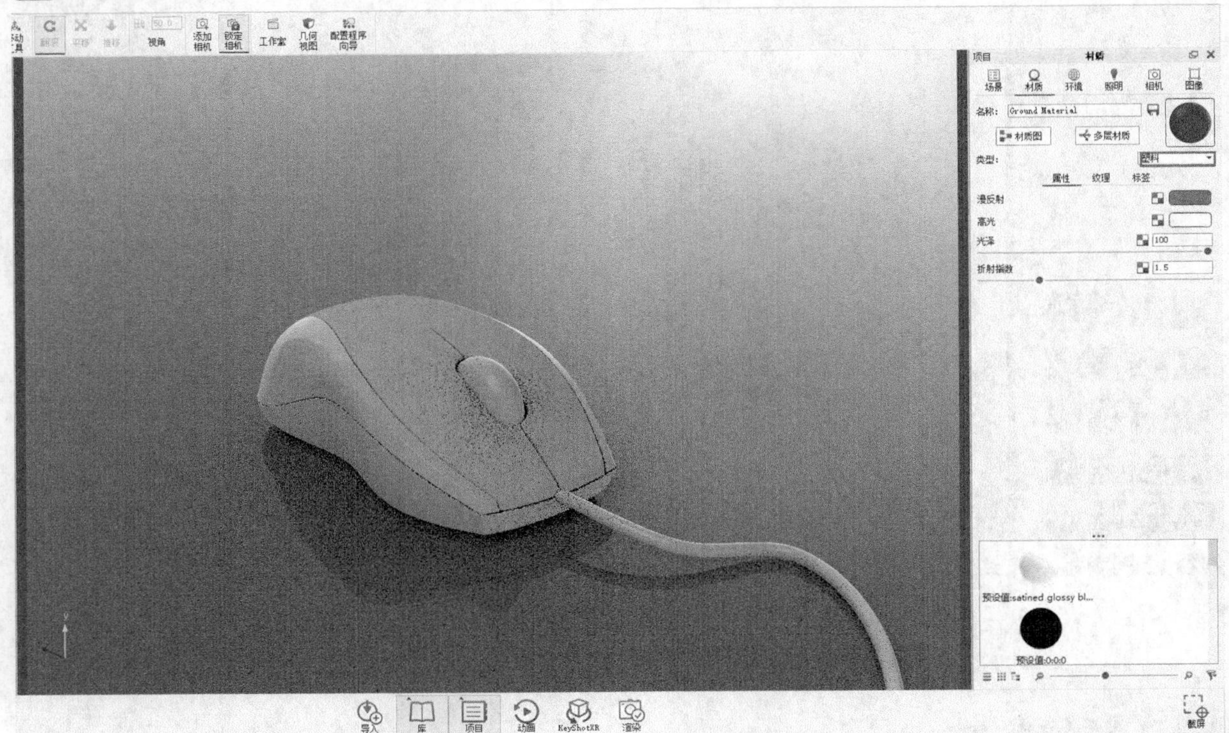

图8-65

03 打开材质图，在材质图中单击鼠标右键，执行“添加纹理>织物大小”菜单命令，根据尺寸和映射调整大小，参数如图8-66所示。

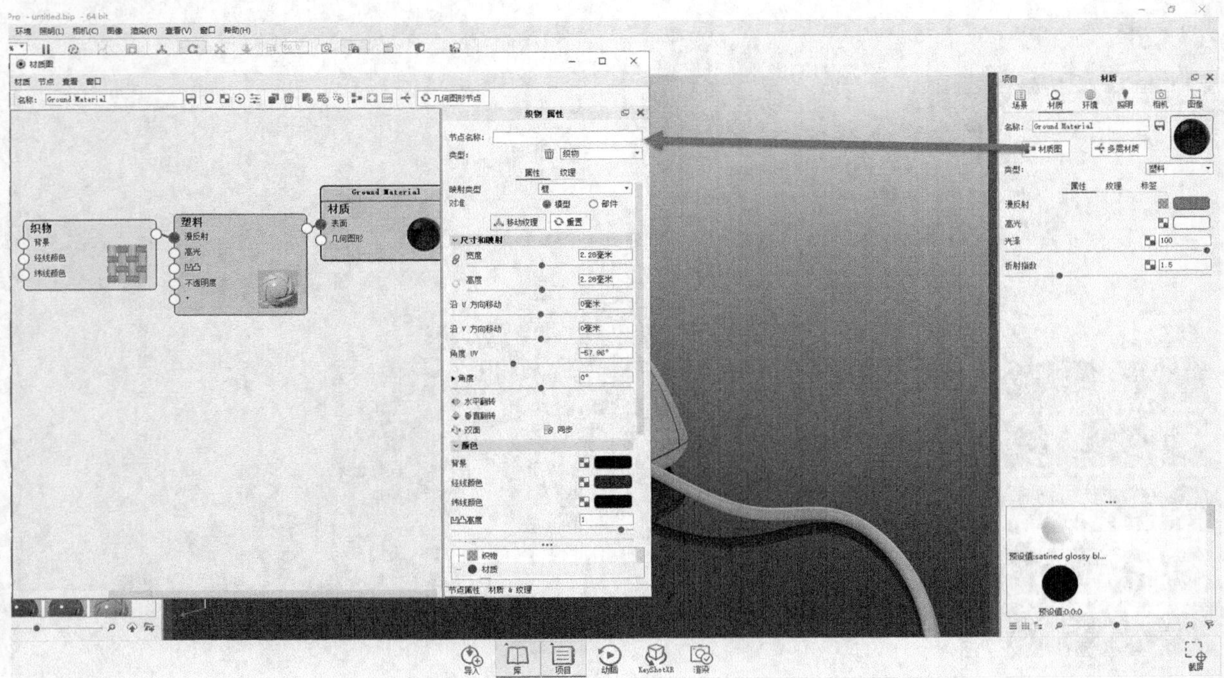

图8-66

04 选中“织物”纹理并单击，使用鼠标右键复制一份，参数如图8-67所示。

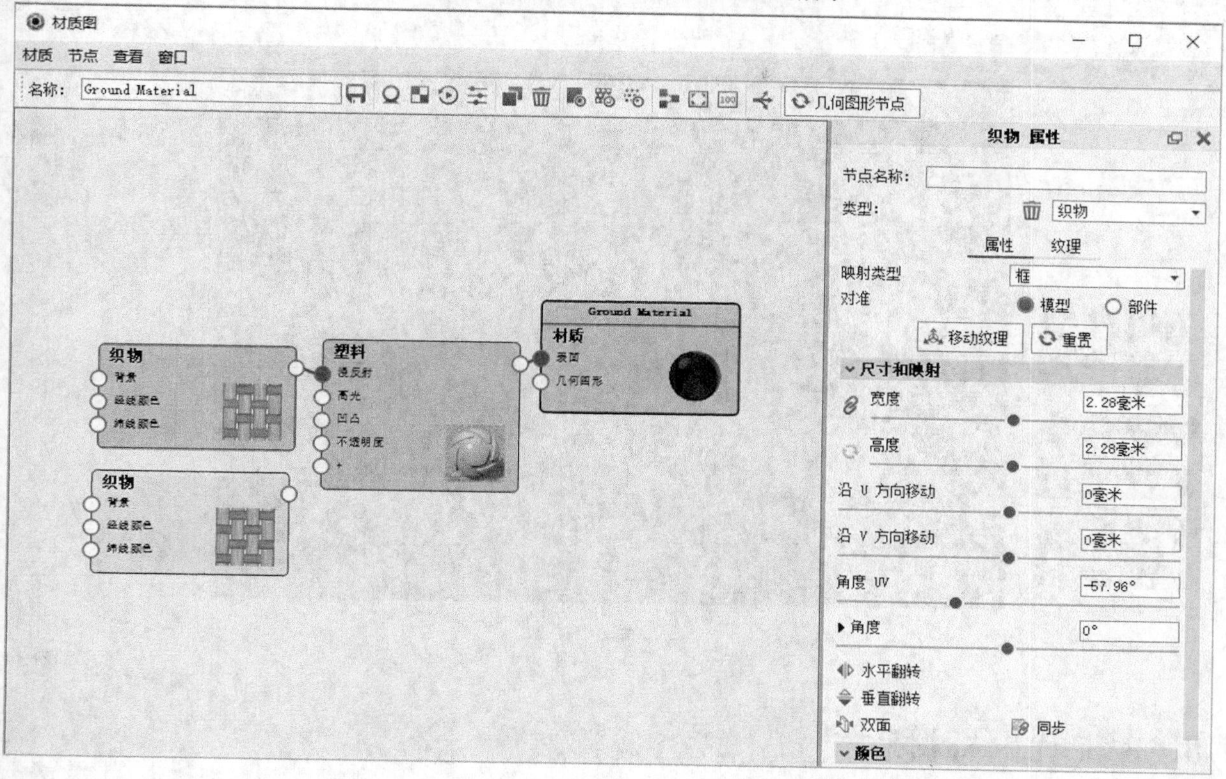

图8-67

05 将复制后的节点织物纹理添加到塑料材质的“高光”和“凹凸”上，如图8-68所示。

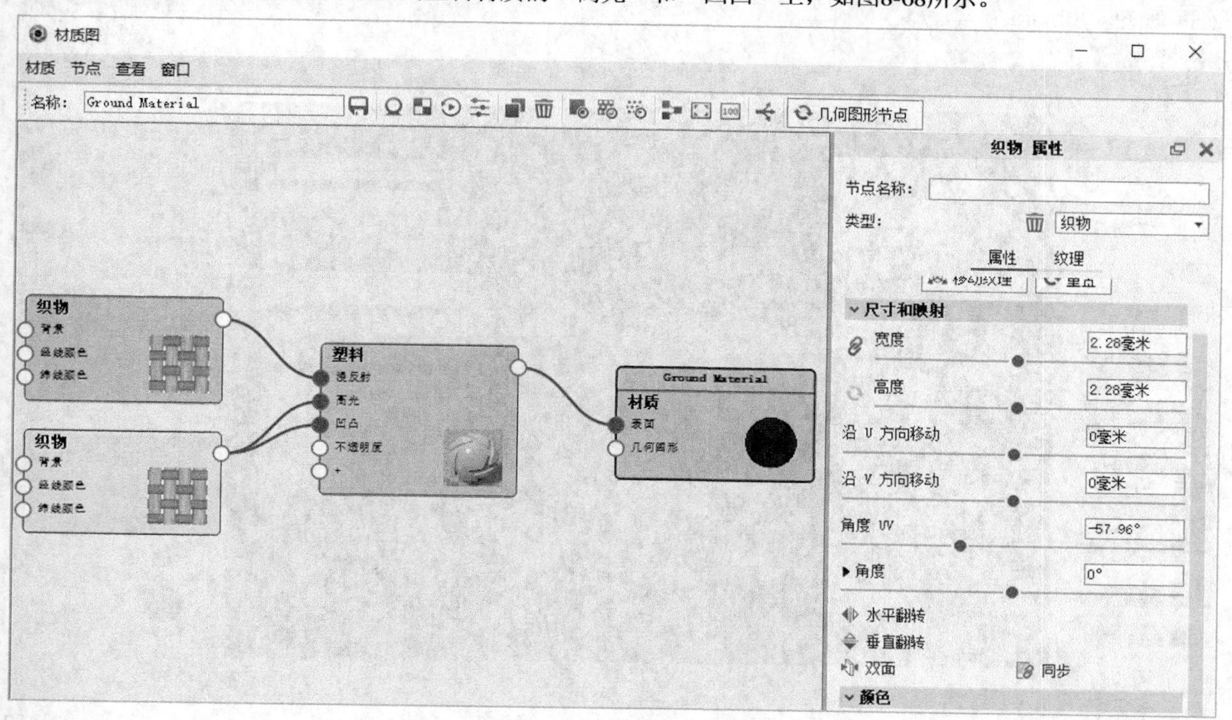

图8-68

06 此时地面材质调节完成，效果如图8-69所示。

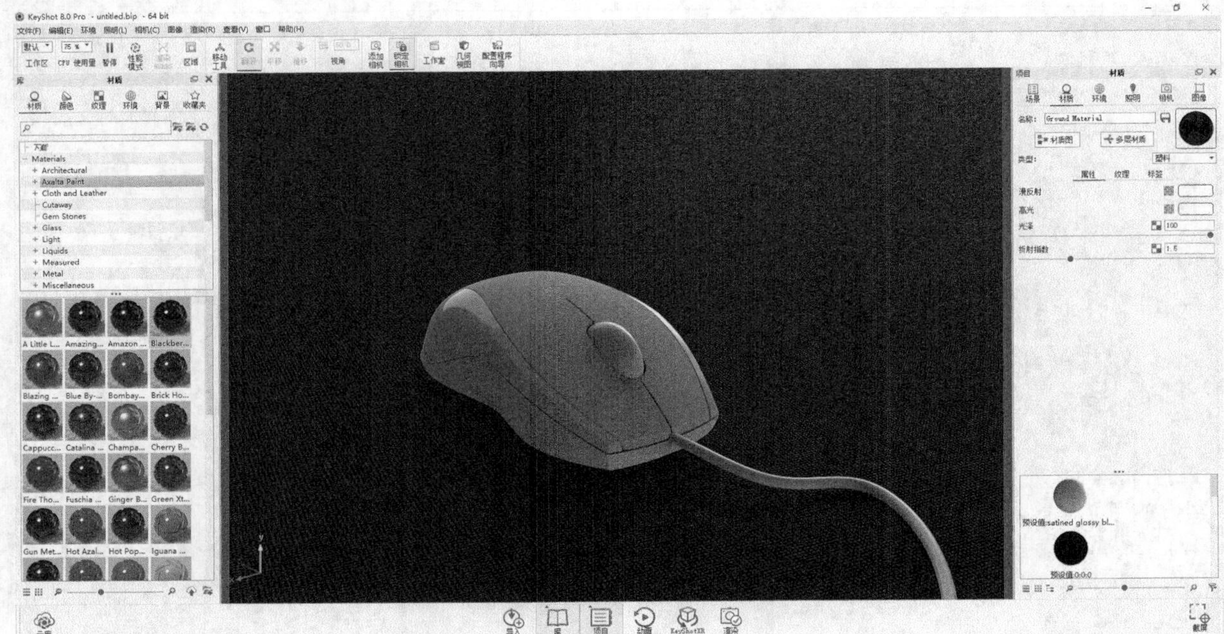

图8-69

8.1.8 制作鼠标材质

01 双击鼠标线部件，为其指定塑料材质，设置“漫反射”颜色为黑色，“光泽”为20，“折射指数”为1.5，如图8-70所示。

图8-70

02 制作鼠标顶部黑色壳体的材质。双击顶部黑色壳体，为其指定高级材质，设置“漫反射”颜色为灰色（R:60，G:60，B:60），“光泽”为30，“折射指数”为1.5，如图8-71所示。

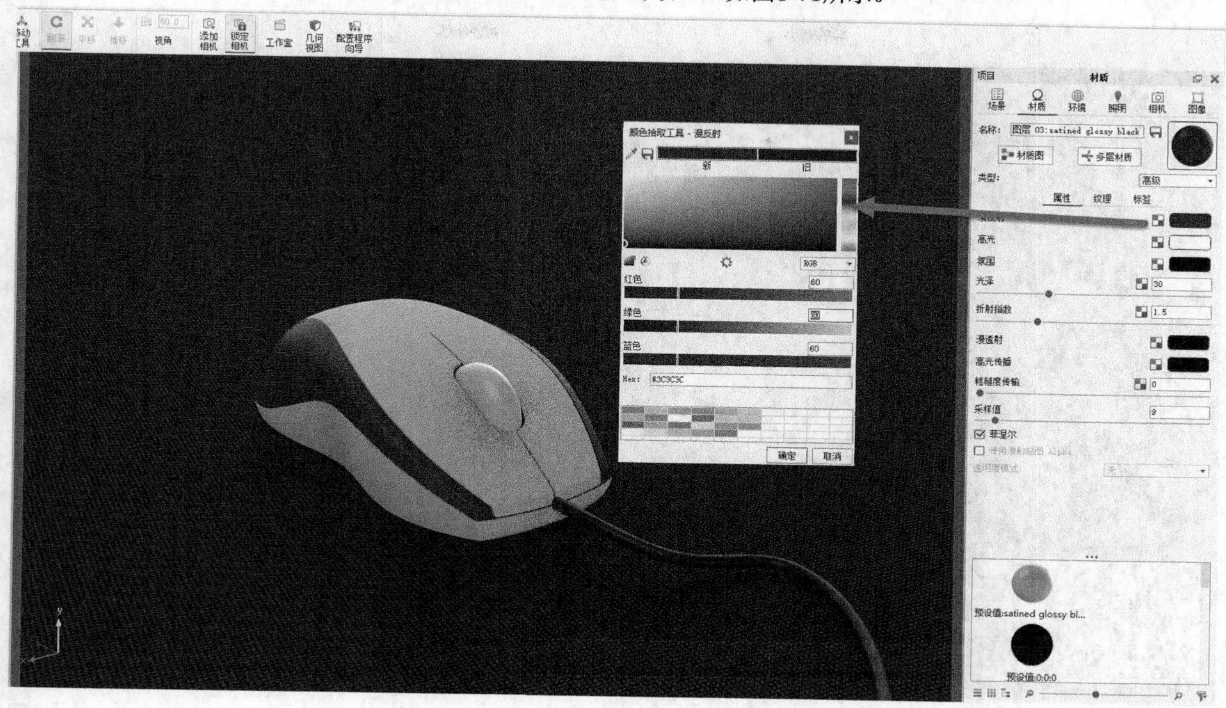

图8-71

03 制作鼠标底部壳体的材质。双击底部壳体，为其指定高级材质，设置“漫反射”颜色为灰色（R:60，G:60，B:60），“光泽”为30，“折射指数”为1.5，如图8-72所示。

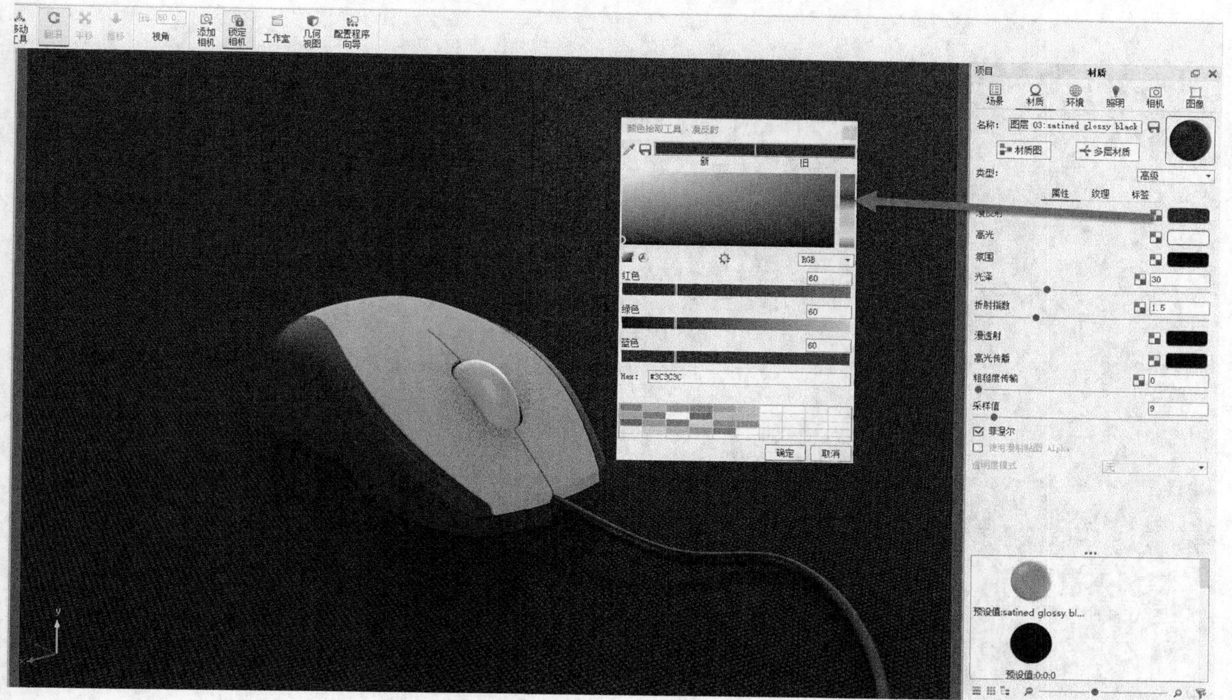

图8-72

04 双击鼠标顶部壳体部件，给顶部壳体指定金属漆材质，设置“漫反射”颜色为黄色（R:246，G:219，B:105），“金属覆盖范围”为0.2，“透明涂层光泽”为100，“透明涂层折射指数”为1.5，如图8-73所示。

图8-73

05 双击滚轮部件，切换到“材质”面板，将材质更改为塑料材质，设置“漫反射”颜色为灰色（R:70，G:70，B:70），“光泽”为10，“折射指数”为1.5，如图8-74所示。

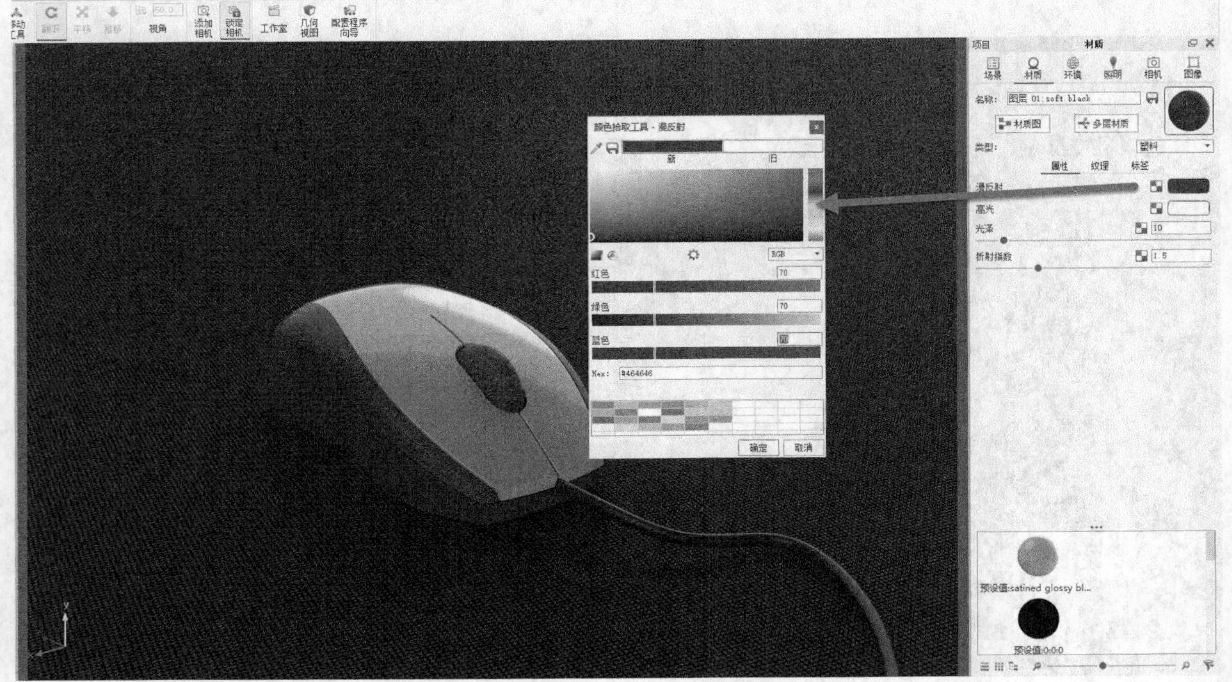

图8-74

8.1.9 渲染效果

01 选择“渲染”功能，对输出文件进行命名，设置路径及格式，如图8-75所示。

02 设置“最大采样”的“采样值”为128（此处需要根据自己的计算机处理器的强弱进行增加或减少），如图8-76所示。

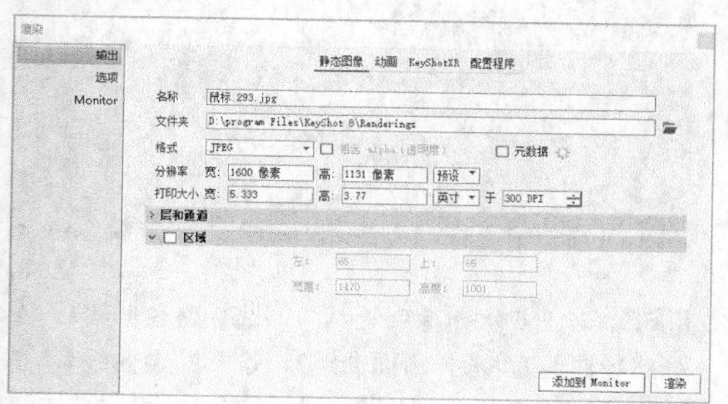

图8-75

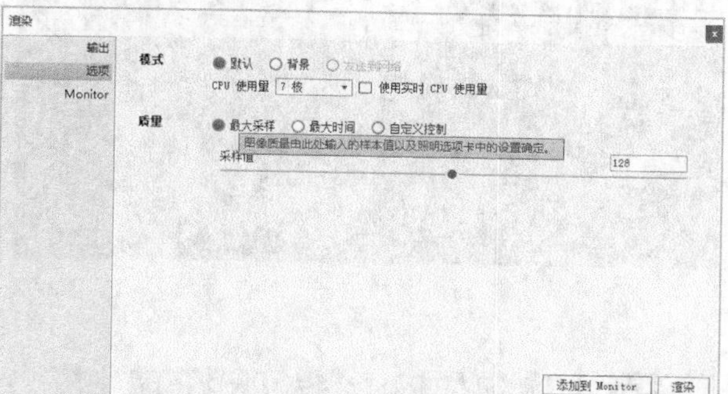

图8-76

03 渲染完成后，可以使用图像调节使图片的明暗对比度更加强烈一点，如图8-77所示。完成后的效果如图8-78所示。

图8-77

图8-78

8.2 课堂案例：制作吹风机

场景位置　无
实例位置　实例文件>CH08>课堂案例：制作吹风机.3dm
视频名称　课堂案例：制作吹风机.mp4
学习目标　掌握流动曲面的制作技巧和电器产品的建模流程

吹风机的效果如图8-79所示。

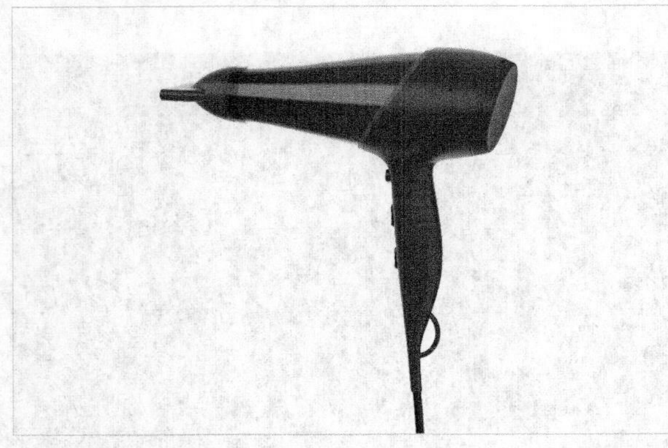

图8-79

8.2.1 制作吹风机风筒

01 使用"控制点曲线"工具和"圆：中心点、半径"工具绘制出吹风机风筒的轮廓曲线，如图8-80所示。

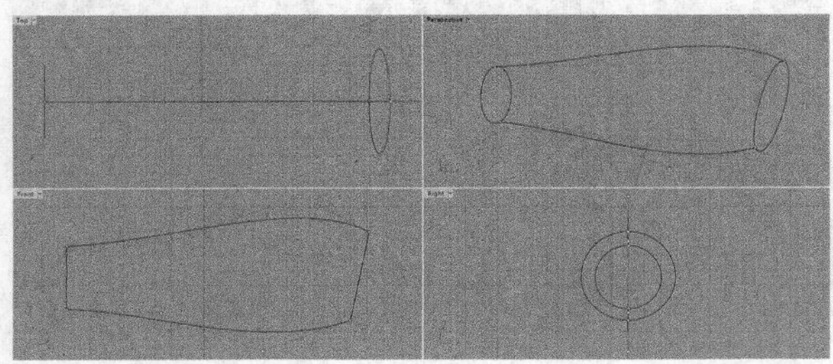

图8-80

02 选取上下两条轮廓曲线，使用"修剪"工具剪去截面的另一半圆，如图8-81所示。

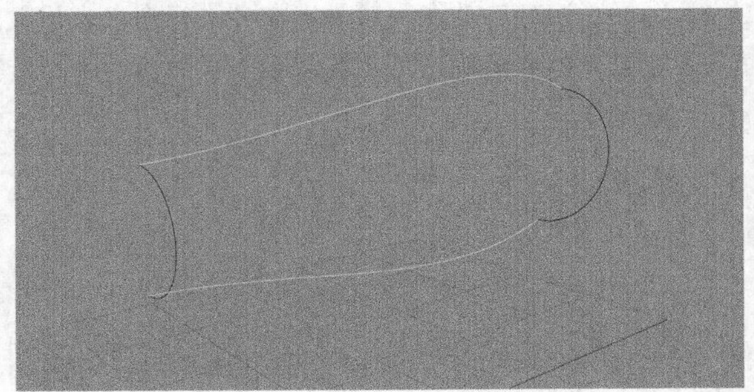

图8-81

03 单击"双轨扫掠"工具，选择路径曲线1，选择路径曲线2，选择断面曲线3，选择断面曲线4，单击鼠标右键确认。观察断面曲线方向，再次单击鼠标右键，如图8-82所示。

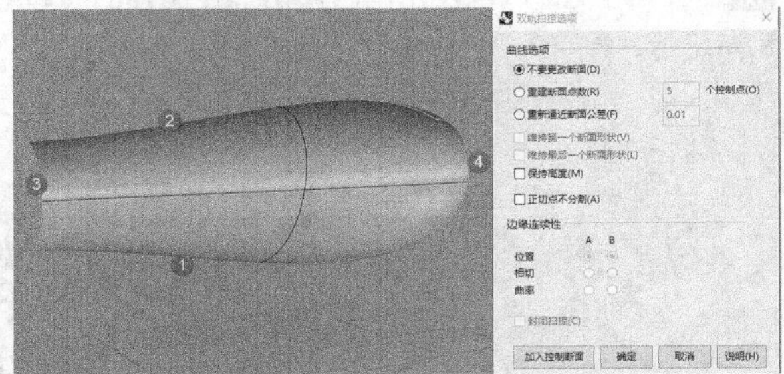

图8-82

04 使用工具集中的"镜像"工具对曲面进行镜像处理，完成后的效果如图8-83所示。

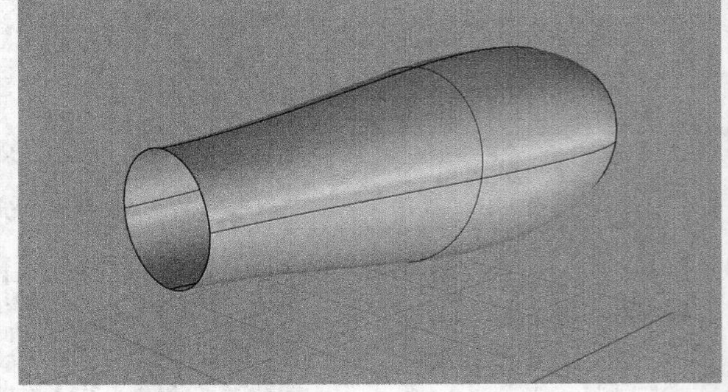

图8-83

8.2.2 制作手柄

01 切换到前视图，使用"控制点曲线"工具绘制出图8-84中的曲线。使用"投影曲线"工具将曲线投影到风筒曲面上，然后切换到透视图，观察投影出的效果是否符合预期效果，如图8-85所示。

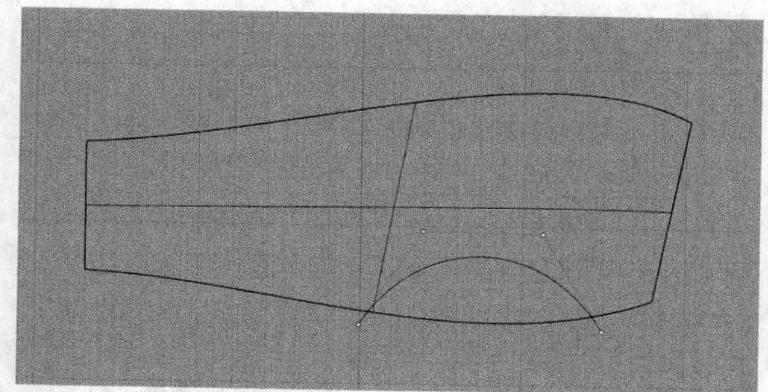

图8-84

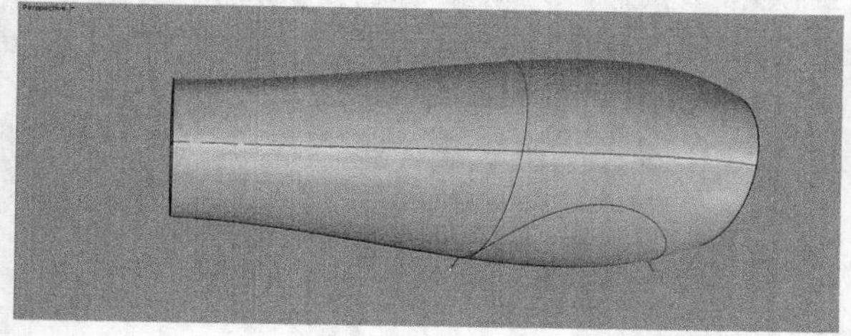

图8-85

02 切换到前视图，使用“控制点曲线”工具绘制出图8-86中的曲线。注意两条长的曲线要保持控制点的点数一致，且尽量保持水平方向上均匀，这样生出的曲面结构线的走向的美观度会提高。

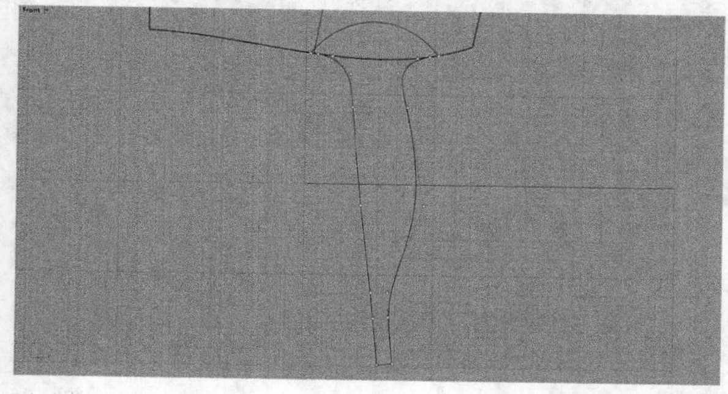

图8-86

03 使用工具集中的“分割边缘”工具将吹风机风筒底部和曲线相交处分割开。使用工具集中的“衔接曲线”工具将下面的曲线1衔接到曲线2上，如图8-87所示。

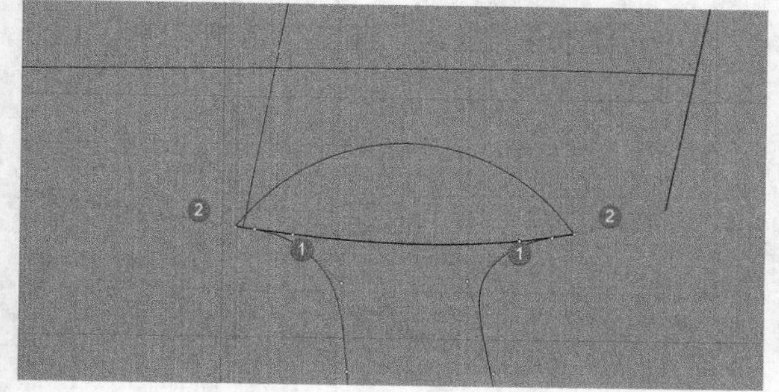

图8-87

04 使用工具集中的“圆：直径”工具设置直径的起点和终点为步骤03中绘制的曲线的端点。单击“修剪”工具，剪去截面的另一半圆，如图8-88所示。

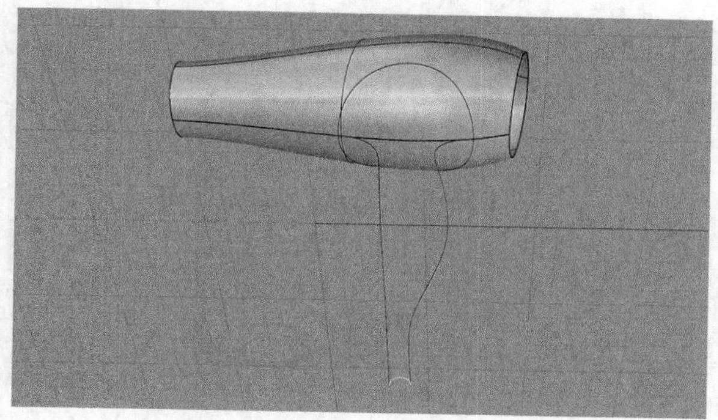

图8-88

05 选择投影出来的曲线，使用“修剪”工具剪去风筒下面的曲面，如图8-89所示。

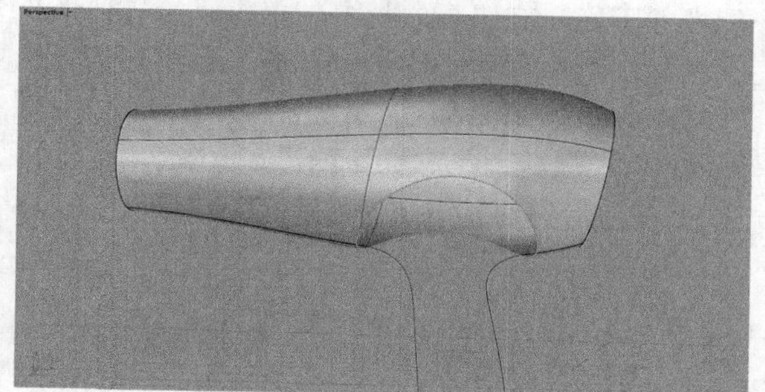

图8-89

06 单击“双轨扫掠”工具，选择路径曲线1，选择路径曲线2，选择断面曲线3，选择断面曲线4，单击鼠标右键确认。观察断面曲线方向，再次单击鼠标右键，如图8-90所示。

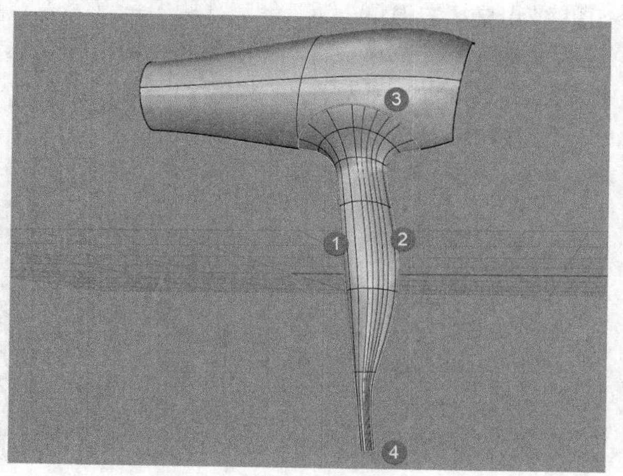

图8-90

07 此时会发现手柄和风筒衔接的地方连续性并不好，有明显的折痕。单击“衔接曲面”工具，使用手柄曲面边缘1去衔接风筒曲面边缘2，“衔接曲面”对话框的参数如图8-91所示。

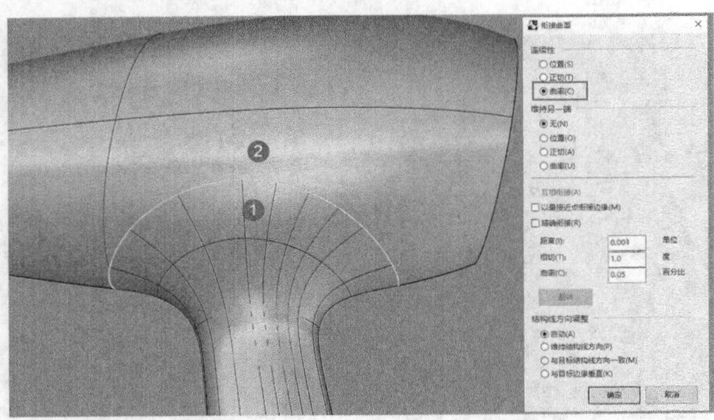

图8-91

08 使用工具集中的“镜像”工具对手柄曲面进行镜像处理，同样会发现手柄左右镜像的地方连续性并不好，有明显的折痕。单击“衔接曲面”工具，使用手柄曲面边缘1去衔接手柄曲面边缘2,“衔接曲面”对话框的参数如图8-92所示。

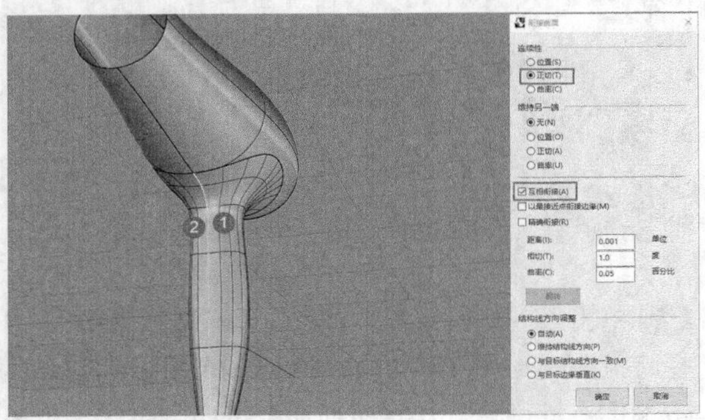

图8-92

09 使用鼠标右键单击透视图工作视窗标题，将着色模式切换为渲染模式，确认手柄和风筒衔接处是光滑的，如图8-93所示。如果光滑度不够，可以使用“衔接曲面”工具继续进行调整。

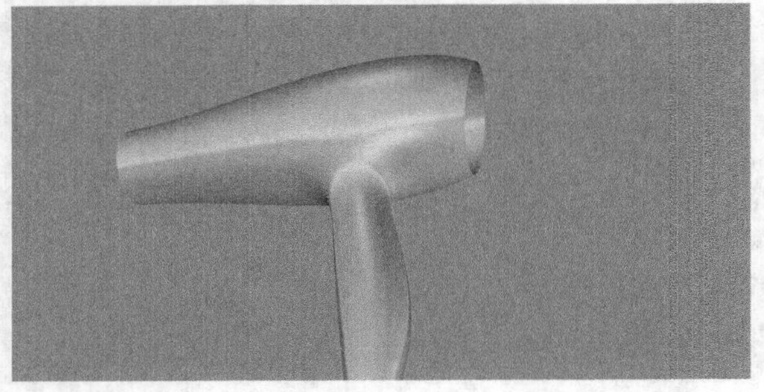

图8-93

8.2.3 制作风嘴

01 切换到前视图，使用“控制点曲线”工具绘制出曲线和直线。注意，在确认直线起点时需捕捉风筒前端的中心点，然后按住键盘上的Shift键锁定正交方向，确定终点，如图8-94所示。

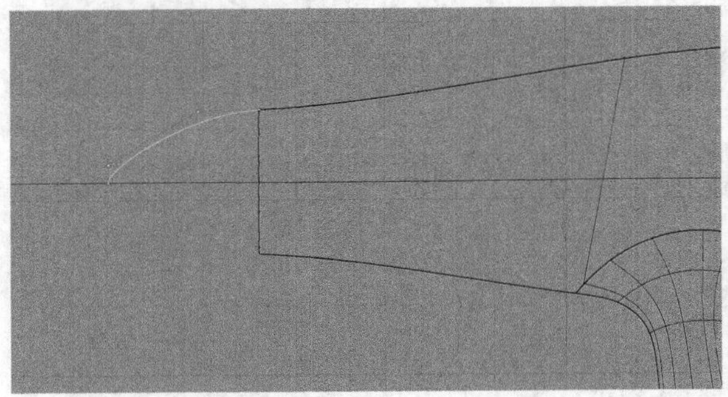

图8-94

02 选中上面画的轮廓线，使用“旋转成形”工具选择旋转轴起点1和终点2，按Enter键确认，如图8-95所示。

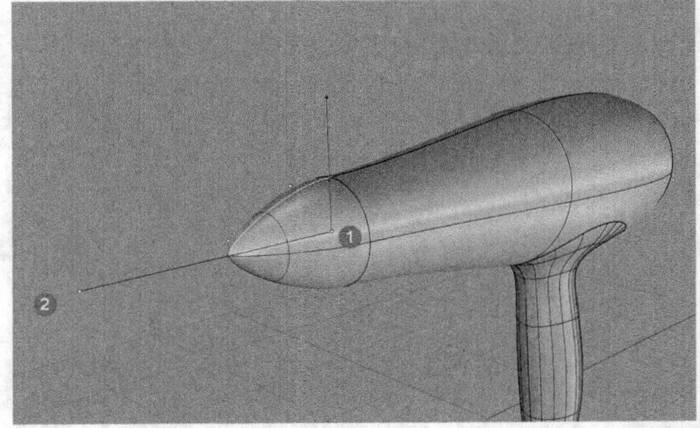

图8-95

03 切换到右视图，在风筒正中间位置使用“矩形：圆角”工具绘制出圆角矩形，如图8-96所示。

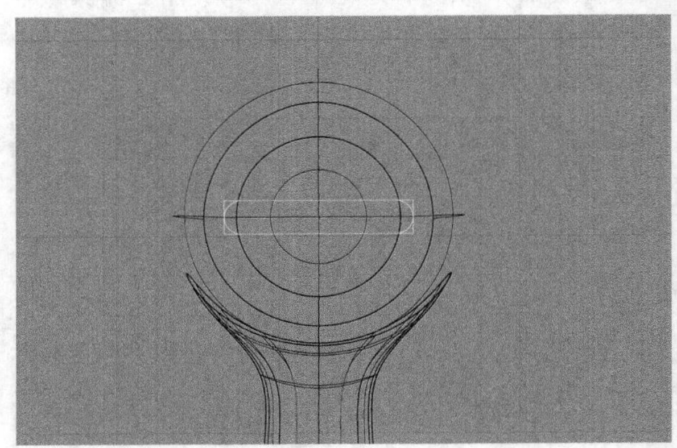

图8-96

04 使用工具集中的“直线挤出”工具对上一步绘制的圆角矩形进行挤出曲面操作，如图8-97所示。

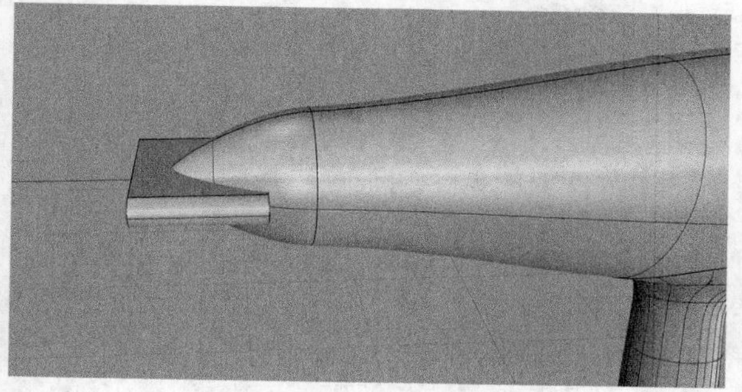

图8-97

05 使用工具集中的“更改曲面阶数”工具选择风嘴，改变阶数，如图8-98所示。在指令栏输入“新的V阶数”为3，如图8-99所示。

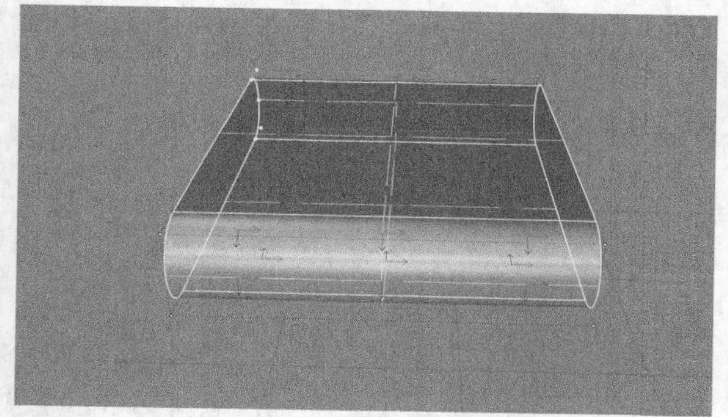

图8-98

新的 V 阶数 <1> (可塑形的(D)=是): 3

图8-99

06 使用“显示物件控制点”工具打开曲面控制点调整模式，选中后面的所有点，与中间线保持对称性并进行缩放，如图8-100所示。

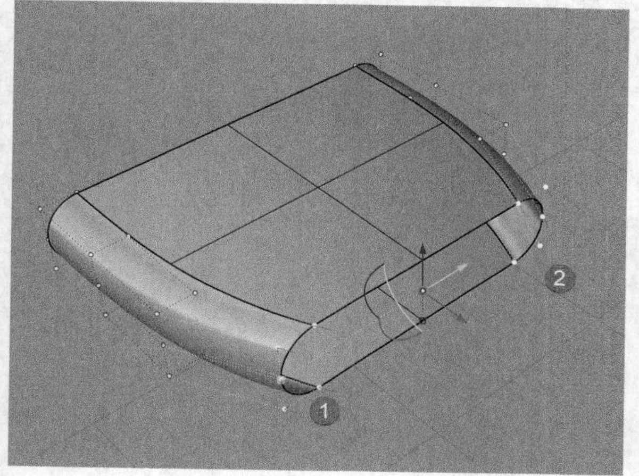

图8-100

07 选取图8-101所示的所有风嘴曲面。使用“修剪”工具剪去中间多余的曲面，然后将两个曲面组合到一起，如图8-102所示。

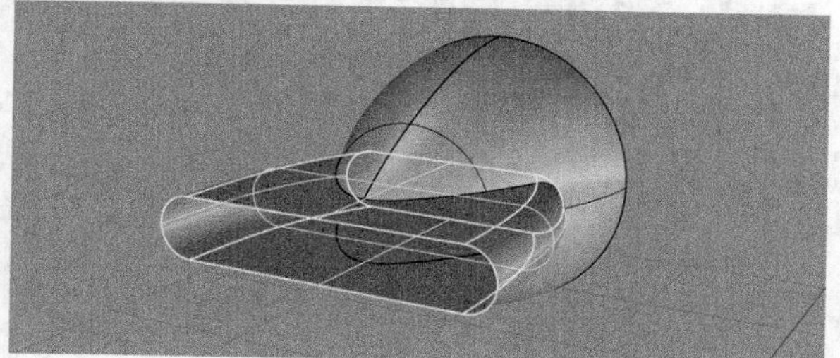

图8-101

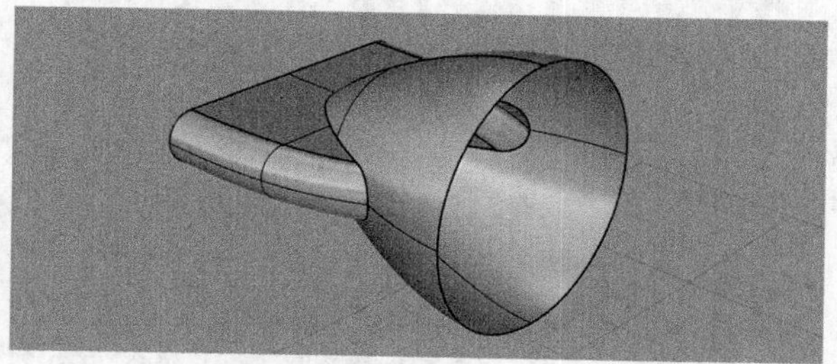

图8-102

08 使用工具集中的“边缘圆角”工具对中间进行圆角处理，如图8-103所示。此时需要倒不同大小的角，在指令栏中单击“新增控制杆”，添加3个控制杆，位置如图8-104所示。开启物件锁点捕捉到交点处并保持对称性，如图8-105所示。按Enter键完成，效果如图8-106所示。

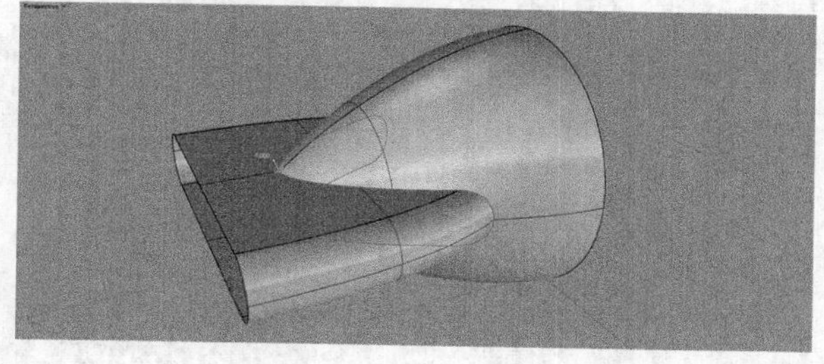

图8-103

选取要编辑的圆角控制杆，按 Enter 完成 (显示半径(S)=是 新增控制杆(A) 复制控制杆(C) 设置全部(T) 连结控制杆(L)=否 路径造型(R)=滚球 选取边缘(D) 修剪并组合(I)=是 预览(P)=否):

图8-104

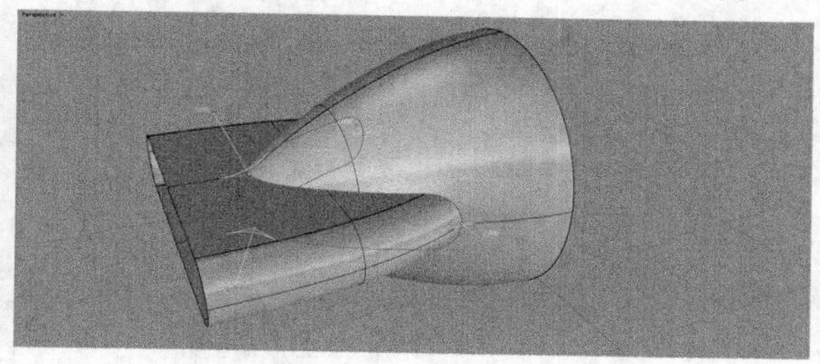

图8-105

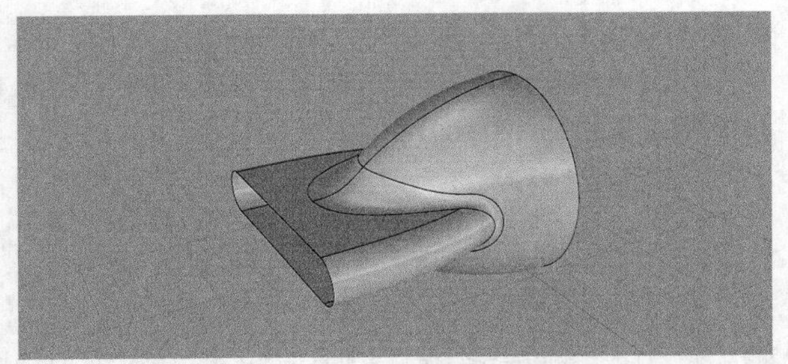

图8-106

09 单击“偏移曲面”工具，选择风嘴多重曲面，向内偏移成实体，如图8-107所示。

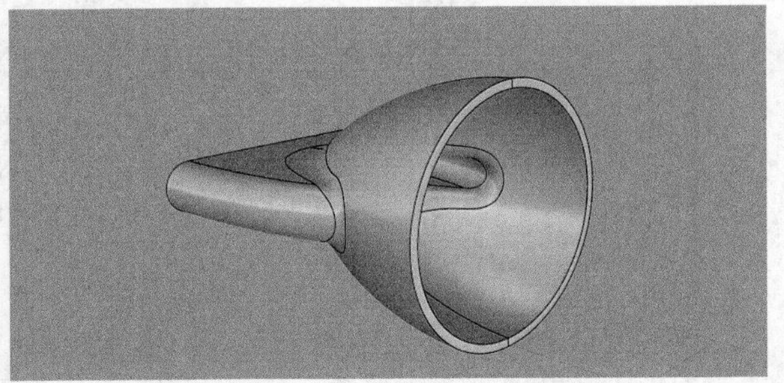

图8-107

10 单击“薄壳”工具，选取封闭的多重曲面上要删除的面，如图8-108所示。在指令栏中调整壳体的厚度，完成后单击使用鼠标右键选取的面并移除，然后进行薄壳处理，如图8-109所示。

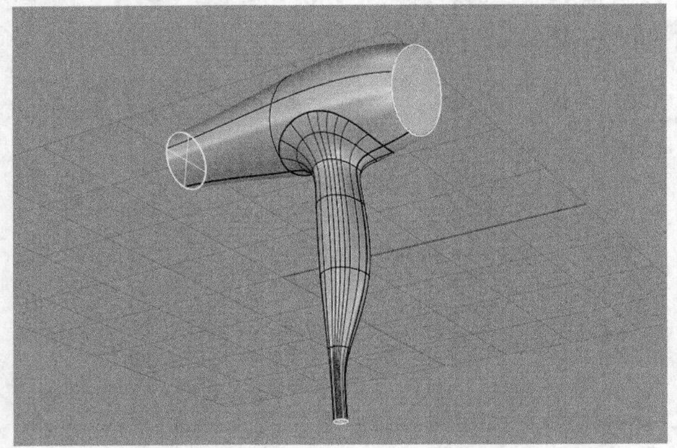

图8-108

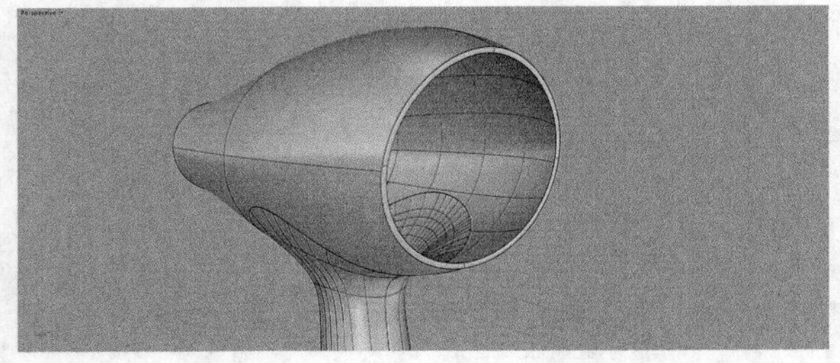

图8-109

11 选择风筒后的内部封闭曲线，使用“以平面曲线建立曲面”工具建立平面，单击“偏移曲面”工具，选择平面并向内偏移成实体，如图8-110所示。

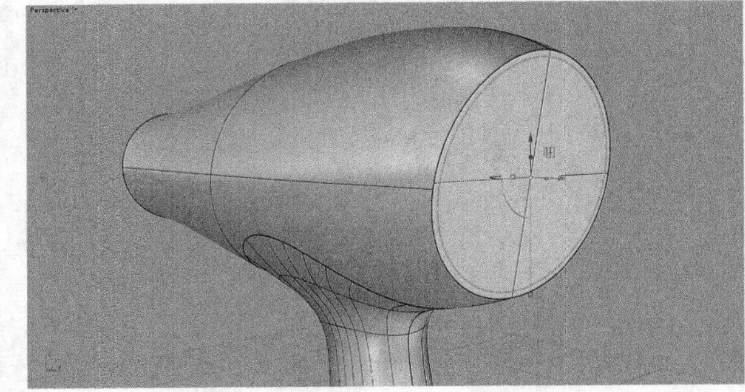

图8-110

12 使用鼠标右键单击透视图工作视窗标题，将着色模式切换为渲染模式，观察整体效果，如图8-111所示。

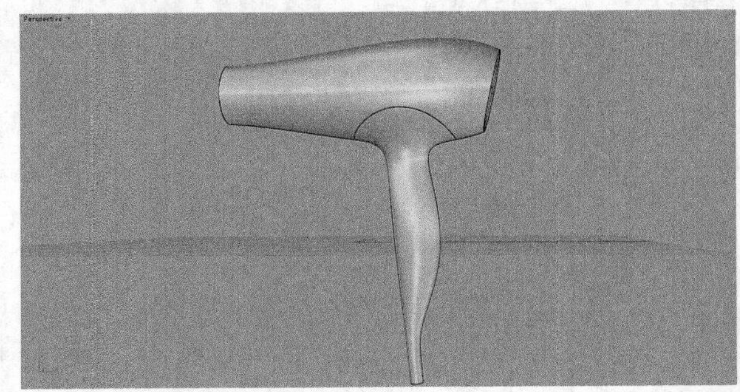

图8-111

13 切换到前视图，使用“控制点曲线”工具绘制出分割用的曲线，如图8-112所示。

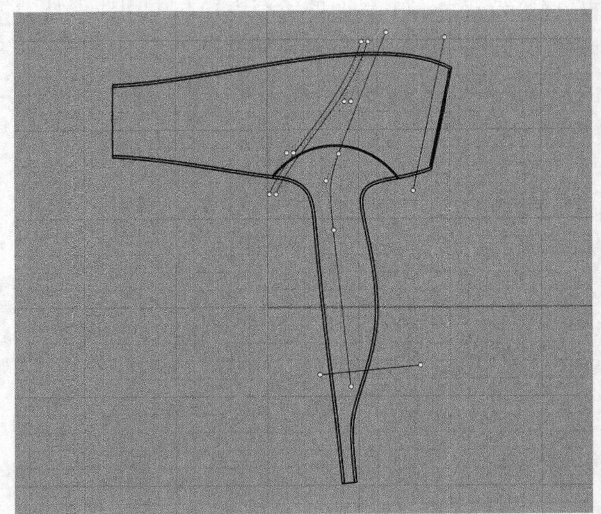

图8-112

14 使用工具集中的“直线挤出”工具对上一步绘制的曲线进行挤出曲面操作。注意，挤出的时候应保持左右对称，使之与吹风机主体完全交在一起，如图8-113所示。

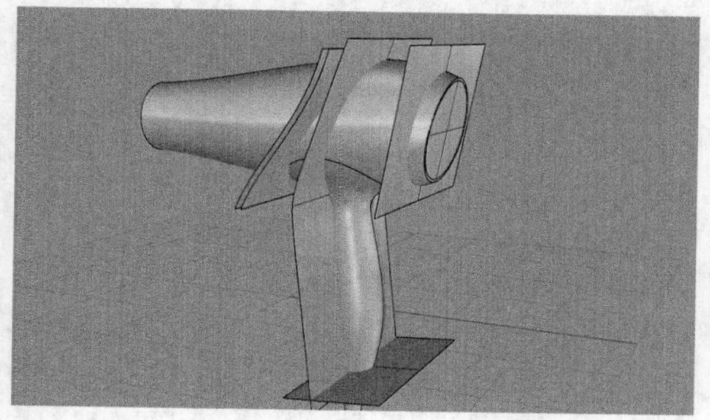

图8-113

15 使用工具集中的“布尔运算分割”工具选择要分割的吹风机多重曲面，如图8-114所示。选择拉伸的物件为分割用的物件，按Enter键确认，效果如图8-115所示。

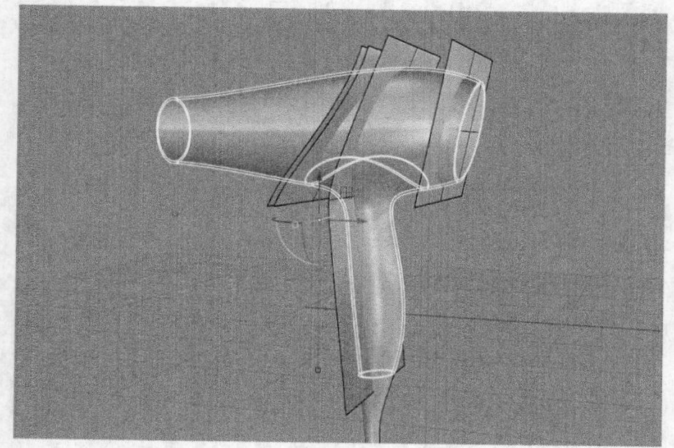

图8-114

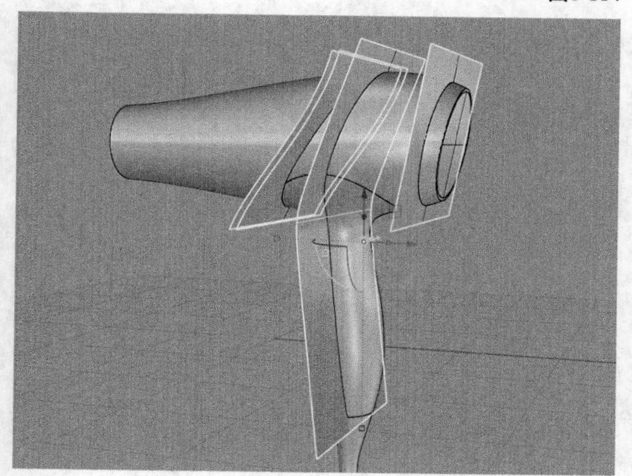

图8-115

16 切换到前视图，使用“控制点曲线”工具绘制出吹风机线的曲线，如图8-116所示。

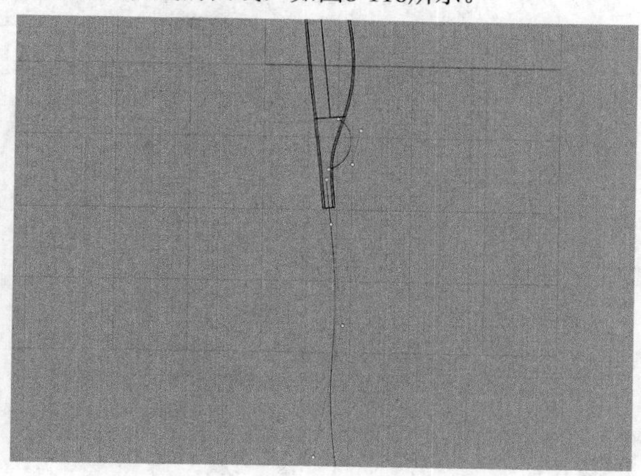

图8-116

17 单击工具集中的“圆管（平头盖）”工具，选中吹风机线曲线并建立圆管，按照比例对圆管大小进行适当调整，如图8-117所示。

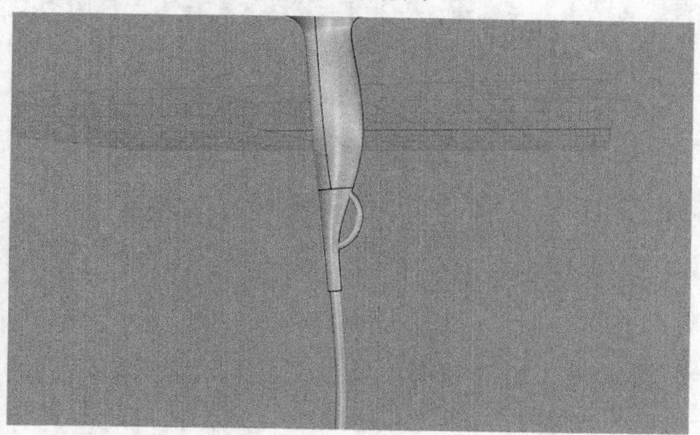

图8-117

18 使用工具集中的“抽离”工具将吹风机尾部面抽离开，然后单击工具集中的“建立UV曲线”工具，选取曲面并建立UV曲线，单击鼠标右键完成操作，如图8-118所示。

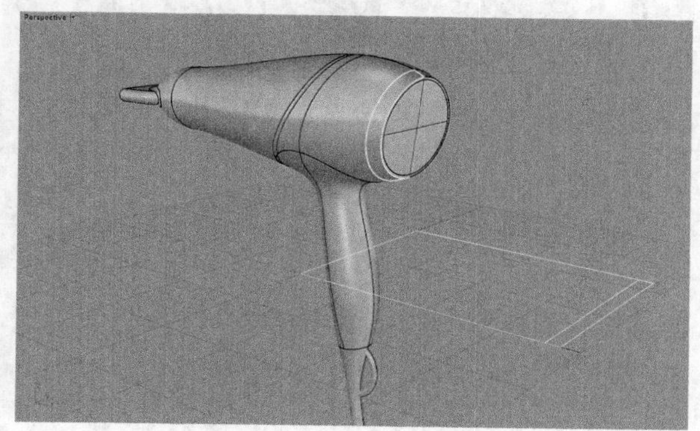

图8-118

19 单击工具集中的“以平面曲线建立曲面”工具，选择视窗中UV展开曲线建立平面，如图8-119所示。

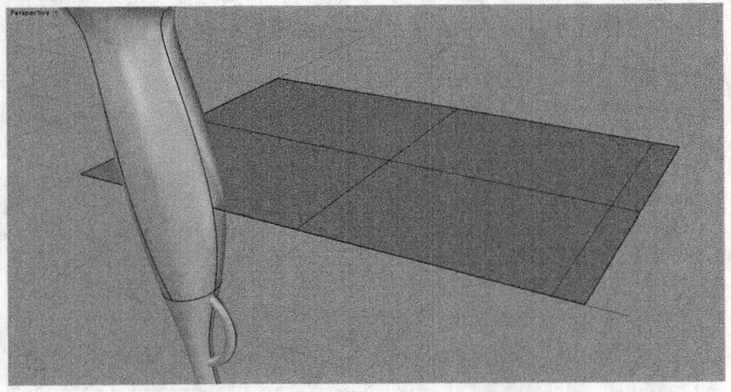
图8-119

20 使用“立方体：角对角、高度”工具建立立方体，注意立方体需要上下对称建立。使用“直线阵列”工具阵列出图中的多个立方体，如图8-120所示。

图8-120

21 单击“沿着曲面流动”工具，选取要沿着曲面流动的物件，单击鼠标右键完成作操。选取风筒尾部基底曲面，基底曲面为平面曲线建立的平面，如图8-121所示。

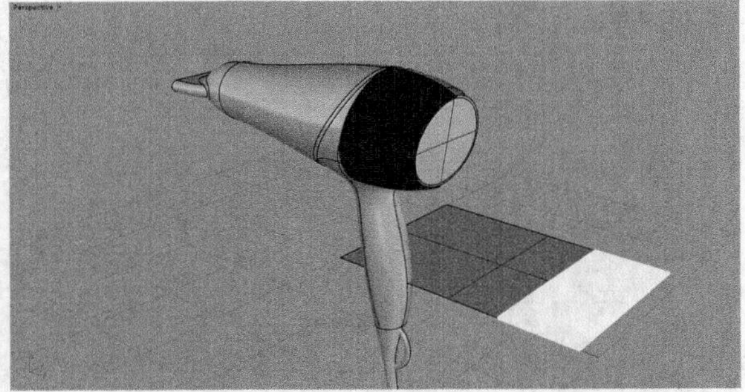
图8-121

22 切换到前视图，使用“控制点曲线”工具绘制出分割用的直线，使用工具集中的“直线挤出”工具对直线进行挤出曲面操作，使挤出面与吹风机主体完全交在一起，如图8-122所示。

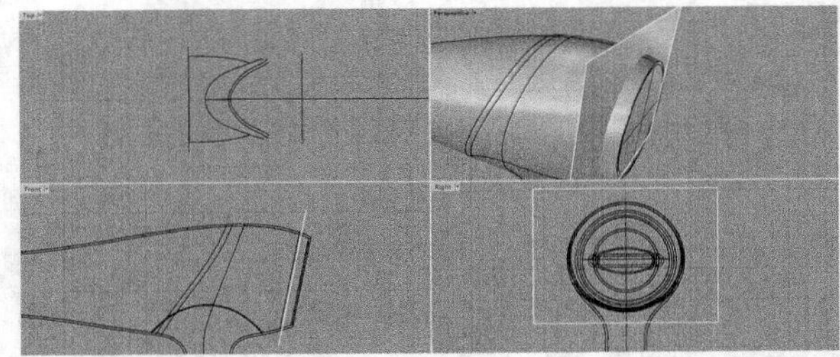
图8-122

23 单击工具集中的“布尔运算差集”工具，选择要被减去的流动物件，按Enter键完成操作。单击修剪用的拉伸物件，按Enter键，如图8-123所示。

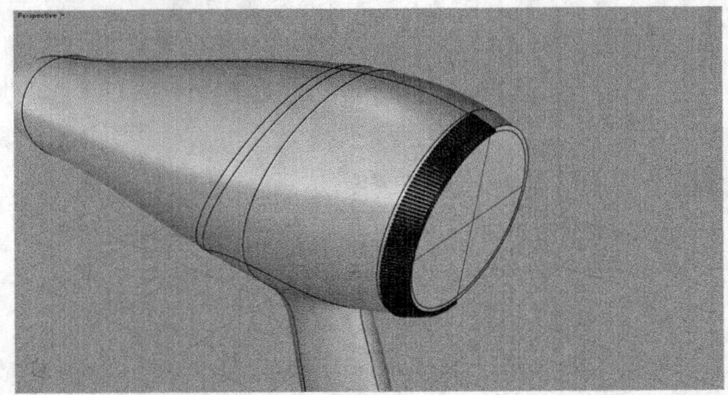
图8-123

24 使用工具集中的“镜像”工具对流动物件做镜像处理。单击工具集中的“布尔运算差集”工具，选择要被减去的尾部多重曲面，如图8-124所示，按Enter键完成操作。单击修剪用的流动物件，完成后的效果如图8-125所示。

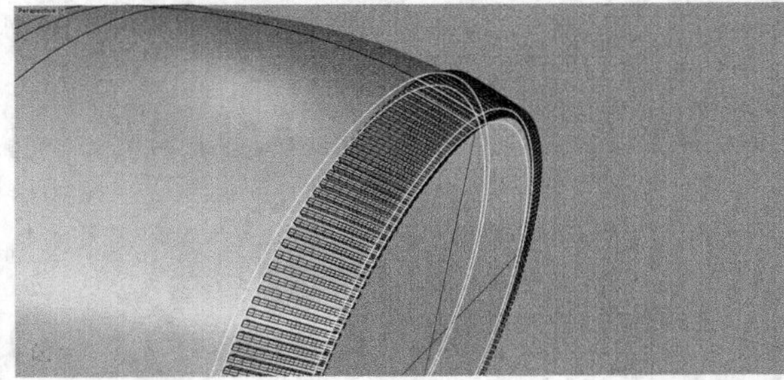
图8-124

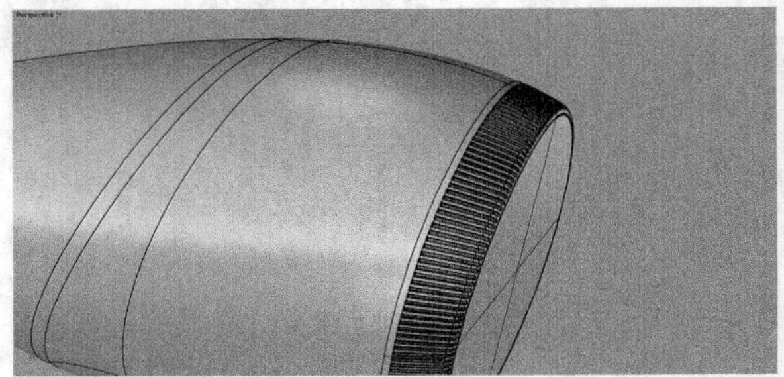
图8-125

8.2.4 制作开关按钮

01 切换到右视图，在风筒正中间位置使用“矩形：圆角”工具和“圆：中心点、半径”工具绘制出圆角矩形和圆，如图8-126所示。

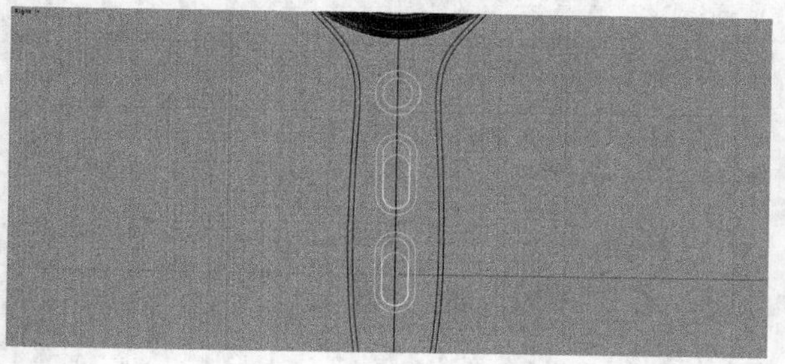

图8-126

02 使用工具集中的“直线挤出”工具对上一步绘制的曲线进行挤出曲面操作，如图8-127所示。

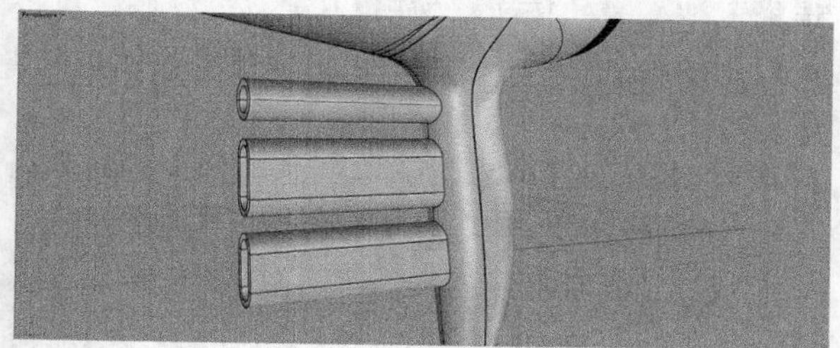

图8-127

03 单击“修剪”工具，将多余的曲面剪掉，如图8-128所示。

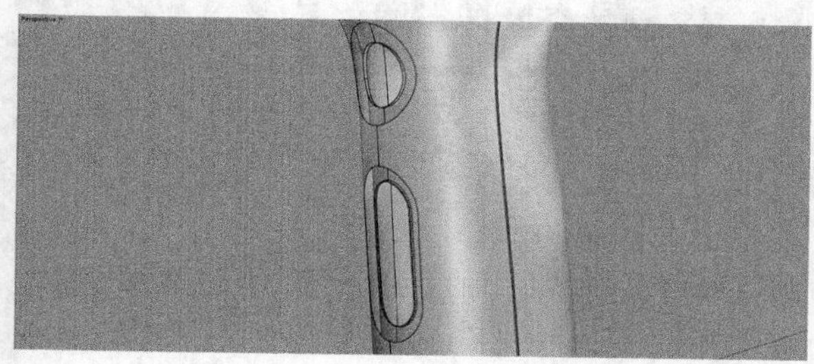

图8-128

04 使用工具集中的“直线挤出”工具将圆形按钮外轮廓选中挤出，单击“修剪”工具，将和手柄相交的内部的曲面剪掉，如图8-129所示。

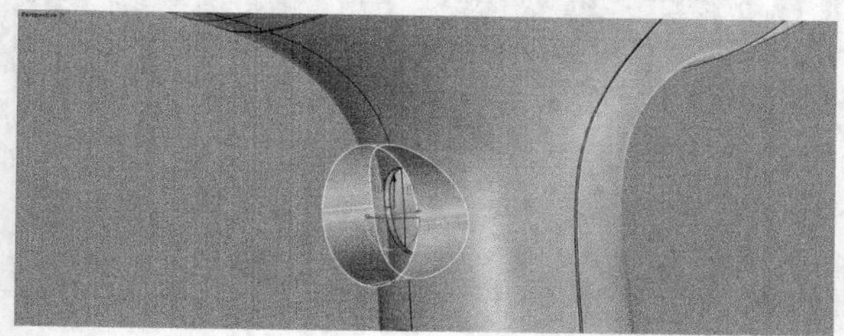

图8-129

05 单击“混接曲面”工具，依次选择要进行混接的拉伸修剪后的曲面边缘1和曲面边缘2，如图8-130所示。确认效果达到预期后，按Enter键完成曲面混接，如图8-131所示。

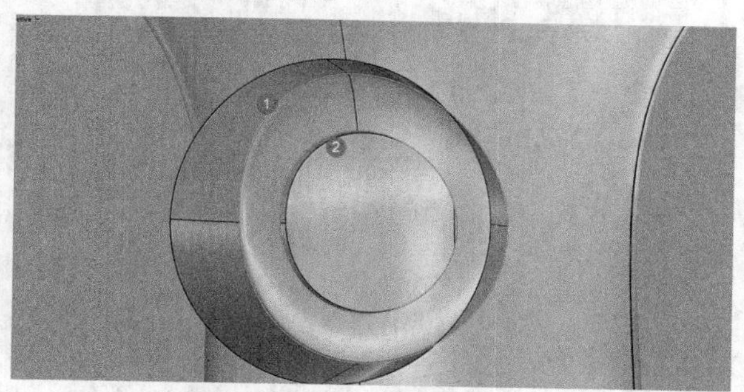

图8-130

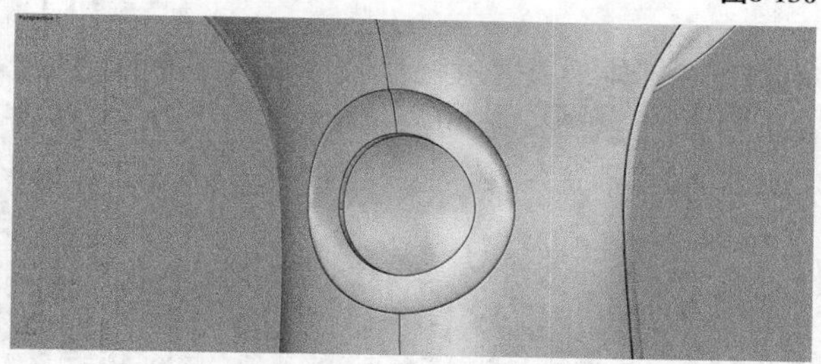

图8-131

06 使用同样的方式完成圆角矩形按钮，效果如图8-132所示。

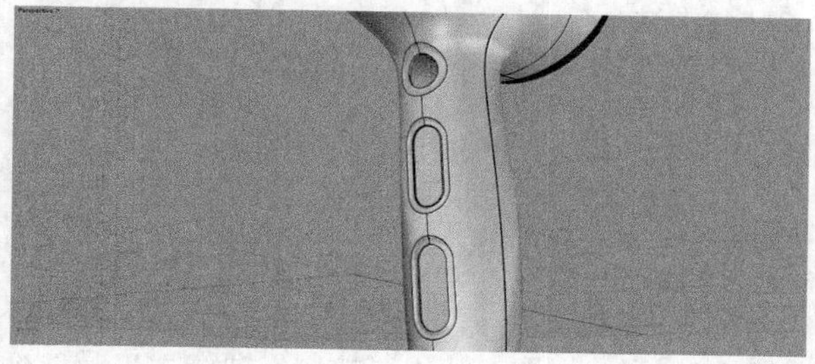

图8-132

07 使用工具集中的“抽离”工具将吹风机手柄内部曲面抽离开，然后在右视图中使用“矩形：角对角”工具集绘制出矩形，使用“修剪”工具将曲面外部剪掉，如图8-133所示。

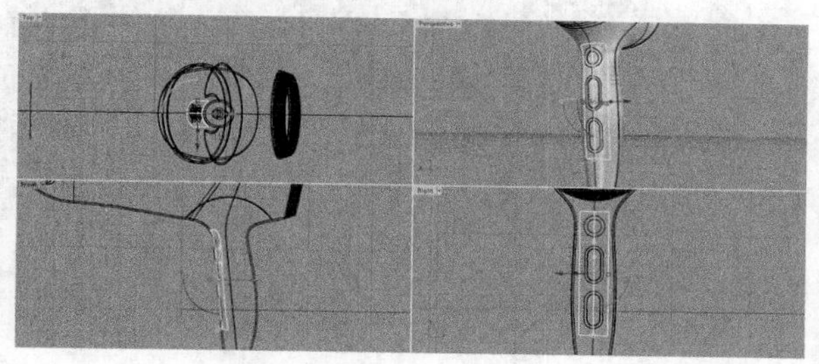

图8-133

08 单击“偏移曲面”工具，选择曲面，按Enter键确认，向内偏移实体，如图8-134所示。

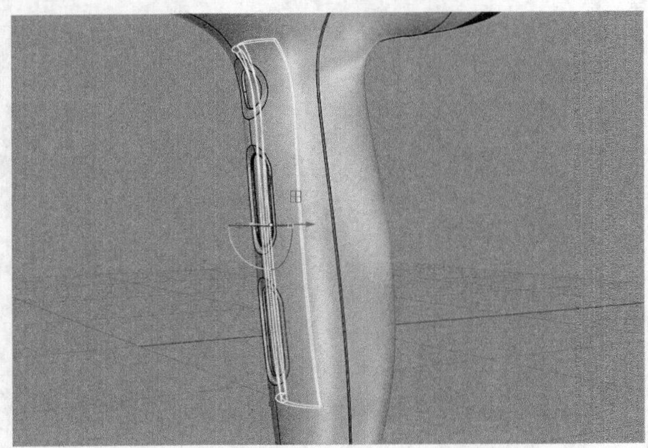

图8-134

09 使用“矩形：圆角”工具绘制出图8-135中1和2位置的圆角矩形。使用“放样”工具依次单击曲线1和曲线2预览效果，如果符合预期，则按Enter键完成操作。

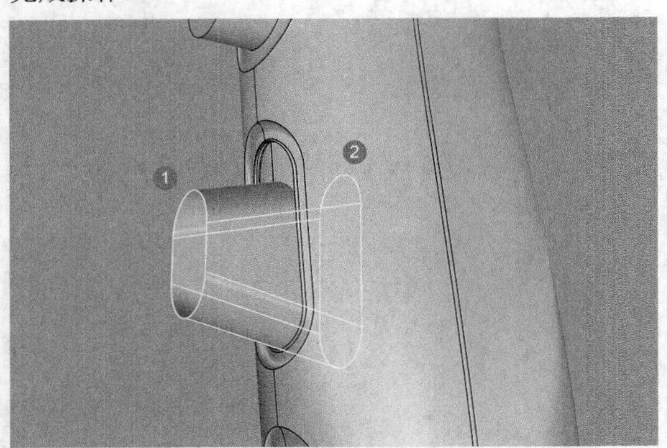

图8-135

10 切换到前视图，使用“控制点曲线”工具绘制出图8-136所示的3条曲线。

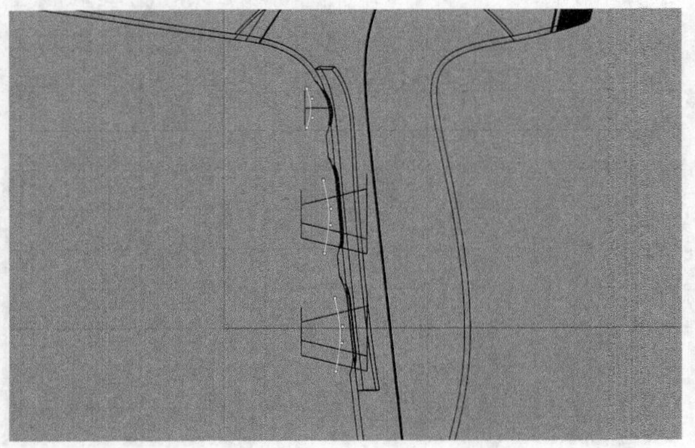

图8-136

11 使用工具集中的“直线挤出”工具对曲线进行挤出曲面操作，使挤出面与按钮完全交在一起，如图8-137所示。

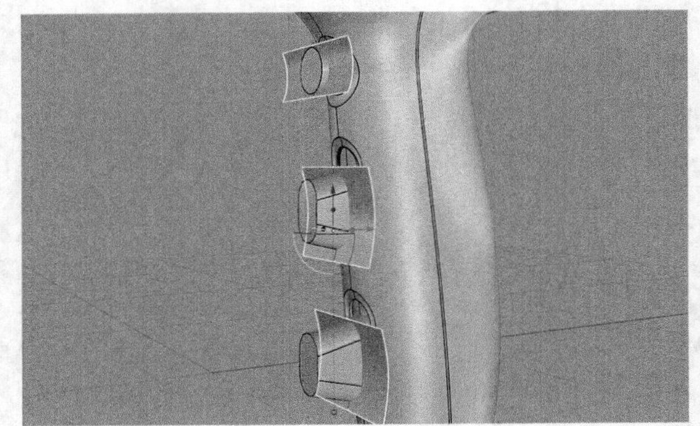

图8-137

12 单击工具集中的“布尔运算差集”工具，选择要被减去的按钮，按Enter键完成操作。单击修剪用的拉伸物件，按Enter键，效果如图8-138所示。

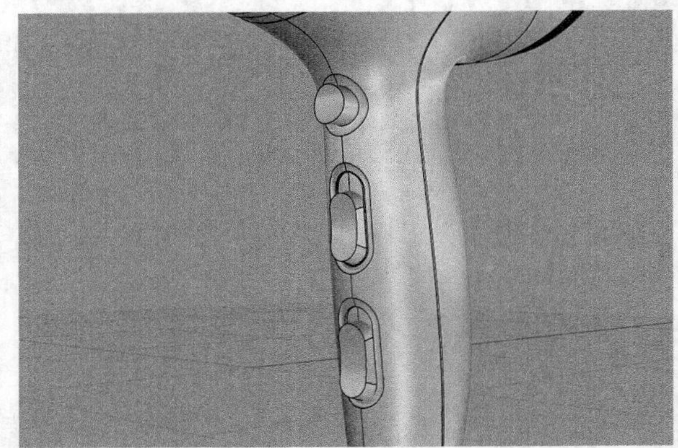

图8-138

13 使用工具集中的“边缘圆角”工具对模型进行圆角处理，如图8-139所示。

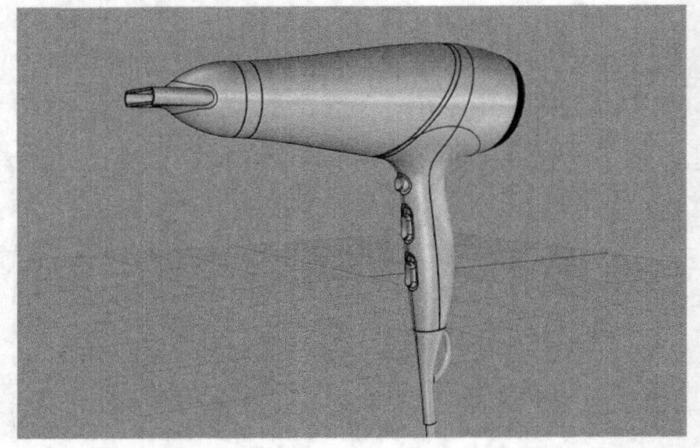

图8-139

8.2.5 添加默认材质

01 将Rhino模型导入KeyShot，如图8-140所示。

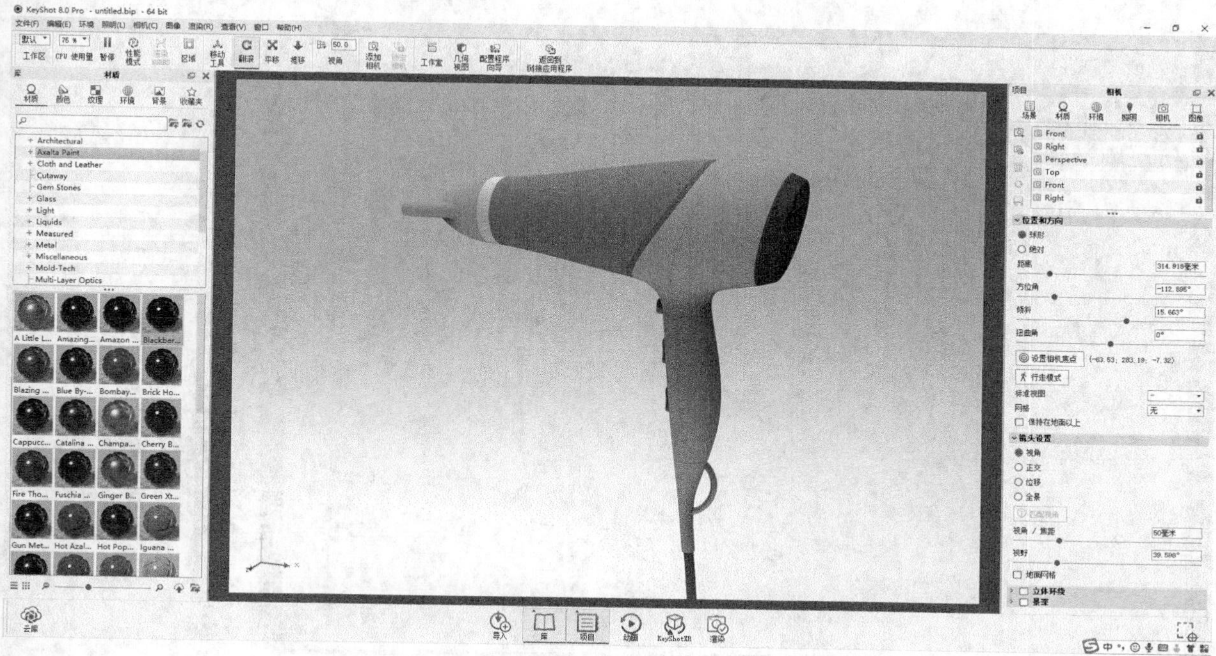

图8-140

02 移动好需要渲染的模型位置，为了防止在指定材质和添加灯光的过程中移动模型，在“项目”面板的“相机”中添加一个新的“相机1”并锁定相机，如图8-141所示。

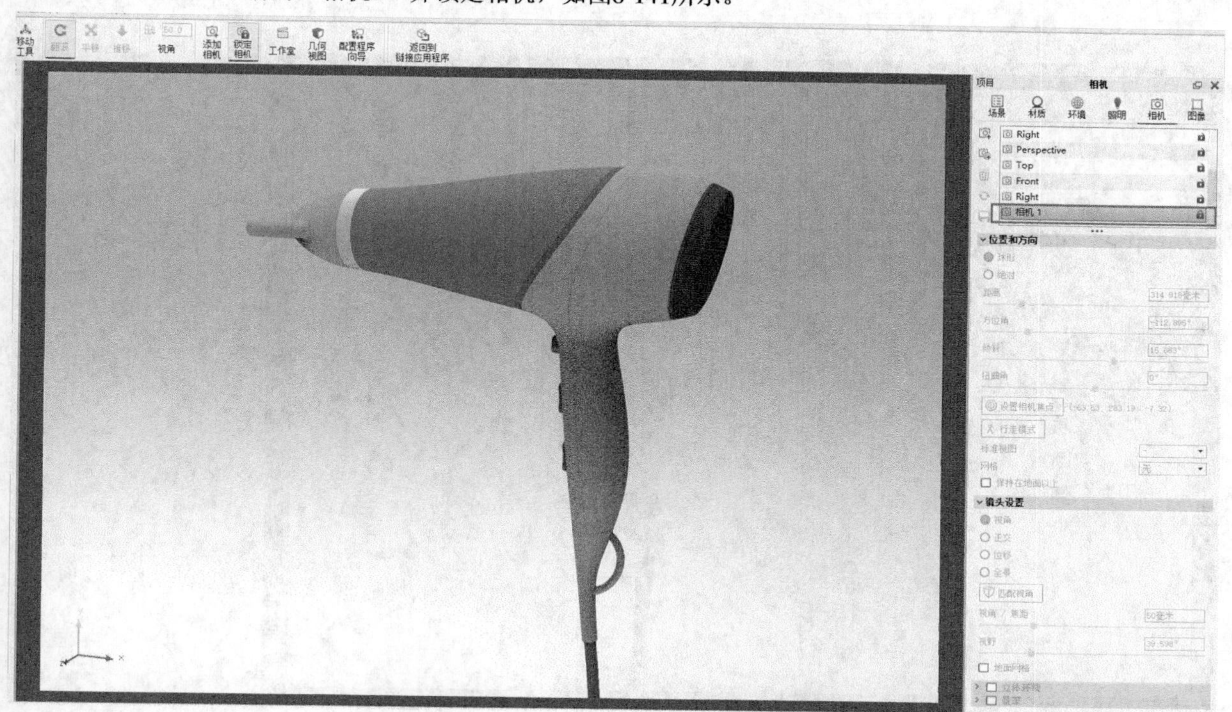

图8-141

03 为了防止材质链接到一起，不方便后面的材质修改，此时需要添加一个灯光组来观察灯光的方向及大小，如图8-142所示。

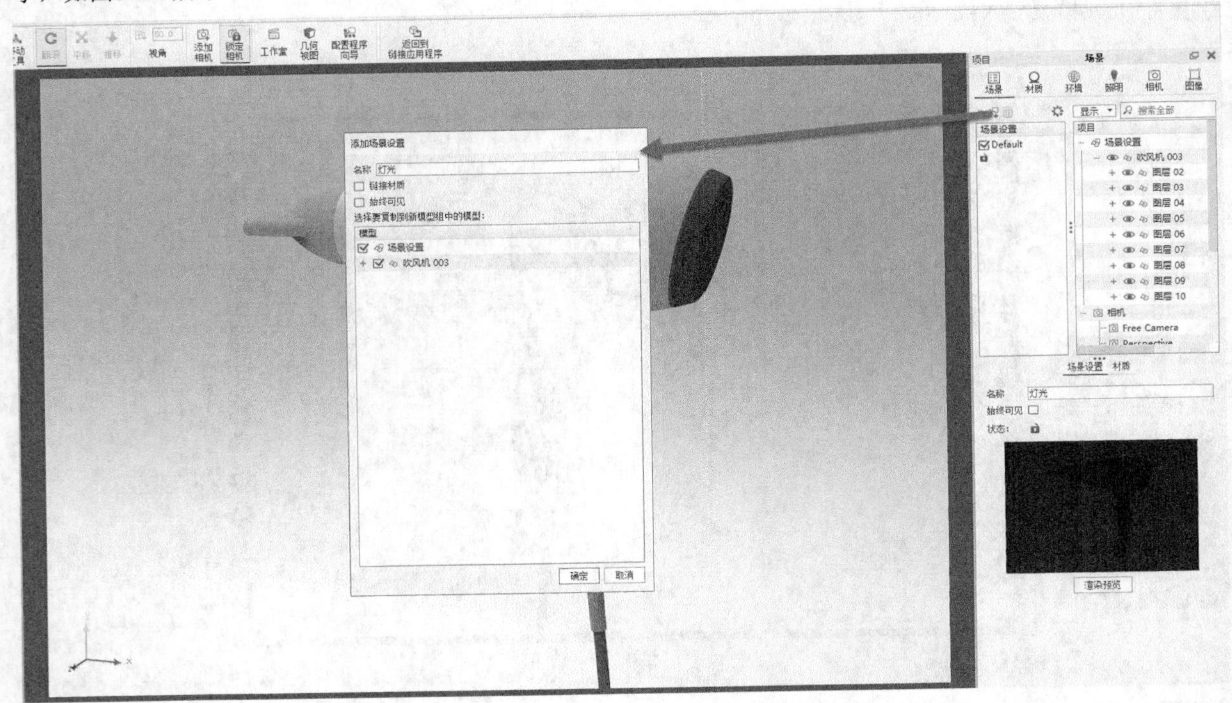

图8-142

04 将默认的模型组关上，打开灯光的灯光组并在“库”面板中拖曳一个光滑的材质给模型，如图8-143所示。

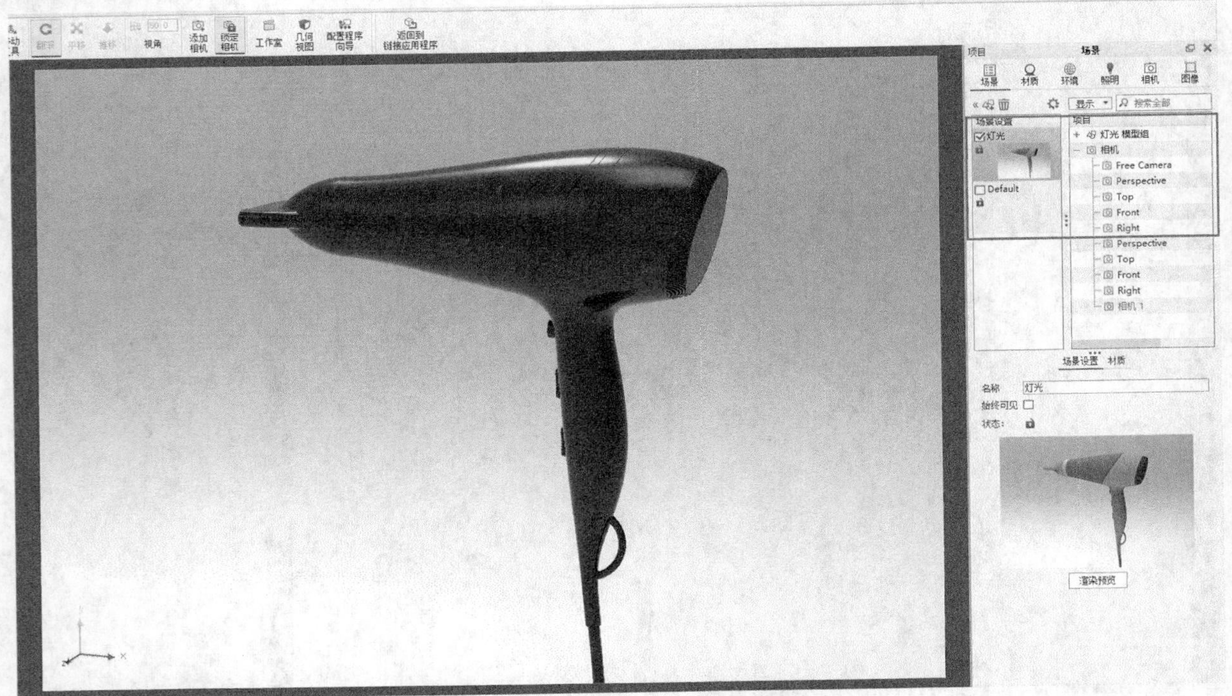

图8-143

8.2.6 添加背景灯光

01 将背景灯光切换成色度，如图8-144所示。

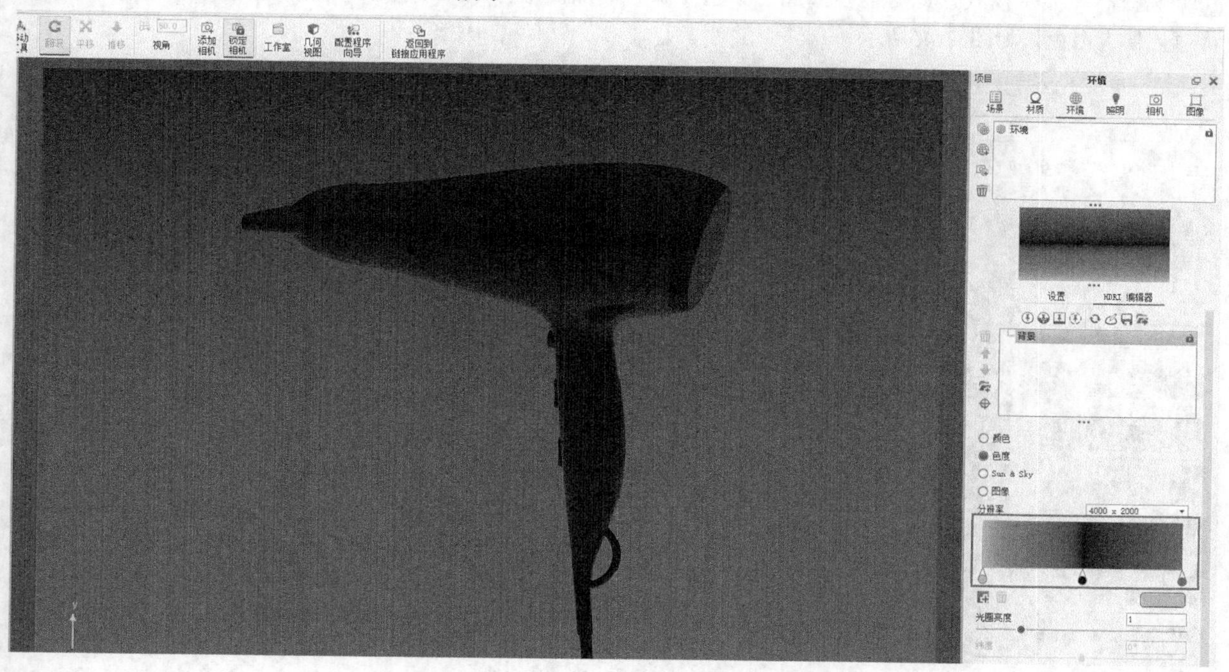

图8-144

02 此时，为了让环境上下部分变得更暗，突出渲染氛围，且同时能看见模型的位置，可以把白色色块改为灰色（R:66，G:66，B:66），如图8-145所示。

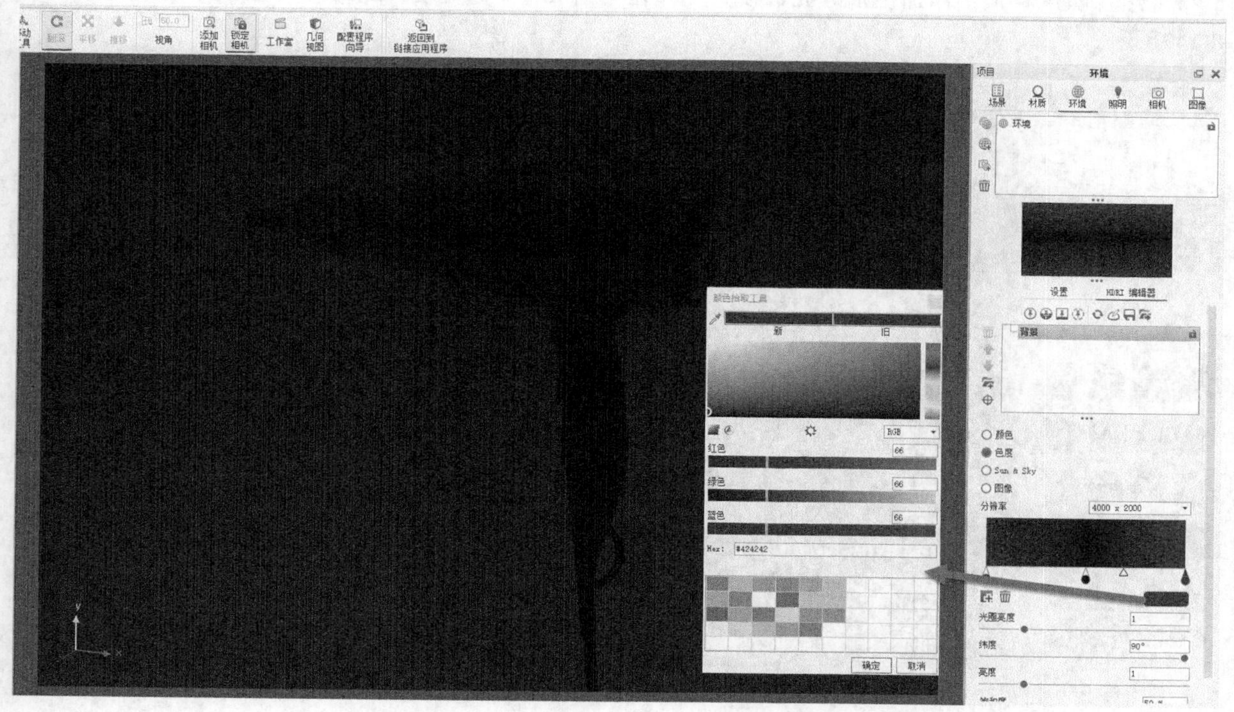

图8-145

8.2.7 添加灯光

01 选择高亮显示模式，此时需要添加一个主光源。添加矩形灯光，设置“半径”为85.5，“亮度”为2，“颜色”为白色，如图8-146所示。

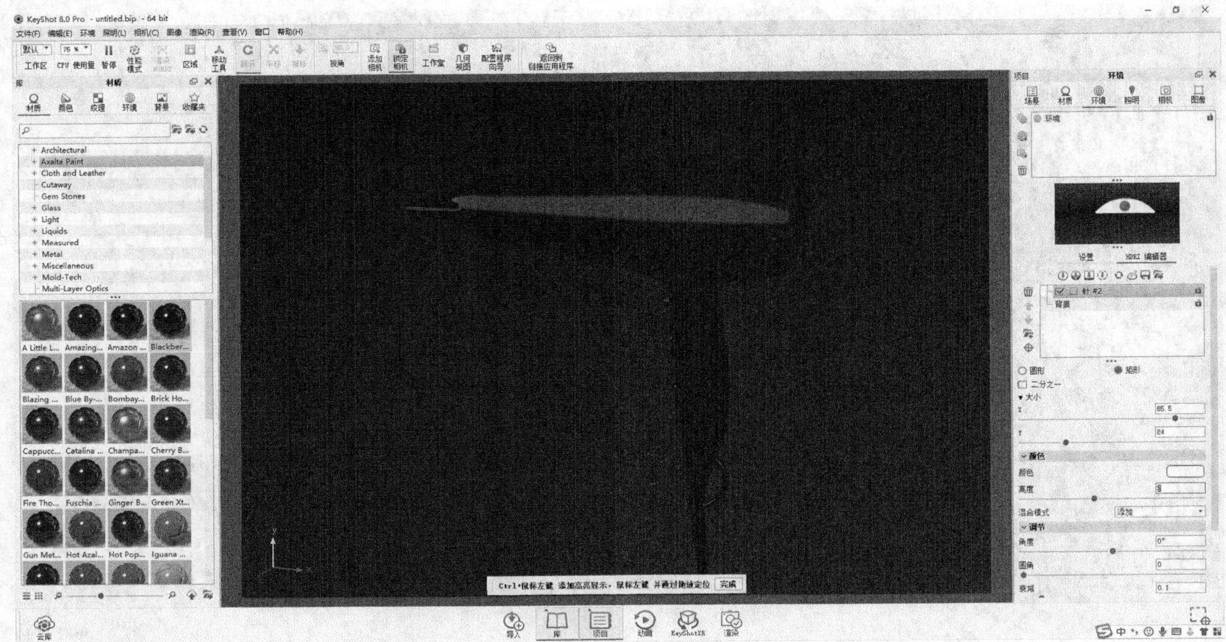

图8-146

02 继续在吹风机顶部添加矩形灯光，设置“半径”为88.7，“亮度”为0.8，“颜色”为白色，如图8-147所示。

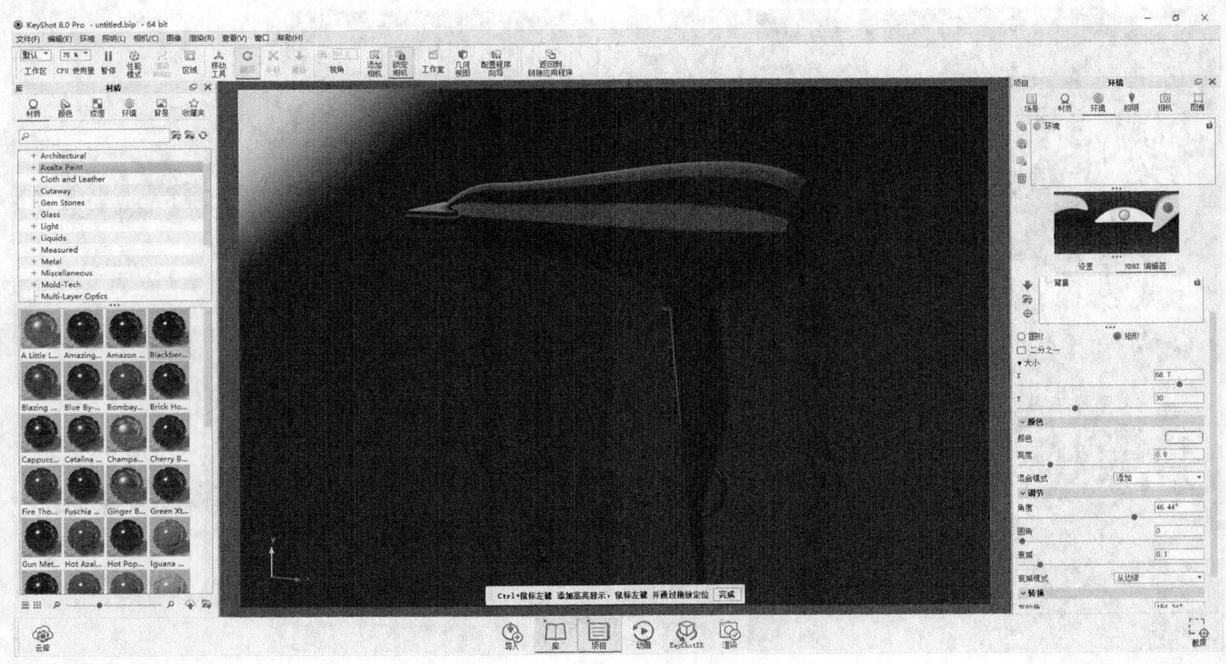

图8-147

03 因为手柄位置太暗，所以需要添加灯光。添加矩形灯光，设置“半径”为34.2，“亮度”为0.7，“颜色”为白色，如图8-148所示。

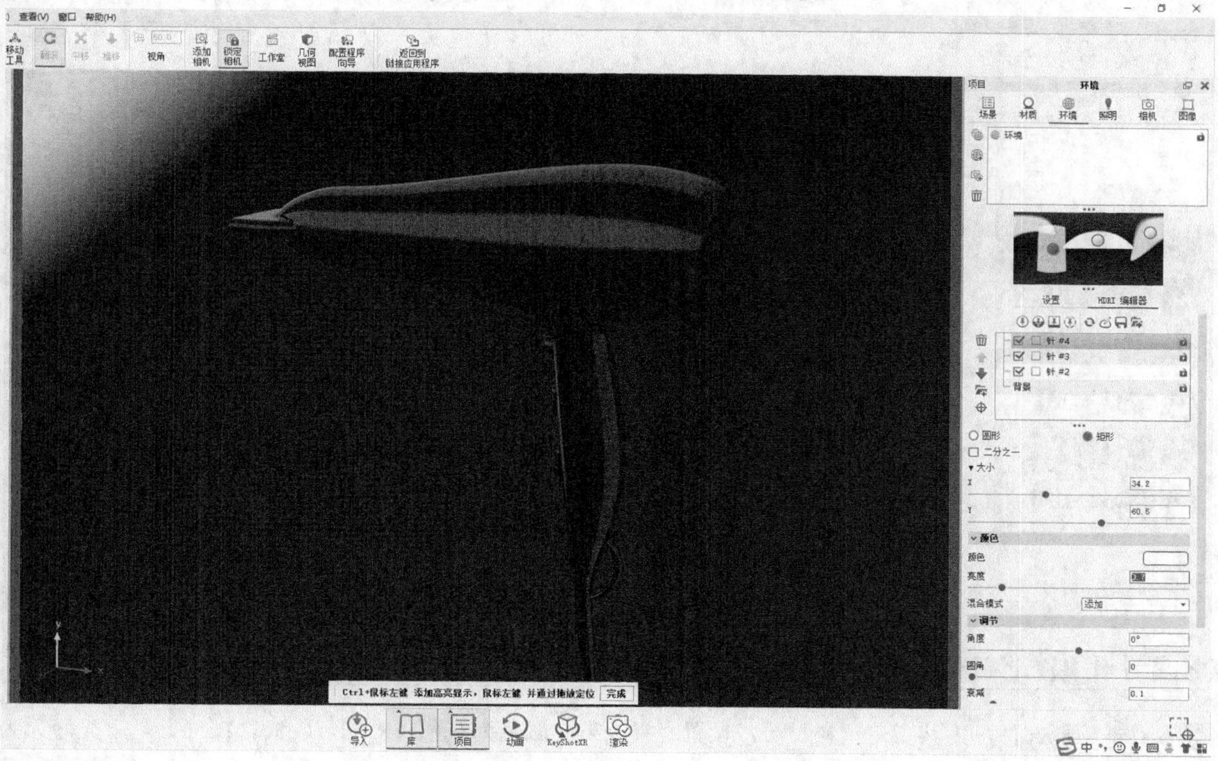

图8-148

04 在“项目”面板的“环境”中，将“设置”中的“照明环境”切换成白色背景，如图8-149所示。

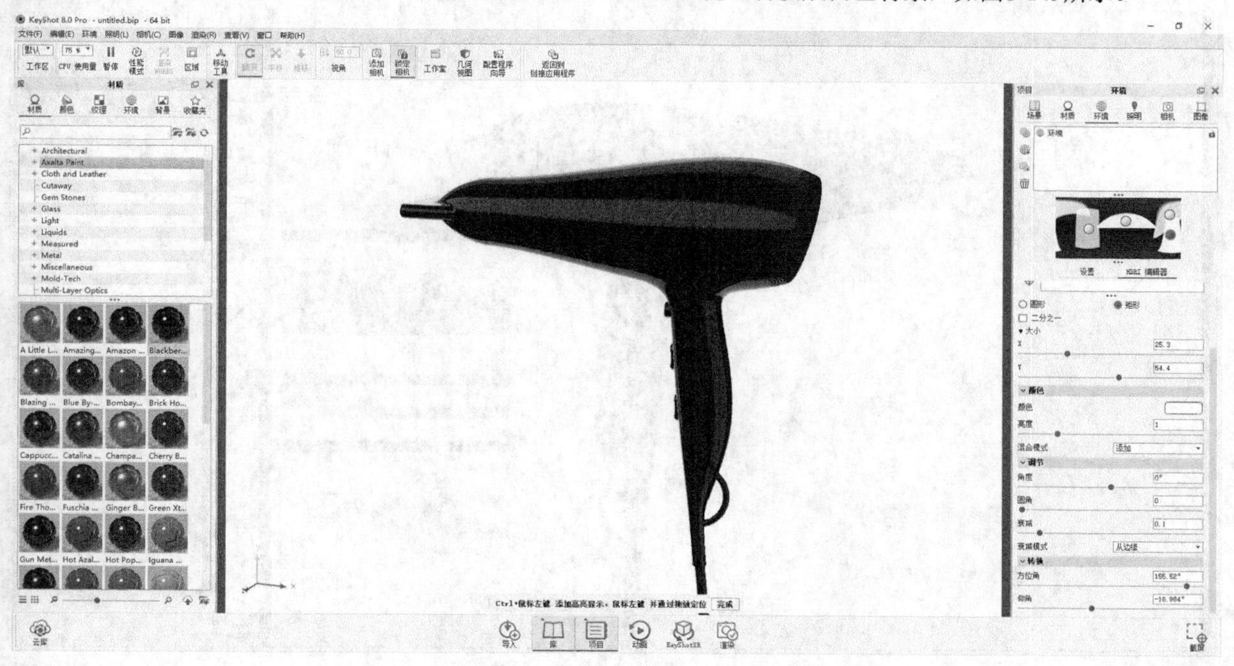

图8-149

05 将"项目"面板中"场景"的灯光模型组关闭，打开默认的模型组，如图8-150所示。

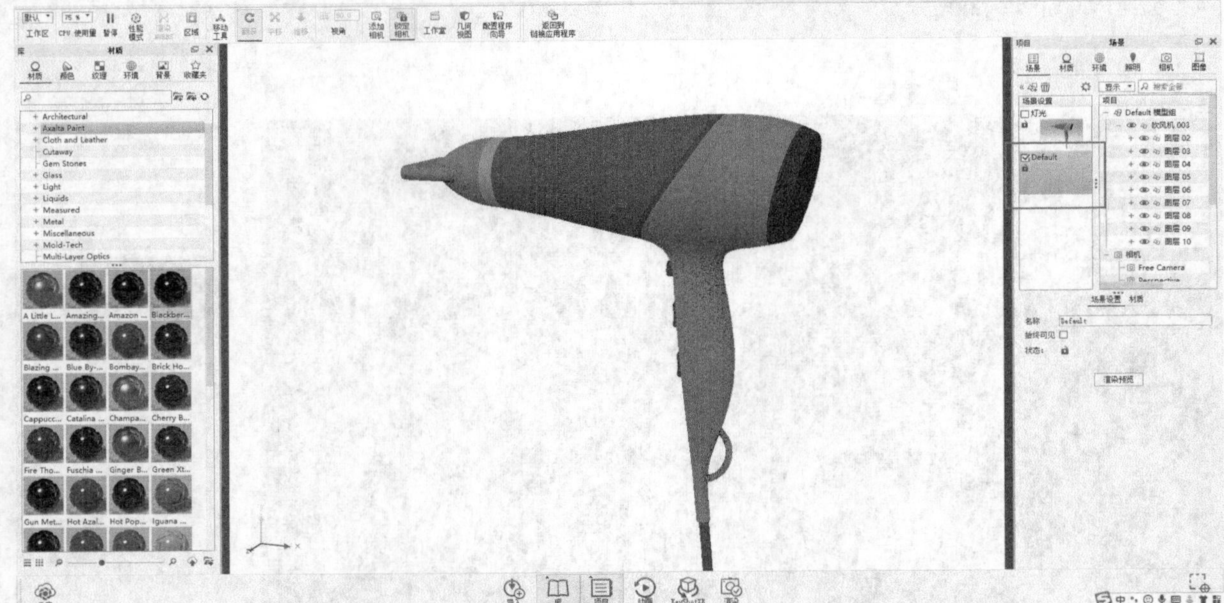

图8-150

8.2.8 制作吹风机材质

01 双击手柄部件，为其指定塑料材质，设置"漫反射"颜色为灰色（R:50，G:50，B:50），"光泽"为35，"折射指数"为1.5，如图8-151所示。

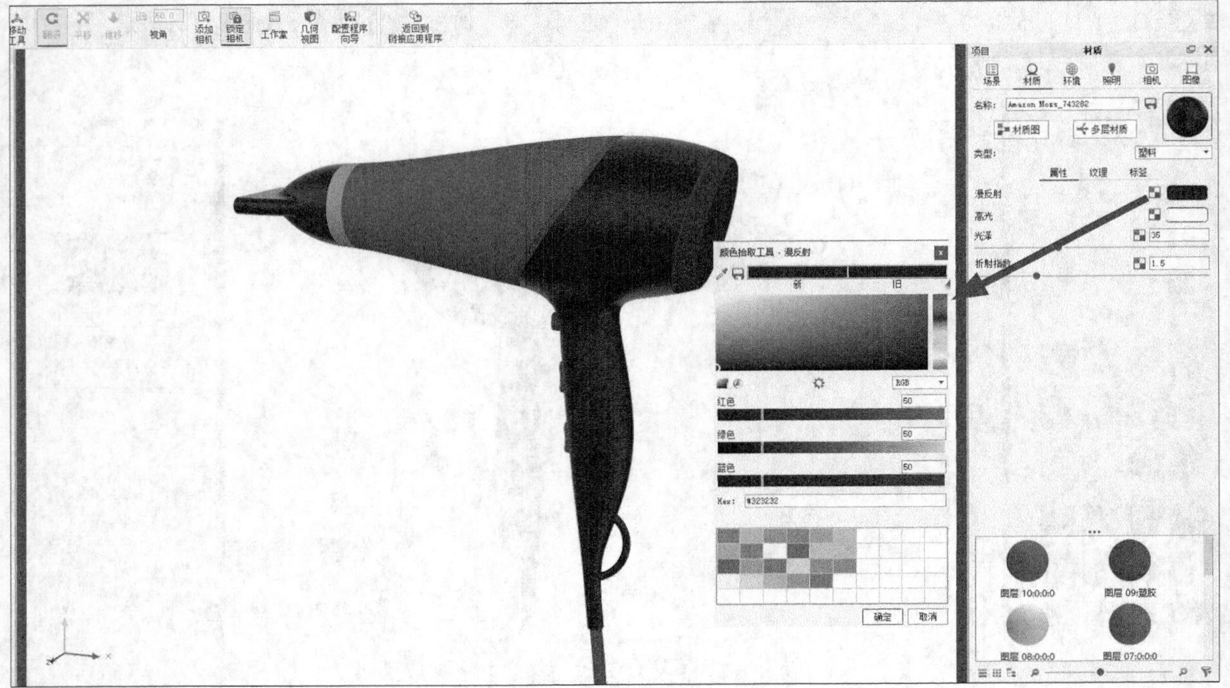

图8-151

02 双击风筒前部部件，为其指定塑料材质，设置“漫反射”颜色为黑色，“光泽”为100，“折射指数”为1.5，如图8-152所示。

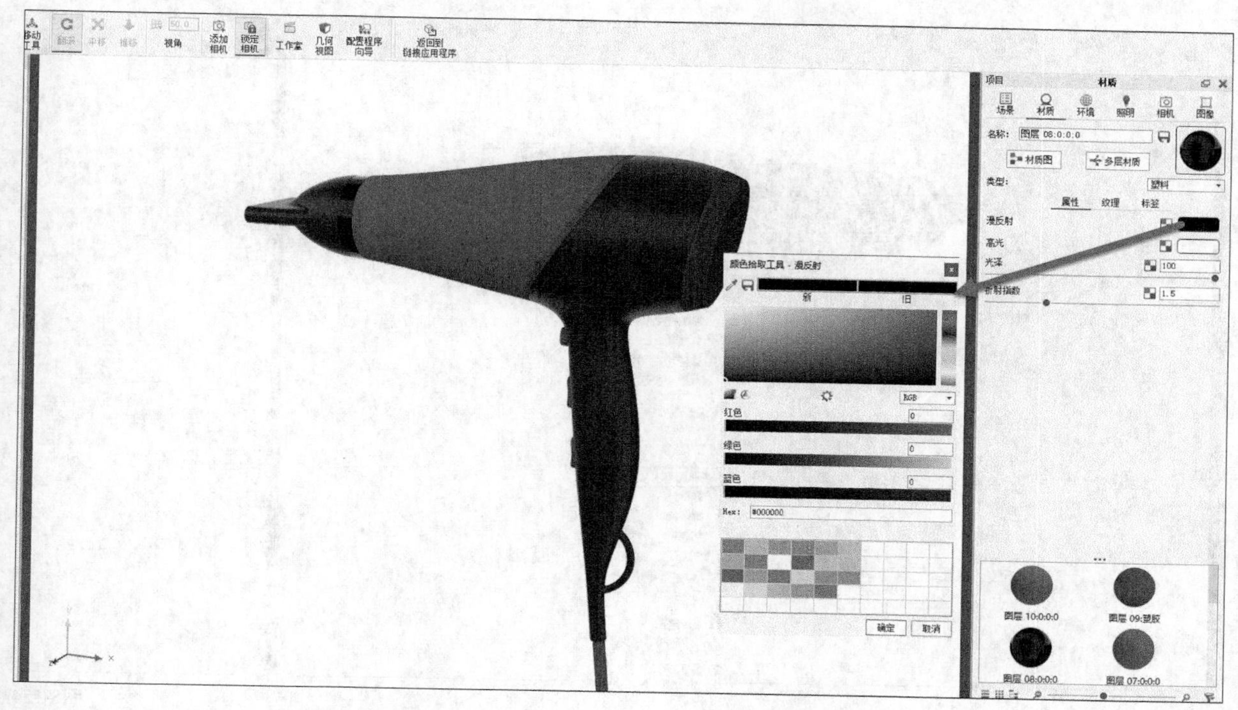

图8-152

03 双击中间装饰部件，为其指定塑料材质，设置“漫反射”颜色为紫色（R:143，G:26，B:167），“光泽”为100，“折射指数”为1.5，如图8-153所示。

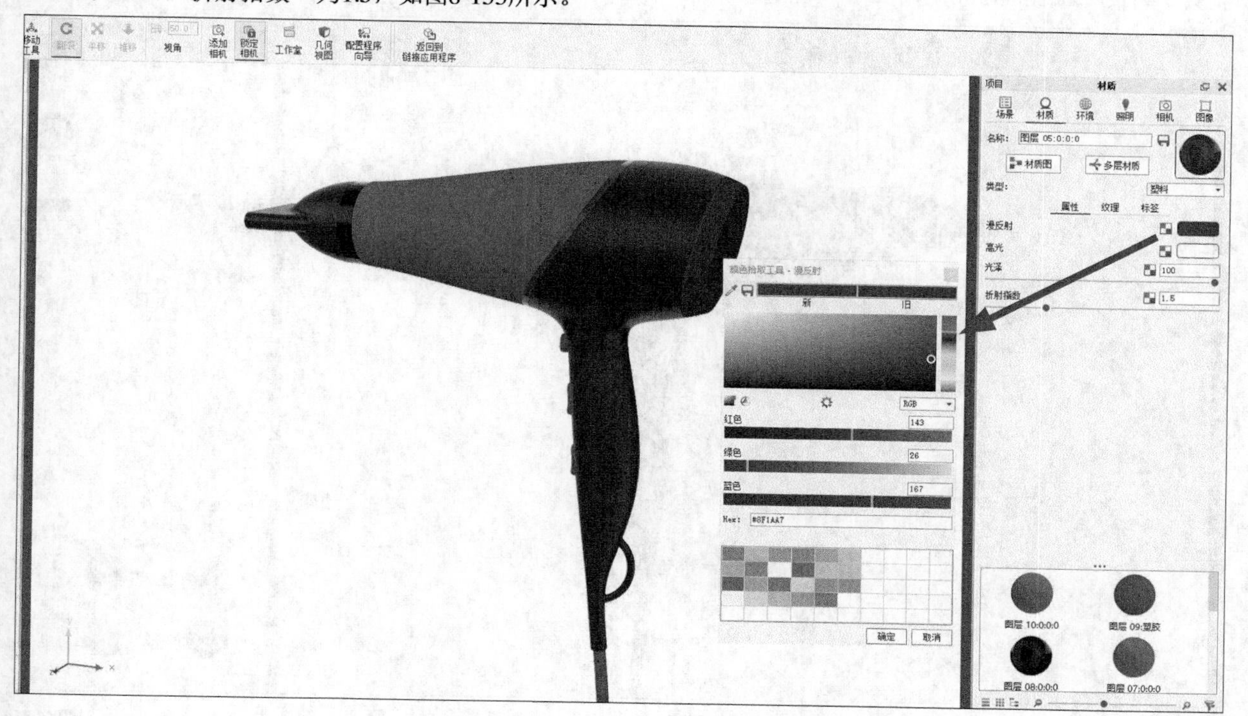

图8-153

04 选择图8-154中的部件，单击鼠标右键，执行“隐藏选定项”命令，如图8-154所示。

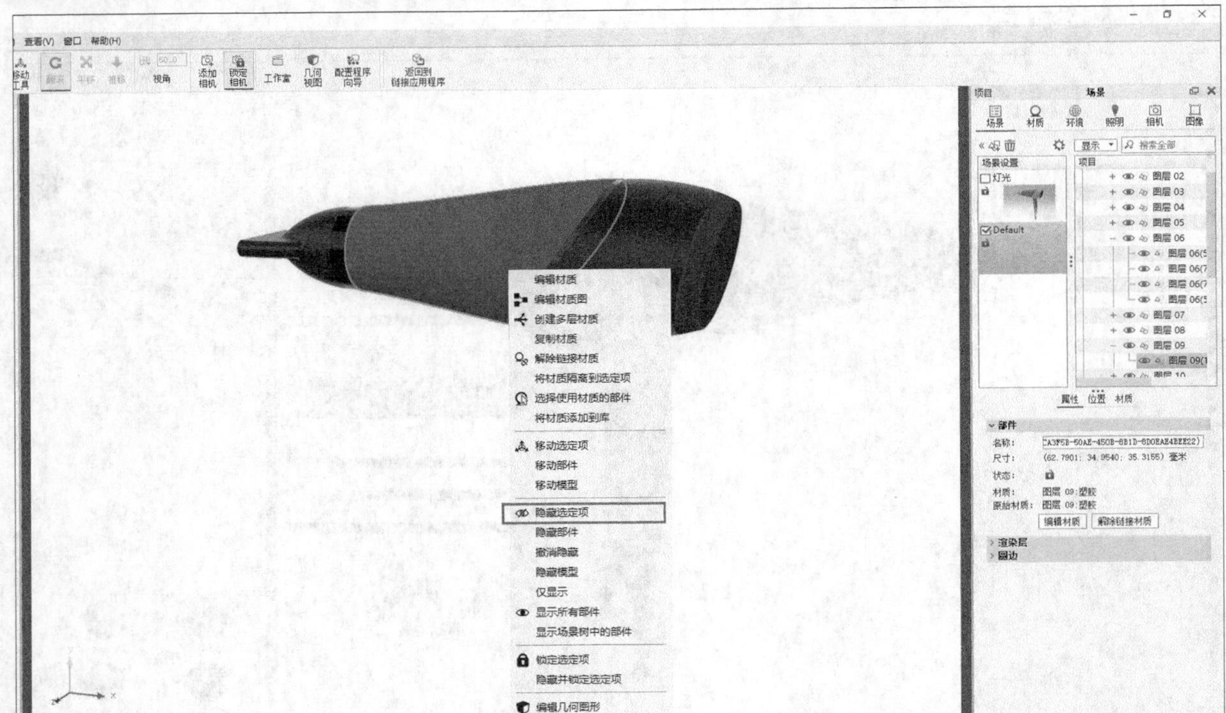

图8-154

05 双击显示出来的部件，为其指定塑料材质，暂时先不调整“漫反射”颜色，设置“光泽”为100，“折射指数”为1.5，如图8-155所示。

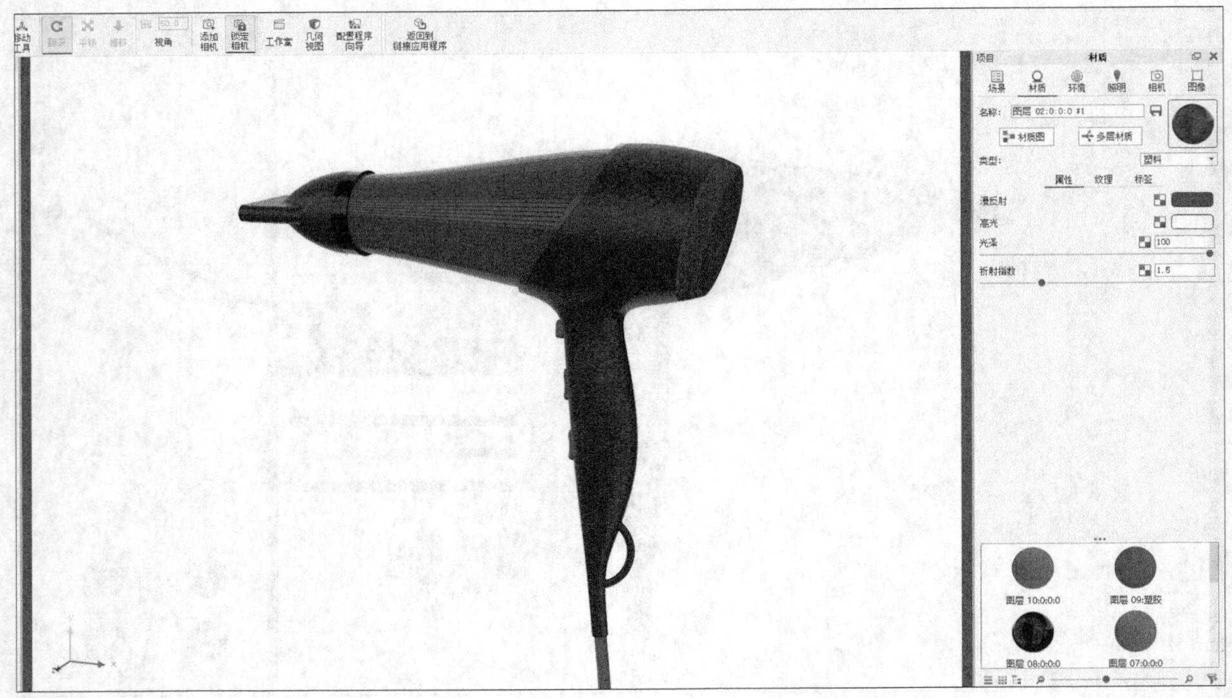

图8-155

06 单击“漫反射”的颜色贴图位置，执行“纹理>颜色渐变”命令，如图8-156所示。

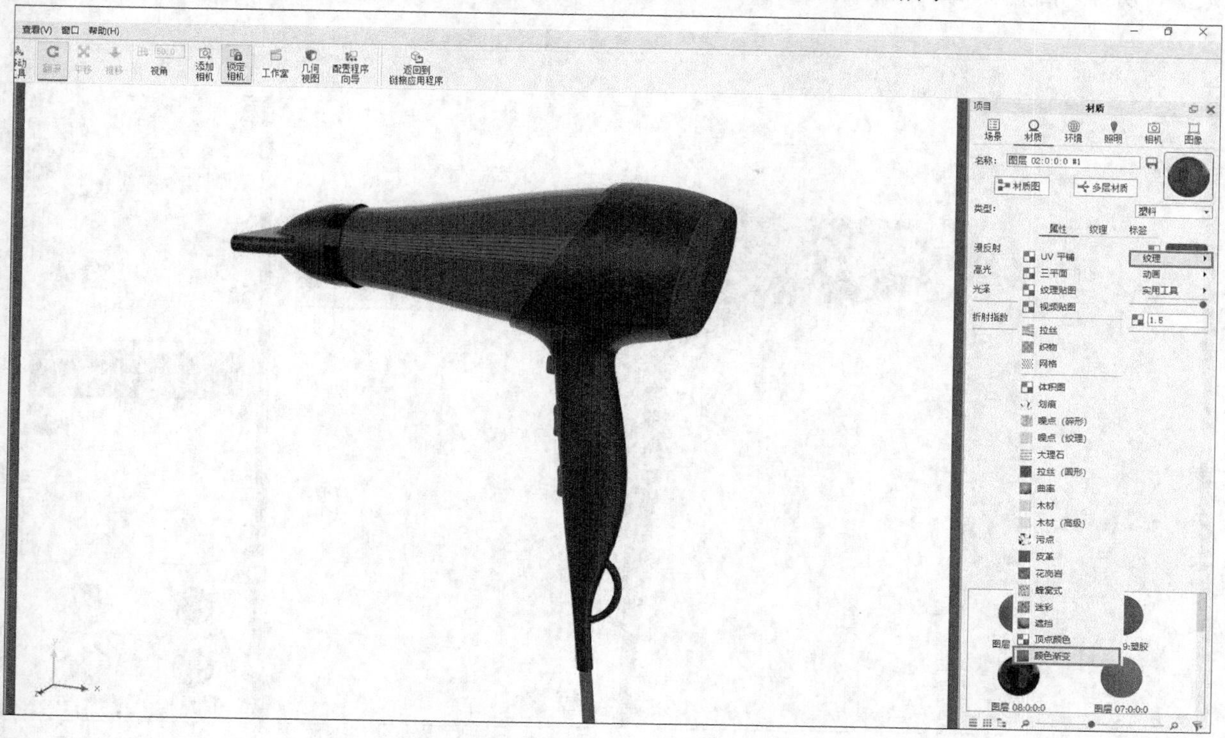

图8-156

07 修改渐变的颜色和位置，设置渐变颜色为从黑色到紫色（R:120，G:59，B:128），如图8-157所示。

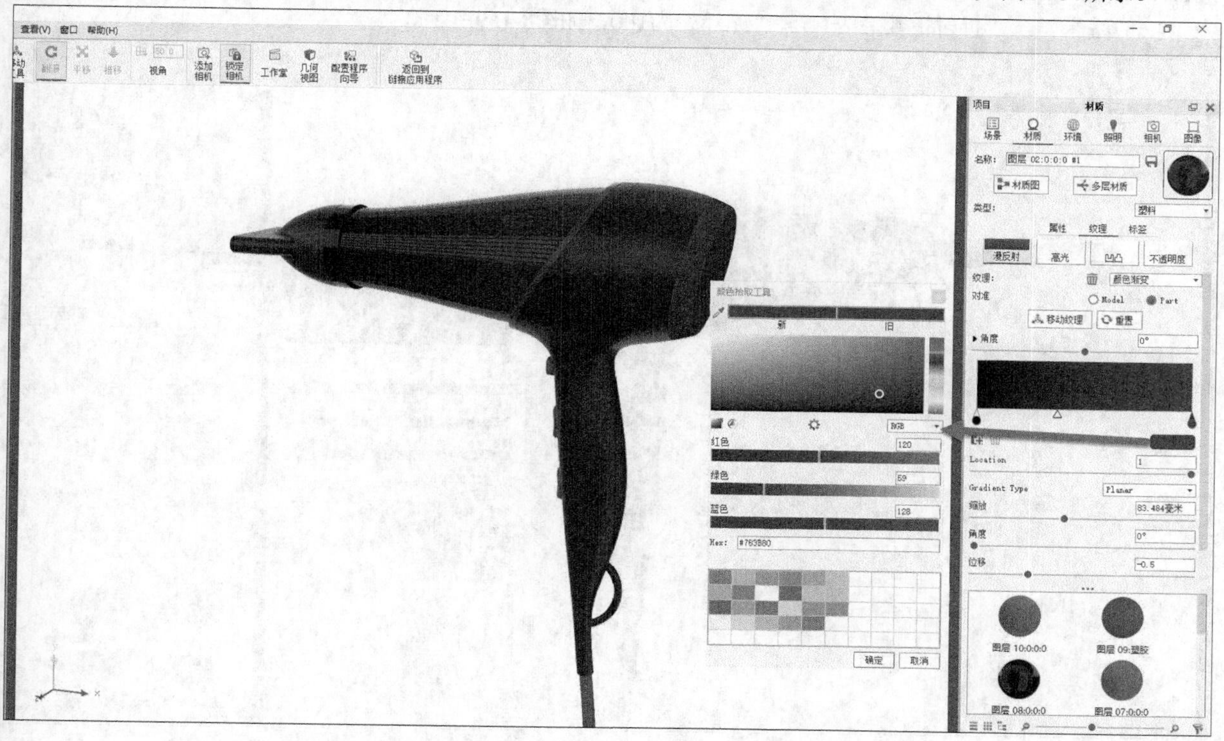

图8-157

08 在视窗空白处单击鼠标右键，选择“显示所有部件”命令，将刚刚隐藏的部件显示出来，如图8-158所示。

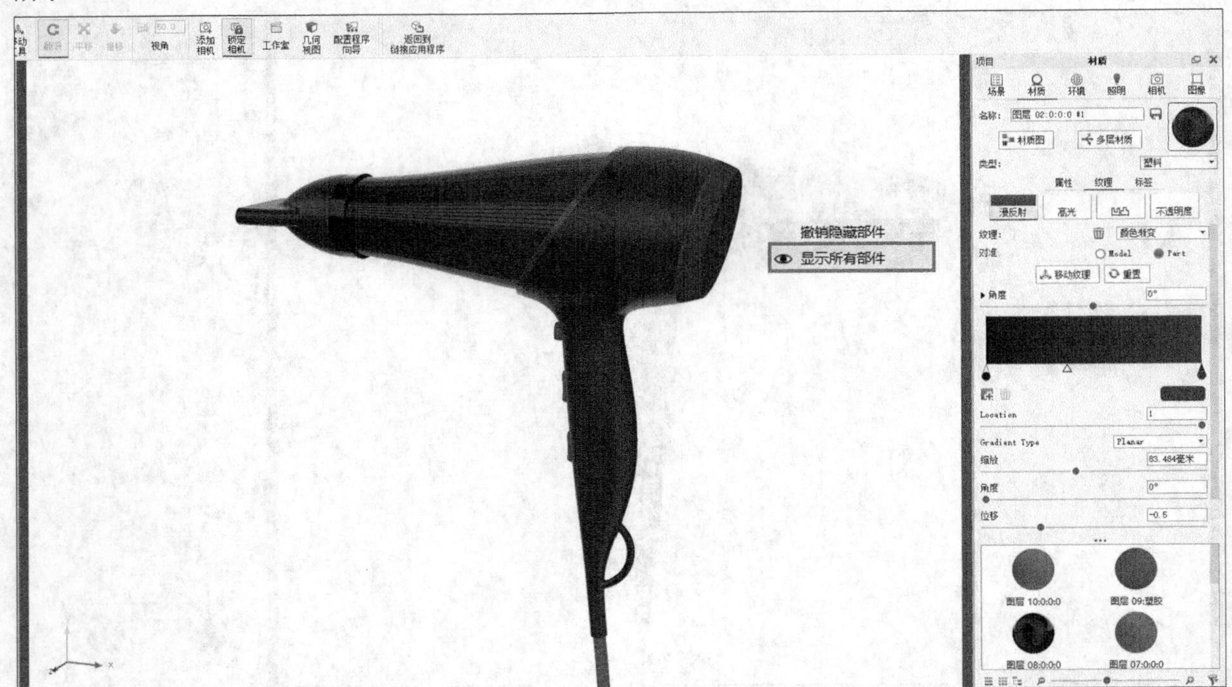

图8-158

09 双击外壳部件，指定一个实心玻璃材质，设置“颜色”为灰色（R:115，G:115，B:115），“透明距离”为“4.637毫米”，“折射指数”为1.5，“光泽”为100，如图8-159所示。

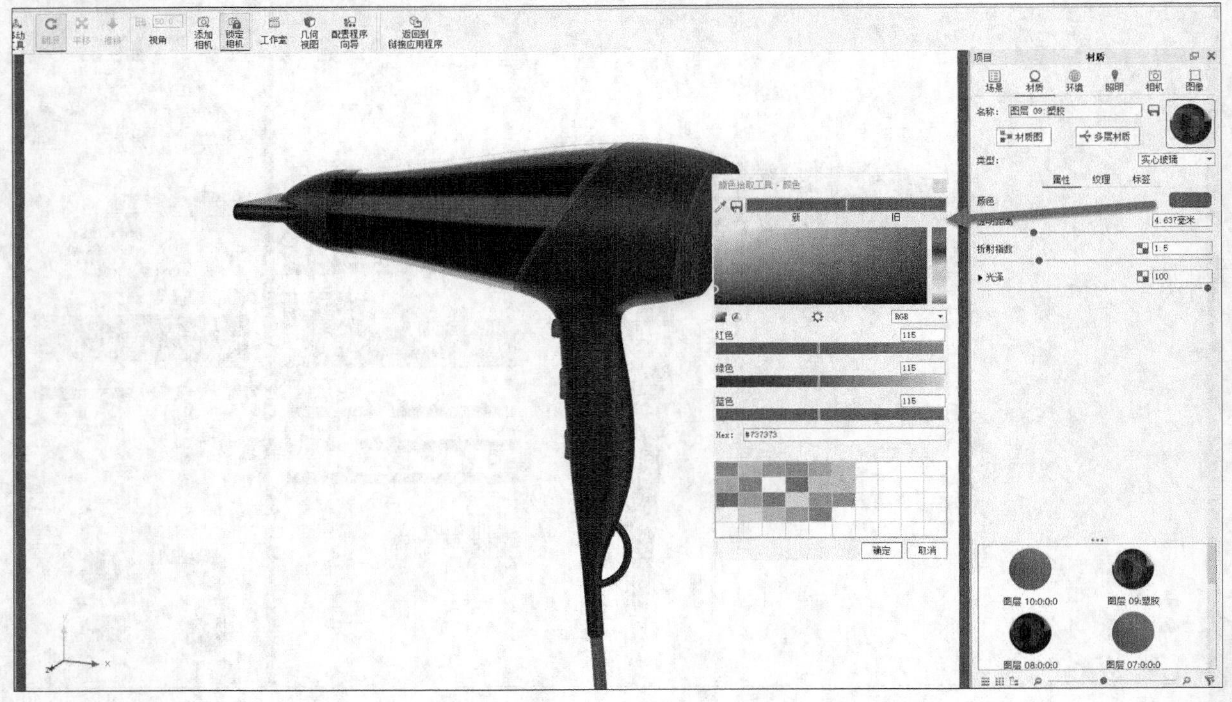

图8-159

10 现在场景中有透明物件，所以需要将“项目”面板切换到“照明”面板，打开全局照明，如图8-160所示。

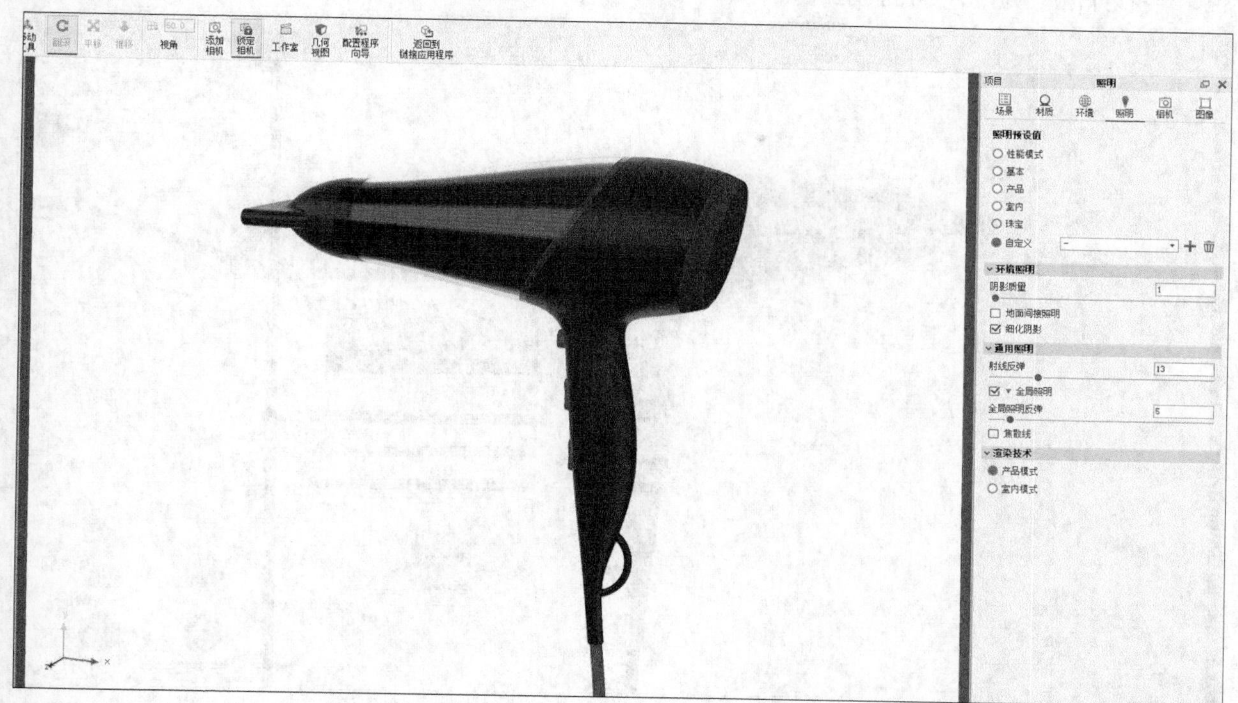

图8-160

11 双击按钮部件，为其指定塑料材质，设置“漫反射”颜色为黑色，“光泽”为100，“折射指数”为1.5，如图8-161所示。

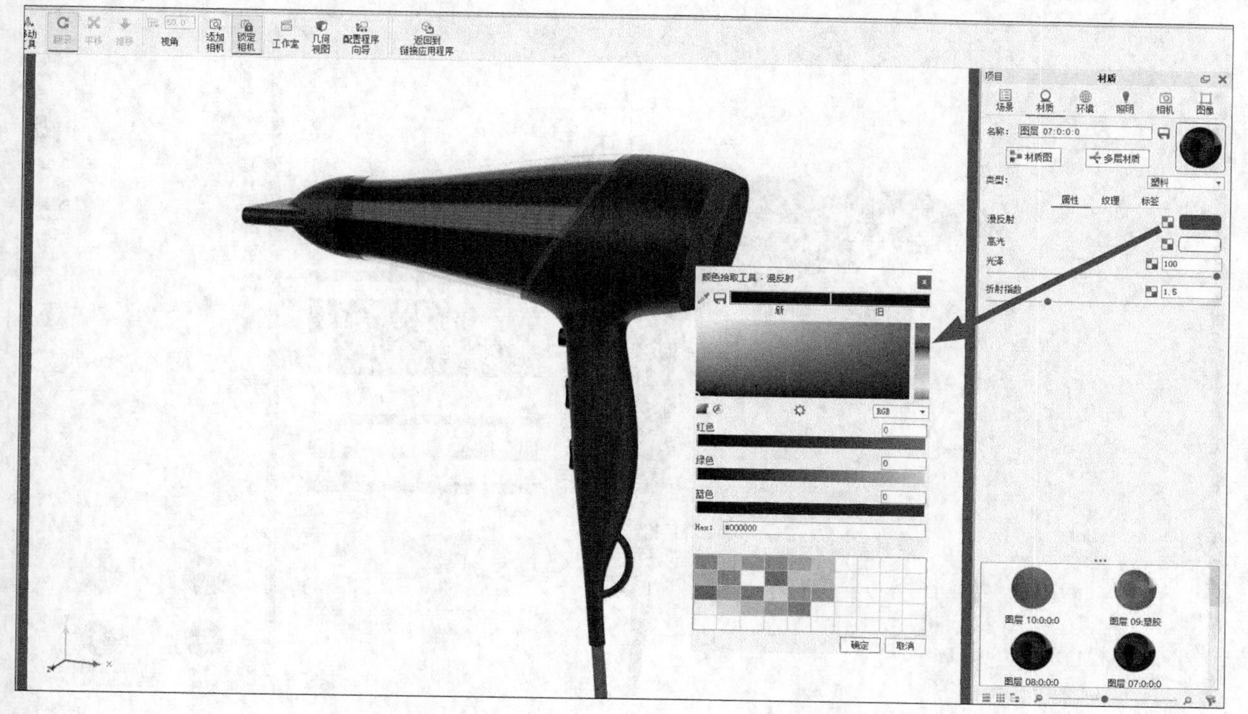

图8-161

12 双击尾部部件，为其指定塑料材质，设置“漫反射”颜色为灰色（R:50，G:50，B:50），“光泽”为35，“折射指数”为1.5，如图8-162所示。

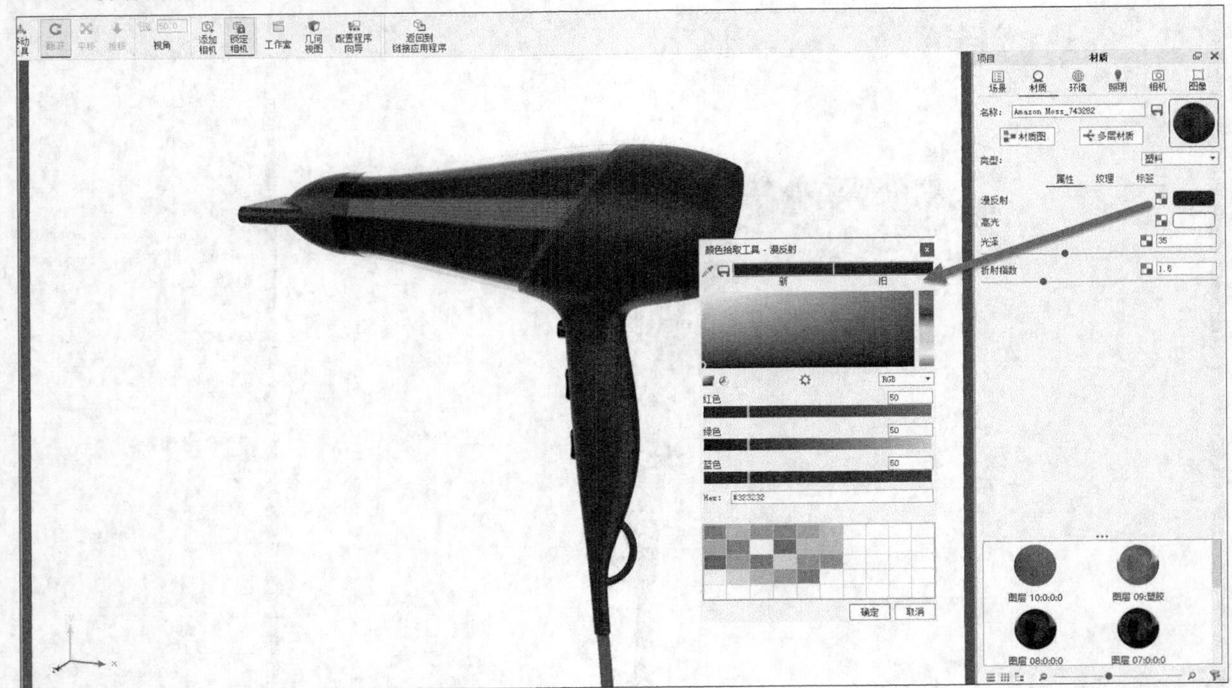

图8-162

13 双击吹风机线部件，为其指定塑料材质，设置“漫反射”颜色为灰色（R:60，G:60，B:60），“光泽”为20，“折射指数”为1.5，如图8-163所示。

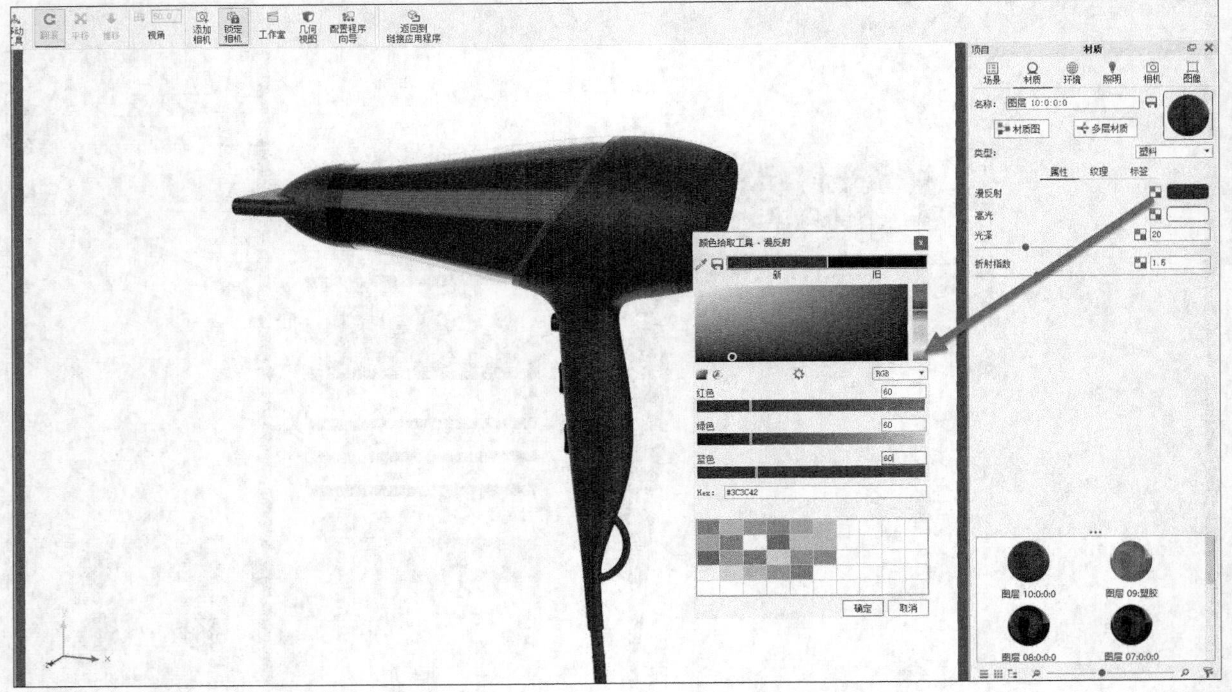

图8-163

14 此时很难单击选中尾部网孔部件，需要转动模型。将相机切换到FreeCamera，然后转动视角，如图8-164所示。

图8-164

15 双击金属网格部件，为其指定金属材质，设置“漫反射”颜色为灰色（R:170，G:170，B:170），“光泽”为90，“采样值”为30，如图8-165所示。

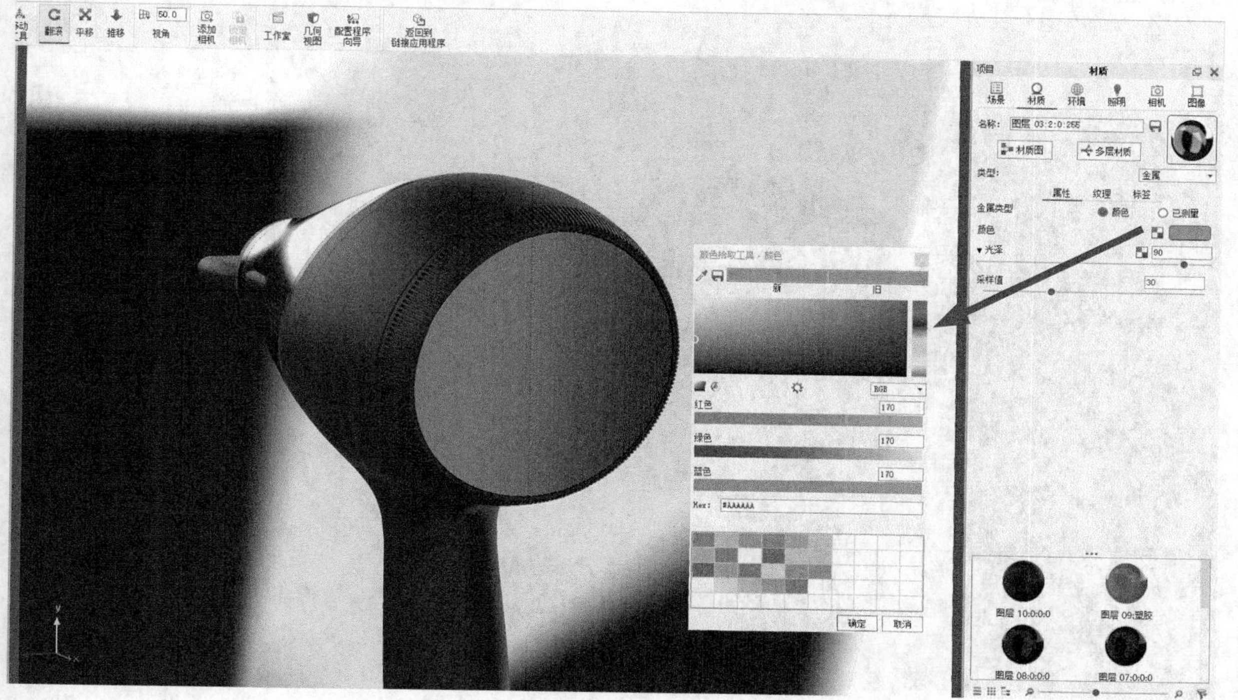

图8-165

16 单击"材质"面板中的"纹理"选项卡，在"不透明度"中添加"网格"纹理，如图8-166所示。

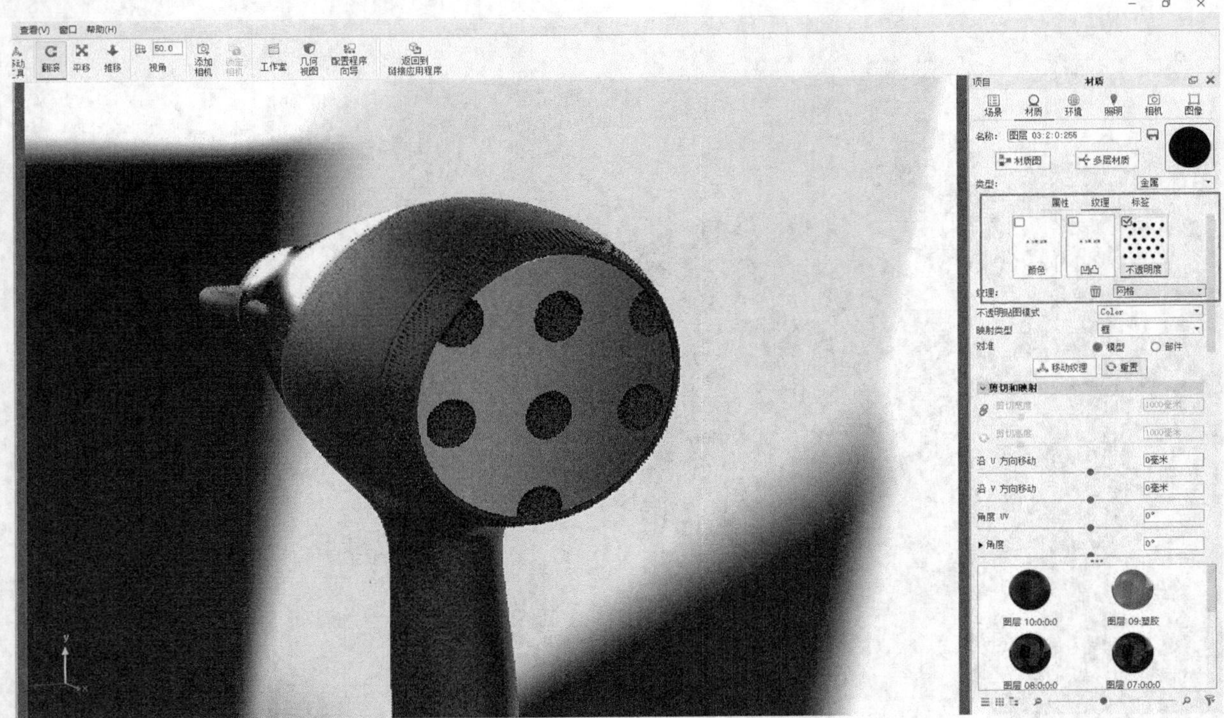

图8-166

17 在形状和图案中缩放网格至合适大小，将"网格图案"改为"交错"，如图8-167所示。

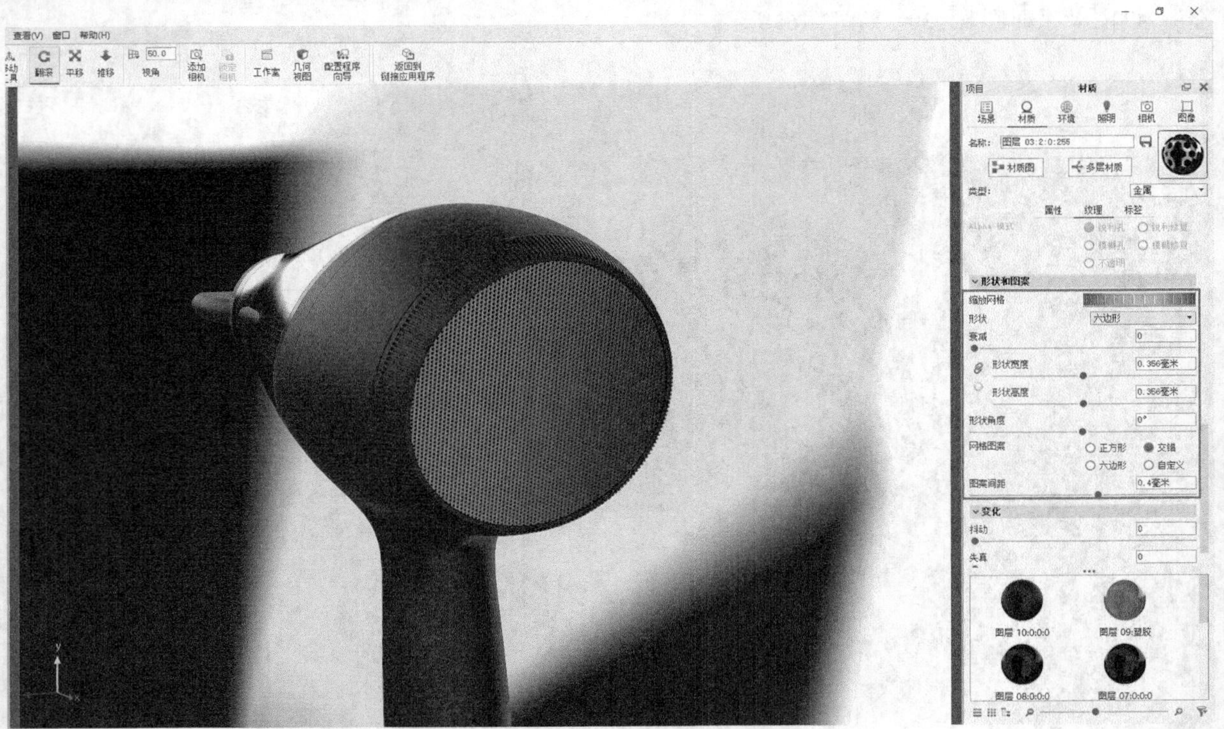

图8-167

18 回到“相机”面板，将相机切换为“相机1”，如图8-168所示。

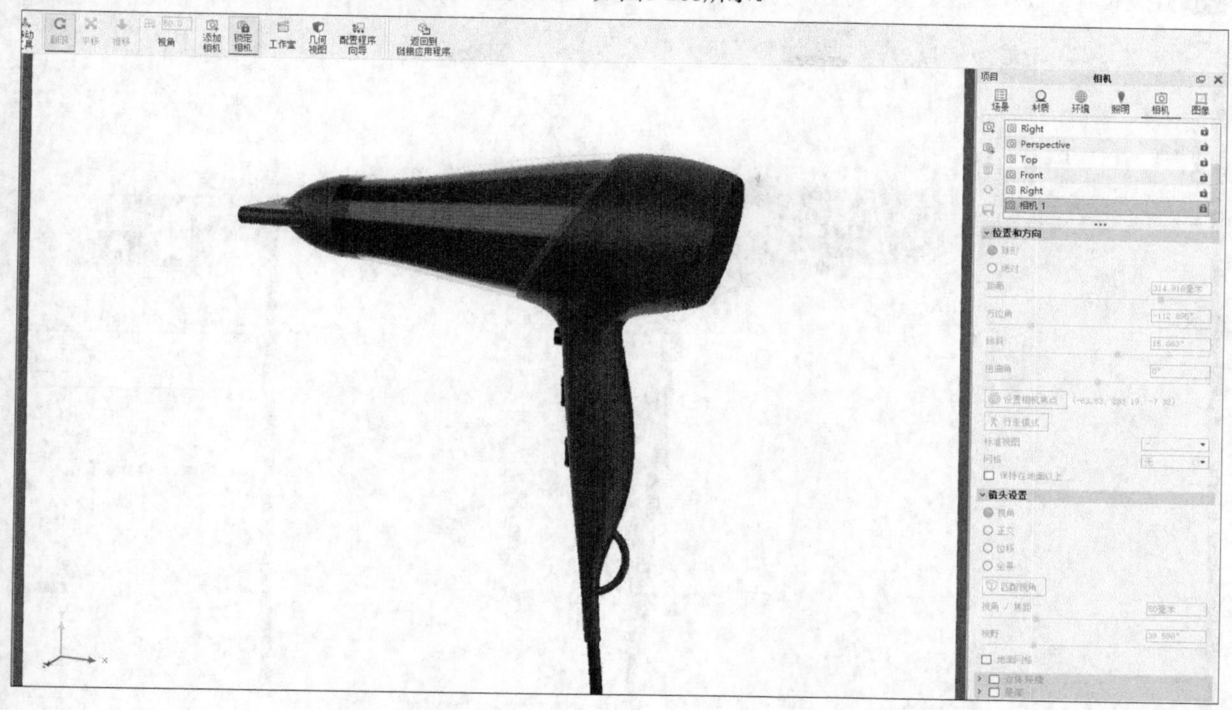

图8-168

19 此时可以发现吹风机的尾部太暗了。回到“环境”面板中，添加一个圆形灯光针，设置“半径”为7.02，“颜色”为白色，“亮度”为1.5，如图8-169所示。

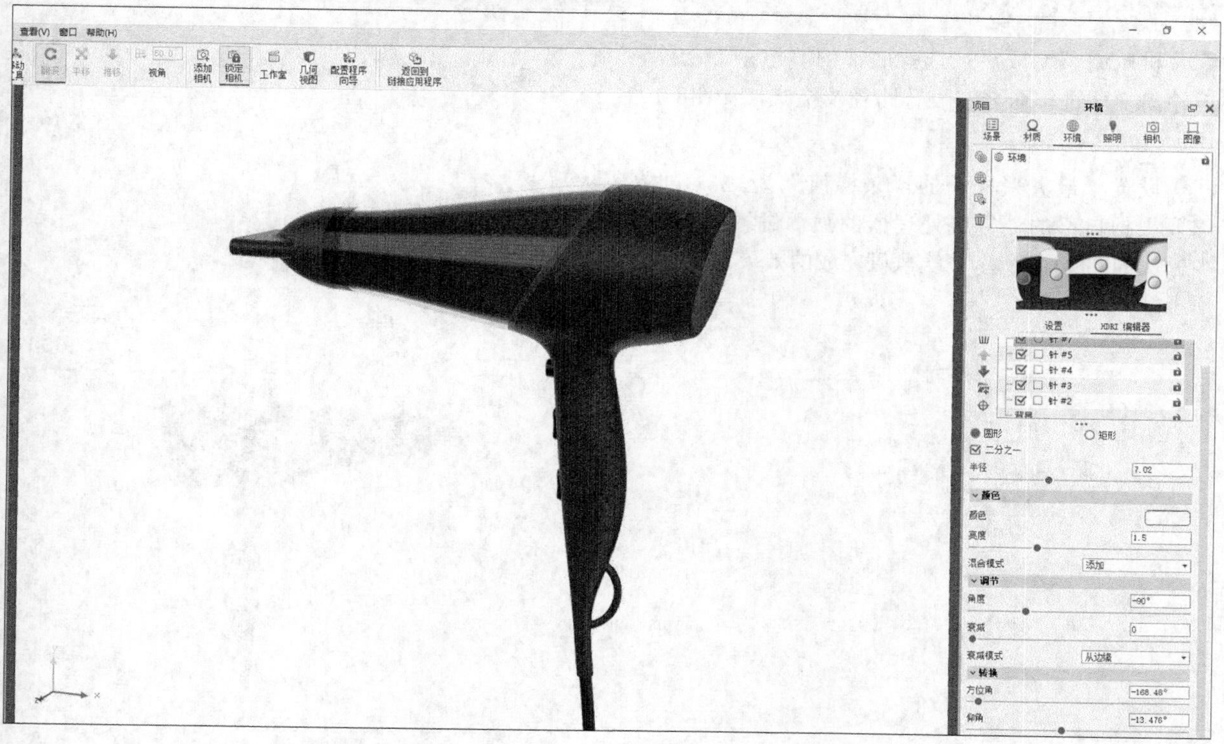

图8-169

20 在“设置”选项卡中设置“亮度”为1.5，“对比度”为1.4，如图8-170所示。

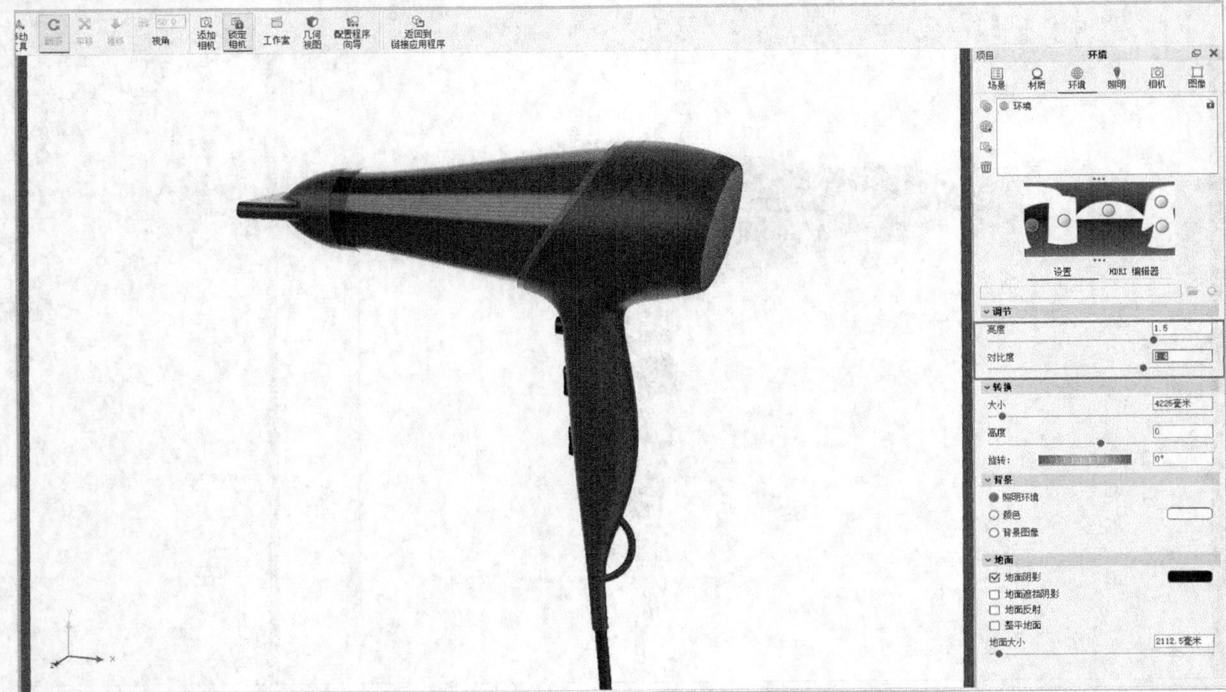

图8-170

8.2.9 渲染效果

01 材质调节完成后，选择底部的“渲染”功能，对输出文件进行命名，设置路径及格式，如图8-171所示。

02 设置“最大采样”的“采样值”为128（此处需要根据自己的计算机处理器的强弱进行增加或减少），如图8-172所示。吹风机完成的效果如图8-173所示。

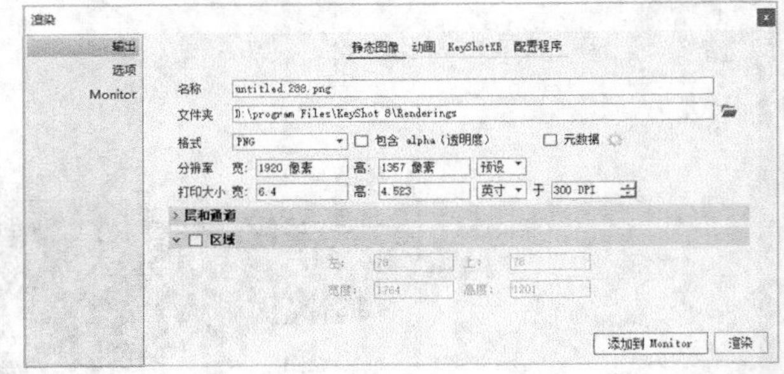

图8-171

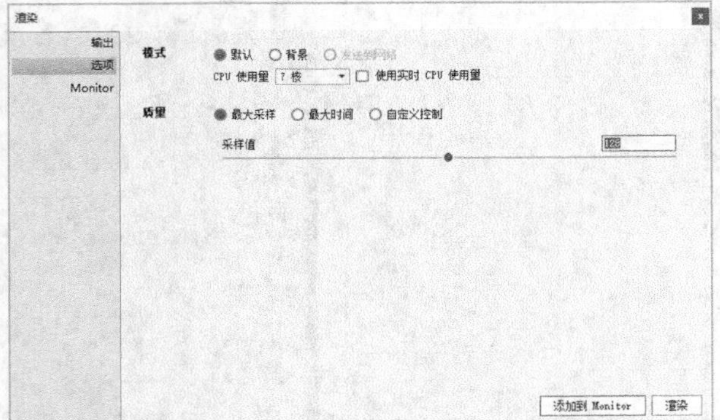

图8-172

图8-173

8.3 课堂练习

下面准备了两个练习供读者练习本章的知识。每个练习后面给出了相应的制作提示，读者可以根据相关提示，并结合前面的课堂实训来进行操作。

8.3.1 课堂练习：制作便携蓝牙音箱

场景位置 无
实例位置 实例文件>CH08>课堂练习：制作便携蓝牙音箱.3dm
视频名称 课堂练习：制作便携蓝牙音箱.mp4
学习目标 掌握阵列的运用方法和电子产品的建模流程

便携蓝牙音箱的效果如图8-174所示。

图8-174

制作提示如图8-175所示。

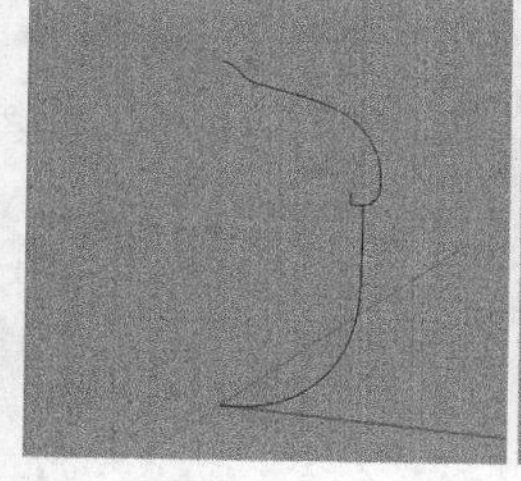
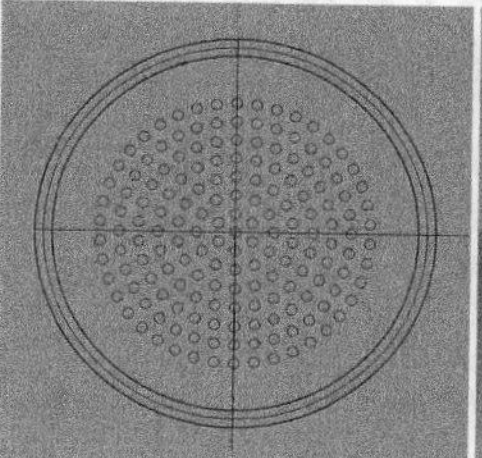
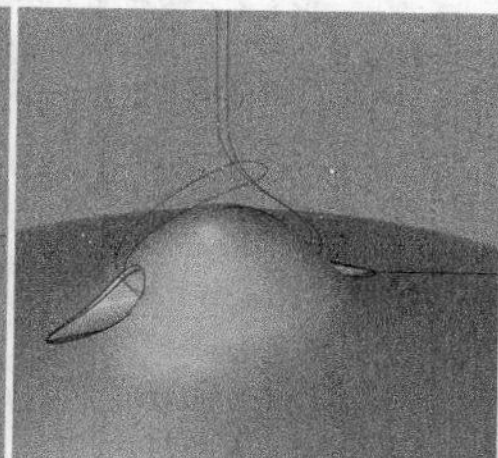
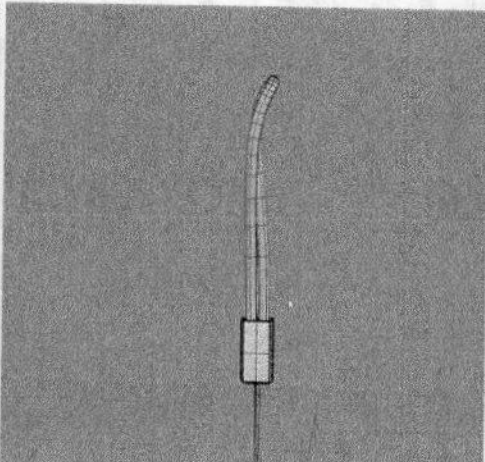
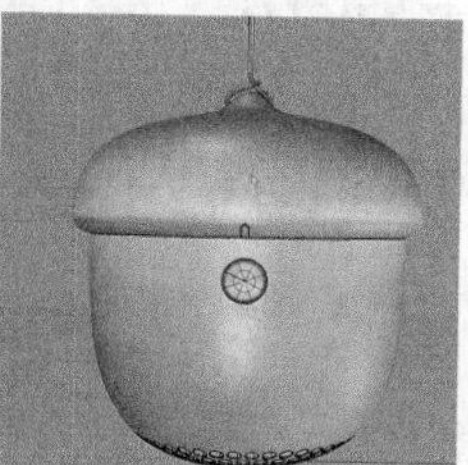

图8-175

8.3.2 课堂练习：制作灯泡概念效果

场景位置 无
实例位置 实例文件>CH08>课堂练习：制作灯泡概念效果.bip
视频名称 课堂练习：制作灯泡概念效果.mp4
学习目标 掌握生面的技巧

灯泡效果如图8-176所示。

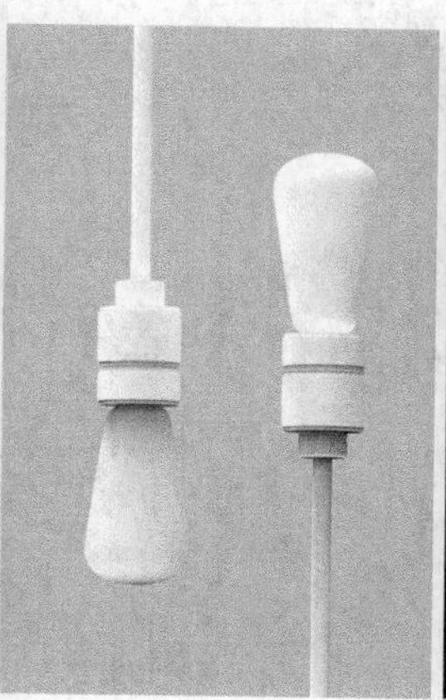

图8-176

制作提示如图8-177所示。

图8-177

8.4 课后习题

本章最后准备了两个习题，读者可以在空余时间做一做，巩固一下本章的内容，以熟练掌握建模的思路和基础建模工具的使用方法。

8.4.1 课后习题：制作电动牙刷

场景位置	无
实例位置	实例文件>CH08>课后习题：制作电动牙刷.3dm
视频名称	课后习题：制作电动牙刷.mp4
学习目标	练习创建纹理的方法

电动牙刷的效果如图8-178所示。

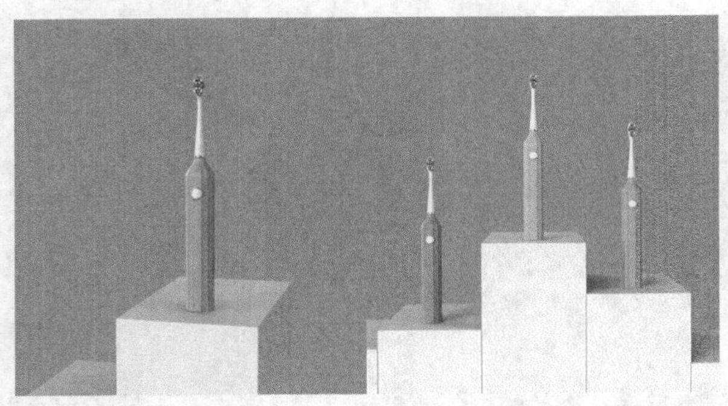

图8-178

制作提示如图8-179所示。

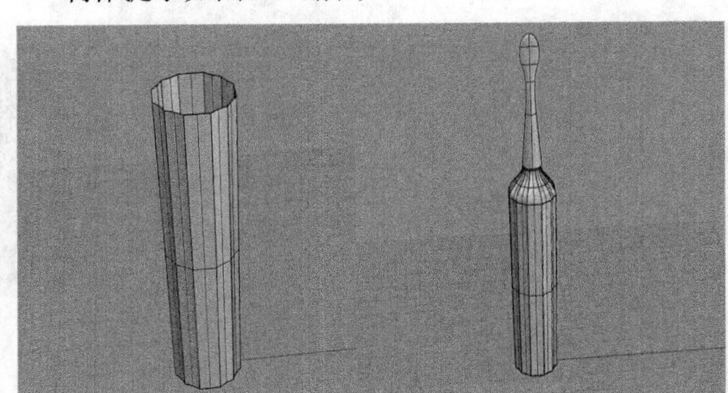

图8-179

8.4.2 课后习题：制作三管蓝牙音箱

场景位置	无
实例位置	实例文件>CH08>课后习题：制作三管蓝牙音箱.3dm
视频名称	课后习题：制作三管蓝牙音箱.mp4
学习目标	掌握微型电子产品的制作方法

三管蓝牙音箱的效果如图8-180所示。

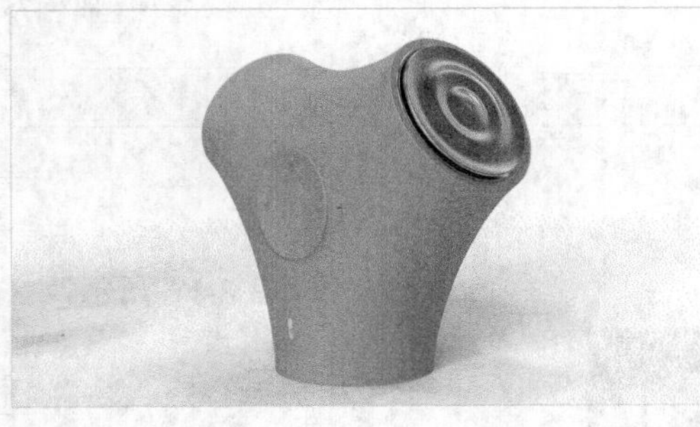

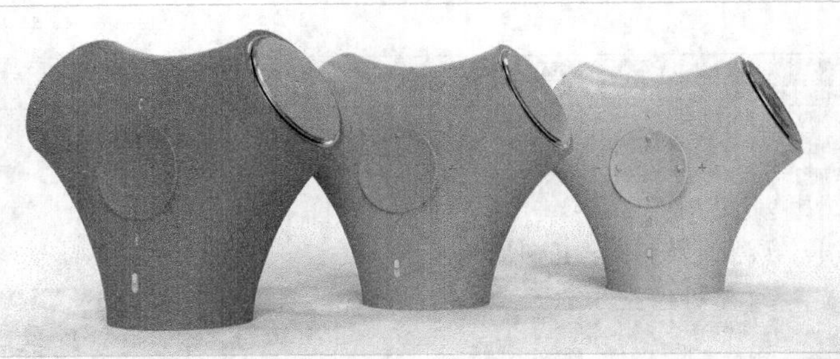

图8-180

制作提示如图8-181所示。

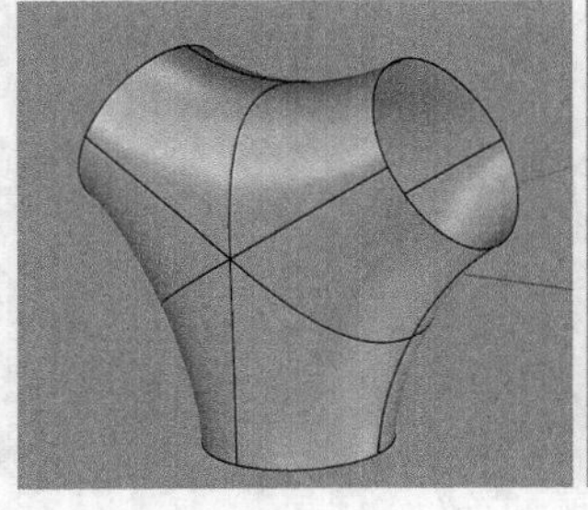

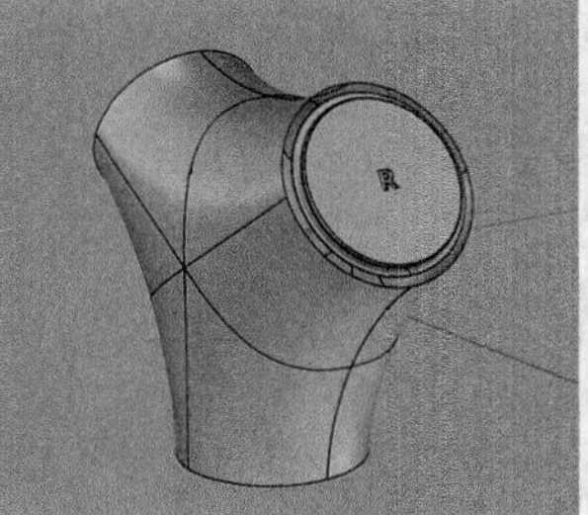

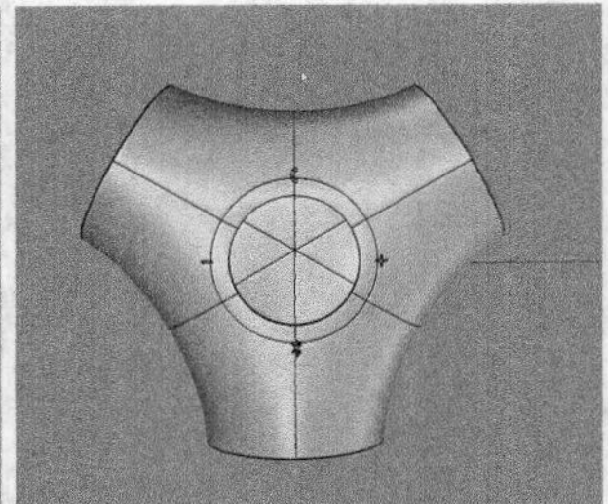

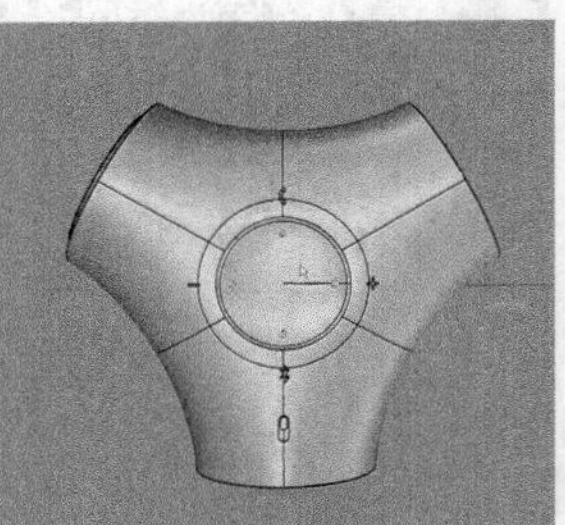

图8-181